国家出版基金项目
NATIONAL PUBLICATION FOUNDATION

"十三五"
国家重点出版物出版规划项目

国之重器出版工程
军民融合发展

空间技术与科学研究丛书

主编 叶培建　　副主编 张洪太 余后满

航天器多源信息融合自主导航技术

SPACECRAFT AUTONOMOUS NAVIGATION TECHNOLOGY BASED ON MULTI-SOURCE INFORMATION FUSION

王大轶　李茂登　黄翔宇　张晓文　著

北京理工大学出版社
BEIJING INSTITUTE OF TECHNOLOGY PRESS

国家出版基金项目
NATIONAL PUBLICATION FOUNDATION

《空间技术与科学研究丛书》

编写委员会

主　编　叶培建

副主编　张洪太　余后满

编　委（按姓氏笔画排序）

王大铁　王华茂　王海涛　王　敏
王耀兵　尤　睿　邢　焰　孙泽洲
李劲东　杨　宏　杨晓宁　张　华
张庆君　陈　琦　苗建印　赵和平
荣　伟　柴洪友　高耀南　谢　军
解永春

《空间技术与科学研究丛书》
组织工作委员会

主　任　张洪太

副主任　余后满　李　明

委　员　（按姓氏笔画排序）

马　强　王永富　王　敏　仇跃华
卢春平　邢　焰　乔纪灵　向树红
杨　宏　宋燕平　袁　利　高树义

办公室　梁晓珩　梁秀娟

《空间技术与科学研究丛书》
出版工作委员会

主　任　林　杰　焦向英

副主任　樊红亮　李炳泉

委　员　（按姓氏笔画排序）

王佳蕾　边心超　刘　派　孙　澍
李秀梅　张海丽　张慧峰　陈　竑
国　珊　孟雯雯　莫　莉　徐春英
梁铜华

序言一

中国空间技术研究院到如今已经走过五十年，在五十年的发展历程中，从无到有，从小到大，从东方红一号到各类应用卫星，从近地到月球探测，从卫星到载人飞船，形成了完整、配套的空间飞行器系统和分系统的规划、研制、设计、生产、测试及运行体系，培养造就了一支高水平、高素质的空间飞行器研制人才队伍，摸索出了一套行之有效的工程管理方法和国际合作路子，可以说，中国空间技术研究院已经成为了中国空间技术事业的主力军、中流砥柱。

在中国空间技术研究院成立五十周年之际，院领导和专家们觉得很有必要把几十年来的技术、管理成果进行系统地梳理、凝练、再创作，写出一套丛书，用于指导空间工程研制和人才培养，为国家，为航天事业，也为参与者留下宝贵的知识财富和经验沉淀。

在各位作者的努力之下，由北京理工大学出版社协助，这套丛书得以出版了，这是一件十分可喜可贺的大事！丛书由中国空间事业实践者们亲自书写，他们当中的许多人，我们都一起工作过，都已从一个个年轻的工程师成长为某个专业的领军人物、某个型号系列的总设计师，他们在航天科研实践中取得了巨大成就并积累了丰富的经验，现在他们又亲自动手写书，真为他们高兴！更由衷地感谢他们的巨大付出，由这些人所专心写成的著作，一定是含金量十足的！再加之这套丛书的倡议者一开始就提出了要注意的几个要素：理论与实践相结合；处理好过去与现在的关系；处理好别人与自己成果的关系，所以，我相信这套丛书一定是有鲜明的中国特色的，一定是质量上乘的，一定是会经得起历史检验的。

我一辈子都在航天战线工作，虽现已年过八旬，但仍愿为中国航天如何从航天大国迈向航天强国而思考和实践。和大家想的一样，我也觉得人才是第一等重要的事情，现在出了一套很好的丛书，会有助于人才培养。我推荐这套书，并希望从事这方面工作的工程师、管理者，乃至在校师生能读好这套书，它一定会给你启发、给你帮助、有助于你的进步与成长，从而能为中国空间技术事业多做一点贡献。

中国科学院院士

序言二

以 1968 年中国空间技术研究院创立为起点，中国空间技术的发展经历了波澜壮阔、气势磅礴的五十年。五十年来，我国空间技术的决策者、研究者和实践者为发展空间技术、探索浩瀚宇宙、造福人类社会付出了巨大努力，取得了举世瞩目的光辉成就。

中国空间技术研究院作为中国空间技术的主导性、代表性研制中心和发展基地，在五十年的发展历程中，从无到有，从小到大，形成了完整、配套的空间飞行器系统和分系统的规划、研制、设计、生产、试验体系，培养造就了一支高水平、高素质的空间飞行器研制人才队伍，摸索出了一套行之有效的系统工程管理方法，成为中国空间技术事业的中流砥柱。

薪火相传、历久弥新。中国空间技术研究院勇挑重担，以自身的空间学术地位和深厚积累为依托，肩负起总结历史、传承经验、问路未来的使命，组织一批空间技术专家和优秀人才，共同编写了《空间技术与科学研究丛书》，共计 23 分册。这套丛书较为客观地回顾了空间技术发展的历程，系统梳理、凝练了空间技术主要领域、专业的理论和实践成果，勾勒出空间技术、空间应用与空间科学未来的发展方向。

中国空间技术研究院领导对丛书的出版寄予厚望，精心组织、高标准、严要求。《空间技术与科学研究丛书》编写团队主要吸收了中国空间技术研究院方方面面的型号骨干和一线研究人员。他们既有丰富的工程实践经验，又有深厚的理论功底；他们是在中国空间技术发展中历练、成长起来的一代新人，也是支撑我国空间技术持续发展的核心力量。在丛书编写过程中，编写队伍克服时间紧、任务重、资料分散、协调复杂等困难，兢兢业业、精益求精，以为国家、为事业留下成果，传承航天精神的高度责任感开展工作，共同努力完成了这套系统性强、技术水平高、内容丰富多彩的空间技术权威著作，值得称赞！

我一辈子都在从事空间技术研究和管理工作，深为中国空间事业目前的成就而感到欣慰，也确信将来会取得更大的成果，一代更比一代强。作为航天战线上的一名老战士，希望大家能够“读好书、好读书”，通过阅读像《空间技术与科学研究丛书》这样的精品，承前启后、再接再厉，为我国航天事业和空间技术的后续发展做出更大的贡献。

中国科学院院士　中国工程院院士

闵桂荣

序言三

1970 年 4 月 24 日，中国成功发射了第一颗人造地球卫星，进入了世界航天国的行列。我国空间技术这几十年来取得了发射多种航天器、载人航天、深空探测等领域的多项成就。通信、导航、遥感、空间科学、新技术试验等卫星，已广泛应用于经济、政治、军事等各个领域，渗透到人们日常生活的每一个角落。从首次载人航天飞行到出舱活动，从绕月探测到月球表面着陆、巡视，空间技术以丰富多彩的形式扩大了中国人的生活空间和活动范围，进一步激发了中国人探索、创新、发展的勇气，展现了中国人的智慧和才智。

对未知领域的不断探索是知识的积累和利用效率的提高，是人类社会发展的不竭动力。空间活动从来就不仅仅是单纯的科学或技术活动，其中包含着和被赋予了更多的内涵。从科学角度看，它研究的是宇宙和生命起源这一类最根本也是最前沿的问题；从人才角度看，它能够吸引、培养和锻炼一大批顶尖人才；从经济角度看，它立足非常雄厚的经济实力，并能够创造新的经济增长点；从政治角度看，它争取的是未来的领先地位和国际影响力；从思想角度看，它代表的是人类追求更强能力、更远到达、更广视野、更深认知的理想。空间技术的发展可对一个国家产生多方面、多维度、综合性影响，促进多个领域的进步，这正是开展空间活动的意义所在。

当前我国空间技术发展势头强劲，处于从航天大国向航天强国迈进的重要阶段、战略机遇期和上升期。空间技术的发展，特别是一系列航天重大工程和型号任务的实施，不仅突破了一大批具有自主知识产权的核心技术和关键技术，也取得了一系列科技创新成果。系统总结空间技术发展经验和规律，探索未来发展技术路线，是航天人的重要使命。丛书作者团队对长期从事技术工作的体会进行系统总结，使之上升为知识和理论，既可以指导未来空间技术的发展，又可成为航天软实力的重要组成部分。

我衷心祝贺，这套内容丰富、资料翔实、思维缜密、结构合理、数据客观的丛书得以出版。这套丛书有许多新观点和新结论，既有广度又有深度。丛书具有较好的工程实践参考价值，会对航天领域管理决策者、工程技术人员，以及高等院校相关专业师生有所启发和帮助，助推我们事业的发展！

空间技术对富民强军、强国有重要的支撑作用，世上未有强国而不掌握先进空间技术者。深邃宇宙，无尽探求。相信这套丛书的出版能够承载广大空间技术工作者孜孜探索的累累硕果，推动我国空间技术不断向前发展，丰富对客观世界的认知，促进空间技术更好地服务国家、服务人民、服务人类。

中国科学院院士

王希季

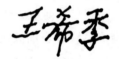

主编者序

2018 年，中国的空间事业已经走过了六十多年！这些年来，中国的空间事业从无到有、由小到大、正在做强！以东方红一号卫星、神舟五号载人飞船、嫦娥一号月球探测器为代表的三大里程碑全方位代表了 200 余个空间飞行器的研制历程和丰富内涵。这个内涵既是人文的，又是技术的，也是管理的。从人文角度看，“两弹一星”精神在新一代航天人身上传承、发扬，他们在推动中国空间技术发展和壮大的道路上留下了锐意进取、顽强拼搏、砥砺前行的清晰足迹；从技术角度看，一批新理论、新技术和新方法不断被提出、被验证和被采用，一次又一次提升了我国空间技术水平的高度；从管理角度看，中国空间事业孕育了中国特色的管理理念与方法。这些年，产生了一大批科技报告、学术著作与论文、管理规范、软件著作权、技术专利等。但遗憾的是这些成果分散在各个不同的单位、不同的研制队伍、不同的专业里，有待进一步提高其系统性、完整性和受益面。中国空间技术研究院的领导和专家们认为很有必要进行系统地梳理、凝练、再创作，编写出一套丛书，用于指导空间工程系统研制和人才培养，为国家，为航天事业，也为参与者留下宝贵的知识财富和经验沉淀。

基于此，在中国空间技术研究院与北京理工大学的共同推动下，决定由中国空间技术研究院第一线工作团队和专家们亲自撰写，北京理工大学出版社负责编辑，合力出版《空间技术与科学研究丛书》。这是我国学术领域和航天界一件十分重要而有意义的事！这套丛书的出版也将成为纪念中国空间技术研究院成立五十周年的一份厚礼！

如此一套丛书，涉及了空间技术、空间科学、空间应用等许多学科和专业，如何策划丛书框架和结构就成为首要问题。经对空间技术发展历史、现状和未来综合考虑，结合我国实际情况和已有的相关著作，几经讨论、增删、合并，确定了每分册一定要有精干专家主笔的原则，最后形成了由23分册构成的《空间技术与科学研究丛书》。具体名称如下：《宇航概论》《航天器系统设计》《空间数据系统》《航天器动力学与控制》《航天器结构与机构》《航天器热控制技术》《航天器电源技术》《航天器天线工程设计技术》《航天器材料》《航天器综合测试技术》《航天器空间环境工程》《航天器电磁兼容性技术》《航天器进入下降与着陆技术》《航天器项目管理》《航天器产品保证》《卫星通信技术》《卫星导航技术》《卫星遥感技术（上下册）》《载人航天器技术》《深空探测技术》《卫星应用技术》《空间机器人》《航天器多源信息融合自主导航技术》，丛书围绕中国空间事业的科学技术、工业基础和工程实践三条主线，几乎贯穿了空间科学、空间技术和空间应用的所有方面，并尽量反映当前“互联网＋”对航天技术的促进及航天技术对“互联网＋”的支持这两方面所取得的成果。正因为如此，它也被优选为“‘十三五’国家重点出版物出版规划项目”和“国家出版基金项目”。

如此一套丛书，参与单位众多，主笔者20余人，参与写作百人以上，时间又较紧迫，还必须保证高质量，精心组织和科学管理一定是必需的。我们用管理航天工程的方法来管理写作过程，院领导亲自挂帅、院士专家悉心指导，成立以总体部科技委为主的日常工作班子，院科技委和所、厂科技委分级把关，每一分册都落实责任单位，突出主笔者负责制，建立工作信息交流平台，定期召开推进会以便交流情况、及时纠正问题、督促进度，出版社同志进行培训和指导等。这些做法极大地凝聚了写作队伍的战斗力，优化了写作过程，从而保证了丛书的质量和进度。

如此一套丛书，我们期望它成为可传世的作品，所以它一定要是精品。如何保证出精品，丛书编委会一开始就拟定了基本思路：一是理论与实践相结合，它不是工程师们熟悉的科技报告，更不是产品介绍，应是从实践中总结出来，经过升华和精炼的结晶，一定要有新意、有理论价值、有较好的普适性。二是要处理好过去和现在的关系，高校及航天部门都曾有过不少的空间技术方面的相关著作，但这十年来空间技术发展很快，进步很大，到2020年，随着我国空间站、火星探测、月球采样返回和月球背面探测、全球导航等重大工程相继完成，我们可以说，中国进入了航天强国的行列。在这个进程中，有许多新理论、新技术和新事物就已呈现，所以丛书要反映最新成果。三是处理好别人和自己成果的关系，写书时为了表达的完整性、系统性，不可避免要涉及一些通用、基础知识和别人已发表的成果，但我们这次的作品应主要反映主笔者为主的团队在近年来为中国空间事业发展所获的成果，以及由这些成果总结出来的理论、方法与技术，涉及他人的应尽可能分清、少用，也可简并。作品要有鲜明的团队特点，而团队特点应是某一领域、某一专业的中国特点，是“中国货”。从写作结果来看，我认为，丛书作者们努力实践了这一要求，丛书的质量是有保证的，可经得起历史的检验。

丛书可以为本科生、研究生，以及科研院所和工业部门中的专业人士或管理人员提供一系列涵盖空间技术主要学科和技术的专业参考，它既阐述了基本的科学技术概念，又涵盖了当前工程中的实际应用，并兼顾了今后的技术发展，是一套很好的教科书、工具书，也一定会成为书架的亮点。

在此，作为丛书主编者，一定要向为这套丛书出版而付出辛勤劳动的所有人员表示衷心感谢！尤其是中国空间技术研究院张洪太院长、余后满副院长，北京理工大学胡海岩校长和张军校长，北京理工大学出版社社长林杰副研究员，各分册主笔者和参与写作的同志们。没有中国空间技术研究院总体部科技委王永富主任和秘书处团队、北京理工大学出版社社长助理李炳泉女士和出版团队的辛勤、高效工作，丛书也不可能这么顺利地完成。

谢谢！

中国科学院院士

前　言

航天器自主导航指的是在不依赖地面支持的情况下，仅利用自身携带的测量设备在轨实时确定航天器位置和速度的技术。基于多源信息融合的自主导航是对多种信息源（多观测目标、多敏感器、先验知识等）进行融合处理的一种自主导航方式。基于多源信息融合的自主导航技术在深空探测领域有着很大的应用前景，相比单一敏感器、单一观测源的自主导航方式，其在增强信息冗余性、扩展时间/空间覆盖性以及减少信息获取成本等方面有着较大的优势。本书以深空探测航天器为应用对象，重点论述多源信息融合理论方法及其在深空探测自主导航中的应用，内容涉及估计理论、融合算法、性能分析、信息融合自主导航技术以及地面仿真试验技术等。

全书内容分为四部分，共 13 章。第一部分为第 1 章绪论，介绍自主导航的基本概念，对深空探测航天器自主导航的主要方法进行梳理和归纳，对多源信息融合自主导航技术进行介绍，并对全书的主要内容进行了概括。第二部分为理论篇，包括第 2～第 4 章，分别是估计理论、融合算法和性能分析，这几章构成多源信息融合自主导航技术的理论基础。第三部分为应用篇，包括第 5～第 12 章，分别是时空系统、动力学模型与环境模型、惯性自主导航技术、光学自主导航技术、脉冲星自主导航技术、光学与脉冲星融合自主导航技术、惯性与测距测速/光学融合自主导航技术、航天器多源信息融合自主导航仿真试验技术。第四部分是第 13 章——航天器多源信息融合自主导航技术的发展展望。

本书的主要特色如下：

(1) 本书中的估计、融合理论强调的是基础部分，其主要论述思路是先给出一般情形，再具体到特殊情形，这样更有利于读者对问题根本的把握。此外，本书在叙述信息融合基础理论部分时，尽可能给出一种算法的多种形式，这样有助于科研工作者查阅以及便于建立不同形式的概念联系。

(2) 本书中涉及的航天器自主导航技术，强调的是实用性，其中部分已经应用在“嫦娥三号”软着陆探测器等实际飞行任务中，还将应用在“嫦娥四号”和“嫦娥五号”等后续任务中。

(3) 本书注重的是估计、融合理论与自主导航技术的结合，因此在叙述技术应用时会对相关的理论方法进行简单的回顾，以便于读者建立理论与应用之间的联系。

本书在编写过程中，得到了中国空间技术研究院航天器动力学与自主导航技术研究团队的大力支持，其中褚永辉、李骥、熊凯、徐超等参与了本书部分内容的编写、仿真试验以及数据整理工作。

承蒙叶培建院士、刘良栋研究员与王永富研究员对本书出版的深切关注和大力支持，吴宏鑫院士、杨孟飞院士、李果研究员、孙京研究员、何英姿研究员、魏春岭研究员和李铁寿研究员对本书给予了指导并提出宝贵意见。中国空间技术研究院总体部梁晓珩秘书长和北京理工大学出版社为本书的出版做了大量的工作，在此一并致谢。

本书的研究工作得到了国家杰出青年科学基金 (61525301)、国防科技卓越青年人才基金、国家自然科学基金 (61690215、61673057、61503023)、民用航天项目、中国空间技术研究院总体部、北京控制工程研究所和空间智能控制技术重点实验室的大力支持，作者在此表示衷心的感谢。

航天器多源信息融合自主导航技术发展迅速，加上作者水平所限，难以全面、完整地就研究前沿一一深入探讨。书中错误及不当之处，恳请读者批评指正。

作者

2017 年 12 月

目　录

第1章 绪论

导航（Navigation）一般是指对测量数据进行处理，确定载体（或运动体）在给定时刻相对某个坐标系的轨道（位置和速度）和姿态参数。由于习惯，航天器导航仅仅是指轨道参数确定。通常将仅利用航天器自身携带的测量设备和计算装置而不依赖于地面支持的导航称为**航天器自主导航**，并将对多种信息源（多观测目标、多敏感器观测量、先验知识等）进行融合处理实现的航天器自主导航称为**多源信息融合自主导航**。

自主导航是航天器自主运行的核心技术，是航天器实现轨道姿态自主控制，执行月球软着陆、在轨服务等空间任务的前提。实现自主导航不仅能够降低航天器对地面测控的依赖程度，提高自主生存能力，还能缓解国土面积有限对地面测控站布局的制约，提升航天器在测控区外的任务能力。

相对单一敏感器及单一观测目标的自主导航方式，多源信息融合自主导航技术能够提供更好的时间和空间覆盖性，提供更多的信息冗余，进而能够增强系统的自主能力，是航天领域未来发展的重要方向。深空探测航天器（简称探测器或深空探测器）飞行距离远，时间长，环境未知性强，对导航的高度自主性需求尤为迫切，本书以深空探测任务为背景，重点探究多源信息融合自主导航相关的理论、方法和技术问题。

1.1 航天器自主导航技术

由于参考坐标系选取的不同，可将航天器导航分为绝对导航和相对导航。通常将相对某一空间目标固连坐标系的运动参数确定称为相对导航，将相对惯性系的运动参数确定称为绝对导航。因而航天器自主导航也可分为自主绝对导航和自主相对导航。在空间目标在轨服务任务中确定追踪航天器相对于目标航天器的位置和速度，属于相对导航的研究范畴。从测量原理的角度，航天器自主导航可以分为：惯性自主导航、光学自主导航、脉冲星自主导航和基于人工信标的导航（全球卫星导航系统、星间测量等）等。严格意义上讲，基于人工信标的导航不是完全意义上的自主导航，本书在这里不做阐述。下面仅对惯性、光学以及脉冲星自主导航技术进行介绍。

1.1.1 惯性自主导航

惯性导航系统（Inertial Navigation System，INS）是一种基于航迹推算（Dead Reckoning，DR）的自主导航系统，它由一组惯性器件和导航处理器组成。惯性器件又称作惯性测量单元（Inertial Measurement Unit，IMU），通常由三个正交的陀螺仪和三个正交的加速度计组成。陀螺仪测量载体的惯性角速度，加速度计测量作用在载体上的比力（又称作非引力加速度）。结合初始状态信息，对测量值进行数值积分，可以获取航天器的位置、速度和姿态信息。

INS的优势在于不依赖于外界信息，也不向外界辐射能量，具有短时精度高、带宽高、导航信息全面、隐蔽性好、不易受干扰等一系列优点。INS不仅应用于航天器上，还广泛应用在其他的运动载体上，是航天、航空和航海等领域最重要的一种导航方式。不足之处在于，INS的导航精度会随着时间的推移而降低。

1. 陀螺仪

陀螺仪（简称陀螺）是一种利用动量守恒感知方向的装置。按照工作机理，现有陀螺可以分成两大类：一类以经典力学为基础，如机械陀螺、振动陀螺等；另一类以近代物理学为基础，如激光陀螺、光纤陀螺等。

1）机械陀螺

图1-1所示为传统机械陀螺的示意图。图中，机械陀螺将自转的轮子安装在两个万向节上，由于角动量守恒，自转轮的转轴在空间的方向不变，定义了一个基准。因此，如果有外界旋转运动，轮子指向恒定，万向节之间的夹角会发生改变。读取夹角值即可确定运动载体的指向。按照自由度的不同，机械陀螺可以分为单自由度陀螺和多自由度陀螺。

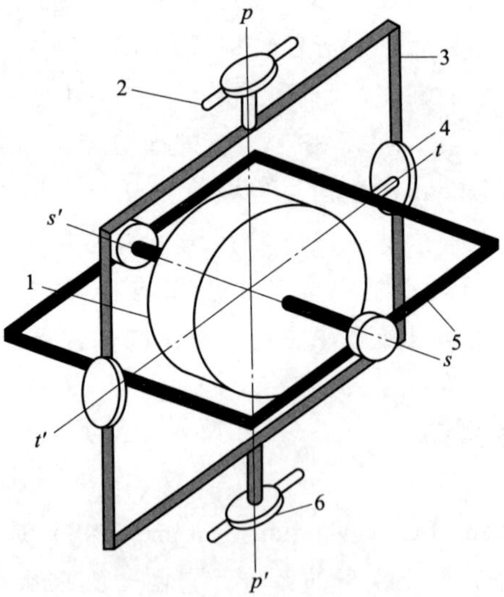

图1-1　传统机械陀螺的示意图

1—转子；2—壳体；3—外框架；4，6—角度传感器；5—内框架

机械陀螺在启动的时候需要几分钟进行预热，而且机械陀螺包含运动部件，会产生摩擦力，从而导致输出发生漂移。为了降低摩擦、提高精度，机械陀螺不断地改进支承结构，从刚体滚珠轴承陀螺发展到液浮陀螺（Liquid Floated Gyroscope，LFG）、气浮陀螺（Air Suspension Gyroscope，ASG）、静电悬浮陀螺（Electrostatically Suspended Gyroscope，ESG）等。其中液浮陀螺的主要特点是转子密封在充有惰性气体的浮球（或浮筒）内，而浮球悬浮于氟油中，通过精确的静平衡以及温度控制，使浮球所受的浮力与该组件的重力完全平衡，从而保证浮球定位用的宝石轴承上的摩擦力矩降到极微小的程度，以减小陀螺漂移。气浮陀螺是利用具有一定压力的气体将转轴或浮体悬浮起来。按照气体压力的来源可以分为动压气浮陀螺和静压气浮陀螺。具备气源及控制气体进入轴承的节流器，是静压轴承区别于动压轴承的两个主要特点。其中气体静压轴承主要用于框架浮筒的支承，气体动压轴承用于高速旋转的陀螺电动机转子的支承，都可代替滚珠轴承实现陀螺仪转子的支承。气体动压轴承作为陀螺电动机转子的支承，具有体积小、转速高、温升小等优点，提高了陀螺仪的工作性能和可靠性。静电悬浮陀螺是应用电场原理，在超真空的腔体内由静电场产生的吸力来支承球形转子的一种自由转子陀螺仪，是目前精度最高的陀螺仪，精度能够达到 10^{-7} °/h。

20 世纪 60 年代初，出现了一种新颖支承原理的动力调谐陀螺（Dynamically Tuned Gyroscope，DTG）。它是一种非液浮、干式弹性支承、机电性的挠性陀螺。作为技术成熟的刚体转子机械陀螺，其精度范围为 0.01～1 °/h。动力调谐陀螺简称动调陀螺，具有结构简单、体积小、质量小、成本低等优点，动力调谐陀螺在精度、可靠性、体积、寿命和成本等方面拥有综合性优势。

2）振动陀螺

振动陀螺利用高频振动的质量块在被基座带动旋转时所产生的科里奥利效应（简称科氏效应）来感应角速度。振动陀螺包括石英音叉陀螺、压电陀螺、微机电（Micro Electro-Mechanical System，MEMS）陀螺和半球谐振陀螺（Hemispherical Resonator Gyroscope，HRG）等。下面简要对 MEMS 陀螺进行介绍。如图 1-2 所示，建立一个动坐标系。在动坐标系下，科氏力为

$$\boldsymbol{F}_c = -2m(\boldsymbol{\omega}_0 \times \boldsymbol{v}) \tag{1-1}$$

式中，$\boldsymbol{F}_c$ 为科氏力；m 为质点质量；$\boldsymbol{v}$ 为质点的运动速度；$\boldsymbol{\omega}_0$ 为动坐标系角速度。如图 1-3 所示，MEMS 陀螺不断地驱动振动元件来回做径向运动或者振荡，从而科氏力不停地在横向来回变化，并有可能使物体在横向做微小振荡，相位正好与驱动力差 90°。MEMS 陀螺通常有两个方向可移动的电容板：径向的电容板加振荡电压迫使物体做径向运动，横向电容板测量由于横向科氏运动

带来的电容变化。因为科氏力正比于角速度，所以可以由电容变化计算出角速度。目前 MEMS 陀螺无法达到光学陀螺的精度，但是它们的优势在于小体积、小质量、低功耗、可快速启动以及低成本等。

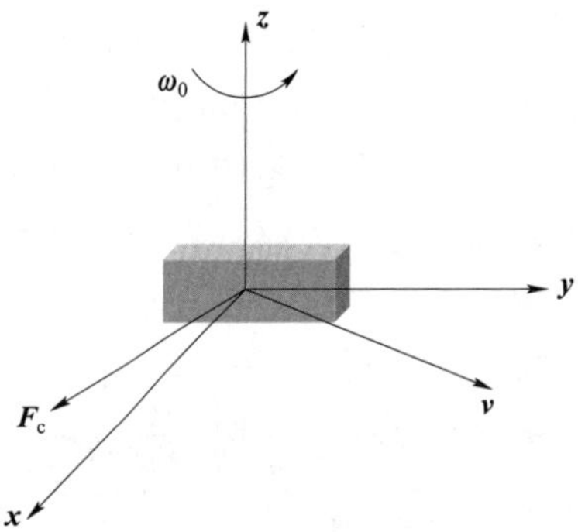

图 1-2　科氏力示意图

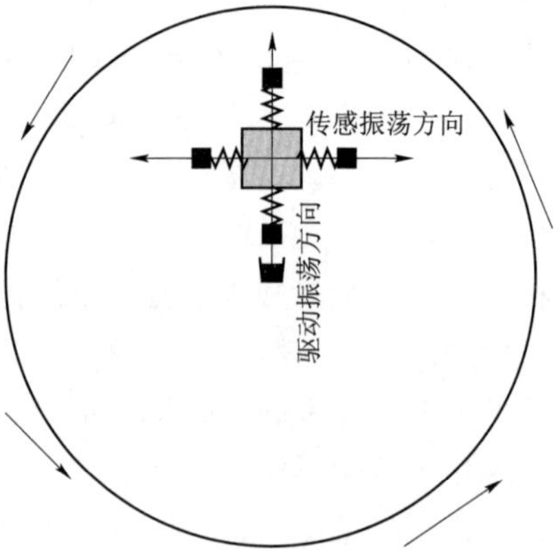

图 1-3　MEMS 陀螺原理

3）光学陀螺

光学陀螺可以分为光纤陀螺（Fiber Optical Gyroscope，FOG）和环形激光陀螺（Ring Laser Gyroscope，RLG）。两者的基本原理为萨格纳克（Sagnac）效应，如图 1-4 所示。对于光纤陀螺而言，当两条光束绕一个封闭的环路分别沿相反方向（顺时针和逆时针）传播时，如果环路绕垂直于环路平面的轴线旋转，两条路径的视在光学长度便会出现差异。当光束从环路中出来时，由于萨格纳克效应导致两光束有相位差，从而发生干涉，干涉后的光束密度和角速度有关。因此可以通过对光束的密度进行测量来确定角速度。RLG 和 FOG 的区别在于：RLG 利用多个镜面形成环路，FOG 则采用光纤作为激光回路。由于光纤可以进行绕制，因此光纤陀螺中激光回路的长度比环形激光陀螺大大增加，使得检测灵敏度和分辨率也提高了几个数量级，从而有效地克服了环形激光陀螺的闭锁问题。从技术的发展历程看，光纤陀螺可以看作第二代激光陀螺。光纤陀螺的主要优点在于可靠性高、寿命长、启动快速、耐冲击和振动、对重力加速度不敏感、动态范围大

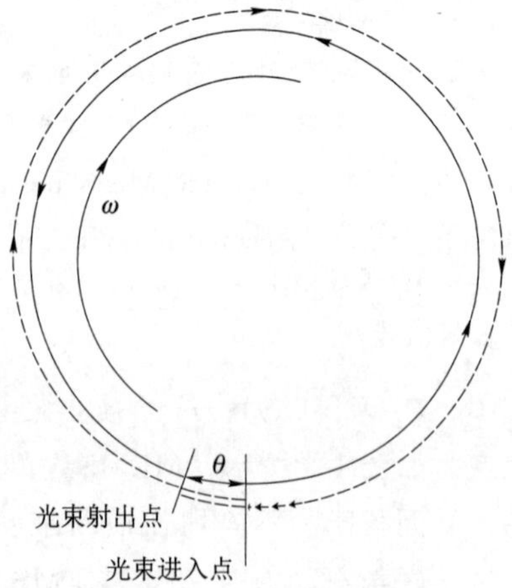

图 1-4　萨格纳克效应

等，这些优点是传统机械式陀螺所无法比拟的。光纤陀螺的精度取决于光束传播路径的长度，因此往往受设备大小的限制。

2. 加速度计

加速度计可以分为机械加速度计和固态加速度计两大类。

图 1-5 给出了机械加速度计的原理。当仪表的壳体沿敏感轴有一个加速度时，检测质量块由于自身的惯性，趋于抵制这种运动的变化。在稳态条件下，作用在该质量块上的力会与弹簧的拉力构成平衡，弹簧的净伸长可以用来测量所受的力。该力与加速度成正比，由牛顿第二定律可知

$$\boldsymbol{F}=m\boldsymbol{a}=m\boldsymbol{f}+m\boldsymbol{g}$$

式中，m 为检测质量块的质量；$\boldsymbol{a}$ 为相对于惯性空间的加速度；$\boldsymbol{g}$ 为引力加速度；$\boldsymbol{f}$ 为非引力加速度，可以由位移传感器测得。

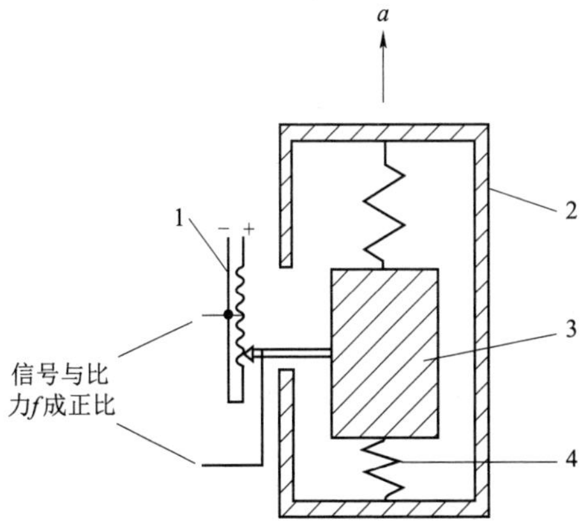

图 1-5　机械加速度计的原理

1—位移传感器；2—壳体；3—检测质量块；4—弹簧

固态加速度计又可以分为表面声波（Surface Acoustic Wave，SAW）加速度计、硅加速度计和石英加速度计等，这里仅对表面声波加速度计进行介绍。

SAW 加速度计是一种开环敏感器，其压电石英晶体悬臂梁上有一对表面声波谐振器电极。该梁的一端刚性地连在壳体上，另一端则带有检测质量块且可自由运动，如图 1-6 所示。利用一对金属电极交互数字阵列之间的正向激励，可产生一系列表面声波，其波长由金属电极（常称为叉指）之间的距离决定。当加速度垂直于悬臂梁平面时，该组件的惯性反应引起梁的弯曲。此时，梁的表面出现应变，而表面声波的频率变化与应变成一定比例。这一变化与基准频率的比较就是对沿敏感轴加速度的直接测量。

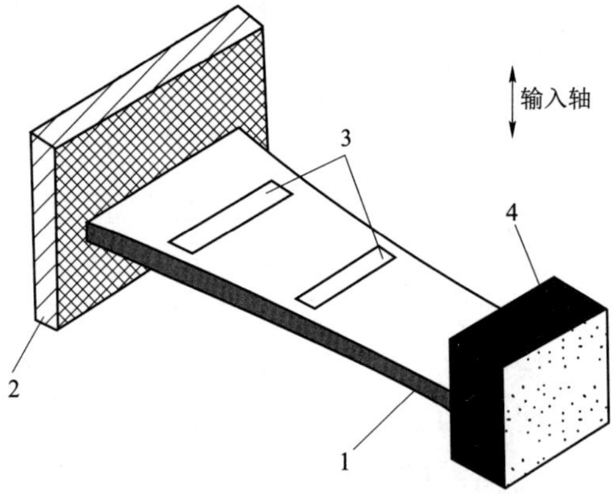

图 1-6　表面声波加速度计

1—渐缩石英晶体悬臂；2—悬臂支座（器件壳体）；
3—声波谐振器；4—检测质量块

随着 MEMS 技术的发展，出现了 MEMS 加速度计。目前有两种类型的 MEMS 加速度计：一类和机械加速度计原理相同，另外一类则和固态加速度计相同。和 MEMS 陀螺一样，MEMS 加速度计具有体积小、质量小、功耗低、启动快速和成本低等优点，缺点在于精度较低。

3. 惯性导航系统

根据惯性器件在载体安装方式的不同，惯性导航系统可以分为平台式惯性导航系统（Platform Inertial Navigation System，PINS）和捷联式惯性导航系统（Strapdown Inertial Navigation System，SINS）。如图 1-7 所示，平台式惯性导航系统的惯性器件安装在平台上，从而得以和外界的旋转运动进行隔离。通过在平台上安装万向节使得该平台和导航坐标系保持对准。平台上安装的陀螺可以检测到陀螺的旋转信号，这些信号传递给力矩电动机以旋转万向节来抵消外界的旋转，从而可以保持平台与导航坐标系的对准。通过读取万向节之间的夹角，从而获取载体的姿态信息。加速度计的信号在补偿引力加速度以后，进行一次积分得到速度，再进行一次积分可得到位置。图 1-8 给出了平台式惯性导航系统的算法实施过程。

捷联式惯性导航系统没有物理平台，陀螺和加速度计直接安装在载体上。图 1-9 给出了捷联式惯性导航系统的算法实施过程，具体的算法见第 7 章。和平台式惯性导航系统相比，捷联式惯性导航系统的体积大大减小，质量和成本大大降低。但是由于惯性器件是固连在载体上，直接承受载体的振动和冲击，工作环境恶劣，使得惯性器件的测量精度降低。同时，捷联式惯性导航系统中加速度计输出的是沿载体坐标系的分量，需要转换到导航坐标系下，会增加计算的复杂程度。但是随着惯性器件和电子计算机技术的飞速发展，上述问题已经不再制约捷联式惯性导航系统的发展，捷联式惯性导航系统在导航领域已得到了广泛应用。根据有关资料报道，1984 年美国军用惯性导航系统全部为平台式，1989 年有近一半改为捷联式，到 1994 年捷联式则约占 90%的比例。可见捷联式惯性导航系统已经成为惯性导航系统的主要发展方向。在不做特殊说明的情况下，本书中所针对的惯性导航系统均为捷联式惯性导航系统。

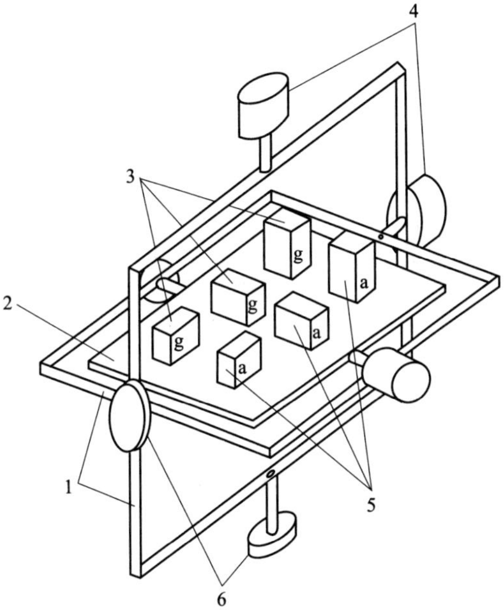

图 1-7　平台式惯性导航系统

1—万向节；2—稳定平台；3—陀螺仪；4—力矩电动机；
5—加速度计；6—角度读取部件

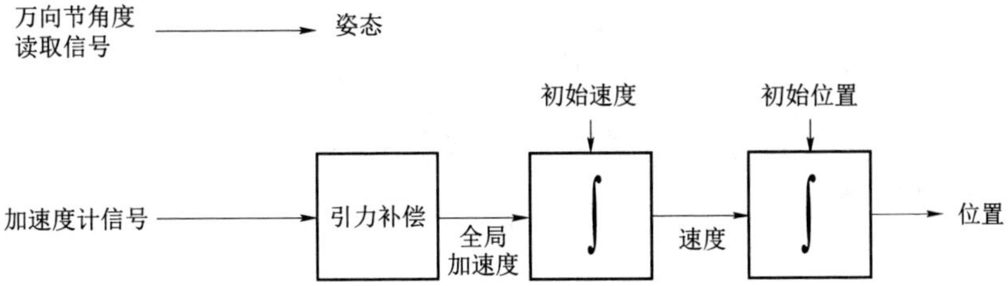

图 1-8　平台式惯性导航系统的算法实施过程

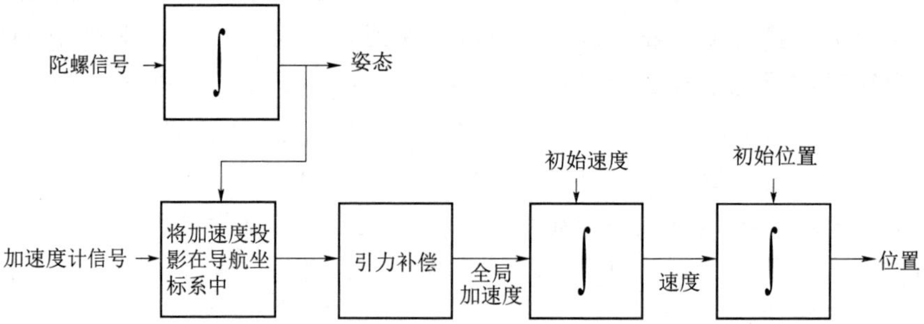

图 1-9　捷联式惯性导航系统的算法实施过程

4. 惯性导航发展历程

惯性技术的发展以陀螺的发展作为标志，图 1-10 所示为按各种类型陀螺出现的先后、理论的建立及新型传感器制造技术的出现将惯性技术的发展划分的 4 代（图中的纵坐标为陀螺误差）。折线下方为该阶段建立的主要技术理论，上方为各阶段出现的惯性器件及其精度。需要注意的是，惯性技术发展的各阶段之间并无明显界限。

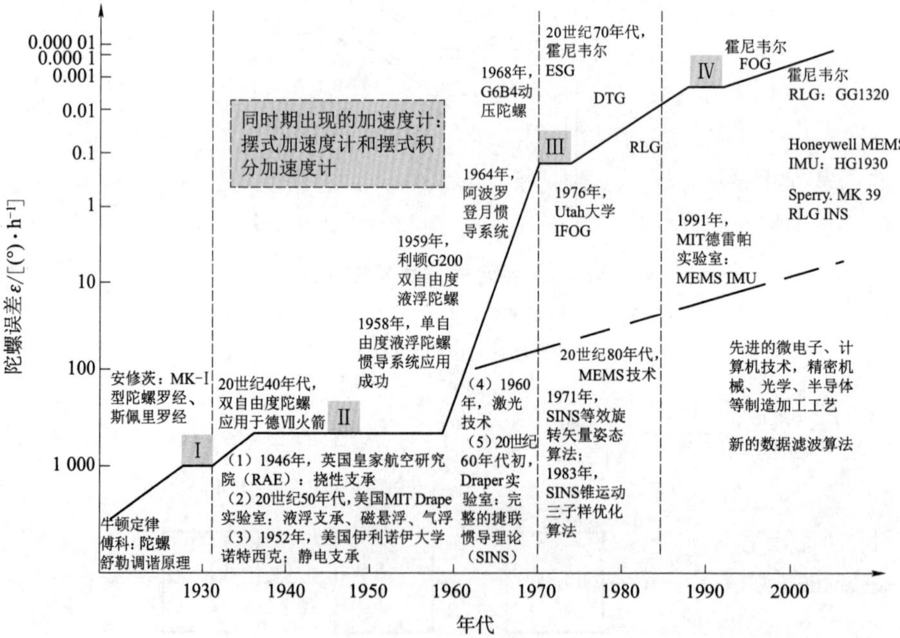

图 1-10　惯性技术发展历程

第一代惯性技术指 1930 年以前的惯性技术。1687 年牛顿三大定律的确立成为惯性导航的理论基础；1852 年傅科（Leon Foucault）提出陀螺的定义、原理及应用设想；1908 年由安修茨（Hermann Anschütz -Kaempfe）研制出世界上第一台摆式陀螺罗经，1910 年舒勒（Max Schuler）提出了调谐原理。第一代惯性技术奠定了整个惯性导航发展的基础。

第二代惯性技术开始于 20 世纪 40 年代火箭发展的初期，其研究内容从惯性仪表技术发展扩大到惯性导航系统的应用。首先是惯性技术在德国 V－Ⅱ火箭上的第一次成功应用。20 世纪 50 年代中后期，研制出 0.5 n mile/h（1 n mile＝1.852 km）的单自由度液浮陀螺平台惯导系统并成功应用。1968 年，漂移约为 0.005 °/h 的 G6B4 型动压陀螺研制成功。这一时期，还出现了另一种惯性传感器——加速度计。在技术理论研究方面，为减少陀螺仪表支承的摩擦与干扰，挠性、液浮、气浮、磁悬浮和静电等支承悬浮技术被逐步采用。1960 年，激光技术的出现为今后激光陀螺的发展提供了理论支持。在这一阶段末期，捷联式惯性导航理论研究趋于完善。

第三代惯性技术发展阶段为 20 世纪 70 年代初期，出现了一些新型陀螺、加速度计和相应的惯性导航系统。其研究目标是进一步提高 INS 的性能，并通过多种技术途径来推广和应用惯性技术。这一阶段的主要陀螺包括：静电陀螺、动力调谐陀螺、环形激光陀螺、干涉式光纤陀螺等。ESG 的漂移可达 10^{-4}°/h；DTG 的体积小、结构简单，随机漂移可达 0.01°/h 量级；基于萨格纳克干涉效应的 RLG 和捷联式激光陀螺惯导系统在民航方面得到应用，导航精度可达 0.1 n mile/h。除此之外，超导体陀螺、粒子陀螺、音叉振动陀螺、流体转子陀螺及固态陀螺等基于不同物体原理的陀螺仪表相继设计成功。20 世纪 80 年代，伴随着半导体工艺的成熟和完善，开始采用微机械结构和控制电路工艺制造的微机电系统。

当前，惯性技术正处于第四代发展阶段，其目标是实现高精度、高可靠性、低成本、小型化、数字化、应用领域更加广泛的导航系统。一方面，陀螺的精度不断提高，漂移量可达 10^{-6}°/h；另一方面，随着 RLG、FOG、MEMS 等新型固态陀螺的逐渐成熟，以及高速大容量的数字计算机技术的进步，SINS 在低成本、短期中精度惯性导航中呈现出取代 PINS 的趋势。目前，国际上的 SINS 正向高精度和低成本两个方向发展。根据美国 Draper 国家实验室对陀螺发展趋势的预测，到 2020 年世界主流的 SINS 将会有两种：一种是基于高精度干涉光纤陀螺的 SINS；另外一种是基于低成本的 MEMS/MOEMS（Micro-Opto-Electro-Mechanical Systems，微光机电）陀螺的 SINS。

1.1.2 光学自主导航

早在20世纪60年代，国外就开始了深空探测自主导航技术的研究工作，并逐步在深空探测任务中进行试验和应用。随着星载计算机、敏感器和执行部件性能、可靠性的不断提高，在越来越多的深空探测任务中成功应用了自主导航技术，具备了自主导航功能，为提高深空探测航天器生存能力提供了重要保障，到目前，深空探测主要的自主导航方式为光学自主导航。光学自主导航的工作原理是以目标天体或者运行轨道附近的一些已知星历的天体作为导航星，然后规划和处理观测到的天体光学图像，再利用已知的天体信息，确定航天器的位置和速度以及姿态信息。光学自主导航的关键技术则包括：导航天体选取与规划、光学导航敏感器技术、导航信息的获取与处理技术、导航滤波算法等。影响光学自主导航精度的因素主要有：状态先验知识、未建模加速度、敏感器指向误差、测量频率、导航星的星历误差、测量随机噪声以及其他系统误差等。

1. 深空探测任务中的光学自主导航

光学自主导航技术在深空探测中的第一次应用可以追溯到20世纪60年代。Battin等人就提出了星际航天器自主导航理论，即通过测量已知天体（如太阳、地球、月球等）与遥远恒星视线之间的夹角，结合这些天体的星历，解算出航天器的位置。1968年发射的“阿波罗8号”飞船应用了这一理论，将六分仪作为自主导航系统的光学敏感器，第一次验证了航天器自主导航的可行性。“阿波罗8号”的六分仪是一种双视线28倍率窄视场的角度测量装置，用于测量地球或者月球相对恒星的视线夹角。根据几何关系可以确定飞船的空间位置。由于受当时技术的限制，单纯依靠角测量获得的位置解算精度并不太高，因此自主导航仅作为地面测控的补充，用于确认轨道安全，并在地面不能向飞船提供导航支持的情况下为飞船返回地球提供支持。后来的一系列载人“阿波罗”登月任务，地月转移段都利用自主天文导航作为地面导航的备份，月面着陆和上升交会段都采用了自主导航和控制技术。

1971年5月美国发射的第一颗火星探测器“水手9号”利用星载光学系统拍摄带有恒星背景的火星天然卫星（Phobos和Deimos）图像进行自主导航。事后的飞行评估结果表明，“水手9号”获得的光学观测数据比预先设想的精度要高，仅利用这些观测数据就能完成火星入轨阶段的导航任务。

1994年1月，美国发射的“克莱门汀”月球探测器（Clementine）利用两个星跟踪仪自主确定探测器的姿态，具有自主操作功能。原打算利用成像敏感器获取的地/月图像和惯性姿态进行地月转移和环月自主导航试验。由于探测器故障，仅在地面利用敏感器图像数据进行了导航计算。

1998年10月24日，美国发射的“深空一号”探测器第1次成功地在轨验证了真正的深空探测自主导航与控制系统。在巡航段验证了基于导航相机获取小行星和背景恒星图像的自主导航方法，导航的位置精度为250 km左右，速度精度为0.5 m/s左右，满足巡航段对导航精度的要求。在接近和飞越小行星或彗星段利用了基于目标天体图像的自主导航技术。其自主导航与控制系统能够自主地进行拍照序列规划、图像处理和分析、轨道确定、星历修正、轨道修正和姿态机动。

1999年2月，美国发射的“星尘”探测器于2004年1月利用光学自主导航技术飞越了“Wild-2”彗星并完成了对彗星的采样任务，并于2006年返回地球。“星尘”号在飞越“Wild-2”时，它与彗星的最近距离要求为120～150 km，并且飞越时间只有几分钟。由于距离地球遥远，无法依靠地面测控导航，因此在飞越过程中，“星尘”号利用中心提取技术处理拍摄到的彗星图像，得到彗星中心点，结合姿态确定系统和滤波技术，完成了飞越过程中的航天器实时自主导航。“星尘”号于2011年2月14日飞越“Tempel 1”彗星时，也使用了光学自主导航技术。

2003年5月，日本发射的“隼鸟”探测器实现了人类首次从小行星采样返回任务。在“隼鸟”号与“Itokawa”小行星交会和附着的过程中，利用光学导航敏感器、雷达测距仪、激光测距仪，并和预先投掷的导航路标进行通信，成功实现了自主附着任务。

2003年9月，欧空局的“Smart-1”发射升空进行深空自主导航试验，将在轨获取的自主导航系统观测数据返回地面处理。试验利用导航相机对确定的导航天体进行拍照，结合图像信息与探测器的姿态信息，确定导航天体的视线方向，再输入到导航滤波器中估计出探测器的轨道。

2004年3月，欧空局发射的“罗塞塔”探测器和它所携带的着陆器均采用了自主控制技术。其中自主控制软件能够在远离地球（通信延迟0.5 h）的情况下进行自主决策和控制，保证探测器的正确运行。为了确保探测器安全，在着陆彗核阶段采用了自主制导、导航和控制，通过处理星载相机和雷达的测量信息确定探测器的轨道，并自主完成轨道控制。

2005年1月，美国发射的“深度撞击”探测器（Deep Impact）完成了与彗星交会、撞击的任务，验证了接近撞击彗星的自主导航与控制技术。撞击器部分继承与发展了“深空一号”的自主导航和控制系统，利用导航敏感器对目标彗星拍摄的图像和姿态信息，实现了撞击彗星前两小时以内的自主导航和控制。

2005 年 8 月，美国国家航空航天局（National Aeronautics and Space Administration，NASA）发射的“火星勘测号”探测器携带了一个试验型导航相机，在接近火星的过程中对火星的两颗天然卫星拍照，利用这两颗卫星的图像和星历信息，实现了自主导航，获得比地面测控精度更高的火星接近段导航精度，验证了未来火星着陆任务必需的高精度导航技术。

2. 不同飞行阶段的光学自主导航分析

根据探测器距离目标天体的远近，探测器与太阳、地球等大天体的相对关系，以及周边小天体分布的不同，各种探测器在不同的任务阶段具体选择的光学导航敏感器以及图像处理算法和导航方法也不尽相同。

1）自由飞行段的光学自主导航

在自由飞行段，探测器距离目标天体较远，无法对目标天体进行观测。因此这一阶段的导航星通常为飞行轨道附近的一些已知星历的天体。在一段时间内对导航星进行连续观测，可以根据导航星的星历信息，估计出探测器的轨道（和姿态）信息。美国的“深空一号”探测器利用小行星和背景恒星的光学测量信息及小行星和背景恒星的星历来确定自身的位置和速度。美国的“克莱门汀”探测器，在地月转移段利用导航敏感器获取的地球和月球图像，提取地心和月心的方向矢量，结合姿态和地月星历信息并利用卡尔曼滤波（Kalman Filter，KF）方法估计出探测器的轨道，但由于探测器发生故障，自主导航试验没有完成。欧空局的“Smart - 1”通过地面试验验证了这种基于光学成像的自主导航方法。

2）接近段的光学自主导航

在探测器接近目标天体阶段，目标天体的大小和亮度保证探测器的导航敏感器足以在其焦平面上成像，此时导航星可以选取为目标天体。利用导航敏感器连续对目标天体成像，提取目标天体的中心矢量信息，结合惯性姿态和目标天体星历就可以确定探测器相对目标天体的轨道和姿态。目标天体的中心点提取技术在美国的“旅行者”（Voyager）探测器与海王星和天王星相遇时进行了验证，并在此基础上将光学导航技术应用于“星尘”探测器与彗星接近阶段[17]。此外，接近段的光学导航技术也在“深空一号”上得到了应用。

3）环绕段的光学自主导航

在环绕目标天体段，探测器距离目标天体较近，所以能够利用导航相机获取清晰的目标天体图像。导航系统利用图像处理算法提取目标天体图像的边缘，然后根据绕飞飞行的特殊需要，对于大行星等球形天体，计算出目标天体的视半径和中心指向。对于不规则小天体，利用小天体边缘图像与预处理的目标小天体模型进行匹配，给出小天体的特征点信息，结合姿态信息输入滤波算法确定探测器的轨道。美国的“克莱门汀”探测器在环绕月球段采取的就是光学导航的方式，利用敏感器获取的月球图像得到月球的视半径和月心矢量，结合姿态信息利用滤波算法确定了探测器的轨道。

针对环绕段小天体自主导航的需求，美国 JPL 实验室发展了一种环绕小天体基于光学成像的自主导航方法，该方法利用宽视场相机获得的小天体边缘图像与预处理的目标小天体模型进行匹配后，利用加权最小二乘法实时确定探测器相对小天体中心的位置，然后将位置输入到导航滤波器中计算出探测器的轨道参数。

4）着陆或附着段的光学自主导航

在自主着陆或附着过程中，探测器相对目标天体的距离更近。为了能够准确识别目标天体的表面情况，选择安全着陆点，采用的光学导航相机往往视场较小、分辨率较高。日本宇宙与航空科学研究所（Institute of Space and Astronautical Science，ISAS）开发了着陆小行星的自主导航与制导技术，为了在不能详细了解着陆地点状态的小行星着陆，该机构提出了利用导航相机和激光测距的自主着陆小行星导航方法，该方法利用导航相机对着陆目标拍照，用激光仪测量探测器到小行星表面的距离，再通过滤波器获取探测器的位置和速度。日本的 Misu 等人提出了利用提取和跟踪特征点的方法来确定探测器与目标天体之间的相对位置和姿态的自主着陆小行星导航算法。美国 JPL 的 Johnson 等人提出了基于计算机视觉的自主着陆小行星导航算法。

通过以上分析不难看到，基于光学成像导航的深空探测自主控制技术在不同任务阶段根据不同任务的需要，采用了不同的方法和技术手段。在各个不同运行阶段，成像导航敏感器跟踪的目标不同，目标大小、距离、亮度和背景杂光的影响也不一样，这就给导航敏感器设计和图像处理算法造成了很大的困难，使得光学敏感器技术以及导航滤波算法和图像处理算法的研究成为深空探测航天器自主导航实现的关键。表 1-1 归纳了深空探测自主导航的候选方案。

1.1.3　脉冲星自主导航

基于 X 射线脉冲星的深空探测器自主导航是利用甚长基线干涉测量等手段确定脉冲星在太阳系质心坐标系中的位置单位矢量和 X 射线脉冲的标准到达时间，将其与深空探测器上携带的 X 射线探测器测得的脉冲星视线方向和实际到达时间相比较，采用适当的滤波算法，得到航天器的位置、速度和时间等导航信息。基于 X 射线脉冲星的导航同样可以实现姿态确定，其原理类似于基于光学相机的姿态确定。通过对脉冲星成像来得到它在探测器坐标系中的坐标，从而可以估计出视线矢量相对于探测器的方位信息。

表 1-1　深空探测自主导航的候选方案

深空任务段		自主导航任务	自主导航方案	导航敏感器配置	导航算法
转移段	日心转移	确定探测器相对日心的轨道	基于多颗小行星和背景恒星图像的深空自主导航方案	惯性测量单元、星敏感器和高精度的窄视场导航相机	导航小行星的选取与规划、图像处理、导航滤波、天体星历计算
	地月转移	确定探测器相对地心的轨道	基于地月图像信息的自主导航方案	惯性测量单元、星敏感器和导航相机	图像处理、导航滤波、天体星历计算
接近段		确定探测器相对目标天体的姿态和轨道	基于目标天体图像（天体中心/边缘/特征）的自主导航方案	惯性测量单元、星敏感器和导航相机	图像处理、导航滤波、天体星历计算
撞击段		确定探测器相对目标天体的姿态和轨道及撞击点信息	基于目标天体图像（天体中心/表面特征）的自主导航和预测制导方案	高精度的宽视场导航相机、星敏感器和惯性测量单元	图像处理、导航滤波、天体星历计算、机动制导计算
环绕段		确定探测器相对环绕天体的姿态和轨道	对于环绕大天体，采用基于目标天体图像/其他形式光学信息获取目标天体方向与视半径的自主导航方案；对于环绕小天体，采用基于目标天体图像（天体形心/边缘/特征）的自主导航方案	宽视场导航相机或其他适合目标天体特性的光学敏感器、星敏感器和惯性测量单元	敏感器数据处理（图像处理）和自主导航滤波算法
着陆或附着段		确定探测器相对着陆点的位置和速度及着陆区域的障碍	采用具有自主障碍检测功能的自主导航与控制方案	测距测速仪、惯性测量单元和高精度的宽视场导航相机及三维成像仪	自主障碍检测与安全着陆区域预测、高精度自主导航与控制算法

1. 脉冲星导航理论的研究历程

1974 年，美国喷气推进实验室首次提出了基于脉冲星的行星际探测器自主轨道确定方法，采用直径为 25 m 的天线接收脉冲星的射电信号可以实现 150 km 左右的定轨精度。但是由于射电信号微弱，故需要大型的天线，这对于一般的航天任务并不现实。另外脉冲星发射的可见光信号也非常微弱，而且数量极少，要利用可见光信号进行导航，需要在航天器上安装大型光学望远镜，这对于一般的航天任务而言也比较困难。

为了实现脉冲星导航，同时避免在航天器上安装大型设备，1981 年，美国通信系统研究所 Chester 和 Butman 提出了基于脉冲星的 X 射线信号实现航天器导航的方法。与脉冲星发射的可见光和其他射电信号不同，X 射线信号可以由小型设备进行检测，比较适合空间飞行器的使用要求。仿真研究表明，采用有效面积为 1 000 cm^2 的 X 射线探测器可获得约 150 km 的定位精度。

1993 年，美国海军研究实验室（Naval Research Laboratory，NRL）的 Wood 博士设计了非常规恒星特征试验，提出了利用 X 射线源确定航天器的轨道和姿态以及利用 X 射线脉冲星进行时间保持的方法。斯坦福大学的 Harson 博士针对非常规恒星特征试验进行了深入细致的研究，提出了基于 X 射线源的航天器姿态测量算法和时间保持锁相环路设计方案。

2004 年，欧空局的报告分析了脉冲星导航的基本原理和脉冲星信号模型，阐述了系统可工程实现性。美国马里兰大学的 Sheikh 等做了很多卓有成效的工作，他建立了一个导航 X 射线源数据库，借鉴已有的脉冲星计时模型，给出了考虑视差、Shapiro 延迟、Romer 延迟的脉冲到达时间（TOA）转换模型。结果表明，采用面积为 0.1 m^2 的 X 射线探测器，航天器定位精度可达 2 km；同时，Sheikh 通过对某颗脉冲星的时间模型进行分析指出，利用该脉冲星进行导航，理论上可以获得约 300 m 的定位精度。2007 年，Graven 分析了 X 射线脉冲星导航的系统误差。从物理背景出发，将该导航系统的误差因素分为敏感器误差、信号源测量误差、信号源模型误差、航天器系统误差、其他模型误差等类别，并初步分析了脉冲相位误差对测量信息的影响。Emadzadeh 研究了基于 X 射线脉冲星的相对导航方法，分析了速度误差对信号时延估计的影响。

国内也有学者对 X 射线脉冲星自主导航进行了大量深入的研究，讨论了脉冲星自主导航的基本框架，分析了影响脉冲星导航的关键技术和精度影响因素，在星历误差修正和星钟误差校正等方面取得了不错的成果。

X 射线脉冲星导航涉及的关键技术有脉冲星的巡天观测与数据处理技术、脉冲到达时间测量与误差修正技术、X 射线探测器与微弱信号处理技术、导航定位时空基准的建立与维持技术以及自主导航信息处理的鲁棒滤波技术等。

脉冲星导航的主要误差来源于时间测量的不确定性，包括脉冲星的发射噪声、传播噪声、宇宙背景噪声、信号接收器噪声、当地时间噪声、时间量化噪声、脉冲形状不确定性、脉冲周期不确定性及脉冲相位误差等。该方法的优点是在提供导航信息的同时还可提供时间基准，不足之处在于目前 X 射线脉冲星的数目较少，且测量精度无法保证。

2. 脉冲星导航科学研究计划或任务

1999 年，作为 USA 实验平台的 ARGOS 卫星发射升空，该卫星上安装了有效面积为 1 000 cm^2 的 X 射线望远镜，能够精确记录能量范围为 1～15 keV 光子的到达时间。ARGOS 卫星及上面安装的 X 射线探测器如图 1-11 所示。

图 1-11　ARGOS 卫星及上面安装的 X 射线探测器

2004 年，美国国防高级研究项目局（Defense Advanced Research Projects Agency，DARPA）开始招标，准备分三期资助“基于 X 射线源的卫星自主导航（XNAV）研究”，内容包括：X 射线脉冲星特性研究、X 射线探测器开发、脉冲星导航算法以及空间系统设计 4 个部分。该项目的目标是实现脉冲星角位置测定偏差小于 0.000 1 角秒、X 射线探测器有效面积小于 1.0 m^2、光子到达时间测量精度达到 1～10 ns、脉冲星导航定位精度优于 100 m 的技术指标，为航天器提供高可靠性的定位、姿态测量和授时服务。2005 年，以 Ball 宇航公司为牵头单位的项目组得到了该项目资助。

脉冲星导航要达到在轨应用水平，需要重点解决 X 射线探测器小型化和工程化、脉冲到达时间精确提取、高保真度地面模拟和在轨演示试验等一系列关键问题，并通过长期在轨观测建立精确的 X 射线脉冲星星表、辐射信号轮廓和计时模型。2011 年，NASA 的戈达德空间飞行中心联合美国大学空间研究联合会启动了“空间站 X 射线计时与导航技术试验”(Station Explorer for X-ray Timing and Navigation Technology，SEXTANT)项目。如图 1-12 所示，SEXTANT 项目将使用嵌套式聚焦镜头和硅漂移成像器件，利用毫秒脉冲星作为导航信号源进行定轨演示，目标是在高动态的近地轨道上，通过 2 周的观测，获得优于 10 km 的定轨精度。SEXTANT 的中子星内部组成探测器（Neutron Star Interior Composition Explorer，NICER）于 2017 年 6 月 3 日由 SpaceX 的“猎鹰 9 号”火箭发射并安装在空间站上，所得数据将用于 X 射线脉冲星导航的性能分析和关键技术攻关。

图 1-12　SEXTANT 项目 X 射线脉冲星导航敏感器示意图

我国目前正在积极开展基于 X 射线脉冲星的在轨观测和导航验证研制工作。2016 年 11 月 10 日，我国发射了首颗脉冲星试验卫星“XPNAV-1”，用于验证星载脉冲星探测器的性能指标和空间环境适应性，积累在轨实测脉冲星数据。2017 年 6 月 15 日，作为我国的首颗大型 X 射线天文卫星，硬 X 射线调制望远镜（Hard X-ray Modulation Telescope，HXMT）发射升空。HXMT 可以进行宽波段大天区 X 射线巡天成像，也可以积累实测脉冲星数据，为实现脉冲星导航积累经验。

1.2 多源信息融合技术

1.2.1 多源信息融合的定义

对多源信息融合的研究始于20世纪70年代美国对军事现代化C^3I(Command, Control, Communication & Intelligence)系统自动数据融合的研究，并在各种武器平台上得到了广泛应用。1973年，美国研究机构在国防部的资助下，最早开展了现代信息融合理论方面的研究工作。20世纪80年代初，美国DARPA提出“联合战术合成计划”，并成功开发了情报与电子战方面第一个实用性的信息融合系统——全源分析敌情关联系统。1988年，美国国防部把信息融合技术列为20世纪90年代重点研究发展的关键技术之一。此外，其他国家也都加强了信息融合方面的研究工作，并取得了大量的研究成果，研制出战场利用与目标截获系统、战术指挥控制系统等多个军用信息融合系统。信息融合技术发展至今经历了40余年，但对于它的定义仍然有着多种不同的说法。目前被普遍接受的定义是1991年由美国实验室理事联合会(Joint Directors of Laboratory, JDL)提出的，具体如下：

定义1：信息融合技术是一种多层次、多方面的处理过程，即把多个传感器和信息源的数据信息加以联合、相关和合并，获得对实体目标位置和身份的精确估计，以及对战场态势和威胁的完整评估。

也有专家认为信息融合还可以给出以下几种不同的定义。

定义 2：信息融合就是从多种信息源如传感器、数据库、知识库和人类本身来获取有关信息，并进行滤波、相关和集成，从而形成一个表示构架，这种构架适合于获得有关决策、解释信息、达到系统目标（如识别或跟踪运动目标）、传感器管理和系统控制等。

定义 3：多源信息融合主要是利用计算机进行多源信息处理，从而得到可综合利用信息的理论和方法，其中也包含对自然界人和动物大脑进行多传感器信息融合机理的探索。

定义 4：利用计算机技术，对按时序获得的若干传感器（含软传感）的观测信息在一定准则下加以自动分析、优化综合，以完成所需的决策和估计任务而进行的信息处理过程。

1.2.2　多源信息融合的模型

多源信息融合的模型包括 JDL 模型、Dasarrathy 模型、Boyd 控制环模型、瀑布模型和混合模型等。其中 JDL 模型最受关注，几经修改面向数据融合的模型如图 1-13 所示，已被越来越多的实际系统所采用。

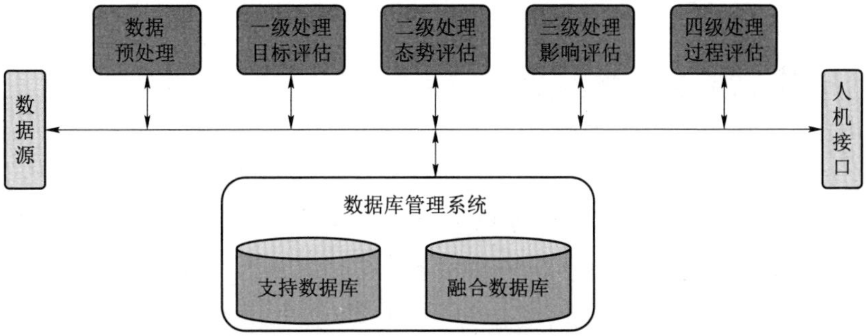

图 1-13　JDL 数据融合的模型

在该处理模型中，包括如下几种处理过程。

第一级处理为目标评估（Object Assessment），主要功能包括数据配准、数据关联、目标位置和运动学参数估计，以及属性参数估计、身份估计等，其结果为更高级别的融合过程提供辅助决策信息。

第二级处理为态势评估（Situation Assessment），是对整个态势的抽象和评定。其中，态势抽象就是根据不完整的数据集构造一个综合的态势表示，从而产生实体之间一个相互联系的解释。而态势评定则关系到对产生观测数据和事件的态势的标识和理解。态势评定的输入包括事件检测、状态估计以及为态势评定所生成的一组假设等。态势评定的输出在理论上是所考虑的各种假设的条件概率。

第三级处理为影响评估（Impact Assessment），它将当前态势映射到未来，对参与者设想或预测的行为影响进行评估。

第四级处理为过程评估（Process Assessment），它是一个更高级的处理阶段。通过建立一定的优化指标，对整个融合过程进行实时监控与评价，从而实现多传感器自适应信息的获取和处理，以及资源的最优分配，以支持特定的任务目标，并最终提高整个实时系统的性能。

1.2.3 多源信息融合的分类

多源信息融合有很多种分类标准，下面对按照融合技术、融合结构以及融合目的进行分类的标准加以阐述。

按照融合技术分类，多源信息融合技术可以分为**假设检验型信息融合技术、滤波跟踪型信息融合技术、聚类分析型信息融合技术、模式识别型信息融合技术、人工智能型信息融合技术**等。其中，假设检验型信息融合技术是以统计假设检验原理为基础，信息融合中心选择某种最优化假设检验判决准则执行多传感器数据假设检验处理，以获取综合的相关结论；滤波跟踪型信息融合技术是将卡尔曼滤波（或其他滤波）航迹相关技术由单一传感器扩展到多个传感器组成的探测网，用联合卡尔曼滤波相关算法执行多传感器滤波跟踪相关处理；聚类分析型信息融合技术是以统计聚类分析或模糊聚类分析原理为基础，在多目标、多传感器大量观测数据样本的情况下，使来自同一目标的数据样本自然聚集、来自不同目标的数据样本自然隔离，从而实现多目标信息融合；模式识别型信息融合技术是以统计模式识别或模糊模式识别原理为基础，在通常的单一传感器模式识别准则基础上建立最小风险多目标多传感器模式识别判决准则，通过信息融合处理自然实现目标分类和识别；人工智能型信息融合技术将人工智能技术应用于多传感器信息融合，对于解决信息融合中的不精确、不确定信息有着很大的优势，因此成为信息融合的发展方向。智能融合方法可分为基于专家系统的融合方法、基于神经网络的融合方法、基于生物基础的融合方法和基于模糊逻辑的融合方法等。

按照融合结构分类，多源信息融合技术可以分为**集中式、分布式和混合式**三大类。

在集中式信息融合结构中，每个传感器获得的观测数据都不加分析地传送给上级信息融合中心。信息融合中心借助一定的准则和算法对全部初始数据执行联合、筛选、相关和合成处理，一次性地提供信息融合结论输出。

在分布式信息融合结构中，每个传感器都先对元素观测数据进行初步分析处理，做出本地判决结论，只把这种本地判决结论及其有关信息，或经初步分析认定可能存在某种结论但又不完全可靠的结论及其有关信息，向信息融合中心呈报；然后由信息融合中心在更高层次上集中多方面数据做进一步的相关合成处理，获得最终判决结论。

集中式信息融合方案的优点是数据全面，无信息丢失，最终判决结论置信度高，但数据量大，对传输网络要求苛刻，信息处理的时间较长，影响系统响应能力。相比之下，分布式信息融合方案需传送的数据量要少得多，对传输网络的要求可以放松，信息融合中心的处理时间可以缩短，响应速度可以提高。

混合式融合结构同时包含集中式和分布式融合结构，它保留了这两种结构的优点，但是在通信和计算上要付出比较昂贵的代价。但是此类系统也有上述系统难以比拟的优点，在实际场合中得到了广泛的应用。

按照融合目的的不同，多源信息融合技术可以分为**检测融合（Detection Fusion）**、**估计融合（Estimation Fusion）**和**属性融合（Attribution Fusion）**三大类。其中检测融合是将来自不同传感器的观测数据或判决结果进行综合，从而形成一个关于统一环境或者事件的更全面、更准确的判决。检测融合的主要目的是利用多传感器进行信息融合处理，可以消除单个或者单类传感器检测的不确定性，提高检测系统的可靠性，获得对检测对象更准确的认识。

估计融合研究在估计未知量的过程中，如何最佳地利用多个数据集合中所包含的有用信息。这些数据集合通常来自多个信息源，大多数情况下是来自多个传感器的信息。

属性融合是利用多传感器检测信息对目标的属性和类型进行判断。

1.2.4　多源信息融合的方法

多源信息融合的方法可以分为信号处理与估计方法、统计推断方法、信息论方法、决策论方法、人工智能方法和几何方法。

信号处理与估计方法包括用于图像增强与处理的小波变换技术，加权平均、最小二乘、卡尔曼滤波等线性估计方法，以及扩展卡尔曼滤波（Extended Kalman Filter，EKF）、粒子滤波（Particle Filter，PF）、无迹卡尔曼滤波（Unscented Kalman Filter，UKF）等非线性估计方法和多模型自适应估计方法。

统计推理方法包括经典推理、Bayes 推理、证据推理以及随机集理论和支持向量机理论等。

信息论方法运用优化信息度量的手段融合多源数据，从而获得问题的有效解决。典型算法有熵方法、最小描述长度方法（Minimum Description Length，MDL）等。

决策论方法往往用于高级别的决策融合，比如借助决策论方法融合可见光、红外以及毫米波雷达，用于报警分析。

人工智能方法包括模糊逻辑、神经网络、遗传算法、基于规则的推理以及专家系统、逻辑模板法、品质因数法（FOM）等，在信息融合领域的运用也取得了一定的成果。

几何方法通过充分探讨环境以及传感器模型的几何属性来达到多传感器信息融合的目的。

1.3　航天器多源信息融合自主导航技术

1.3.1　研究应用与进展

由于自主导航本质上是状态估计，因此多源信息融合自主导航属于 JDL 模型的目标评估（见图 1-13）范畴。如果以融合目的为分类标准，则多源信息融合自主导航属于估计融合范畴。

多源信息融合的自主导航技术在实际深空探测任务中得到了具体的应用。由表 1-1 可以看出，由于同时配置了惯性测量单元（IMU）和光学敏感器，深空探测任务中的自主导航实际上都是多源信息融合自主导航，但是由于习惯，故仍称为光学自主导航。此外，在深空转移段仅利用光学敏感器对不同的小行星进行观测的自主导航方式，也可以看作在不同时段对不同的光学路标进行观测的融合自主导航。对于我国的深空探测任务而言，“嫦娥三号”着陆器利用惯性和测速测距融合自主导航技术实现了月球表面的软着陆。

美国目前正在研制适合深空探测定位系统（Deep Space Positioning System，DPS）的融合导航敏感器。该敏感器由 IMU、广角相机和窄角相机组成，其中 IMU 可以用来测量动力飞行段的加速度和角速度，广角相机能提供更为广阔的视野，而窄角相机能在离目标天体很近时提供高分辨率图像，这几个敏感器组合在一块实现了优势互补。我国也研制了日地月一体化敏感器及大视场、大动态范围光学敏感器，其中日地月一体化敏感器能够实现对太阳、地球和月球的观测，大视场、大动态范围光学敏感器具备实现中心天体与恒星同时观测的能力。

此外，不少学者对深空探测的融合自主导航方法进行了研究，比如惯性和脉冲星融合自主导航、光学和脉冲星融合自主导航以及融合多个光学目标信息的自主导航等。

1.3.2 必要性和优势

深空探测的目标天体距离地球远，仅靠地面测控无论是导航精度还是实时性都难以满足深空探测器的实际需要，因此必须发展自主导航技术。对于深空探测任务而言，任务的多样性和高度自主性决定了多源信息融合自主导航技术成为发展的必然趋势。典型的深空探测任务至少包括地球分离段、转移段和接近段三个飞行阶段，此外还有可能包含环绕段、进入下降着陆段、撞击段等。如果采取单一的自主导航方式，显然无法在时间覆盖性和空间覆盖性上满足要求。未来的深空探测任务必然朝着高度自主的方向发展，这意味着星上能够进行自主故障检测、隔离和恢复（Fault Detection Isolation Recovery，FDIR）。要实现 FDIR，信息的冗余必不可少，这也决定了必须研究和发展多源信息融合的自主导航技术。

综上所述，相对单一的敏感器及单一观测目标的自主导航技术，基于多源信息融合的自主导航技术有着很大的优势。

1. 增强信息冗余性

采用多源信息可以获得对环境和对某一个特征信息的冗余表达。此外，对于多个敏感器而言，当某个敏感器失效时，多个敏感器提供的冗余信息可以排除故障，提高系统的鲁棒性。

2. 扩展时间覆盖性

多个敏感器的协同作用提高了检测概率，因为某个敏感器在某个时间段上可能探测到其他敏感器在该时间段不能顾及的目标或事件。此外，多个敏感器系统的并行运行特性，可使信息获取的速度倍增。

3. 扩展空间覆盖性

多个交叠覆盖的敏感器作用区域，扩展了空间覆盖范围，因为一种敏感器有可能探测到其他敏感器探测不到的地方。此外，在不同的空间范围内对不同目标进行观测，在一定程度上也扩展了空间覆盖性。

4. 减少信息获取成本

从表面上看，似乎多个敏感器系统要比单个敏感器系统昂贵，但对于获取同等的信息而言，用单个敏感器实现往往要耗费更多。

1.4 本书内容概要

本书重点论述了多源信息融合自主导航涉及的估计理论及其在深空探测转移、接近环绕和着陆任务中的应用。图 1-14 给出本书的组织结构和技术路线图。全书共 13 章，分为理论篇（第 2～4 章）、应用篇（第 5～12 章）以及绪论（第 1 章）和发展展望（第 13 章）四部分。此外，本书还在附录部分给出了所涉及的基础知识、缩略语及数学术语。

第 1 章为绪论，介绍航天器多源信息融合自主导航的基本概念，对深空探测航天器自主导航及多源信息融合理论进行了梳理和归纳，对多源信息融合自主导航技术研究应用与进展、必要性和优势进行介绍，并对全书的主要内容进行概括。

第 2 章为估计理论。估计理论是理解自主导航算法的基础。在这一章，首先给出估计算法的定义和评价标准，介绍几种常用的最优估计方法，并给出这些估计算法在特殊情况下的解析公式；然后在此基础上对动态系统的估计算法进行扩展和论述。

第 3 章为融合算法。首先对几种常用的估计融合结构进行探讨，接下来讨论线性融合模型和算法，介绍线性统一模型、统一模型下的融合算法以及分布式融合中的协方差交叉方法；然后介绍动态系统的融合导航滤波算法，这些融合算法构成多源信息融合自主导航系统的核心算法。

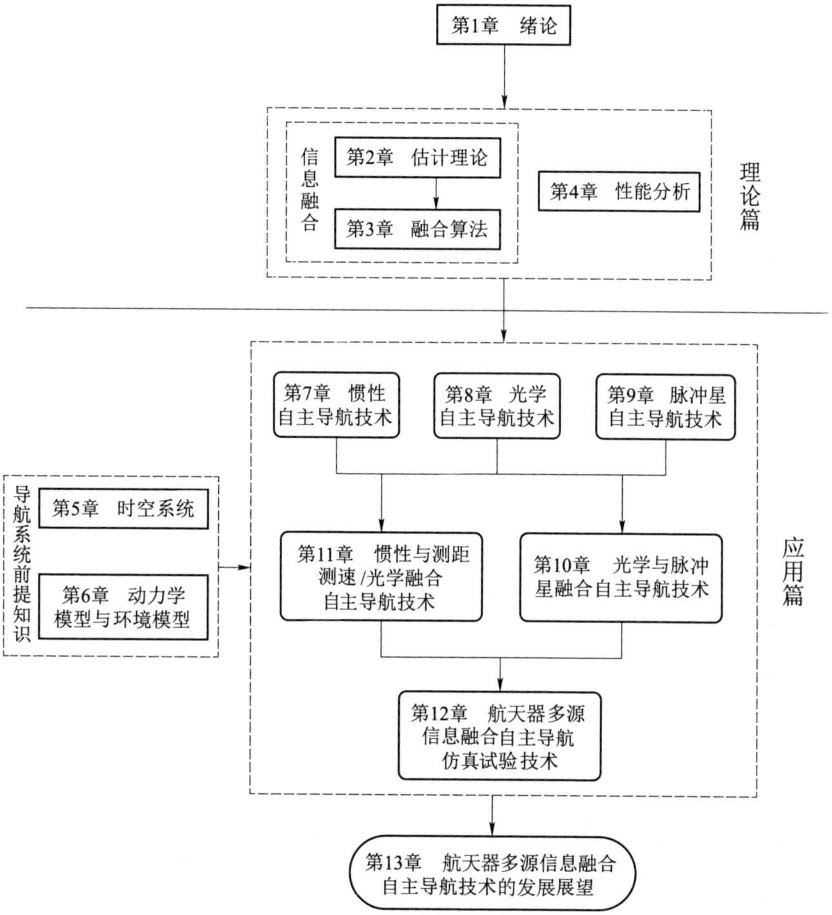

图 1-14　本书组织结构和技术路线图

第 4 章为性能分析。首先给出线性系统和非线性系统的可观性分析方法，然后针对自主导航系统，给出对应的可观度分析方法；接下来介绍蒙特卡洛方法和线性协方差分析技术，以用于对导航系统性能进行定量的评估。

第 5 章为时空系统。时空系统是描述导航状态的前提，没有时空概念的导航描述毫无意义。这一章首先给出时间定义，接下来给出参考坐标系定义以及坐标系变换，最后给出导航天体的星历计算方法。

第 6 章为动力学模型与环境模型，包括航天器轨道动力学模型、航天器姿态运动学模型、天体表面模型和引力场模型。

第 7 章为惯性自主导航技术。首先给出陀螺和加速度计的测量方程，然后介绍捷联惯性导航系统的微分方程、外推方程、多子样补偿算法和误差模型，接着介绍惯性器件标定及误差补偿方法，最后举例说明惯性自主导航技术在航天器上的应用。

第 8 章为光学自主导航技术。首先介绍光学自主导航原理、光学成像敏感器以及不同类型的光学导航路标选取标准；然后对光学自主导航的测量方程进行分类和归纳，分析光学自主导航的几何可观性，研究基于几何可观性分析的最优路标规划；然后给出光学自主导航的批处理和卡尔曼滤波算法实施流程；最后以深空转移、接近和环绕段为背景介绍光学自主导航的仿真结果。

第 9 章为脉冲星自主导航技术。首先对脉冲星自主导航原理、方案和流程等基本概念进行介绍，总结归纳脉冲星自主导航的关键技术以及误差源；接下来分别给出备选导航脉冲星的选取标准和选取结果；然后介绍不同轨道段的脉冲星自主导航测量方程，研究了几何定轨算法、动力学定轨算法和最优导航脉冲星规划算法；最后以深空转移、接近和环绕段为背景对相关技术进行了仿真验证。

第 10 章为光学与脉冲星融合自主导航技术。首先对光学自主导航和脉冲星自主导航进行了简单回顾；然后分析了几何和动态可观性，给出导航路标规划算法；接下来研究光学与脉冲星自主导航的系统误差修正和融合自主导航算法；最后分别以深空转移段、接近段和环绕段为背景，对光学与脉冲星融合自主导航技术进行了仿真验证。

第 11 章为惯性与测距测速/光学融合自主导航技术。这一章研究惯性与测距测速/光学融合自主导航技术在月球软着陆任务中的应用。首先介绍软着陆飞行过程、软着陆自主导航系统的组成及工作流程，给出了测距、测速和光学敏感器的测量方程；然后分别对 IMU＋测速测距修正、IMU＋光学修正的自主导航系统进行可观性分析，并基于卡尔曼滤波框架，研究给出惯性融合自主导航方法；最后介绍月球软着陆的惯性融合自主导航仿真结果及“嫦娥三号”着陆器的飞行结果。

第 12 章为航天器多源信息融合自主导航仿真试验技术。首先给出以深空转移、接近和环绕段为背景的光学与脉冲星融合自主导航仿真试验技术；然后以月球软着陆悬停、避障和缓速下降段为背景，给出惯性与测距测速融合自主导航的仿真试验技术。

第 13 章是航天器多源信息融合的导航技术的发展展望，从航天器多源信息融合自主导航方案、信息融合技术和融合自主导航敏感器三个方面，介绍未来的研究方向和发展策略。

参 考 文 献

[1] 王大轶，魏春岭，熊凯. 航天器自主导航技术 [M]. 北京：国防工业出版社，2017.

[2] 王大轶，黄翔宇，魏春岭. 基于光学成像测量的深空探测自主控制原理与技术 [M]. 北京：中国宇航出版社，2012.

[3] 以光衢. 惯性导航原理 [M]. 北京：航空工业出版社，1987.

[4] 杨立溪. 惯性技术手册 [M]. 北京：中国宇航出版社，2013.

[5] 秦冬黎. 一种球形气浮气动陀螺仪的设计方法及误差分析研究 [D]. 哈尔滨：哈尔滨工业大学，2009.7.

[6] 张天光，王秀萍，王丽霞. 捷联惯性导航技术 [M]. 北京：国防工业出版社，2007.

[7] O. J. Woodman. An introduction to inertial navigation [R]. Cambridge: University of Cambridge, 2007.

[8] 张炎华，王立端，战兴群，等. 惯性导航技术的新进展及发展趋势 [J]. 中国造船，2008，49 (B10)：134 - 144.

[9] 王大轶，黄翔宇. 深空探测自主导航与控制技术综述 [J]. 空间控制技术与应用，2009，35 (3)：6 - 12.

[10] 李俊峰，崔文. 深空探测自主导航技术综述 [J]. 力学与实践，2012，34 (2)：1 - 9.

[11] 张晓文. 深空探测航天器转移轨道段的自主导航与控制方法研究 [D]. 北京：北京控制工程研究所，2009.

[12] R. H. Battin. An introduction to the mathematics and methods of astrodynamics [M]. New York: American Institute of Aeronautics Astronautics, 1999.

[13] T. C. Duxbury, G. Born, N. Jerath. Viewing Phobos and Deimos for navigating Mariner 9 [J]. Journal of Spacecraft and Rockets, 1972, 11 (4): 215 - 222.

[14] P. Regeon, R. Chapman, R. Baugh. CLEMENTINE: "The deep space program science experiment" [J]. Acta Astronautica, 1995, 35 (1): 307 - 321.

[15] J. Riedel, S. Bhaskaran, S. Desai, et al. Deep space 1 technology validation report: Autonomous optical navigation [R]. Pasadena: Jet Propulsion Laboratory, 2000.

[16] S. Bhaskaran, S. Desai, P. Dumont, et al. Orbit determination performance evaluation of the deep space 1 autonomous navigation system [C]// AAS/AIAA Spaceflight Mechanics Meeting. Monterey: AIAA, 1998, 1-20.

[17] S. Bhaskaran, J. E. Riedel, S. P. Synnott. Autonomous nucleus tracking for comet/asteroid encounters: The Stardust example [C]// IEEE Aerospace Conference. Snowmass: IEEE, 1998, 353-365.

[18] T. Kubota, T. Hashimoto, J. Kawaguchi, et al. Navigation, guidance and control of asteroid sample return spacecraft: MUSES-C [C]//Proceedings of the 4th ESA International Conference. Noordwijk: ESA, 2000, 511-516.

[19] A. Marini, G. Racca, B. Foing. SMART-1 technology preparation for future planetary missions [J]. Advances in Space Research, 2002, 30 (8): 1895-1900.

[20] N. Mastrodemos, D. G. Kubitschek, S. P. Synnott. Autonomous navigation for the deep impact mission encounter with comet Tempel 1 [J]. Space Science Reviews, 2005, 117 (1): 95-121.

[21] K. a. J. Bernard, M. and Robert, D.. The deep space program science experiment mission (DSPSE) astrodynamics mission planning [C]// The 44th International Astronautical Federation Congress. Graz: IAF, 1993, 16-22.

[22] S. Bhaskaran, J. E. Riedel, S. P. Synnott. Demonstration of autonomous orbit determination around small bodies [C]// AAS/AIAA Astrodynamics Specialist Conference. Halifax: AIAA, 1995, 101-112.

[23] T. Kubota, T. Hashimoto, S. Sawai, et al. An autonomous navigation and guidance system for MUSES-C asteroid landing [J]. Acta Astronautica, 2003, 52 (2): 125-131.

[24] A. E. Johnson, Y. Cheng, L. H. Matthies. Machine vision for autonomous small body navigation [C]// IEEE Aerospace Conference. Big Sky: IEEE, 2000, 661-671.

[25] G. Downs. Interplanetary navigation using pulsating radio sources [R]. Pasadena: NASA, 1974.

[26] A. Shearer, A. Golden. Implications of the optical observations of isolated neutron stars [J]. The Astrophysical Journal, 2001. 547 (2): 967-989.

[27] T. Chester, S. Butman. Navigation using X-ray pulsars [R]. Pasadena: Jet Propulsion Laboratory, 1981.

[28] K. S. Wood. Navigation studies utilizing the NRL-801 experiment and the ARGOS satellite [C]// Proceedings of International Society of Optical Engineering. Orlando: SPIE, 1993, 105 - 117.

[29] J. E. Hanson. Principles of X-ray navigation [R]. Stanford: Stanford Linear Accelerator Center (SLAC), 2006.

[30] J. Sala Álvarez, A. Urruela Planas, V. Piera, et al. Feasibility study for a spacecraft navigation system relying on pulsar timing information [R]. Paris: European Space Agency, 2004.

[31] S. I. Sheikh. The use of variable celestial X-ray sources for spacecraft navigation [D]. Maryland: University of Maryland, 2005.

[32] P. Graven, J. Collins, S. Sheikh, et al. XNAV beyond the Moon [C]// Proceedings of ION 63rd Annual Meeting. Cambridge: ION, 2007, 424 - 431.

[33] A. A. Emadzadeh, J. L. Speyer. X-ray pulsar-based relative navigation using epoch folding [J]. IEEE transactions on Aerospace and Electronic Systems, 2011, 47 (4): 2317 - 2328.

[34] 帅平，李明，陈绍龙，等. X 射线脉冲星导航系统原理与方法 [M]. 北京：中国宇航出版社，2009.

[35] 帅平. 脉冲星，宇宙航行的灯塔 [M]. 北京：国防工业出版社，2016.

[36] 郑伟，王奕迪，汤国建，等. X 射线脉冲星导航理论与应用 [M]. 北京：科学出版社，2015.

[37] 杨廷高，南仁东，金乘进，等. 脉冲星在空间飞行器定位中的应用 [J]. 天文学进展，2007，25 (3)：249 - 261.

[38] 王奕迪. X 射线脉冲星信号处理与导航方法研究 [D]. 长沙：国防科技大学，2016.

[39] 熊凯. 基于脉冲星的空间飞行器自主导航技术研究 [D]. 北京：中国空间技术研究院，2008.

[40] 刘劲. 基于 X 射线脉冲星的航天器自主导航方法研究 [D]. 武汉：华中科技大学，2011.

[41] 李鹏飞. 基于 X 射线脉冲星的航天器自主导航技术研究 [D]. 哈尔滨：哈尔滨工业大学，2015.

[42] 熊凯，魏春岭，刘良栋. 鲁棒滤波技术在脉冲星导航中的应用 [J]. 空间

控制技术与应用，2008，34 (6)：8－11.

[43] J. Liu, J. Ma, J. W. Tian, et al. X-ray pulsar navigation method for spacecraft with pulsar direction error [J]. Advances in Space Research, 2010, 46 (11): 1409－1417.

[44] Y. Wang, W. Zheng, S. Sun, et al. X-ray pulsar-based navigation system with the errors in the planetary ephemerides for Earth-orbiting satellite [J]. Advances in Space Research, 2013, 51 (12): 2394－2404.

[45] Y. Wang, W. Zheng, S. Sun, et al. X-ray pulsar-based navigation using time-differenced measurement [J]. Aerospace Science and Technology, 2014, 36: 27－35.

[46] 褚永辉，李茂登，黄翔宇，等. 基于自适应滤波的脉冲星导航方法研究 [J]. 空间控制技术与应用，2015，41 (6)：8－12.

[47] 褚永辉. 基于X射线脉冲星的深空探测组合导航方法研究 [D]. 北京：中国空间技术研究院，2011.

[48] 孙守明，郑伟，汤国建. 基于X射线脉冲星同步定位/授时的可观性分析 [J]. 武汉大学学报·信息科学版，2011，36 (9)：1068－1072.

[49] D. Pines. ARPA/DARPA space programs [M]. Arlington: XNAV Industry, 2004.

[50] L. M. Winternitz, M. A. Hassouneh, J. W. Mitchell, et al. X-ray pulsar navigation algorithms and testbed for Sextant [C]//IEEE Aerospace Conference. Big Sky: IEEE, 2015, 1－14.

[51] A. N. Steinberg, C. L. Bowman, F. E. White. Revisions to the JDL data fusion model in Handbook of Data Fusion [M]. Florida: CRC Press, 1999.

[52] F. E. White. Data fusion lexicon [C]// Technical Panel for C3 in Joint Directors of Laboratories. San Diego: Naval Ocean Systems Center, 1991, 1－16.

[53] 韩崇昭，朱洪艳，段战胜. 多源信息融合 [M]. 北京：清华大学出版社，2006.

[54] 潘泉，王增福，梁彦，等. 信息融合理论的基本方法与进展（Ⅱ）[J]. 控制理论与应用，2012，29 (10)：1233－1240.

[55] O. Kessler, K. Askin, N. Beck, et al. Functional description of the data fusion process [R]. Warminster: Naval Air Development Center, 1992.

[56] D. L. Hall, J. Llinas. An introduction to multisensor data fusion [J]. Proceedings of the IEEE, 1997, 85 (1): 6－23.

[57] R. C. Luo, M. G. Kay. Multisensor integration and fusion for intelligent ma-

chines and systems [M]. Norwood: Ablex Publishing Corp, 1995.

[58] B. V. Dasarathy. Decision fusion [M]. Los Alamitos: IEEE Computer Society Press, 1994.

[59] C. B. Frankel, M. D. Bedworth. Control, estimation and abstraction in fusion architectures: Lessons from human information processing [C]// Proceedings of the Third International Conference on Information Fusion. Paris: IEEE, 2000, 6-19.

[60] M. Bedworth, J. O'Brien. The Omnibus model: a new model of data fusion? [J]. IEEE Aerospace and Electronic Systems Magazine, 2000, 15 (4): 30-36.

[61] 万江文，吴银锋，于宁. 多源测试信息融合 [DB/OL]. 北京航空航天大学，2015-11-12.

[62] 杨露菁，余华. 多源信息融合理论与应用 [M]. 北京：北京邮电大学出版社，2006.

[63] B. Khaleghi, A. Khamis, F. O. Karray, et al. Multisensor data fusion: A review of the state-of-the-art [J]. Information Fusion, 2011, 14 (1): 28-44.

[64] J. Nunez, X. Otazu, O. Fors, et al. Multiresolution-based image fusion with additive wavelet decomposition [J]. IEEE Transactions on Geoscience and Remote sensing, 1999, 37 (3): 1204-1211.

[65] R. Van Der Merwe, A. Doucet, N. De Freitas, et al. The unscented particle filter [C]//Advances in Neural Information Processing Systems. Vancouver: NIPS, 2001, 584-590.

[66] S. Julier, J. Uhlmann, H. F. Durrant-Whyte. A new method for the nonlinear transformation of means and covariances in filters and estimators [J]. IEEE Transactions on automatic control, 2000, 45 (3): 477-482.

[67] X. R. Li, Y. Bar-Shalom. Multiple-model estimation with variable structure [J]. IEEE Transactions on Automatic control, 1996, 41 (4): 478-493.

[68] R. R. Murphy. Dempster-Shafer theory for sensor fusion in autonomous mobile robots [J]. IEEE Transactions on Robotics and Automation, 1998, 14 (2): 197-206.

[69] I. Bloch. Information combination operators for data fusion: a comparative review with classification [J]. IEEE Transactions on Systems, Man, and Cybernetics-Part A: Systems and Humans, 1996, 26 (1): 52-67.

[70] J. Goutsias, R. P. Mahler, H. T. Nguyen. Random sets: theory and applica-

tions [M]. Berlin: Springer Science & Business Media, 2012.

[71] S. Mori. Random sets in data fusion problems [C]//Proceedings of SPIE Symposium on Data Processing and Tracking of Small Targets. San Diego: IEEE, 1997, 278-290.

[72] J. Manyika, H. Durrant-Whyte. Data Fusion and Sensor Management: a decentralized information-theoretic approach [M]. New Jersey: Prentice, 1995.

[73] Y. Zhou, H. Leung. Minimum entropy approach for multisensor data fusion [C]//Proceedings of the IEEE Signal Processing Workshop on Higher-Order Statistics. South Lake Tahoe: IEEE, 1997, 336-339.

[74] A. Barron, J. Rissanen, B. Yu. The minimum description length principle in coding and modeling [J]. IEEE Transactions on Information Theory, 1998, 44 (6): 2743-2760.

[75] R. Joshi, A. C. Sanderson. Minimal representation multisensor fusion using differential evolution [J]. IEEE Transactions on Systems, Man, and Cybernetics-Part A: Systems and Humans, 1999, 29 (1): 63-76.

[76] I. R. Goodman, R. P. Mahler, H. T. Nguyen. Mathematics of data fusion [M]. Berlin: Springer Science & Business Media, 2013.

[77] J. O. Berger. Statistical decision theory and Bayesian analysis [M]. Berlin: Springer Science & Business Media, 2013.

[78] C. L. Nelson, D. S. Fitzgerald. Sensor fusion for intelligent alarm analysis [C]// 30th Annual 1996 International Carnahan Conference. Lexington: IEEE, 1996, 143-150.

[79] M. A. Abidi, R. C. Gonzalez. Data fusion in robotics and machine intelligence [M]. Massachusetts: Academic Press Professional, 1992.

[80] D. Dubois, H. Prade. Possibility theory in information fusion [C]// Proceedings of the Third International Conference on Information Fusion. Paris: IEEE, 2000, 6-19.

[81] J. R. Raol. Multi-sensor data fusion with MATLAB [M]. New York: CRC press, 2009.

[82] 权太范. 信息融合：神经网络-模糊推理理论与应用 [M]. 北京：国防工业出版社，2002.

[83] D. Hall, R. Linn. Comments on the use of templating for multisensor data fusion [C]// Proceedings of Joint Service Data Fusion Symposium. Laurel:

MD, 1989, 345 - 354.

[84] I. Kim, G. Vachtsevanos. Overlapping object recognition: A paradigm for multiple sensor fusion [J]. IEEE Robotics & Automation Magazine, 1998, 5 (3): 37 - 44.

[85] J. Riedel, S. Bhaskaran, S. Synnott, et al. Navigation for the new millennium: Autonomous navigation for Deep Space-1 [C]// Proceedings of the 12th International Symposium on space flight dynamics. Darmstadt: ESA, 1997, 303 - 320.

[86] 张洪华，关铁峰，黄翔宇，等. 嫦娥三号着陆器动力下降的制导导航与控制 [J]. 中国科学：技术科学，2014，44 (4)：377 - 384.

[87] 黄翔宇，张洪华，王大轶，等. “嫦娥三号”探测器软着陆自主导航与制导技术 [J]. 深空探测学报，2014，1 (1)：52 - 59.

[88] 张洪华，李骥，关铁峰，等. 嫦娥三号着陆器动力下降的自主导航 [J]. 控制理论与应用，2014，31 (12)：1686 - 1694.

[89] 吴伟仁，李骥，黄翔宇，等. 惯导/测距/测速相结合的安全软着陆自主导航方法 [J]. 宇航学报，2015，36 (8)：893 - 899.

[90] A. T. Vaughan, J. E. Riedel. Deep space positioning system: US, 9382020B1 [P]. 2014 - 08 - 27.

[91] 王立，卢欣，黄翔宇，等. 火星探测交会环绕段导航敏感器技术实现展望 [C]// 中国宇航学会深空探测技术专业委员会第六届学术年会暨 863 计划“深空探测与空间实验技术”重大项目学术研讨会论文集，海南：中国宇航学会，2009，136 - 140.

[92] 孙守明，郑伟，汤国建. X 射线脉冲星/SINS 组合导航中的钟差修正方法研究 [J]. 国防科技大学学报，2010，32 (6)：82 - 86.

[93] 苏哲，许录平，张华，等. 基于 XPNAV 和 SINS 的容错组合导航系统 [J]. 华中科技大学学报：自然科学版，2011，39 (6)：19 - 23.

[94] 孙守明，郑伟，汤国建. X 射线脉冲星/SINS 组合导航研究 [J]. 空间科学学报，2010，30 (6)：579 - 583.

[95] Y. Wang, W. Zheng, X. An, et al. XNAV/CNS integrated navigation based on improved kinematic and static filter [J]. The Journal of Navigation, 2013, 66 (6): 899 - 918.

[96] Y. Wang, W. Zheng, S. Sun. X-ray pulsar-based navigation system/Sun measurement integrated navigation method for deep space explorer [J]. Proceedings of the Institution of Mechanical Engineers, Part G: Journal of Aero-

space Engineering, 2015, 229 (10): 1843-1852.

[97] Y. Wang, W. Zheng, S. Sun, et al. Autonomous Navigation Method for Low-Thrust Interplanetary Vehicles [J]. Journal of Aerospace Engineering, 2015, 29 (1): 04015009.

[98] X. Ning, M. Gui, J. Zhang, et al. Impact of the Pulsar's Direction on CNS/XNAV Integrated Navigation [J]. IEEE Transactions on Aerospace and Electronic Systems, 2017, 53 (6): 3043-3055.

[99] J. Liu, E. Wei, S. Jin. Mars Cruise Orbit Determination from Combined Optical Celestial Techniques and X-ray Pulsars [J]. The Journal of Navigation, 2017, 70: 719-734.

[100] X. Kai, W. Chunling, L. Liangdong. Performance enhancement of X-ray pulsar navigation using autonomous optical sensor [J]. Acta Astronautica, 2016, 128: 473-484.

[101] 李茂登. 基于光学图像/X 射线脉冲星信息的融合导航方法研究 [D]. 北京: 北京控制工程研究所, 2013.7.

[102] 刘勇, 徐世杰. 基于联邦 UKF 算法的月球探测器自主组合导航 [J]. 宇航学报, 2006, 27 (3): 518-521.

[103] 李骥, 王大轶, 黄翔宇, 等. 一种基于天体表面特征和天然卫星路标的环绕段导航方法: 中国, 103017773 [P]. 2013-04-3.

[104] 吴伟仁, 王大轶, 宁晓琳. 深空探测器自主导航原理与技术 [M]. 北京: 中国宇航出版社, 2011.

[105] 韩鸿硕, 陈杰. 21 世纪国外深空探测发展计划及进展 [J]. 航天器工程, 2008, 17 (3): 1-22.

[106] 韩鸿硕, 陈杰. 21 世纪国外深空探测的关键技术 [J]. 深空探测研究, 2008, (1): 33-48.

[107] 何友. 多目标多传感器分布信息融合算法研究 [D]. 北京: 清华大学, 1996.

第2章
估计理论

估计理论是统计学的分支之一，用于从随机观测数据（或采样数据）中对感兴趣的参数进行估计。估计算法（又称估计规则）定义了相应的推理规则，分为点估计和区间估计两大类。其中点估计会给出一个值作为未知参数的近似值，区间估计则按一定的可靠性程序对待估参数给出一个区间范围。对于导航估计问题，通常用到的是点估计，因此本章仅对估计理论中点估计的相关内容进行阐述。

2.1 基本概念

记 $\boldsymbol{x}\in\mathbb{R}^n$ 为待估参数向量，观测量 $\boldsymbol{z}\in\mathbb{R}^m$ 为随机向量，$\boldsymbol{Z}$ 为观测量的集合 $\boldsymbol{Z}=\{\boldsymbol{z}_1, \boldsymbol{z}_2, \cdots, \boldsymbol{z}_N\}$，设待估参数的统计量为

$$\hat{\boldsymbol{x}}=\varphi(\boldsymbol{Z}) \tag{2-1}$$

称 $\hat{\boldsymbol{x}}$ 为 $\boldsymbol{x}$ 的一个估计量，其中 φ 称为估计规则或者估计算法。

定义 2-1：记 $\tilde{\boldsymbol{x}}\triangleq\hat{\boldsymbol{x}}-\boldsymbol{x}$ 为 $\boldsymbol{x}$ 的估计误差，如果 $\mathrm{E}\{\tilde{\boldsymbol{x}}\}=0$，则称 $\hat{\boldsymbol{x}}$ 为 $\boldsymbol{x}$ 的无偏估计（**注**：$\boldsymbol{x}$ 可以是随机变量，也可以是非随机变量）。

定义 2-2：如果 $N\rightarrow\infty$，式（2-1）给出的估计算法满足 $\mathrm{E}\{\tilde{\boldsymbol{x}}\}\rightarrow 0$，则称 $\hat{\boldsymbol{x}}$ 为 $\boldsymbol{x}$ 的渐近无偏估计。

定义 2-3：均方误差（Mean Square Error，MSE）为估计误差平方和的均值，也即 $\mathrm{MSE}(\hat{\boldsymbol{x}})=\mathrm{E}\{(\hat{\boldsymbol{x}}-\boldsymbol{x})^{\mathrm{T}}(\hat{\boldsymbol{x}}-\boldsymbol{x})\}$。

定理 2.1（Cramer Rao 不等式）：设 $\hat{\boldsymbol{x}}$ 为参数 $\boldsymbol{x}$ 的正规无偏估计，则其误差的协方差阵满足 Cramer-Rao 不等式

$$\begin{aligned}\mathrm{var}(\tilde{\boldsymbol{x}}) &\triangleq \mathrm{E}\{(\tilde{\boldsymbol{x}}-\overline{\tilde{\boldsymbol{x}}})(\tilde{\boldsymbol{x}}-\overline{\tilde{\boldsymbol{x}}})^{\mathrm{T}}\} \\ &= \mathrm{E}\{\tilde{\boldsymbol{x}}\,\tilde{\boldsymbol{x}}^{\mathrm{T}}\}\geqslant\mathcal{I}^{-1}\end{aligned} \tag{2-2}$$

式中，$\overline{\tilde{\boldsymbol{x}}}=\mathrm{E}\{\tilde{\boldsymbol{x}}\}$；$\mathcal{I}$ 为 Fisher 信息矩阵，定义如下

$$\mathcal{I}\triangleq\mathrm{E}\left\{\left[\frac{\partial\log p(\boldsymbol{z}\mid\boldsymbol{x})}{\partial\boldsymbol{x}}\right]^{\mathrm{T}}\left[\frac{\partial\log p(\boldsymbol{z}\mid\boldsymbol{x})}{\partial\boldsymbol{x}}\right]\right\} \tag{2-3}$$

式中，$p(\boldsymbol{z}|\boldsymbol{x})$ 为给定 $\boldsymbol{x}$ 时 $\boldsymbol{z}$ 的条件概率密度函数。

在设计估计算法时，首先需要制定估计准则以衡量估计的好坏。如果估计准则以优化某些指标为目的，则称为最优估计算法；如果以提高鲁棒性为目的，则称为鲁棒估计算法。本书主要对最优估计算法进行研究，所以不对鲁棒估计算法做过多的阐述。按照参数建模的不同，最优估计算法可以分为两大类：非贝叶斯估计和贝叶斯估计。

在贝叶斯估计中，将待估参数看作随机量。首先会有参数的先验概率密度函数，然后利用附录 D4.2 中的贝叶斯法则得到后验概率密度函数，即

$$p(\boldsymbol{x}|\boldsymbol{Z})=\frac{p(\boldsymbol{Z}|\boldsymbol{x})p(\boldsymbol{x})}{p(\boldsymbol{Z})} \tag{2-4}$$

由于 $\boldsymbol{Z}$ 是已经获取到的观测数据，因此式（2-4）中的分母可以看作归一化的常数，由下式得到，即

$$p(\boldsymbol{Z})=\int p(\boldsymbol{Z}|\boldsymbol{x})p(\boldsymbol{x})\mathrm{d}\boldsymbol{x} \tag{2-5}$$

对于贝叶斯估计问题，就是获取式（2-4）的后验概率密度函数。一旦确定了 $p(\boldsymbol{x}|\boldsymbol{Z})$ 就可以基于最优判据来进行点估计。常用的贝叶斯估计有最小均方误差（Minimum Mean Square Error，MMSE）估计和极大后验（Maximum A Posteriori，MAP）估计。

非贝叶斯估计中的参数模型将待估参数看作未知常数，也即没有关于 $\boldsymbol{x}$ 的先验概率密度函数，因此无法定义后验概率密度函数。此时，定义可能性函数为给定 $\boldsymbol{x}$ 能够观测到 $\boldsymbol{Z}$ 的条件概率密度函数，即

$$\mathcal{L}(\boldsymbol{x})\triangleq p(\boldsymbol{Z}|\boldsymbol{x}) \tag{2-6}$$

非贝叶斯估计是对式（2-6）模型中的某些统计指标进行优化得到。常用的非贝叶斯估计有极大似然（Maximum Likelihood，ML）估计和加权最小二乘（Weighted Least Squares，WLS）估计。

|2.2 几种常用的最优估计方法|

2.2.1 最小均方误差估计

$\boldsymbol{x}$ 的最小均方误差（MMSE）估计泛函指标为 $J^{\mathrm{MMSE}} \triangleq \mathrm{E}\{(\hat{\boldsymbol{x}}-\boldsymbol{x})^{\mathrm{T}}(\hat{\boldsymbol{x}}-\boldsymbol{x})|\boldsymbol{Z}\}$，则 $\boldsymbol{x}$ 的 MMSE 估计为

$$\hat{\boldsymbol{x}}^{\mathrm{MMSE}} \triangleq \operatorname{argmin} J^{\mathrm{MMSE}} = \operatorname{argmin} \mathrm{E}\{(\hat{\boldsymbol{x}}-\boldsymbol{x})^{\mathrm{T}}(\hat{\boldsymbol{x}}-\boldsymbol{x})|\boldsymbol{Z}\} \tag{2-7}$$

定理 2.2： $\hat{\boldsymbol{x}}^{\mathrm{MMSE}} = \mathrm{E}\{\boldsymbol{x}|\boldsymbol{z}\}$。

证明： 由最优必要和充分条件得到。

注：

（1）$\hat{\boldsymbol{x}}^{\mathrm{MMSE}}$ 为无偏估计，也即 $\mathrm{E}\{\mathrm{E}\{\boldsymbol{x}|\boldsymbol{z}\}\} = \mathrm{E}\{\boldsymbol{x}\}$。

（2）由于 $\hat{\boldsymbol{x}}^{\mathrm{MMSE}}$ 为无偏估计，所以其估计误差（估计值与真值之差）$\tilde{\boldsymbol{x}}^{\mathrm{MMSE}} = \hat{\boldsymbol{x}}^{\mathrm{MMSE}} - \boldsymbol{x}$ 的方差阵为

$$\operatorname{var}\{\tilde{\boldsymbol{x}}^{\mathrm{MMSE}}\} = \mathrm{E}\{\operatorname{var}\{\boldsymbol{x}|\boldsymbol{z}\}\} \tag{2-8}$$

（3）$\hat{\boldsymbol{x}}^{\mathrm{MMSE}}$ 的最小均方误差性：

设 $\boldsymbol{x}$ 的其他任意估计为 $\hat{\boldsymbol{x}}$，则相应误差估计的方差阵为

$$\operatorname{var}\{\tilde{\boldsymbol{x}}\} \geqslant \mathrm{E}\{\operatorname{var}\{\boldsymbol{x}|\boldsymbol{z}\}\} = \operatorname{var}\{\tilde{\boldsymbol{x}}^{\mathrm{MMSE}}\} \tag{2-9}$$

不等式（2-9）表明，最优估计 $\hat{\boldsymbol{x}}^{\mathrm{MMSE}} = \mathrm{E}\{\boldsymbol{x}|\boldsymbol{z}\}$ 具有最小的估计误差方差阵。

2.2.2　极大似然估计

极大似然（ML）估计最早由 Fisher 提出，$\boldsymbol{x}$ 的极大似然估计（记为 $\hat{\boldsymbol{x}}^{\mathrm{MLE}}$）使得式（2-6）给出的可能性函数最大，也即

$$\hat{\boldsymbol{x}}^{\mathrm{MLE}} \triangleq \operatorname{argmax} \mathcal{L}(\boldsymbol{x}) \triangleq \operatorname{argmax} p(\boldsymbol{Z} \mid \boldsymbol{x}) \tag{2-10}$$

为了便于求解，通常对似然函数取对数，并称 $\ln \mathcal{L}(\boldsymbol{x})$ 为对数似然函数。由于 $\ln \mathcal{L}(\boldsymbol{x})$ 是 $\mathcal{L}(\boldsymbol{x})$ 的严格单调递增函数，因此有

$$\hat{\boldsymbol{x}}^{\mathrm{MLE}} = \operatorname{argmax} \ln \mathcal{L}(\boldsymbol{x}) \tag{2-11}$$

显然 $\hat{\boldsymbol{x}}^{\mathrm{MLE}}$满足最优必要条件，也即

$$\frac{\partial}{\partial \boldsymbol{x}} \ln \mathcal{L}(\boldsymbol{x}) \Big|_{\boldsymbol{x}=\hat{\boldsymbol{x}}^{\mathrm{MLE}}} = 0 \tag{2-12}$$

而对数似然函数取极大值的充分条件由下式给出

$$\frac{\partial^2}{\partial \boldsymbol{x}^2} \ln \mathcal{L}(\boldsymbol{x}) \Big|_{\boldsymbol{x}=\hat{\boldsymbol{x}}^{\mathrm{MLE}}} < 0 \tag{2-13}$$

注：

（1）ML 估计的直观含义就是对未知参数进行估计，使产生观测量 $\{\boldsymbol{z}_1, \boldsymbol{z}_2, \cdots, \boldsymbol{z}_N\}$ 的概率最大。

（2）ML 估计的优点之一就是并不局限于高斯分布的测量噪声。

（3）对于零均值高斯测量噪声的情况，ML 和 MMSE 的估计结果一致。

（4）对于 ML 估计问题，$\boldsymbol{x}$ 为非随机量，但是 $\hat{\boldsymbol{x}}^{\mathrm{MLE}}$为观测量的函数，因此 $\hat{\boldsymbol{x}}^{\mathrm{MLE}}$为随机量。

（5）ML 估计是渐近无偏估计。

2.2.3　极大后验估计

极大后验估计也为贝叶斯估计的一种。$\boldsymbol{x}$ 的极大后验估计（记为 $\hat{\boldsymbol{x}}^{\mathrm{MAP}}$）使 $\boldsymbol{x}$ 的后验概率密度函数（$\boldsymbol{p}(\boldsymbol{x} \mid \boldsymbol{z})$）最大，即

$$\hat{\boldsymbol{x}}^{\mathrm{MAP}} = \operatorname{argmax} p(\boldsymbol{x} \mid \boldsymbol{z}) \tag{2-14}$$

类似的，可以对后验概率密度函数取对数，从而有

$$\hat{\boldsymbol{x}}^{\mathrm{MAP}} = \operatorname{argmax} \ln p(\boldsymbol{x} \mid \boldsymbol{z}) \tag{2-15}$$

显然，$\hat{\boldsymbol{x}}^{\mathrm{MAP}}$应满足下式

$$\frac{\partial}{\partial \boldsymbol{x}} \ln p(\boldsymbol{x} \mid \boldsymbol{z}) \Big|_{\boldsymbol{x}=\hat{\boldsymbol{x}}^{\mathrm{MAP}}} = 0 \tag{2-16}$$

注：对于大的样本，MAP 估计收敛于 ML 估计。

2.2.4 加权最小二乘估计

MMSE 估计、ML 估计和 MAP 估计均为从概率密度函数的角度出发对待估参数进行估计，加权最小二乘（WLS）估计则从测量方程的角度进行估计。假设测量方程的形式为

$$\boldsymbol{z}=\boldsymbol{h}(\boldsymbol{x})+\boldsymbol{v} \tag{2-17}$$

式中，$\boldsymbol{v}$ 为测量噪声。

则 WLS 估计（记 $\hat{\boldsymbol{x}}^{\mathrm{WLS}}$）由下式给出

$$\hat{\boldsymbol{x}}^{\mathrm{WLS}}=\operatorname{argmin}\,[\boldsymbol{z}-\boldsymbol{h}(\boldsymbol{x})]^{\mathrm{T}}\boldsymbol{W}[\boldsymbol{z}-\boldsymbol{h}(\boldsymbol{x})] \tag{2-18}$$

式中，$\boldsymbol{W}=\boldsymbol{W}^{\mathrm{T}}>\boldsymbol{O}$。特别的，当 $\boldsymbol{W}=\boldsymbol{I}$ 时，称 WLS 估计为最小二乘（LS）估计，并记为 $\hat{\boldsymbol{x}}^{\mathrm{WLS}}$。有时，并不区分 WLS 估计和 LS 估计，统一将它们称作 LS 估计。

2.3　估计算法的解析形式

第 2.2 节中给出了几种常用的估计方法，在实际中，这些估计方法可以用于理论分析；但是如果需要在实际中应用这些估计方法，则需要具体的计算公式；因此本节考虑一些特殊情况（特殊概率分布或者特殊的结构形式），在这些特殊情况下，能够得到估计算法的解析形式，可应用在具体实际中。

2.3.1　线性估计算法

线性估计限定待估参数的估计值为观测量的线性函数，即

$$\hat{\boldsymbol{x}}=\boldsymbol{A}\boldsymbol{z}+\boldsymbol{b} \tag{2-19}$$

在线性估计里有一种特殊的估计为线性最小均方误差（Linear MMSE, LMMSE）估计，该估计为 $\boldsymbol{x}$ 的无偏估计，并使 MSE 指标最小，也即

$$\begin{cases}\hat{\boldsymbol{x}}^{\mathrm{LMMSE}}=\boldsymbol{A}\boldsymbol{z}+\boldsymbol{b}\\ \mathrm{E}\{\hat{\boldsymbol{x}}^{\mathrm{LMMSE}}\}=\mathrm{E}\{\boldsymbol{x}\}\end{cases} \tag{2-20}$$

且使如下的泛函指标最小

$$J^{\mathrm{MSE}}=\mathrm{E}\{(\hat{\boldsymbol{x}}-\boldsymbol{x})^{\mathrm{T}}(\hat{\boldsymbol{x}}-\boldsymbol{x})\} \tag{2-21}$$

首先由无偏性可以得到

$$\boldsymbol{b}=\bar{\boldsymbol{x}}-\boldsymbol{A}\bar{\boldsymbol{z}} \tag{2-22}$$

式中，$\bar{\boldsymbol{x}} \triangleq \mathrm{E}\{\boldsymbol{x}\}$；$\bar{\boldsymbol{z}} \triangleq \mathrm{E}\{\boldsymbol{z}\}$。

因此，式（2-20）可以写作

$$\hat{\boldsymbol{x}}^{\mathrm{LMMSE}} = \bar{\boldsymbol{x}} + \boldsymbol{A}(\boldsymbol{z} - \bar{\boldsymbol{z}}) \tag{2-23}$$

将式（2-23）代入式（2-21）可以得到

$$J^{\mathrm{MSE}} = \mathrm{E}\{(\boldsymbol{A}(\boldsymbol{z} - \bar{\boldsymbol{z}}) + \bar{\boldsymbol{x}} - \boldsymbol{x})^{\mathrm{T}}(\boldsymbol{A}(\boldsymbol{z} - \bar{\boldsymbol{z}}) + \bar{\boldsymbol{x}} - \boldsymbol{x})\} \tag{2-24}$$

利用附录 C. 1 中的$\boldsymbol{y}^{\mathrm{T}}\boldsymbol{x} = \mathrm{Tr}[\boldsymbol{x}\boldsymbol{y}^{\mathrm{T}}]$可以将式（2-24）写作

$$\begin{aligned} J^{\mathrm{MSE}} &= \mathrm{Tr}[\boldsymbol{A}\boldsymbol{P}_{zz}\boldsymbol{A}^{\mathrm{T}}] - \mathrm{Tr}[\boldsymbol{A}\boldsymbol{P}_{zx}] - \mathrm{Tr}[\boldsymbol{A}^{\mathrm{T}}\boldsymbol{P}_{xz}] + \mathrm{Tr}[\boldsymbol{P}_{xx}] \\ &= \mathrm{Tr}[\boldsymbol{A}\boldsymbol{P}_{zz}\boldsymbol{A}^{\mathrm{T}}] - \mathrm{Tr}[\boldsymbol{A}\boldsymbol{P}_{zx}] - \mathrm{Tr}[\boldsymbol{P}_{zx}\boldsymbol{A}] + \mathrm{Tr}[\boldsymbol{P}_{xx}] \end{aligned} \tag{2-25}$$

其中

$$\begin{cases} \boldsymbol{P}_{zz} \triangleq \mathrm{E}\{(\boldsymbol{z} - \bar{\boldsymbol{z}})(\boldsymbol{z} - \bar{\boldsymbol{z}})^{\mathrm{T}}\} \\ \boldsymbol{P}_{zx} \triangleq \mathrm{E}\{(\boldsymbol{z} - \bar{\boldsymbol{z}})(\boldsymbol{x} - \bar{\boldsymbol{x}})^{\mathrm{T}}\} \\ \boldsymbol{P}_{xz} \triangleq \mathrm{E}\{(\boldsymbol{x} - \bar{\boldsymbol{x}})(\boldsymbol{z} - \bar{\boldsymbol{z}})^{\mathrm{T}}\} = \boldsymbol{P}_{zx}^{\mathrm{T}} \\ \boldsymbol{P}_{xx} \triangleq \mathrm{E}\{(\boldsymbol{x} - \bar{\boldsymbol{x}})(\boldsymbol{x} - \bar{\boldsymbol{x}})^{\mathrm{T}}\} \end{cases} \tag{2-26}$$

利用最优必要条件可得

$$\frac{\partial J^{\mathrm{MSE}}}{\partial \boldsymbol{A}} = \boldsymbol{O} \Rightarrow \boldsymbol{A} = \boldsymbol{P}_{xz}\boldsymbol{P}_{zz}^{-1} \tag{2-27}$$

在求解式（2-27）的步骤中，利用了附录 C. 4 中的

$$\begin{cases} \dfrac{\partial}{\partial \boldsymbol{A}}\mathrm{Tr}[\boldsymbol{A}\boldsymbol{B}\boldsymbol{A}^{\mathrm{T}}] = \boldsymbol{A}\boldsymbol{B}^{\mathrm{T}} + \boldsymbol{A}\boldsymbol{B} \\ \dfrac{\partial}{\partial \boldsymbol{A}}\mathrm{Tr}[\boldsymbol{C}^{\mathrm{T}}\boldsymbol{A}\boldsymbol{B}^{\mathrm{T}}] = \boldsymbol{C}\boldsymbol{B} \end{cases}$$

将式（2-27）代入式（2-23）可以得到

$$\hat{\boldsymbol{x}}^{\mathrm{LMMSE}} = \bar{\boldsymbol{x}} + \boldsymbol{P}_{xz}\boldsymbol{P}_{zz}^{-1}(\boldsymbol{z} - \bar{\boldsymbol{z}}) \tag{2-28}$$

记 $\tilde{\boldsymbol{x}}^{\mathrm{LMMSE}} = \hat{\boldsymbol{x}}^{\mathrm{LMMSE}} - \boldsymbol{x}$，则有

$$\begin{aligned} \boldsymbol{P}_{\tilde{x}^{\mathrm{LMMSE}}} &\triangleq \mathrm{E}\{(\tilde{\boldsymbol{x}}^{\mathrm{LMMSE}} - \mathrm{E}\{\tilde{\boldsymbol{x}}^{\mathrm{LMMSE}}\})(\tilde{\boldsymbol{x}}^{\mathrm{LMMSE}} - \mathrm{E}\{\tilde{\boldsymbol{x}}^{\mathrm{LMMSE}}\})^{\mathrm{T}}\} \\ &= \mathrm{E}\{\tilde{\boldsymbol{x}}^{\mathrm{LMMSE}}(\tilde{\boldsymbol{x}}^{\mathrm{LMMSE}})^{\mathrm{T}}\} \\ &= \boldsymbol{P}_{xx} - \boldsymbol{P}_{xz}\boldsymbol{P}_{zz}^{-1}\boldsymbol{P}_{zx} \end{aligned} \tag{2-29}$$

注：

（1）LMMSE 估计又叫作最优线性无偏估计（Best Linear Unbiased Estimation，BLUE）和线性最小方差估计。

（2）LMMSE 估计的优势在于形式简单，仅和概率密度函数的一阶和二阶矩有关，且易于实施。

2.3.2　联合高斯分布的 MMSE 估计算法

如果待估参数 $\boldsymbol{x}$ 和观测量 $\boldsymbol{z}$ 为联合高斯分布（定义参见附录 D5.2），则 $\boldsymbol{x}$ 的 MMSE 估计由下式给出

$$\hat{\boldsymbol{x}}^{\mathrm{MMSE}} \triangleq \mathrm{E}\{\boldsymbol{x} \mid \boldsymbol{z}\} = \bar{\boldsymbol{x}} + \boldsymbol{P}_{xz}\boldsymbol{P}_{zz}^{-1}(\boldsymbol{z} - \bar{\boldsymbol{z}}) \tag{2-30}$$

式中，

$$\begin{cases} \boldsymbol{P}_{xz} = \mathrm{E}\{(\boldsymbol{x} - \bar{\boldsymbol{x}})(\boldsymbol{z} - \bar{\boldsymbol{z}})^{\mathrm{T}}\} = \boldsymbol{P}_{zx}^{\mathrm{T}} \\ \boldsymbol{P}_{zz} = \mathrm{E}\{(\boldsymbol{z} - \bar{\boldsymbol{z}})(\boldsymbol{z} - \bar{\boldsymbol{z}})^{\mathrm{T}}\} \end{cases} \tag{2-31}$$

相应的，MMSE 估计的条件协方差矩阵为

$$\begin{aligned} \boldsymbol{P}_{xx|z} &\triangleq \mathrm{E}\{(\boldsymbol{x} - \mathrm{E}\{\boldsymbol{x} \mid \boldsymbol{z}\})(\boldsymbol{x} - \mathrm{E}\{\boldsymbol{x} \mid \boldsymbol{z}\})^{\mathrm{T}} \mid \boldsymbol{z}\} \\ &= \mathrm{E}\{(\boldsymbol{x} - \hat{\boldsymbol{x}}^{\mathrm{MMSE}})(\boldsymbol{x} - \hat{\boldsymbol{x}}^{\mathrm{MMSE}})^{\mathrm{T}} \mid \boldsymbol{z}\} \\ &= \boldsymbol{P}_{xx} - \boldsymbol{P}_{xz}\boldsymbol{P}_{zz}^{-1}\boldsymbol{P}_{zx} \end{aligned} \tag{2-32}$$

注：

虽然式（2-29）和式（2-32）的形式一样，但是 $\boldsymbol{P}_{\tilde{x}^{\mathrm{LMMSE}}}$ 和 $\boldsymbol{P}_{xx|z}$ 有着不同的含义。$\boldsymbol{P}_{\tilde{x}^{\mathrm{LMMSE}}}$ 为 MSE 矩阵，$\boldsymbol{P}_{xx|z}$ 为条件协方差矩阵。

2.3.3　线性观测对应的估计算法

本节考虑线性测量方程情形下的估计方法。观测量 $\boldsymbol{z}$ 和待估状态 $\boldsymbol{x}$ 由如下的线性测量方程给出

$$\boldsymbol{z} = \boldsymbol{H}\boldsymbol{x} + \boldsymbol{v} \tag{2-33}$$

式中，$\boldsymbol{H}$ 为测量矩阵，$\boldsymbol{v}$ 为测量噪声。

1. LMMSE 估计

对于线性测量方程，若测量噪声满足

$$\begin{cases} \mathrm{E}\{\boldsymbol{v}\} = \boldsymbol{0},\ \mathrm{E}\{\boldsymbol{v}\boldsymbol{v}^{\mathrm{T}}\} = \boldsymbol{R}, \\ \mathrm{E}\{\boldsymbol{x}\boldsymbol{v}^{\mathrm{T}}\} = \boldsymbol{O} \end{cases} \tag{2-34}$$

则式（2-28）的线性最小均方误差估计 $\hat{\boldsymbol{x}}^{\mathrm{LMMSE}}$ 和式（2-29）$\tilde{\boldsymbol{x}}^{\mathrm{LMMSE}}$ 的方差可以写作

$$\begin{cases} \hat{\boldsymbol{x}}^{\mathrm{LMMSE}} = (\boldsymbol{P}_{xx}^{-1} + \boldsymbol{H}^{\mathrm{T}}\boldsymbol{R}^{-1}\boldsymbol{H})^{-1}(\boldsymbol{H}^{\mathrm{T}}\boldsymbol{R}^{-1}\boldsymbol{z} + \boldsymbol{P}_{xx}^{-1}\bar{\boldsymbol{x}}) \\ \boldsymbol{P}_{\tilde{x}^{\mathrm{LMMSE}}} = (\boldsymbol{P}_{xx}^{-1} + \boldsymbol{H}^{\mathrm{T}}\boldsymbol{R}^{-1}\boldsymbol{H})^{-1} \end{cases} \tag{2-35}$$

证明： 首先由式（2-33）和式（2-34）可得

$$\begin{cases}\bar{\boldsymbol{z}}=\boldsymbol{H}\bar{\boldsymbol{x}}\\ \boldsymbol{P}_{xz}=\boldsymbol{P}_{xx}\boldsymbol{H}^{\mathrm{T}}\\ \boldsymbol{P}_{zz}=\boldsymbol{H}\boldsymbol{P}_{xx}\boldsymbol{H}^{\mathrm{T}}+\boldsymbol{R}\end{cases}\tag{2-36}$$

将式（2-36）代入式（2-28）可以得到

$$\begin{aligned}\hat{\boldsymbol{x}}^{\mathrm{LMMSE}}&=\bar{\boldsymbol{x}}+\boldsymbol{P}_{xx}\boldsymbol{H}^{\mathrm{T}}(\boldsymbol{H}\boldsymbol{P}_{xx}\boldsymbol{H}^{\mathrm{T}}+\boldsymbol{R})^{-1}(\boldsymbol{z}-\bar{\boldsymbol{z}})\\&=\bar{\boldsymbol{x}}+(\boldsymbol{P}_{xx}^{-1}+\boldsymbol{H}^{\mathrm{T}}\boldsymbol{R}^{-1}\boldsymbol{H})^{-1}\boldsymbol{H}^{\mathrm{T}}\boldsymbol{R}^{-1}(\boldsymbol{z}-\bar{\boldsymbol{z}})\\&=(\boldsymbol{P}_{xx}^{-1}+\boldsymbol{H}^{\mathrm{T}}\boldsymbol{R}^{-1}\boldsymbol{H})^{-1}\boldsymbol{H}^{\mathrm{T}}\boldsymbol{R}^{-1}\boldsymbol{z}+(\boldsymbol{I}-(\boldsymbol{P}_{xx}^{-1}+\boldsymbol{H}^{\mathrm{T}}\boldsymbol{R}^{-1}\boldsymbol{H})^{-1}\boldsymbol{H}^{\mathrm{T}}\boldsymbol{R}^{-1}\boldsymbol{H})\bar{\boldsymbol{x}}\\&=(\boldsymbol{P}_{xx}^{-1}+\boldsymbol{H}^{\mathrm{T}}\boldsymbol{R}^{-1}\boldsymbol{H})^{-1}(\boldsymbol{H}^{\mathrm{T}}\boldsymbol{R}^{-1}\boldsymbol{z}+\boldsymbol{P}_{xx}^{-1}\bar{\boldsymbol{x}})\end{aligned}\tag{2-37}$$

在式（2-37）的推导过程中，利用了附录 C. 7 中的

$$\boldsymbol{P}\boldsymbol{H}^{\mathrm{T}}(\boldsymbol{H}\boldsymbol{P}\boldsymbol{H}^{\mathrm{T}}+\boldsymbol{R})^{-1}=(\boldsymbol{P}^{-1}+\boldsymbol{H}^{\mathrm{T}}\boldsymbol{R}^{-1}\boldsymbol{H})^{-1}\boldsymbol{H}^{\mathrm{T}}\boldsymbol{R}^{-1}\tag{2-38}$$

和

$$\begin{aligned}&\boldsymbol{I}-(\boldsymbol{P}^{-1}+\boldsymbol{H}^{\mathrm{T}}\boldsymbol{R}^{-1}\boldsymbol{H})^{-1}\boldsymbol{H}^{\mathrm{T}}\boldsymbol{R}^{-1}\boldsymbol{H}\\&=(\boldsymbol{P}^{-1}+\boldsymbol{H}^{\mathrm{T}}\boldsymbol{R}^{-1}\boldsymbol{H})^{-1}(\boldsymbol{P}^{-1}+\boldsymbol{H}^{\mathrm{T}}\boldsymbol{R}^{-1}\boldsymbol{H}-\boldsymbol{H}^{\mathrm{T}}\boldsymbol{R}^{-1}\boldsymbol{H})\\&=(\boldsymbol{P}^{-1}+\boldsymbol{H}^{\mathrm{T}}\boldsymbol{R}^{-1}\boldsymbol{H})^{-1}\boldsymbol{P}^{-1}\end{aligned}\tag{2-39}$$

将式（2-37）代入式（2-29）可得式（2-35）的第二式，从而得证。

注： 式（2-35）有着几种不同的计算形式，如表 2-1 所示。

表 2-1　LMMSE 几种不同的计算形式

状态和方差估计方程		K 阵计算
形式 1	$\hat{\boldsymbol{x}}^{\mathrm{LMMSE}}=(\boldsymbol{P}_{xx}^{-1}+\boldsymbol{H}^{\mathrm{T}}\boldsymbol{R}^{-1}\boldsymbol{H})^{-1}(\boldsymbol{H}^{\mathrm{T}}\boldsymbol{R}^{-1}\boldsymbol{z}+\boldsymbol{P}_{xx}^{-1}\bar{\boldsymbol{x}})$ $\boldsymbol{P}_{\tilde{x}^{\mathrm{LMMSE}}}=(\boldsymbol{P}_{xx}^{-1}+\boldsymbol{H}^{\mathrm{T}}\boldsymbol{R}^{-1}\boldsymbol{H})^{-1}$	
形式 2	$\hat{\boldsymbol{x}}^{\mathrm{LMMSE}}=\bar{\boldsymbol{x}}+\boldsymbol{K}(\boldsymbol{z}-\boldsymbol{H}\bar{\boldsymbol{x}})$ $\boldsymbol{P}_{\tilde{x}^{\mathrm{LMMSE}}}=(\boldsymbol{P}_{xx}^{-1}+\boldsymbol{H}^{\mathrm{T}}\boldsymbol{R}^{-1}\boldsymbol{H})^{-1}$	$\boldsymbol{K}=\boldsymbol{P}_{\tilde{x}^{\mathrm{LMMSE}}}\boldsymbol{H}^{\mathrm{T}}\boldsymbol{R}^{-1}$
形式 3	$\hat{\boldsymbol{x}}^{\mathrm{LMMSE}}=\bar{\boldsymbol{x}}+\boldsymbol{K}(\boldsymbol{z}-\boldsymbol{H}\bar{\boldsymbol{x}})$ $\boldsymbol{P}_{\tilde{x}^{\mathrm{LMMSE}}}=(\boldsymbol{I}-\boldsymbol{K}\boldsymbol{H})\boldsymbol{P}_{xx}(\boldsymbol{I}-\boldsymbol{K}\boldsymbol{H})^{\mathrm{T}}+\boldsymbol{K}\boldsymbol{R}\boldsymbol{K}^{\mathrm{T}}$	$\boldsymbol{K}=\boldsymbol{P}_{xx}\boldsymbol{H}^{\mathrm{T}}(\boldsymbol{H}\boldsymbol{P}_{xx}\boldsymbol{H}^{\mathrm{T}}+\boldsymbol{R})^{-1}$
形式 4	$\hat{\boldsymbol{x}}^{\mathrm{LMMSE}}=\bar{\boldsymbol{x}}+\boldsymbol{K}(\boldsymbol{z}-\boldsymbol{H}\bar{\boldsymbol{x}})$ $\boldsymbol{P}_{\tilde{x}^{\mathrm{LMMSE}}}=(\boldsymbol{I}-\boldsymbol{K}\boldsymbol{H})\boldsymbol{P}_{xx}$	$\boldsymbol{K}=\boldsymbol{P}_{xx}\boldsymbol{H}^{\mathrm{T}}(\boldsymbol{H}\boldsymbol{P}_{xx}\boldsymbol{H}^{\mathrm{T}}+\boldsymbol{R})^{-1}$

定理 2.3　对于式（2-33）给定的线性测量方程，如果测量噪声满足

$$\mathrm{E}\{\boldsymbol{v}\}=\boldsymbol{0},\quad \mathrm{E}\{\boldsymbol{v}\boldsymbol{v}^{\mathrm{T}}\}=\boldsymbol{R}\tag{2-40}$$

且没有 $\bar{\boldsymbol{x}}$ 的先验知识，则关于 $\boldsymbol{x}$ 的线性无偏最小均方误差估计由下式给出

$$\begin{cases}\hat{\boldsymbol{x}}^{\mathrm{LMMSE}}=(\boldsymbol{H}^{\mathrm{T}}\boldsymbol{R}^{-1}\boldsymbol{H})^{-1}\boldsymbol{H}^{\mathrm{T}}\boldsymbol{R}^{-1}\boldsymbol{z}\\ \boldsymbol{P}_{\tilde{x}^{\mathrm{LMMSE}}}=(\boldsymbol{H}^{\mathrm{T}}\boldsymbol{R}^{-1}\boldsymbol{H})^{-1}\end{cases}\tag{2-41}$$

证明： 对于线性估计，则有

$$\hat{\boldsymbol{x}}=\boldsymbol{M}\boldsymbol{z}+\boldsymbol{n}\tag{2-42}$$

式中，$\boldsymbol{M}$ 和 $\boldsymbol{n}$ 分别为待确定常矩阵（向量）。

将式（2-42）代入式（2-33）可以得到

$$\hat{\boldsymbol{x}}=\boldsymbol{M}\boldsymbol{H}\boldsymbol{x}+\boldsymbol{H}\boldsymbol{v}+\boldsymbol{n}\tag{2-43}$$

由无偏性可以得到

$$(\boldsymbol{M}\boldsymbol{H}-\boldsymbol{I})\bar{\boldsymbol{x}}+\boldsymbol{n}=\boldsymbol{0}\tag{2-44}$$

由 $\bar{\boldsymbol{x}}$ 的任意性，可以得到

$$\begin{cases}\boldsymbol{M}\boldsymbol{H}-\boldsymbol{I}=\boldsymbol{O}\\ \boldsymbol{n}=\boldsymbol{0}\end{cases}\tag{2-45}$$

从而式（2-42）可以写作

$$\hat{\boldsymbol{x}}=\boldsymbol{M}\boldsymbol{z}\tag{2-46}$$

且 $\boldsymbol{M}$ 满足

$$\boldsymbol{M}\boldsymbol{H}-\boldsymbol{I}=\boldsymbol{O}\tag{2-47}$$

因此线性无偏最小均方误差估计对应的 $\boldsymbol{M}$ 满足式（2-47），且使式（2-21）最小。因此其泛函指标为

$$\begin{aligned}J^{\mathrm{MSE}}&=\frac{1}{2}\mathrm{E}\{(\hat{\boldsymbol{x}}-\boldsymbol{x})^{\mathrm{T}}(\hat{\boldsymbol{x}}-\boldsymbol{x})\}+\mathrm{Tr}[\boldsymbol{\Lambda}(\boldsymbol{M}\boldsymbol{H}-\boldsymbol{I})]\\&=\frac{1}{2}\mathrm{Tr}[\mathrm{E}\{(\hat{\boldsymbol{x}}-\boldsymbol{x})(\hat{\boldsymbol{x}}-\boldsymbol{x})^{\mathrm{T}}\}]+\mathrm{Tr}[\boldsymbol{\Lambda}(\boldsymbol{M}\boldsymbol{H}-\boldsymbol{I})]\\&=\frac{1}{2}\mathrm{Tr}[\boldsymbol{M}\boldsymbol{R}\boldsymbol{M}^{\mathrm{T}}]+\mathrm{Tr}[\boldsymbol{\Lambda}(\boldsymbol{M}\boldsymbol{H}-\boldsymbol{I})]\end{aligned}\tag{2-48}$$

式中，Tr 为矩阵的迹算子，$\boldsymbol{\Lambda}$ 为拉格朗日乘子矩阵。

利用最优必要条件和附录 C. 4 中的矩阵微积分可以得到

$$\begin{cases}\nabla_{M}J=\boldsymbol{M}\boldsymbol{R}-\boldsymbol{\Lambda}^{\mathrm{T}}\boldsymbol{H}^{\mathrm{T}}=\boldsymbol{O}\\ \nabla_{\Lambda}J=\boldsymbol{M}\boldsymbol{H}-\boldsymbol{I}=\boldsymbol{O}\end{cases}\tag{2-49}$$

式中，∇为梯度算子，见附录 C. 4。从而可以求得

$$\boldsymbol{M}=\boldsymbol{\Lambda}^{\mathrm{T}}\boldsymbol{H}^{\mathrm{T}}\boldsymbol{R}^{-1}\tag{2-50}$$

将式（2-50）代入式（2-49）的第二式可以得到$\boldsymbol{\Lambda}^{\mathrm{T}}=(\boldsymbol{H}^{\mathrm{T}}\boldsymbol{R}^{-1}\boldsymbol{H})^{-1}$。再代入式（2-50）可以得到

$$\boldsymbol{M}=(\boldsymbol{H}^{\mathrm{T}}\boldsymbol{R}^{-1}\boldsymbol{H})^{-1}\boldsymbol{H}^{\mathrm{T}}\boldsymbol{R}^{-1}\tag{2-51}$$

将式（2-51）代入式（2-46）即可得到

$$\hat{\boldsymbol{x}} = (\boldsymbol{H}^{\mathrm{T}}\boldsymbol{R}^{-1}\boldsymbol{H})^{-1}\boldsymbol{H}^{\mathrm{T}}\boldsymbol{R}^{-1}\boldsymbol{z} \tag{2-52}$$

而

$$\boldsymbol{P}_{\tilde{\mathrm{x}}^{\mathrm{LMMSE}}} = \boldsymbol{MRM}^{\mathrm{T}} = (\boldsymbol{H}^{\mathrm{T}}\boldsymbol{R}^{-1}\boldsymbol{H})^{-1} \tag{2-53}$$

从而得证。

注： 直观上看，如果没有 $\bar{\boldsymbol{x}}$ 的先验知识，则$\boldsymbol{P}_{xx}^{-1} \to 0$，此时式（2-35）可以化简成式（2-41）得到定理 2.3。

2. 加权最小二乘估计

对于式（2-33）给出的线性测量方程，式（2-18）中的 WLS 估计可以写作

$$\hat{\boldsymbol{x}}^{\mathrm{WLS}} = \mathrm{argmin}\ (\boldsymbol{z} - \boldsymbol{Hx})^{\mathrm{T}}\boldsymbol{W}(\boldsymbol{z} - \boldsymbol{Hx}) \tag{2-54}$$

利用最优必要条件可以得到

$$\hat{\boldsymbol{x}}^{\mathrm{WLS}} = (\boldsymbol{H}^{\mathrm{T}}\boldsymbol{WH})^{-1}\boldsymbol{H}^{\mathrm{T}}\boldsymbol{Wz} \tag{2-55}$$

注：

（1）当 $\mathrm{E}\{\boldsymbol{v}\} = \boldsymbol{0}$ 时，$\hat{\boldsymbol{x}}^{\mathrm{WLS}}$为无偏估计，也即 $\mathrm{E}\{\hat{\boldsymbol{x}}^{\mathrm{WLS}}\} = \mathrm{E}\{\boldsymbol{x}\}$。

（2）记 $\tilde{\boldsymbol{x}}^{\mathrm{WLS}} = \hat{\boldsymbol{x}}^{\mathrm{WLS}} - \boldsymbol{x}$，如果 $\mathrm{E}\{\boldsymbol{v}\} = \boldsymbol{0}$，$\mathrm{E}\{\boldsymbol{v}\boldsymbol{v}^{\mathrm{T}}\} = \boldsymbol{R}$，则

$$\begin{aligned}\boldsymbol{P}_{\tilde{x}^{\mathrm{WLS}}} &\triangleq \mathrm{E}\{(\tilde{\boldsymbol{x}}^{\mathrm{WLS}} - \mathrm{E}\{\tilde{\boldsymbol{x}}^{\mathrm{WLS}}\})(\tilde{\boldsymbol{x}}^{\mathrm{WLS}} - \mathrm{E}\{\tilde{\boldsymbol{x}}^{\mathrm{WLS}}\})^{\mathrm{T}}\} \\ &= \mathrm{E}\{(\tilde{\boldsymbol{x}}^{\mathrm{WLS}})(\tilde{\boldsymbol{x}}^{\mathrm{WLS}})^{\mathrm{T}}\} \\ &= (\boldsymbol{H}^{\mathrm{T}}\boldsymbol{WH})^{-1}\boldsymbol{H}^{\mathrm{T}}\boldsymbol{WRWH}(\boldsymbol{H}^{\mathrm{T}}\boldsymbol{WH})^{-1}\end{aligned} \tag{2-56}$$

且当 $\boldsymbol{W} = \boldsymbol{R}^{-1}$时，有

$$\boldsymbol{P}_{\tilde{\mathrm{x}}^{\mathrm{WLS}}} = (\boldsymbol{H}^{\mathrm{T}}\boldsymbol{R}^{-1}\boldsymbol{H})^{-1} \tag{2-57}$$

为最小值。

2.4　动态系统中的状态估计算法

第 2.2 和 2.3 节介绍的是一般的参数估计问题，而航天器自主导航系统中要估计的是动态系统中的状态，其随时间演化的方程由轨道动力学给出，因此在本节中对动态系统的估计算法进行介绍。

2.4.1　递归贝叶斯估计算法

图 2-1 给出了一阶隐式马尔科夫模型，在该模型中，状态量 $\boldsymbol{x}$ 不能直接观测到；$\boldsymbol{z}$ 为 $\boldsymbol{x}$ 的函数，且能够被观测到，称为观测量。

一阶隐式马尔科夫模型具有如下属性：

属性 1：在给定 t_{k-1} 时刻的状态 $\boldsymbol{x}_{k-1}$ 的前提下，t_k 时刻状态 $\boldsymbol{x}_k$（以及未来时刻的状态 $\boldsymbol{x}_{k+1}$，$\boldsymbol{x}_{k+2}$，…）出现的概率和 t_{k-1} 以前时刻的状态、观测量条件独立，也即

$$p(\boldsymbol{x}_k|\boldsymbol{x}_{1:k-1},\ \boldsymbol{z}_{1:k-1})=p(\boldsymbol{x}_k|\boldsymbol{x}_{k-1}) \tag{2-58}$$

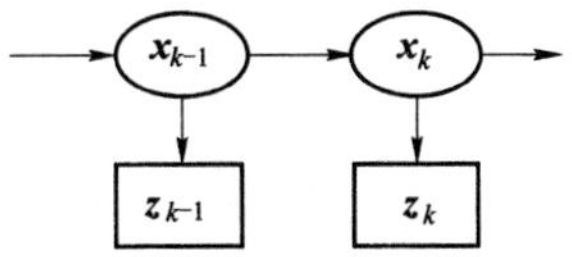

图 2-1　一阶隐式马尔科夫模型

式中，$\boldsymbol{x}_{1:k-1}\triangleq\{\boldsymbol{x}_1,\ \boldsymbol{x}_2\cdots,\ \boldsymbol{x}_{k-1}\}$。

同样，在给定当前时刻状态的前提下，过去的状态和未来的状态、观测量

独立，也即

$$p(\boldsymbol{x}_{k-1} \mid \boldsymbol{x}_{k:k+T}, \boldsymbol{z}_{k:k+T}) = p(\boldsymbol{x}_{k-1} \mid \boldsymbol{x}_k) \tag{2-59}$$

属性 2：当前时刻的观测量仅依赖于当前时刻的状态量，和其他时刻的状态条件独立，也即

$$p(\boldsymbol{z}_k \mid \boldsymbol{x}_{1:k}, \ \boldsymbol{z}_{1:k-1}) = p(\boldsymbol{z}_k \mid \boldsymbol{x}_k) \tag{2-60}$$

定理 2.4：递归贝叶斯估计算法给出在获得了 t_k 时刻以及 t_k 时刻以前的所有观测数据的前提下，**递归**地计算 $p(\boldsymbol{x}_k \mid \boldsymbol{z}_{1:k})$的方法。具体如下：

（1）初始化：给出初始时刻的状态先验概率密度函数 $p(\boldsymbol{x}_0)$。

（2）预测：给定动力学模型，在 t_k 时刻 $\boldsymbol{x}_k$ 预测的概率密度函数由 Chapman-Kolmogorov 公式计算得到，即

$$p(\boldsymbol{x}_k \mid \boldsymbol{z}_{1:k-1}) = \int p(\boldsymbol{x}_k \mid \boldsymbol{x}_{k-1}) p(\boldsymbol{x}_{k-1} \mid \boldsymbol{z}_{1:k-1}) \mathrm{d}\boldsymbol{x}_{k-1} \tag{2-61}$$

（3）更新：在 t_k 时刻，给定观测量 $\boldsymbol{z}_k$，则 $\boldsymbol{x}_k$ 的后验概率密度函数可以由贝叶斯法则给出，即

$$p(\boldsymbol{x}_k \mid \boldsymbol{z}_{1:k}) = \frac{p(\boldsymbol{z}_k \mid \boldsymbol{x}_k) p(\boldsymbol{x}_k \mid \boldsymbol{z}_{1:k-1})}{c_n} \tag{2-62}$$

式中，$c_n = p(\boldsymbol{z}_k \mid \boldsymbol{z}_{1:k-1}) = \int p(\boldsymbol{z}_k \mid \boldsymbol{x}_k) p(\boldsymbol{x}_k \mid \boldsymbol{z}_{1:k-1}) \mathrm{d}\boldsymbol{x}_k$，为归一化的常数。

证明：

首先由贝叶斯法则可以得到

$$p(\boldsymbol{x}_k \mid \boldsymbol{z}_{1:k}) = \frac{p(\boldsymbol{z}_{1:k} \mid \boldsymbol{x}_k) p(\boldsymbol{x}_k)}{p(\boldsymbol{z}_{1:k})} \tag{2-63}$$

式（2-63）右边的分子可以写作

$$\begin{aligned} p(\boldsymbol{z}_{1:k} \mid \boldsymbol{x}_k) p(\boldsymbol{x}_k) &= p(\boldsymbol{z}_k, \ \boldsymbol{z}_{1:k-1} \mid \boldsymbol{x}_k) p(\boldsymbol{x}_k) \\ &= p(\boldsymbol{z}_k \mid \boldsymbol{z}_{1:k-1}, \ \boldsymbol{x}_k) p(\boldsymbol{z}_{1:k-1} \mid \boldsymbol{x}_k) p(\boldsymbol{x}_k) \end{aligned} \tag{2-64}$$

式（2-64）利用到了如下公式

$$p(\boldsymbol{x}, \ \boldsymbol{y} \mid \boldsymbol{z}) = p(\boldsymbol{x} \mid \boldsymbol{y}, \ \boldsymbol{z}) p(\boldsymbol{y} \mid \boldsymbol{z})$$

利用马尔科夫属性 2，式（2-64）可以写作

$$\begin{aligned} p(\boldsymbol{z}_{1:k} \mid \boldsymbol{x}_k) p(\boldsymbol{x}_k) &= p(\boldsymbol{z}_k \mid \boldsymbol{x}_k) p(\boldsymbol{z}_{1:k-1} \mid \boldsymbol{x}_k) p(\boldsymbol{x}_k) \\ &= p(\boldsymbol{z}_k \mid \boldsymbol{x}_k) p(\boldsymbol{z}_{1:k-1}, \ \boldsymbol{x}_k) \\ &= p(\boldsymbol{z}_k \mid \boldsymbol{x}_k) p(\boldsymbol{x}_k \mid \boldsymbol{z}_{1:k-1}) p(\boldsymbol{z}_{1:k-1}) \end{aligned} \tag{2-65}$$

式（2-63）的分母可以写作

$$p(\boldsymbol{z}_{1:k}) = p(\boldsymbol{z}_k \mid \boldsymbol{z}_{1:k-1}) p(\boldsymbol{z}_{1:k-1}) \tag{2-66}$$

将式（2-65）和式（2-66）代入式（2-63）可以得到

$$p(\boldsymbol{x}_k|\boldsymbol{z}_{1:k})=\frac{p(\boldsymbol{z}_k|\boldsymbol{x}_k)p(\boldsymbol{x}_k|\boldsymbol{z}_{1:k-1})}{p(\boldsymbol{z}_k|\boldsymbol{z}_{1:k-1})} \tag{2-67}$$

在式（2-67）中 $p(\boldsymbol{z}_k|\boldsymbol{z}_{1:k-1})$ 为归一化的系数，$p(\boldsymbol{z}_k|\boldsymbol{x}_k)$ 和测量方程对应，为更新过程；$p(\boldsymbol{x}_k|\boldsymbol{z}_{1:k-1})$ 由下式给出

$$\begin{aligned}p(\boldsymbol{x}_k|\boldsymbol{z}_{1:k-1})&=\int p(\boldsymbol{x}_k,\ \boldsymbol{x}_{k-1}|\boldsymbol{z}_{1:k-1})\mathrm{d}\boldsymbol{x}_{k-1}\\&=\int p(\boldsymbol{x}_k|\boldsymbol{x}_{k-1},\ \boldsymbol{z}_{1:k-1})p(\boldsymbol{x}_{k-1}|\boldsymbol{z}_{1:k-1})\mathrm{d}\boldsymbol{x}_{k-1}\\&=\int p(\boldsymbol{x}_k|\boldsymbol{x}_{k-1})p(\boldsymbol{x}_{k-1}|\boldsymbol{z}_{1:k-1})\mathrm{d}\boldsymbol{x}_{k-1}\end{aligned} \tag{2-68}$$

式中 $p(\boldsymbol{x}_k|\boldsymbol{x}_{k-1})$ 和状态预测过程相对应。在推导该式的过程中，利用了马尔科夫属性 1［式（2-58)］。

式（2-67）给出了马尔科夫动态系统贝叶斯估计的一般算法，观察式（2-67）和式（2-68）可以知道 $p(\boldsymbol{x}_k|\boldsymbol{z}_{1:k})$ 为 $p(\boldsymbol{x}_{k-1}|\boldsymbol{z}_{1:k-1})$ 的函数，因此可以用定理中的递归形式进行计算。

2.4.2　卡尔曼滤波算法

上一小节中给出的一阶马尔科夫动态系统递归贝叶斯估计算法，对于一般的系统很难得到解析解，如果要得到解析解，必须做出一些假设。本节中将介绍的卡尔曼滤波（Kalman Filter，KF）就是在对动态模型和观测模型做出特定假设基础上的一种解析的递归式贝叶斯估计算法。KF 由卡尔曼（Kalman）于 1960 年首次提出，它是一种最优的递归式数据处理算法。由第 2.2 节可知，存在很多种最优判据，而在给定假设的前提下，无论是哪种最优判据 KF 均为最优。KF 是将所有可用的测量数据、系统和测量设备的先验信息组合在一块对待估状态进行估计，可使得误差在某种统计意义下最小。尽管如此，KF 不需要对以前时刻的所有测量数据进行存储，并在有新测量数据的时候进行重新处理，这一特性对于滤波算法的实际实施至关重要。

相对于仅考虑测量方程的最小二乘算法而言，KF 的优势是能够实现对动态变化状态变量的估计；相对在频域空间设计的维纳滤波算法而言，KF 使用状态空间法在时域空间设计，所采用的递推形式便于在计算机上实现。由于上述特点，KF 理论一提出便立即受到工程界的重视，阿波罗飞船导航系统的设计是 KF 算法早期应用的成功案例。目前，KF 理论作为一种重要的最优估计理论，被广泛地应用于各个领域，尤其是基于多源信息融合的组合导航系统的设计。

考虑如下的线性定常系统

$$\begin{cases} \boldsymbol{x}_k = \boldsymbol{F}_{k,k-1}\boldsymbol{x}_{k-1} + \boldsymbol{w}_k \\ \boldsymbol{z}_k = \boldsymbol{H}_k \boldsymbol{x}_k + \boldsymbol{v}_k \end{cases} \tag{2-69}$$

式中，$\boldsymbol{x}$ 和 $\boldsymbol{z}$ 分别为状态和观测量；$\boldsymbol{F}_{k,k-1}$ 为 t_{k-1} 时刻至 t_k 时刻的状态转移矩阵；$\boldsymbol{H}_k$ 为测量矩阵；$\boldsymbol{w}_k$ 为系统噪声；$\boldsymbol{v}_k$ 为测量噪声。噪声 $\boldsymbol{w}_k$ 和 $\boldsymbol{v}_k$ 均为高斯噪声，均值为 $\boldsymbol{0}$，并且满足以下条件

$$\mathrm{E}(\boldsymbol{w}_k \boldsymbol{w}_j^{\mathrm{T}}) = \begin{cases} \boldsymbol{Q}_k & k=j \\ \boldsymbol{O} & k \neq j \end{cases},\ \mathrm{E}(\boldsymbol{v}_k \boldsymbol{v}_j^{\mathrm{T}}) = \begin{cases} \boldsymbol{R}_k & k=j \\ \boldsymbol{O} & k \neq j \end{cases}$$

式中，$\boldsymbol{Q}_k$ 为系统噪声方差阵；$\boldsymbol{R}_k$ 为测量噪声方差阵；通常假设 $\boldsymbol{Q}_k$ 和 $\boldsymbol{R}_k$ 为正定阵。

此外，状态的先验概率分布满足 $p(\boldsymbol{x}_0) = \mathcal{N}(\boldsymbol{x};\ \hat{\boldsymbol{x}}_0^-,\ \boldsymbol{P}_0)$，其中 $\mathcal{N}(\cdot)$ 代表高斯概率密度函数（见附录 D5.1）。

式（2-69）的概率密度模型可以写作（证明参见附录 D5.2 节）

$$\begin{cases} p(\boldsymbol{x}_k | \boldsymbol{x}_{k-1}) = \mathcal{N}(\boldsymbol{x}_k;\ \boldsymbol{F}_k \boldsymbol{x}_{k-1},\ \boldsymbol{Q}_k) \\ p(\boldsymbol{z}_k | \boldsymbol{x}_k) = \mathcal{N}(\boldsymbol{z}_k;\ \boldsymbol{H}_k \boldsymbol{x}_k,\ \boldsymbol{R}_k) \end{cases} \tag{2-70}$$

定理 2.5：考虑如式（2-69）所示的系统模型，则定理 2.4 中的贝叶斯滤波方程具有解析的表达式，且

$$\begin{cases} p(\boldsymbol{x}_k | \boldsymbol{z}_{1:k-1}) = \mathcal{N}(\boldsymbol{x}_k;\ \hat{\boldsymbol{x}}_{k|k-1},\ \boldsymbol{P}_{k|k-1}) \\ p(\boldsymbol{x}_k | \boldsymbol{z}_{1:k}) = \mathcal{N}(\boldsymbol{x}_k;\ \hat{\boldsymbol{x}}_k,\ \boldsymbol{P}_k) \\ p(\boldsymbol{z}_k | \boldsymbol{z}_{1:k-1}) = \mathcal{N}(\boldsymbol{x}_k;\ \boldsymbol{H}_k \hat{\boldsymbol{x}}_{k|k-1},\ \boldsymbol{S}_k) \end{cases} \tag{2-71}$$

上述分布的参数由下面的滤波预测方程和更新方程给出。

滤波预测方程为

$$\begin{cases} \hat{\boldsymbol{x}}_{k|k-1} = \boldsymbol{F}_{k,k-1} \hat{\boldsymbol{x}}_{k-1} \\ \boldsymbol{P}_{k|k-1} = \boldsymbol{F}_{k,k-1} \boldsymbol{P}_{k-1} \boldsymbol{F}_{k,k-1}^{\mathrm{T}} + \boldsymbol{Q}_{k-1} \end{cases} \tag{2-72}$$

KF 更新方程为

$$\begin{cases} \hat{\boldsymbol{x}}_k = \hat{\boldsymbol{x}}_{k|k-1} + \boldsymbol{K}_k (\boldsymbol{z}_k - \boldsymbol{H}_k \hat{\boldsymbol{x}}_{k|k-1}) \\ \boldsymbol{P}_k = \boldsymbol{P}_{k|k-1} - \boldsymbol{K}_k \boldsymbol{S}_k \boldsymbol{K}_k^{\mathrm{T}} \end{cases} \tag{2-73}$$

其中

$$\begin{cases} \boldsymbol{S}_k = \boldsymbol{H}_k \boldsymbol{P}_{k|k-1} \boldsymbol{H}_k^{\mathrm{T}} + \boldsymbol{R}_k \\ \boldsymbol{K}_k = \boldsymbol{P}_{k|k-1} \boldsymbol{H}_k^{\mathrm{T}} \boldsymbol{S}_k^{-1} \end{cases} \tag{2-74}$$

在证明这一定理前，首先给出联合高斯概率密度函数的两个重要属性（具体推导参见附录 D5.2）：

属性 1 （由联合概率密度函数到条件概率密度函数）：如果 $\boldsymbol{x}$ 和 $\boldsymbol{z}$ 满足联合高斯分布，则 $p(\boldsymbol{x}|\boldsymbol{z})$ 仍为高斯概率密度函数，并由下式给出

$$p(\boldsymbol{x}|\boldsymbol{z}) = \mathcal{N}(\boldsymbol{x};\ \bar{\boldsymbol{x}}_{x|z},\ \boldsymbol{P}_{xx|z}) \tag{2-75}$$

其中

$$\begin{cases}\bar{\boldsymbol{x}}_{x|z} \triangleq \mathrm{E}\{\boldsymbol{x}\,|\,\boldsymbol{z}\} = \bar{\boldsymbol{x}} + \boldsymbol{P}_{xz}\boldsymbol{P}_{zz}^{-1}(\boldsymbol{z}-\bar{\boldsymbol{z}}) \\ \boldsymbol{P}_{xx|z} \triangleq \mathrm{E}\{(\boldsymbol{x}-\mathrm{E}\{\boldsymbol{x}\,|\,\boldsymbol{z}\})(\boldsymbol{x}-\mathrm{E}\{\boldsymbol{x}\,|\,\boldsymbol{z}\})^{\mathrm{T}}\,|\,\boldsymbol{z}\} \\ \qquad = \boldsymbol{P}_{xx} - \boldsymbol{P}_{xz}\boldsymbol{P}_{zz}^{-1}\boldsymbol{P}_{zx}\end{cases} \tag{2-76}$$

属性 2　(由条件概率密度函数到联合概率密度函数)：对于线性方程

$$\boldsymbol{\zeta} = \boldsymbol{M}\boldsymbol{\xi} + \boldsymbol{v} \tag{2-77}$$

如果

$$p(\boldsymbol{\xi}) = \mathcal{N}(\boldsymbol{\xi};\ \bar{\boldsymbol{\xi}},\ \boldsymbol{P}_{\xi\xi}) \tag{2-78}$$

且 $p(\boldsymbol{v}) = \mathcal{N}(\boldsymbol{v};\ \boldsymbol{0},\ \boldsymbol{P}_{vv})$，$\mathrm{E}\{\boldsymbol{\xi}\boldsymbol{v}^{\mathrm{T}}\} = \boldsymbol{O}$。记 $\boldsymbol{y} \triangleq [\boldsymbol{\xi}^{\mathrm{T}},\ \boldsymbol{\zeta}^{\mathrm{T}}]^{\mathrm{T}}$，则

$$\begin{cases}p(\boldsymbol{\zeta}\,|\,\boldsymbol{\xi}) = \mathcal{N}(\boldsymbol{\zeta};\ \boldsymbol{M}\boldsymbol{\xi},\ \boldsymbol{P}_{vv}) \\ p(\boldsymbol{y}) = \mathcal{N}\left(\begin{bmatrix}\boldsymbol{\xi} \\ \boldsymbol{\zeta}\end{bmatrix};\ \begin{bmatrix}\bar{\boldsymbol{\xi}} \\ \boldsymbol{M}\bar{\boldsymbol{\xi}}\end{bmatrix},\ \begin{bmatrix}\boldsymbol{P}_{\xi\xi} & \boldsymbol{P}_{\xi\xi}\boldsymbol{M}^{\mathrm{T}} \\ \boldsymbol{M}\boldsymbol{P}_{\xi\xi} & \boldsymbol{M}\boldsymbol{P}_{\xi\xi}\boldsymbol{M}^{\mathrm{T}} + \boldsymbol{P}_{vv}\end{bmatrix}\right)\end{cases} \tag{2-79}$$

接下来证明定理 2.5，证明的主要流程如图 2-2 所示。

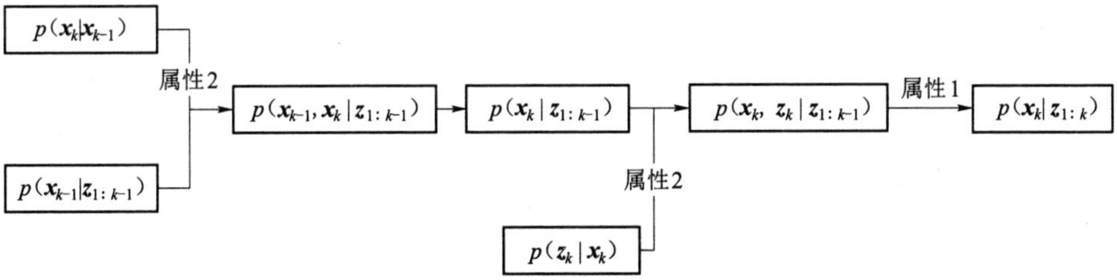

图 2-2　KF 推导流程

具体步骤如下：

假设

$$p(\boldsymbol{x}_{k-1}\,|\,\boldsymbol{z}_{1:k-1}) = \mathcal{N}(\boldsymbol{x}_{k-1};\ \hat{\boldsymbol{x}}_{k-1},\ \boldsymbol{P}_{k-1}) \tag{2-80}$$

由马尔科夫属性 1 和式 (2-70) 第一式可以得到

$$\begin{aligned}p(\boldsymbol{x}_k\,|\,\boldsymbol{x}_{k-1},\ \boldsymbol{z}_{1:k-1}) &= p(\boldsymbol{x}_k\,|\,\boldsymbol{x}_{k-1}) \\ &= \mathcal{N}(\boldsymbol{x}_k;\ \boldsymbol{F}_k\boldsymbol{x}_{k-1},\ \boldsymbol{Q}_k)\end{aligned} \tag{2-81}$$

式 (2-80) 和式 (2-78) 对应，式 (2-81) 和式 (2-79) 的第一式对应，则由式 (2-79)的第二式可以得到

$$p(\boldsymbol{x}_{k-1},\ \boldsymbol{x}_k\,|\,\boldsymbol{z}_{1:k-1}) = \mathcal{N}\left(\begin{bmatrix}\boldsymbol{x}_{k-1} \\ \boldsymbol{x}_k\end{bmatrix};\ \begin{bmatrix}\hat{\boldsymbol{x}}_{k-1} \\ \boldsymbol{F}_k\hat{\boldsymbol{x}}_{k-1}\end{bmatrix},\ \begin{bmatrix}\boldsymbol{P}_{k-1} & \boldsymbol{P}_{k-1}\boldsymbol{F}_k^{\mathrm{T}} \\ \boldsymbol{F}_k\boldsymbol{P}_{k-1} & \boldsymbol{F}_k\boldsymbol{P}_{k-1}\boldsymbol{F}_k^{\mathrm{T}} + \boldsymbol{Q}_{k-1}\end{bmatrix}\right) \tag{2-82}$$

从而可以得到

$$p(\boldsymbol{x}_k|\boldsymbol{z}_{1:k-1}) = \mathcal{N}(\boldsymbol{x}_k;\ \boldsymbol{F}_k\hat{\boldsymbol{x}}_{k-1},\ \boldsymbol{F}_k\boldsymbol{P}_{k-1}\boldsymbol{F}_k^{\mathrm{T}}+\boldsymbol{Q}_{k-1}) \tag{2-83}$$

记

$$\begin{cases}\hat{\boldsymbol{x}}_{k|k-1} \triangleq \mathrm{E}\{\boldsymbol{x}_k|\boldsymbol{z}_{1:k-1}\} \\ \boldsymbol{P}_{k|k-1} \triangleq \mathrm{var}(\boldsymbol{x}_k|\boldsymbol{z}_{1:k-1})\end{cases} \tag{2-84}$$

则式（2-83）可以写成式（2-71）第一式的形式，其中

$$\begin{cases}\hat{\boldsymbol{x}}_{k|k-1} = \boldsymbol{F}_k\hat{\boldsymbol{x}}_{k-1} \\ \boldsymbol{P}_{k|k-1} = \boldsymbol{F}_k\boldsymbol{P}_{k-1}\boldsymbol{F}_k^{\mathrm{T}}+\boldsymbol{Q}_{k-1}\end{cases} \tag{2-85}$$

由式（2-79）的第二式和式（2-70）可以得到

$$\begin{aligned}p(\boldsymbol{x}_k,\ \boldsymbol{z}_k|\boldsymbol{z}_{1:k-1}) &= p(\boldsymbol{z}_k|\boldsymbol{x}_k)p(\boldsymbol{x}_k|\boldsymbol{z}_{1:k-1}) \\ &= \mathcal{N}\left(\begin{bmatrix}\boldsymbol{x}_k \\ \boldsymbol{z}_k\end{bmatrix};\begin{bmatrix}\hat{\boldsymbol{x}}_{k|k-1} \\ \boldsymbol{H}_k\hat{\boldsymbol{x}}_{k|k-1}\end{bmatrix},\ \begin{bmatrix}\boldsymbol{P}_{k|k-1} & \boldsymbol{P}_{k|k-1}\boldsymbol{H}_k^{\mathrm{T}} \\ \boldsymbol{H}_k\boldsymbol{P}_{k|k-1} & \boldsymbol{H}_k\boldsymbol{P}_{k|k-1}\boldsymbol{H}_k^{\mathrm{T}}+\boldsymbol{R}_k\end{bmatrix}\right)\end{aligned} \tag{2-86}$$

再由式（2-75）可以得到

$$\begin{aligned}p(\boldsymbol{x}_k|\boldsymbol{z}_k,\ \boldsymbol{z}_{1:k-1}) &= p(\boldsymbol{x}_k|\boldsymbol{z}_{1:k}) \\ &= \mathcal{N}(\boldsymbol{x}_k;\ \hat{\boldsymbol{x}}_{k|k-1}+\boldsymbol{K}_k(\boldsymbol{z}_k-\boldsymbol{H}_k\hat{\boldsymbol{x}}_{k|k-1}),\ \boldsymbol{P}_{k|k-1}-\boldsymbol{K}_k\boldsymbol{S}_k\boldsymbol{K}_k^{\mathrm{T}})\end{aligned} \tag{2-87}$$

其中

$$\begin{cases}\boldsymbol{S}_k = \boldsymbol{H}_k\boldsymbol{P}_{k|k-1}\boldsymbol{H}_k^{\mathrm{T}}+\boldsymbol{R}_k \\ \boldsymbol{K}_k = \boldsymbol{P}_{k|k-1}\boldsymbol{H}_k^{\mathrm{T}}\boldsymbol{S}_k^{-1}\end{cases}$$

记

$$\begin{cases}\hat{\boldsymbol{x}}_k \triangleq \mathrm{E}\{\boldsymbol{x}_k|\boldsymbol{z}_{1:k}\} \\ \boldsymbol{P}_k \triangleq \mathrm{var}(\boldsymbol{x}_k|\boldsymbol{z}_{1:k})\end{cases} \tag{2-88}$$

则可以得到式（2-73）。从而得证。

应当指出的是，证明的过程中利用了假设式（2-80），这一假设可以利用归纳法证明成立。

注：

（1）根据 MMSE 估计的最优判据可知$\hat{\boldsymbol{x}}_k$，$\boldsymbol{P}_k$ 为最优估计。

（2）KF 更新方程有着几种不同的形式，参见表 2-2（与 LMMSE 估计的表 2-1 对应）。

（3）如果初始状态为任意分布，均值为 $\hat{\boldsymbol{x}}_0^-$、方差为 $\boldsymbol{P}_0$；过程噪声 $\boldsymbol{w}_k$ 是均值为 $\boldsymbol{0}$、方差为$\boldsymbol{Q}_k$ 的独立过程；测量噪声 $\boldsymbol{v}_k$ 也是均值为 $\boldsymbol{0}$、方差为$\boldsymbol{R}_k$，且初始状态、过程噪声、测量噪声相互独立，则定理 2.5 给出的 KF 是最优线性无偏估计。

表 2-2　几种不同形式的 KF 更新方程

状态和方差估计方程	
形式 1	$\boldsymbol{P}_k^{-1}=\boldsymbol{P}_{k\mid k-1}^{-1}+\boldsymbol{H}_k^{\mathrm{T}}\boldsymbol{R}_k^{-1}\boldsymbol{H}_k$ $\hat{\boldsymbol{x}}_k=\boldsymbol{P}_k\left(\boldsymbol{H}_k^{\mathrm{T}}\boldsymbol{R}_k^{-1}\boldsymbol{z}_k+\boldsymbol{P}_{k\mid k-1}^{-1}\hat{\boldsymbol{x}}_{k\mid k-1}\right)$
形式 2 (信息滤波)	$\boldsymbol{P}_k^{-1}=\boldsymbol{P}_{k\mid k-1}^{-1}+\boldsymbol{H}_k^{\mathrm{T}}\boldsymbol{R}_k^{-1}\boldsymbol{H}_k$ $\boldsymbol{K}_k=\boldsymbol{P}_k\boldsymbol{H}_k^{\mathrm{T}}\boldsymbol{R}_k^{-1}$ $\hat{\boldsymbol{x}}_k=\hat{\boldsymbol{x}}_{k\mid k-1}+\boldsymbol{K}_k\left(\boldsymbol{z}_k-\boldsymbol{H}_k\hat{\boldsymbol{x}}_{k\mid k-1}\right)$
形式 3	$\boldsymbol{K}_k=\boldsymbol{P}_{k\mid k-1}\boldsymbol{H}_k^{\mathrm{T}}\left(\boldsymbol{H}_k\boldsymbol{P}_{k\mid k-1}\boldsymbol{H}_k^{\mathrm{T}}+\boldsymbol{R}_k\right)^{-1}$ $\hat{\boldsymbol{x}}_k=\hat{\boldsymbol{x}}_{k\mid k-1}+\boldsymbol{K}_k\left(\boldsymbol{z}_k-\boldsymbol{H}_k\hat{\boldsymbol{x}}_{k\mid k-1}\right)$ $\boldsymbol{P}_{k\mid k}=\left(\boldsymbol{I}-\boldsymbol{K}_k\boldsymbol{H}_k\right)\boldsymbol{P}_{k\mid k-1}\left(\boldsymbol{I}-\boldsymbol{K}_k\boldsymbol{H}_k\right)^{\mathrm{T}}+\boldsymbol{K}_k\boldsymbol{R}_k\boldsymbol{K}_k^{\mathrm{T}}$
形式 4	$\boldsymbol{K}_k=\boldsymbol{P}_{k\mid k-1}\boldsymbol{H}_k^{\mathrm{T}}\left(\boldsymbol{H}_k\boldsymbol{P}_{k\mid k-1}\boldsymbol{H}_k^{\mathrm{T}}+\boldsymbol{R}_k\right)^{-1}$ $\hat{\boldsymbol{x}}_k=\hat{\boldsymbol{x}}_{k\mid k-1}+\boldsymbol{K}_k\left(\boldsymbol{z}_k-\boldsymbol{H}_k\hat{\boldsymbol{x}}_{k\mid k-1}\right)$ $\boldsymbol{P}_{k\mid k}=\left(\boldsymbol{I}-\boldsymbol{K}_k\boldsymbol{H}_k\right)\boldsymbol{P}_{k\mid k-1}$

2.4.3　扩展卡尔曼滤波算法

Kalman 最初提出的滤波基本理论只适用于线性系统，并且要求测量方程也必须是线性的。但是，在工程实践中遇到的物理系统，其数学模型往往是非线性的，如在航天器自主导航技术研究中经常用到的轨道动力学方程是非线性的，天文自主导航系统中对应的视线方向测量方程也是非线性的。为了将 KF 算法推广用于非线性系统，在 KF 基本理论提出后的 10 多年时间里，Kalman、Bucy 和 Sunahara 等学者致力于研究 KF 在非线性系统中的应用，提出了扩展卡尔曼滤波（Extended Kalman Filter，EKF）算法。

EKF 算法设计的基本思路是通过截取系统方程和测量方程中非线性函数泰勒级数展开式的一阶项，对系统进行线性化，然后将 KF 方程用于线性化模型以获得状态估计值。EKF 算法是针对非线性系统进行状态估计最常用的算法，如美国的“星尘（STARDUST）”号探测器采用 EKF 处理光学成像测量信息，从而确定探测器的位置。基于 EKF 的姿态确定方法广泛应用于高精度卫星姿态控制系统，如美国的哈勃太空望远镜（HST）和日本的先进陆地观测卫星（ALOS）等。

用于 EKF 算法研究的非线性系统模型为

$$\begin{cases}\boldsymbol{x}_k=\boldsymbol{f}(\boldsymbol{x}_{k-1})+\boldsymbol{w}_k\\ \boldsymbol{z}_k=\boldsymbol{h}(\boldsymbol{x}_k)+\boldsymbol{v}_k\end{cases}\tag{2-89}$$

式中，$\boldsymbol{x}_k\in\mathbb{R}^n$ 为状态变量；$\boldsymbol{z}_k\in\mathbb{R}^m$ 为观测量；$\boldsymbol{f}$：$\mathbb{R}^n\rightarrow\mathbb{R}^n$ 为状态转移函数；$\boldsymbol{h}$：$\mathbb{R}^n\rightarrow\mathbb{R}^m$ 为测量函数；$\boldsymbol{w}_k$和 $\boldsymbol{v}_k$均为零均值白噪声，并且满足以下条件

$$\begin{cases}\mathrm{E}(\boldsymbol{w}_k\boldsymbol{w}_j^{\mathrm{T}})=\begin{cases}\boldsymbol{Q}_k & k=j\\ \boldsymbol{O} & k\neq j\end{cases}\\ \mathrm{E}(\boldsymbol{v}_k\boldsymbol{v}_j^{\mathrm{T}})=\begin{cases}\boldsymbol{R}_k & k=j\\ \boldsymbol{O} & k\neq j\end{cases}\end{cases}\tag{2-90}$$

对于式（2-89）所示的非线性系统，很难找到一种严格的递推滤波方法，通常采用近似方法来处理非线性滤波问题，应用比较广泛的近似方法是非线性系统的线性化。为了针对非线性系统应用 KF 方程，作如下基本假设：状态变量预测值与实际值之间的差能够用一个线性方程表示，该线性方程能够足够准确地对滤波器的实际误差特性给予描述。这个基本假设在工程实践中往往可以得到满足，描述预测值与实际值之差的线性方程称为线性干扰方程。常用的 EKF 算法是针对线性化后的模型设计的。

EKF 算法方程描述如下，定义预测误差为

$$\Delta\boldsymbol{x}_k=\boldsymbol{x}_k-\hat{\boldsymbol{x}}_k^n\tag{2-91}$$

式中，$\hat{\boldsymbol{x}}_k^n$ 表示状态变量的预测值。线性干扰方程的形式为

$$\begin{cases}\Delta\boldsymbol{x}_k=\boldsymbol{F}_k\Delta\boldsymbol{x}_{k-1}+\boldsymbol{w}_k\\ \Delta\boldsymbol{z}_k=\boldsymbol{H}_k\Delta\boldsymbol{x}_k+\boldsymbol{v}_k\end{cases}\tag{2-92}$$

式中，$\boldsymbol{F}_k=(\partial\boldsymbol{f}/\partial\boldsymbol{x})\big|_{x=\hat{x}_{k-1}}$；$\boldsymbol{H}_k=(\partial\boldsymbol{h}/\partial\boldsymbol{x})\big|_{x=\hat{x}_{k|k-1}}$ 称为雅克比矩阵；$\Delta\boldsymbol{z}_k=\boldsymbol{z}_k-\boldsymbol{h}(\hat{\boldsymbol{x}}_k^n)$。

在线性干扰方程的基础上，仿照线性 KF 基本方程，不难给出对偏差 $\Delta\boldsymbol{x}_k$ 进行估计的 KF 方程为

$$\begin{cases}\Delta\hat{\boldsymbol{x}}_{k|k-1}=\boldsymbol{F}_k\Delta\hat{\boldsymbol{x}}_{k-1}\\ \boldsymbol{P}_{k|k-1}=\boldsymbol{F}_k\boldsymbol{P}_{k-1}\boldsymbol{F}_k^{\mathrm{T}}+\boldsymbol{Q}_k\\ \boldsymbol{K}_k=\boldsymbol{P}_{k|k-1}\boldsymbol{H}_k^{\mathrm{T}}(\boldsymbol{H}_k\boldsymbol{P}_{k|k-1}\boldsymbol{H}_k^{\mathrm{T}}+\boldsymbol{R}_k)^{-1}\\ \Delta\hat{\boldsymbol{x}}_k=\Delta\hat{\boldsymbol{x}}_{k|k-1}+\boldsymbol{K}_k(\Delta\boldsymbol{z}_k-\boldsymbol{H}_k\Delta\hat{\boldsymbol{x}}_{k|k-1})\\ \boldsymbol{P}_k=(\boldsymbol{I}-\boldsymbol{K}_k\boldsymbol{H}_k)\boldsymbol{P}_{k|k-1}(\boldsymbol{I}-\boldsymbol{K}_k\boldsymbol{H}_k)^{\mathrm{T}}+\boldsymbol{K}_k\boldsymbol{R}_k\boldsymbol{K}_k^{\mathrm{T}}\end{cases}\tag{2-93}$$

值得注意的是，在应用过程中，往往不对偏差 $\Delta\boldsymbol{x}_k$ 进行预测，而是直接设置状态偏差的一步预测值 $\Delta\hat{\boldsymbol{x}}_{k|k-1}=\boldsymbol{0}$，此时

$$\Delta\hat{\boldsymbol{x}}_k=\boldsymbol{K}_k\Delta\boldsymbol{z}_k=\boldsymbol{K}_k[\boldsymbol{z}_k-\boldsymbol{h}(\hat{\boldsymbol{x}}_k^n)]\tag{2-94}$$

一般通过系统方程式（2-89）的第一式对状态变量预测，即

$$\hat{\boldsymbol{x}}_k^n=\hat{\boldsymbol{x}}_{k|k-1}=\boldsymbol{f}(\hat{\boldsymbol{x}}_{k-1}) \tag{2-95}$$

利用估计得到的状态偏差 $\Delta\hat{\boldsymbol{x}}_k$ 对预测值 $\hat{\boldsymbol{x}}_k^n$ 或 $\hat{\boldsymbol{x}}_{k|k-1}$ 进行修正，得到

$$\hat{\boldsymbol{x}}_k=\hat{\boldsymbol{x}}_{k|k-1}+\Delta\hat{\boldsymbol{x}}_k=\hat{\boldsymbol{x}}_{k|k-1}+\boldsymbol{K}_k[\boldsymbol{z}_k-\boldsymbol{h}(\hat{\boldsymbol{x}}_{k|k-1})] \tag{2-96}$$

为了精确实现对状态变量的预测，针对式（2-95），人们提出了多种改进方法，如数值积分、求解微分方程等。相应的，为了提升状态变量修正的效能，针对式（2-96），也有不同的实现方法，如求解非线性优化问题等。在实际应用过程中，应综合考虑系统非线性程度、系统噪声和测量噪声影响的权重、精度要求，以及计算量等因素，设计或选择适当的状态预测和更新方法。在系统动态变化不明显或呈现周期性变化规律时，可采用常增益或周期增益滤波器，避免了对滤波增益阵 $\boldsymbol{K}_k$ 的递推解算，能够降低计算量、减小滤波算法的复杂程度。类似算法广泛用于基于陀螺和星敏感器的卫星姿态确定系统。

2.4.4　无迹卡尔曼滤波算法

1. 问题描述

20 世纪 60 年代提出的 EKF 将 KF 技术推广用于非线性系统，其基本思路是通过截取状态方程和测量方程中非线性函数泰勒级数展开式的一阶项，对系统进行线性化，然后将 KF 方程用于所获得的线性化模型以获得状态估计值。EKF 算法历史悠久，原理直观，已被用于航天器定轨和飞行器导航等多个领域。EKF 算法的主要问题在于，在线性化过程中忽略了非线性函数泰勒级数展开式的二阶项和其他高阶项；在初始误差较大或系统受到外界干扰的情况下，有可能引入较大的线性化误差，从而降低滤波精度。为了解决这一问题，人们提出了二阶滤波等改进方法，试图通过引入非线性函数泰勒级数展开式的高阶项来改善滤波性能。虽然采用二阶滤波可以提高滤波精度，但对于复杂的非线性系统而言，计算非线性函数的高阶导数往往比较困难。另外，基于贝叶斯估计理论和蒙特卡洛方法的 PF 算法也可以解决非线性系统的状态估计问题。但是，应用 PF 算法需要对大量粒子进行预测和更新，对于性能有限的星载计算机而言，计算负担较重。

20 世纪 90 年代，关于无导数（Derivative Free）非线性滤波算法的研究取得了较大发展，其中比较著名的包括 UKF、二阶插值滤波和容积卡尔曼滤波（Cubature Kalman Filter，CKF）算法等。UKF 和二阶插值滤波算法分别采用无迹变换和二阶插值技术描述非线性函数泰勒级数展开式的二阶项和其他高阶

项，基本思路是通过确定性方法选择少量样本描述状态变量的均值和方差特性，然后对各个样本分别进行非线性变换，并将它们通过非线性系统方程和测量方程后的样本均值和样本方差分别作为状态预测值、测量预测值和相应方差阵。UKF 可以达到与二阶滤波相似的精度，而不必对非线性函数进行求导，应用更简便且其计算量与 EKF 处于同一个数量级，不会显著增大计算负担。CKF 是近年来提出的一种新型非线性滤波算法，该算法基于球面径向规则设计，经过严格的数学证明，其逼近非线性变换后概率分布的精度优于 UKF，并且能够解决 UKF 在处理高维非线性状态估计问题时滤波性能不佳甚至发散的问题。应当指出，UKF、二阶插值滤波和 CKF 在原理上都是基于一组加权样本点来逼近非线性状态的统计特性，且采样过程都是根据确定的数学表达式来实现的，因此，它们可以统一归类为确定采样型滤波器。本节主要以 UKF 算法为例展开论述。

EKF、UKF 和 PF 算法的区别在于描述状态变量通过非线性系统后统计特性的方式不同，其中，EKF 通过线性化技术实现对状态变量均值和方差的递推计算，UKF 通过少量根据确定性方法选择的样本点描述随机变量通过非线性系统后的统计特性，而 PF 通过大量随机样本描述状态变量通过非线性系统后的分布，如图 2-3 所示。

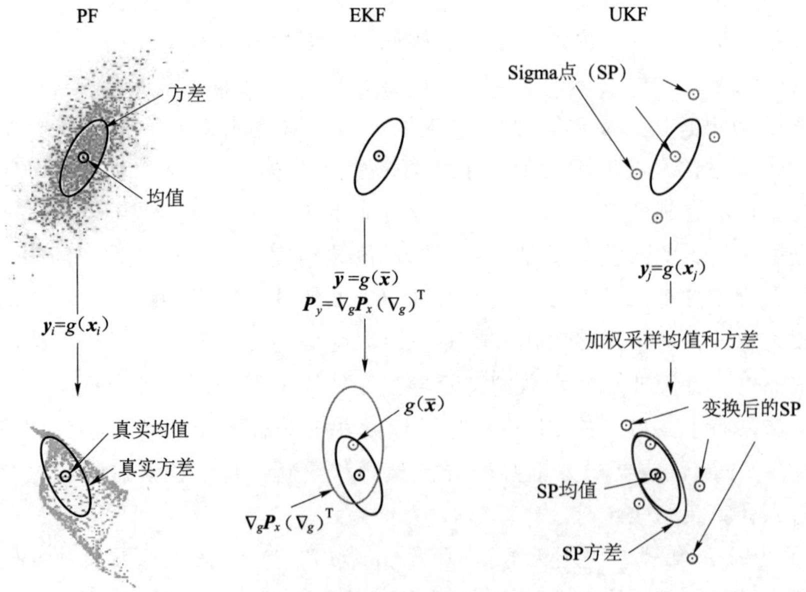

图 2-3　常用非线性滤波算法实施状态预测的方式

常用滤波算法的性能特点如表 2-3 所示。

表 2-3　常用滤波算法的性能特点

滤波方法	原理	适应系统	非线性处理技术	优点	缺点	最优性
KF	均值和方差递推	线性高斯	无	计算速度快	线性高斯假设	最优
EKF	线性化	非线性高斯	函数近似	速度快；应用广	求导计算；高斯假设	次优
UKF	无迹变换	非线性高斯	函数近似；采样技术	无求导；精度较高	高斯假设	次优
插值滤波	插值多项式逼近	非线性高斯	函数近似	无求导；精度较高	高斯假设	次优
CKF	球面径向规则	非线性高斯	函数近似；采样技术	无求导；精度较高	高斯假设	次优
PF	蒙特卡洛（Monte Carlo，MC）	非线性非高斯	概率密度逼近；采样技术	无求导；精度高；无高斯假设	要求噪声信号的分布已知；计算量大	粒子数趋于无穷时最优

为了满足航天器自主导航研究的要求，需要从精度和计算量两个方面着眼，选择适当的非线性滤波算法。从精度方面考虑，采用 UKF 可以获得高于 EKF 的估计精度；从计算量方面考虑，EKF 的计算量与状态向量维数的 3 次方成正比；UKF 算法的计算量约为 EKF 算法的 3 倍；而 PF 的计算量与所选择的粒子数的大小有关，通常可达 EKF 的数百倍甚至上千倍，对于性能有限的星载计算机而言，应用 PF 算法计算负担较重。因此，建议集中研究 EKF 或 UKF 算法，即采用线性化或无迹变换技术，计算状态变量通过非线性系统后的均值和方差，在滤波过程中实现对状态变量的预测。此外，应用 UKF 算法不必求解雅克比矩阵，适用于地球重力场导航等雅克比矩阵不易求解的情况。UKF 算法在 2007 年发射的美国海军 NPSAT 1（Naval Postgraduate School Satellite 1）卫星上得到应用，该卫星的姿态确定系统利用 UKF 算法处理三轴磁强计的测量信息，获得卫星姿态及其变化率的估计值。

2. UKF 算法流程

无迹卡尔曼滤波最先由 Julier 提出，又经 Merve 扩展出了多种算法。与 EKF 不同，UKF 中采用无迹变换（Unscented Transform，UT）技术代替线性化，以描述状态变量通过非线性系统方程或测量方程后的均值和方差。所谓无迹变换，指的是通过确定性采样方法在状态空间选择若干样本（即 Sigma 点），用这些样本的分布来描述状态变量的均值和方差特性。可以证明，对每个 Sigma 点分别进行非线性变换，得到一组新的 Sigma 点，则这些新样本的均值和方差能够以较高精度逼近真实的状态变量经过非线性变换后的均值和方差。图 2-4 所示为二维状态变量的无迹变换示意图。

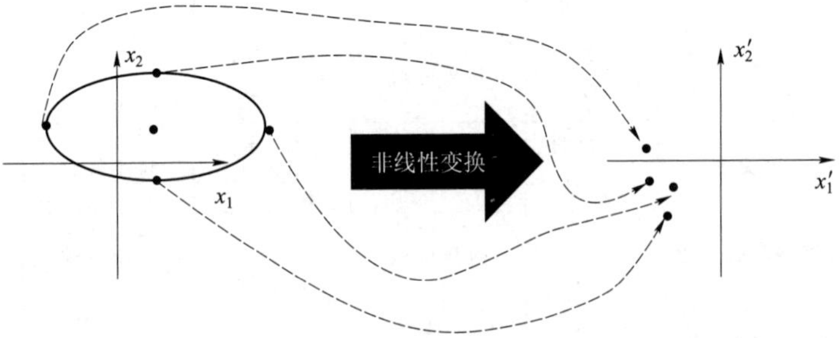

图 2-4　二维状态变量的无迹变换示意图

无迹变换的计算方法为：假设 $\boldsymbol{x}$ 的均值为 $\bar{\boldsymbol{x}}_k$，协方差为 $\boldsymbol{P}_k$，通过非线性函数 $\boldsymbol{x}'=\boldsymbol{f}(\boldsymbol{x})$ 传播到 $\boldsymbol{x}'$，要计算 $\boldsymbol{x}'$ 的均值和协方差，需要构造一个由 $\boldsymbol{x}$ 的 $2n+1$ 个采样点 $\boldsymbol{\chi}_i$（称为 Sigma 点）组成的矩阵

$$\begin{cases}\boldsymbol{\chi}_0=\bar{\boldsymbol{x}}_k \\ \boldsymbol{\chi}_i=\bar{\boldsymbol{x}}_k+\left(\sqrt{(n+\lambda)\boldsymbol{P}_k}\right)_i & i=1,\ 2,\ \cdots,\ n \\ \boldsymbol{\chi}_i=\bar{\boldsymbol{x}}_k-\left(\sqrt{(n+\lambda)\boldsymbol{P}_k}\right)_{i-n} & i=n+1,\ n+2,\ \cdots,\ 2n\end{cases} \tag{2-97}$$

式中，$\left(\sqrt{(n+\lambda)\boldsymbol{P}_k}\right)_i$ 表示矩阵平方根的第 i 列；$\lambda=\alpha^2(n+\kappa)-n$，是一个标量。

常数 α 一般取小的正值（如$10^{-4}\leqslant\alpha\leqslant1$），控制西格玛点的分布状态。调节 α 可以减小非线性方程的高阶项影响。κ 的具体取值虽然没有界限，但应确保矩阵 $(n+\lambda)\ \boldsymbol{P}_k$ 为半正定矩阵。对高斯分布的情况，当状态变量为单变量时，取 $\kappa=2$；当状态变量为多变量时，取 $\kappa=3-n$。

本节先给出 UKF 的算法流程，再说明该算法相对 EKF 的优势。

第 1 步：初始化，假定初始时刻未知状态的先验分布均值为$\hat{\boldsymbol{x}}_0$，方差为$\boldsymbol{P}_0$。

第 2 步：选择 Sigma 点，给定上一步的状态估计值$\hat{\boldsymbol{x}}_{k-1}$及其方差阵$\boldsymbol{P}_{k-1}$，Sigma 点可用下式选择

$$\begin{cases}\boldsymbol{\chi}_{i,k-1}=\hat{\boldsymbol{x}}_{k-1} & i=0 \\ \boldsymbol{\chi}_{i,k-1}=\hat{\boldsymbol{x}}_{k-1}+\left(a\sqrt{l\boldsymbol{P}_{k-1}}\right)_i & i=1,\ 2,\ \cdots,\ l \\ \boldsymbol{\chi}_{i,k-1}=\hat{\boldsymbol{x}}_{k-1}-\left(a\sqrt{l\boldsymbol{P}_{k-1}}\right)_{i-l} & i=l+1,\ l+2,\ \cdots,\ 2l\end{cases}$$

式中，可调参数 a 描述了 Sigma 点的散布，一般取为一个小正数；在一些特殊情况下，通过适当选择 a 的取值可以消除某些高次误差的影响。$(\sqrt{\cdot})_i$ 表示矩阵平方根的第 i 列，矩阵 $\sqrt{\boldsymbol{P}_{k-1}} \in \mathbb{R}^{l\times l}$ 是通过矩阵分解得到的，满足 $\boldsymbol{P}_{k-1} = (\sqrt{\boldsymbol{P}_{k-1}})(\sqrt{\boldsymbol{P}_{k-1}})^{\mathrm{T}}$。对于 l 维系统来说，需要选取 $2l+1$ 个 Sigma 点。

第 3 步：预测，将各 Sigma 点分别代入状态转移函数进行计算，得到一组新的样本

$$\boldsymbol{\chi}_{i,k|k-1} = \boldsymbol{f}(\boldsymbol{\chi}_{i,k-1}) \quad i=0,1,\cdots,2l \tag{2-98}$$

状态变量的预测值和方差阵可按下式计算

$$\begin{cases} \hat{\boldsymbol{x}}_{k|k-1} = \sum_{i=0}^{2l} \omega_i \boldsymbol{\chi}_{i,k|k-1} \\ \boldsymbol{P}_{k|k-1} = \sum_{i=0}^{2l} \omega_i (\boldsymbol{\chi}_{i,k|k-1} - \hat{\boldsymbol{x}}_{k|k-1})(\boldsymbol{\chi}_{i,k|k-1} - \hat{\boldsymbol{x}}_{k|k-1})^{\mathrm{T}} + \boldsymbol{Q}_k \end{cases} \tag{2-99}$$

式中，权值为

$$\begin{cases} \omega_i = 1 - \dfrac{1}{a^2} & i=0 \\ \omega_i = \dfrac{1}{2la^2} & i=1,2,\cdots,2l \end{cases}$$

第 4 步：更新，根据预测的结果 $\hat{\boldsymbol{x}}_{k|k-1}$ 和 $\boldsymbol{P}_{k|k-1}$ 重新选取 Sigma 点，即

$$\begin{cases} \boldsymbol{\chi}'_{i,k|k-1} = \hat{\boldsymbol{x}}_{k|k-1} & i=0 \\ \boldsymbol{\chi}'_{i,k|k-1} = \hat{\boldsymbol{x}}_{k|k-1} + (a\sqrt{l\boldsymbol{P}_{k|k-1}})_i & i=1,2,\cdots,l \\ \boldsymbol{\chi}'_{i,k|k-1} = \hat{\boldsymbol{x}}_{k|k-1} - (a\sqrt{l\boldsymbol{P}_{k|k-1}})_{i-l} & i=l+1,l+2,\cdots,2l \end{cases} \tag{2-100}$$

将重新选取的 Sigma 点依次代入测量方程进行计算，得到

$$\boldsymbol{\gamma}_{i,k} = \boldsymbol{h}(\boldsymbol{\chi}'_{i,k|k-1}) \quad i=0,1,\cdots,2l \tag{2-101}$$

观测量的预测均值 $\hat{\boldsymbol{z}}_k$ 及其方差 $\boldsymbol{P}_{zz}$ 可按下式计算

$$\begin{cases} \hat{\boldsymbol{z}}_k = \sum_{i=0}^{2l} \omega_i \boldsymbol{\gamma}_{i,k} \\ \boldsymbol{P}_{zz} = \sum_{i=0}^{2l} \omega_i (\boldsymbol{\gamma}_{i,k} - \hat{\boldsymbol{z}}_k)(\boldsymbol{\gamma}_{i,k} - \hat{\boldsymbol{z}}_k)^{\mathrm{T}} + \boldsymbol{R}_k \end{cases} \tag{2-102}$$

状态和观测量的互协方差阵 $\boldsymbol{P}_{xz}$ 为

$$\boldsymbol{P}_{xz} = \sum_{i=0}^{2l} \omega_i (\boldsymbol{\chi}_{i,k|k-1} - \hat{\boldsymbol{x}}_{k|k-1})(\boldsymbol{\gamma}_{i,k} - \hat{\boldsymbol{z}}_k)^{\mathrm{T}} \tag{2-103}$$

通过观测量对预测值进行修正，得到状态估计值及其方差阵为

$$\begin{cases} \hat{\boldsymbol{x}}_k = \hat{\boldsymbol{x}}_{k|k-1} + \boldsymbol{K}_k(\boldsymbol{z}_k - \hat{\boldsymbol{z}}_k) \\ \boldsymbol{P}_k = \boldsymbol{P}_{k|k-1} - \boldsymbol{K}_k \boldsymbol{P}_{zz} \boldsymbol{K}_k^{\mathrm{T}} \\ \boldsymbol{K}_k = \boldsymbol{P}_{xz} \boldsymbol{P}_{zz}^{-1} \end{cases} \tag{2-104}$$

第 2～4 步反复迭代运行，就可以得到状态$\boldsymbol{x}_k$ 的估计值。

UKF 与 EKF 的不同之处在于采用无迹变换技术代替线性化，计算状态变量通过非线性系统方程与测量方程后的均值和方差。可以证明，采用无迹变换技术可以精确描述非线性函数泰勒级数展开式的二次项，而 EKF 中所用的线性化技术仅考虑了泰勒级数展开式的一次项。相对 EKF 而言，UKF 算法估计精度更高，并且不需要求解雅克比矩阵。

UKF 算法的优势在于对预测分布均值的描述比 EKF 更准确。为了便于比较，先推导预测均值的表达式。将状态变量先验分布 $p(\boldsymbol{x}_{k-1}|\boldsymbol{z}_{1:k-1})$ 的均值和方差记为

$$\mathrm{E}\{\boldsymbol{x}_{k-1}|\boldsymbol{z}_{1:k-1}\}=\hat{\boldsymbol{x}}_{k-1},\quad \mathrm{var}(\boldsymbol{x}_{k-1}|\boldsymbol{z}_{1:k-1})=\boldsymbol{P}_{k-1}$$

则预测分布的均值为

$$\mathrm{E}\{\boldsymbol{x}_k|\boldsymbol{z}_{1:k-1}\}=\mathrm{E}\{\boldsymbol{f}(\boldsymbol{x}_{k-1})+\boldsymbol{w}_k|\boldsymbol{z}_{1:k-1}\}=\mathrm{E}\{\boldsymbol{f}(\hat{\boldsymbol{x}}_{k-1}+\tilde{\boldsymbol{x}}_{k-1})|\boldsymbol{z}_{1:k-1}\}$$

式中，$\tilde{\boldsymbol{x}}_{k-1}=\boldsymbol{x}_{k-1}-\hat{\boldsymbol{x}}_{k-1}$为估计误差。不难得到其统计特性为

$$\mathrm{E}\{\tilde{\boldsymbol{x}}_{k-1}|\boldsymbol{z}_{1:k-1}\}=\boldsymbol{0},\quad \mathrm{var}(\tilde{\boldsymbol{x}}_{k-1}|\boldsymbol{z}_{1:k-1})=\boldsymbol{P}_{k-1} \tag{2-105}$$

将 $\boldsymbol{f}(\hat{\boldsymbol{x}}_{k-1}+\tilde{\boldsymbol{x}}_{k-1})$ 在$\hat{\boldsymbol{x}}_{k-1}$处展成泰勒级数，得到

$$\begin{aligned}\mathrm{E}\{\boldsymbol{x}_k|\boldsymbol{z}_{1:k-1}\}&=\mathrm{E}\left\{\boldsymbol{f}(\hat{\boldsymbol{x}}_{k-1})+\frac{\partial \boldsymbol{f}}{\partial \boldsymbol{x}}\bigg|_{\boldsymbol{x}=\hat{\boldsymbol{x}}_{k-1}}\tilde{\boldsymbol{x}}_{k-1}+\frac{1}{2}\sum_{i=1}^{l}\boldsymbol{\phi}_i\,\tilde{\boldsymbol{x}}_{k-1}^{\mathrm{T}}\frac{\partial^2 f_i}{\partial \boldsymbol{x}\partial \boldsymbol{x}^{\mathrm{T}}}\bigg|_{\hat{\boldsymbol{x}}_{k-1}}\tilde{\boldsymbol{x}}_{k-1}\,|\,\boldsymbol{z}_{1:k-1}\right\}\\&=\mathrm{E}\left\{\boldsymbol{f}(\hat{\boldsymbol{x}}_{k-1})+\frac{\partial \boldsymbol{f}}{\partial \boldsymbol{x}}\bigg|_{\boldsymbol{x}=\hat{\boldsymbol{x}}_{k-1}}\tilde{\boldsymbol{x}}_{k-1}+\frac{1}{2}\sum_{i=1}^{l}\boldsymbol{\phi}_i\,\mathrm{Tr}\left[\frac{\partial^2 f_i}{\partial \boldsymbol{x}\partial \boldsymbol{x}^{\mathrm{T}}}\bigg|_{\hat{\boldsymbol{x}}_{k-1}}\tilde{\boldsymbol{x}}_{k-1}\tilde{\boldsymbol{x}}_{k-1}^{\mathrm{T}}\right]|\,\boldsymbol{z}_{1:k-1}\right\}\end{aligned} \tag{2-106}$$

式中，$\boldsymbol{\phi}_i\in\mathbb{R}^l$ 的第 i 个元素为 1，其他元素均为 0；f_i 为 $\boldsymbol{f}$ 的第 i 项，从而

$$\mathrm{E}\{\boldsymbol{x}_k|\boldsymbol{z}_{1:k-1}\}=\boldsymbol{f}(\hat{\boldsymbol{x}}_{k-1})+\frac{1}{2}\sum_{i=1}^{l}\boldsymbol{\phi}_i\,\mathrm{Tr}\left[\frac{\partial^2 f_i}{\partial \boldsymbol{x}\partial \boldsymbol{x}^{\mathrm{T}}}\bigg|_{\hat{\boldsymbol{x}}_{k-1}}\boldsymbol{P}_{k-1}\right] \tag{2-107}$$

式（2-107）中给出了非线性函数泰勒级数展开式的二次项。

接下来计算 UKF 中通过无迹变换得到的样本均值，将式（2-98）代入式（2-99）第一式可得

$$\begin{aligned}\hat{\boldsymbol{x}}_{k|k-1}=&\left(1-\frac{1}{a^2}\right)\boldsymbol{f}(\hat{\boldsymbol{x}}_{k-1})+\sum_{i=1}^{l}\frac{1}{2la^2}\boldsymbol{f}[\hat{\boldsymbol{x}}_{k-1}+a(\sqrt{l\boldsymbol{P}_{k-1}})_i]+\\&\sum_{i=1}^{l}\frac{1}{2la^2}\boldsymbol{f}[\hat{\boldsymbol{x}}_{k-1}-a(\sqrt{l\boldsymbol{P}_{k-1}})_i]\end{aligned}$$

将 $\boldsymbol{f}(\hat{\boldsymbol{x}}_{k-1}+a(\sqrt{l\boldsymbol{P}_{k-1}})_i)$ 和 $\boldsymbol{f}[\hat{\boldsymbol{x}}_{k-1}-a(\sqrt{l\boldsymbol{P}_{k-1}})_i]$ 在$\hat{\boldsymbol{x}}_{k-1}$处展成泰勒级数，得到

$$
\begin{aligned}
\hat{\boldsymbol{x}}_{k|k-1} = & \left(1-\frac{1}{a^2}\right)\boldsymbol{f}(\hat{\boldsymbol{x}}_{k-1}) + \\
& \sum_{i=1}^{l}\frac{1}{2la^2}\left(\boldsymbol{f}(\hat{\boldsymbol{x}}_{k-1}) + a\frac{\partial \boldsymbol{f}}{\partial \boldsymbol{x}}\bigg|_{\boldsymbol{x}=\hat{\boldsymbol{x}}_{k-1}}(\sqrt{l\boldsymbol{P}_{k-1}})_i + \right. \\
& \left.\frac{1}{2}a^2\sum_{j=1}^{l}\phi_j(\sqrt{l\boldsymbol{P}_{k-1}})_i^{\mathrm{T}}\frac{\partial^2 f_j}{\partial \boldsymbol{x}\partial \boldsymbol{x}^T}\bigg|_{\hat{\boldsymbol{x}}_{k-1}}(\sqrt{l\boldsymbol{P}_{k-1}})_i\right) + \\
& \sum_{i=1}^{l}\frac{1}{2la^2}\left(\boldsymbol{f}(\hat{\boldsymbol{x}}_{k-1}) - a\frac{\partial \boldsymbol{f}}{\partial \boldsymbol{x}}\bigg|_{\boldsymbol{x}=\hat{\boldsymbol{x}}_{k-1}}(\sqrt{l\boldsymbol{P}_{k-1}})_i + \right. \\
& \left.\frac{1}{2}a^2\sum_{j=1}^{l}\phi_j(\sqrt{l\boldsymbol{P}_{k-1}})_i^{\mathrm{T}}\frac{\partial^2 f_j}{\partial \boldsymbol{x}\partial \boldsymbol{x}^T}\bigg|_{\hat{\boldsymbol{x}}_{k-1}}(\sqrt{l\boldsymbol{P}_{k-1}})_i\right)
\end{aligned}
$$

整理上式得到

$$
\begin{aligned}
\hat{\boldsymbol{x}}_{k|k-1} = & \left(1-\frac{1}{a^2}+\sum_{i=1}^{l}\frac{1}{2la^2}+\sum_{i=1}^{l}\frac{1}{2la^2}\right)\boldsymbol{f}(\hat{\boldsymbol{x}}_{k-1}) + \\
& \sum_{i=1}^{l}\frac{1}{2l}\left(\sum_{j=1}^{l}\phi_j(\sqrt{l\boldsymbol{P}_{k-1}})_i^{\mathrm{T}}\frac{\partial^2 f_j}{\partial \boldsymbol{x}\partial \boldsymbol{x}^T}\bigg|_{\hat{\boldsymbol{x}}_{k-1}}(\sqrt{l\boldsymbol{P}_{k-1}})_i\right) \qquad (2\text{-}108) \\
= & \ \boldsymbol{f}(\hat{\boldsymbol{x}}_{k-1}) + \frac{1}{2}\sum_{i=1}^{l}\phi_i \mathrm{Tr}\left[\frac{\partial^2 f_i}{\partial \boldsymbol{x}\partial \boldsymbol{x}^T}\bigg|_{\hat{\boldsymbol{x}}_{k-1}}\boldsymbol{P}_{k-1}\right]
\end{aligned}
$$

对比式（2-107）和式（2-108）可知，UKF 中的样本均值 $\hat{\boldsymbol{x}}_{k|k-1}$ 与 $\mathrm{E}\{\boldsymbol{x}_k|\boldsymbol{z}_{1:k-1}\}$ 的泰勒级数展开式的一次项和二次项是相等的。由此可知，采用无迹变换技术得到的样本均值 $\hat{\boldsymbol{x}}_{k|k-1}$ 以二次精度逼近预测分布均值 $\mathrm{E}\{\boldsymbol{x}_k|\boldsymbol{z}_{1:k-1}\}$。同理，样本均值 $\hat{\boldsymbol{z}}_k$ 将以二次精度逼近预测均值 $\mathrm{E}\{\boldsymbol{z}_k|\boldsymbol{z}_{1:k-1}\}$。

回顾在 EKF 中对 $\mathrm{E}\{\boldsymbol{x}_k|\boldsymbol{z}_{1:k-1}\}$ 的近似方法，为了与 UKF 区别，用符号 $\hat{\boldsymbol{x}}^{\mathrm{E}}_{k|k-1}$ 表示 EKF 的预测值

$$
\hat{\boldsymbol{x}}^{\mathrm{E}}_{k|k-1} = \boldsymbol{f}(\hat{\boldsymbol{x}}_{k-1}) \qquad (2\text{-}109)
$$

观察式（2-107）和式（2-109），不难发现，EKF 简单地忽略了非线性函数泰勒级数展开式的高次项，给出的预测值二次项为 0，与预测均值 $\mathrm{E}\{\boldsymbol{x}_k|\boldsymbol{z}_{1:k-1}\}$ 的二次项不符合。可见，EKF 的对状态变量均值的预测误差体现在泰勒级数展开式的二次项和其他高次项中，而采用 UKF 得到的预测误差体现在泰勒级数展开式的二次以上项中。因此，UKF 对预测均值 $\mathrm{E}\{\boldsymbol{x}_k|\boldsymbol{z}_{1:k-1}\}$ 的描述更精确，理论上能够达到比 EKF 更高的估计精度。

2.4.5 约束卡尔曼滤波

1. 问题描述

在状态估计问题中，系统的状态往往满足一些代数约束，如果设计估计算法忽略这种约束，则估计的性能未必最优，而且最终估计未必满足约束。在本节中将对考虑等式约束的卡尔曼滤波进行研究。考虑两种典型的等式约束：线性等式约束（Linear Equality Constraint，LEC）和二次型等式约束（Quadratic Equality Constraint，QEC）。其中线性等式约束可以写作

$$\boldsymbol{D}\boldsymbol{x}=\boldsymbol{d} \tag{2-110}$$

式中，$\boldsymbol{D}\in\mathbb{R}^{s\times n}$；$\boldsymbol{d}\in\mathbb{R}^{s}$；$s\leqslant n$ 为约束的维数。

通常情况下，可以假设 $\boldsymbol{D}$ 行满秩。如果不是行满秩，则意味着存在冗余的约束，这时候可以去掉冗余的约束使得 $\boldsymbol{D}$ 行满秩。

对于二次型等式约束可以写作

$$\boldsymbol{x}^{\mathrm{T}}\boldsymbol{A}_i\boldsymbol{x}=l_i \quad i=1,\ 2,\ \cdots,\ q \tag{2-111}$$

式中，$\boldsymbol{A}_i=\boldsymbol{A}_i^{\mathrm{T}}\in\mathbb{R}^{n\times n}$；$q$ 为等式二次型约束的个数。

值得注意的是，对于一般的非线性等式约束模型有

$$\boldsymbol{g}(\boldsymbol{x})=\boldsymbol{0} \tag{2-112}$$

其在参考点泰勒展开可以得到

$$\boldsymbol{g}(\boldsymbol{x})=\boldsymbol{g}(\bar{\boldsymbol{x}})+D_e\boldsymbol{g}+\frac{D_e^2\boldsymbol{g}}{2!}+\frac{D_e^3\boldsymbol{g}}{3!}+\frac{D_e^4\boldsymbol{g}}{4!}+\cdots=\boldsymbol{0} \tag{2-113}$$

式中，D_e 为微分算子，有

$$\frac{D_e^i\boldsymbol{g}}{i!}=\frac{1}{i!}\left(\sum_{j=1}^{n}e_j\frac{\partial}{\partial x_j}\right)^i\boldsymbol{g}(\boldsymbol{x})\Big|_{x=\bar{x}} \tag{2-114}$$

式中，e_j 为 $\boldsymbol{e}$ 的第 j 个元素，$\boldsymbol{e}$ 为扰动量。如果仅考虑一阶项，则约束可以写作线性等式约束的形式；如果考虑二阶项，则约束可以近似成二次型等式约束的形式。

对于最小均方误差估计问题，给出状态的先验估计$\hat{\boldsymbol{x}}^-$ 和方差阵$\boldsymbol{P}_x^-$ 以及测量方程

$$\boldsymbol{z}=\boldsymbol{H}\boldsymbol{x}+\boldsymbol{\eta} \tag{2-115}$$

式中，$\boldsymbol{z}\in\mathbb{R}^{m}$；$\boldsymbol{H}\in\mathbb{R}^{m\times n}$行满秩为测量方程。求后验估计$\hat{\boldsymbol{x}}^+$，使目标函数

$$J=\frac{1}{2}\mathrm{Tr}[\boldsymbol{P}^+]=\frac{1}{2}\mathrm{Tr}[\mathrm{E}\{(\hat{\boldsymbol{x}}^+-\boldsymbol{x})(\hat{\boldsymbol{x}}^+-\boldsymbol{x})^{\mathrm{T}}\}] \tag{2-116}$$

极小，且满足约束方程式（2-112）。

2. 状态线性等式约束滤波

状态线性等式约束滤波问题可以描述为：寻找最优估计$\hat{\boldsymbol{x}}^+\in\mathbb{R}^n$使得目标函数式（2-116)最小，且满足式（2-110）给出的约束方程。

将$\hat{\boldsymbol{x}}^+$写作先验估计$\hat{\boldsymbol{x}}^-$和观测量$\boldsymbol{z}$的线性组合形式，即

$$\hat{\boldsymbol{x}}^+=\boldsymbol{K}\boldsymbol{z}+\boldsymbol{N}\hat{\boldsymbol{x}}^-+\boldsymbol{n} \tag{2-117}$$

式中，$\boldsymbol{K}\in\mathbb{R}^{n\times m}$；$\boldsymbol{N}\in\mathbb{R}^{n\times n}$；$\boldsymbol{n}\in\mathbb{R}^n$为待确定矩阵。在$\hat{\boldsymbol{x}}^-=\boldsymbol{x}$和$\boldsymbol{\eta}=\boldsymbol{0}$的情况下有$\hat{\boldsymbol{x}}^+=\boldsymbol{x}$，因此

$$\boldsymbol{x}=(\boldsymbol{K}\boldsymbol{H}+\boldsymbol{N})\boldsymbol{x}+\boldsymbol{n} \tag{2-118}$$

从而使$\boldsymbol{K}$、$\boldsymbol{N}$和$\boldsymbol{n}$满足约束

$$\begin{cases}\boldsymbol{K}\boldsymbol{H}+\boldsymbol{N}=\boldsymbol{I}\\ \boldsymbol{n}=\boldsymbol{0}\end{cases} \tag{2-119}$$

将式（2-119）代入式（2-117）中可以得到

$$\hat{\boldsymbol{x}}^+=\hat{\boldsymbol{x}}^-+\boldsymbol{K}\boldsymbol{\epsilon} \tag{2-120}$$

式中，$\boldsymbol{\epsilon}=\boldsymbol{z}-\boldsymbol{H}\hat{\boldsymbol{x}}^-$。

对于非约束线性估计问题，$\boldsymbol{K}$的最优值可以通过对式（2-116）求极值得到。这里考虑的是线性等式约束估计，则极值函数可以重新写作

$$J=\frac{1}{2}\mathrm{Tr}[\mathrm{E}\{(\hat{\boldsymbol{x}}^+-\boldsymbol{x})(\hat{\boldsymbol{x}}^+-\boldsymbol{x})^{\mathrm{T}}\}]+\boldsymbol{\lambda}^{\mathrm{T}}(\boldsymbol{D}\hat{\boldsymbol{x}}^+-\boldsymbol{d}) \tag{2-121}$$

假设测量噪声和先验估计不相关，将式（2-120）代入式（2-121）中可以得到

$$J=\frac{1}{2}\mathrm{Tr}[\boldsymbol{K}\boldsymbol{R}\boldsymbol{K}^{\mathrm{T}}+(\boldsymbol{I}-\boldsymbol{K}\boldsymbol{H})\boldsymbol{P}^-(\boldsymbol{I}-\boldsymbol{K}\boldsymbol{H})^{\mathrm{T}}]+\boldsymbol{\lambda}^{\mathrm{T}}[\boldsymbol{D}(\hat{\boldsymbol{x}}^-+\boldsymbol{K}\boldsymbol{\epsilon})-\boldsymbol{d}] \tag{2-122}$$

式中，$\boldsymbol{R}$为$\boldsymbol{\eta}$的方差阵，$\boldsymbol{P}^-$为$\hat{\boldsymbol{x}}^-$的方差阵。

利用最优必要条件可以得到

$$\begin{cases}\dfrac{\partial J}{\partial \boldsymbol{K}}=\boldsymbol{O}\Rightarrow\boldsymbol{K}\boldsymbol{R}-(\boldsymbol{I}-\boldsymbol{K}\boldsymbol{H})\boldsymbol{P}^-\boldsymbol{H}^{\mathrm{T}}+\boldsymbol{D}^{\mathrm{T}}\boldsymbol{\lambda}\boldsymbol{\epsilon}^{\mathrm{T}}=\boldsymbol{O}\\ \dfrac{\partial J}{\partial \boldsymbol{\lambda}}=\boldsymbol{O}\Rightarrow\boldsymbol{D}(\hat{\boldsymbol{x}}^-+\boldsymbol{K}\boldsymbol{\epsilon})-\boldsymbol{d}\end{cases} \tag{2-123}$$

由式（2-123）第一式可以解得

$$\boldsymbol{K}=(\boldsymbol{P}^-\boldsymbol{H}^{\mathrm{T}}-\boldsymbol{D}^{\mathrm{T}}\boldsymbol{\lambda}\boldsymbol{\epsilon}^{\mathrm{T}})\boldsymbol{W}^{-1} \tag{2-124}$$

其中

$$\boldsymbol{W}=\boldsymbol{R}+\boldsymbol{H}\boldsymbol{P}^-\boldsymbol{H}^{\mathrm{T}} \tag{2-125}$$

将式（2-124）代入式（2-123）第二式可得

$$D(P^- H^T - D^T \lambda \epsilon^T) W^{-1} \epsilon = d - D\hat{x}^- \tag{2-126}$$

经过简化可以解得

$$\lambda = \varepsilon^{-1}(DD^{-1})(DPH^T + D\hat{x}^- - d) \tag{2-127}$$

其中

$$\varepsilon = \epsilon^T W^{-1} \epsilon \tag{2-128}$$

将式（2-127）代入式（2-124）中可以得到约束估计的卡尔曼滤波增益矩阵，然后利用下式对方差进行测量更新

$$P^+ = (I - KH) P^- (I - KH)^T + KRK^T \tag{2-129}$$

3. 状态二次型等式约束滤波

状态二次型等式约束滤波问题可以描述为：寻找最优估计 $\hat{x}^+ \in \mathbb{R}^n$ 使得目标函数式（2-116）最小，且满足约束方程式（2-111），这里仅考虑单个约束的情况。和状态线性等式约束滤波类似，$\hat{x}^+$ 可以写成式（2-120）的形式。

相应的，二次型状态等式约束滤波的极值函数可以写作

$$J = \frac{1}{2}\mathrm{Tr}[\mathrm{E}\{(\hat{x}^+ - x)(\hat{x}^+ - x)^T\}] + \frac{1}{2}\lambda((\hat{x}^+)^T A \hat{x}^+ - l) \tag{2-130}$$

式中，λ 为拉格朗日乘子。假设测量噪声和先验估计不相关，将式（2-120）代入式（2-130）中可以得到

$$\begin{aligned} J = &\frac{1}{2}\mathrm{Tr}[KRK^T + (I - KH) P^- (I - KH)^T] + \\ &\frac{1}{2}\lambda[(\hat{x}^- + K\epsilon)^T A(\hat{x}^- + K\epsilon) - l] \end{aligned} \tag{2-131}$$

根据附录 E 的最优必要条件可以得到

$$\begin{cases} \dfrac{\partial J}{\partial K} = KR - (I - KH) P^- H^T + \lambda A(\hat{x}^- + K\epsilon)\epsilon^T = O \\ \dfrac{\partial J}{\partial \lambda} = (\hat{x}^+)^T A \hat{x}^+ - l = 0 \end{cases} \tag{2-132}$$

上式第一式可以重新写作

$$\begin{cases} K + \lambda AK\epsilon\epsilon^T W^{-1} = (P^- H^T - \lambda A\hat{x}^- \epsilon^T) W^{-1} \\ \epsilon^T K^T AK\epsilon + 2\epsilon^T K^T A\hat{x}^- + (\hat{x}^-)^T A\hat{x}^- - l = 0 \end{cases} \tag{2-133}$$

式中，W 由式（2-125）得到。

式（2-133）有 K 和 λ 两个未知参数需要求解。典型的求解方法就是从式（2-133）的第一式求解出 K 为 λ 的函数，然后代入式（2-133）的第二式中求解出 λ。式（2-133）第一式为离散 Sylvester 方程。如果 $A = I$，可以直接对矩阵求逆得到 K 的解。如果 A 为一般矩阵，K 的解则没那么直观。下面进行具体分析。

对于 m 维空间，存在 $m-1$ 个向量$\boldsymbol{\beta}_i(i=1, 2, \cdots, m-1)$ 使得$\boldsymbol{\beta}_i \perp \boldsymbol{\beta}_j(i \neq j)$ 和$\boldsymbol{\epsilon} \perp \boldsymbol{\beta}_i$。因此，$\lambda\boldsymbol{\epsilon}\boldsymbol{\epsilon}^{\mathrm{T}}\boldsymbol{W}^{-1}$ 的 m 个特征值为 0，0，…，0，$\lambda\varepsilon$，其中 ε 由式（2-137）给出，相应的特征向量为 $\boldsymbol{W}\boldsymbol{\beta}_1$，$\boldsymbol{W}\boldsymbol{\beta}_2$，…，$\boldsymbol{W}\boldsymbol{\beta}_{m-1}$，$\boldsymbol{\epsilon}$。假设存在 m 个 $\alpha_i \in \mathbb{R}$，$i=1, 2, \cdots, m$，使得

$$\alpha_1\boldsymbol{\epsilon}+\alpha_2\boldsymbol{W}\boldsymbol{\beta}_1+\cdots+\alpha_m\boldsymbol{W}\boldsymbol{\beta}_{m-1}=\boldsymbol{0} \tag{2-134}$$

因为$\boldsymbol{W}>\boldsymbol{O}$，式（2-134）左乘以$\boldsymbol{\epsilon}^{\mathrm{T}}\boldsymbol{W}^{-1}$得到 $\alpha_1=0$，然后左乘以$\boldsymbol{\beta}_j^{\mathrm{T}}\boldsymbol{W}^{-1}(j=1, 2, \cdots, m-1)$ 得到

$$\alpha_i=0 \quad i=2, 3, \cdots, m \tag{2-135}$$

这意味着 $\lambda\boldsymbol{\epsilon}\boldsymbol{\epsilon}^{\mathrm{T}}\boldsymbol{W}^{-1}$的 m 个特征向量线性独立。换句话说，$\lambda\boldsymbol{\epsilon}\boldsymbol{\epsilon}^{\mathrm{T}}\boldsymbol{W}^{-1}$可以对角化为

$$\lambda\boldsymbol{\epsilon}\boldsymbol{\epsilon}^{\mathrm{T}}\boldsymbol{W}^{-1}=\boldsymbol{V}\boldsymbol{\Gamma}\boldsymbol{V}^{-1} \tag{2-136}$$

式中，$\boldsymbol{\Gamma} \triangleq \mathrm{diag}([\gamma_1, \gamma_2, \cdots, \gamma_m])=\mathrm{diag}([0, 0, \cdots, 0, \lambda\varepsilon])$，$\boldsymbol{V}=[\boldsymbol{W}\boldsymbol{\beta}_1, \boldsymbol{W}\boldsymbol{\beta}_2, \cdots, \boldsymbol{W}\boldsymbol{\beta}_{m-1}, \boldsymbol{\epsilon}]$。由于对称矩阵同样可以被正交矩阵对角化，因此 $\boldsymbol{A}$ 可以写作

$$\boldsymbol{A}=\boldsymbol{U}\boldsymbol{\Xi}\boldsymbol{U}^{\mathrm{T}} \tag{2-137}$$

式中，$\boldsymbol{U}$ 为正交矩阵；$\boldsymbol{\Xi}=\mathrm{diag}([\xi_1, \xi_2, \cdots, \xi_n])$。将式（2-137）代入式（2-133）的第一式，并左乘以$\boldsymbol{U}^{\mathrm{T}}$、右乘以 $\boldsymbol{V}$ 可以得到

$$\tilde{\boldsymbol{K}}+\boldsymbol{\Xi}\tilde{\boldsymbol{K}}\boldsymbol{\Gamma}=\tilde{\boldsymbol{C}} \tag{2-138}$$

式中，$\tilde{\boldsymbol{K}}=\boldsymbol{U}^{\mathrm{T}}\boldsymbol{K}\boldsymbol{V}$；$\tilde{\boldsymbol{C}}=\boldsymbol{U}^{\mathrm{T}}\boldsymbol{C}\boldsymbol{V}$；$\boldsymbol{C}=(\boldsymbol{P}^{-}\boldsymbol{H}^{\mathrm{T}}-\lambda\boldsymbol{A}\hat{\boldsymbol{x}}^{-}\boldsymbol{\epsilon}^{\mathrm{T}})\boldsymbol{W}^{-1}$。记：$\tilde{\boldsymbol{K}}$ 和 $\tilde{\boldsymbol{C}}$ 的第 i、j 个元素分别为 $\tilde{k}_{ij}$和 $\tilde{c}_{ij}$，式（2-138）可以写作

$$\tilde{k}_{ij}+\xi_i\tilde{k}_{ij}\gamma_j=\tilde{c}_{ij} \tag{2-139}$$

这意味着

$$\tilde{k}_{ij}=\frac{\tilde{c}_{ij}}{1+\xi_i\gamma_j} \tag{2-140}$$

一旦 $\tilde{\boldsymbol{K}}$ 计算出来，则有

$$\boldsymbol{K}=\boldsymbol{U}\tilde{\boldsymbol{K}}\boldsymbol{V}^{-1} \tag{2-141}$$

对于状态二次型等式约束滤波，很难得到后验估计的误差协方差阵。但是基于扩展卡尔曼滤波的假设，可以将其近似为式（2-129）。

注意到 $\tilde{c}_{ij}$和 γ_j 依赖于 λ，因此需要先计算 λ 才能计算 $\boldsymbol{K}$。对式（2-133）的第一式右乘以 $\boldsymbol{\epsilon}$ 可以得到

$$\boldsymbol{K}\boldsymbol{\epsilon}+\lambda\varepsilon\boldsymbol{A}\boldsymbol{K}\boldsymbol{\epsilon}=\boldsymbol{d}-\lambda\varepsilon\boldsymbol{A}\hat{\boldsymbol{x}}^{-} \tag{2-142}$$

式中，$\boldsymbol{d}=\boldsymbol{P}^{-}\boldsymbol{H}^{\mathrm{T}}\boldsymbol{W}^{-1}\boldsymbol{\epsilon}$。

则

$$\boldsymbol{K}\boldsymbol{\epsilon}=[\boldsymbol{I}+\lambda\varepsilon\boldsymbol{A}]^{-1}(\boldsymbol{d}-\lambda\varepsilon\boldsymbol{A}\hat{\boldsymbol{x}}^{-}) \tag{2-143}$$

将式（2-143）代入式（2-133）的第二式可以得到

$$(\boldsymbol{d}-\lambda\varepsilon\boldsymbol{A}\,\hat{\boldsymbol{x}}^{-})^{\mathrm{T}}(\boldsymbol{I}+\lambda\varepsilon\boldsymbol{A})^{-1}\boldsymbol{A}(\boldsymbol{I}+\lambda\varepsilon\boldsymbol{A})^{-1}(\boldsymbol{d}-\lambda\varepsilon\boldsymbol{A}\hat{\boldsymbol{x}}^{-})+ \\ 2(\boldsymbol{d}-\lambda\varepsilon\boldsymbol{A}\,\hat{\boldsymbol{x}}^{-})^{\mathrm{T}}(\boldsymbol{I}+\lambda\varepsilon\boldsymbol{A})^{-1}\boldsymbol{A}\hat{\boldsymbol{x}}^{-}=l-(\hat{\boldsymbol{x}}^{-})^{\mathrm{T}}\boldsymbol{A}\hat{\boldsymbol{x}}^{-} \tag{2-144}$$

对式（2-144）进一步化简可以得到

$$\boldsymbol{h}^{\mathrm{T}}(\boldsymbol{I}+\lambda\varepsilon\boldsymbol{\Xi})^{-2}\boldsymbol{\Xi}\boldsymbol{h}=l \tag{2-145}$$

式中，$\boldsymbol{h}=\tilde{\boldsymbol{d}}+\tilde{\boldsymbol{x}}$；$\tilde{\boldsymbol{d}}=\boldsymbol{U}^{\mathrm{T}}\boldsymbol{d}$；$\tilde{\boldsymbol{x}}^{-}=\boldsymbol{U}^{\mathrm{T}}\,\hat{\boldsymbol{x}}^{-}$。

式（2-145）可以写成标量的形式

$$s_1(\tilde{\lambda})=\sum_{j=1}^{n}\frac{h_j^2\xi_j}{(1+\tilde{\lambda}\xi_j)^2}-l=0 \tag{2-146}$$

式中，$\tilde{\lambda}=\lambda\varepsilon$。通常情况下，可以采用牛顿迭代法对 $\tilde{\lambda}$ 进行求解。但是这种方法只能求解出一个解，而实际上式（2-146）有 $2p$ 个根，其中

$$p=\begin{cases}q & l\neq 0\\ q-1 & l=0\end{cases} \tag{2-147}$$

式中，q 为 $\boldsymbol{A}$ 的不同特征值个数。因此牛顿法得到的解未必是最优解，而且牛顿法未必能够保证收敛，这就需要更为有效的方法去计算 $\tilde{\lambda}$。令 $\tilde{\xi}_1$，$\tilde{\xi}_2$，…，$\tilde{\xi}_q$ 为 $\boldsymbol{A}$ 的 q 个不同特征值，并定义多项式函数为

$$s_2(\tilde{\lambda})=\begin{cases}\dfrac{1}{\prod\limits_{j=1}^{q}\tilde{\xi}_j^2}\prod\limits_{j=1}^{q}(1+\tilde{\lambda}\tilde{\xi}_j)^2\left[1-\dfrac{1}{l}\sum\limits_{i=1}^{n}\dfrac{h_i^2\xi_i}{(1+\tilde{\lambda}\xi_i)^2}\right] & l\neq 0\\ \dfrac{1}{\prod\limits_{j=1}^{q}\tilde{\xi}_j^2}\prod\limits_{j=1}^{q}(1+\tilde{\lambda}\tilde{\xi}_j)^2\sum\limits_{i=1}^{n}\dfrac{h_i^2\xi_i}{(1+\tilde{\lambda}\xi_i)^2} & l=0\end{cases} \tag{2-148}$$

式（2-148）可以重新写作

$$s_2(\tilde{\lambda})=\beta_0+\beta_1\tilde{\lambda}+\beta_2\tilde{\lambda}^2+\cdots+\tilde{\lambda}^{2p} \tag{2-149}$$

式中，$\beta_i=\dfrac{1}{i!}\dfrac{\mathrm{d}^i}{\mathrm{d}\tilde{\lambda}^i}s_2(0)$ 可以由差分方法计算得到。注意到式（2-148）和式（2-146）有相同的解。构造式（2-149）的伴随矩阵为

$$\boldsymbol{G}=\begin{bmatrix}0 & 0 & \cdots & 0 & -\beta_0\\ 1 & 0 & \cdots & 0 & -\beta_1\\ 0 & 1 & \cdots & 0 & -\beta_2\\ \vdots & \vdots & \ddots & \vdots & \vdots\\ 0 & 0 & \cdots & 1 & -\beta_{2p-1}\end{bmatrix} \tag{2-150}$$

$\boldsymbol{G}$ 的特征值对应式（2-149）的解，通过求解 $\boldsymbol{G}$ 的特征值可以求解出式（2-149）的所有解。因为 $\boldsymbol{G}$ 有 $2p$ 个特征值，必须确定最优的那个特征值。利用约束优化的二阶充分条件可以得到如下定理：

定理 2.6：如果 $\tilde{\lambda}^*$ 为 $\boldsymbol{G}$ 的特征值，且对于 $\forall i \in [1, r]$，$r=2, 3, \cdots n$，有 $\prod_{j=1}^{r}(1+\tilde{\lambda}^* \xi_j) > 0$，$j \neq i$，则 $\tilde{\lambda}^*$ 对应最优泛函指标。

证明：由附录 E 中的约束优化内容，可以将最优泛函式（2-131）可以重新写作

$$J = f(\boldsymbol{K}) + \lambda g(\boldsymbol{K}) \tag{2-151}$$

其中

$$\begin{cases} f(\boldsymbol{K}) = \dfrac{1}{2}\mathrm{Tr}[\boldsymbol{KRK}^{\mathrm{T}} + (\boldsymbol{I} - \boldsymbol{KH})\boldsymbol{P}^{-}(\boldsymbol{I} - \boldsymbol{KH})^{\mathrm{T}}] \\ g(\boldsymbol{K}) = \dfrac{1}{2}[\boldsymbol{\epsilon}^{\mathrm{T}}\boldsymbol{K}^{\mathrm{T}}\boldsymbol{AK\epsilon} + 2\boldsymbol{\epsilon}^{\mathrm{T}}\boldsymbol{K}^{\mathrm{T}}\boldsymbol{A}\hat{\boldsymbol{x}}^{-} + (\hat{\boldsymbol{x}}^{-})^{\mathrm{T}}\boldsymbol{A}\hat{\boldsymbol{x}}^{-} - l] \end{cases} \tag{2-152}$$

假设$\boldsymbol{K}^*$为式（2-142）的解，λ^*为式（2-148）的解。根据附录 E 约束优化的内容可知，如果 $g(\boldsymbol{K}^*)=0$，且对于所有满足下式

$$\boldsymbol{z} \cdot \nabla_K g(K^*) = (\boldsymbol{I}_m \otimes \nabla g^{\mathrm{T}})\mathrm{vec}(\boldsymbol{z}) = 0 \tag{2-153}$$

的 $\boldsymbol{z}$ 都有

$$\boldsymbol{Q}(\boldsymbol{z}) = \mathrm{vec}(\boldsymbol{z})^{\mathrm{T}} L(\boldsymbol{K}^*, \lambda^*)\mathrm{vec}(\boldsymbol{z}) > 0 \tag{2-154}$$

则$\boldsymbol{K}^*$对应最优泛函。

式（2-153）和式（2-154）中，vec 为向量化算子；$\otimes$为 Kronecker 算子（相关定义见附录 C）。

$$\begin{cases} L(\boldsymbol{K}^*, \lambda^*) = \nabla_{KK}^2 J(\boldsymbol{K}^*, \lambda^*) = \boldsymbol{W} \otimes \boldsymbol{I}_n + \lambda\boldsymbol{\epsilon}\boldsymbol{\epsilon}^{\mathrm{T}} \otimes \boldsymbol{A} \\ \nabla_K g(\boldsymbol{K}^*) = \boldsymbol{A}(\boldsymbol{I} + \lambda\varepsilon\boldsymbol{A})^{-1}(\boldsymbol{d} + \hat{\boldsymbol{x}}^{-})\boldsymbol{\epsilon}^{\mathrm{T}} \end{cases} \tag{2-155}$$

为了判断式（2-154）的成立条件，构造矩阵

$$\boldsymbol{S}_r = \begin{bmatrix} \boldsymbol{O} & (\boldsymbol{I}_m \otimes \nabla g^{\mathrm{T}})_r \\ (\boldsymbol{I}_m \otimes \nabla g)_r & \boldsymbol{L}_{rr}(\boldsymbol{K}^*, \boldsymbol{\lambda}^*) \end{bmatrix} \tag{2-156}$$

式中，$\boldsymbol{S}_r$ 为对称分块矩阵；$\boldsymbol{L}_{rr}(\boldsymbol{K}^*, \boldsymbol{\lambda}^*)$ 为 $\boldsymbol{L}(\boldsymbol{K}^*, \boldsymbol{\lambda}^*)$ 的左上角 $r \times r$ 矩阵；$(\boldsymbol{I}_m \otimes \nabla g^{\mathrm{T}})_r$ 矩阵为$\boldsymbol{I}_m \otimes \nabla g^{\mathrm{T}}$ 的前 r 列。对于所有的 $\boldsymbol{z} \cdot \nabla g(\boldsymbol{K}^*)=0$，当且仅当下面条件成立时，有 $\boldsymbol{Q}(\boldsymbol{z})>0$，即

$$(-1)^m \det(\boldsymbol{S}_r) > 0 \quad r = m(m+1), m(m+2), \cdots, mn \tag{2-157}$$

因此问题的关键是判断式（2-157）的成立条件。为了推导方便，仅考虑标量测量数据的情形（$m=1$）。这样式（2-156）可以重新写作

$$\boldsymbol{S}_r = \begin{bmatrix} \boldsymbol{O} & \boldsymbol{h}_r^{\mathrm{T}}\boldsymbol{\epsilon}(\boldsymbol{I}_r + \lambda\varepsilon\boldsymbol{A}_r)^{-1}\boldsymbol{A}_r \\ \boldsymbol{A}_r(\boldsymbol{I}_r + \lambda\varepsilon\boldsymbol{A}_r)^{-1}\boldsymbol{h}_r\boldsymbol{\epsilon} & W(\boldsymbol{I}_r + \lambda\varepsilon\boldsymbol{A}_r) \end{bmatrix} \tag{2-158}$$

$\boldsymbol{S}_r$ 的行列式由下式得到

$$\det(\boldsymbol{S}_r)=-\varepsilon\det(\boldsymbol{W})\det(\boldsymbol{I}_r+\lambda\varepsilon\boldsymbol{A}_r)\boldsymbol{h}_r^{\mathrm{T}}(\boldsymbol{I}_r+\lambda\varepsilon\boldsymbol{A}_r)^{-1}\boldsymbol{A}_r(\boldsymbol{I}_r+\lambda\varepsilon\boldsymbol{A}_r)^{-1}\boldsymbol{A}_r(\boldsymbol{I}_r+\lambda\varepsilon\boldsymbol{A}_r)^{-1}\boldsymbol{h}_r$$
$$=-\varepsilon\boldsymbol{W}\det(\boldsymbol{I}_r+\lambda\varepsilon\boldsymbol{\Xi}_r)\boldsymbol{h}_r^{\mathrm{T}}\boldsymbol{U}_r(\boldsymbol{I}_r+\lambda\varepsilon\boldsymbol{\Xi}_r)^{-3}\boldsymbol{\Xi}_r^2\boldsymbol{U}_r^{\mathrm{T}}\boldsymbol{h}_r \tag{2-159}$$

通常需要对上式进行计算得到 $\det(\boldsymbol{S}_r)$ 的符号，但是 $\det(\boldsymbol{S}_r)<0$ 的一个充分条件为

$$\det(\boldsymbol{I}_r+\lambda\varepsilon\boldsymbol{\Xi}_r)(\boldsymbol{I}_r+\lambda\varepsilon\boldsymbol{\Xi}_r)^{-1}>0 \tag{2-160}$$

这是由于 $\det(\boldsymbol{I}_r+\lambda\varepsilon\boldsymbol{\Xi}_r)(\boldsymbol{I}_r+\lambda\varepsilon\boldsymbol{\Xi}_r)^{-1}$的第 i 个特征值为 $\prod_{j=1}^{r}(1+\varepsilon\lambda\xi_j)j\neq i$，从而得证。

注：

（1）状态二次型等式约束滤波的实施流程如图 2-5 所示。

（2）如果 $\boldsymbol{A}=\boldsymbol{I}$，则二次型约束为范数约束。因为 $\tilde{\xi}=1$，$q=1$，则式（2-148）可以简化为

$$s_2(\lambda)=\frac{1}{\varepsilon^2}\left[(1+\lambda\epsilon)^2-\frac{\boldsymbol{h}^{\mathrm{T}}\boldsymbol{h}}{l}\right]=0 \tag{2-161}$$

从而拉格朗日乘子的解可以写作

$$\lambda=-\frac{1}{\varepsilon}\pm\frac{|\boldsymbol{h}|}{\varepsilon\sqrt{l}} \tag{2-162}$$

根据定理 2.6 可以得到上式中的“＋”号对应极小泛函指标。

（3）定义 $\boldsymbol{Y}\in\mathbb{R}^{n\times n}$由下式给出

$$Y(i,j)=\begin{cases}1 & \xi_i=0,\ i=j\\ \sqrt{|\xi_i|} & \xi_i\neq 0,\ i=j\\ 0 & i\neq j\end{cases} \tag{2-163}$$

则变换$\tilde{\boldsymbol{x}}_Y=\boldsymbol{Y}\tilde{\boldsymbol{x}}$可以将约束方程变换成

$$\tilde{\boldsymbol{x}}_Y^{\mathrm{T}}\tilde{\boldsymbol{\Xi}}\tilde{\boldsymbol{x}}_Y=l \tag{2-164}$$

式中，$\tilde{\boldsymbol{\Xi}}$ 的对角矩阵元素为 0，1，－1。对于变量$\tilde{\boldsymbol{x}}_Y$，其二次型系数矩阵最多有两个不同的非零特征值，这意味着拉格朗日乘子最多有 4 个根。

（4）对于约束系统，约束滤波得到的估计更为合理。比如自旋卫星的姿态估计问题，由于缺少陀螺测量量，而且状态变化很快，常用 Markley 变量替代姿态四元素表征姿态。Markley 变量中的状态量包含角动量在惯性系和本体系下的投影$\boldsymbol{L}^{\mathrm{i}}$ 和$\boldsymbol{L}^{\mathrm{b}}$，由于两者是同一个变量在不同坐标系下的投影，满足约束二次型等式约束 $\|\boldsymbol{L}^{\mathrm{i}}\|=\|\boldsymbol{L}^{\mathrm{b}}\|$。如果不考虑该约束，得到的估计未必合理。

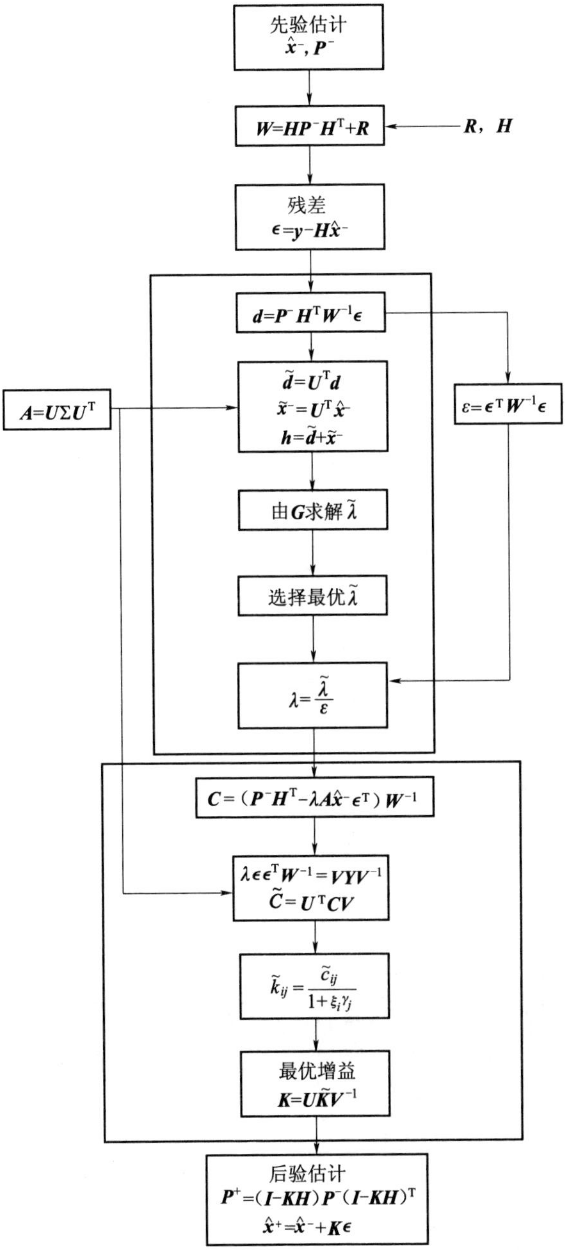

图 2-5　状态二次型等式约束滤波的实施流程

2.5 小　　结

本章主要给出了多源信息融合自主导航技术中涉及的基础估计理论，首先介绍了基本概念，并将参数最优估计方法分为贝叶斯估计和非贝叶斯估计两大类，然后对这两大类里几种常见的估计方法及其属性进行了介绍。由于这些估计方法均为一般形式，因此其适用性很广，但是考虑到很难得到其解析形式，本章接下来考虑了特殊情况下的估计算法，主要包括线性估计算法、线性测量方程情形下的估计以及联合高斯分布情形的估计，在实际应用中，很大一部分估计问题都是在这些框架下求解。最后对动态系统的估计算法进行了介绍，给出了递归贝叶斯估计算法、卡尔曼滤波算法、常用的非线性卡尔曼滤波算法以及约束卡尔曼滤波算法。动态系统的估计算法可以由参数估计方法衍生出来，因此本章的叙述脉络采用的是从一般到特殊的过程，非常有助于读者对估计问题的理解。

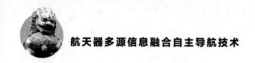

参 考 文 献

[1] 韩崇昭，朱洪艳，段战胜. 多源信息融合 [M]. 北京：清华大学出版社，2006.

[2] Y. Bar-Shalom, X. R. Li, T. Kirubarajan. Estimation with applications to tracking and navigation: theory algorithms and software [M]. New York: John Wiley & Sons, 2004.

[3] 韩崇昭，王月娟，万百五. 随机系统理论 [M]. 西安：西安交通大学出版社，1987.

[4] 王大轶，魏春岭，熊凯. 航天器自主导航技术 [M]. 北京：国防工业出版社，2017.

[5] R. R. Wilcox. Introduction to robust estimation and hypothesis testing [M]. New York: Academic press, 2011.

[6] 周海银，王炯琦，潘晓刚，等. 卫星状态融合估计理论与方法 [M]. 北京：科学出版社，2013.

[7] J. L. Crassidis, J. L. Junkins. Optimal estimation of dynamic systems [M]. New York: CRC press, 2011.

[8] A. J. Haug. Bayesian estimation and tracking: a practical guide [M]. New Jersey: John Wiley & Sons, 2012.

[9] S. Särkkä. Bayesian filtering and smoothing [M]. Cambridge: Cambridge University Press, 2013.

[10] M. S. Arulampalam, S. Maskell, N. Gordon, et al. A tutorial on particle filters for online nonlinear/non-Gaussian Bayesian tracking [J]. IEEE Transactions on signal processing, 2002, 50 (2): 174-188.

[11] I. Arasaratnam, S. Haykin. Cubature kalman filters [J]. IEEE Transactions on automatic control, 2009, 54 (6): 1254-1269.

[12] P. H. Leong, S. Arulampalam, T. A. Lamahewa, et al. A Gaussian sum based cubature Kalman filter for bearings-only tracking [J]. IEEE Transactions on Aerospace and Electronic Systems, 2013, 49 (2): 1161-1176.

[13] W. Li, Y. Jia. Location of mobile station with maneuvers using an IMM-based cubature Kalman filter [J]. IEEE Transactions on Industrial Electronics, 2012, 59 (11): 4338-4348.

[14] S. J. Julier, J. K. Uhlmann, H. F. Durrant-Whyte. A new approach for filtering nonlinear systems [C]// IEEE American Control Conference. Seattle: IEEE, 1995, 1628-1632.

[15] S. Julier, J. Uhlmann, H. F. Durrant-Whyte. A new method for the nonlinear transformation of means and covariances in filters and estimators [J]. IEEE Transactions on automatic control, 2000, 45 (3): 477-482.

[16] R. Van Der Merwe, E. A. Wan. The square-root unscented Kalman filter for state and parameter-estimation [C] // IEEE International Conference on Acoustics, Speech, and Signal Processing. Calgary: IEEE, 2001, 3461-3464.

[17] R. Zanetti, M. Majji, R. H. Bishop, et al. Norm-constrained kalman filtering [J]. Journal of Guidance, Control, and Dynamics, 2009, 32 (5): 1458-1465.

[18] J. R. Magnus, H. Neudecker. Matrix differential calculus with applications in statistics and econometrics [M]. Wiley series in probability and mathematical statistics. New York: John Wiley & Sons, 1988.

[19] D. Wang, M. Li, X. Huang, et al. Kalman filtering for a quadratic form state equality constraint [J]. Journal of Guidance, Control, and Dynamics, 2014, 37 (3): 951-958.

[20] L. Markley. New dynamic variables for momentum-bias spacecraft [J]. Journal of the Astronautical Sciences, 1993, 41 (4): 557-567.

[21] L. Markley, J. E. Sedlak. Kalman filter for spinning spacecraft attitude estimation [J]. Journal of Guidance, Control, and Dynamics, 2008, 31 (6): 1750-1760.

第3章 融合算法

融合自主导航问题属于估计融合的范畴，本章重点讨论估计融合算法。融合算法的设计和融合结构密切相关，因此首先对融合结构进行阐述，介绍集中式、分布式和混合式三种估计融合结构。对于分布式和混合式融合，按照是否将全局估计反馈到局部估计可以将其分为有反馈和无反馈两种子结构。接着介绍线性模型和算法，主要包括线性统一模型、统一模型下的融合算法以及分布式融合中的协方差交叉算法，可用于静态系统的参数估计和动态系统的状态估计问题。最后分别介绍动态系统的集中式融合卡尔曼滤波和分布式融合卡尔曼滤波，对集中式滤波的几种实现方式和典型的分布式滤波进行论述。其中，动态系统的融合卡尔曼滤波构成融合自主导航系统中的核心导航算法。

3.1 融合结构

绪论中介绍了信息融合的三种结构，估计融合的融合结构同样可以分为集中式、分布式和混合式三大类，集中式融合又称为中心式融合（Centralized Fusion，CF）或者量测融合（Measurement Fusion，MF）。图 3-1 给出了三种典型的融合结构的示意图。

集中式融合结构一般采取测量方式类似的敏感器，对测量值进行时间同步、偏差校正、坐标变换等，然后利用最优判据对状态或参数进行估计。

分布式融合结构是针对目标状态估计的信息融合。这种融合方式主要用于测量方式不同的敏感器（如光学敏感器和脉冲星敏感器），但也可以用于测量方式类似的敏感器。具体过程为：首先对每组敏感器的测量数据进行滤波得到局部的状态估计值和误差协方差阵，然后将局部的状态估计值和误差协方差阵作为输入进行状态融合，最后得到融合后的状态估计值和误差协方差阵。该融合方式又叫航迹融合（Track Fusion）。

混合式融合（Hybrid Fusion）结构同时包含集中式和分布式融合。在一般情形下，分布式融合可以降低计算量和通信要求，然而对于特殊的情形（如需要提供高精度估计或者跟踪环境复杂等），则需要集中式融合，因此有时候需要将两者结合起来使用。

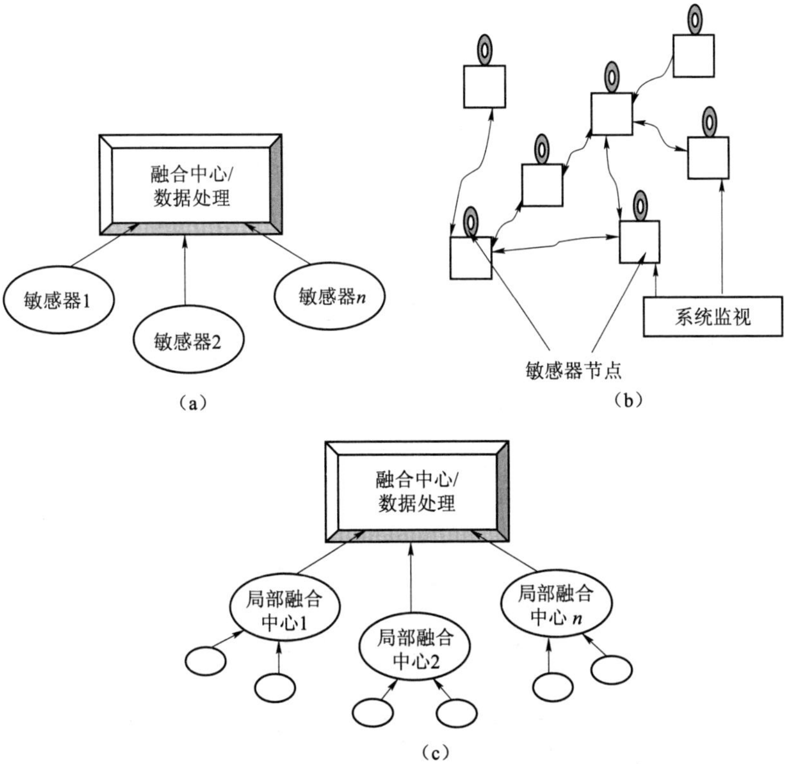

图 3-1　三种典型的融合结构

(a) 集中式；(b) 分布式；(c) 混合式

集中式结构的融合中心可以利用所有敏感器的原始测量数据，没有任何信息的损失，因此融合结果最优。但是这种结构需要频带很宽的数据传输链路来传输原始数据，并且对处理器运算能力要求较高，工程上难以实现。分布式融合由于对信道容量要求低，系统生命力强，工程易于实现，因此受到很大的重视，成为信息融合研究的重点。

分布式融合根据其通信方式的不同可以分为无反馈和有反馈分层融合结构两大类，分别如图 3-2 和图 3-3 所示。在无反馈分层融合结构中，各敏感器节点将自身的局部估计全部传送到中心节点形成全局估计，这是最常见的分布式融合结构。在有反馈分层融合结构中，中心节点的全局估计可以反馈到局部节点，对局部估计进行重置，它具备容错的优点。当检测出某个局部估计结果很差时，可以利用全局估计对局部估计进行修正，而不必将其排斥在系统之外。

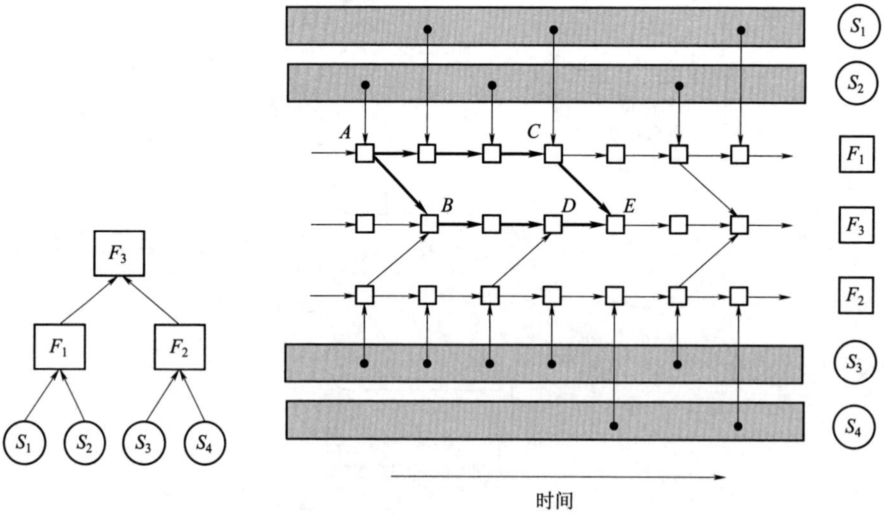

（a）　　　　（b）

图 3-2　无反馈分层融合结构

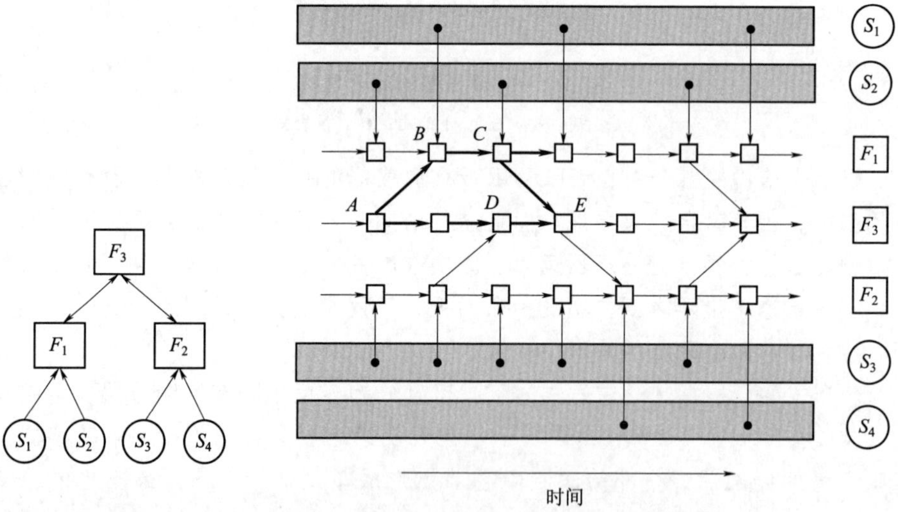

（a）　　　　（b）

图 3-3　有反馈分层融合结构

3.2　线性融合模型和算法

本节将考虑线性融合问题，这里的线性融合包含两方面的含义：

(1) 测量方程线性。

(2) 在分布式和混合式融合结构中，局部估计可以看作虚拟的观测量，对应的虚拟测量方程为线性方程。

3.2.1　线性统一模型

在多敏感器融合结构中，现有的融合算法不仅与信息类型有关，还受制于融合结构，各种融合算法需要根据信息类型和融合结构进行开发。目前描述信息统一模型的方法有两种：一种是从信息类型出发，提出信息的统一融合模型，使测量数据、先验信息和预测状态等均可用该信息的统一模型来描述；另外一种是从融合结构方面考虑，提出线性统一模型的概念，将各种融合结构统一起来，使融合算法的选择不再受融合结构的限制。这里介绍第二种方法，建立线性统一模型。

分布式和集中式融合可以看作混合式融合的特殊形式，因此本节直接考虑混合式融合结构。设混合式融合中对 m 个分布式融合节点和 n 个额外的敏感器测量值融合，记第 i 个分布节点的局部估计值为$\hat{\boldsymbol{x}}^{(i)}$，误差协方差为$\boldsymbol{P}^{(i)}$，则有

$$\hat{\boldsymbol{x}}^{(i)} = \boldsymbol{x} + \boldsymbol{v}_x^{(i)} \tag{3-1}$$

式中，$i=1, 2, \cdots, m$；$\mathrm{E}\{\boldsymbol{v}_x^{(i)}(\boldsymbol{v}_x^{(i)})^{\mathrm{T}}\} = \boldsymbol{P}^{(i)}$。

假设 n 个敏感器测量方程线性，由下式给出

$$\boldsymbol{z}^{(j)} = \boldsymbol{H}^{(j)}\boldsymbol{x} + \boldsymbol{v}_z^{(j)} \tag{3-2}$$

式中，$j=1, 2, \cdots, n$。

将式（3-1）和式（3-2）组合在一块可以写作线性统一模型

$$\boldsymbol{y} = \mathcal{H}\boldsymbol{x} + \boldsymbol{v} \tag{3-3}$$

式中，

$$\boldsymbol{y} \triangleq \begin{bmatrix} \hat{\boldsymbol{x}}^{(1)} \\ \vdots \\ \hat{\boldsymbol{x}}^{(m)} \\ \boldsymbol{z}^{(1)} \\ \vdots \\ \boldsymbol{z}^{(n)} \end{bmatrix}, \quad \boldsymbol{v} \triangleq \begin{bmatrix} \boldsymbol{v}_x^{(1)} \\ \vdots \\ \boldsymbol{v}_x^{(m)} \\ \boldsymbol{v}_z^{(1)} \\ \vdots \\ \boldsymbol{v}_z^{(n)} \end{bmatrix}, \quad \mathcal{H} \triangleq \begin{bmatrix} \boldsymbol{I} \\ \vdots \\ \boldsymbol{I} \\ \boldsymbol{H}^{(1)} \\ \vdots \\ \boldsymbol{H}^{(n)} \end{bmatrix} \tag{3-4}$$

注：

$\hat{\boldsymbol{x}}^{(i)}$可以是先验知识，也可以是局部估计结果。

3.2.2 线性统一模型下的融合算法

由定理 2.3 可知，对于式（3-3）描述的线性统一模型，如果噪声满足

$$\mathrm{E}\{\boldsymbol{v}\} = \boldsymbol{0}, \ \mathrm{E}\{\boldsymbol{v}\boldsymbol{v}^{\mathrm{T}}\} = \mathcal{R} \tag{3-5}$$

则 x 的 LMMSE 估计为

$$\begin{cases} \hat{\boldsymbol{x}}^{\mathrm{LMMSE}} = (\mathcal{H}^{\mathrm{T}}\mathcal{R}^{-1}\mathcal{H})^{-1}\mathcal{H}^{\mathrm{T}}\mathcal{R}^{-1}\boldsymbol{y} \\ \boldsymbol{P}_{\tilde{x}^{\mathrm{LMMSE}}} = (\mathcal{H}^{\mathrm{T}}\mathcal{R}^{-1}\mathcal{H})^{-1} \end{cases} \tag{3-6}$$

推论 1：给定一个局部估计$\hat{\boldsymbol{x}}^-$和观测量 $\boldsymbol{z}$ 满足

$$\begin{cases} \hat{\boldsymbol{x}}^- = \boldsymbol{x} + \boldsymbol{w} \\ \boldsymbol{z} = \boldsymbol{H}\boldsymbol{x} + \boldsymbol{v} \end{cases} \tag{3-7}$$

且有

$$\begin{cases} \mathrm{E}\{\boldsymbol{v}\} = \boldsymbol{0}, \ \mathrm{E}\{\boldsymbol{v}\boldsymbol{v}^{\mathrm{T}}\} = \boldsymbol{R} \\ \mathrm{E}\{\boldsymbol{w}\} = \boldsymbol{0}, \ \mathrm{E}\{\boldsymbol{w}\boldsymbol{w}^{\mathrm{T}}\} = \boldsymbol{P}^- \\ \mathrm{E}\{\boldsymbol{w}\boldsymbol{v}^{\mathrm{T}}\} = \boldsymbol{O} \end{cases} \tag{3-8}$$

则两者融合后的 LMMSE 估计为

$$\hat{\boldsymbol{x}} = [(\boldsymbol{P}^-)^{-1} + \boldsymbol{H}^{\mathrm{T}}\boldsymbol{R}^{-1}\boldsymbol{H}]^{-1}[(\boldsymbol{P}^-)^{-1}\hat{\boldsymbol{x}}^- + \boldsymbol{H}^{\mathrm{T}}\boldsymbol{R}^{-1}\boldsymbol{z}] \tag{3-9}$$

且

$$\boldsymbol{P}=[(\boldsymbol{P}^{-})^{-1}+\boldsymbol{H}^{\mathrm{T}}\boldsymbol{R}^{-1}\boldsymbol{H}]^{-1} \tag{3-10}$$

式（3-10）为融合后的误差协方差。

注：

式（3-9）和式（3-10）对应的就是卡尔曼滤波的测量更新过程。

推论 2： 对于测量相互独立的集中式融合，且测量噪声满足

$$\mathrm{E}\{\boldsymbol{v}_z^{(i)}\}=\boldsymbol{0},\ \mathrm{E}\{\boldsymbol{v}_z^{(i)}(\boldsymbol{v}_z^{(i)})^{\mathrm{T}}\}=\boldsymbol{R}^{(i)},\ \mathrm{E}\{\boldsymbol{v}_z^{(i)}(\boldsymbol{v}_z^{(j)})^{\mathrm{T}}\}=\boldsymbol{O} \tag{3-11}$$

则融合后的 LMMSE 估计为

$$\begin{cases}\hat{\boldsymbol{x}}^{\mathrm{LMMSE}}=\left[\sum\limits_{i=1}^{n}(\boldsymbol{H}^{(i)})^{\mathrm{T}}(\boldsymbol{R}^{(i)})^{-1}\boldsymbol{H}^{(i)}\right]^{-1}\left[\sum\limits_{i=1}^{n}(\boldsymbol{H}^{(i)})^{\mathrm{T}}(\boldsymbol{R}^{(i)})^{-1}\boldsymbol{z}^{(i)}\right]\\ \boldsymbol{P}_{\tilde{x}^{\mathrm{LMMSE}}}=\left[\sum\limits_{i=1}^{n}(\boldsymbol{H}^{(i)})^{\mathrm{T}}(\boldsymbol{R}^{(i)})^{-1}\boldsymbol{H}^{(i)}\right]^{-1}\end{cases} \tag{3-12}$$

特别的，如果$\boldsymbol{R}^{(i)}=\sigma_i^2\boldsymbol{I}$，式（3-12）可以简写作

$$\begin{cases}\hat{\boldsymbol{x}}^{\mathrm{LMMSE}}=\left[\sum\limits_{i=1}^{n}\sigma_i^{-2}(\boldsymbol{H}^{(i)})^{\mathrm{T}}\boldsymbol{H}^{(i)}\right]^{-1}\left[\sum\limits_{i=1}^{n}\sigma_i^{-2}(\boldsymbol{H}^{(i)})^{\mathrm{T}}\boldsymbol{z}^{(i)}\right]\\ \boldsymbol{P}_{\tilde{x}^{\mathrm{LMMSE}}}=\left[\sum\limits_{i=1}^{n}\sigma_i^{-2}(\boldsymbol{H}^{(i)})^{\mathrm{T}}\boldsymbol{H}^{(i)}\right]^{-1}\end{cases} \tag{3-13}$$

证明： 对于测量相互独立的集中式融合，式（3-3）中的 $\boldsymbol{y}$、$\mathcal{H}$、$\boldsymbol{v}$ 分别可以写作

$$\boldsymbol{y}=\begin{bmatrix}\boldsymbol{z}^{(1)}\\ \boldsymbol{z}^{(2)}\\ \vdots\\ \boldsymbol{z}^{(n)}\end{bmatrix},\ \boldsymbol{v}=\begin{bmatrix}\boldsymbol{v}_z^{(1)}\\ \boldsymbol{v}_z^{(2)}\\ \vdots\\ \boldsymbol{v}_z^{(n)}\end{bmatrix},\ \mathcal{H}=\begin{bmatrix}\boldsymbol{H}^{(1)}\\ \boldsymbol{H}^{(2)}\\ \vdots\\ \boldsymbol{H}^{(n)}\end{bmatrix} \tag{3-14}$$

则根据式（3-6）即可得证。

注：

（1）式（3-13）给出的最优估计实际上是对各敏感器测量数据$\boldsymbol{z}^{(i)}$的加权和，权重为

$$\omega_i=\left[\sum_{i=1}^{n}\sigma_i^{-2}(\boldsymbol{H}^{(i)})^{\mathrm{T}}\boldsymbol{H}^{(i)}\right]^{-1}\sigma_i^{-2}(\boldsymbol{H}^{(i)})^{\mathrm{T}} \tag{3-15}$$

如果状态向量为标量且各敏感器直接对状态进行测量，则状态量的最优融合估计为各敏感器测量值的加权平均，权重为

$$\omega_i=\frac{\dfrac{1}{\sigma_i^2}}{\sum\limits_{i=1}^{n}\dfrac{1}{\sigma_i^2}} \tag{3-16}$$

显然，$\sum_{i=1}^{n} \omega_i = 1$，且式（3-16）的分子代表各敏感器的测量精度。

（2）多敏感器的 LMMSE 估计精度优于任意单一敏感器测量给出的 LMMSE 估计精度，即

$$\operatorname{var}(\hat{\boldsymbol{x}}^{\text{LMMSE}}) < \sum_{i=1}^{n} \sigma_i^{-2} (\boldsymbol{H}^{(i)})^{\mathrm{T}} \boldsymbol{H}^{(i)} \tag{3-17}$$

推论 3：对于分布式融合，如果有 m 个分布式融合节点且第 i 个分布节点的局部估计值为$\hat{\boldsymbol{x}}^{(i)}$，误差协方差为$\boldsymbol{P}^{(i)}$，且第 i 个节点和第 j 个节点的互协方差为

$$\boldsymbol{P}^{(ij)} \triangleq \mathrm{E}\{\tilde{\boldsymbol{x}}^{(i)} (\tilde{\boldsymbol{x}}^{(j)})^{\mathrm{T}}\} \quad i \neq j \tag{3-18}$$

其中$\tilde{\boldsymbol{x}}^{(i)} = \hat{\boldsymbol{x}}^{(i)} - \boldsymbol{x}$，则式（3-6）中的$\mathcal{R}$、$\mathcal{H}$、$\boldsymbol{y}$ 分别为

$$\begin{cases} \mathcal{R} = \begin{bmatrix} \boldsymbol{P}^{(1)} & \boldsymbol{P}^{(1,2)} & \cdots & \boldsymbol{P}^{(1,m)} \\ \boldsymbol{P}^{(2,1)} & \boldsymbol{P}^{(2)} & \cdots & \boldsymbol{P}^{(2,m)} \\ \vdots & \vdots & \ddots & \vdots \\ \boldsymbol{P}^{(m,1)} & \boldsymbol{P}^{(m,2)} & \cdots & \boldsymbol{P}^{(m)} \end{bmatrix}, \\ \mathcal{H} = \begin{bmatrix} \boldsymbol{I} \\ \vdots \\ \boldsymbol{I} \\ \boldsymbol{I} \end{bmatrix}, \quad \boldsymbol{y} = \begin{bmatrix} \hat{\boldsymbol{x}}^{(1)} \\ \vdots \\ \hat{\boldsymbol{x}}^{(m-1)} \\ \hat{\boldsymbol{x}}^{(m)} \end{bmatrix} \end{cases} \tag{3-19}$$

特别的，

（1）如果$\boldsymbol{P}^{(ij)} = \boldsymbol{O}$，则式（3-6）可以简化成

$$\begin{cases} \hat{\boldsymbol{x}}^{\text{LMMSE}} = \left[\sum_{i=1}^{m} (\boldsymbol{P}^{(i)})^{-1}\right]^{-1} \sum_{i=1}^{m} [(\boldsymbol{P}^{(i)})^{-1} \hat{\boldsymbol{x}}^{(i)}] \\ \boldsymbol{P}_{\tilde{x}^{\text{LMMSE}}} = \left[\sum_{i=1}^{m} (\boldsymbol{P}^{(i)})^{-1}\right]^{-1} \end{cases} \tag{3-20}$$

（2）如果 $m=2$，则

$$\begin{gathered} \hat{\boldsymbol{x}}^{\text{LMMSE}} = (\boldsymbol{P}^{(2)} - \boldsymbol{P}^{(2,1)})(\boldsymbol{P}^{(1)} + \boldsymbol{P}^{(2)} - \boldsymbol{P}^{(1,2)} - \boldsymbol{P}^{(2,1)})^{-1} \hat{\boldsymbol{x}}^{(1)} + \\ (\boldsymbol{P}^{(1)} - \boldsymbol{P}^{(1,2)})(\boldsymbol{P}^{(1)} + \boldsymbol{P}^{(2)} - \boldsymbol{P}^{(1,2)} - \boldsymbol{P}^{(2,1)})^{-1} \hat{\boldsymbol{x}}^{(2)} \\ \boldsymbol{P}_{\tilde{x}^{\text{LMMSE}}} = \boldsymbol{P}^{(1)} - (\boldsymbol{P}^{(1)} - \boldsymbol{P}^{(1,2)})(\boldsymbol{P}^{(1)} + \boldsymbol{P}^{(2)} - \boldsymbol{P}^{(1,2)} - \boldsymbol{P}^{(2,1)})^{-1}(\boldsymbol{P}^{(1)} - \boldsymbol{P}^{(2,1)}) \end{gathered} \tag{3-21}$$

式（3-21）又称作 Bar-Shalom Campo（BC）融合算法。

3.2.3　分布式融合中的协方差交叉算法

分布式或混合式融合的 LMMSE 估计需要计算互协方差（Cross-Covariance）$\boldsymbol{P}^{(ij)}$。但实际中，$\boldsymbol{P}^{(ij)}$ 可能未知，或者计算过程十分烦琐。为了克服这些困难，Simon Julier 等人提出了协方差交叉（Covariance Intersection，CI）算法，并经过不断的发展，广泛地应用在信息融合领域中。

CI 算法的优势在于：

（1）避免了互协方差的辨识和复杂计算；

（2）融合后的估计为一致估计，不发散；

（3）融合后的估计精度优于局部估计；

（4）给出了实际估计误差协方差的上界，因此不依赖于未知的互协方差，换句话说，CI 算法在适应未知互协方差方面的鲁棒性更好。

在介绍 CI 算法之前先给出估计的一致性（consistency）定义：$\hat{\boldsymbol{x}}$、$\hat{\boldsymbol{P}}$ 为 $\boldsymbol{x}$ 及其误差方差的估计，如果

$$\hat{\boldsymbol{P}} \geqslant \mathrm{E}\{(\boldsymbol{x}-\bar{\boldsymbol{x}})(\boldsymbol{x}-\bar{\boldsymbol{x}})^{\mathrm{T}}\} \tag{3-22}$$

则称 $\hat{\boldsymbol{x}}$ 具备一致性，对于滤波问题，如果估计满足一致性，则能够有效防止滤波发散。

为了叙述方便，以两个分布式节点为例对 CI 算法进行说明。记两个局部估计值为 $\hat{\boldsymbol{x}}^{(1)}$、$\hat{\boldsymbol{x}}^{(2)}$，误差协方差为 $\boldsymbol{P}^{(1)}$、$\boldsymbol{P}^{(2)}$。在实际中，只知道 $\boldsymbol{P}^{(i)}$ 的估计值（记为 $\hat{\boldsymbol{P}}^{(i)}$）。为了满足一致性，有

$$\hat{\boldsymbol{P}}^{(i)} - \boldsymbol{P}^{(i)} \geqslant 0 \tag{3-23}$$

融合后的估计也需要满足一致性，即

$$\hat{\boldsymbol{P}} - \boldsymbol{P} \geqslant 0 \tag{3-24}$$

CI 算法对局部状态和协方差的估计进行凸组合得到全局状态和协方差估计，算法如下

$$\begin{cases}(\hat{\boldsymbol{P}})^{-1}\hat{\boldsymbol{x}} = \omega(\hat{\boldsymbol{P}}^{(1)})^{-1}\hat{\boldsymbol{x}}^{(1)} + (1-\omega)(\hat{\boldsymbol{P}}^{(2)})^{-1}\hat{\boldsymbol{x}}^{(2)} \\ (\hat{\boldsymbol{P}})^{-1} = \omega(\hat{\boldsymbol{P}}^{(1)})^{-1} + (1-\omega)(\hat{\boldsymbol{P}}^{(2)})^{-1}\end{cases} \tag{3-25}$$

式中，$\omega \in [0,\ 1]$ 为权重因子。ω 的最优值可以对 $\hat{\boldsymbol{P}}$ 的迹或者行列式进行优化得到，比如

$$\begin{aligned}\omega &= \operatorname{argmin}\ \mathrm{Tr}[\hat{\boldsymbol{P}}] \\ &= \operatorname{argmin}\ \mathrm{Tr}[(\omega(\hat{\boldsymbol{P}}^{(1)})^{-1} + (1-\omega)(\hat{\boldsymbol{P}}^{(2)})^{-1})^{-1}]\end{aligned} \tag{3-26}$$

由于优化指标是关于 ω 的凸函数，有且仅有一个最优点，故可以采用牛顿迭代算法或其他非线性优化算法对 ω 进行数值求解。

定理 3.2：对于任意的 ω，CI 算法融合后的估计满足一致性，即 $\hat{\boldsymbol{P}}-\boldsymbol{P}\geqslant 0$。

证明：CI 算法融合后的真实估计误差为

$$\tilde{\boldsymbol{x}}=\hat{\boldsymbol{P}}(\omega_1(\hat{\boldsymbol{P}}^{(1)})^{-1}\tilde{\boldsymbol{x}}^{(1)}+\omega_2(\hat{\boldsymbol{P}}^{(2)})^{-1}\tilde{\boldsymbol{x}}^{(2)}) \tag{3-27}$$

其中 $\omega_1=\omega$，$\omega_2=(1-\omega)$。因此有

$$\begin{aligned}\boldsymbol{P}&\triangleq \mathrm{E}\{\tilde{\boldsymbol{x}}\tilde{\boldsymbol{x}}^{\mathrm{T}}\}\\&=\hat{\boldsymbol{P}}[\omega_1(\hat{\boldsymbol{P}}^{(1)})^{-1},\ \omega_2(\hat{\boldsymbol{P}}^{(2)})^{-1}]\begin{bmatrix}\boldsymbol{P}^{(1)} & \boldsymbol{P}^{(1,2)}\\ \boldsymbol{P}^{(2,1)} & \boldsymbol{P}^{(2)}\end{bmatrix}\begin{bmatrix}\omega_1(\hat{\boldsymbol{P}}^{(1)})^{-1}\\ \omega_2(\hat{\boldsymbol{P}}^{(2)})^{-1}\end{bmatrix}\hat{\boldsymbol{P}}\end{aligned} \tag{3-28}$$

首先考虑 $\omega\in(0,1)$ 的情况，由附录式（C-32）和式（3-23）可以得到

$$\begin{bmatrix}\boldsymbol{P}^{(1)} & \boldsymbol{P}^{(1,2)}\\ \boldsymbol{P}^{(2,1)} & \boldsymbol{P}^{(2)}\end{bmatrix}\leqslant\begin{bmatrix}\dfrac{1}{\omega_1}\boldsymbol{P}^{(1)} & \\ & \dfrac{1}{\omega_2}\boldsymbol{P}^{(2)}\end{bmatrix}\leqslant\begin{bmatrix}\dfrac{1}{\omega_1}\hat{\boldsymbol{P}}^{(1)} & \\ & \dfrac{1}{\omega_2}\hat{\boldsymbol{P}}^{(2)}\end{bmatrix} \tag{3-29}$$

将式（3-29）代入式（3-28）中可以得到

$$\begin{aligned}\boldsymbol{P}&\leqslant\hat{\boldsymbol{P}}[\omega_1(\hat{\boldsymbol{P}}^{(1)})^{-1},\ \omega_2(\hat{\boldsymbol{P}}^{(2)})^{-1}]\begin{bmatrix}\dfrac{1}{\omega_1}\hat{\boldsymbol{P}}^{(1)} & \\ & \dfrac{1}{\omega_2}\hat{\boldsymbol{P}}^{(2)}\end{bmatrix}\begin{bmatrix}\omega_1[\hat{\boldsymbol{P}}^{(1)}]^{-1}\\ \omega_2[\hat{\boldsymbol{P}}^{(2)}]^{-1}\end{bmatrix}\hat{\boldsymbol{P}}\\&=\hat{\boldsymbol{P}}(\omega_1(\hat{\boldsymbol{P}}^{(1)})^{-1}+\omega_2(\hat{\boldsymbol{P}}^{(2)})^{-1})\hat{\boldsymbol{P}}=\hat{\boldsymbol{P}}\end{aligned} \tag{3-30}$$

因此，在 $\omega\in(0,1)$ 时，式（3-24）的一致性条件显然成立。当 $\omega_1=0$ 或 1 时，相当于采用单个局部估计值作为全局估计值，由式（3-23）可知，一致性条件式（3-24）显然满足，从而得证。

图 3-4 所示为二维 CI 算法的 1σ 轮廓。如果局部估计的相关性已知，得到的全局最优估计的 1σ 轮廓位于局部估计 1σ 轮廓相交区域的内部。由图 3-4 可知，CI 算法给出的融合估计满足一致性。

对于含有多个局部节点的分布式融合结构，CI 算法由下式给出

$$\begin{cases}(\hat{\boldsymbol{P}})^{-1}\hat{\boldsymbol{x}}=\omega_1(\hat{\boldsymbol{P}}^{(1)})^{-1}\hat{\boldsymbol{x}}^{(1)}+\omega_2(\hat{\boldsymbol{P}}^{(2)})^{-2}\hat{\boldsymbol{x}}^{(2)}+\cdots+\omega_m(\hat{\boldsymbol{P}}^{(m)})^{-1}\hat{\boldsymbol{x}}^{(m)}\\(\hat{\boldsymbol{P}})^{-1}=\omega_1(\hat{\boldsymbol{P}}^{(1)})^{-1}+\omega_2(\hat{\boldsymbol{P}}^{(2)})^{-1}+\cdots+\omega_m(\hat{\boldsymbol{P}}^{(m)})^{-1}\end{cases} \tag{3-31}$$

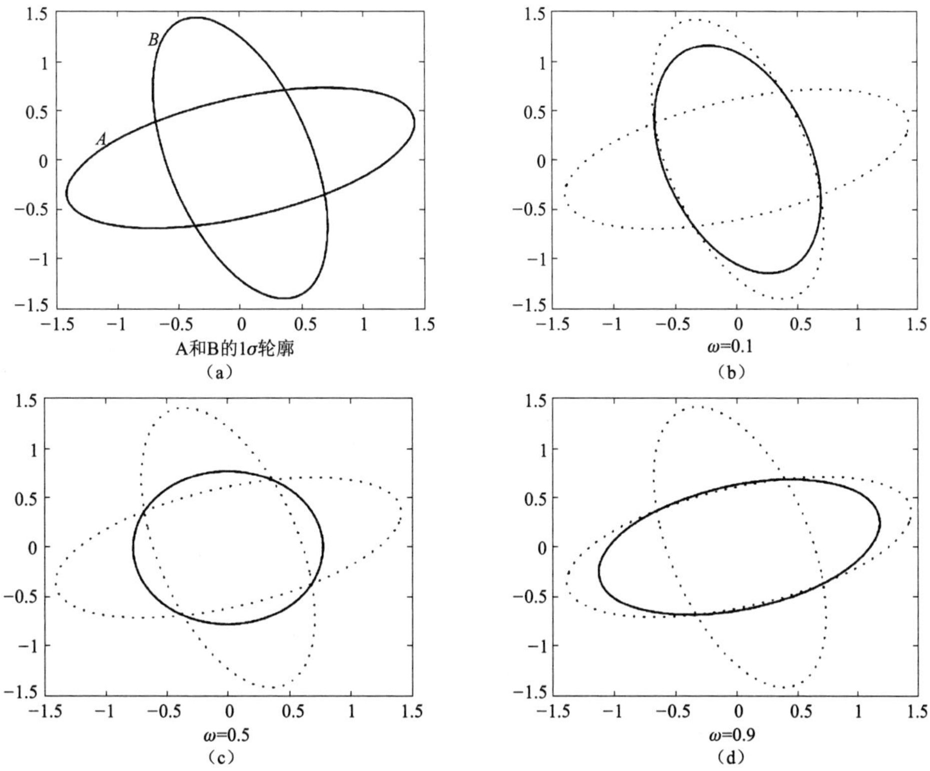

图 3-4　二维 CI 算法的 1σ 轮廓

(a) 局部估计的 1σ 轮廓；(b)，(c)，(d) 中的实线是不同 ω 得到的融合后的 1σ 轮廓

式中，$\sum_{i=1}^{m}\omega_i=1$。如果 $m>2$，则优化多个变量，即

$$\begin{aligned}\omega &= \operatorname{argmin}\ \mathrm{Tr}[\hat{\boldsymbol{P}}] \\ &= \operatorname{argmin}\ \mathrm{Tr}\left[\left(\sum\omega_i\,(\hat{\boldsymbol{P}}^{(i)})^{-1}\right)^{-1}\right]\end{aligned} \tag{3-32}$$

这时可以采用 Matlab 的优化工具箱中的 FMINCON、MAXDET 和 SPDSOL 等工具进行优化。m 越大，计算量也越大。为了提高计算效率和降低运算复杂度，有学者提出了序列式 CI 方法，基本思想是将多敏感器的 CI 转化成两敏感器的 CI 算法，具体如下：

第 1 步：对 $\hat{\boldsymbol{x}}^{(1)}$、$\hat{\boldsymbol{P}}^{(1)}$ 和 $\hat{\boldsymbol{x}}^{(2)}$、$\hat{\boldsymbol{P}}^{(2)}$ 进行两敏感器的 CI 融合，融合后的估计和误差协方差分别记为 $\hat{\boldsymbol{x}}_{\mathrm{CI}}^{(1)}$、$\hat{\boldsymbol{P}}_{\mathrm{CI}}^{(1)}$。

第 2 步：对 $\hat{\boldsymbol{x}}_{\mathrm{CI}}^{(1)}$、$\hat{\boldsymbol{P}}_{\mathrm{CI}}^{(1)}$ 和 $\hat{\boldsymbol{x}}^{(3)}$、$\hat{\boldsymbol{P}}^{(3)}$ 进行两敏感器的 CI 融合，融合后的估计

和误差协方差分别记为$\hat{\boldsymbol{x}}_{\mathrm{CI}}^{(2)}$、$\hat{\boldsymbol{P}}_{\mathrm{CI}}^{(2)}$。

依次类推。

第 $m-1$ 步：对$\hat{\boldsymbol{x}}_{\mathrm{CI}}^{(m-1)}$、$\hat{\boldsymbol{P}}_{\mathrm{CI}}^{(m-1)}$和$\hat{\boldsymbol{x}}^{(m)}$、$\hat{\boldsymbol{P}}^{(m)}$进行两敏感器的 CI 融合，融合后的估计和误差协方差分别记为$\hat{\boldsymbol{x}}_{\mathrm{CI}}^{(m)}$、$\hat{\boldsymbol{P}}_{\mathrm{CI}}^{(m)}$，则$\hat{\boldsymbol{x}}_{\mathrm{CI}}^{(m)}$、$\hat{\boldsymbol{P}}_{\mathrm{CI}}^{(m)}$为最终融合后的估计和误差协方差。

3.3　动态系统的集中式融合卡尔曼滤波

考虑如下的离散状态方程

$$\boldsymbol{x}_k = \boldsymbol{F}_{k,\,k-1}\,\boldsymbol{x}_{k-1} + \boldsymbol{w}_k \tag{3-33}$$

式中，$\boldsymbol{F}_{k,k-1}$为 t_{k-1}时刻至 t_k 时刻的状态转移矩阵；$\boldsymbol{w}_k$ 为过程噪声。系统有 n 个敏感器节点，第 i 个敏感器节点的测量方程为

$$\boldsymbol{z}_k^{(i)} = \boldsymbol{H}_k^{(i)}\,\boldsymbol{x}_k + \boldsymbol{v}_k^{(i)} \tag{3-34}$$

式中，$\boldsymbol{H}_k^{(i)}$ 为测量矩阵；$\boldsymbol{v}_k^{(i)}$ 为测量噪声；上标“(i)”对应第 i 个节点。对于式（3-33）和式（3-34）组成的动力系统，进行如下假设：

（1）过程噪声和测量噪声为零均值高斯噪声且互不相关，即

$$\begin{cases} \mathrm{E}\{\boldsymbol{w}_k\} = \boldsymbol{0} \\ \mathrm{E}\{\boldsymbol{v}_k^{(i)}\} = \boldsymbol{0} \\ \mathrm{E}\{\boldsymbol{w}_k\,\boldsymbol{w}_{\mathrm{p}}^{\mathrm{T}}\} = \begin{cases} \boldsymbol{Q}_k & k = p \\ \boldsymbol{O} & k \neq p \end{cases} \\ \mathrm{E}\{\boldsymbol{v}_k^{(i)}(\boldsymbol{v}_{\mathrm{p}}^{(i)})^{\mathrm{T}}\} = \begin{cases} \boldsymbol{R}_k^{(i)} & k = p \\ \boldsymbol{O} & k \neq p \end{cases} \\ \mathrm{E}\{\boldsymbol{w}_k(\boldsymbol{v}_k^{(j)})^{\mathrm{T}}\} = \boldsymbol{O} \end{cases} \tag{3-35}$$

式中，$\boldsymbol{Q}_k$ 和$\boldsymbol{R}_k^{(i)}$ 分别为过程噪声和测量噪声的协方差矩阵。

（2）初始状态$\boldsymbol{x}_0$ 为高斯随机变量，均值和方差已知，由下式给出

$$\begin{cases}\mathrm{E}\{\boldsymbol{x}_0\}=\hat{\boldsymbol{x}}_0\\ \mathrm{var}\{\boldsymbol{x}_0\}=\boldsymbol{P}_0\end{cases} \tag{3-36}$$

（3）初始状态和过程噪声、测量噪声独立，即

$$\begin{cases}\mathrm{cov}\{\boldsymbol{x}_0,\ \boldsymbol{w}_k\}=\boldsymbol{O}\\ \mathrm{cov}\{\boldsymbol{x}_0,\ \boldsymbol{v}_k^{(i)}\}=\boldsymbol{O}\end{cases} \tag{3-37}$$

（4）第 i 个敏感器节点和第 j 个敏感器节点的测量噪声独立，即

$$\mathrm{E}\{\boldsymbol{v}_k^{(i)}(\boldsymbol{v}_k^{(j)})^{\mathrm{T}}\}=\boldsymbol{O}\quad i\neq j \tag{3-38}$$

对于集中式融合卡尔曼滤波，有三种常用的实施方式，即并行滤波、序贯滤波和数据压缩滤波。其中，并行滤波将所有的观测量集成在一块，作为一个大的观测量进行滤波；序贯滤波依次对每个观测量进行测量更新，所有观测量更新完以后的状态和方差估计作为最终的估计；压缩滤波首先对观测量进行数据处理，压缩提取数据，然后将压缩后的数据作为观测量进行滤波。下面分别对这三种方法进行阐述。

3.3.1 并行滤波

图 3-5 所示为并行滤波的实施流程。假设所有观测量获取时间一致，则由式（3-34）可以得到广义的测量方程

$$\boldsymbol{z}=\mathcal{H}\boldsymbol{x}+\boldsymbol{v} \tag{3-39}$$

其中

$$\boldsymbol{z}\triangleq\begin{bmatrix}\boldsymbol{z}^{(1)}\\ \boldsymbol{z}^{(2)}\\ \vdots\\ \boldsymbol{z}^{(n)}\end{bmatrix},\ \boldsymbol{v}\triangleq\begin{bmatrix}\boldsymbol{v}^{(1)}\\ \boldsymbol{v}^{(2)}\\ \vdots\\ \boldsymbol{v}^{(n)}\end{bmatrix},\ \mathcal{H}\triangleq\begin{bmatrix}\boldsymbol{H}^{(1)}\\ \boldsymbol{H}^{(2)}\\ \vdots\\ \boldsymbol{H}^{(n)}\end{bmatrix} \tag{3-40}$$

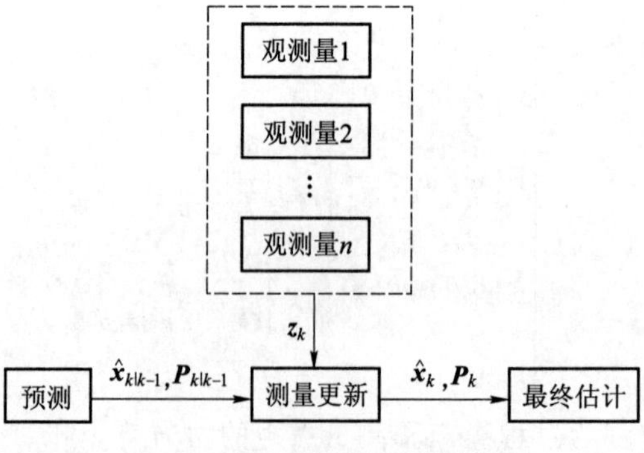

图 3-5　并行滤波的实施流程

由式（3-35）可知

$$\begin{cases}\mathrm{E}\{\boldsymbol{w}_k\}=\boldsymbol{0}\\ \mathrm{E}\{\boldsymbol{v}_k\}=\boldsymbol{0}\\ \boldsymbol{R}_k=\mathrm{var}\{\boldsymbol{v}_k\}=\mathrm{diag}[\boldsymbol{R}_k^{(1)},\ \boldsymbol{R}_k^{(2)},\ \cdots,\ \boldsymbol{R}_k^{(n)}]\\ \mathrm{cov}\{\boldsymbol{v}_k,\ \boldsymbol{w}_k\}=\boldsymbol{O}\\ \mathrm{cov}\{\boldsymbol{x}_0,\ \boldsymbol{v}_k\}=\boldsymbol{O}\end{cases} \tag{3-41}$$

由式（3-33）和式（3-39）组成的动态系统可以直接利用卡尔曼滤波方程进行融合，具体如下：

（1）状态一步预测方程为

$$\hat{\boldsymbol{x}}_{k|k-1}=\boldsymbol{F}_{k,\ k-1}\hat{\boldsymbol{x}}_{k-1} \tag{3-42}$$

式中，$\hat{\boldsymbol{x}}_{k-1}\triangleq\hat{\boldsymbol{x}}_{k-1|k-1}$；$\boldsymbol{P}_{k-1}\triangleq\boldsymbol{P}_{k-1|k-1}$。

（2）协方差一步预测方程为

$$\boldsymbol{P}_{k|k-1}=\boldsymbol{F}_{k,\ k-1}\boldsymbol{P}_{k-1}\boldsymbol{F}_{k,\ k-1}^{\mathrm{T}}+\boldsymbol{Q}_{k-1} \tag{3-43}$$

（3）协方差测量更新方程为

$$\begin{aligned}\boldsymbol{P}_k^{-1}&=\boldsymbol{P}_{k|k-1}^{-1}+\boldsymbol{H}_k^{\mathrm{T}}\boldsymbol{R}_k^{-1}\boldsymbol{H}_k\\ &=\boldsymbol{P}_{k|k-1}^{-1}+\sum_{i=1}^{n}(\boldsymbol{H}_k^{(i)})^{\mathrm{T}}(\boldsymbol{R}_k^{(i)})^{-1}\boldsymbol{H}_k^{(i)}\end{aligned} \tag{3-44}$$

（4）状态测量更新方程为

$$\hat{\boldsymbol{x}}_k=\hat{\boldsymbol{x}}_{k|k-1}+\boldsymbol{K}_k(\boldsymbol{z}_k-\boldsymbol{H}_k\hat{\boldsymbol{x}}_{k|k-1}) \tag{3-45}$$

其中

$$\boldsymbol{K}_k=\boldsymbol{P}_k\boldsymbol{H}_k^{\mathrm{T}}\boldsymbol{R}_k^{-1}$$

将式（3-44）中的测量协方差矩阵代入式（3-45）中可以得到

$$\hat{\boldsymbol{x}}_k=\hat{\boldsymbol{x}}_{k|k-1}+\boldsymbol{P}_k\sum_{i=1}^{n}(\boldsymbol{H}_k^{(i)})^{\mathrm{T}}(\boldsymbol{R}_k^{(i)})^{-1}(\boldsymbol{z}_k^{(i)}-\boldsymbol{H}_k^{(i)}\hat{\boldsymbol{x}}_{k|k-1}) \tag{3-46}$$

注：

（1）集中式融合滤波包含了所有子系统的状态，使系统的维数很高，计算量大，导致滤波器的计算负担很重，不利于满足系统的实时性要求。另外，子系统的增加使系统的故障率也随之增加，只要有一个子系统发生故障而又没有及时监测并隔离掉，则故障将迅速扩散至整个系统，污染所有的状态参数，甚至使融合系统失败，故它的容错性较差。

（2）在集中式融合系统中，由于融合中心可以利用所有敏感器的原始测量信息，没有任何信息损失，因此融合结果最优。一般情况下，它可以作为参照，用于和其他融合算法进行比较。

（3）并行滤波的推导是建立在假设各个测量相互独立的基础上的。

3.3.2 序贯滤波

序贯滤波依次对每个测量数据进行测量更新，其实施流程如图 3-6 所示。

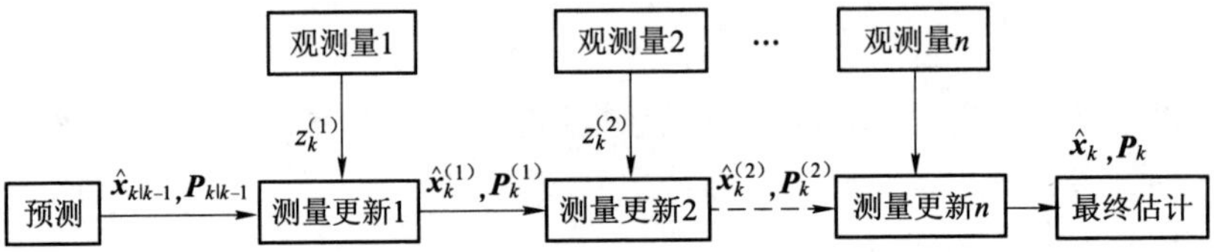

图 3-6 序贯滤波的实施流程

序贯滤波的具体算法如下：

(1) 状态一步预测方程见式 (3-42)。

(2) 协方差一步预测方程见式 (3-43)。

(3) 依次对 n 个测量数据进行测量更新。

① 协方差测量更新方程为

$$(\boldsymbol{P}_k^{(i)})^{\mathrm{T}} = (\boldsymbol{P}_k^{(i-1)})^{\mathrm{T}} + (\boldsymbol{H}_k^{(i)})^{\mathrm{T}} (\boldsymbol{R}_k^{(i)})^{-1} \boldsymbol{H}_k^{(i)} \tag{3-47}$$

式中，$i=1, 2, \cdots, n$；$\boldsymbol{P}_k^{(0)} = \boldsymbol{P}_{k|k-1}$。

② 状态测量更新方程为

$$\hat{\boldsymbol{x}}_k^{(i)} = \hat{\boldsymbol{x}}_k^{(i-1)} + \boldsymbol{K}_k^{(i)} (\boldsymbol{z}_k^{(i)} - \boldsymbol{H}_k^{(i)} \hat{\boldsymbol{x}}_k^{(i-1)}) \tag{3-48}$$

式中，$i=1, 2, \cdots, n$；$\hat{\boldsymbol{x}}_k^{(0)} = \hat{\boldsymbol{x}}_{k|k-1}$，且

$$\boldsymbol{K}_k^{(i)} = \boldsymbol{P}_k^{(i)} (\boldsymbol{H}_k^{(i)})^{\mathrm{T}} (\boldsymbol{R}_k^{(i)})^{-1} \tag{3-49}$$

(4) 融合中心最终的估计为

$$\begin{cases} \hat{\boldsymbol{x}}_k = \hat{\boldsymbol{x}}_k^{(n)} \\ \boldsymbol{P}_k = \boldsymbol{P}_k^{(n)} \end{cases} \tag{3-50}$$

3.3.3 数据压缩滤波

数据压缩滤波首先对多个测量数据进行数据压缩和处理，将处理后的数据作为虚拟的观测量用于滤波的测量更新。常用的数据压缩方法有三种，本章介绍其中一种方法。图 3-7 所示为数据压缩滤波的实施流程，该滤波在测量更新时，利用数据压缩得到一个虚拟的观测量，然后对这个虚拟的观测量进行测量更新。这里将状态的 LMMSE 估计作为虚拟观测量，由式 (3-12) 得到。具体的算法如下：

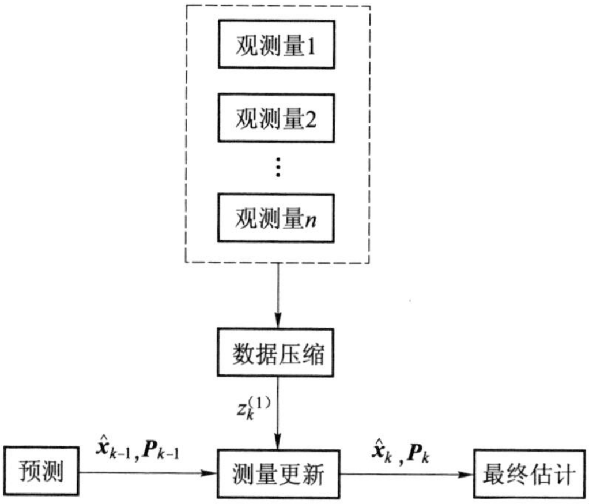

图 3-7　数据压缩滤波的实施流程

（1）状态一步预测方程见式（3-42）。

（2）协方差一步预测方程见式（3-43）。

（3）构建虚拟观测量为

$$\begin{cases} \boldsymbol{z}_k^a \triangleq \hat{\boldsymbol{x}}^{\mathrm{LMMSE}} = \left[\sum_{i=1}^{n} (\boldsymbol{H}_k^{(i)})^{\mathrm{T}} (\boldsymbol{R}_k^{(i)})^{-1} \boldsymbol{H}_k^{(i)} \right]^{-1} \left[\sum_{i=1}^{n} (\boldsymbol{H}_k^{(i)})^{\mathrm{T}} (\boldsymbol{R}_k^{(i)})^{-1} \boldsymbol{z}_k^{(i)} \right] \\ \boldsymbol{R}_k^a \triangleq \boldsymbol{P}_{\tilde{x}^{\mathrm{LMMSE}}} = \left[\sum_{i=1}^{n} (\boldsymbol{H}_k^{(i)})^{\mathrm{T}} (\boldsymbol{R}_k^{(i)})^{-1} \boldsymbol{H}_k^{(i)} \right]^{-1} \\ \boldsymbol{H}_k^a = \boldsymbol{I} \end{cases} \tag{3-51}$$

（4）协方差测量更新方程为

$$\boldsymbol{P}_k^{-1} = \boldsymbol{P}_{k|k-1}^{-1} + (\boldsymbol{H}_k^a)^{\mathrm{T}} (\boldsymbol{R}_k^a)^{-1} \boldsymbol{H}_k^a \tag{3-52}$$

（5）状态测量更新方程为

$$\hat{\boldsymbol{x}}_k = \hat{\boldsymbol{x}}_{k|k-1} + \boldsymbol{K}_k^a (\boldsymbol{z}_k^a - \boldsymbol{H}_k^a \hat{\boldsymbol{x}}_{k|k-1}) \tag{3-53}$$

其中

$$\boldsymbol{K}_k^a = \boldsymbol{P}_k (\boldsymbol{H}_k^a)^{\mathrm{T}} (\boldsymbol{R}_k^a)^{-1} \tag{3-54}$$

注：

（1）数据压缩滤波首先得到状态的 LMMSE 估计，然后和预测的状态进行融合。从这个角度看，数据压缩滤波也可以看作分布式滤波。

（2）对于 LMMSE 估计，要求几何可观。如果几何不可观，则不能采用数据压缩滤波。

（3）数据压缩滤波可以进一步推广到测量相关的情形，也可以推广到仅对部分状态压缩的情形。

3.4 动态系统的分布式融合卡尔曼滤波

对于动态系统的分布式融合，首先需要得到局部估计及其误差协方差，第 i 个局部节点的卡尔曼滤波算法如下：

(1) 状态一步预测方程为

$$\hat{\boldsymbol{x}}_{k|k-1}^{(i)} = \boldsymbol{F}_{k,\ k-1}\hat{\boldsymbol{x}}_{k-1}^{(i)} \tag{3-55}$$

(2) 协方差一步预测方程为

$$\boldsymbol{P}_{k|k-1}^{(i)} = \boldsymbol{F}_{k,\ k-1}\boldsymbol{P}_{k-1}^{(i)}\boldsymbol{F}_{k,\ k-1}^{\mathrm{T}} + \boldsymbol{Q}_{k-1} \tag{3-56}$$

(3) 协方差测量更新方程为

$$(\boldsymbol{P}_{k}^{(i)})^{-1} = (\boldsymbol{P}_{k|k-1}^{(i)})^{-1} + (\boldsymbol{H}_{k}^{(i)})^{\mathrm{T}}(\boldsymbol{R}_{k}^{(i)})^{-1}\boldsymbol{H}_{k}^{(i)} \tag{3-57}$$

(4) 状态测量更新方程为

$$\hat{\boldsymbol{x}}_{k}^{(i)} = \hat{\boldsymbol{x}}_{k|k-1}^{(i)} + \boldsymbol{K}_{k}^{(i)}(\boldsymbol{z}_{k}^{(i)} - \boldsymbol{H}_{k}^{(i)}\hat{\boldsymbol{x}}_{k|k-1}^{i}) \tag{3-58}$$

其中

$$\boldsymbol{K}_{k}^{(i)} = \boldsymbol{P}_{k}^{(i)}(\boldsymbol{H}_{k}^{(i)})^{\mathrm{T}}(\boldsymbol{R}_{k}^{(i)})^{-1}$$

3.4.1 标准分布式卡尔曼滤波

对于不带反馈（全局信息不反馈到局部估计器）的分布式卡尔曼滤波，无须计算局部节点之间的互协方差，融合中心即可对局部估计进行最优融

合。其前提是各敏感器可以提供自身的估计更新和预测值，即$\hat{\boldsymbol{x}}_{k|k-1}^{(i)}$、$\boldsymbol{P}_{k|k-1}^{(i)}$和$\hat{\boldsymbol{x}}_{k}^{(i)}$、$\boldsymbol{P}_{k}^{(i)}$。

局部估计的测量更新过程可以写作［参考式（3-9）和式（3-10）］

$$\begin{cases}(\boldsymbol{P}_{k}^{(i)})^{-1}\hat{\boldsymbol{x}}_{k}^{(i)}=(\boldsymbol{P}_{k|k-1}^{(i)})^{-1}\hat{\boldsymbol{x}}_{k|k-1}^{(i)}+(\boldsymbol{H}_{k}^{(i)})^{\mathrm{T}}(\boldsymbol{R}_{k}^{(i)})^{-1}\boldsymbol{z}_{k}^{(i)}\\(\boldsymbol{P}_{k}^{(i)})^{-1}=(\boldsymbol{P}_{k|k-1}^{(i)})^{-1}+(\boldsymbol{H}_{k}^{(i)})^{\mathrm{T}}(\boldsymbol{R}_{k}^{i})^{-1}(\boldsymbol{H}_{k}^{(i)})\end{cases}\tag{3-59}$$

由式（3-59）第一式可以得到

$$(\boldsymbol{H}_{k}^{(i)})^{\mathrm{T}}(\boldsymbol{R}_{k}^{(i)})^{-1}\boldsymbol{z}_{k}^{(i)}=(\boldsymbol{P}_{k}^{(i)})^{-1}\hat{\boldsymbol{x}}_{k}^{(i)}-(\boldsymbol{P}_{k|k-1}^{(i)})^{-1}\hat{\boldsymbol{x}}_{k|k-1}^{(i)}\tag{3-60}$$

此外，由集中式融合卡尔曼滤波中的式（3-44）和式（3-46）可以得到

$$\begin{cases}\boldsymbol{P}_{k}^{-1}\hat{\boldsymbol{x}}_{k}=\boldsymbol{P}_{k|k-1}^{-1}\hat{\boldsymbol{x}}_{k|k-1}+\sum\limits_{i=1}^{n}(\boldsymbol{H}_{k}^{(i)})^{\mathrm{T}}(\boldsymbol{R}_{k}^{(i)})^{-1}\boldsymbol{z}_{k}^{(i)}\\\boldsymbol{P}_{k}^{-1}=\boldsymbol{P}_{k|k-1}^{-1}+\sum\limits_{i=1}^{n}(\boldsymbol{H}_{k}^{(i)})^{\mathrm{T}}(\boldsymbol{R}_{k}^{(i)})^{-1}(\boldsymbol{H}_{k}^{(i)})\end{cases}\tag{3-61}$$

将式（3-59）代入式（3-61）可以得到

$$\begin{cases}\boldsymbol{P}_{k}^{-1}\hat{\boldsymbol{x}}_{k}=\boldsymbol{P}_{k|k-1}^{-1}\hat{\boldsymbol{x}}_{k|k-1}+\sum\limits_{i=1}^{n}[(\boldsymbol{P}_{k}^{(i)})^{-1}\hat{\boldsymbol{x}}_{k}^{(i)}-(\boldsymbol{P}_{k|k-1}^{(i)})^{-1}\hat{\boldsymbol{x}}_{k|k-1}^{(i)}]\\\boldsymbol{P}_{k}^{-1}=\boldsymbol{P}_{k|k-1}^{-1}+\sum\limits_{i=1}^{n}[(\boldsymbol{P}_{k}^{(i)})^{-1}-(\boldsymbol{P}_{k|k-1}^{(i)})^{-1}]\end{cases}\tag{3-62}$$

从而得到了分布式融合的卡尔曼滤波算法。相应的实施流程如图 3-8 所示。

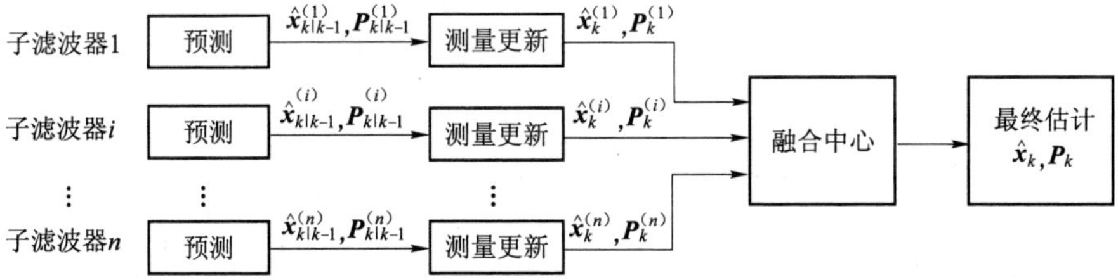

图 3-8　不带反馈的标准分布式融合卡尔曼滤波算法的实施流程

注：

（1）不带反馈的标准分布式融合卡尔曼滤波算法的推导完全基于集中式滤波算法，因此也是全局最优。

（2）对比式（3-59）和式（3-61）不难发现，标准分布式融合卡尔曼滤波算法之所以最优，是因为利用了局部滤波器的测量不相关的假设，从而可以对局部估计进行解耦。即使局部滤波器之间的测量噪声相关，也未必能达到集中式滤波的性能。

对于**带反馈**的情形，融合中心将最终估计反馈到局部滤波器中，因此有

$$\begin{cases}\breve{\boldsymbol{x}}_{k|k-1}^{(i)}=\boldsymbol{F}_{k,\ k-1}\ \breve{\boldsymbol{x}}_{k-1}=\breve{\boldsymbol{x}}_{k|k-1}\\ \breve{\boldsymbol{P}}_{k|k-1}^{(i)}=\breve{\boldsymbol{P}}_{k|k-1}\end{cases}\tag{3-63}$$

这里用 $\breve{\boldsymbol{x}}$ 和 $\breve{\boldsymbol{P}}$ 表示带反馈估计。将式（3-63）代入式（3-62）中可以得到

$$\begin{cases}\breve{\boldsymbol{P}}_k^{-1}\ \breve{\boldsymbol{x}}_k=\breve{\boldsymbol{P}}_{k|k-1}^{-1}\ \breve{\boldsymbol{x}}_{k|k-1}+\sum\limits_{i=1}^{n}[(\breve{\boldsymbol{P}}_k^{(i)})^{-1}\ \breve{\boldsymbol{x}}_k^{(i)}-(\breve{\boldsymbol{P}}_{k|k-1})^{-1}\ \breve{\boldsymbol{x}}_{k|k-1}]\\ \qquad=\sum\limits_{i=1}^{n}(\breve{\boldsymbol{P}}_k^{(i)})^{-1}\ \breve{\boldsymbol{x}}_k^{(i)}-(n-1)\breve{\boldsymbol{P}}_{k|k-1}^{-1}\ \breve{\boldsymbol{x}}_{k|k-1}\\ \breve{\boldsymbol{P}}_k^{-1}=\breve{\boldsymbol{P}}_{k|k-1}^{-1}+\sum\limits_{i=1}^{n}[(\breve{\boldsymbol{P}}_k^{(i)})^{-1}-(\breve{\boldsymbol{P}}_{k|k-1})^{-1}]\\ \qquad=\sum\limits_{i=1}^{n}(\breve{\boldsymbol{P}}_k^{(i)})^{-1}-(n-1)\breve{\boldsymbol{P}}_{k|k-1}^{-1}\end{cases}\tag{3-64}$$

相应的实施流程如图 3-9 所示。

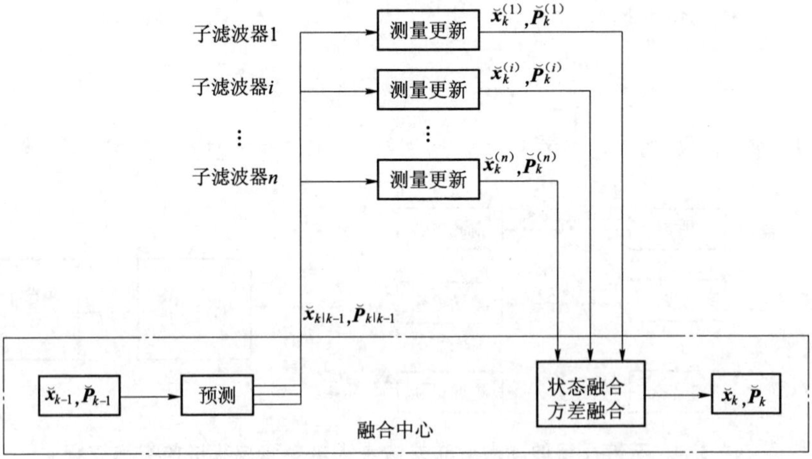

图 3-9 带反馈的标准分布式融合卡尔曼滤波实施流程

对于带反馈的分布式融合卡尔曼滤波，有如下定理：

定理 3.3： 式（3-63）和式（3-64）给出的带反馈的标准分布式滤波，与集中式融合滤波具有相同的性能，也即全局最优。$\breve{\boldsymbol{P}}_k$、$\breve{\boldsymbol{P}}_k^{(i)}$ 分别为全局和局部估计的误差协方差阵，即

$$\begin{cases}\breve{\boldsymbol{x}}_k=\hat{\boldsymbol{x}}_k,\ \breve{\boldsymbol{P}}_k=\boldsymbol{P}_k\\ \breve{\boldsymbol{P}}_k^{(i)}=\mathrm{E}\{(\breve{\boldsymbol{x}}_k^{(i)}-\boldsymbol{x}_k)(\breve{\boldsymbol{x}}_k^{(i)}-\boldsymbol{x}_k)^{\mathrm{T}}\}\quad i=1,\ 2,\ \cdots,\ n\end{cases}\tag{3-65}$$

状态融合中引入反馈的主要优势在于可以减少局部估计的误差协方差阵，即

$$\breve{\boldsymbol{P}}_k^{(i)} \leqslant \boldsymbol{P}_k^{(i)} \quad i=1, 2, \cdots, n \tag{3-66}$$

3.4.2　协方差交叉算法

和标准协方差交叉算法（CI）相比，动态系统的 CI 算法需要考虑局部滤波器的预测和测量更新。此外，由于 CI 算法是分布式融合算法，故还需要考虑是否进行反馈的问题。图 3-10 和图 3-11 所示分别为不带反馈和带反馈的动态系统 CI 算法的实施流程。

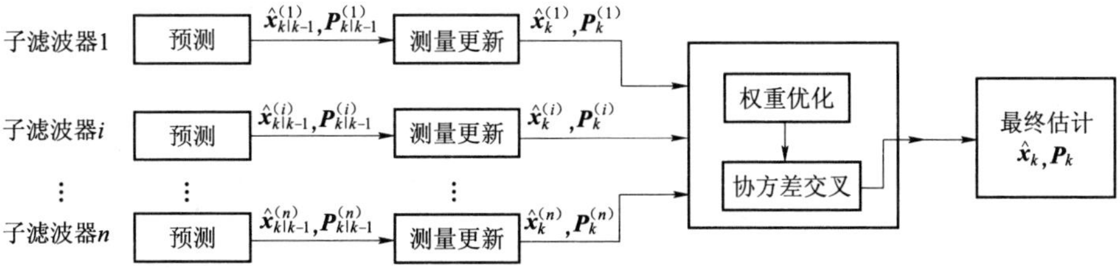

图 3-10　不带反馈的动态系统 CI 算法的实施流程

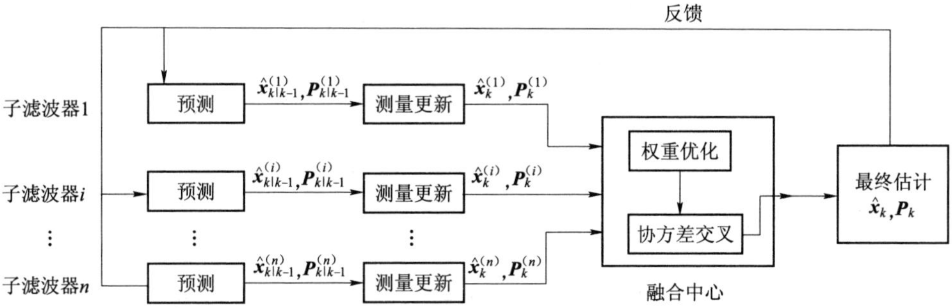

图 3-11　带反馈的动态系统 CI 算法的实施流程

动态系统的 CI 算法还可以用于没有全局融合节点的情形，假设融合系统中含有若干个敏感器节点，且这些敏感器之间能够进行信息传输，则相应的 CI 算法如下：

（1）第 i 个节点进行卡尔曼滤波的状态和协方差预测分别得到 $\hat{\boldsymbol{x}}_{k|k-1}^{(i)}$ 和 $\boldsymbol{P}_{k|k-1}^{(i)}$。

（2）第 i 个节点进行卡尔曼滤波的测量更新分别得到 $\hat{\boldsymbol{x}}_k^{(i)}$ 和 $\boldsymbol{P}_k^{(i)}$。

（3）第 i 个节点将 $\hat{\boldsymbol{x}}_k^{(i)}$ 和 $\boldsymbol{P}_k^{(i)}$ 传播到其他敏感器节点，并接收其他节点传播的状态和协方差信息。

（4）第 i 个节点进行 CI 融合，相应的，其他节点也进行 CI 融合。

3.4.3 联邦滤波算法

如图 3-12 所示，联邦滤波是一种由主滤波器和若干个局部滤波器组成的两级滤波器。参考系统的输出一方面直接送入主滤波器，另一方面输出给各局部滤波器作为量测值。各子系统的输出只给相应的局部滤波器。各局部滤波器估计值$\hat{\boldsymbol{x}}^{(i)}$（公共状态，$i=1, 2, \cdots, N$）及其协方差阵$\boldsymbol{P}^{(i)}$送入主滤波器，并和主滤波器的状态进行融合，从而得到全局估计。联邦滤波算法利用了协方差上界技术和信息分配原则。

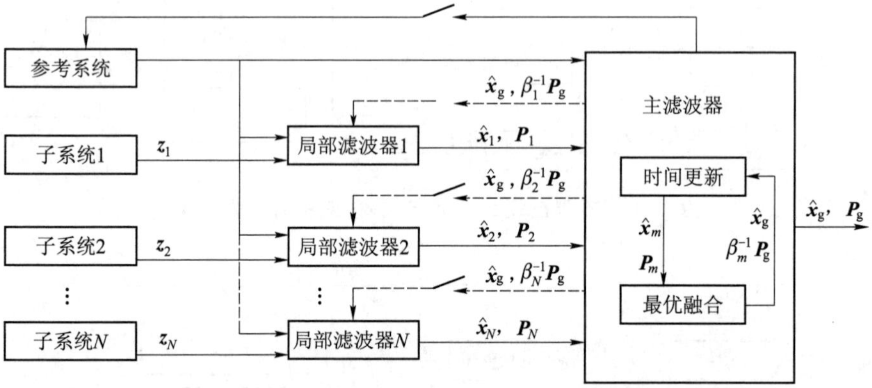

图 3-12 联邦滤波的一般结构

1. 联邦滤波的关键公式推导

对于式（3-33）和式（3-34）描述的动态系统，假设有 n 个局部滤波器，第 i 个局部滤波器的状态为$\boldsymbol{x}^{(i)}$，且

$$\boldsymbol{x}^{(i)}=\begin{bmatrix}\boldsymbol{x}^{(ci)}\\ \boldsymbol{x}^{(bi)}\end{bmatrix} \tag{3-67}$$

式中，$\boldsymbol{x}^{(ci)}$为局部滤波器共有的系统状态估计；$\boldsymbol{x}^{(bi)}$为第 i 个局部滤波器所独有的状态估计（比如敏感器偏差向量）。记主滤波器的状态为$\boldsymbol{x}^{m}$，则可将局部滤波器状态和主滤波器状态合成为

$$\boldsymbol{X}=\begin{bmatrix}\boldsymbol{x}^{(1)}\\ \vdots\\ \boldsymbol{x}^{(N)}\\ \boldsymbol{x}^{m}\end{bmatrix} \tag{3-68}$$

记$\hat{\boldsymbol{x}}^{(i)}$为$\boldsymbol{x}^{(i)}$的估计，$\hat{\boldsymbol{x}}^{m}$为$\boldsymbol{x}^{m}$的估计，$\hat{\boldsymbol{X}}$ 为 $\boldsymbol{X}$ 的估计，且

$$\mathcal{P}=\begin{bmatrix}\boldsymbol{P}^{(11)} & \cdots & \boldsymbol{P}^{(1N)} & \boldsymbol{P}^{(1)m}\\ \vdots & \ddots & \vdots & \vdots\\ \boldsymbol{P}^{(N1)} & \cdots & \boldsymbol{P}^{(NN)} & \boldsymbol{P}^{(N)m}\\ \boldsymbol{P}^{m(1)} & \cdots & \boldsymbol{P}^{m(N)} & \boldsymbol{P}^{mm}\end{bmatrix} \tag{3-69}$$

基于卡尔曼滤波的融合框架主要包括预测、测量更新和融合三个步骤。

1）预测

$\boldsymbol{X}$ 的状态预测方程可以写作

$$\begin{bmatrix}\boldsymbol{x}_{k|k-1}^{(1)}\\ \vdots\\ \boldsymbol{x}_{k|k-1}^{(N)}\\ \boldsymbol{x}_{k|k-1}^{m}\end{bmatrix}=\begin{bmatrix}\boldsymbol{F}_{k,\ k-1} & & & \\ & \ddots & & \\ & & \ddots & \\ & & & \boldsymbol{F}_{k,\ k-1}\end{bmatrix}\begin{bmatrix}\boldsymbol{x}_{k-1}^{(1)}\\ \vdots\\ \boldsymbol{x}_{k-1}^{(N)}\\ \boldsymbol{x}_{k-1}^{m}\end{bmatrix}+\begin{bmatrix}\boldsymbol{I}\\ \vdots\\ \vdots\\ \boldsymbol{I}\end{bmatrix}\boldsymbol{w}_k \tag{3-70}$$

相应的协方差预测可以写作

$$\begin{bmatrix}\boldsymbol{P}_{k|k-1}^{(11)} & \cdots & \boldsymbol{P}_{k|k-1}^{(1N)} & \boldsymbol{P}_{k|k-1}^{(1)m}\\ \vdots & \ddots & \vdots & \vdots\\ \boldsymbol{P}_{k|k-1}^{(N1)} & \cdots & \boldsymbol{P}_{k|k-1}^{(NN)} & \boldsymbol{P}_{k|k-1}^{(N)m}\\ \boldsymbol{P}_{k|k-1}^{m(1)} & \cdots & \boldsymbol{P}_{k|k-1}^{m(N)} & \boldsymbol{P}_{k|k-1}^{mm}\end{bmatrix}=\begin{bmatrix}\boldsymbol{F}_{k,\ k-1} & & & \\ & \ddots & & \\ & & \ddots & \\ & & & \boldsymbol{F}_{k,\ k-1}\end{bmatrix}$$

$$\begin{bmatrix}\boldsymbol{P}_{k-1}^{(11)} & \cdots & \boldsymbol{P}_{k-1}^{(1N)} & \boldsymbol{P}_{k-1}^{(1)m}\\ \vdots & \ddots & \vdots & \vdots\\ \boldsymbol{P}_{k-1}^{(N1)} & \cdots & \boldsymbol{P}_{k-1}^{(NN)} & \boldsymbol{P}_{k-1}^{(N)m}\\ \boldsymbol{P}_{k-1}^{m(1)} & \cdots & \boldsymbol{P}_{k-1}^{m(N)} & \boldsymbol{P}_{k-1}^{mm}\end{bmatrix}\begin{bmatrix}\boldsymbol{F}_{k,\ k-1}^{\mathrm{T}} & & & \\ & \ddots & & \\ & & \ddots & \\ & & & \boldsymbol{F}_{k,\ k-1}^{\mathrm{T}}\end{bmatrix}+\begin{bmatrix}\boldsymbol{Q}_{k-1} & \cdots & \cdots & \boldsymbol{Q}_{k-1}\\ \vdots & \ddots & & \vdots\\ \vdots & & \ddots & \vdots\\ \boldsymbol{Q}_{k-1} & \cdots & \cdots & \boldsymbol{Q}_{k-1}\end{bmatrix} \tag{3-71}$$

由式（3-71）可以看出，由于公共噪声的存在，即使$\boldsymbol{P}_{k-1}^{(ij)}=\boldsymbol{O}(i\neq j)$，预测后得到的$\boldsymbol{P}_{k|k-1}^{(ij)}\neq\boldsymbol{O}$。由附录式（C-39）可以得到

$$\begin{bmatrix}\boldsymbol{Q}_{k-1} & \cdots & \cdots & \boldsymbol{Q}_{k-1}\\ \vdots & \ddots & & \vdots\\ \vdots & & \ddots & \vdots\\ \boldsymbol{Q}_{k-1} & \cdots & \cdots & \boldsymbol{Q}_{k-1}\end{bmatrix}\leqslant\begin{bmatrix}\gamma_1\boldsymbol{Q}_{k-1} & & & \\ & \ddots & & \\ & & \gamma_N\boldsymbol{Q}_{k-1} & \\ & & & \gamma_m\boldsymbol{Q}_{k-1}\end{bmatrix} \tag{3-72}$$

其中

$$\begin{cases}\gamma_i=\beta_i^{-1} \quad i=1,\ 2,\ \cdots,\ N,\ m\\ \beta_1+\beta_2+\cdots+\beta_N+\beta_m=1\\ 0\leqslant\beta_i\leqslant 1\end{cases}$$

将式（3-72）代入式（3-71）可以得到

$$\begin{bmatrix} \boldsymbol{P}_{k|k-1}^{(11)} & \cdots & \boldsymbol{P}_{k|k-1}^{(1N)} & \boldsymbol{P}_{k|k-1}^{(1)m} \\ \vdots & \ddots & \vdots & \vdots \\ \boldsymbol{P}_{k|k-1}^{(N1)} & \cdots & \boldsymbol{P}_{k|k-1}^{(NN)} & \boldsymbol{P}_{k|k-1}^{(N)m} \\ \boldsymbol{P}_{k|k-1}^{m(1)} & \cdots & \boldsymbol{P}_{k|k-1}^{m(N)} & \boldsymbol{P}_{k|k-1}^{mm} \end{bmatrix} \leqslant \begin{bmatrix} \boldsymbol{F}_{k,k-1} & & & \\ & \ddots & & \\ & & \ddots & \\ & & & \boldsymbol{F}_{k,k-1} \end{bmatrix}$$

$$\begin{bmatrix} \boldsymbol{P}_{k-1}^{(11)} & \cdots & \boldsymbol{P}_{k-1}^{(1N)} & \boldsymbol{P}_{k-1}^{(1)m} \\ \vdots & \ddots & \vdots & \vdots \\ \boldsymbol{P}_{k-1}^{(N1)} & \cdots & \boldsymbol{P}_{k-1}^{(NN)} & \boldsymbol{P}_{k-1}^{(N)m} \\ \boldsymbol{P}_{k-1}^{m(1)} & \cdots & \boldsymbol{P}_{k-1}^{m(N)} & \boldsymbol{P}_{k-1}^{mm} \end{bmatrix} \begin{bmatrix} \boldsymbol{F}_{k,k-1}^{\mathrm{T}} & & & \\ & \ddots & & \\ & & \ddots & \\ & & & \boldsymbol{F}_{k,k-1}^{\mathrm{T}} \end{bmatrix} +$$

$$\begin{bmatrix} \gamma_1 \boldsymbol{Q}_{k-1} & & & \\ & \ddots & & \\ & & \gamma_N \boldsymbol{Q}_{k-1} & \\ & & & \gamma_m \boldsymbol{Q}_{k-1} \end{bmatrix} \tag{3-73}$$

取式（3-73）为等号，且如果 $\boldsymbol{P}_{k-1}^{(ij)} = \boldsymbol{O}\quad (i \neq j)$，则有

$$\begin{cases} \boldsymbol{P}_{k|k-1}^{(ii)} = \boldsymbol{F}_{k,k-1} \boldsymbol{P}_{k-1}^{(ii)} \boldsymbol{F}_{k,k-1}^{\mathrm{T}} + \gamma_i \boldsymbol{Q}_{k-1} \quad i = 1, 2, \cdots, N \\ \boldsymbol{P}_{k|k-1}^{mm} = \boldsymbol{F}_{k,k-1} \boldsymbol{P}_{k-1}^{mm} \boldsymbol{F}_{k,k-1}^{\mathrm{T}} + \gamma_m \boldsymbol{Q}_{k-1} \\ \boldsymbol{P}_{k|k-1}^{(ij)} = \boldsymbol{F}_{k,k-1} \boldsymbol{P}_{k-1}^{(ij)} \boldsymbol{F}_{k,k-1}^{\mathrm{T}} = \boldsymbol{O} \end{cases} \tag{3-74}$$

因此，如果在前一时刻子滤波估计不相关，利用矩阵上界不等式可以使预测值也不相关，这一技术称为**方差上界**技术。

2）测量更新

首先将测量方程写作

$$\boldsymbol{z} = \boldsymbol{H}_X \boldsymbol{X} + \boldsymbol{v} \tag{3-75}$$

其中

$$\boldsymbol{z} \triangleq \begin{bmatrix} \boldsymbol{z}^{(1)} \\ \vdots \\ \boldsymbol{z}^{(n)} \end{bmatrix},\ \boldsymbol{v} \triangleq \begin{bmatrix} \boldsymbol{v}^{(1)} \\ \vdots \\ \boldsymbol{v}^{(n)} \end{bmatrix},\ \boldsymbol{H}_X \triangleq \begin{bmatrix} \boldsymbol{H}^{(1)} & \cdots & \boldsymbol{O} \\ \vdots & \ddots & \vdots \\ \boldsymbol{O} & \cdots & \boldsymbol{H}^{(n)} \end{bmatrix} \tag{3-76}$$

注意式（3-75）和式（3-39）的区别。给出 $\boldsymbol{X}$ 的先验状态估计 $\hat{\boldsymbol{X}}_{k|k-1}$ 及其误差协方差 $\mathcal{P}_{k|k-1}$，则卡尔曼滤波的测量更新可以写作

$$\begin{cases} \hat{\boldsymbol{X}}_{k|k} = \hat{\boldsymbol{X}}_{k|k-1} + \boldsymbol{K}_k (\boldsymbol{z}_k - \boldsymbol{H}_{X,k} \hat{\boldsymbol{X}}_{k|k-1}) \\ \mathcal{P}_{k|k} = (\boldsymbol{I} - \boldsymbol{K}_k \boldsymbol{H}_{X,k}) \mathcal{P}_{k|k-1} \end{cases} \tag{3-77}$$

其中

$$\boldsymbol{K}_k = \mathcal{P}_{k|k-1}\boldsymbol{H}_{\boldsymbol{X},k}(\boldsymbol{H}_{\boldsymbol{X},k}\mathcal{P}_{k|k-1}\boldsymbol{H}_{X,k}^{\mathrm{T}} + \boldsymbol{R}_k)^{-1} \tag{3-78}$$

由于测量互不相关，故

$$\boldsymbol{R}_k = \mathrm{var}\{\boldsymbol{v}_k\} = \mathrm{diag}[\boldsymbol{R}_k^{(1)}, \boldsymbol{R}_k^{(2)}, \cdots, \boldsymbol{R}_k^{(n)}] \tag{3-79}$$

对式（3-78）展开可以得到

$$\begin{aligned}\boldsymbol{K}_k &= \mathcal{P}_{k|k-1}\boldsymbol{H}_{\boldsymbol{X},k}(\boldsymbol{H}_{\boldsymbol{X},k}\mathcal{P}_{k|k-1}\boldsymbol{H}_{\boldsymbol{X},k}^{\mathrm{T}} + \boldsymbol{R}_k)^{-1}\\ &= \begin{bmatrix}\boldsymbol{P}_{k|k-1}^{(11)} & \cdots & \boldsymbol{P}_{k|k-1}^{(1n)}\\ \vdots & \ddots & \vdots\\ \boldsymbol{P}_{k|k-1}^{(n1)} & \cdots & \boldsymbol{P}_{k|k-1}^{(nn)}\end{bmatrix}\begin{bmatrix}\boldsymbol{H}_k^{(1)} & \cdots & \boldsymbol{O}\\ \vdots & \ddots & \vdots\\ \boldsymbol{O} & \cdots & \boldsymbol{H}_k^{(n)}\end{bmatrix}\\ &\left(\begin{bmatrix}\boldsymbol{H}_k^{(1)}\boldsymbol{P}_{k|k-1}^{(11)}(\boldsymbol{H}_k^{(1)})^{\mathrm{T}} & \cdots & \boldsymbol{H}_k^{(1)}\boldsymbol{P}_{k|k-1}^{(1n)}(\boldsymbol{H}_k^{(n)})^{\mathrm{T}}\\ \vdots & \ddots & \vdots\\ \boldsymbol{H}_k^{(n)}\boldsymbol{P}_{k|k-1}^{(n1)}(\boldsymbol{H}_k^{(1)})^{\mathrm{T}} & \cdots & \boldsymbol{H}_k^{(n)}\boldsymbol{P}_{k|k-1}^{(nn)}(\boldsymbol{H}_k^{(n)})^{\mathrm{T}}\end{bmatrix} + \begin{bmatrix}\boldsymbol{R}_k^{(1)} & \cdots & \boldsymbol{O}\\ \vdots & \ddots & \vdots\\ \boldsymbol{O} & \cdots & \boldsymbol{R}_k^{(n)}\end{bmatrix}\right)^{-1}\end{aligned} \tag{3-80}$$

如果 $\boldsymbol{P}_{k|k-1}^{(ij)} = \boldsymbol{O}$，则

$$\begin{aligned}\boldsymbol{K}_k = &\begin{bmatrix}\boldsymbol{P}_{k|k-1}^{(11)} & \cdots & \boldsymbol{O}\\ \vdots & \ddots & \vdots\\ \boldsymbol{O} & \cdots & \boldsymbol{P}_{k|k-1}^{(nn)}\end{bmatrix}\begin{bmatrix}\boldsymbol{H}_k^{(1)} & \cdots & \boldsymbol{O}\\ \vdots & \ddots & \vdots\\ \boldsymbol{O} & \cdots & \boldsymbol{H}_k^{(n)}\end{bmatrix} +\\ &\left(\begin{bmatrix}\boldsymbol{H}_k^{(1)}\boldsymbol{P}_{k|k-1}^{(11)}(\boldsymbol{H}_k^{(1)})^{\mathrm{T}} & \cdots & \boldsymbol{O}\\ \vdots & \ddots & \vdots\\ \boldsymbol{O} & \cdots & \boldsymbol{H}_k^{(n)}\boldsymbol{P}_{k|k-1}^{(nn)}(\boldsymbol{H}_k^{(n)})^{\mathrm{T}}\end{bmatrix} + \begin{bmatrix}\boldsymbol{R}_k^{(1)} & \cdots & \boldsymbol{O}\\ \vdots & \ddots & \vdots\\ \boldsymbol{O} & \cdots & \boldsymbol{R}_k^{(n)}\end{bmatrix}\right)^{-1}\end{aligned} \tag{3-81}$$

将式（3-81）代入式（3-77）可以得到

$$\begin{cases}\hat{\boldsymbol{x}}_{k|k}^{(i)} = \hat{\boldsymbol{x}}_{k|k-1}^{(i)} + \boldsymbol{K}_k^{(i)}(\boldsymbol{z}_k^{(i)} - \boldsymbol{H}_k^{(i)}\hat{\boldsymbol{x}}_{k|k-1}^{(i)})\\ \boldsymbol{P}_{k|k}^{(ii)} = (\boldsymbol{I} - \boldsymbol{K}_k^{(i)}\boldsymbol{H}_k^{(i)})\boldsymbol{P}_{k|k-1}^{(ii)}\\ \boldsymbol{P}_k^{(ij)} = \boldsymbol{O} \quad i \neq j\end{cases} \tag{3-82}$$

其中

$$\boldsymbol{K}_k^{(i)} = \boldsymbol{P}_{k|k-1}^{(ii)}\boldsymbol{H}_k^{(i)}(\boldsymbol{H}_k^{(i)}\boldsymbol{P}_{k|k-1}^{(ii)}(\boldsymbol{H}_k^{(i)})^{\mathrm{T}} + \boldsymbol{R}_k^{(i)})^{-1}$$

由式（3-81）得到。

由上面的推导可以看出，如果在测量更新前，局部估计互不相关，卡尔曼滤波的测量更新也可以独立进行。

3）融合

由局部滤波器的测量更新和主滤波器的预测可以得到

$$\hat{\boldsymbol{X}}_k = \begin{bmatrix} \hat{\boldsymbol{x}}_k^{(1)} \\ \hat{\boldsymbol{x}}_k^{(2)} \\ \vdots \\ \hat{\boldsymbol{x}}_k^{(n)} \\ \hat{\boldsymbol{x}}_{k|k-1}^{m} \end{bmatrix}$$

和

$$\mathcal{P} = \begin{bmatrix} \boldsymbol{P}_k^{(11)} & \cdots & \cdots & \boldsymbol{O} \\ \vdots & \ddots & \vdots & \vdots \\ \vdots & \cdots & \boldsymbol{P}_k^{(nn)} & \vdots \\ \boldsymbol{O} & \cdots & \cdots & \boldsymbol{P}_{k|k-1}^{mm} \end{bmatrix}$$

因此，由 LMMSE 估计算法可以得到全局估计，即

$$\begin{cases} \boldsymbol{P}_{g,k} = \left[\sum_{i=1}^{n} (\boldsymbol{P}_k^{(ii)})^{-1} + (\boldsymbol{P}_{k|k-1}^{mm})^{-1} \right]^{-1} \\ \hat{\boldsymbol{x}}_{g,k} = \boldsymbol{P}_{g,k} \left[\sum_{i=1}^{n} (\boldsymbol{P}_k^{(ii)})^{-1} \hat{\boldsymbol{x}}_k^{(i)} + (\boldsymbol{P}_{k|k-1}^{mm})^{-1} \hat{\boldsymbol{x}}_{k|k-1}^{m} \right] \end{cases} \tag{3-83}$$

式中，下标“g”表征全局估计。

2. 信息分配原则

动态系统里有状态方程和测量方程两类信息，测量相互独立不用进行分配，需要考虑的是状态方程中的信息分配，包括过程噪声方差的分配和状态初值信息的分配。状态方程的信息量和过程噪声方差成反比，因此可以用过程噪声方差$\boldsymbol{Q}_{g}$的逆来表征状态方程信息量，状态初值的信息可用初值估计协方差的逆代表信息量。

将过程噪声总的信息量分配到局部滤波器和主滤波器中，可以得到

$$\boldsymbol{Q}_g^{-1} = \sum_{i=1}^{n} (\boldsymbol{Q}^{(i)})^{-1} + (\boldsymbol{Q}^{m})^{-1} \tag{3-84}$$

令$\boldsymbol{Q}^{(i)}=\beta_i^{-1}\boldsymbol{Q}_g$，其中$i=1, \cdots, N, m$，则有$\boldsymbol{Q}_g^{-1}=\sum_{i=1}^{N}\beta_i\boldsymbol{Q}_g^{-1}+\beta_m\boldsymbol{Q}_g^{-1}$，从而有$\sum_{i=1}^{N}\beta_i+\beta_m=1$。类似的，也可以对方差进行分配，实现信息守恒，即

$$(\boldsymbol{P}^{(ii)})^{-1} = \beta_i \boldsymbol{P}_g^{-1} \tag{3-85}$$

3. 联邦滤波具体算法

上面对联邦滤波算法的关键步骤进行了推导，结合信息分配原则，联邦滤波的具体算法可以表述如下。

1）信息分配过程

信息分配就是在各局部滤波器和主滤波器之间对系统信息进行分配，系统的过程噪声方差和误差协方差矩阵按如下的原则进行分配

$$\begin{cases}(\boldsymbol{P}_k^{(ii)})^{-1}=\gamma_i\boldsymbol{P}_{\mathrm{g},k}^{-1}\\ \boldsymbol{Q}_k^{(i)}=\gamma_i\boldsymbol{Q}_{\mathrm{g},k}\\ \hat{\boldsymbol{x}}_k^{(i)}=\hat{\boldsymbol{x}}_{\mathrm{g},k}\end{cases}\tag{3-86}$$

式中，$i=1，2，\cdots，N，m$；$\gamma_i=\beta_i^{-1}$，$0\leqslant\beta_i\leqslant 1$，$\beta_1+\beta_2+\cdots+\beta_N+\beta_m=1$。

2）局部滤波器和主滤波器的预测

$$\begin{cases}\hat{\boldsymbol{x}}_{k|k-1}^{(i)}=\boldsymbol{F}_{k,k-1}\hat{\boldsymbol{x}}_{k-1}^{(i)}\\ \boldsymbol{P}_{k|k-1}^{(ii)}=\boldsymbol{F}_{k,k-1}\boldsymbol{P}_{k-1}^{(ii)}\boldsymbol{F}_{k,k-1}^{\mathrm{T}}+\gamma_i\boldsymbol{Q}_{g,k-1}\quad i=1,2,\cdots,N\\ \hat{\boldsymbol{x}}_{k|k-1}^{m}=\boldsymbol{F}_{k,k-1}\hat{\boldsymbol{x}}_{k-1}^{m}\\ \boldsymbol{P}_{k|k-1}^{mm}=\boldsymbol{F}_{k,k-1}\boldsymbol{P}_{k-1}^{mm}\boldsymbol{F}_{k,k-1}^{\mathrm{T}}+\gamma_m\boldsymbol{Q}_{g,k-1}\end{cases}\tag{3-87}$$

3）局部滤波器的测量更新

$$\begin{cases}\hat{\boldsymbol{x}}_{k|k}^{(i)}=\hat{\boldsymbol{x}}_{k|k-1}^{(i)}+\boldsymbol{K}_k^{(i)}(\boldsymbol{z}_k^{(i)}-\boldsymbol{H}_k^{(i)}\hat{\boldsymbol{x}}_{k|k-1}^{(i)})\\ \boldsymbol{P}_{k|k}^{(ii)}=(\boldsymbol{I}-\boldsymbol{K}_k^{(i)}\boldsymbol{H}_k^{(i)})\boldsymbol{P}_{k|k-1}^{(ii)}\end{cases}\tag{3-88}$$

其中

$$\boldsymbol{K}_k^{(i)}=\boldsymbol{P}_{k|k-1}^{(ii)}\boldsymbol{H}_k^{(i)}(\boldsymbol{H}_k^{(i)}\boldsymbol{P}_{k|k-1}^{(ii)}(\boldsymbol{H}_k^{(i)})^{\mathrm{T}}+\boldsymbol{R}_k^{(i)})^{-1}$$

4）信息融合

信息融合采用式（3-83）计算。

4. 联邦滤波的四种结构

根据主滤波器和局部滤波器信息处理的不同，可以将联邦滤波分为四种典型的结构。

1）无重置式结构（$\beta_m=0$）

在无重置式（No-Reset mode，NR）结构中，各局部滤波器根据敏感器精度的高低按一定比例分配系统的信息，主滤波器无信息分配，也即 $\beta_m=0$。这种结构的主滤波器将各局部滤波器的估计进行信息融合而不保留这些信息，并且主滤波器不对局部滤波器的信息进行重置。因此，各局部滤波器独立工作，容错能力强，该结构称作容错型联邦滤波结构。但由于没有全局估

计的重置，故会对局部滤波估计的精度带来影响。无重置式结构如图 3-13 所示。

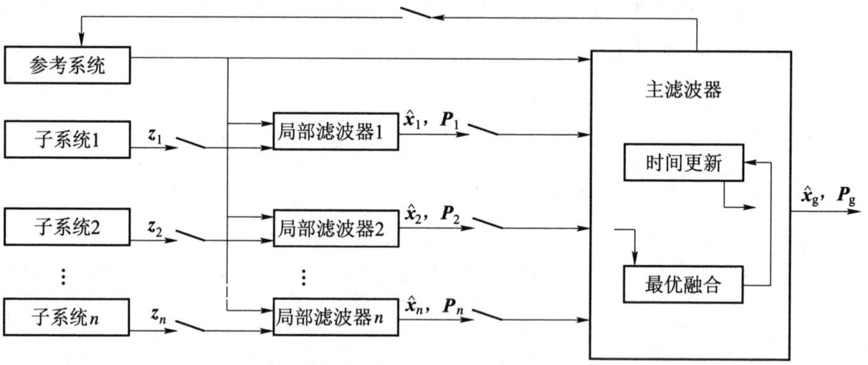

图 3-13　无重置式结构

2）零化重置式结构（$\beta_m=1$）

在零化重置式（Zero-Reset mode，ZR）结构中，全部信息分配给主滤波器，局部滤波器不保留系统信息，仅用测量方程进行最小二乘估计。由于局部滤波器状态信息重置为零，减少了主滤波器到局部滤波器的数据传输，而且局部滤波器预测的协方差趋于无穷，因此不能通过局部滤波器的信息来检测敏感器故障，但是可以利用主滤波器的信息来检测敏感器的故障。这种结构计算简单，工程实现比较容易。零化重置式结构如图 3-14 所示。

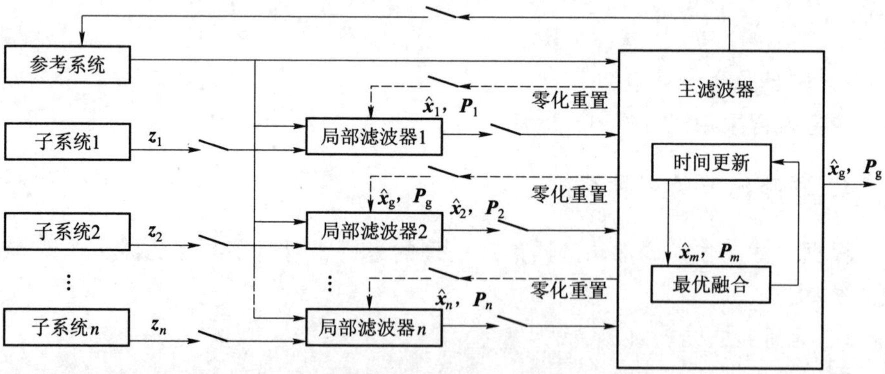

图 3-14　零化重置式结构

注： 这种结构和 3.3.3 小节给出的数据压缩滤波类似。

3）融合—重置式结构

如图 3-15 所示，在融合—重置式（Fusion-Reset mode，FR）结构中，信息

在各局部滤波器和主滤波器之间按一定比例进行分配，各局部滤波器独立进行预测和测量更新，主滤波器仅进行预测（时间更新）。此时融合后全局估计精度高，因为全局滤波器对局部滤波器进行了重置。在这种结构中，局部滤波器必须等到主滤波器反馈才能进行下一步滤波。此外，利用全局滤波和局部滤波器的信息可以很好地进行故障检测，但是一个敏感器的故障在隔离前可能会通过全局滤波器的重置污染其他无故障敏感器的局部滤波器，使系统的容错能力下降。在这种情况下，局部滤波器需重新初始化，其滤波值要经过一段过渡时间后才能使用，从而导致故障恢复能力下降。FR 结构的算法流程如表 3-1 所示。

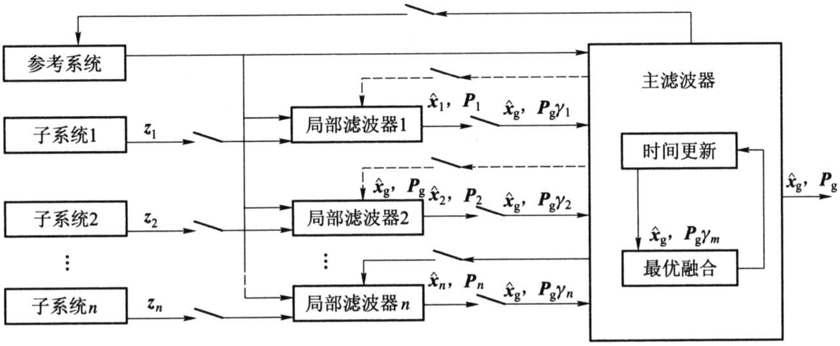

图 3-15　融合—重置式结构

表 3-1　联邦卡尔曼滤波算法（融合—重置式）

初始化	
全局估计初始化	$\hat{\boldsymbol{x}}_{g,k}$，$\boldsymbol{P}_{g,0}$，$\boldsymbol{Q}_{g,0}$
信息分配	$(\boldsymbol{P}_k^{(ii)})^{-1}=\beta_i^{-1}\boldsymbol{P}_{g,0}^{-1}$ $\boldsymbol{Q}_{k-1}^{(i)}=\beta_i^{-1}\boldsymbol{Q}_{g,k-1}$ $\hat{\boldsymbol{x}}_k^{(i)}=\hat{\boldsymbol{x}}_{g,k}$
局部节点进行估计	
状态预测	$\hat{\boldsymbol{x}}_{k\mid k-1}^{(i)}=\boldsymbol{F}_{k,k-1}\hat{\boldsymbol{x}}_{k-1}^{(i)}$
方差预测	$\boldsymbol{P}_{k\mid k-1}^{(ii)}=\boldsymbol{F}_{k,k-1}\boldsymbol{P}_{k-1}^{(ii)}\boldsymbol{F}_{k,k-1}^{\mathrm{T}}+\boldsymbol{Q}_{k-1}^{(i)}$
方差更新	$(\boldsymbol{P}_k^{(ii)})^{-1}=(\boldsymbol{P}_{k\mid k-1}^{(ii)})_k^{-1}+(\boldsymbol{H}_k^{(i)})^{\mathrm{T}}(\boldsymbol{R}_k^{(i)})^{-1}\boldsymbol{H}_k^{(i)}$
状态测量更新	$\hat{\boldsymbol{x}}_k^{(i)}=\hat{\boldsymbol{x}}_{k\mid k-1}^{(i)}+\boldsymbol{K}_k^{(i)}(z_k^{(i)}-\boldsymbol{H}_k^{(i)}\hat{\boldsymbol{x}}_{k\mid k-1}^{i})$ $\boldsymbol{K}_k^{(i)}=\boldsymbol{P}_k^{(ii)}(\boldsymbol{H}_k^{(i)})^{\mathrm{T}}(\boldsymbol{R}_k^{(i)})^{-1}$
融合中心进行融合	
方差融合	$\boldsymbol{P}_{g,k}=\left[\sum_{i=1}^{n}(\boldsymbol{P}_k^{(ii)})^{-1}\right]^{-1}$

续表

状态融合	$\hat{\boldsymbol{x}}_{g,k}=\boldsymbol{P}_{g,k}\left[\sum_{i=1}^{n}(\boldsymbol{P}_k^{(ii)})^{-1}\hat{\boldsymbol{x}}_k^{(i)}\right]$
局部估计重置	
方差分配	$(\boldsymbol{P}_k^{(ii)})^{-1}=\beta_i^{-1}\boldsymbol{P}_{g,k}^{-1}$
状态估计重置	$\hat{\boldsymbol{x}}_k^{(i)}=\hat{\boldsymbol{x}}_{g,k}$

定理 3.4： 融合一重置式联邦滤波得到的全局融合估计和集中式融合估计等价，也为最优估计。

4）重调式结构

在重调式（Rescale mode，RS）结构中，各局部滤波器在主滤波器融合时仅将一部分（$1-\alpha_i$，$0<\alpha_i<1$ 为信息保留系数）信息送入主滤波器，其余信息自己保留，然后各局部滤波器根据信息保留系数重新调整其方差为 $1/\alpha_i$ 倍，这样主滤波器积累和保留系统的大部分信息，其余信息由各局部滤波器保留。主滤波器以融合结果为初值，滤波值由预测确定。这种结构允许不同局部滤波器在不同时刻进行融合。重调式结构如图 3-16 所示。

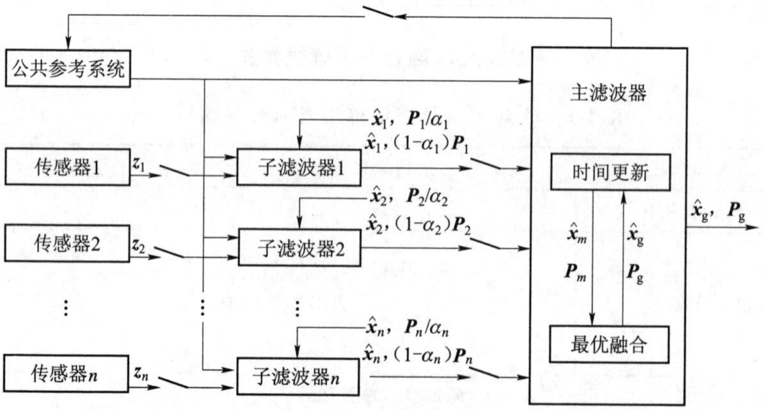

图 3-16　重调式结构

3.5　小　结

融合算法需要在融合结构框架下进行设计，因此本章首先介绍了估计融合的集中式、分布式和混合式融合结构；然后论述了线性融合模型和算法，给出了线性统一模型，在该模型下集中式、分布式和混合式结构可以写成统一的形式，利用 LMMSE 估计算法即可得到线性统一模型下的融合算法。针对局部估计相关性未知的情况，给出了协方差交叉算法，将融合算法推广到动态系统，给出了动态系统的集中式和分布式融合卡尔曼滤波。对于集中式滤波，主要给出了几种具体实现方法；对于分布式融合卡尔曼滤波，首先给出了标准分布式卡尔曼滤波，用于建立分布式和集中式滤波之间的联系；然后考虑局部估计的未知相关性，给出了协方差交叉算法和联邦滤波算法。动态系统的集中式和分布式滤波算法构成了多源信息融合自主导航系统的核心滤波算法。

参 考 文 献

[1] 乔向东，李涛. 多传感器航迹融合综述 [J]. 系统工程与电子技术，2009，31 (2)：245 - 250.

[2] 韩崇昭，朱洪艳，段战胜. 多源信息融合 [M]. 北京：清华大学出版社，2006.

[3] J. R. Raol. Multi-sensor data fusion with MATLAB [M]. New York: CRC press，2009.

[4] J. Llinas，M. E. Liggins，D. L. Hall. Handbook of multisensor data fusion: theory and practice [M]. New York: Taylor & Francis，2009.

[5] X. R. Li，Y. Zhu，J. Wang，et al. Optimal linear estimation fusion part Ⅰ: unified fusion rules [J]. IEEE Transactions on Information Theory，2003，49 (9)：2192 - 2208.

[6] 周海银，王炯琦，潘晓刚，等. 卫星状态融合估计理论与方法 [M]. 北京：科学出版社，2013.

[7] Y. Bar-Shalom，L. Campo. The effect of the common process noise on the two-sensor fused-track covariance [J]. IEEE Transactions on Aerospace and Electronic Systems，1986，(6)：803 - 805.

[8] Z. L. Deng，Y. Gao，C. B. Li，et al. Self-tuning decoupled information fusion Wiener state component filters and their convergence [J]. Automatica，2008，44 (3)：685 - 695.

[9] C. Ran，G. Tao，J. Liu，et al. Self-tuning decoupled fusion Kalman predictor and its convergence analysis [J]. IEEE sensors Journal，2009，9 (12)：2024 - 2032.

[10] X. J. Sun，Z. L. Deng. Information fusion wiener filter for the multisensor multichannel ARMA signals with time-delayed measurements [J]. IET Signal Processing，2009，3 (5)：403 - 415.

[11] X. J. Sun，Y. Gao，Z. L. Deng，et al. Multi-model information fusion Kalman filtering and white noise deconvolution [J]. Information Fusion，2010，

11 (2): 163 - 173.

[12] L. Ljung, System identification, Signal analysis and prediction. 1998, Springer. [M]. Cambridge: Springer Press, 2010, 163 - 173.

[13] S. J. Julier, J. K. Uhlmann. A non-divergent estimation algorithm in the presence of unknown correlations [C] //IEEE American Control Conference. New Mexico: IEEE, 1997, 2369 - 2373.

[14] J. K. Uhlmann. Covariance consistency methods for fault-tolerant distributed data fusion [J]. Information Fusion, 2003, 4 (3): 201 - 215.

[15] J. K. Uhlmann. General data fusion for estimates with unknown cross covariances [C] //Proceedings of the SPIE Aerospace conference. Houston: SPIE, 1996, 536 - 548.

[16] P. O. Arambel, C. Rago, R. K. Mehra. Covariance intersection algorithm for distributed spacecraft state estimation [C] Proceedings of American Control Conference. Arlington: IEEE, 2001, 4398 - 4403.

[17] L. Chen, P. O. Arambel, R. K. Mehra. Estimation under unknown correlation: covariance intersection revisited [J]. IEEE Transactions on Automatic Control, 2002, 47 (11): 1879 - 1882.

[18] C. Y. Chong, S. Mori. Convex combination and covariance intersection algorithms in distributed fusion [C] //Proceedings of the 4th International Conference on Information Fusion. Montreal: IEEE, 2001, 12 - 19.

[19] K. Feng, X. G. Zhou, Q. Zhang, et al. A new decentralized data fusion algorithm with feedback framework based on the covariance intersection method [C] //2010 International Conference on Computer Application and System Modeling (ICCASM). Nanjing: IEEE, 2001, 338 - 341.

[20] S. J. Julier, J. K. Uhlmann. Using covariance intersection for SLAM [J]. Robotics and Autonomous Systems, 2007, 55 (1): 3 - 20.

[21] M. S. Mahmoud, Y. Xia. Networked filtering and fusion in wireless sensor networks [M]. New York: CRC Press, 2014.

[22] R. C. Luo, O. Chen , L. C. Tu. Nodes localization through data fusion in sensor network [C] //19th International Conference on Advanced Information Networking and Applications. Taiwan: IEEE, 2005, 337 - 342.

[23] C. K. Nebelecky, J. L. Crassidis, A. M. Fosbury, et al. Efficient Covariance Intersection of Attitude Estimates Using a Local-Error Representation [J]. Journal of Guidance, Control and Dynamics, 2012, 35 (2): 692 - 696.

[24] J. Sequeira, A. Tsourdos, S. B. Lazarus. Robust covariance estimation for data fusion from multiple sensors [J]. IEEE Transactions on Instrumentation and Measurement, 2011, 60 (12): 3833 - 3844.

[25] Z. Deng, P. Zhang, W. Qi, et al. Sequential covariance intersection fusion Kalman filter [J]. Information Sciences, 2012, 189: 293 - 309.

[26] A. H. Jazwinski. Stochastic processes and filtering theory [M]. New York: Courier Corporation, 1970.

[27] Y. Yuan, W. Sun. Optimization theory and methods [M]. Beijing: Science Press, 1997.

[28] S. Julier, J. K. Uhlmann. General decentralized data fusion with covariance intersection [C] //Handbook of multisensor data fusion: theory and practice. New York: CRC press, 2009, 319 - 344.

[29] W. Niehsen. Information fusion based on fast covariance intersection filtering [C] //Proceedings of the Fifth International Conference on Information Fusion. Annapolis: IEEE, 2002, 901 - 904.

[30] S. P. Wu, L. Vandenberghe, S. Boyd. MAXDET: Software for Determinant Maximization Problems User's Guide [R]. Stanford: Stanford University, 1996.

[31] S. P. Wu, S. Boyd. SDPSOL: A parser/solver for semidefinite programs with matrix structure [C] //Advances in linear matrix inequality methods in control. New York: SIAM, 2000: 79 - 91.

[32] 桑炜森，顾耀平. 综合电子战新技术新方法 [M]. 北京：国防工业出版社，1996.

[33] 杨春玲，刘国岁. 非线性系统中多传感器目标跟踪融合算法研究 [J]. 航空学报，2000，21 (6)：512 - 515.

[34] Q. Gan, C. J. Harris. Comparison of two measurement fusion methods for Kalman-filter-based multisensor data fusion [J]. IEEE Transactions on Aerospace and Electronic systems, 2001, 37 (1): 273 - 279.

[35] C. Y. Chong. Distributed multitarget multisensor tracking [C] //Multitarget - multisensor tracking: Advanced applications. Boston: Artech House, 1990: 247 - 296.

[36] Y. Zhu, Z. You, J. Zhao, et al. The optimality for the distributed Kalman filtering fusion with feedback [J]. Automatica, 2001, 37 (9): 1489 - 1493.

第 4 章 性能分析

系统性能分析的主要手段包括可观性和可观度分析方法、蒙特卡洛方法和线性协方差分析技术等。本章首先从可观性的基本概念入手，介绍线性系统和非线性系统可观性的定义和判据，重点介绍适用于航天器自主导航系统研究的非线性系统可观性和可观度分析方法。在对系统可观性分析的叙述中，以基于奇异值分解的分析方法为例进行说明；在对系统可观度分析的叙述中，以基于格莱姆矩阵的分析方法、基于误差椭球的分析方法和基于估计误差协方差的分析方法为例展开论述。然后简要介绍蒙特卡洛方法的定义、实现方法和一般结构。最后介绍线性协方差技术，描述了建立航天器自主导航系统误差协方差线性传播公式的通用方法。

4.1 线性系统的可观性

本节介绍线性系统可观性的基本概念，给出线性定常系统和线性时变系统可观性的定义，以及它们的可观性判据。

4.1.1 线性定常系统的可观性

1. 线性定常系统可观性的定义

可观性反映了系统根据在有限时间内观测量确定系统状态的能力。可观性可以根据可观性矩阵的秩条件进行判断，线性定常系统的可观性矩阵简单易求；对于线性时变系统，可通过求解不同时刻的可观性矩阵对其可观性进行分析；对于非线性系统，可利用奇异值分解等方法分析可观性。

线性定常系统模型为

$$\dot{\boldsymbol{x}}(t)=\boldsymbol{A}\boldsymbol{x}(t)+\boldsymbol{B}\boldsymbol{u}(t) \tag{4-1}$$

$$\boldsymbol{z}(t)=\boldsymbol{C}\boldsymbol{x}(t) \tag{4-2}$$

式中，$\boldsymbol{x}(t)\in\mathbb{R}^n$ 为状态矢量；$\boldsymbol{u}(t)\in\mathbb{R}^r$ 为输入矢量；$\boldsymbol{z}(t)\in\mathbb{R}^m$ 为输出矢量；$\boldsymbol{A}$，$\boldsymbol{B}$ 和 $\boldsymbol{C}$ 分别为状态矩阵、输入矩阵和输出矩阵。

线性定常系统的可观性可定义为：对于线性连续定常系统的任意初始状态矢量 $\boldsymbol{x}(t_0)$，如果对任意输入矢量 $\boldsymbol{u}(t)$ 均能根据输出矢量 $\boldsymbol{z}(t)$ 在有限时间区

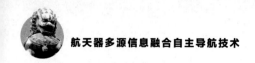

间 $[t_0, t_f]$ 内的测量值确定唯一初始状态矢量 $\boldsymbol{x}(t_0)$，则称该线性定常系统状态完全可观测，简称可观；否则称为不可观。

举例来说，某线性定常系统状态结构如图 4-1 所示，由于状态 x_1 与输出完全隔断，故该线性定常系统不可观测。

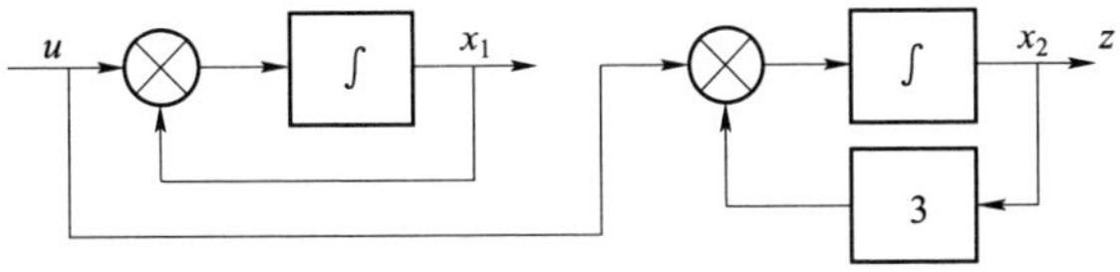

图 4-1　线性定常系统状态结构

应当指出，只有线性定常状态空间中的所有状态都可观，线性定常系统才可观。在线性定常系统可观的情况下，一旦根据输出矢量 $\boldsymbol{z}(t)$ 确定了初始状态，便可根据给定的控制输入矢量 $\boldsymbol{u}(t)$，利用状态转移矩阵求出任意时刻的瞬时状态。若线性定常系统不可观，可能有一部分状态可观，另一部分状态不可观。此时，可把它们分解成完全可观子空间和完全不可观子空间。

可观性表示输出反映状态变量的能力，由输入引起的输出响应是已知的(可根据状态转移矩阵求出)，因此，可观性与输入无直接关系，在定义中可以不涉及输入矢量，即令 $\boldsymbol{u}(t)\equiv 0$，仅考虑矩阵 $\boldsymbol{A}$ 和 $\boldsymbol{C}$。若输出矢量 $\boldsymbol{z}(t)$ 的维数等于状态矢量 $\boldsymbol{x}(t)$ 的维数，且矩阵 $\boldsymbol{C}$ 非奇异，则有

$$\boldsymbol{x}(t)=\boldsymbol{C}^{-1}\boldsymbol{z}(t)$$

可由一组输出矢量 $\boldsymbol{z}(t)$ 确定系统状态，无须观测时间。一般情况下，输出矢量 $\boldsymbol{z}(t)$ 的维数小于状态矢量 $\boldsymbol{x}(t)$ 的维数，这时需测几组输出数据，构成 n 个方程，输出数据需要在时间上有一定的间隔，即需要观测时间 $t_f>t_0$。

2. 线性定常系统的可观性判据

判断系统可观性有多种方法，包括秩判据、对角型及约当型判据、格拉姆矩阵法等。本章主要介绍秩判据。

式 (4-1) 和式 (4-2) 所示线性定常系统可观性的秩判据定理如下。

定理 4.1： 线性定常系统状态可观的充分必要条件是系统可观性判别矩阵(简称可观性矩阵) 满秩，即

$$\boldsymbol{N}=\begin{bmatrix}\boldsymbol{C}\\ \boldsymbol{CA}\\ \vdots\\ \boldsymbol{CA}^{n-1}\end{bmatrix} \tag{4-3}$$

$$\operatorname{rank}(\boldsymbol{N})=n \tag{4-4}$$

即 n 个列矢量线性无关。若矩阵的秩 $\operatorname{rank}(\boldsymbol{N})<n$，则系统不可观。$\boldsymbol{N}$ 为 mn 行 n 列矩阵。

证明： 令 $\boldsymbol{u}(t)=0$，则 n 维线性定常系统动态方程的解为

$$\boldsymbol{z}(t)=\boldsymbol{C}\exp(\boldsymbol{A}t)\boldsymbol{x}(t_0) \tag{4-5}$$

根据凯莱一哈密顿定理，$\exp(\boldsymbol{A}t)$ 可写为如下形式

$$\exp(\boldsymbol{A}t)=\sum_{k=0}^{n-1}a_k(t)\boldsymbol{A}^k \tag{4-6}$$

式中，$a_k(t)$ 为时间的标量函数。

将式（4-6）代入式（4-5），得到

$$\begin{aligned}\boldsymbol{z}(t)&=\boldsymbol{C}\sum_{k=0}^{n-1}a_k(t)\boldsymbol{A}^k\boldsymbol{x}(t_0)\\&=\begin{bmatrix}a_0(t)\boldsymbol{I}_m & a_1(t)\boldsymbol{I}_m & \cdots & a_{n-1}(t)\boldsymbol{I}_m\end{bmatrix}\begin{bmatrix}\boldsymbol{C}\\\boldsymbol{CA}\\\vdots\\\boldsymbol{CA}^{n-1}\end{bmatrix}\boldsymbol{x}(t_0)\end{aligned} \tag{4-7}$$

式中，$\boldsymbol{I}_m$ 为 m 维单位矩阵。

这是一个含有 n 个未知量、m 个方程的线性方程组，当 $m<n$ 时，方程无唯一解。如果要唯一确定 n 维初始状态矢量 $\boldsymbol{x}(t_0)$，需要用不同时刻的输出矢量构成具有 n 个独立方程的线性方程组

$$\begin{bmatrix}\boldsymbol{z}(t_1)\\\boldsymbol{z}(t_2)\\\vdots\\\boldsymbol{z}(t_f)\end{bmatrix}=\begin{bmatrix}a_0(t_1)\boldsymbol{I}_m & a_1(t_1)\boldsymbol{I}_m & \cdots & a_{n-1}(t_1)\boldsymbol{I}_m\\a_0(t_2)\boldsymbol{I}_m & a_1(t_2)\boldsymbol{I}_m & \cdots & a_{n-1}(t_2)\boldsymbol{I}_m\\\vdots & \vdots & & \vdots\\a_0(t_f)\boldsymbol{I}_m & a_1(t_f)\boldsymbol{I}_m & \cdots & a_{n-1}(t_f)\boldsymbol{I}_m\end{bmatrix}\begin{bmatrix}\boldsymbol{C}\\\boldsymbol{CA}\\\vdots\\\boldsymbol{CA}^{n-1}\end{bmatrix}\boldsymbol{x}(t_0) \tag{4-8}$$

简记为

$$\bar{\boldsymbol{z}}=\boldsymbol{Q}\boldsymbol{x}(t_0) \tag{4-9}$$

其中

$$\bar{\boldsymbol{z}}=\begin{bmatrix}\boldsymbol{z}(t_1)\\\boldsymbol{z}(t_2)\\\vdots\\\boldsymbol{z}(t_f)\end{bmatrix}$$

$$Q=\begin{bmatrix} a_0(t_1)\ \boldsymbol{I}_m & a_1(t_1)\ \boldsymbol{I}_m & \cdots & a_{n-1}(t_1)\ \boldsymbol{I}_m \\ a_0(t_2)\ \boldsymbol{I}_m & a_1(t_2)\ \boldsymbol{I}_m & \cdots & a_{n-1}(t_2)\ \boldsymbol{I}_m \\ \vdots & \vdots & & \vdots \\ a_0(t_f)\ \boldsymbol{I}_m & a_1(t_f)\ \boldsymbol{I}_m & \cdots & a_{n-1}(t_f)\ \boldsymbol{I}_m \end{bmatrix}\begin{bmatrix} \boldsymbol{C} \\ \boldsymbol{CA} \\ \vdots \\ \boldsymbol{CA}^{n-1} \end{bmatrix}$$

欲使式（4-8）所示的方程有解且唯一，则系数矩阵 $\boldsymbol{Q}$ 和增广矩阵 $[\boldsymbol{Q}\quad \bar{z}]$ 应满足下式

$$\mathrm{rank}(\boldsymbol{Q})=\mathrm{rank}([\boldsymbol{Q}\quad \bar{z}])=n \tag{4-10}$$

而矩阵 $\boldsymbol{Q}$ 的秩为 $\boldsymbol{n}$ 的充分必要条件是 mn 行 n 列可观性矩阵 $\boldsymbol{N}$ 的秩为 n，此时，在 $[t_0,\ t_f]$ 时间间隔内，根据测量到的输出矢量 $\boldsymbol{z}(t)$，可由式（4-8）唯一确定出 $\boldsymbol{x}(t_0)$，即线性定常系统可观的充分必要条件是可观性矩阵 $\boldsymbol{N}$ 的秩为 n。证明完毕。

4.1.2　线性时变系统的可观性

1. 线性时变系统可观性的定义

设 n 维线性时变系统的动态方程为

$$\dot{\boldsymbol{x}}(t)=\boldsymbol{A}(t)\boldsymbol{x}(t)+\boldsymbol{B}(t)\boldsymbol{u}(t) \tag{4-11}$$

$$\boldsymbol{z}(t)=\boldsymbol{C}(t)\boldsymbol{x}(t) \tag{4-12}$$

式中，$\boldsymbol{x}(t_0)=\boldsymbol{x}_0$ 为初始状态矢量；$\boldsymbol{A}(t)$，$\boldsymbol{B}(t)$ 和 $\boldsymbol{C}(t)$ 分别为时变的状态矩阵、输入矩阵和输出矩阵；其他符号定义如 4.1.1 节所述。

线性时变系统的可观性可定义为：若对状态空间中的任一时刻 t_0 的状态矢量 $\boldsymbol{x}(t_0)$，存在一有限时间区间 $[t_0,\ t_f]$，使得由输入矢量 $\boldsymbol{u}(t)$ 和输出矢量 $\boldsymbol{z}(t)$ 的信息足以确定 $\boldsymbol{x}(t_0)$，则称线性时变系统在 t_0 时刻可观。时间区间 $[t_0,\ t_f]$ 是识别初始状态 $\boldsymbol{x}(t_0)$ 所需要的观测时间。对于线性时变系统，此时间区间的大小与初始时间 t_0 的选择有关。

举例来说，考虑 $\boldsymbol{u}(t)=0$，若 t_0 时刻的初始状态 $\boldsymbol{x}(t_0)$ 引起的系统输出有 $\boldsymbol{z}(t)\equiv 0$，$t>t_0$，则 $\boldsymbol{x}(t_0)$ 为 t_0 时刻不可观测的状态。

2. 线性时变系统的可观性判据

线性时变系统的可观性判据定理如下。

定理 4.2： 线性时变系统在 t_0 时刻可观测的充分必要条件是下列格拉姆矩阵

$$\boldsymbol{W}_{o}(t_0,\ t_f)=\int_{t_0}^{t_f}\boldsymbol{F}^{\mathrm{T}}(\tau,\ t_0)\boldsymbol{C}^{\mathrm{T}}(\tau)\boldsymbol{C}(\tau)\boldsymbol{F}(\tau,\ t_0)\mathrm{d}\tau \tag{4-13}$$

为非奇异矩阵。

定理中的 $\boldsymbol{F}(\tau,\ t_0)$ 为线性时变系统的状态转移矩阵，可根据线性时变系统状态矩阵 $\boldsymbol{A}(t)$ 计算得到。通常称$\boldsymbol{W}_{o}(t_0,\ t_f)$ 为线性时变系统的可观性格拉姆矩阵，它由线性时变系统状态矩阵 $\boldsymbol{A}(t)$ 和输出矩阵 $\boldsymbol{C}(t)$ 决定。因此，线性时变系统的可观性是由系统自身结构、参数决定的固有特性，与线性时变系统的具体瞬时特性无关。采用该判据判断线性时变系统可观性必须先求出状态转移矩阵 $\boldsymbol{F}(\tau,\ t_0)$，一般计算量较大；若转移矩阵无闭合解，则此判据失效。为了寻求更实用的方法，根据定理 4.2 推出下列推论。

推论 4.1 如果线性时变系统的状态矩阵 $\boldsymbol{A}(t)$ 和输出矩阵 $\boldsymbol{C}(t)$ 是 $(n-1)$ 阶连续可微的，若存在一个有限的 $t_f>t_0$，使

$$\operatorname{rank}\left(\begin{bmatrix}\boldsymbol{N}_0(t)\\ \boldsymbol{N}_1(t)\\ \vdots\\ \boldsymbol{N}_{n-1}(t)\end{bmatrix}\right)=n \tag{4-14}$$

则线性时变系统在 t_0 时刻可观，其中

$$\boldsymbol{N}_0(t)=\boldsymbol{C}(t)$$

$$\boldsymbol{N}_{k+1}(t)=\boldsymbol{N}_k(t)\boldsymbol{A}(t)+\frac{\mathrm{d}}{\mathrm{d}t}\boldsymbol{N}_k(t)\quad k=0,\ 1,\ 2,\ \cdots,\ n-1$$

应当注意，推论 4.1 是线性时变系统可观的充分条件，即不满足此条件的时变系统不一定不可观。

4.2　非线性系统的可观性

在 4.1 节线性系统可观性定义和判据进行说明的基础上，本节介绍非线性系统的可观性定义及判据，对基于奇异值分解的可观性分析方法进行说明。

4.2.1　非线性系统可观性的定义及判据

1. 非线性系统可观性的定义

为了分析非线性系统的可观性，这里引入非线性系统局部弱可观的概念。设非线性系统可以表示为如下形式

$$\dot{\boldsymbol{x}} = \boldsymbol{f}(\boldsymbol{x}) \tag{4-15}$$

$$\boldsymbol{z} = \boldsymbol{h}(\boldsymbol{x}) \tag{4-16}$$

式中，$\boldsymbol{x}$ 为系统状态矢量；$\boldsymbol{z}$ 为观测矢量；$\boldsymbol{f}(\boldsymbol{x})$ 和 $\boldsymbol{h}(\boldsymbol{x})$ 分别为非线性系统的状态函数和观测函数。

非线性系统局部弱可观的概念可表述为：如果存在一个 $\boldsymbol{x}_0$ 的开邻域 $\boldsymbol{U}$，使对于 $\boldsymbol{U}$ 内 $\boldsymbol{x}_0$ 的任意一个开邻域，非线性系统都可观，那么就称非线性系统在 $\boldsymbol{x}_0$ 点局部弱可观。进而，如果对于定义区间内的每个 $\boldsymbol{x}$，非线性系统都局部弱可观，那么称非线性系统局部弱可观。

2. 非线性系统的可观性判据

记非线性系统的可观性判别矩阵（简称可观性矩阵）为

$$\boldsymbol{Q}(\boldsymbol{x})=\begin{bmatrix}\mathrm{d}L_{\mathrm{f}}^{0}\boldsymbol{h}(\boldsymbol{x})\\ \mathrm{d}L_{\mathrm{f}}^{1}\boldsymbol{h}(\boldsymbol{x})\\ \vdots\\ \mathrm{d}L_{\mathrm{f}}^{n-1}\boldsymbol{h}(\boldsymbol{x})\end{bmatrix} \tag{4-17}$$

式中，n 为状态矢量 $\boldsymbol{x}$ 的维数，$L_{\mathrm{f}}^{k}\boldsymbol{h}(\boldsymbol{x})$ 是如下定义的 k 阶李导数

$$L_{\mathrm{f}}^{0}\boldsymbol{h}(\boldsymbol{x})=\boldsymbol{h}(\boldsymbol{x}) \tag{4-18}$$

$$L_{\mathrm{f}}^{k}\boldsymbol{h}(\boldsymbol{x})=\frac{\partial(L_{\mathrm{f}}^{k-1}\boldsymbol{h})}{\partial\boldsymbol{x}}\boldsymbol{f}(\boldsymbol{x})\quad k=1,\ 2,\ \cdots,\ n-1 \tag{4-19}$$

$\mathrm{d}L_{\mathrm{f}}^{k}\boldsymbol{h}(\boldsymbol{x})$ 定义如下

$$\mathrm{d}L_{\mathrm{f}}^{k}\boldsymbol{h}(\boldsymbol{x})=\frac{\partial(L_{\mathrm{f}}^{k}\boldsymbol{h})}{\partial\boldsymbol{x}}\quad k=1,\ 2,\ \cdots,\ n-1 \tag{4-20}$$

如果 $\mathrm{rank}(\boldsymbol{Q}(\boldsymbol{x}_0))=n$，那么称非线性系统在$\boldsymbol{x}_0$点满足可观性秩条件。如果对于定义区间内的每个 $\boldsymbol{x}$，非线性系统都满足可观性秩条件，那么称整个非线性系统满足可观性秩条件。

非线性系统的可观性判据可归纳为如下两个定理。

定理 4.3：如果非线性系统在$\boldsymbol{x}_0$点满足可观性秩条件，那么非线性系统在$\boldsymbol{x}_0$点局部弱可观。

定理 4.4：如果非线性系统满足可观性秩条件，那么非线性系统局部弱可观。

考虑非线性系统的一种特殊形式——线性定常系统，即

$$\dot{\boldsymbol{x}}=\boldsymbol{A}\boldsymbol{x} \tag{4-21}$$

$$\boldsymbol{z}=\boldsymbol{H}\boldsymbol{x} \tag{4-22}$$

由式（4-17）可得出线性定常系统的可观性判据

$$\boldsymbol{Q}=\begin{bmatrix}\boldsymbol{H}\\ \boldsymbol{HA}\\ \vdots\\ \boldsymbol{HA}^{n-1}\end{bmatrix},\ \mathrm{rank}(\boldsymbol{Q})=n$$

不难看出，当非线性系统退化为线性系统时，本节所述的可观性判据与4.1.1 节给出的线性定常系统可观性判据一致。

3. 非线性系统可观性的分析实例

不考虑模型误差和观测误差，不含未知模型参数的航天器轨道动力学模型

和观测模型可以表达为如下形式

$$\begin{cases}\dot{\boldsymbol{r}}=\boldsymbol{v}\\ \dot{\boldsymbol{v}}=\boldsymbol{f}(\boldsymbol{r},\ \boldsymbol{v})\end{cases} \tag{4-23}$$

式中，$\boldsymbol{r}$ 为位置矢量；$\boldsymbol{v}$ 为速度矢量；$\boldsymbol{f}(\boldsymbol{r},\ \boldsymbol{v})$ 为作用在航天器上的加速度。

$$\boldsymbol{z}=\boldsymbol{h}(\boldsymbol{r},\ \boldsymbol{v}) \tag{4-24}$$

式中，$\boldsymbol{z}$ 为观测矢量。

由于在实际的航天器自主导航问题中，一般都是利用导航观测量来修正包含一定误差的航天器预报轨道，所以只需要确定自主导航系统在给定航天器轨道的一定邻域内是否可观。因此，可以利用上述非线性系统的可观性秩条件来分析自主导航系统的可观性。

利用多个导航目标天体（恒星、太阳、行星、地球、月球和小天体等）的视线方向、视线角、夹角和图像等观测信息可以确定航天器的位置矢量。本节利用非线性系统的可观性秩条件来分析通过观测量能直接确定航天器位置矢量的自主导航系统的可观性。

1）能直接确定位置矢量的自主导航系统可观性分析

自主导航系统测量方程为

$$\boldsymbol{h}(\boldsymbol{r})=\boldsymbol{r} \tag{4-25}$$

利用式（4-25）可求得

$$L_{\mathrm{f}}^{0}\boldsymbol{h}=\boldsymbol{r}$$

$$\mathrm{d}L_{\mathrm{f}}^{0}\boldsymbol{h}=[\boldsymbol{I}_3\quad \boldsymbol{O}_{3\times 3}]$$

$$L_{\mathrm{f}}^{1}\boldsymbol{h}=\boldsymbol{v}$$

$$\mathrm{d}L_{\mathrm{f}}^{1}\boldsymbol{h}=[\boldsymbol{O}_{3\times 3}\quad \boldsymbol{I}_3]$$

定义$\boldsymbol{Q}_{01}=\begin{bmatrix}\mathrm{d}L_{\mathrm{f}}^{0}\boldsymbol{h}\\ \mathrm{d}L_{\mathrm{f}}^{1}\boldsymbol{h}\end{bmatrix}$，则$\boldsymbol{Q}_{01}=\begin{bmatrix}\boldsymbol{I}_3 & \boldsymbol{O}_{3\times 3}\\ \boldsymbol{O}_{3\times 3} & \boldsymbol{I}_3\end{bmatrix}$。因为 $\mathrm{rank}(\boldsymbol{Q}_{01})=6$，根据非线性系统的可观性秩条件，可以得到如下结论：在不考虑模型误差和观测误差的情况下，根据观测量能够直接确定航天器位置矢量且动力学模型中不含有未建模型参数的自主导航系统局部弱可观，可以实现航天器的自主导航。

2）能直接确定位置矢量、存在未知模型参数的自主导航系统可观性分析

处理航天器未知摄动加速度和导航敏感器系统误差的方法之一是将其建模为未知模型参数的形式，并将未知模型参数扩充为状态变量，与航天器的位置速度一起进行估计。为了解决得到未知模型参数估计值这一问题，需要对维数增加后的自主导航系统进行可观性分析。带未知模型参数的状态方程可表达为

$$\begin{cases}\dot{\boldsymbol{r}}=\boldsymbol{v}\\ \dot{\boldsymbol{v}}=\boldsymbol{f}(\boldsymbol{r},\ \boldsymbol{v},\ \boldsymbol{\theta})\\ \dot{\boldsymbol{\theta}}=\boldsymbol{0}\end{cases} \tag{4-26}$$

式中，$\boldsymbol{\theta}$ 为需要估计的参数，其维数为 m。

定义状态矢量 $\boldsymbol{x}=[\boldsymbol{r}^{\mathrm{T}},\ \boldsymbol{v}^{\mathrm{T}},\ \boldsymbol{\theta}^{\mathrm{T}}]^{\mathrm{T}}$，则其维数为 $6+m$。于是可得

$$L_{\mathrm{f}}^{0}\boldsymbol{h}=\boldsymbol{r}$$

$$\mathrm{d}L_{\mathrm{f}}^{0}\boldsymbol{h}=[\boldsymbol{I}_{3\times3}\quad \boldsymbol{O}_{3\times3}\quad \boldsymbol{O}_{3\times3}]$$

$$L_{\mathrm{f}}^{1}\boldsymbol{h}=\boldsymbol{v}$$

$$\mathrm{d}L_{\mathrm{f}}^{1}\boldsymbol{h}=[\boldsymbol{O}_{3\times3}\quad \boldsymbol{I}_{3\times3}\quad \boldsymbol{O}_{3\times3}]$$

$$L_{\mathrm{f}}^{2}\boldsymbol{h}=[\boldsymbol{O}_{1\times3}\quad \boldsymbol{f}\ (\boldsymbol{r},\ \boldsymbol{v},\ \boldsymbol{\theta})^{\mathrm{T}}\quad \boldsymbol{O}_{1\times3}]^{\mathrm{T}}$$

$$\mathrm{d}L_{\mathrm{f}}^{2}\boldsymbol{h}=\begin{bmatrix}\boldsymbol{O}_{3\times3} & \boldsymbol{O}_{3\times3} & \boldsymbol{O}_{3\times m}\\ \dfrac{\partial \boldsymbol{f}}{\partial \boldsymbol{r}} & \dfrac{\partial \boldsymbol{f}}{\partial \boldsymbol{v}} & \dfrac{\partial \boldsymbol{f}}{\partial \boldsymbol{\theta}}\\ \boldsymbol{O}_{3\times3} & \boldsymbol{O}_{3\times3} & \boldsymbol{O}_{3\times m}\end{bmatrix}$$

定义$\boldsymbol{Q}_{012}=\begin{bmatrix}\mathrm{d}L_{\mathrm{f}}^{0}\boldsymbol{h}\\ \mathrm{d}L_{\mathrm{f}}^{1}\boldsymbol{h}\\ \mathrm{d}L_{\mathrm{f}}^{2}\boldsymbol{h}\end{bmatrix}$，则 $\mathrm{rank}(\boldsymbol{Q}_{012})=\mathrm{rank}\left(\begin{bmatrix}\boldsymbol{I}_{3\times3} & \boldsymbol{O}_{3\times3} & \boldsymbol{O}_{3\times m}\\ \boldsymbol{O}_{3\times3} & \boldsymbol{I}_{3\times3} & \boldsymbol{O}_{3\times m}\\ \dfrac{\partial \boldsymbol{f}}{\partial \boldsymbol{r}} & \dfrac{\partial \boldsymbol{f}}{\partial \boldsymbol{v}} & \dfrac{\partial \boldsymbol{f}}{\partial \boldsymbol{\theta}}\end{bmatrix}\right)$。当需要估计参数 $m\leqslant3$ 时，如果 $\mathrm{rank}\left(\dfrac{\partial \boldsymbol{f}}{\partial \boldsymbol{\theta}}\right)=m$，那么 $\mathrm{rank}\ (\boldsymbol{Q}_{012})=6+m=n$，则可观性矩阵的秩 $\mathrm{rank}\ (\boldsymbol{Q})=n$，即对应的自主导航系统是局部弱可观的。对于 $m>3$ 的情况，很难通过表达式来判断可观性矩阵的秩 $\mathrm{rank}\ (\boldsymbol{Q})$ 的大小，在此不予讨论。

研究的结论可归纳为：在不考虑模型误差和观测误差的情况下，如果条件 $\mathrm{rank}\left(\dfrac{\partial \boldsymbol{f}}{\partial \boldsymbol{\theta}}\right)=m$，$m\leqslant3$ 成立，则能直接确定位置矢量，存在未知模型参数的自主导航系统局部弱可观。

3）以单位视线矢量和径向速度为观测量的自主导航系统可观性分析

对于以导航目标天体单位视线矢量和径向速度为观测量的自主导航系统，其测量方程可写为

$$\boldsymbol{h}(\boldsymbol{r},\ \boldsymbol{v})=\begin{bmatrix}\boldsymbol{r}_{i0}\\ v_{\mathrm{r}}\end{bmatrix} \tag{4-27}$$

式中，$\boldsymbol{r}_{i0}$ 和 v_{r} 分别为导航目标天体单位视线矢量和航天器的相对径向速度。

下面对观测量进行说明。

单位视线矢量的观测模型为

$$\boldsymbol{r}_{i0}=\boldsymbol{C}_{\mathrm{n}}^{\mathrm{s}}\frac{1}{\sqrt{(x_i-x)^2+(y_i-y)^2+(z_i-z)^2}}\begin{bmatrix}x_i-x\\ y_i-y\\ z_i-z\end{bmatrix} \tag{4-28}$$

式中，$\boldsymbol{C}_{\mathrm{n}}^{\mathrm{s}}$为航天器导航坐标系到敏感器坐标系的姿态矩阵；（$x_i$，$y_i$，$z_i$）为在观测点（$x$，$y$，$z$）观测到的导航目标天体（或天体表面的控制点）在导航坐标系的位置，$i=1$，2，…，N，通常导航目标天体的位置已知。

利用光源（一般指太阳）和航天器之间相对运动产生的多普勒漂移，可以计算出航天器相对测量天体的径向速度，相应观测模型的表达式为

$$v_{\mathrm{r}}=\frac{\boldsymbol{r}\cdot\boldsymbol{v}}{\|\boldsymbol{r}\|} \tag{4-29}$$

式中，$\boldsymbol{r}$ 和 $\boldsymbol{v}$ 分别为航天器位置和速度矢量。

令 $\boldsymbol{v}=[\mathrm{d}x\quad \mathrm{d}y\quad \mathrm{d}z]^{\mathrm{T}}$，可求得

$$L_{\mathrm{f}}^{0}\boldsymbol{h}=\boldsymbol{h}(\boldsymbol{r},\ \boldsymbol{v}) \tag{4-30}$$

$$\mathrm{d}L_{\mathrm{f}}^{0}\boldsymbol{h}=\begin{bmatrix}\dfrac{-1}{r_i^3}\begin{bmatrix}(y_i-y)^2+(z_i-z)^2 & -(x_i-x)(y_i-y) & -(x_i-x)(z_i-z)\\ -(x_i-x)(y_i-y) & (x_i-x)^2+(z_i-z)^2 & -(y_i-y)(z_i-z)\\ -(x_i-x)(z_i-z) & -(y_i-y)(z_i-z) & (x_i-x)^2+(y_i-y)^2\end{bmatrix} & \boldsymbol{O}_{3\times3}\\ \begin{matrix}\dfrac{\mathrm{d}x}{r}-\dfrac{x(\boldsymbol{r}\cdot\boldsymbol{v})}{r^3} & \dfrac{\mathrm{d}y}{r}-\dfrac{y(\boldsymbol{r}\cdot\boldsymbol{v})}{r^3} & \dfrac{\mathrm{d}z}{r}-\dfrac{z(\boldsymbol{r}\cdot\boldsymbol{v})}{r^3}\end{matrix} & \dfrac{\boldsymbol{r}^{\mathrm{T}}}{r}\end{bmatrix} \tag{4-31}$$

不难看出，$\mathrm{d}L_{\mathrm{f}}^{1}\boldsymbol{h}$ 的具体表达式非常复杂，因此，可观性矩阵的数学表达式也非常复杂，很难直接通过表达式确定可观性矩阵的秩。为了解决这一问题，可以采用数值方法来研究航天器自主导航系统的可观性。基于这一思路，下面一节给出基于奇异值分解的可观性分析方法。

4.2.2　基于奇异值分解的可观性分析

实际航天器自主导航系统的可观性分析通常基于数值分析完成。航天器自主导航系统的观测能力与观测量的个数、测量频率、测量几何关系和测量精度都有关系。基于奇异值分解的可观性分析方法就是基于数值分析的方法之一。

4.2.1 节给出了非线性系统的可观性判别矩阵，如式（4-17）所示。对某一点$\boldsymbol{x}_0$ 的可观性矩阵$\boldsymbol{Q}_{m\times n}$进行奇异值分解可得

$$\boldsymbol{Q}=\boldsymbol{U}\boldsymbol{S}\boldsymbol{V}^{\mathrm{T}} \tag{4-32}$$

式中，$\boldsymbol{S}=\begin{bmatrix}\boldsymbol{D}\\ \boldsymbol{O}_{(m-n)\times n}\end{bmatrix}$，$\boldsymbol{D}$ 为矩阵 $\boldsymbol{Q}$ 的奇异值 σ_i（$i=1$，2，…，n）组成的对角矩阵；$\boldsymbol{U}$ 和 $\boldsymbol{V}$ 分别为 m 和 n 维正交矩阵。

利用非线性系统可观性秩条件可以得到如下结论：当 $\text{rank}(\boldsymbol{D})=n$ 时，非线性系统在 $\boldsymbol{x}_0$ 点局部弱可观；当 $\text{rank}(\boldsymbol{D})<n$ 时，非线性系统在 $\boldsymbol{x}_0$ 点局部不完全可观。

4.3　自主导航系统的可观度

通过对自主导航系统进行可观性分析，可以判断出导航参数是否能利用选定的观测数据进行确定，但是并不能反映出滤波算法估计的精度。对于同样可观的两个自主导航系统，如果其可观的程度并不相同，使用同一种滤波算法进行状态估计时，往往会得到不同的估计精度。通常，可观程度高的导航系统，估计精度也高。为了分析不同导航系统或同一导航系统中各个状态变量所具有的估计精度差异，引入了导航系统可观度的概念。常用的可观度分析方法包括基于格莱姆矩阵的分析方法和基于估计误差协方差的分析方法等。其中，基于格莱姆矩阵的方法主要用于分析导航系统的可观度，即描述不同的导航系统或同一导航系统在不同工作模式下所具有的估计精度的差异；基于估计误差协方差的方法可用于分析状态的可观度，即评价同一导航系统不同状态变量的估计精度。

为了评价自主导航系统获取高精度导航参数的能力，本节介绍三种典型的可观度分析方法，即基于格拉姆矩阵的可观度分析方法、基于误差椭球的可观度分析方法和基于估计误差协方差的可观度分析方法。其中，前两种方法用于评价不同自主导航系统或同一自主导航系统在不同工作模式下的可观度，最后一种方法用于评价同一自主导航系统在不同状态变量下的可观度。对于不同的可观度分析方法，其可观度量化的手段也各不相同。

4.3.1 自主导航系统可观度的分析

1. 基于格拉姆矩阵的可观度分析方法

自主导航系统通常可以表示为如下所示的非线性系统

$$\begin{cases}\dot{\boldsymbol{x}}=\boldsymbol{f}(\boldsymbol{x})+\boldsymbol{w}(t)\\ \boldsymbol{z}=\boldsymbol{h}(\boldsymbol{x})+\boldsymbol{v}(t)\end{cases} \tag{4-33}$$

式中，$\boldsymbol{x}$ 为状态矢量，对于系统而言是自主导航参数，其中通常包含航天器的位置和速度矢量；$\boldsymbol{z}$ 为观测矢量；$\boldsymbol{f}(\boldsymbol{x})$ 和 $\boldsymbol{h}(\boldsymbol{x})$ 为自主导航参数的非线性函数；$\boldsymbol{w}(t)$ 和 $\boldsymbol{v}(t)$ 分别为自主导航系统噪声和测量噪声。

通过在设计的标称轨道附近进行线性化和离散化，自主导航系统可转化为如下形式

$$\begin{cases}\boldsymbol{x}_k=\boldsymbol{F}_{k,k-1}\boldsymbol{x}_{k-1}+\boldsymbol{w}_{k-1}\\ \boldsymbol{z}_k=\boldsymbol{H}_k\boldsymbol{x}_k+\boldsymbol{v}_k\end{cases} \tag{4-34}$$

式中，$\boldsymbol{F}_{k,k-1}\triangleq\boldsymbol{F}(t_k,\ t_{k-1})$，$\dot{\boldsymbol{F}}(t,\ t_{k-1})=\boldsymbol{A}_k\boldsymbol{F}(t,\ t_{k-1})$，$\boldsymbol{F}(t_{k-1},\ t_{k-1})=\boldsymbol{I}$，$\boldsymbol{A}_k=\left.\dfrac{\partial f(\boldsymbol{x})}{\partial\boldsymbol{x}}\right|_{x=x_k}$；$\boldsymbol{H}_k=\left.\dfrac{\partial h(\boldsymbol{x})}{\partial\boldsymbol{x}}\right|_{x=x_k}$；$\boldsymbol{w}_k$ 为系统噪声；$\boldsymbol{v}_k$ 为测量噪声。$\boldsymbol{w}_k$ 和 $\boldsymbol{v}_k$ 满足条件 $\mathrm{E}\{\boldsymbol{v}_k\boldsymbol{v}_j^{\mathrm{T}}\}=\boldsymbol{R}_k\delta_{kj}$，$\mathrm{E}\{\boldsymbol{w}_k\boldsymbol{w}_j^{\mathrm{T}}\}=\boldsymbol{Q}_k\delta_{kj}$。

定义自主导航系统的格拉姆矩阵为

$$\boldsymbol{W}_{\mathrm{o}}(0,\ k)=\sum_{i=1}^{k}\boldsymbol{F}_{i,1}^{\mathrm{T}}\boldsymbol{H}_i^{\mathrm{T}}\boldsymbol{R}_i^{-1}\boldsymbol{H}_i\boldsymbol{F}_{i,1} \tag{4-35}$$

其满秩情况可作为判断自主导航系统是否可观的条件。应当说明，利用格拉姆矩阵不仅可以分析自主导航系统的可观性，还可以分析自主导航系统的可观度。

在基于格拉姆矩阵的可观度分析方法中，自主导航系统的可观度采用下式进行量化

$$\gamma(k)=\frac{n}{\mathrm{Tr}[\boldsymbol{W}_{\mathrm{o}}^{-1}(0,\ k)]} \tag{4-36}$$

式中，n 为状态矢量的维数。

对于线性最小均方差估计，当自主导航系统完全可控时，有如下结论，即

$$\mathrm{Tr}[\boldsymbol{P}_k]\leqslant\frac{n}{\gamma(k)}+\mathrm{Tr}[\boldsymbol{W}_{\mathrm{c}}(0,\ k)] \tag{4-37}$$

式中，$\boldsymbol{P}_k$ 为状态估计误差协方差阵；$\boldsymbol{W}_{\mathrm{c}}(0,\ k)=\sum_{i=1}^{k}\boldsymbol{F}_{i,k}\boldsymbol{Q}_{i-1}\boldsymbol{F}_{i,k}^{\mathrm{T}}$，若系统完全可控，则 $\boldsymbol{W}_{\mathrm{c}}(0,\ k)>0$。

根据式（4-37）不难看出，自主导航系统可观度越高［或 γ（k）越大］，系统状态估计误差协方差阵$\boldsymbol{P}_k$ 就越小，表示潜在的估计精度越高。可观度 $\gamma(k)$ 描述了自主导航系统精度与动力学模型、观测模型及其测量精度之间的依赖关系。

可以证明，可观度与观测时间之间存在如下关系

$$\gamma(k+1) \geqslant \gamma(k) \tag{4-38}$$

即同一自主导航系统所使用的观测数据越多，或观测时间越长，则自主导航系统的可观度就越高。

通过自主导航系统的可观度分析可以考察自主导航系统精度与测量类型、测量次数，以及测量精度之间的关系。一般来说，观测次数越多，自主导航系统的可观度越大。但考虑到实际观测机会的约束，观测次数会受到限制，而进行自主导航系统可观度分析能够为观测次数的选择提供依据。

2. 基于误差椭球的可观度分析方法

误差椭球也是研究自主导航系统可观度的方法之一。该方法是对非线性系统进行线性化，通过线性化后系统可观性矩阵的奇异值来评价系统的可观度。

航天器自主导航系统的非线性系统表示如下

$$\begin{cases}\boldsymbol{x}_{k+1}=\boldsymbol{f}(\boldsymbol{x}_k)\\ \boldsymbol{z}_k=\boldsymbol{h}(\boldsymbol{x}_k)\end{cases} \tag{4-39}$$

对上述模型在工作点$\boldsymbol{x}_k$ 处进行线性化，可以得到如下所示的估计误差方程

$$\begin{cases}\Delta\boldsymbol{x}_{k+1}=\boldsymbol{A}_k\Delta\boldsymbol{x}_k\\ \Delta\boldsymbol{z}_k=\boldsymbol{H}_k\Delta\boldsymbol{x}_k\end{cases} \tag{4-40}$$

式中，$\boldsymbol{A}_k=\left.\dfrac{\partial\boldsymbol{f}(\boldsymbol{x})}{\partial\boldsymbol{x}}\right|_{\boldsymbol{x}=\boldsymbol{x}_k}$；$\boldsymbol{H}_k=\left.\dfrac{\partial\boldsymbol{h}(\boldsymbol{x})}{\partial\boldsymbol{x}}\right|_{\boldsymbol{x}=\boldsymbol{x}_k}$。

根据系统方程可以得到观测输出误差和初始状态偏差之间的关系，即

$$\begin{bmatrix}\Delta\boldsymbol{z}_k\\ \Delta\boldsymbol{z}_{k+1}\\ \vdots\\ \Delta\boldsymbol{z}_{k+l-1}\end{bmatrix}=\begin{bmatrix}\boldsymbol{H}_k\\ \boldsymbol{H}_{k+1}\boldsymbol{A}_k\\ \vdots\\ \boldsymbol{H}_{k+l-1}\boldsymbol{A}_{k+l-2}\cdots\boldsymbol{A}_k\end{bmatrix}\Delta\boldsymbol{x}_k \tag{4-41}$$

式中，l 为测量输出次数。令

$$\boldsymbol{O}_k=\begin{bmatrix}\boldsymbol{H}_k\\ \boldsymbol{H}_{k+1}\boldsymbol{A}_k\\ \vdots\\ \boldsymbol{H}_{k+l-1}\boldsymbol{A}_{k+l-2}\cdots\boldsymbol{A}_k\end{bmatrix},\quad \Delta\boldsymbol{z}=\begin{bmatrix}\Delta\boldsymbol{z}_k\\ \Delta\boldsymbol{z}_{k+1}\\ \vdots\\ \Delta\boldsymbol{z}_{k+l-1}\end{bmatrix} \tag{4-42}$$

则有

$$\Delta \boldsymbol{z} = \boldsymbol{O}_k \Delta \boldsymbol{x}_k \tag{4-43}$$

可观度体现的是观测量与状态量之间的关系，一般来说，输出对状态的变化越敏感，则该状态的可观度就越高。从式（4-43）可以看到，可观性矩阵 $\boldsymbol{O}_k$ 直接反映了观测输出误差矢量 $\Delta \boldsymbol{z}$ 与初始状态偏差矢量 $\Delta \boldsymbol{x}_k$ 之间的关系，因此，可以通过对可观性矩阵 $\boldsymbol{O}_k$ 的分析来评价自主导航系统状态的可观度。

对可观性矩阵 $\boldsymbol{O}_k$ 进行奇异值分解，并代入式（4-43）可得

$$\Delta \boldsymbol{z} = [\boldsymbol{u}_1 \quad \boldsymbol{u}_2 \quad \cdots \quad \boldsymbol{u}_m] \begin{bmatrix} \sum_r & \boldsymbol{O} \\ \boldsymbol{O} & \boldsymbol{O} \end{bmatrix} \begin{bmatrix} \boldsymbol{v}_1^{\mathrm{T}} \\ \boldsymbol{v}_2^{\mathrm{T}} \\ \vdots \\ \boldsymbol{v}_n^{\mathrm{T}} \end{bmatrix} \Delta \boldsymbol{x}_k \tag{4-44}$$

式中，$\sum_r$ 为奇异值矩阵。

由于 $\boldsymbol{U} \triangleq [\boldsymbol{u}_1 \quad \boldsymbol{u}_2 \quad \cdots \quad \boldsymbol{u}_m]$ 和 $\boldsymbol{V}^{\mathrm{T}} \triangleq \begin{bmatrix} \boldsymbol{v}_1^{\mathrm{T}} \\ \boldsymbol{v}_2^{\mathrm{T}} \\ \vdots \\ \boldsymbol{v}_n^{\mathrm{T}} \end{bmatrix}$ 都为正交矩阵，故有

$$\begin{bmatrix} \boldsymbol{u}_1^{\mathrm{T}} \\ \boldsymbol{u}_2^{\mathrm{T}} \\ \vdots \\ \boldsymbol{u}_m^{\mathrm{T}} \end{bmatrix} \Delta \boldsymbol{z} = \begin{bmatrix} \sum_r & \boldsymbol{O} \\ \boldsymbol{O} & \boldsymbol{O} \end{bmatrix} \begin{bmatrix} \boldsymbol{v}_1^{\mathrm{T}} \\ \boldsymbol{v}_2^{\mathrm{T}} \\ \vdots \\ \boldsymbol{v}_n^{\mathrm{T}} \end{bmatrix} \Delta \boldsymbol{x}_k = \begin{bmatrix} \sigma_1 \boldsymbol{v}_1^{\mathrm{T}} \\ \sigma_2 \boldsymbol{v}_2^{\mathrm{T}} \\ \vdots \\ \sigma_r \boldsymbol{v}_r^{\mathrm{T}} \\ \boldsymbol{O} \\ \vdots \\ \boldsymbol{O} \end{bmatrix} \Delta \boldsymbol{x}_k \tag{4-45}$$

对式（4-44）两边取范数且平方可得

$$\| \Delta \boldsymbol{z} \|_2^2 = \sum_{i=1}^{r} (\sigma_i \boldsymbol{v}_i^{\mathrm{T}} \Delta \boldsymbol{x}_k)^2 \tag{4-46}$$

由式（4-46）可以看出，此时 n 维状态偏差 $\Delta \boldsymbol{x}_k$ 对应的空间曲面为 r 维空间的误差超椭球面，其中椭球的对称轴分别为 $\boldsymbol{v}_i$（$i=1, 2, \cdots, r$），轴长分别为 σ_i^{-1}。下面以二维状态为例进行图示说明，图 4-2 所示为二维状态误差椭圆的示意图。其中，x_1 和 x_2 分别对应状态偏差 $\Delta \boldsymbol{x}_k$ 中两个分量的坐标轴，$\boldsymbol{v}_1$ 和 $\boldsymbol{v}_2$ 表示误差椭圆的两个对称轴，对称轴的轴长分别为 σ_1^{-1} 和 σ_2^{-1}。从图中不难看出，测量输出误差矢量 $\Delta \boldsymbol{z}$ 将状态偏差矢量 $\Delta \boldsymbol{x}_k$ 限定在误差椭圆的范围内，椭圆的轴长反映了 $\Delta \boldsymbol{z}$ 对 $\Delta \boldsymbol{x}_k$ 变化敏感的程度，或状态偏差受观测量约束的大小。

当 $n=r$ 时，不存在为零的奇异值，此时状态完全可观；当 $n>r$ 时，可观性矩阵有 $n-r$ 个零奇异值 $\sigma_j=0$（$j=r+1, r+2, \cdots, n$），则状态偏差 $\Delta \boldsymbol{x}_k$ 不可观。对于可观的自主导航系统，其可观度的大小可采用如下方法进行分析。由式（4-46）可得状态偏差 $\Delta \boldsymbol{x}_k$ 的上确界为

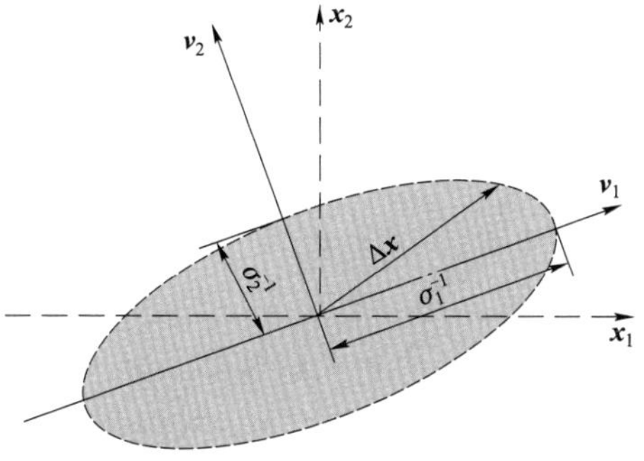

图 4-2　二维状态误差椭圆

$$\| \Delta \boldsymbol{x}_k \|_2 \leqslant \frac{\| \Delta \boldsymbol{z} \|_2}{\sigma_{\min}(\boldsymbol{O}_k)} \tag{4-47}$$

对于基于误差椭球的可观度分析方法，自主导航系统状态的可观度定义为

$$\gamma_k = \sigma_{\min}(\boldsymbol{O}_k) \tag{4-48}$$

式中，$\sigma_{\min}(\boldsymbol{O}_k)$ 为可观性矩阵 $\boldsymbol{O}_k$ 的最小奇异值，也就是说误差椭球对应的最长轴。从式（4-47）和式（4-48）可以看出，在 $\Delta \boldsymbol{z}$ 大小一定的情况下，系统状态的可观度 γ_k 越大，状态偏差的上确界越小，此时状态可观度越高。可观度大时，$\Delta \boldsymbol{z}$ 对 $\Delta \boldsymbol{x}_k$ 的变化较敏感。考虑一种极限情况：当系统状态的可观度 γ_k 为零时，状态偏差的上确界为无穷大，即状态的偏差在测量输出中得不到反映，此时系统不可观。

4.3.2　状态可观度分析

采用基于格拉姆矩阵的可观度分析方法能够描述整个自主导航系统确定导航参数的能力，但是无法具体说明在一定的观测模式下哪些状态可观度高（理论估计精度高）和哪些状态可观度低（理论估计精度低）。为了描述同一系统不同状态所能达到的估计精度，本节给出基于估计误差协方差阵特征值和特征矢量的可观度分析方法。

在卡尔曼滤波算法中，通过观察估计误差协方差阵 $\boldsymbol{P}$ 中的各个元素可以确定滤波是否收敛。类似的，基于估计误差协方差阵的特征值和特征矢量可以评价自主导航系统状态的可观度。定义估计误差矢量为

$$\tilde{\boldsymbol{x}} = \hat{\boldsymbol{x}} - \boldsymbol{x} \tag{4-49}$$

式中，$\boldsymbol{x}$ 为系统状态矢量，$\hat{\boldsymbol{x}}$ 为状态矢量估计值。定义 $\tilde{\boldsymbol{x}}$ 的分量为 $\tilde{x}_1$，$\tilde{x}_2$，…，$\tilde{x}_n$，考虑其线性组合

$$w = v_1\tilde{x}_1 + v_2\tilde{x}_2 + \cdots + v_n\tilde{x}_n = \boldsymbol{v}^{\mathrm{T}}\tilde{\boldsymbol{x}} \tag{4-50}$$

式中，$\boldsymbol{v}=[v_1, v_2, \cdots, v_n]^{\mathrm{T}}$，且$\boldsymbol{v}^{\mathrm{T}}\boldsymbol{v}=1$。由于$\tilde{x}_1, \tilde{x}_2, \cdots, \tilde{x}_n$是随机变量，所以$w$也是随机变量。定义$w$的方差为

$$\sigma_w^2 = \mathrm{E}\{ww^{\mathrm{T}}\} = \boldsymbol{v}^{\mathrm{T}}\mathrm{E}\{\tilde{\boldsymbol{x}}\,\tilde{\boldsymbol{x}}^{\mathrm{T}}\}\boldsymbol{v} = \boldsymbol{v}^{\mathrm{T}}\boldsymbol{P}\boldsymbol{v} \tag{4-51}$$

式中，估计误差协方差阵$\boldsymbol{P}=\mathrm{E}\{\tilde{\boldsymbol{x}}\,\tilde{\boldsymbol{x}}^{\mathrm{T}}\}$。$\sigma_w^2$的取值直接反映了状态的可观度。

在约束条件$\boldsymbol{v}^{\mathrm{T}}\boldsymbol{v}=1$下求$\boldsymbol{v}$，使$\tilde{\boldsymbol{x}}$的线性组合$w$具有最大的方差$\sigma_w^2$。可采用拉格朗日乘数法，将条件极值问题化为无条件极值问题，再利用无条件极值的解法求解。取λ为待定常数，通常λ称为拉格朗日乘子。对目标函数求一阶偏导，得到求解极值问题所要满足的方程，即

$$\frac{\partial}{\partial \boldsymbol{v}}[\sigma_w^2 - \lambda(\boldsymbol{v}^{\mathrm{T}}\boldsymbol{v} - 1)] = 0 \tag{4-52}$$

亦即

$$\frac{\partial}{\partial \boldsymbol{v}}[\boldsymbol{v}^{\mathrm{T}}\boldsymbol{P}\boldsymbol{v} - \lambda(\boldsymbol{v}^{\mathrm{T}}\boldsymbol{v} - 1)] = 0 \tag{4-53}$$

根据式（4-53）可求得

$$(\boldsymbol{P} - \lambda\boldsymbol{I})\boldsymbol{v} = 0 \tag{4-54}$$

由式（4-54）可以看出，λ为估计误差协方差阵$\boldsymbol{P}$的特征值。对式（4-54）两边左乘以$\boldsymbol{v}^{\mathrm{T}}$，则可得到

$$\boldsymbol{v}^{\mathrm{T}}(\boldsymbol{P} - \lambda\boldsymbol{I})\boldsymbol{v} = \boldsymbol{v}^{\mathrm{T}}\boldsymbol{P}\boldsymbol{v} - \boldsymbol{v}^{\mathrm{T}}\lambda\boldsymbol{v} = 0 \tag{4-55}$$

考虑到$\boldsymbol{v}^{\mathrm{T}}\boldsymbol{P}\boldsymbol{v}=\sigma_w^2$和$\boldsymbol{v}^{\mathrm{T}}\boldsymbol{v}=1$，则有

$$\sigma_w^2 = \lambda \tag{4-56}$$

即σ_w^2的极值点对应误差协方差阵$\boldsymbol{P}$的特征值λ，相应状态的线性组合对应特征矢量$\boldsymbol{v}$。

通常来说，σ_w^2或λ越小，说明相应的状态线性组合可观性越好。因此，在基于估计误差协方差的可观度分析方法中，将估计误差协方差阵$\boldsymbol{P}$的特征值和特征矢量用于评价系统状态的可观度。

在估计误差协方差阵$\boldsymbol{P}$的各个元素量纲不同的情况下，无法进行数值上的比较。为了解决这一问题，国外学者提出了估计误差协方差阵的规范化方法。通过合同变换对系统状态估计误差协方差阵进行规范化处理（设$\boldsymbol{A}$、$\boldsymbol{B}$是两个n阶矩阵，若存在一个n阶可逆矩阵$\boldsymbol{C}$，使等式$\boldsymbol{B}=\boldsymbol{C}^{\mathrm{T}}\boldsymbol{A}\boldsymbol{C}$成立，那么就称矩阵$\boldsymbol{B}$与矩阵$\boldsymbol{A}$合同）。量纲为1的估计误差协方差阵$\boldsymbol{P}_k^+$可按下式计算

$$\boldsymbol{P}_k^+ = [\sqrt{\boldsymbol{P}_0^-}]^{-1}\,\boldsymbol{P}_k^+\,[\sqrt{\boldsymbol{P}_0^-}]^{-1} \tag{4-57}$$

式中，$\boldsymbol{P}_0^-$为初始状态估计误差协方差阵，上标“−”表示测量更新前；$\boldsymbol{P}_k^+$为当前

时刻的估计误差协方差阵，上标“+”表示测量更新后。接下来，用 $n/\mathrm{Tr}\,[\boldsymbol{P}_k^+]$ 乘以矩阵$\boldsymbol{P}_k^+$，得到最终的规范化矩阵

$$\boldsymbol{P}_k^{N+}=\frac{n}{\mathrm{Tr}[\boldsymbol{P}_k^+]}\boldsymbol{P}_k^+ \tag{4-58}$$

由于矩阵的特征值之和等于矩阵的迹，因此，$\boldsymbol{P}_k^{N+}$ 的特征值介于 0～n 之间，n 为状态矢量的维数。

通过分析估计误差协方差阵$\boldsymbol{P}_k^{N+}$ 的特征值和特征矢量，可以得到自主导航系统状态的可观度信息。$\boldsymbol{P}_k^{N+}$ 的特征值越小，说明相应的特征矢量对应的状态线性组合的估计误差越小，即相应状态组合可观度越高。

基于估计误差协方差的可观度分析方法可用来考察给定的观测量所对应的自主导航系统的可观性，以及位置速度等状态矢量的可观度，进而分析如何通过选取状态变量和组合测量信息来提高系统的可观度，从而提高导航滤波器的估计精度，为组合导航系统的设计提供参考依据。此外，在航天器自主导航研究中，可以通过导航滤波器输出的估计误差协方差阵来评价航天器的自主导航精度。

4.4 蒙特卡洛方法

蒙特卡洛方法是一种在工程规范中广泛使用的分析复杂系统行为的通用数值技术，具体是通过随机抽样和随机变量仿真来求解问题。蒙特卡洛仿真的最基本形式由含有至少一个随机变量的数学模型的一个试探解组成。由 N 次试验组成的仿真，每次试验中随机变量取值不同，保存每次试验的结果，并对结果集进行统计分析，试验次数决定了统计数据的准确性。计算误差与 $\sqrt{D/N}$ 成正比，D 为常数，N 为试验次数，这意味着要将统计精度提高 10 倍，必须将 N 增加 100 倍，该示例反映了蒙特卡洛方法的缺点。根据所建模系统的复杂性而定，仿真可能需要在高性能计算机上运行几个小时甚至几天的时间，才能得到有意义的统计结果。

基于蒙特卡洛仿真的导航误差分析方法是进行导航系统误差分析最常用的方法。该方法是通过对成百上千次的仿真实验结果进行统计分析，得到导航状态误差协方差的统计结果，从而得到导航系统误差信息。其一般结构框图如图 4-3 所示。

图 4-3 中三种状态分别代表真实状态 $\boldsymbol{x}$、标称状态 $\bar{\boldsymbol{x}}$、估计状态 $\hat{\boldsymbol{x}}$，其相互关系如图 4-4 所示，其中 $\Delta\boldsymbol{x}=\boldsymbol{x}-\bar{\boldsymbol{x}}$、$\Delta\hat{\boldsymbol{x}}=\hat{\boldsymbol{x}}-\bar{\boldsymbol{x}}$、$\boldsymbol{e}=\boldsymbol{x}-\hat{\boldsymbol{x}}$ 分别代表真实状态偏差、导航状态偏差和导航误差。标称状态由预先计算的标称轨道确定。航天器的真实状态在实际探测任务中未知，但在导航仿真中作为已知量，用于模拟观测量。估计状态是利用观测信息及轨道动力学模型通过导航滤波估计出的航天器状态。

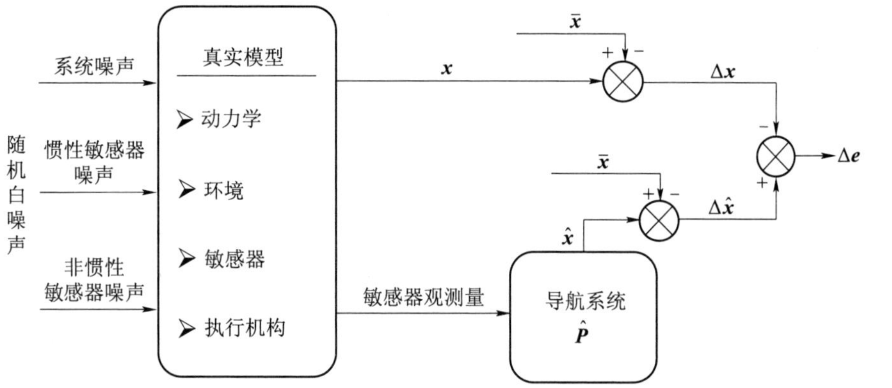

图 4-3　基于蒙特卡洛仿真的导航误差分析的结构框图

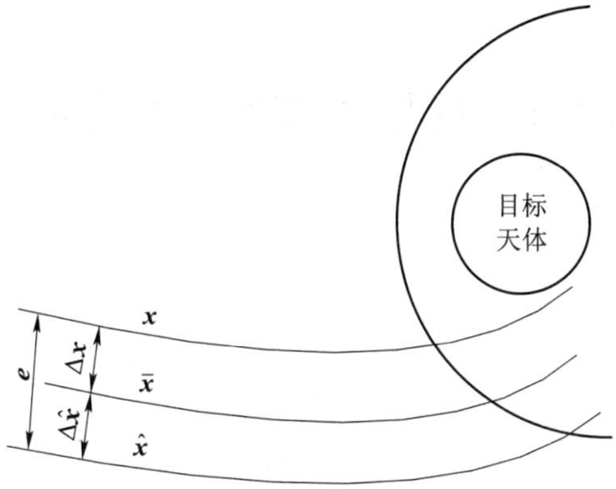

图 4-4　航天器自主导航系统真实状态偏差、导航状态偏差和导航误差的关系

由 N 次蒙特卡洛仿真试验结果可得真实状态偏差、导航状态偏差及导航误差协方差的计算公式为

$$\begin{cases} \boldsymbol{D}_{\text{true}} \approx \dfrac{1}{N-1}\sum_{i=1}^{N} \Delta\boldsymbol{x}\,\Delta\boldsymbol{x}^{\mathrm{T}} \\ \boldsymbol{D}_{\text{nav}} \approx \dfrac{1}{N-1}\sum_{i=1}^{N} \Delta\hat{\boldsymbol{x}}\,\Delta\hat{\boldsymbol{x}}^{\mathrm{T}} \\ \boldsymbol{P}_{\text{true}} \approx \dfrac{1}{N-1}\sum_{i=1}^{N} \Delta\boldsymbol{e}\,\Delta\boldsymbol{e}^{\mathrm{T}} \end{cases} \tag{4-59}$$

由此可看出基于蒙特卡洛方法进行自主导航系统误差分析原理简单结果可靠，不受自主导航系统类型的限制，但该方法存在计算量大和耗时长的缺点。

4.5 线性协方差分析技术

线性协方差分析，有时简称协方差分析，是一类统计分析技术，由 Maybeck 和 Battin 分别提出。线性协方差分析提供一种有效的不同设计方案权衡分析的手段。Geller 在研究轨道交会误差和散布分析问题时，完善了线性协方差分析方法，使之成为航天器 GNC 系统分析设计的通用工具。该工具由 MATLAB 编写，后来还用于牛郎星任务的 GNC 系统研究，进行惯性导航灵敏度分析和地形相对导航权衡分析。

线性协方差分析方法只需要运行一次即可获得与蒙特卡洛仿真相近的统计结果，从而大大节省仿真时间。对于无轨道控制过程的自主导航误差分析，无须考虑轨道控制的影响。因此，此处对 Geller 提出的线性协方差分析方法进行了简化，忽略了轨道控制部分。

设导航系统真实状态模型为

$$\dot{\boldsymbol{x}}=\boldsymbol{f}(\boldsymbol{x},\ t)+\boldsymbol{w}(t) \tag{4-60}$$

式中，$\boldsymbol{w}(t)$ 为零均值的高斯白噪声，方差为 $\mathrm{E}\{\boldsymbol{w}(t)\boldsymbol{w}^{\mathrm{T}}(t')\}=\boldsymbol{Q}(t)\delta(t-t')$。

非惯性导航敏感器，如导航相机等，在 t_k 时刻得到的观测量为

$$\boldsymbol{z}_k=\boldsymbol{h}(\boldsymbol{x}_k,\ t_k)+\boldsymbol{v}_k \tag{4-61}$$

式中，$\boldsymbol{v}_k$ 为零均值的测量噪声，$\mathrm{E}\{\boldsymbol{v}_k\boldsymbol{v}_{k'}^{\mathrm{T}}\}=\boldsymbol{R}_v(t_k)\delta_{kk'}$。

惯性敏感器，即陀螺和加速度计得到的连续测量为

$$\tilde{\boldsymbol{y}} = \boldsymbol{c}(\boldsymbol{x},\ t) + \boldsymbol{\eta} \tag{4-62}$$

式中，$\boldsymbol{\eta}$ 为零均值测量噪声，$\mathrm{E}\{\boldsymbol{\eta}(t)\ \boldsymbol{\eta}^{\mathrm{T}}(t')\} = \boldsymbol{S}_{\eta}(t)\ \delta(t-t')$。

相应的，在自主导航算法中应用的系统状态和状态误差协方差时间更新为

$$\dot{\hat{\boldsymbol{x}}} = \hat{\boldsymbol{f}}(\hat{\boldsymbol{x}},\ \tilde{\boldsymbol{y}},\ t) \tag{4-63}$$

$$\dot{\hat{\boldsymbol{P}}}(t) = [\hat{\boldsymbol{A}}_{\tilde{x}} + \hat{\boldsymbol{A}}_{\tilde{y}}\boldsymbol{C}_x]\hat{\boldsymbol{P}}(t) + \hat{\boldsymbol{P}}(t)\ [\hat{\boldsymbol{A}}_{\tilde{x}} + \hat{\boldsymbol{A}}_{\tilde{y}}\boldsymbol{C}_x]^{\mathrm{T}} + \hat{\boldsymbol{A}}_{\tilde{y}}\boldsymbol{S}_{\eta}\hat{\boldsymbol{A}}_{\tilde{y}}^{\mathrm{T}} + \boldsymbol{Q} \tag{4-64}$$

式中，$\hat{\boldsymbol{A}}_{\tilde{x}} = \dfrac{\partial \hat{\boldsymbol{f}}}{\partial \hat{\boldsymbol{x}}}$；$\hat{\boldsymbol{A}}_{\tilde{y}} = \dfrac{\partial \hat{\boldsymbol{f}}}{\partial \tilde{\boldsymbol{y}}}$；$\boldsymbol{C}_x = \dfrac{\partial \boldsymbol{c}}{\partial \boldsymbol{x}}$；$\boldsymbol{Q}$ 为模型噪声的方差阵。

系统状态和状态误差协方差测量更新为

$$\hat{\boldsymbol{x}}_k^{+} = \hat{\boldsymbol{x}}_k^{-} + \hat{\boldsymbol{K}}(t_k)[\boldsymbol{z}_k - \hat{\boldsymbol{h}}(\hat{\boldsymbol{x}}_k^{-})] \tag{4-65}$$

$$\hat{\boldsymbol{P}}(t_k^{+}) = [\boldsymbol{I} - \hat{\boldsymbol{K}}(t_k)\hat{\boldsymbol{H}}_{\tilde{x}}(t_k)]\hat{\boldsymbol{P}}(t_k^{-})\ [\boldsymbol{I} - \hat{\boldsymbol{K}}(t_k)\hat{\boldsymbol{H}}_{\tilde{x}}(t_k)]^{\mathrm{T}} + \hat{\boldsymbol{K}}(t_k)\boldsymbol{R}_v(t_k)\hat{\boldsymbol{K}}^{\mathrm{T}}(t_k) \tag{4-66}$$

式中，$\boldsymbol{z}_k$ 为导航敏感器在 t_k 时刻的观测量；$\hat{\boldsymbol{h}}(\hat{\boldsymbol{x}}_k^{-})$ 为自主导航系统的测量方程；$\hat{\boldsymbol{H}}_{\hat{x}}(t_k) = \dfrac{\partial \hat{\boldsymbol{h}}}{\partial \hat{\boldsymbol{x}}}$；$\hat{\boldsymbol{K}}(t_k)$ 为卡尔曼滤波增益，即

$$\hat{\boldsymbol{K}}(t_k) = \hat{\boldsymbol{P}}(t_k^{-})\hat{\boldsymbol{H}}^{\mathrm{T}}{}_{\tilde{x}}(t_k)\ [\hat{\boldsymbol{H}}_{\tilde{x}}(t_k)\hat{\boldsymbol{P}}(t_k^{-})\hat{\boldsymbol{H}}_{\tilde{x}}^{\mathrm{T}}(t_k) + \boldsymbol{R}_v(t_k)]^{-1} \tag{4-67}$$

将上述系统时间更新的方程式（4-60）和式（4-63）沿着事先确定的标称轨道 $\bar{\boldsymbol{x}}(t)$ 线性化并省略高阶项，可得

$$\Delta\dot{\boldsymbol{x}} = \boldsymbol{A}_x(t)\Delta\boldsymbol{x} + \boldsymbol{w}(t) \tag{4-68}$$

$$\Delta\dot{\hat{\boldsymbol{x}}} = \hat{\boldsymbol{A}}_{\tilde{x}}\Delta\hat{\boldsymbol{x}} + \hat{\boldsymbol{A}}_{\tilde{y}}\boldsymbol{C}_x\Delta\boldsymbol{x} + \hat{\boldsymbol{A}}_{\tilde{y}}\boldsymbol{\eta} \tag{4-69}$$

式中，$\Delta\boldsymbol{x}(t) = \boldsymbol{x}(t) - \bar{\boldsymbol{x}}(t)$；$\Delta\hat{\boldsymbol{x}}(t) = \hat{\boldsymbol{x}}(t) - \bar{\boldsymbol{x}}(t)$；$\boldsymbol{A}_x(t) = \left.\dfrac{\partial \boldsymbol{f}}{\partial \boldsymbol{x}}\right|_{x=\bar{x}(t)}$；$\hat{\boldsymbol{A}}_{\tilde{x}} = \left.\dfrac{\partial \hat{\boldsymbol{f}}}{\partial \hat{\boldsymbol{x}}}\right|_{\tilde{x}=\bar{x}(t)}$；$\hat{\boldsymbol{A}}_{\tilde{y}} = \left.\dfrac{\partial \hat{\boldsymbol{f}}}{\partial \tilde{\boldsymbol{y}}}\right|_{\tilde{y}=c(\bar{x},t)}$。

由于系统真实状态偏差 $\Delta\boldsymbol{x}(t)$ 不受测量更新影响，故有

$$\Delta\boldsymbol{x}_k^{+} = \Delta\boldsymbol{x}_k^{-} \tag{4-70}$$

将自主导航系统测量的更新方程式（4-61）和式（4-65）线性化后省略高阶项并假设 $\hat{\boldsymbol{h}}(\bar{\boldsymbol{x}},\ t) = \boldsymbol{h}(\bar{\boldsymbol{x}},\ t)$，可得

$$\Delta\hat{\boldsymbol{x}}^{+} = [\boldsymbol{I} - \hat{\boldsymbol{K}}(t_k)\hat{\boldsymbol{H}}_{\hat{x}}(t)]\Delta\hat{\boldsymbol{x}}^{-} + \hat{\boldsymbol{K}}(t_k)\boldsymbol{H}_x(t)\Delta\boldsymbol{x}_k^{-} + \hat{\boldsymbol{K}}(t_k)\boldsymbol{v}(t) \tag{4-71}$$

取扩展状态 $\boldsymbol{x} = \begin{bmatrix}\Delta\boldsymbol{x}(t)\\ \Delta\hat{\boldsymbol{x}}(t)\end{bmatrix}$，则式（4-68）和式（4-71）可写为

$$\begin{cases} \dot{\boldsymbol{x}} = \boldsymbol{A}\boldsymbol{x} + \boldsymbol{\Gamma}\boldsymbol{\eta} + \boldsymbol{G}\boldsymbol{w} \\ \boldsymbol{x}_k^+ = \boldsymbol{J}\boldsymbol{x}_k^- + \boldsymbol{B}\boldsymbol{v}_k \end{cases} \tag{4-72}$$

式中，$\boldsymbol{A} = \begin{bmatrix} \boldsymbol{A}_x(t) & \boldsymbol{O}_{n\times n} \\ \hat{\boldsymbol{A}}_{\tilde{y}}\boldsymbol{C}_x & \hat{\boldsymbol{A}}_{\hat{x}}(t) \end{bmatrix}$；$\boldsymbol{J} = \begin{bmatrix} \boldsymbol{I}_{n\times n} & \boldsymbol{O}_{n\times n} \\ \hat{\boldsymbol{K}}(t_k)\boldsymbol{H}_x(t) & \boldsymbol{I}_{n\times n} - \hat{\boldsymbol{K}}(t_k)\hat{\boldsymbol{H}}_{\hat{x}}(t) \end{bmatrix}$；$\boldsymbol{\Gamma} = \begin{bmatrix} \boldsymbol{O}_{n\times n_y} \\ \hat{\boldsymbol{A}}_{\tilde{y}} \end{bmatrix}$

$\boldsymbol{G} = \begin{bmatrix} \boldsymbol{I}_{n\times n} \\ \boldsymbol{O}_{n\times n} \end{bmatrix}$；$\boldsymbol{B} = \begin{bmatrix} \boldsymbol{O}_{n\times m} \\ \hat{\boldsymbol{K}}(t_k) \end{bmatrix}$；$n$ 为自主导航系统状态维数；m 为观测矢量维数。

取扩展状态协方差为 $\boldsymbol{C} = \mathrm{E}\{\boldsymbol{x}(t)\boldsymbol{x}(t)^{\mathrm{T}}\}$，则有

$$\dot{\boldsymbol{C}} = \boldsymbol{J}\boldsymbol{C} + \boldsymbol{C}\boldsymbol{J}^{\mathrm{T}} + \boldsymbol{\Gamma}\boldsymbol{S}_\eta\boldsymbol{\Gamma}^{\mathrm{T}} + \boldsymbol{G}\boldsymbol{Q}\boldsymbol{G}^{\mathrm{T}} \tag{4-73}$$

$$\boldsymbol{C}(t_k^+) = \boldsymbol{J}\boldsymbol{C}(t_k^-)\boldsymbol{J}^{\mathrm{T}} + \boldsymbol{B}\boldsymbol{R}_v(t_k)\boldsymbol{B}^{\mathrm{T}} \tag{4-74}$$

则真实状态偏差协方差、导航状态偏差协方差和导航误差协方差可按下式计算

$$\begin{cases} \boldsymbol{D}_{\text{true}} = \mathrm{E}\{\Delta\boldsymbol{x}(t)\Delta\boldsymbol{x}(t)^{\mathrm{T}}\} = [\boldsymbol{I}_n \quad \boldsymbol{O}_{n\times n}]\boldsymbol{C}[\boldsymbol{I}_n \quad \boldsymbol{O}_{n\times n}]^{\mathrm{T}} \\ \boldsymbol{D}_{\text{nav}} = \mathrm{E}\{\Delta\hat{\boldsymbol{x}}(t)\Delta\hat{\boldsymbol{x}}(t)^{\mathrm{T}}\} = [\boldsymbol{O}_{n\times n} \quad \boldsymbol{I}_n]\boldsymbol{C}[\boldsymbol{O}_{n\times n} \quad \boldsymbol{I}_n]^{\mathrm{T}} \\ \boldsymbol{P}_{\text{true}} = \mathrm{E}\{(\Delta\boldsymbol{x} - \Delta\hat{\boldsymbol{x}})(\Delta\boldsymbol{x} - \Delta\hat{\boldsymbol{x}})^{\mathrm{T}}\} = [\boldsymbol{I}_n \quad -\boldsymbol{I}_n]\boldsymbol{C}[\boldsymbol{I}_n \quad -\boldsymbol{I}_n]^{\mathrm{T}} \end{cases} \tag{4-75}$$

综上，式（4-67）、式（4-73）和式（4-74）即组成线性协方差分析方法的协方差时间和测量更新方程。可看出利用线性协方差分析方法只需运行一次即可得到与蒙特卡洛仿真相似的导航精度分析结果。

4.6 小　结

本章介绍了系统性能的可观性和可观度分析方法、蒙特卡洛方法和线性协方差分析方法。在介绍线性系统可观性分析概念的基础上，重点介绍非线性系统的可观性和可观度分析方法。在可观性分析方面，给出了非线性系统的可观性秩条件和基于奇异值分解的可观性分析方法；在可观度分析方面，给出了基于格拉姆矩阵的系统可观度分析方法、基于误差椭球的系统可观度分析方法，以及基于估计误差协方差的状态可观度分析方法。蒙特卡洛方法通过建立导航系统带随机量的数学仿真模型，进行大量随机抽样仿真对结果进行概率统计来评估导航系统性能。线性协方差分析方法通过建立导航系统误差协方差的线性时间更新和测量更新方程，只需要运行一次即可获得与蒙特卡洛仿真相似的统计结果，从而大大节省仿真时间。

参 考 文 献

[1] 王大轶，黄翔宇，魏春岭．基于光学成像测量的深空探测自主控制原理与技术［M］．北京：中国宇航出版社，2012.

[2] 张莲，胡晓倩，王士彬，等．现代控制理论［M］．北京：清华大学出版社，2008.

[3] 黄翔宇，崔平远，崔祜涛．深空自主导航系统的可观性分析［J］．宇航学报，2006，27（3）：332-337.

[4] D. K. Geller, D. P. Christensen. Linear covariance analysis for powered lunar descent and landing [J]. Journal of Spacecraft & Rockets, 2012, 46 (6): 1231-1248.

[5] V. L. Bageshwar, D. Gebre-Egziabher, W. L. Garrard, et al. Stochastic Observability Test for Discrete-Time Kalman Filters [J]. Journal of Guidance, Control, and Dynamics. 2009, 32 (4): 1356-1370.

[6] 帅平，陈定昌，江涌．GPS/SINS组合导航系统状态的可观测度分析方法［J］．宇航学报，2004，25（2）：219-224.

[7] 马艳红，胡军．基于SVD理论的可观测度分析方法的几个反例［J］．中国惯性技术学报，2008，16（4）：448-452.

[8] 刘萍，王大轶，黄翔宇．环月探测器自主天文导航系统的可观度分析［J］．中国空间科学技术，2007，27（6）：12-18.

[9] 乔国栋．月球探测自主导航及能观度分析研究［D］．北京：中国空间技术研究院，2008.

[10] F. M. Ham, T. G. Brown. Observability, eigenvalues, and kalman Filtering [J]. IEEE Transactions on Aerospace and Electronic Systems, 1983, 19 (2): 269-273.

[11] J. M. Hammersley, D. C. Handscomb. Monte carlo methods [M]. New York: John Wiley & Sons Inc., 1964.

[12] I. M. Sobol. A primer for the monte carlo method [M]. Boca Raton: CRC Press, 1994.

[13] R. Y. Rubinstein. Simulation and the monte carlo method [M]. New York: John Wiley & Sons Inc., 1981.

[14] P. D. Spanos, B. A. Zeldin. Monte carlo treatment of random fields: A Broad Perspective [J]. Applied Mechanics Review, 1998, 51 (3): 219-237.

[15] D. K. Geller. Linear covariance techniques for orbital rendezvous analysis and autonomous onboard mission planning [J]. Journal of Guidance, Control, and Dynamics, 2006, 29 (6): 1404-1414.

[16] 徐超. 基于序列图像的行星精确着陆自主导航方法研究 [D]. 北京: 中国空间技术研究院, 2016.

[17] P. S. Maybeck. Stochastic models, estimation and control, vol. 141 of mathematics in science and engineering [M]. New York: Academic Press, 1979.

[18] R. H. Battin. An introduction to the mathematics and methods of astrodynamics [M]. Reston: American Institute of Aeronautics and Astronautics, 1987.

第 5 章

时空系统

描述航天器运动需要一个确定的时刻（即瞬间）和时间间隔（即尺度），即在轨道计算和导航中都要用到时间系统。导航的任务就是确定航天器相对所选定参考坐标系的位置、速度和飞行姿态。航天器轨道动力学模型的建立和导航测量数据的生成往往涉及天体星历的计算。由此可见，时间系统、参考坐标系、导航天体的星历是必须掌握的技术基础。本章给出了时间系统的描述、参考坐标系的定义及变换过程和导航天体星历的计算方法。

5.1 时间系统

时间系统是由时间计算的起点和单位时间间隔的长度来定义的。由于航天器必须测量其相对地球、太阳、行星、恒星或小行星等天体的指向和位置，需要用到天文时间尺度。行星际的星历信息同样会涉及时间系统。

5.1.1 时间系统的定义

现行的时间系统基本上分为五种：恒星时（Sidereal Time，ST）、世界时（Universal Time，UT）、历书时（Ephemeris Time，ET）、原子时（TAI）和动力学时。恒星时和世界时根据地球自转测定，历书时则根据地球、月亮和行星的运动来测定，而原子时是以原子的电磁振荡作为标准。

1）恒星时

以春分点作为参考点，由它的周日视运动所确定的时间称为恒星时，春分点连续两次上中天的时间间隔称为一个恒星日。每一个恒星日等分成 24 个恒星时，每一个恒星时再等分为 60 个恒星分，每一个恒星分又等分为 60 个恒星秒，所有这些单位称为计量时间的恒星时单位。

2）世界时

以真太阳视圆面中心作为参考点，由它的周日视运动所确定的时间称为真太阳时，其视圆面中心连续两次上中天的时间间隔称为真太阳日。由于真太阳日的长度不是一个固定量，所以不宜作为计量时间的单位。为此，引入了假想的参考点——赤道平太阳，它是一个做匀速运动的点，与它对应的是平太阳时和平太阳日。事实上，太阳时和恒星时并不是互相独立的时间计量单位，通常先由天文观测得到恒星时，然后再换算成平太阳时，它们都以地球自转作为基准。而世界时在平太阳时的基础上建立，有 UT0、UT1 和 UT2 之分。格林尼治的平太阳时即称为世界时 UT0，它直接由天文观测测定，对应瞬时极的子午圈。UT0 加上极移修正后的世界时称为 UT1。UT1 加上地球自转速度季节性变化的修正称为 UT2。

3）历书时

历书时（ET）是由于恒星时、太阳时不能作为均匀的时间测量基准，而从 1960 年起引入的一种以太阳系内天体公转为基准的时间系统，是太阳系质心框架下的一种均匀时间系统。由于实际测定历书时的精度不高，且提供结果比较迟缓，故从 1984 年开始，它完全被原子时所代替。

4）原子时

原子时（TAI）的定义是位于海平面上铯-133 原子基态的两个超精细能级在零磁场中跃迁辐射振荡为 9 192 631 770 周所经历的时间。由这种时间单位确定的时间系统称为国际原子时，取 1958 年 1 月 1 日世界时零时为其起算点。为了兼顾对世界时时刻和原子时秒长的需要，国际上规定以协调世界时（UTC）作为标准时间和频率发布的基础。协调世界时的秒长与原子时的秒长一致，在时刻上要求尽量与世界时接近。

5）动力学时

国际天文学会于 1991 年将原本的地球动力学时（Terrestrial Dynamical Time，TDT）改为地球时（Terrestrial Time，TT）。TT 的定义为：与地球质心坐标时（地球质心参考系的坐标时，Geocentric Coordinate Time，TCG）相差一个比例常数，其计量单位与大地水准面上的 SI 秒一致；为了与原历书时相衔接，在 1977 年 1 月1 日 0 时 0 分 0 秒的 TAI 瞬间，TT 的读数为 1977 年 1 月 1 日 0 时 0 分 32.184 秒。TCG 在 1977 年 1 月 1 日0 时与 TT 一致。TCG 与 TT 之间的转换关系为

$$\mathrm{TCG}=\mathrm{TT}+L_{\mathrm{G}}(\mathrm{JD}-2\ 443\ 144.5)\times 86\ 400 \tag{5-1}$$

式中，JD 为时间转换时刻的儒略日（Julian Date），定义见 5.1.2 节；$L_{\mathrm{G}}=6.969\ 290\ 134\times 10^{-10}$为 TCG 与 TT 之间的尺度因子。为了描述在非旋转相对论框架下以太阳系质心为原点的太阳系天体运动，定义了太阳系质心坐标时（TCB）。TCB 与 TCG 在 1977 年 1 月1 日 0 时的 TAI 相匹配。TCB 与 TCG 之间

的转换公式为

$$TCB = TCG + \frac{L_C(TT - TT_0) + P(TT) - P(TT_0)}{1 + L_B} + c^{-2}\,\boldsymbol{v}_E \cdot (\boldsymbol{r} - \boldsymbol{r}_E) \quad (5\text{-}2)$$

式中，$\boldsymbol{r}_E$ 和 $\boldsymbol{v}_E$ 是地球在太阳系质心坐标系中的位置和速度；$\boldsymbol{r}$ 为航天器在太阳系质心坐标系中的位置；$L_C = 1.48\ 082\ 686\ 741 \times 10^{-8}$；$L_B = L_C + L_G = 1.55\ 051\ 976\ 772 \times 10^{-8}$；$TT_0$对应着1977年1月1日0时的TAI；$c$ 为真空中的光速；可以利用时间历表 TE405 获得 $P(TT) - P(TT_0)$ 的数值。

太阳系质心动力学时 TDB 与 TT 仅在周期项中存在差异。TCB 与 TDB 的转换公式为

$$TCB = TDB + L_B(JD - 2\ 443\ 144.5) \times 86\ 400 + P_0 \quad (5\text{-}3)$$

式中，$P_0 \approx 6.55 \times 10^{-5}$ s。TT 与 TDB 的秒长相同，因此 TDB 经常用于分析 TDB－TT 较小变化量，同时也常用于太阳系动力学模型。

在轨道计算时，时间是独立变量，但是，在计算不同的物理量时却要使用不同的时间系统。例如，在计算航天器星下点轨迹时使用世界时（UT）；在计算日、月和行星及小行星的坐标时使用历书时（ET）；各种观测量的采样时间是协调世界时（UTC）等。

5.1.2　儒略日的定义及转换

在航天活动中，除了用上述时间尺度外，还常用儒略日（Julian Date，JD）表示时间。

儒略年定义为 365 个平太阳日，每四年有一闰年（366 日），因此儒略年的平均长度为 365.25 平太阳日，相应的儒略世纪（100 年）的长度为 36 525 平太阳日。计算相隔若干年的两个日期之间的天数用的是儒略日，这是天文上采用的一种长期记日法。它以倒退到公元前 4713 年 1 月 1 日格林尼治平午（即世界时 12 时）为起算日期，例如 1992 年 2 月 1 日 0 时 UT 的儒略日为 2 448 653.5。

从 1984 年起采用的新标准历元（在天文学研究中常常需要标出数据所对应的时刻，称为历元）J2000.0 是 2000 年 1 月 1.5 日 TDB，对应的儒略日为 2 451 545.0。而每年的儒略年首与标准历元的间隔为儒略年 365.25 的倍数，例如 1992 年儒略年首在 1 月 1.5 日，记作 J1992.0，而 1993 年儒略年首在 1 月 0.25 日，记作 J1993.0。

在航天活动中，使用儒略日表示时间是非常方便的，因为儒略日不需要任何复杂的逻辑，就像年和日一样。但是，为了得到高精度的时间就需要较多的数字，精确到天需要 7 位数，精确到毫秒需要另加 9 位数。由于儒略日的数字

较大，一般应用中前两位都不变，而且以正午为起算点，与日常的习惯不符，所以常用约化儒略日（Modified Julian Date，MJD）代替儒略日。约化儒略日定义为

$$\mathrm{MJD}=\mathrm{JD}-2\ 400\ 000.5 \tag{5-4}$$

这样儒略历元就是指真正的年初，例如J2000.0，即2000年1月1日0时。

轨道计算中经常用到公历日期与儒略日的转换，具体方法如下：

1）公历日期转换成儒略日

设给出公历日期的年、月、日（含天的小数部分）分别为Y、M、D，则对应的儒略日为

$$\begin{aligned}\mathrm{JD}=&\mathrm{D}-32\ 075+\left[\frac{1\ 461}{4}\left(\mathrm{Y}+4\ 800+\left[\frac{\mathrm{M}-14}{12}\right]\right)\right]+\\&\left[\frac{367}{12}\left(\mathrm{M}-2-12\left[\frac{\mathrm{M}-14}{12}\right]\right)\right]-\\&\left[\frac{3}{4}\left[\frac{1}{100}\left(\mathrm{Y}+4\ 900+\left[\frac{\mathrm{M}-14}{12}\right]\right)\right]\right]-0.5\end{aligned} \tag{5-5}$$

式中，$[X]$ 表示取 X 的整数部分，小数点后的位数省略。

2）儒略日转换成公历日期

设某时刻的儒略日为JD（含天的小数部分），对应公历日期的年、月、日分别为Y、M、D（含天的小数部分），则有

$$\begin{cases}\mathrm{J}=[\mathrm{JD}+0.5]\\ \mathrm{N}=\left[\dfrac{4(\mathrm{J}+68\ 569)}{146\ 097}\right]\\ \mathrm{L}_1=\mathrm{J}+68\ 569-\left[\dfrac{146\ 097\mathrm{N}+3}{4}\right]\\ \mathrm{Y}_1=\left[\dfrac{4\ 000(\mathrm{L}_1+1)}{1\ 461\ 001}\right]\\ \mathrm{L}_2=\mathrm{L}_1-\left[\dfrac{1\ 461\mathrm{Y}_1}{4}\right]+31\\ \mathrm{M}_1=\left[\dfrac{80\mathrm{L}_2}{2\ 447}\right]\\ \mathrm{L}_3=\left[\dfrac{\mathrm{M}_1}{11}\right]\\ \mathrm{Y}=100(\mathrm{N}-49)+\mathrm{Y}_1+\mathrm{L}_3\\ \mathrm{M}=\mathrm{M}_1+2-12\mathrm{L}_3\\ \mathrm{D}=\mathrm{L}_2-\left[\dfrac{2\ 447\mathrm{M}_1}{80}\right]\end{cases} \tag{5-6}$$

5.2 参考坐标系及坐标系变换

导航技术研究和导航方案分析设计需要明确各种参考坐标系，姿态和轨道动力学模型的描述也必须依据合适的参考坐标系。本节给出航天器自主导航技术研究过程中常用参考坐标系的定义以及不同坐标系之间的变换过程。

5.2.1 参考坐标系的定义

为了描述参考坐标系，需要给出坐标原点的位置、基准平面（即 xy 平面）的方位以及主方向（即 x 轴的方向）和 z 轴的方向。由于 z 轴必须垂直于基准平面，故只需说明其正方向。一般选择 y 轴方向使坐标系成为右手系。

1. 太阳系质心坐标系（$O_{ssb}x_{ssb}y_{ssb}z_{ssb}$）

太阳系质心坐标系（Barycentric Celestial Reference System，BCRS）的原点定义在太阳系质心（Solar System Barycenter，SSB），基准平面为 J2000.0 平赤道面，x 轴指向 J2000.0 平春分点，z 轴与地球自转角速度方向一致。

2. 日心黄道坐标系（$O_sx_{si}y_{si}z_{si}$）

日心黄道坐标系的原点定义在日心，基准平面与黄道面（黄道面是地球绕太阳运行的轨道平面）一致，如图 5-1 所示。黄道面与地球赤道面的交线确定了 x 轴的方向，此方向称为春分点方向，z 轴垂直于黄道面，与地球公转角速度矢量一致。由于地球自旋轴的方向有缓慢的漂移，导致了黄赤交线的缓慢漂移，因此，日心黄道坐标系实际上并不是一个惯性参考坐标系，为了建立惯性参考坐标系，需要注明所用的坐标系是根据哪一特定时刻（历元）的春分点方向建立的。本书采用 J2000.0 日心黄道坐标系，其基准平面和主方向分别为 J2000.0 的平黄道和平春分点。

3. 地心坐标系

1）地心赤道坐标系（$O_e x_{ei} y_{ei} z_{ei}$）

地心赤道坐标系的原点定义在地心，基准平面是地球赤道平面，x 轴方向指向春分点，z 轴方向指向北极，如图 5-2 所示。需要说明的是，地心赤道坐标系并不是固定在地球上同地球一起转动。本书采用 J2000.0 地心赤道坐标系，其主方向为 J2000.0 的平春分点，基准平面为平赤道面。

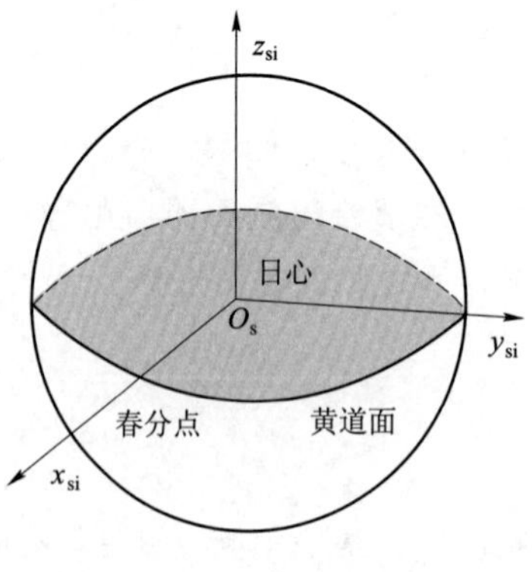

图 5-1　日心黄道坐标系

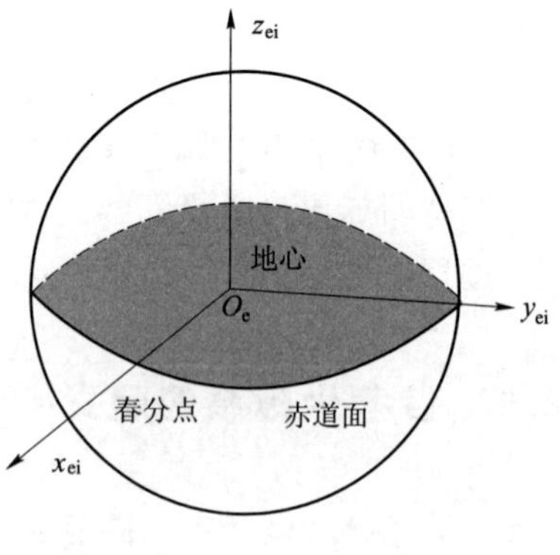

图 5-2　地心赤道坐标系

2）地心黄道坐标系（$O_e x_{si} y_{si} z_{si}$）

地心黄道坐标系的原点定义在地心，基准平面是黄道平面，x 轴方向指向春分点，z 轴方向指向北极，即日心黄道坐标系原点平移到地心形成的坐标系。

4. 目标天体坐标系

1）目标天体惯性坐标系（$O_t x_{ei} y_{ei} z_{ei}$）

目标天体惯性坐标系的原点定义在目标天体中心，x 轴、y 轴、z 轴分别与 J2000.0 地心赤道坐标系的 x 轴、y 轴、z 轴方向一致。

2）目标天体固连坐标系（$O_t x_{tf} y_{tf} z_{tf}$）

目标天体固连坐标系的原点定义在目标天体中心，z 轴取目标天体的自转轴，x 轴在目标天体赤道面指向某一定义点，选择 y 轴构成右手坐标系。

5. 轨道坐标系（$O_c x_o y_o z_o$）

轨道坐标系以航天器标称质心或某特殊点为原点（主要考虑到飞行过程中航天器实际质心可能是变化的），z 轴沿航天器指向中心天体的中心方向；x 轴在瞬时轨道平面内垂直于 z 轴，并指向航天器速度方向；y 轴与瞬时轨道平面的法线平行，构成右手坐标系。

6. 近焦点坐标系（$O_{gc} x_\omega y_\omega z_\omega$）

近焦点坐标系的原点定义在主引力场中心，基准平面是航天器的轨道平面，x 轴指向近拱点，在轨道面内按运动方向从 x 轴转过 90°是 y 轴，z 轴为轨道面法线且构成右手坐标系。

7. 航天器本体坐标系（$O_c x_b y_b z_b$）

航天器本体坐标系以航天器标称质心或某特殊点为原点，坐标轴的指向一般会考虑航天器的结构，一般可分为如下几种。

1）特征轴坐标系

x 轴沿航天器某一特征轴方向，y 轴和 z 轴也沿着航天器的另外两个特征轴方向，且 x 轴、y 轴、z 轴构成右手直角坐标系。

2）惯性主轴坐标系

x 轴沿航天器某一惯性主轴方向，y 轴和 z 轴也沿着航天器的另外两个惯性主轴方向，且 x 轴、y 轴、z 轴构成右手直角坐标系。

3）速度坐标系

x 轴沿航天器速度方向，y 轴在航天器纵向对称平面内，垂直于 x 轴指向上方，z 轴与 x 轴、y 轴构成右手直角坐标系。

8. 航天器上的光学成像敏感器坐标系（$O_{fc} x_{bs} y_{bs} z_{bs}$）

航天器上的光学成像敏感器坐标系的原点定义在光学成像敏感器的焦平面中心，z 轴为光学成像敏感器的光轴方向，x 轴为焦平面内设定的参考基准，y 轴构成右手坐标系。

5.2.2 坐标系之间的变换

坐标变换必然涉及坐标旋转。为此，在 6.2.1 节给出坐标旋转对应的坐标转换矩阵 $C_x(\theta)$、$C_y(\theta)$ 和 $C_z(\theta)$ 的表示方法。若原坐标系中的某一矢量用 $\boldsymbol{r}$ 表示，在旋转后的新坐标系中用 $\boldsymbol{r}'$表示，那么，yz 平面、zx 平面和 xy 平面分别绕 x 轴、y 轴和 z 轴转动θ 角（逆时针为正），则有

$$\begin{cases}\boldsymbol{r}'=\boldsymbol{C}_x(\theta)\boldsymbol{r}\\ \boldsymbol{r}'=\boldsymbol{C}_y(\theta)\boldsymbol{r}\\ \boldsymbol{r}'=\boldsymbol{C}_z(\theta)\boldsymbol{r}\end{cases}\tag{5-7}$$

坐标转换矩阵 $\boldsymbol{C}(\theta)$ 有如下性质：

$$\boldsymbol{C}^{-1}(\theta)=\boldsymbol{C}^{\mathrm{T}}(\theta)=\boldsymbol{C}(-\theta)\tag{5-8}$$

式中，$\boldsymbol{C}^{-1}$和 $\boldsymbol{C}^{\mathrm{T}}$ 分别为矩阵 $\boldsymbol{C}$ 的逆和转置。更多关于坐标转换矩阵的介绍见 6.2.1 节。

1. 日心黄道坐标系→地心黄道坐标系→地心赤道坐标系

历元日心黄道坐标系和历元地心赤道坐标系之间的转换过程为平移和旋转，其中平移对应一个过渡性的历元地心黄道坐标系。记历元地心赤道坐标系、历元地心黄道坐标系和历元日心黄道坐标系的位置矢量分别为 $\boldsymbol{r}_{\mathrm{ei}}$、$\boldsymbol{r}_{\mathrm{e,si}}$和 $\boldsymbol{r}_{\mathrm{si}}$，则有

$$\begin{cases}\boldsymbol{r}_{\mathrm{e,si}}=\boldsymbol{r}_{\mathrm{si}}+\boldsymbol{r}_{\mathrm{se,si}}\\ \boldsymbol{r}_{\mathrm{ei}}=\boldsymbol{C}_x(-\bar{\varepsilon})\boldsymbol{r}_{\mathrm{e,si}}\end{cases}\tag{5-9}$$

式中，$\boldsymbol{r}_{\mathrm{se,si}}$为太阳（日心）在地心黄道坐标系中的位置矢量；$\bar{\varepsilon}=\varepsilon-\Delta\varepsilon$，为平黄赤交角，$\Delta\varepsilon$ 为交角章动，$\varepsilon=23°26'21''.448-46''.815\,0t-0''.000\,59t^2+0''.001\,813t^3$，$t=\dfrac{\mathrm{JD}(t)-\mathrm{JD}(\mathrm{J}2000.0)}{36\,525.0}$，JD($t$) 表示计算时刻 t 对应的儒略日，JD(J2000.0) 是历元 J2000.0 对应的儒略日。

2. 目标天体惯性坐标系→目标天体固连坐标系

如图 5-3 所示，可以利用三个角 φ、ψ、θ 来描述目标天体固连坐标系相对目标天体惯性坐标系的指向，记目标天体惯性坐标系和目标天体固连坐标系的位置矢量分别为 $\boldsymbol{r}_{\mathrm{ti}}$和 $\boldsymbol{r}_{\mathrm{tf}}$，则有

$$\boldsymbol{r}_{\mathrm{tf}}=\boldsymbol{C}_z(\psi)\boldsymbol{C}_x(\theta)\boldsymbol{C}_z(\varphi)\boldsymbol{r}_{\mathrm{ti}}\tag{5-10}$$

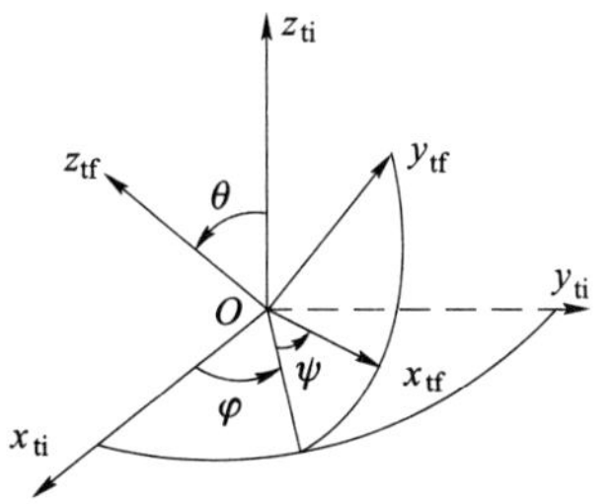

图 5-3　目标天体惯性坐标系与目标天体固连坐标系的变换关系

3. 日心黄道系→日心轨道坐标系

$$\boldsymbol{r}_{o}=\boldsymbol{C}_{z}(\omega)\boldsymbol{C}_{x}(i)\boldsymbol{C}_{z}(\Omega)\boldsymbol{r}_{si} \tag{5-11}$$

式中，Ω 为升交点经度；i 为轨道倾角；ω 为近日点幅角；$\boldsymbol{r}_o$为航天器在日心轨道坐标系的位置；$\boldsymbol{r}_{si}$为航天器在日心黄道坐标系的位置。

5.3 导航天体的星历

光学自主导航需要用到天体星历，航天器轨道动力学模型的建立及导航测量数据的生成都涉及天体星历的计算。在本节中给出常用天体星历的计算方法。

5.3.1 高精度天体星历计算

喷气推进实验室（Jet Propulsion Laboratory，JPL）发布的 DE 行星和月球星历是天文学领域权威的高精度星历表，主要版本情况如表 5-1 所示。星历的计算可以根据探测任务的需要选用合适精度的星历表。

表 5-1 喷气推进实验室发布的部分 DE 星历概况

历表	参考系	公布时间（年．月）	跨度（年．月．日）
DE405	ICRF	1995.5	A. D 1599.12.9—A. D 2201.2.20
DE406	ICRF	1997.5	B. D 3002.2.4—A. D 3000.5.6
DE410	ICRF	2003.4	A. D 11900.2.6—2019.12.15
DE413	ICRF	2004.11	A. D 1899.12.4—A. D 2050.3.7

续表

历表	参考系	公布时间（年．月）	跨度（年．月．日）
DE414	ICRF	2005. 5	A. D 1899. 12. 4—A. D 2050. 3. 7
DE418	ICRF	2005. 5	A. D 1899. 7. 29—A. D 2051. 1. 21
DE421	ICRF	2008. 2	A. D 1899. 7. 29—A. D 2053. 10. 9
DE422	ICRF	2009. 9	A. D 1899. 7. 29—A. D 2053. 10. 9
DE423	ICRF2	2010. 2	A. D 1799. 12. 26—A. D 2200. 2. 2
DE424	ICRF2	2011	B. C 3001. 12. 21—A. D 3000. 1. 30
DE431	ICRF2	2013	B. C 13201—A. D 17191
DE432	ICRF2	2014. 4	A. D 1549. 12. 21—A. D 2650. 1. 25

行星卫星的星历一般是通过理论解或数值积分得到的。尽管每一个卫星星历的来源不同，但每一个卫星星历采用的格式都相同，且与行星历表一致。

喷气推进实验室星历数据按时间区间提供天体位置和章动的切比雪夫多项式系数和多项式的阶数。时间区间为 32 天，称大区间。对于变化较快的天体，为了保证拟合精度，在大区间内又分为若干小的子时间区间。

星历表中，每个量都有一个相应的代码。各个量的代码如表 5-2 所示。

表 5-2　喷气推进实验室星历代码表

代码	定义	代码	定义
1	水星	9	冥王星
2	金星	10	月球
3	地球	11	太阳
4	火星	12	太阳系质心
5	木星	13	地月质心
6	土星	14	黄经章动和黄赤交角章动
7	天王星	15	月球的物理天平动及其变率
8	海王星		

对于每个分量（天体的 x、y、z 分量或者章动角的黄经章动和黄赤交角章动），星历数据记录的每个间隔共有 NC 个切比雪夫系数，所需星历分量由下

式计算得到

$$f(t_c)=\sum_{k=0}^{NC-1}C_kP_k(t_c) \tag{5-12}$$

式中，t_c为切比雪夫时间，是由时间 t 按系数覆盖的时间间隔归一化为$-1\sim1$；C_k 为用于位置计算的切比雪夫系数，从星历文件数据记录中读出；P_k 为切比雪夫多项式，即

$$P_k=\cos(k\arccos t_c) \tag{5-13}$$

由式（5-13）可知

$$\begin{cases}P_0(t_c)=1\\P_1(t_c)=t_c\end{cases} \tag{5-14}$$

利用三角恒等式得

$$\cos(n+1)\theta=2\cos\theta\cos n\theta-\cos(n-1)\theta n\geqslant1 \tag{5-15}$$

令 $t_c=\cos\theta$，即可得到迭代关系

$$P_{k+1}(t_c)=2t_cP_k(t_c)-2P_{k-1}(t_c)\ k\geqslant2 \tag{5-16}$$

章动和天体位置可通过式（5-12）插值得到，天体的速度可通过对式（5-12）求微分计算得到

$$\frac{\mathrm{d}f(t_c)}{\mathrm{d}t}=\sum_{k=1}^{NC-1}C_kV_k(t_c) \tag{5-17}$$

其中

$$V_k(t_c)=\frac{\mathrm{d}P_k(t_c)}{\mathrm{d}t} \tag{5-18}$$

V_k 可通过对式（5-16）求微分得到

$$\begin{cases}V_1(t_c)=1\\V_2(t_c)=4t_c\\V_{k+1}(t_c)=2t_cV_k(t_c)+2P_k(t_c)-V_{k-1}(t_c)\end{cases} \tag{5-19}$$

通过插值，可以得到行星、地月质心和太阳相对于太阳系质心的位置和速度，也可以得到月球相对于地球质心的位置和速度。所有这些位置和速度矢量都是在 J2000.0 地心赤道坐标系下给出。如果计算行星和太阳相对目标行星或航天器的位置矢量，需要进行相应的转换。

常见的恒星星表有 Hipparcos 星表、Tycho-2 星表和 SAO 星表等。Hipparcos 星表的历元是 J1991.25，Tycho-2 星表的历元是 J2000.0，SAO 星表提供了 B1950.0 平春分点历元位置和自行值以及 J2000.0 位置和自行值。一般可根据导航精度的需要确定是否进行精密历元转换。

5.3.2　简单天体星历计算

对于一些对星历精度要求不高的问题（如建立天体引力摄动模型需要的天体星历等），可以采用简单星历计算方法。由于精度要求不高，故可以采用探测任务时间区间附近的平均轨道六根数计算天体星历。

表 5-3 给出了太阳系八大行星和冥王星的平均轨道六根数，利用表 5-3 即可计算出某历元 J2000.0 日心黄道坐标系中大行星的位置和速度矢量。

表 5-3　太阳系八大行星和冥王星的平均轨道六根数（J2000.0 日心黄道坐标系）

行星＼轨道根数	a/(AU)	e	i/(°)	Ω/(°)	ω/(°)	f/(°)
水星	0.387 098 93	0.205 630 69	7.004 87	48.331 67	77.456 45	252.250 84
金星	0.7233 319 9	0.0067 732 3	3.394 71	76.680 69	131.532 98	181.979 73
地球	1.000 000 11	0.016 710 22	0.000 05	−11.260 64	102.947 19	100.464 35
火星	1.523 662 31	0.093 412 33	1.850 61	49.578 54	336.040 84	355.453 32
木星	5.203 363 01	0.048 392 66	1.305 30	100.556 15	14.753 85	34.404 38
土星	9.537 070 32	0.054 150 60	2.484 46	113.715 04	92.431 94	49.944 32
天王星	19.191 263 93	0.047 167 71	0.769 86	74.229 88	170.964 24	313.232 18
海王星	30.068 963 48	0.008 585 87	1.769 17	131.721 69	44.971 35	304.880 03
冥王星	39.481 686 77	0.248 807 66	17.141 75	110.303 47	224.066 76	238.928 81

月球轨道的问题比较复杂。由于月球在绕地球运行过程中，太阳摄动很大，量级为 10^{-2}，所以月球轨道变化较快。因此，只有在精度要求不高时，才能将月球轨道处理成不变椭圆（或圆）。通常在计算月球对航天器运动的影响时，都要考虑月球轨道的变化。可以采用平均根数法给出月球轨道变化的近似解，其精度可达 $10^{-3}\sim10^{-4}$，可用于相应精度要求的月球星历计算。在 J2000.0 地心黄道坐标系中，这一解可表示为

$$
\begin{cases}
\bar{a} = 384\ 747\ 981m \\
\bar{e} = 0.054\ 879\ 905 \\
\bar{i} = 5.129835017^{\circ} \\
\bar{\Omega} = 125.044\ 555\ 556^{\circ} - 1\ 934.1361850^{\circ}T + 0.0\ 020\ 767^{\circ}T^{2} \\
\bar{\omega} = 138.308\ 686\ 110^{\circ} + 6\ 003.1\ 498\ 961^{\circ}T - 0.0\ 124\ 003^{\circ}T^{2} \\
\bar{M} = 134.963\ 413\ 889^{\circ} + 13.0649\ 931\ 553^{\circ}d + 0.0\ 089\ 939^{\circ}d^{2}
\end{cases}
\tag{5-20}
$$

对于小行星简单星历的计算，可以采用网站（ftp://ftp.lowell.edu/pub/elgb/astorb.dat）提供的小行星星历文件。其中，小行星星历文件的数据格式为：Number（编号）、Name（名称）、Epoch（约化儒略日）、SemiAxis（半长轴）、Eccentricity（偏心率）、Inclination（轨道倾角）、W（近日点角距）、Omega（升交点赤经）和 Mean（平近点角）。利用这些数据就可以计算出某历元在 J2000.0 日心黄道坐标系中小行星的位置和速度。

5.4 小　　结

本章介绍了自主导航所需要的时间系统、参考坐标系、导航天体星历等基础知识。现行的时间系统基本上分为五种：恒星时（ST）、世界时（UT）、历书时（ET）、原子时（TAI）和动力学时。用儒略日计算相隔若干年的两个日期之间的天数，这是天文上采用的一种长期记日法。坐标系在航天器自主导航中起着重要的作用，航天器的位置和导航敏感器获得的观测量需要在特定坐标系下进行描述，坐标系的选取会影响导航计算的复杂程度。航天器轨道动力学模型的建立及导航测量数据的生成往往涉及天体星历的计算。喷气推进实验室发布的 DE 星历是天文学领域权威的高精度行星和月球星历表。

参 考 文 献

[1] 刘林. 航天器轨道理论 [M]. 北京：国防工业出版社，2000.

[2] 李济生. 航天器轨道确定 [M]. 北京：国防工业出版社，2003.

[3] 胡小平. 自主导航理论与应用 [M]. 北京：国防科技大学出版社，2002.

[4] 王奕迪. X 射线脉冲星信号处理与导航方法研究 [D]. 长沙：国防科学技术大学，2016.

[5] W. M. Falkner, J. G. Williams, D. H. Boggs, et al. The planetary and lunar ephemerides DE430 and DE431 [R]. Interplanetary Network Progress Report, 2014, 196: 1-81.

[6] 杨永章，李金岭，平劲松，等. NASA 历表在深空导航中的发展和比较 [J]. 深空探测学报，2017, 4 (1): 89-98.

[7] 雷伟伟，李凯，张捍卫. DE 历表的结构、计算与比较 [J]. 飞行器测控学报，2016, 35 (5): 375-384.

[8] R. A. Jacobson. Natural satellite ephemerides at JPL: a report to the IAU Commission 20 Working Group on natural satellites [R]. Jet Propulsion Laboratory, 2003.

[9] 于志坚. 航天器轨道确定—模型与算法 [M]. 北京：国防工业出版社，2007.

[10] 王大轶，黄翔宇，魏春岭. 基于光学成像测量的深空探测自主控制原理与技术 [M]. 北京：中国宇航出版社，2012.

第 6 章

动力学模型与环境模型

导航系统的设计和性能评估需要建立轨道动力学、姿态运动学模型和环境模型。本章首先介绍轨道摄动模型、轨道动力学方程表达形式和航天器轨道动力学模型；然后介绍描述姿态的四种常用参数形式、姿态参数之间的转换关系，以及各姿态参数对应的姿态运动学模型；最后以火星和小行星为例，介绍天体环境的建模方法，包括天体外形模型和引力场模型。

6.1 轨道动力学模型

建立精确的轨道动力学模型是开展自主导航方法研究的基础。

6.1.1 轨道摄动模型

航天器除了受到中心天体引力和轨道控制力外，在飞行过程中还会受到空间环境中各种摄动力的作用，这些摄动力主要包括：中心天体形状非球形和质量不均匀产生的附加引力、其他天体引力、太阳光压和可能的大气阻力以及姿态控制可能产生的干扰力等。

1. 中心天体引力及形状摄动势函数

在分析天体对航天器的引力作用时，常使用引力势函数，即引力场在空间任意一点的势函数 U，则处在该点上单位质量航天器受到的引力为

$$\boldsymbol{F} = \nabla U \tag{6-1}$$

式中，∇表示函数的梯度。此势函数与坐标系的选择无关，应用较方便。若假设天体的质量 M 集中于一点，它的势函数为

$$U_0 = \frac{GM}{r} = \frac{\mu}{r} \tag{6-2}$$

式中，G 为万有引力常数；$\mu = GM$，为天体引力常数；r 为中心天体质心到空间某点的距离。

均匀质量的圆球天体对外部各点的势函数与整个球体质量集中于中心时的势函数相同，它的梯度方向总是指向球体中心，这就是二体问题的基础。航天器二体轨道动力学方程为

$$\ddot{\boldsymbol{r}} = -\frac{\mu}{r^3}\boldsymbol{r} \tag{6-3}$$

式中，$\boldsymbol{r}$ 为航天器相对天体中心的位置。考虑天体形状摄动时，势函数包括两部分，即

$$U = U_0 + R \tag{6-4}$$

式中，R 为摄动力的势函数，称为摄动函数。

考虑天体形状摄动时，对于大行星、月球等形状接近球体的天体，一般可用球谐项展开表示其引力势函数；而对于小行星、彗星等一些椭球形天体，一般可用椭球谐项展开表示其引力势函数；对于一些形状极其特殊的天体，可以采用多面体模型方法计算其引力势函数。

采用球谐项展开的引力势函数为

$$U = \frac{GM}{r}\sum_{n=0}^{\infty}\sum_{m=0}^{n}\left(\frac{r_0}{r}\right)^n P_{nm}(\sin\varphi) \times [\bar{C}_{nm}\cos(m\lambda) + \bar{S}_{nm}\sin(m\lambda)] \tag{6-5}$$

式中，$P_{nm}(\cdot)$ 为勒让德多项式函数；n 和 m 分别为多项式的次数和阶数；r_0 为天体的参考半径；r 为航天器到天体中心的距离；φ 和 λ 分别为天体的纬度和经度；$\bar{C}_{nm}$ 和 $\bar{S}_{nm}$ 为归一化的球谐系数。

归一化的系数与未归一化系数之间的关系为

$$(\bar{C}_{nm};\ \bar{S}_{nm}) = \left[\frac{(n+m)!}{(2-\delta_{0m})(2n+1)(n-m)!}\right]^{\frac{1}{2}}(C_{nm};\ S_{nm}) \tag{6-6}$$

式中，δ_{0m} 为克罗内克符号函数。

勒让德多项式函数为

$$P_{nm}(x) = (1-x^2)^{\frac{m}{2}}\frac{\mathrm{d}^m}{\mathrm{d}x^m}P_n(x) \tag{6-7}$$

勒让德多项式为

$$P_n(x) = \frac{1}{2^n n!}\frac{\mathrm{d}^n}{\mathrm{d}x^n}(x^2-1)^n \tag{6-8}$$

采用椭球谐项展开的引力势函数为

$$U = GM\sum_{n=0}^{N_{\max}}\sum_{p=1}^{2n+1}\bar{a}_n^p\frac{F_n^p(\lambda_1)}{F_n^p(a)}\bar{E}_n^p(\lambda_2)\bar{E}_n^p(\lambda_3) \tag{6-9}$$

式中，$\bar{a}_n^p$ 为规范化的椭球谐项系数。考虑天体形状和密度变化，其满足

$$\bar{a}_n^p = \int_0^h \int_h^k \frac{U(\lambda_1 = a, \lambda_2, \lambda_3)}{GM} \bar{E}_n^p(\lambda_2) \bar{E}_n^p(\lambda_3) \mathrm{d}s \tag{6-10}$$

这个面积分利用了天体对应的布里渊椭球体产生的势函数，图 6-1 给出了布里渊球体与布里渊椭球体的示意图；式（6-10）中，$\bar{E}_n^p(\lambda_2)\bar{E}_n^p(\lambda_3)$ 满足如下关系

$$\bar{E}_n^p(\lambda_2) \bar{E}_n^p(\lambda_3) = \frac{E_n^p(\lambda_2) E_n^p(\lambda_3)}{\sqrt{\gamma_n^p}} \tag{6-11}$$

式中，E_n^p 为第一类 Lamé 函数（可为 K_n^p、L_n^p、M_n^p、N_n^p）；n 为函数的维数；p 为特征值。

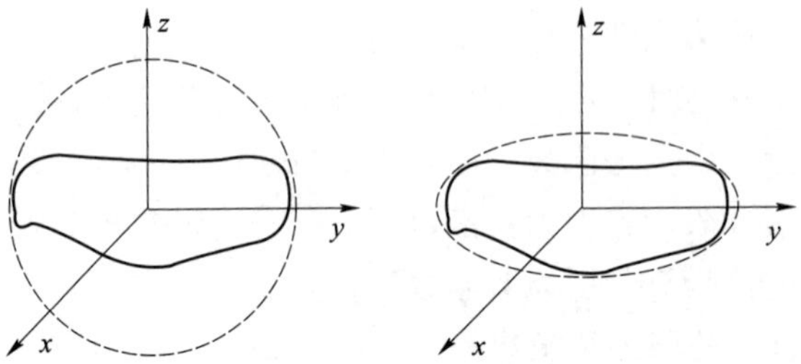

图 6-1　布里渊球体与布里渊椭球体

$F_n^p(\lambda_1)$ 和 E_n^p 满足如下关系式

$$F_n^p(\lambda_1) = (2n+1) E_n^p(\lambda_1) \int_{\lambda_1}^{\infty} \frac{\mathrm{d}s}{(E_n^p)^2(s) \sqrt{(s^2 - h^2)(s^2 - k^2)}} \tag{6-12}$$

式中，s，h 和 k 分别为椭球方程的参数，椭球方程如下

$$\frac{x^2}{s^2} + \frac{y^2}{s^2 - h^2} + \frac{z^2}{s^2 - k^2} = 1 \tag{6-13}$$

对于给定的 x、y 和 z，式（6-13）中 s^2 有三个实数根 $(\lambda_i)_{i=1,2,3}$，且满足如下约束

$$\lambda_1^2 \in [k^2, +\infty),\ \lambda_2^2 \in [h^2, k^2],\ \lambda_3^2 \in [0, h^2] \tag{6-14}$$

采用多面体模型方法计算的引力势为

$$U = \sum_{i \in \text{cubes}} \left(\frac{G\rho_i}{2} \sum_{e \in \text{edges}} \boldsymbol{r}_e^{\mathrm{T}} \boldsymbol{E}_e \boldsymbol{r}_e L_e - \frac{G\rho_i}{2} \sum_{f \in \text{faces}} \boldsymbol{r}_f^{\mathrm{T}} \boldsymbol{F}_f \boldsymbol{r}_f \omega_f \right) \tag{6-15}$$

式中，$\boldsymbol{r}_e$ 为引力计算点指向每个边缘任意点的矢量；$\boldsymbol{E}_e$ 为由与每个边缘相关的面和边缘法线矢量组成的并矢量；L_e 为表达一维直线势的对数项；$\boldsymbol{r}_f$ 为引力计算点指向每个面上任意点的矢量；$\boldsymbol{F}_f$ 为面法线矢量的外积；ω_f 为从引力计算点出发的每个面所对的立体角。

2. 其他天体引力摄动加速度

第 i 个摄动天体对航天器产生的摄动加速度为

$$\boldsymbol{a}_i=\mu_\mathrm{i}\left(\frac{\boldsymbol{r}_\mathrm{ri}}{r_\mathrm{ri}^3}-\frac{\boldsymbol{r}_\mathrm{pi}}{r_\mathrm{pi}^3}\right) \tag{6-16}$$

式中，μ_i 为第 i 个摄动天体的引力常数；$\boldsymbol{r}_\mathrm{pi}$ 为第 i 个摄动天体相对中心天体的位置矢量，且 $r_\mathrm{pi}=\|\boldsymbol{r}_\mathrm{pi}\|$；$\boldsymbol{r}_{ri}$ 为第 i 个摄动天体相对航天器的位置矢量，即 $\boldsymbol{r}_{ri}=\boldsymbol{r}_\mathrm{pi}-\boldsymbol{r}$，$\boldsymbol{r}$ 为航天器相对天体中心的位置矢量，且 $r_\mathrm{ri}=\|\boldsymbol{r}_{ri}\|$。

3. 太阳光压摄动加速度

航天器受到太阳光照射时，太阳辐射能量的一部分被吸收，另一部分被反射，这种能量转换会使航天器受到力的作用，称为太阳辐射压力，简称光压。航天器表面对太阳光的反射比较复杂，有镜面反射和漫反射。在研究太阳光压对航天器轨道的影响时，可以认为光压的方向和太阳光的入射方向一致，作用在航天器单位质量上的光压 $\boldsymbol{a}_\mathrm{s}$ 可以表示为

$$\boldsymbol{a}_\mathrm{s}=-\frac{\mathrm{AG}}{\mathrm{m}\mathrm{r}_{rs}^3}\boldsymbol{r}_\mathrm{rs} \tag{6-17}$$

式中，A 为垂直于太阳光方向的航天器截面积；m 为航天器质量；G 为太阳通量常数，有 $G=k'p_0\Delta_0^2$，k' 为综合吸收系数，Δ_0 为太阳到地球表面的距离，p_0 为地球表面的太阳光压强度；$\boldsymbol{r}_\mathrm{rs}$ 为太阳相对航天器的位置矢量，即 $\boldsymbol{r}_\mathrm{rs}=\boldsymbol{r}_\mathrm{ps}-\boldsymbol{r}$，$\boldsymbol{r}$ 为航天器相对天体中心的位置矢量，且 $r_\mathrm{rs}=\|\boldsymbol{r}_\mathrm{rs}\|$。

4. 大气阻力摄动加速度

大气对航天器所产生的阻力加速度为

$$\boldsymbol{a}_\mathrm{d}=-\frac{1}{2}c_\mathrm{d}\rho\frac{A}{m}v_\mathrm{a}\boldsymbol{v}_\mathrm{a} \tag{6-18}$$

式中，c_d 为阻力系数；ρ 为大气密度；A 为迎风面积，即航天器沿速度方向的投影面积；m 为航天器的质量；$\boldsymbol{v}_\mathrm{a}$ 为航天器相对旋转大气的速度，$v_\mathrm{a}=\|\boldsymbol{v}_\mathrm{a}\|$。

5. 轨道摄动分析实例

轨道摄动分析结论与实际任务轨道有关。以 NASA 于 1996 年发射的火星探路者（Mars PathFinder）的飞行轨道为例进行轨道摄动分析。轨道摄动分析的目的是计算各种摄动力的量级大小和变化情况，以作为在需要简化轨道动力学模型时的参考和确定哪些摄动力需要比较精确建模的依据。将飞行轨道划分

为转移段、接近段和环绕段。本例中转移段起点取在 1997 年 3 月 1 日，在 J2000 日心惯性系下的初始轨道轨道根数为：半长轴为 193 216 365.381 km，偏心率为 0.236 386，轨道倾角为 23.455°，升焦点赤经为 0.258°，近日点幅角为 71.347°，真近点角为 85.152°。接近段起点取在半径为 577 400 km 的火星引力影响球处，环绕段起点取在变轨进入目标环火轨道后。

1）转移段轨道摄动分析

×10 转移段轨道摄动分析结果分别如图 6-2～图 6-7 所示。其中图 6-2 和图 6-3 中的曲线为轨道动力学模型中分别不考虑地球、火星、木星和金星引力摄动引起的轨道外推位置和速度误差。从图中可知，在接近火星引力影响球前，忽略地球引力摄动引起的轨道外推误差最大。当接近火星引力影响球时，忽略火星引力摄动引起的轨道外推误差迅速上升。

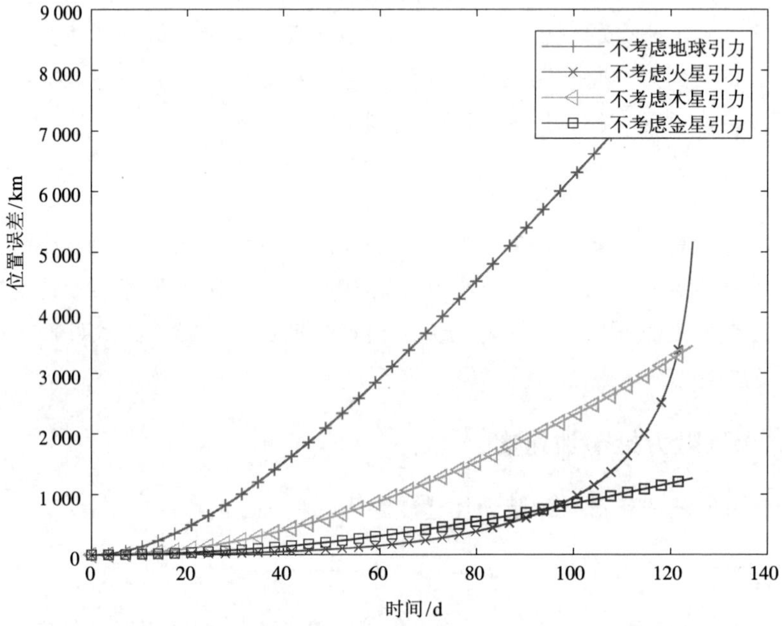

图 6-2　转移段不考虑地球、火星、木星、金星引力摄动的位置误差

图 6-4 和图 6-5 中的曲线为轨道动力学模型中分别不考虑土星、冥王星、月球、水星和海王星引力摄动引起的轨道外推位置和速度误差。从中可知，不考虑土星、冥王星、月球、水星和海王星引力摄动引起的轨道外推误差小于 350 km 和 0.08 m/s，显著小于不考虑地球、火星、木星和金星引力摄动引起的轨道外推。

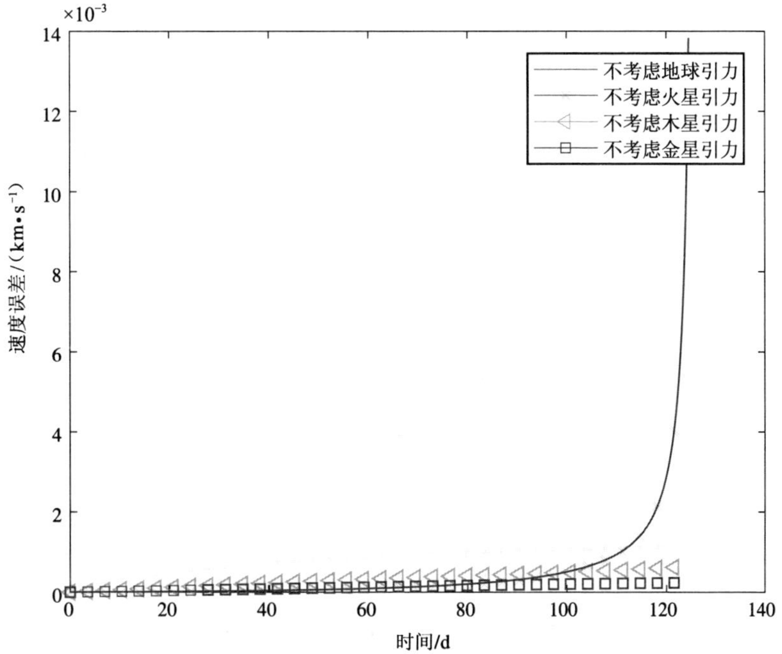

图 6-3　转移段不考虑地球、火星、木星、金星引力摄动的速度误差

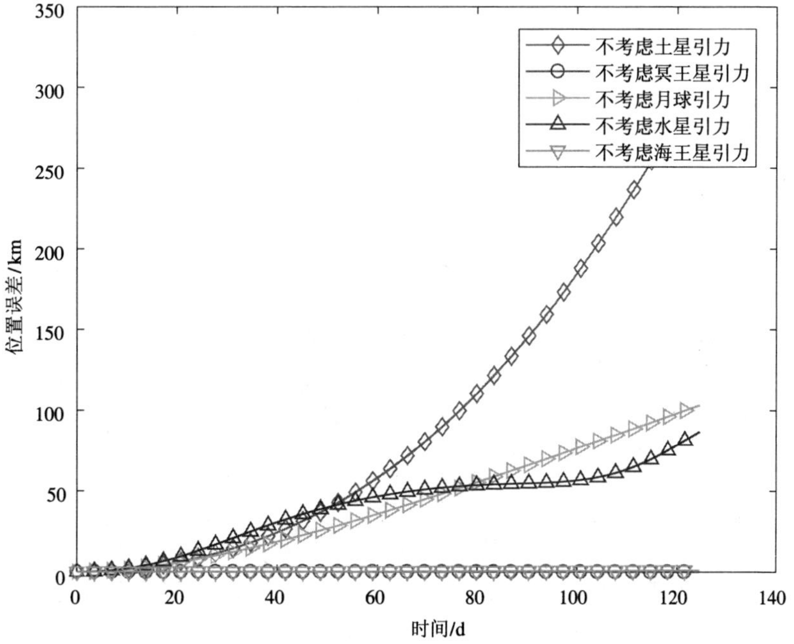

图 6-4　转移段不考虑土星、冥王星、月球、水星、海王星引力摄动的位置误差

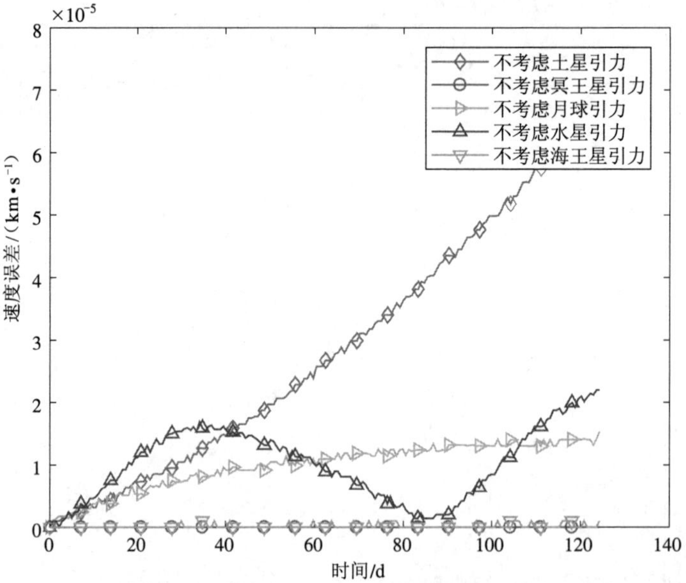

图 6-5　转移段不考虑土星、冥王星、月球、水星、海王星引力摄动的速度误差

图 6-6 和图 6-7 中的曲线为轨道动力学模型中不考虑太阳光压摄动引起的轨道外推位置和速度误差。从中可知，不考虑太阳光压摄动引起的轨道外推误差超过 3 500 km 和 0.75 m/s。

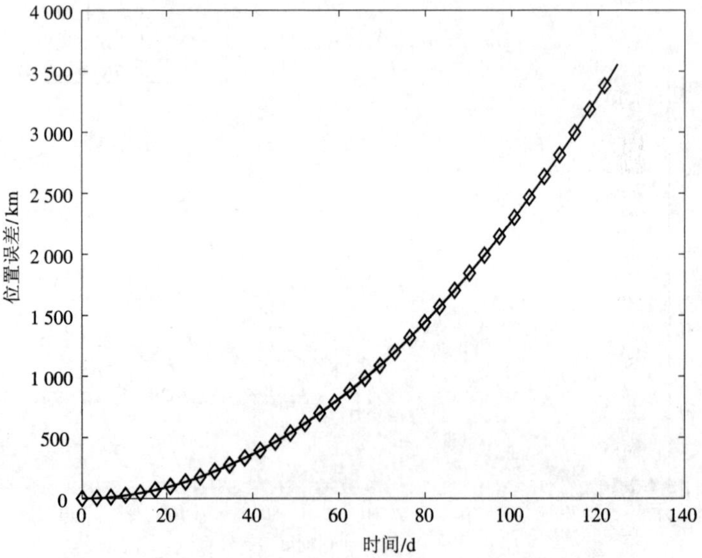

图 6-6　转移段不考虑太阳光压摄动的位置误差

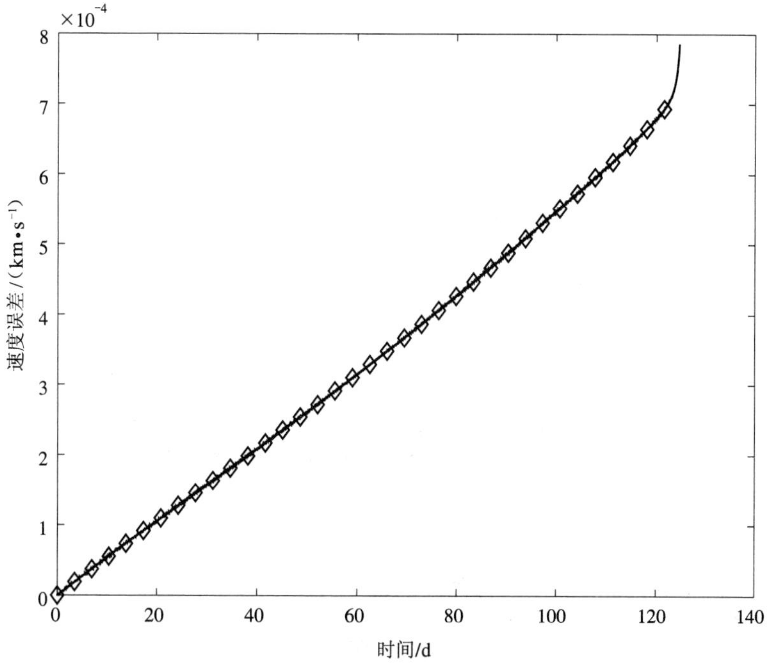

图 6-7　转移段不考虑太阳光压摄动的速度误差

2）接近段轨道摄动分析

接近段轨道摄动分析对三种轨道动力学模型的轨道外推误差做对比，模型设置如表 6-1 所示。

表 6-1　接近段轨道摄动分析轨道动力学的模型设置

模型编号	引力阶数	太阳光压	第三引力摄动
模型一（参考模型）	50×50	考虑	其他行星
模型二	4×4	不考虑	仅考虑太阳
模型三	4×4	不考虑	无

轨道动力学模型二和模型三相对模型一的轨道外推误差如图 6-8 和图 6-9 所示。从中可知，太阳引力摄动项必须考虑。

图 6-10 给出了轨道动力学模型二的轨道外推位置和速度误差随着高度变化的曲线。由图可知，当距离火星越近时，外推误差越小。航天器抵达近火点时，轨道动力学模型二的轨道外推误差为百米级，能够满足导航要求。因此可以将轨道动力学模型二，即考虑 4 阶火星引力摄动及太阳引力摄动的模型，作为导航算法中做轨道外推的动力学模型。

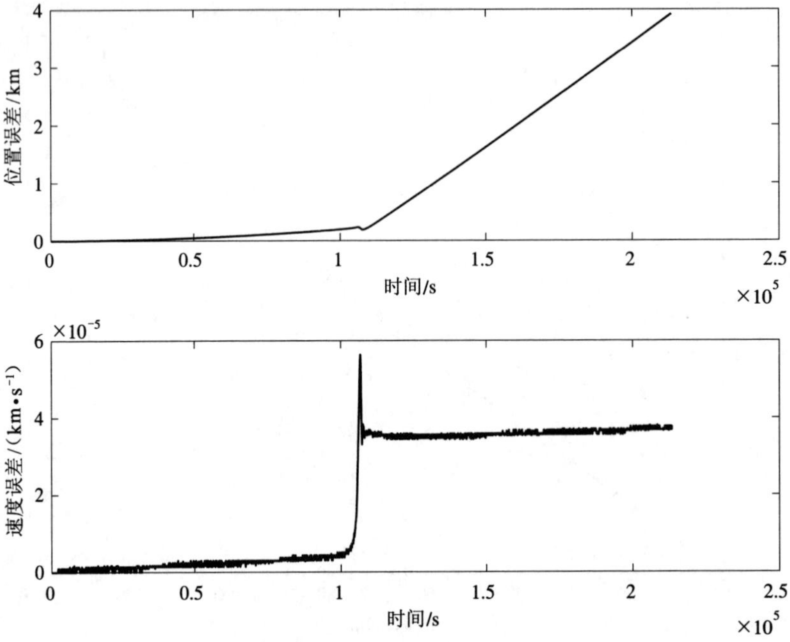

图 6-8 接近段模型二相对模型一的位置和速度误差

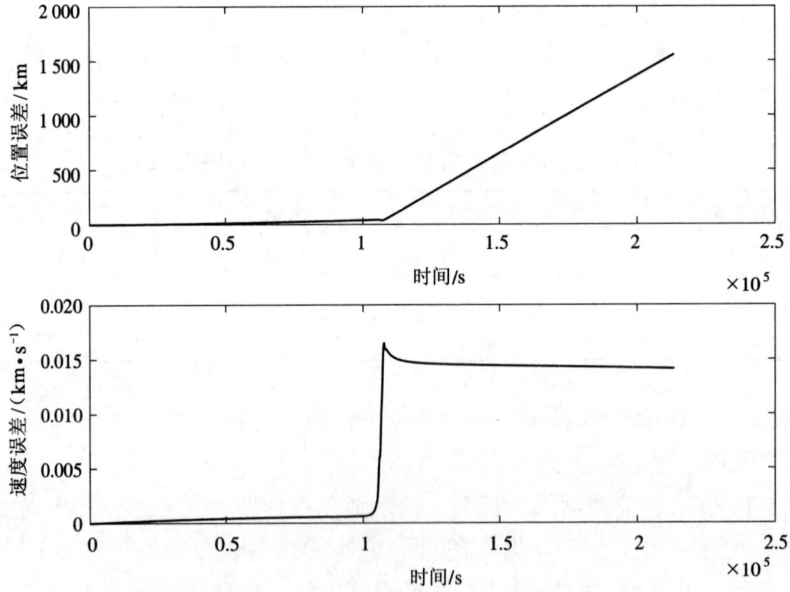

图 6-9 接近段模型三相对模型一的位置和速度误差

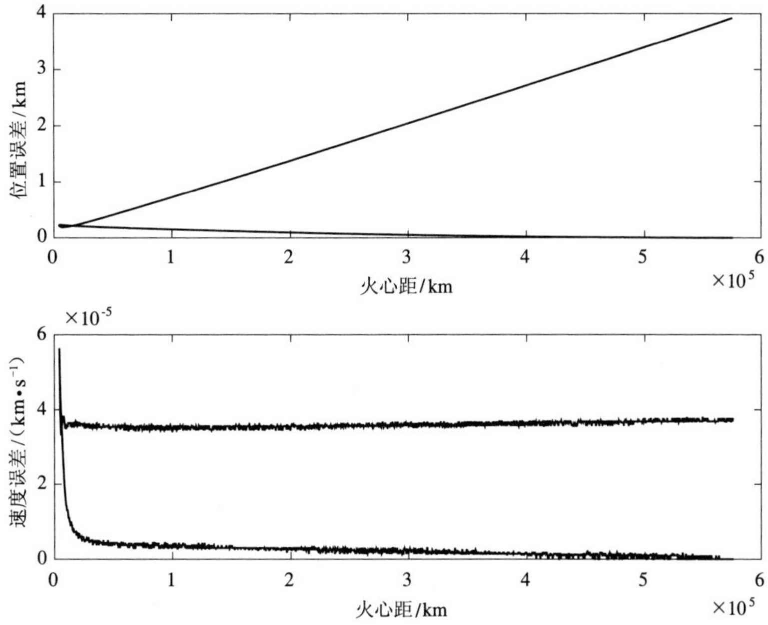

图 6-10 接近段模型三相对模型一的位置和速度误差随火心距变化曲线

3）环绕段轨道摄动分析

环绕段轨道摄动分析对 4 种轨道动力学模型的轨道外推误差做对比。模型设置如表 6-2 所示。

表 6-2 环绕段轨道摄动分析轨道动力学模型设置

	引力阶数	太阳光压	第三引力摄动
模型一（参考模型）	50×50	考虑	考虑太阳
模型二	5×5	不考虑	仅考虑太阳
模型三	4×4	不考虑	仅考虑太阳
模型四	5×5	不考虑	不考虑

轨道动力学模型二和模型三相对模型一的轨道外推误差如图 6-11 所示。从中可知，轨道动力学模型三的轨道外推误差虽然小于模型二，但仍然不能忽略，即环绕段轨道动力学模型有必要考虑到 5 阶。

轨道动力学模型二和模型四相对模型一的轨道外推误差如图 6-12 所示。从中可知，两模型的轨道外推误差差异不显著，因此环绕段轨道动力学模型中太阳引力摄动可忽略。

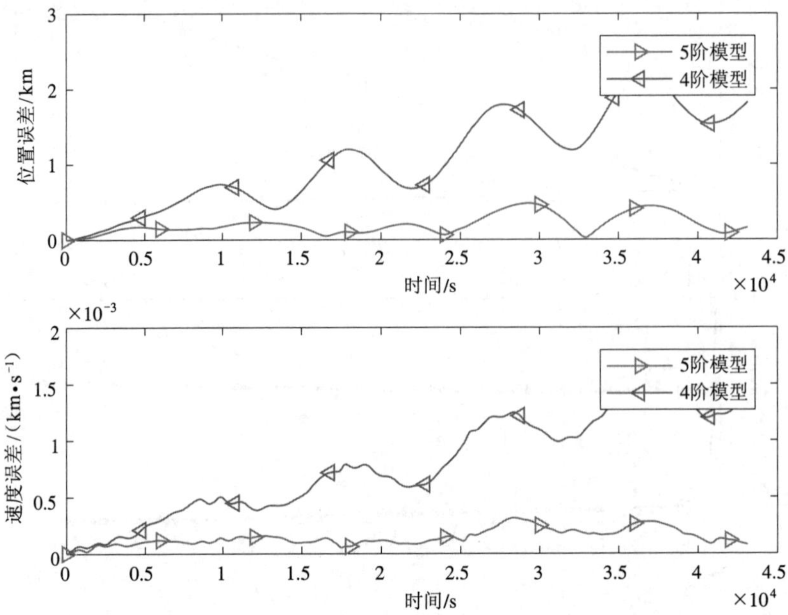

图 6-11　环绕段模型二和模型三相对模型一的位置和速度误差

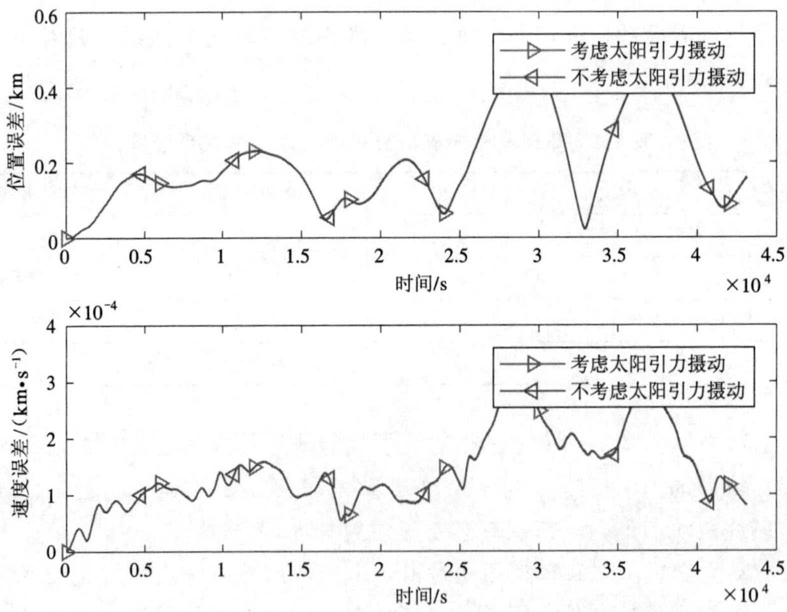

图 6-12　环绕段模型二和模型四相对模型一的位置和速度误差

6.1.2　轨道动力学方程表达形式

针对所研究的问题，航天器轨道动力学方程可以选择不同的表达形式，比如轨道参数可以用球坐标、直角坐标或开普勒要素表示，摄动项可以直接用摄动力表示，也可以用摄动函数表示。

1）用球坐标表达的轨道动力学方程

由于用球坐标表示天体形状和质量的不均匀性比较方便、直观，因此，研究天体引力的摄动函数及其对航天器运动的影响，常用球坐标表示航天器的轨道动力学方程。

$$\begin{cases}\ddot{r}-r\dot{\alpha}^2\cos^2\varphi-r\dot{\varphi}^2=a_r\\ r\ddot{\alpha}\cos\varphi+2(\dot{r}\cos\varphi-r\dot{\varphi}\sin\varphi)\dot{\alpha}=a_\alpha\\ r\ddot{\varphi}+2\dot{r}\dot{\varphi}+r\dot{\alpha}^2\sin\varphi\cos\varphi=a_\varphi\end{cases}\tag{6-19}$$

式中，$(r,\ \alpha,\ \varphi)$ 为航天器的球坐标；r 为航天器相对天体中心的距离；$(\alpha,\ \varphi)$ 为航天器位置对应的经、纬度；a_r、a_α、a_φ 为沿球面坐标轴方向作用在航天器上的加速度。如只考虑天体的引力加速度，则它们等于引力势函数 $U(r,\ \alpha,\ \varphi)$ 沿着三个方向的导数。

2）用开普勒要素表达的轨道动力学方程

利用开普勒要素表达轨道，便于分析摄动力对航天器轨道要素的影响。

(1) 拉格朗日行星摄动方程。拉格朗日行星摄动方程是天体力学中常用的方程，其表达式为

$$\begin{cases}\dfrac{\mathrm{d}a}{\mathrm{d}t}=\dfrac{2}{na}\dfrac{\partial R}{\partial M}\\ \dfrac{\mathrm{d}e}{\mathrm{d}t}=\dfrac{1-e^2}{na^2e}\dfrac{\partial R}{\partial M}-\dfrac{\sqrt{1-e^2}}{na^2e}\dfrac{\partial R}{\partial\omega}\\ \dfrac{\mathrm{d}i}{\mathrm{d}t}=\dfrac{\cot i}{na^2\sqrt{1-e^2}}\dfrac{\partial R}{\partial\omega}-\dfrac{\csc i}{na^2\sqrt{1-e^2}}\dfrac{\partial R}{\partial\Omega}\\ \dfrac{\mathrm{d}\Omega}{\mathrm{d}t_n}=\dfrac{1}{na^2\sqrt{1-e^2}\sin i}\dfrac{\partial R}{\partial i}\\ \dfrac{\mathrm{d}\omega}{\mathrm{d}t}=\dfrac{\sqrt{1-e^2}}{na^2e}\dfrac{\partial R}{\partial e}-\dfrac{\cot i}{na^2\sqrt{1-e^2}}\dfrac{\partial R}{\partial i}\\ \dfrac{\mathrm{d}M}{\mathrm{d}t}=n-\dfrac{2}{na}\dfrac{\partial R}{\partial a}-\dfrac{1-e^2}{na^2e}\dfrac{\partial R}{\partial e}\end{cases}\tag{6-20}$$

式中，a 为半长轴；e 为偏心率；i 为轨道倾角；Ω 为升交点赤经；ω 为近天体角

距；M 为平近点角；n 为平均轨道角速度的大小；R 为摄动势函数。

如果确定了摄动势函数的具体表达式，就可以利用方程求解任意时刻的密切轨道要素，并根据二体问题的关系求出航天器的位置和速度。摄动方程的上述形式只适合用于摄动力可以用摄动势函数来表示的场合，而更一般形式的轨道动力学方程是高斯型摄动方程。

（2）高斯型摄动方程。用轨道要素表示的轨道动力学方程为

$$\begin{cases}\dfrac{\mathrm{d}a}{\mathrm{d}t}=\dfrac{2}{n\sqrt{1-e^2}}[F_r e\sin f+F_t(1+e\cos f)]\\ \dfrac{\mathrm{d}e}{\mathrm{d}t}=\dfrac{\sqrt{1-e^2}}{na}[F_r\sin f+F_t(\cos E+\cos f)]\\ \dfrac{\mathrm{d}i}{\mathrm{d}t}=\dfrac{r\cos(\omega+f)}{na^2\sqrt{1-e^2}\sin i}F_n\\ \dfrac{\mathrm{d}\Omega}{\mathrm{d}t}=\dfrac{r\sin(\omega+f)}{na^2\sqrt{1-e^2}\sin i}F_n\\ \dfrac{\mathrm{d}\omega}{\mathrm{d}t}=\dfrac{\sqrt{1-e^2}}{nae}\left(-F_r\cos f+F_t\dfrac{2+e\cos f}{1+e\cos f}\sin f\right)-\cos i\dfrac{\mathrm{d}\Omega}{\mathrm{d}t}\\ \dfrac{\mathrm{d}M}{\mathrm{d}t}=n-\dfrac{1-e^2}{nae}\left[F_r\left(\dfrac{2er}{p}-\cos f\right)+F_t\left(1+\dfrac{r}{p}\right)\sin f\right]\end{cases}\tag{6-21}$$

式中，E 为偏近点角；f 为真近点角；t 为时间；p 为半通径，$p=a(1-e^2)$；F_r，F_t，F_n 分别为摄动加速度在径向、横向和轨道面法向上的分量。

对于二体运动，$F_r=F_t=F_n=0$，$\dfrac{\mathrm{d}M}{\mathrm{d}t}=n$，其余 5 个轨道要素都为常值。

3）用直角坐标表达的轨道动力学方程

用直角坐标表达的轨道动力学方程为

$$\begin{cases}\dot{\boldsymbol{r}}=\boldsymbol{v}\\ \dot{\boldsymbol{v}}=-\dfrac{\mu}{r^3}\boldsymbol{r}+\nabla R+\boldsymbol{a}\end{cases}\tag{6-22}$$

式中，$\boldsymbol{r}$，$\boldsymbol{v}$ 分别为航天器的位置矢量、速度矢量；$\boldsymbol{a}$ 为其他无法用摄动势函数表达的摄动力。

6.1.3 航天器轨道动力学模型

1. 日心转移轨道段轨道动力学模型

对于日心转移轨道段，太阳引力为中心引力，在无轨道控制力作用时对航

天器的运动起主要作用。其他摄动力主要包括大行星引力和太阳光压。在J2000.0日心黄道惯性坐标系上，建立航天器轨道动力学方程为

$$\begin{cases}\dot{\boldsymbol{r}}=\boldsymbol{v}\\ \dot{\boldsymbol{v}}=-\dfrac{\mu_{\mathrm{s}}}{r^3}\boldsymbol{r}+\displaystyle\sum_{i=1}^{n_{\mathrm{p}}}\mu_{\mathrm{i}}\left[\frac{\boldsymbol{r}_{\mathrm{ri}}}{r_{\mathrm{ri}}^3}-\frac{\boldsymbol{r}_{\mathrm{pi}}}{r_{\mathrm{pi}}^3}\right]-\frac{AG}{mr^3}\boldsymbol{r}+\frac{\boldsymbol{T}}{m}+\boldsymbol{a}\end{cases}\tag{6-23}$$

式中，$\boldsymbol{r}$，$\boldsymbol{v}$ 分别为航天器在日心黄道坐标系的位置矢量、速度矢量，且 $r=\|\boldsymbol{r}\|$；$\boldsymbol{r}_{\mathrm{p}i}$ 为第 i 个摄动行星在日心黄道惯性坐标系的位置矢量，且 $r_{\mathrm{p}i}=\|\boldsymbol{r}_{\mathrm{p}i}\|$；$\boldsymbol{r}_{\mathrm{r}i}$ 为第 i 个摄动行星相对航天器的位置矢量，即 $\boldsymbol{r}_{\mathrm{r}i}=\boldsymbol{r}_{\mathrm{p}i}-\boldsymbol{r}$，且 $r_{\mathrm{r}i}=\|\boldsymbol{r}_{\mathrm{r}i}\|$；$\mu_{\mathrm{s}}$ 为太阳引力常数；μ_i 为第 i 个摄动行星的引力常数；n_{p} 为摄动行星的个数；$\boldsymbol{T}$ 为推力矢量；$\boldsymbol{a}$ 为其他摄动加速度矢量。

2. 近目标天体轨道段轨道动力学模型

这里的近目标天体段是指航天器已进入目标天体的引力场范围，对航天器的作用力以目标天体引力为主的轨道段，主要包括接近、着陆和环绕天体等轨道段。

由于航天器距离天体近，天体引力将对航天器的运动起主要作用。考虑到天体形状不规则摄动和太阳引力及光压摄动，在目标天体惯性坐标系中建立的航天器轨道动力学方程如下

$$\begin{cases}\dot{\boldsymbol{r}}_i=\boldsymbol{v}_i\\ \dot{\boldsymbol{v}}_i=\dfrac{\partial V(\boldsymbol{r}_i)}{\partial \boldsymbol{r}_i}+\boldsymbol{a}_i\end{cases}\tag{6-24}$$

式中，$\boldsymbol{r}_i$，$\boldsymbol{v}_i$ 分别为航天器的位置矢量、速度矢量；$\boldsymbol{a}_i$ 为其他需要考虑的加速度；V 为势函数，具体表达式如下

$$V(\boldsymbol{r}_i)=U(\boldsymbol{r}_{\mathrm{tf}})+\frac{\beta\boldsymbol{d}\cdot\boldsymbol{r}_i}{d^3}-\frac{\mu_{\mathrm{s}}}{2d^3}\left[\boldsymbol{r}_i\cdot\boldsymbol{r}_i-3\left(\frac{\boldsymbol{d}\cdot\boldsymbol{r}_i}{d}\right)^2\right]\tag{6-25}$$

式中，第一项为天体引力势函数；第二项为太阳光压摄动势函数；第三项为太阳引力摄动势函数；$\boldsymbol{r}_{\mathrm{tf}}$ 为在固连坐标系表达的航天器相对天体中心的位置矢量；β 为太阳光压参数；$\boldsymbol{d}$ 为天体相对太阳的位置矢量，$d=\|\boldsymbol{d}\|$。

6.2 姿态运动学模型

6.2.1 姿态的描述

姿态的描述有多种形式，常见的有方向余弦式、欧拉角式、欧拉轴角式和姿态四元数式。某时刻航天器姿态唯一确定，因此各种形式的姿态参数间可以相互转换。

1. 方向余弦式

令 $\boldsymbol{i}$、$\boldsymbol{j}$、$\boldsymbol{k}$ 分别表示坐标轴 x、y、z 的单位矢量，下标表示坐标系的种类。例如，b 和 r 分别代表星体和参考坐标系。这两套坐标轴之间的夹角余弦，即方向余弦，共有 9 个，以 C_{xx}、C_{xy}、…、C_{zz}表示，有

$$\begin{cases}\cos(\boldsymbol{i}_b,\ \boldsymbol{i}_r)=\boldsymbol{i}_b\cdot\boldsymbol{i}_r=C_{xx}\\ \cos(\boldsymbol{i}_b,\ \boldsymbol{j}_r)=\boldsymbol{i}_b\cdot\boldsymbol{j}_r=C_{xy}\\ \quad\vdots \qquad\qquad \vdots \qquad \vdots\\ \cos(\boldsymbol{k}_b,\ \boldsymbol{k}_r)=\boldsymbol{k}_b\cdot\boldsymbol{k}_r=C_{zz}\end{cases} \tag{6-26}$$

式中，“·”表示两个矢量的点积运算。

利用这些方向余弦，任一星体坐标轴的单位矢量 $\boldsymbol{i}_b$ 在参考坐标系中的方向有下列形式

$$\begin{aligned}\boldsymbol{i}_{\mathrm{b}}&=(\boldsymbol{i}_{\mathrm{b}}\cdot\boldsymbol{i}_{\mathrm{r}})\boldsymbol{i}_{\mathrm{r}}+(\boldsymbol{i}_{\mathrm{b}}\cdot\boldsymbol{j}_{\mathrm{r}})\boldsymbol{j}_{\mathrm{r}}+(\boldsymbol{i}_{\mathrm{b}}\cdot\boldsymbol{k}_{\mathrm{r}})\boldsymbol{k}_{\mathrm{r}}\\&=C_{xx}\boldsymbol{i}_{\mathrm{r}}+C_{xy}\boldsymbol{j}_{\mathrm{r}}+C_{xz}\boldsymbol{k}_{\mathrm{r}}\end{aligned}\tag{6-27}$$

将式（6-26）的方向余弦组成一个矩阵，即方向余弦矩阵

$$\boldsymbol{C}=\begin{bmatrix}C_{xx}&C_{xy}&C_{xz}\\C_{yx}&C_{yy}&C_{yz}\\C_{zx}&C_{zy}&C_{zz}\end{bmatrix}\tag{6-28}$$

根据式（6-27），星体坐标系在参考坐标系中的几何方向可确定为

$$[\boldsymbol{i}_{\mathrm{b}}\quad\boldsymbol{j}_{\mathrm{b}}\quad\boldsymbol{k}_{\mathrm{b}}]=\boldsymbol{C}[\boldsymbol{i}_{\mathrm{r}}\quad\boldsymbol{j}_{\mathrm{r}}\quad\boldsymbol{k}_{\mathrm{r}}]\tag{6-29}$$

因为方向余弦矩阵完全确定了航天器姿态在参考系中的状态，方向余弦矩阵中的每个元素为姿态参数，所以称此方向余弦阵 $\boldsymbol{C}$ 为姿态矩阵。由于参考坐标系 r 和星体坐标系 b 都是正交坐标系，因此 9 个元素还满足 6 个约束方程。由各单位矢量的模值可导出 3 个约束方程，即

$$\begin{cases}\boldsymbol{i}_{\mathrm{b}}\cdot\boldsymbol{i}_{\mathrm{b}}=C_{xx}^2+C_{xy}^2+C_{xz}^2=1\\\boldsymbol{j}_{\mathrm{b}}\cdot\boldsymbol{j}_{\mathrm{b}}=C_{yx}^2+C_{yy}^2+C_{yz}^2=1\\\boldsymbol{k}_{\mathrm{b}}\cdot\boldsymbol{k}_{\mathrm{b}}=C_{zx}^2+C_{zy}^2+C_{zz}^2=1\end{cases}\tag{6-30}$$

由星体坐标轴的正交特性可导出另外 3 个约束方程，即

$$\begin{cases}\boldsymbol{i}_{\mathrm{b}}\cdot\boldsymbol{j}_{\mathrm{b}}=C_{xx}C_{yx}+C_{xy}C_{yy}+C_{xz}C_{yz}=0\\\boldsymbol{i}_{\mathrm{b}}\cdot\boldsymbol{k}_{\mathrm{b}}=C_{xx}C_{zx}+C_{xy}C_{zy}+C_{xz}C_{zz}=0\\\boldsymbol{j}_{\mathrm{b}}\cdot\boldsymbol{k}_{\mathrm{b}}=C_{yx}C_{zx}+C_{yy}C_{zy}+C_{yz}C_{zz}=0\end{cases}\tag{6-31}$$

因此，只有 3 个姿态参数是独立的。换言之，只需要 3 个独立参数就可描述航天器的 3 轴姿态在参考坐标系中的状态。

根据上述 6 个约束方程，就可知道姿态矩阵满足

$$\boldsymbol{C}\boldsymbol{C}^{\mathrm{T}}=\boldsymbol{I}$$

式中，$\boldsymbol{I}$ 为单位矩阵。

上式表明，$\boldsymbol{C}$ 是正交矩阵。实际上，姿态矩阵也就是参考坐标系与星体坐标系之间的坐标转换矩阵。如已有单位参考矢量 $\boldsymbol{V}$，它在星体坐标系 b 和参考坐标系 r 中分别表示为

$$\begin{cases}\boldsymbol{V}=V_x^{\mathrm{b}}\boldsymbol{i}_{\mathrm{b}}+V_x^{\mathrm{b}}\boldsymbol{j}_{\mathrm{b}}+V_x^{\mathrm{b}}\boldsymbol{k}_{\mathrm{b}}\\\boldsymbol{V}=V_x^{\mathrm{r}}\boldsymbol{i}_{\mathrm{r}}+V_x^{\mathrm{r}}\boldsymbol{j}_{\mathrm{r}}+V_x^{\mathrm{r}}\boldsymbol{k}_{\mathrm{r}}\end{cases}\tag{6-32}$$

将式（6-32）两端分别与矢量 $\boldsymbol{i}_{\mathrm{b}}$、$\boldsymbol{j}_{\mathrm{b}}$、$\boldsymbol{k}_{\mathrm{b}}$ 进行点积运算，并令 V_{b} 和 V_{r} 表示矢量 $\boldsymbol{V}$ 在星体坐标系 b 和参考坐标系 r 中的方向余弦，则

$$V_{\mathrm{b}}=\boldsymbol{C}V_{\mathrm{r}}\tag{6-33}$$

用方向余弦表示的姿态矩阵是描述姿态的一般形式。利用矩阵的乘法运算

可得到相对不同参考系的姿态矩阵。已知星体坐标系 b 相对参考坐标系 r 的姿态矩阵为 $\boldsymbol{C}_r^b$，参考坐标系 r 相对参考坐标系 f 的坐标转换矩阵为 $\boldsymbol{C}_f^r$，则星体坐标系 b 相对参考坐标系 f 的姿态矩阵 $\boldsymbol{C}_f^b$ 的计算公式为

$$\boldsymbol{C}_f^b = \boldsymbol{C}_r^b \boldsymbol{C}_f^r \tag{6-34}$$

2. 欧拉角式

在工程技术中，希望三个姿态参数具有更简单更明显的几何意义，能用姿态敏感器直接测量，能较方便地求解对应的姿态动力学方程，欧拉角比较符合上述特点。根据欧拉定理，刚体绕固定点的转动也可以是绕该点的若干次有限转动的合成。在欧拉转动中，将参考坐标系转动三次得到星体坐标系。在三次转动中，每次的旋转轴是被转动坐标系的某一坐标轴，每次转动的角度即为欧拉角。因此，用欧拉角确定的姿态矩阵是三次坐标转换矩阵的乘积。这些坐标转换矩阵具有如下标准形式

$$\boldsymbol{C}_x(\theta) = \begin{bmatrix} 1 & 0 & 0 \\ 0 & \cos\theta & \sin\theta \\ 0 & -\sin\theta & \cos\theta \end{bmatrix} \tag{6-35}$$

$$\boldsymbol{C}_y(\theta) = \begin{bmatrix} \cos\theta & 0 & -\sin\theta \\ 0 & 1 & 0 \\ \sin\theta & 0 & \cos\theta \end{bmatrix} \tag{6-36}$$

$$\boldsymbol{C}_z(\theta) = \begin{bmatrix} \cos\theta & \sin\theta & 0 \\ -\sin\theta & \cos\theta & 0 \\ 0 & 0 & 1 \end{bmatrix} \tag{6-37}$$

式中，下标“x，y，z”分别表示转轴 x，y，z；θ 表示转角。

以 $\boldsymbol{C}_x(\theta)$ 为例说明。假定空间中有一点 B 在坐标系 $Oxyz$ 中的位置为 (X, Y, Z)。将此正交坐标系绕 x 轴旋转过角度 θ，得到一个新的坐标系 $Ox'y'z'$，如图 6-13 所示。

显然 x' 和 x 轴是重合的。记点 B 在新坐标系中的位置为 (X', Y', Z')，则有

$$\begin{cases} X' = X \\ Y' = Y\cos\theta + Z\sin\theta \\ Z' = -Y\sin\theta + Z\cos\theta \end{cases}$$

写成矩阵形式为

$$\begin{bmatrix} X' \\ Y' \\ Z' \end{bmatrix} = \boldsymbol{C}_x(\theta) \begin{bmatrix} X \\ Y \\ Z \end{bmatrix}$$

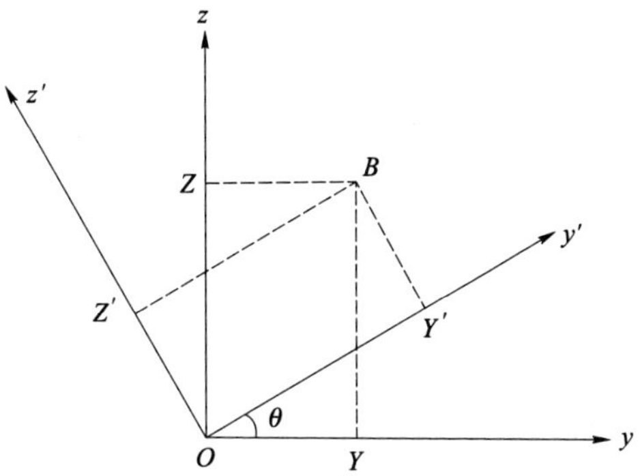

图 6-13　绕 x 轴的坐标系旋转

如在第一次绕 x 轴后旋转 φ 角后，第二次绕新坐标系中的 y' 轴旋转 θ 角，第三次绕第二次旋转后的新坐标中的 z'' 轴旋转 ψ 角，则点 B 在坐标系 $Ox'''y'''z'''$ 中的坐标可以写成

$$\begin{bmatrix} X''' \\ Y''' \\ Z''' \end{bmatrix} = \boldsymbol{C}_z(\psi)\,\boldsymbol{C}_y(\theta)\,\boldsymbol{C}_x(\varphi)\begin{bmatrix} X \\ Y \\ Z \end{bmatrix} \tag{6-38}$$

显然，姿态矩阵还与三次转动的顺序有关，转动顺序可分为两类：第一类，第一次和第三次转动是绕同一个坐标轴进行，第二次转动是绕另两个坐标轴中的一个轴进行；第二类，每次转动是绕不同坐标轴进行。

如以数字顺序 1、2、3 分别代表各类坐标系的坐标轴 x、y、z，则 12 种欧拉转动顺序可表示为 1－2－1，1－3－1，2－1－2，2－3－2，3－1－3，3－2－3 及 1－2－3，1－3－2，2－1－3，2－3－1，3－1－2，3－2－1。

最常用的欧拉角是按 3－1－3 或 3－1－2 顺序得出。各次欧拉转角分别记为 ψ、θ、φ 和 ψ、φ、θ。

对于参考坐标系 $Oxyz$，第一类 3－1－3 转动顺序，首先绕 z 轴转动 φ 角，得到过渡坐标系 $Ox'y'z'$。其中轴 z' 与 z 轴一致，坐标转换矩阵为 $\boldsymbol{C}_z(\varphi)$。其次绕轴转动 θ 角，又得到过渡坐标系 $Ox''y''z''$。其中 x'' 轴和 x' 轴一致，坐标转换矩阵为 $\boldsymbol{C}_x(\theta)$。最后绕轴转动 φ 角，得到星体坐标系 $Ox_by_bz_b$。其中 z_b 轴和 z'' 轴一致，坐标转换矩阵为 $\boldsymbol{C}_z(\varphi)$。根据坐标转换矩阵的三个标准形式得出第一类用欧拉角表示的姿态矩阵为

$$\begin{aligned}\boldsymbol{C} &= \boldsymbol{C}_z(\varphi)\,\boldsymbol{C}_x(\theta)\,\boldsymbol{C}_z(\psi) \\ &= \begin{bmatrix} \cos\varphi\cos\psi - \cos\theta\sin\varphi\sin\psi & \cos\varphi\sin\psi + \cos\theta\sin\varphi\cos\psi & \sin\theta\sin\varphi \\ -\sin\varphi\cos\psi - \cos\theta\cos\varphi\sin\psi & \sin\varphi\sin\psi + \cos\theta\cos\varphi\cos\psi & \sin\theta\cos\varphi \\ \sin\theta\sin\psi & -\sin\theta\cos\psi & \cos\theta \end{bmatrix}\end{aligned} \tag{6-39}$$

对照方向余弦矩阵，欧拉角与方向余弦的关系为

$$\begin{cases}\psi = -\arctan\dfrac{C_{zx}}{C_{zy}}\\ \theta = \arccos C_{zz}\\ \varphi = \arctan\dfrac{C_{xz}}{C_{yz}}\end{cases}$$

为了避免 θ 解的双重性，一般应选择 $0°<\theta<180°$。

第二类 3-1-2 转动顺序，转角依次为 ψ、φ、θ。同理可得对应的姿态矩阵为

$$\begin{aligned}\boldsymbol{C} &= \boldsymbol{C}_y(\theta)\,\boldsymbol{C}_x(\varphi)\,\boldsymbol{C}_z(\psi)\\ &= \begin{bmatrix}\cos\theta\cos\psi - \sin\varphi\sin\theta\sin\psi & \cos\varphi\sin\psi + \sin\varphi\sin\theta\cos\psi & -\cos\varphi\sin\theta\\ -\cos\theta\sin\psi & \cos\varphi\cos\psi & \sin\varphi\\ \sin\theta\cos\psi - \cos\theta\sin\varphi\sin\psi & \sin\theta\sin\psi - \sin\varphi\cos\theta\cos\psi & \cos\varphi\cos\theta\end{bmatrix}\end{aligned} \tag{6-40}$$

若 ψ、φ、θ 都是小角度，则上式姿态矩阵的小角度近似为

$$\boldsymbol{C} = \begin{bmatrix}1 & \psi & -\theta\\ -\psi & 1 & \varphi\\ \theta & -\varphi & 1\end{bmatrix} \tag{6-41}$$

3. 欧拉轴角式

应用姿态矩阵表示航天器姿态要用 9 个方向余弦，在求解方向余弦时还要引入 6 个约束方程，使用很不方便，特别是这种描述方法没有直接显示出航天器姿态的几何意义。欧拉角式需多次三角运算，并且有奇点问题。而欧拉轴角参数式具有独特的优点，在理论力学中有一个著名的欧拉定理：刚体绕固定点的任意转动，可由绕通过此点的某一轴转过一个角度而得到。此定理来源于正交矩阵 $\boldsymbol{C}$ 的一个性质：一个常实正交矩阵至少有一个特征值为 1 的特征矢量，即存在一个满足下面等式的单位矢量 $\boldsymbol{e}$，即

$$\boldsymbol{e} = \boldsymbol{C}\boldsymbol{e} \tag{6-42}$$

式 (6-42) 表明代表刚体转轴方向的矢量在星体坐标中的分量与在参考坐标系中的分量相同，而任何姿态转动都对应一个转换矩阵。描述姿态的参数有 4 个，转轴的单位矢量 $\boldsymbol{e}$ 在参考坐标系中的三个方向余弦 e_x、e_y、e_z 和绕此转轴的转角 Φ。

下面叙述这 4 个姿态参数和 9 个方向余弦之间的转换关系，即

$$
\boldsymbol{C}(\Phi)=\begin{bmatrix} \cos\Phi+e_x^2(1-\cos\Phi) & e_xe_y(1-\cos\Phi)+e_z\sin\Phi & e_xe_z(1-\cos\Phi)-e_y\sin\Phi \\ e_xe_y(1-\cos\Phi)-e_z\sin\Phi & \cos\Phi+e_y^2(1-\cos\Phi) & e_ye_z(1-\cos\Phi)+e_x\sin\Phi \\ e_xe_z(1-\cos\Phi)+e_y\sin\Phi & e_ye_z(1-\cos\Phi)-e_x\sin\Phi & \cos\Phi+e_z^2(1-\cos\Phi) \end{bmatrix}
$$
$$
=\cos\Phi\boldsymbol{I}+(1-\cos\Phi)\boldsymbol{e}\boldsymbol{e}^{\mathrm{T}}-\sin\Phi[\boldsymbol{e}\times] \tag{6-43}
$$

式中，$[\boldsymbol{e}\times]$ 为 $\boldsymbol{e}$ 的反对称矩阵，又称为叉乘矩阵，即

$$
[\boldsymbol{e}\times]=\begin{bmatrix} 0 & -e_z & e_y \\ e_z & 0 & -e_x \\ -e_y & e_x & 0 \end{bmatrix} \tag{6-44}
$$

转轴 $\boldsymbol{e}$ 称为欧拉转轴，转角 Φ 称为欧拉转角，因此这种定义航天器姿态的方法称为欧拉轴角式。其表面上有 4 个参数，但只有 3 个参数是独立的，因为 $\|\boldsymbol{e}\|=e_x^2+e_y^2+e_z^2=1$。对照式（6-28）和式（6-43），可以根据欧拉轴角参数表示两个坐标系的方向余弦。同理，已知方向余弦也可按照下式计算欧拉轴角参数：

$$
\begin{cases} e_x=\dfrac{C_{yz}-C_{zy}}{2\sin\Phi} \\ e_y=\dfrac{C_{zx}-C_{xz}}{2\sin\Phi} \\ e_z=\dfrac{C_{xy}-C_{yx}}{2\sin\Phi} \\ \cos\Phi=\dfrac{\mathrm{Tr}[\boldsymbol{C}]-1}{2} \end{cases} \tag{6-45}
$$

式中，$\mathrm{Tr}[\boldsymbol{C}]=C_{xx}+C_{yy}+C_{zz}$ 为姿态矩阵的迹。绕任意轴转动相同的 Φ 角，姿态矩阵的迹不变。

继续分析欧拉转角 Φ 和两套坐标系之间的关系。令 Φ_x、Φ_y、Φ_z 是参考坐标系和星体坐标系中对应坐标轴之间的夹角，显然，姿态矩阵中对角线上的元素可以表示成

$$
C_{mm}=\cos\Phi_m=\cos\Phi+e_m^2(1-\cos\Phi)\quad(m=x,\ y,\ z) \tag{6-46}
$$

经过三角恒等变换，即利用倍角公式 $\cos2\alpha=\cos^2\alpha-\sin^2\alpha$，可得

$$
\begin{cases} \cos\Phi_m=\cos^2\dfrac{\Phi_m}{2}-\sin^2\dfrac{\Phi_m}{2}=1-2\sin^2\dfrac{\Phi_m}{2} \\ \cos\Phi+e_m^2(1-\cos\Phi)=(1-e_m^2)\cos\Phi+e_m^2 \end{cases}
$$

代入式（6-46），得

$$
-2\sin^2\frac{\Phi_m}{2}=(1-e_m^2)\cos\Phi-(1-e_m^2)
$$

$$
\begin{aligned}
&=(1-e_m^2)\ (\cos\Phi-1)\\
&=(1-e_m^2)\left(1-2\sin^2\frac{\Phi}{2}-1\right)\\
&=-2(1-e_m^2)\ \sin^2\frac{\Phi}{2}
\end{aligned}
$$

根据上式关系，由 $m=x$，y，z 对应的等式相加，可得

$$\sin^2\frac{\Phi}{2}=\frac{1}{2}\left(\sin^2\frac{\Phi_x}{2}+\sin^2\frac{\Phi_y}{2}+\sin^2\frac{\Phi_z}{2}\right) \tag{6-47}$$

式（6-47）给出了对应坐标轴的偏离角与欧拉转角之间的关系。当偏离角较小时，有

$$\Phi=\sqrt{\frac{\Phi_x^2+\Phi_y^2+\Phi_z^2}{2}} \tag{6-48}$$

该公式可用于评价姿态确定误差。

4. 姿态四元数式

为了便于对姿态矩阵进行矩阵运算，由欧拉轴角参数组成另外 4 个姿态参数，前三个代表欧拉转轴的方向，第四个代表欧拉转角。定义姿态四元数 $\boldsymbol{q}$ 由三维矢量和标量组成

$$\boldsymbol{q}=\begin{bmatrix}\boldsymbol{q}_\text{v}\\ q_4\end{bmatrix}=\begin{bmatrix}q_1\\ q_2\\ q_3\\ q_4\end{bmatrix}=\begin{bmatrix}e_x\sin\dfrac{\Phi}{2}\\ e_y\sin\dfrac{\Phi}{2}\\ e_z\sin\dfrac{\Phi}{2}\\ \cos\dfrac{\Phi}{2}\end{bmatrix} \tag{6-49}$$

式中，$\boldsymbol{q}_\text{v}=[q_1\quad q_2\quad q_3]^\text{T}$。姿态四元数满足约束方程

$$q_1^2+q_2^2+q_3^2+q_4^2=1 \tag{6-50}$$

姿态四元数 $\boldsymbol{q}$ 可表示为复数形式

$$\boldsymbol{q}=q_1\boldsymbol{i}+q_2\boldsymbol{j}+q_3\boldsymbol{k}+q_4 \tag{6-51}$$

式中，$\boldsymbol{i}$，$\boldsymbol{j}$ 和 $\boldsymbol{k}$ 为参考坐标轴的单位矢量。

利用三角公式 $\cos\Phi=2\cos^2\dfrac{\Phi}{2}-1$ 和 $\sin\Phi=2\sin\dfrac{\Phi}{2}\cos\dfrac{\Phi}{2}$，可以得到姿态矩阵与姿态四元数之间的关系式如下

$$\boldsymbol{C}(\boldsymbol{q})=\begin{bmatrix} q_1^2-q_2^2-q_3^2+q_4^2 & 2(q_1q_2+q_3q_4) & 2(q_1q_3-q_2q_4) \\ 2(q_1q_2-q_3q_4) & -q_1^2+q_2^2-q_3^2+q_4^2 & 2(q_2q_3+q_1q_4) \\ 2(q_1q_3+q_2q_4) & 2(q_2q_3-q_1q_4) & -q_1^2-q_2^2+q_3^2+q_4^2 \end{bmatrix}$$
$$=(q_4^2-\boldsymbol{q}_{\mathrm{v}}^{\mathrm{T}}\boldsymbol{q}_{\mathrm{v}})I+2\boldsymbol{q}_{\mathrm{v}}\boldsymbol{q}_{\mathrm{v}}^{\mathrm{T}}-2q_4[\boldsymbol{q}_{\mathrm{v}}\times] \tag{6-52}$$

式中，$[\boldsymbol{q}_{\mathrm{v}}\times]$ 为 $\boldsymbol{q}_{\mathrm{v}}$ 的反对称矩阵。

姿态四元数与方向余弦的关系为

$$\begin{cases} \boldsymbol{q}_{\mathrm{v}}=\dfrac{1}{4q_4}\begin{bmatrix} C_{23}-C_{32} \\ C_{31}-C_{13} \\ C_{12}-C_{21} \end{bmatrix} \\ q_4=\pm\dfrac{1}{2}\sqrt{\mathrm{Tr}[\boldsymbol{C}]+1} \end{cases} \tag{6-53}$$

这里q_4的正负号任取，取正号的意义是绕定轴旋转角度 $\boldsymbol{\Phi}$，取负号的意义是绕定轴旋转角度 $2\pi+\boldsymbol{\Phi}$。如果 $1+C_{11}+C_{22}+C_{33}\approx 0$，则由式（6-53）计算出来的姿态四元数分量可能会因q_4作为分母而导致较大的误差。为避免该情况，同样根据式（6-52）给出的姿态四元数与方向余弦矩阵的关系，可按如下公式计算姿态四元数各分量。

$$\begin{cases} q_2=\pm\dfrac{1}{2}\sqrt{1-C_{11}+C_{22}-C_{33}} \\ q_1=\dfrac{1}{4q_2}(C_{12}-C_{21}) \\ q_3=\dfrac{1}{4q_2}(C_{32}-C_{23}) \\ q_4=\dfrac{1}{4q_2}(C_{31}-C_{13}) \end{cases} \tag{6-54}$$

进一步，如果$q_2\approx 0$，则同样可以采用类似的方法先求解 q_1 或 q_3，再求解其他分量。

与方向余弦矩阵性质相似，连续两次转动后的姿态四元数等于各次转动的姿态四元数的乘积。令第一次转动的姿态四元数为 $\boldsymbol{q}$，第二次转动的姿态四元数为 $\boldsymbol{q}'$，两次连续转动后的姿态四元数为 $\boldsymbol{q}''$，如以姿态矩阵表示两次转动的结果，则有

$$\boldsymbol{C}(\boldsymbol{q}'')=\boldsymbol{C}(\boldsymbol{q}')\boldsymbol{C}(\boldsymbol{q}) \tag{6-55}$$

即

$$\begin{bmatrix} q''_1 \\ q''_2 \\ q''_3 \\ q''_4 \end{bmatrix} = \begin{bmatrix} q'_4 & q'_3 & -q'_2 & q'_1 \\ -q'_3 & q'_4 & q'_1 & q'_2 \\ q'_2 & -q'_1 & q'_4 & q'_3 \\ -q'_1 & -q'_2 & -q'_3 & q'_4 \end{bmatrix} \begin{bmatrix} q_1 \\ q_2 \\ q_3 \\ q_4 \end{bmatrix} \tag{6-56}$$

或

$$\begin{bmatrix} q''_1 \\ q''_2 \\ q''_3 \\ q''_4 \end{bmatrix} = \begin{bmatrix} q_4 & -q_3 & q_2 & q_1 \\ q_3 & q_4 & -q_1 & q_2 \\ -q_2 & q_1 & q_4 & q_3 \\ -q_1 & -q_2 & -q_3 & q_4 \end{bmatrix} \begin{bmatrix} q'_1 \\ q'_2 \\ q'_3 \\ q'_4 \end{bmatrix} \tag{6-57}$$

式（6-57）也可以用简洁的姿态四元数乘积表示，即

$$\begin{aligned} \boldsymbol{q}'' &= \boldsymbol{q}\boldsymbol{q}' \\ &= (q_1\boldsymbol{i} + q_2\boldsymbol{j} + q_3\boldsymbol{k} + q_4)(q'_1\boldsymbol{i} + q'_2\boldsymbol{j} + q'_3\boldsymbol{k} + q'_4) \end{aligned} \tag{6-58}$$

其中，有

$$\begin{cases} \boldsymbol{ii} = \boldsymbol{jj} = \boldsymbol{kk} = -1 \\ \boldsymbol{ij} = -\boldsymbol{ji} = \boldsymbol{k} \\ \boldsymbol{jk} = -\boldsymbol{kj} = \boldsymbol{i} \\ \boldsymbol{ki} = -\boldsymbol{ik} = \boldsymbol{j} \end{cases}$$

比较式（6-55）和式（6-58）可知，姿态四元数乘积顺序与姿态矩阵乘积顺序相反。

6.2.2 姿态运动学方程

姿态运动学方程是姿态参数在姿态机动过程中变化的方程。令姿态相对参考坐标的转速为 ω，转轴为 $\boldsymbol{e}$，则角速度矢量为 $\boldsymbol{\omega} = \omega\boldsymbol{e}$。如在 t 时刻的姿态矩阵为 $\boldsymbol{C}(t)$，在 $t+\Delta t$ 时刻的姿态矩阵为 $\boldsymbol{C}(t+\Delta t)$，则

$$\boldsymbol{C}(t+\Delta t) = \boldsymbol{C}'\boldsymbol{C}(t) \tag{6-59}$$

$\boldsymbol{C}'$为绕 $\boldsymbol{e}$ 轴转过 $\Phi = \omega\Delta t$ 角的转动矩阵，按欧拉轴角参数式，此转动矩阵可写为

$$\boldsymbol{C}' = \cos\Phi\boldsymbol{I} + (1-\cos\Phi)\boldsymbol{e}\boldsymbol{e}^{\mathrm{T}} - \sin\Phi[\boldsymbol{e}\times] \tag{6-60}$$

当 $\Phi \ll 1$ 时，有 $\sin\Phi = \omega\Delta t$，则

$$\boldsymbol{C}' = \boldsymbol{I} - [\boldsymbol{\omega}\times]\Delta t \tag{6-61}$$

因此，在 $t+\Delta t$ 时刻，姿态矩阵可展开为

$$\boldsymbol{C}(t+\Delta t) = \boldsymbol{C}(t) - \Delta t[\boldsymbol{\omega}\times]\boldsymbol{C}(t) \tag{6-62}$$

即可得到以姿态矩阵表示的姿态运动学方程

$$\frac{\mathrm{d}\boldsymbol{C}(t)}{\mathrm{d}t}=\lim_{\Delta t\to 0}\frac{\boldsymbol{C}(t+\Delta t)-\boldsymbol{C}(t)}{\Delta t}=-[\boldsymbol{\omega}\times]\boldsymbol{C}(t) \tag{6-63}$$

应用姿态四元数与方向余弦的关系式，可得姿态四元数的变化方程。以 q_4 为例，由式（6-53）微分得

$$\dot{q}_4=\frac{1}{8q_4}(\dot{C}_{xx}+\dot{C}_{yy}+\dot{C}_{zz}) \tag{6-64}$$

按式（6-63），矩阵元素的导数可列为

$$\begin{cases}\dot{C}_{xx}=\omega_z C_{yx}-\omega_y C_{zx}\\ \dot{C}_{yy}=-\omega_z C_{xy}+\omega_x C_{zy}\\ \dot{C}_{zz}=\omega_y C_{xz}-\omega_x C_{yz}\end{cases}$$

代入 $\dot{q}_4$ 的等式，并利用式（6-53）可得

$$\dot{q}_4=-\frac{1}{2}(q_1\omega_x+q_2\omega_y+q_3\omega_z) \tag{6-65}$$

同样，可得其他姿态四元数的微分公式，归纳为

$$\begin{bmatrix}\dot{q}_1\\ \dot{q}_2\\ \dot{q}_3\\ \dot{q}_4\end{bmatrix}=\frac{1}{2}\begin{bmatrix}0 & \omega_z & -\omega_y & \omega_x\\ -\omega_z & 0 & \omega_x & \omega_y\\ \omega_y & -\omega_x & 0 & \omega_z\\ -\omega_x & -\omega_y & -\omega_z & 0\end{bmatrix}\begin{bmatrix}q_1\\ q_2\\ q_3\\ q_4\end{bmatrix}$$

$$=\frac{1}{2}\begin{bmatrix}q_4 & -q_3 & q_2\\ q_3 & q_4 & -q_1\\ -q_2 & q_1 & q_4\\ -q_1 & -q_2 & -q_3\end{bmatrix}\begin{bmatrix}\omega_x\\ \omega_y\\ \omega_z\end{bmatrix}$$

上式为姿态四元数运动学方程，可简写为

$$\dot{\boldsymbol{q}}=\frac{1}{2}\boldsymbol{\Omega}(\boldsymbol{\omega})\boldsymbol{q} \tag{6-66}$$

其中

$$\boldsymbol{\Omega}(\boldsymbol{\omega})=\begin{bmatrix}0 & \omega_z & -\omega_y & \omega_x\\ -\omega_z & 0 & \omega_x & \omega_y\\ \omega_y & -\omega_x & 0 & \omega_z\\ -\omega_x & -\omega_y & -\omega_z & 0\end{bmatrix} \tag{6-67}$$

式（6-66）为线性微分方程，不含三角函数，无奇点问题，并且方程的解必须满足约束条件式（6-50）。

姿态四元数模的平方为

$$\|\boldsymbol{q}\|^2=\boldsymbol{q}^{\mathrm{T}}\boldsymbol{q}$$

则其微分式为

$$\begin{aligned}\frac{\mathrm{d}\|\boldsymbol{q}\|^2}{\mathrm{d}t}&=\dot{\boldsymbol{q}}^{\mathrm{T}}\boldsymbol{q}+\boldsymbol{q}^{\mathrm{T}}\dot{\boldsymbol{q}}\\&=\frac{1}{2}\boldsymbol{q}^{\mathrm{T}}(\boldsymbol{\Omega}^{\mathrm{T}}+\boldsymbol{\Omega})\boldsymbol{q}\end{aligned}$$

因 $\boldsymbol{\Omega}^{\mathrm{T}}=-\boldsymbol{\Omega}$，$\dfrac{\mathrm{d}\|\boldsymbol{q}\|^2}{\mathrm{d}t}=0$，所以姿态四元数微分方程式（6-66）解的模值恒为常值。

从欧拉角转动顺序可得姿态欧拉角的运动学方程，姿态相对参考坐标系的转速 $\boldsymbol{\omega}$ 在星体坐标系中可表示为

$$\boldsymbol{\omega}=\omega_x\boldsymbol{x}_{\mathrm{b}}+\omega_y\boldsymbol{y}_{\mathrm{b}}+\omega_z\boldsymbol{z}_{\mathrm{b}}$$

此转速可视为三次欧拉转动的合成。以 3－1－3 和 3－1－2 顺序为例，有

$$\boldsymbol{\omega}_{313}=C_3(\varphi)\left\{\begin{bmatrix}0\\0\\\dot{\varphi}\end{bmatrix}+C_1(\theta)\left(\begin{bmatrix}0\\\dot{\theta}\\0\end{bmatrix}+C_3(\psi)\begin{bmatrix}0\\0\\\dot{\psi}\end{bmatrix}\right)\right\}$$

即

$$\begin{bmatrix}\omega_x\\\omega_y\\\omega_z\end{bmatrix}_{313}=\begin{bmatrix}\dot{\psi}\sin\theta\sin\varphi+\dot{\theta}\cos\varphi\\\dot{\psi}\sin\theta\cos\varphi-\dot{\theta}\sin\varphi\\\dot{\psi}\cos\theta+\dot{\varphi}\end{bmatrix}\tag{6-68}$$

和

$$\boldsymbol{\omega}_{312}=C_2(\theta)\left\{\begin{bmatrix}0\\\dot{\theta}\\0\end{bmatrix}+C_1(\varphi)\left(\begin{bmatrix}\dot{\varphi}\\0\\0\end{bmatrix}+C_3(\psi)\begin{bmatrix}0\\0\\\dot{\psi}\end{bmatrix}\right)\right\}$$

即

$$\begin{bmatrix}\omega_x\\\omega_y\\\omega_z\end{bmatrix}_{312}=\begin{bmatrix}-\dot{\psi}\sin\theta\cos\varphi+\dot{\varphi}\cos\theta\\\dot{\psi}\sin\varphi-\dot{\theta}\\\dot{\psi}\cos\theta\cos\varphi+\dot{\varphi}\sin\theta\end{bmatrix}\tag{6-69}$$

按 3-1-3 顺序，由式（6-68）得姿态角的运动学方程为

$$\begin{bmatrix}\dot{\psi}\\ \dot{\theta}\\ \dot{\varphi}\end{bmatrix}_{313}=\frac{1}{\sin\theta}\begin{bmatrix}\omega_x\sin\varphi+\omega_y\cos\varphi\\ \omega_x\cos\varphi\sin\theta-\omega_y\sin\varphi\sin\theta\\ -\omega_x\sin\varphi\cos\theta-\omega_y\cos\varphi\cos\theta+\omega_z\sin\theta\end{bmatrix} \tag{6-70}$$

按 3-1-2 顺序，有

$$\begin{bmatrix}\dot{\psi}\\ \dot{\varphi}\\ \dot{\theta}\end{bmatrix}_{312}=\frac{1}{\cos\varphi}\begin{bmatrix}-\omega_x\sin\theta+\omega_z\cos\theta\\ \omega_x\cos\varphi\cos\theta-\omega_z\cos\varphi\sin\theta\\ \omega_x\sin\varphi\sin\theta+\omega_y\cos\varphi-\omega_z\sin\varphi\cos\theta\end{bmatrix} \tag{6-71}$$

以上两组方程为非线性方程，并有奇点，分别为 $\theta=0°$ 和 $\varphi=90°$ 时。

6.3 火星环境模型

6.3.1 火星椭球模型

描述火星表面地形时需要先定义火星椭球模型。目前常用的火星椭球模型有椭球体和正球体两种，且具体参数略有差异，如表 6-3 所示。由于椭球体在地图投影计算等应用时相对复杂，因此国际天文学会定义的椭球体 IAU MARS 2000 并未得到普遍应用。实际火星探测任务地形数据处理中多使用正球体。例如，由火星快车（Mars Express）的高分辨率立体测绘相机（High Resolution Stereo Camera，HRSC）获得的地形数据即采用半径为 3 396.0 km 的正球体，由火星全球勘探者（Mars Global Surveyor）的火星轨道器激光高度计（Mars Orbiter Laser Altimeter，MOLA）获得的地形数据采用半径为 3 396.19 km 的正球体。

表 6-3 常用火星椭球模型

椭球方式	长半轴/km	短半轴/km	备注
椭球体	3 396.19	3 376.20	实际应用较少
正球体	3 396.00	3 396.00	HRSC 地形数据
正球体	3 396.19	3 396.19	MOLA 地形数据

6.3.2　火星引力场模型

火星引力场模型采用球谐函数法建立。1995 年 NASA 发布了 50 阶次的火星引力场模型 Mars50c，该模型依据海盗 1 号和 2 号、水手 9 号探测器的多普勒跟踪数据开发。2001 年 NASA 发布了 80 阶次的火星引力场模型 GMM - 2B，该模型依据火星全球勘测者探测器从 1997 年 10 月到 2000 年 2 月的 X 波段跟踪数据和从 1997 年 3 月到 12 月的激光高度计测距数据开发。2016 年 NASA 根据火星侦察轨道器（Mars Reconnaissance Orbiter）的多年跟踪数据推出 120 阶的火星引力场模型 MRO120D。

将 GMM - 2B 中谐系数与地球引力位比较，可以发现火星动力学扁率 J_2 与地球动力学扁率大小相当，但是其余谐系数几乎都要比地球的大一个量级左右。特别是火星赤道椭率 $J_{2,2}$，与火星动力学扁率 J_2 相比只差一个量级，比地球赤道椭率大两个量级。而火星非球形引力位的 3 阶田谐系数 $J_{3,3}$ 与 $J_{2,2}$ 相比，也没有量级上的差别。火星引力场模型 GMM - 2B 中前 4 阶次球谐系数如表 6-4 所示。

表 6-4　火星引力场模型 GMM - 2B 中前 4 阶次球谐系数

阶数 n	次数 m	$\bar{C}_{nm}$	$\bar{S}_{nm}$
2	0	$-8.745\,054\,708\times10^{-4}$	0
3	0	$-1.188\,691\,065\times10^{-5}$	0
4	0	$5.125\,798\,718\times10^{-6}$	0
2	1	$1.393\,844\,916\,6\times10^{-10}$	$1.704\,428\,064\times10^{-10}$
2	2	$-8.417\,751\,981\times10^{-5}$	$4.960\,534\,488\,4\times10^{-5}$
3	1	$3.905\,344\,232\times10^{-6}$	$2.513\,932\,404\times10^{-5}$
3	2	$-1.586\,341\,103\times10^{-5}$	$8.485\,798\,716\times10^{-6}$
3	3	$3.533\,854\,114\times10^{-5}$	$2.511\,398\,426\times10^{-5}$
4	1	$4.227\,157\,505\times10^{-6}$	$3.741\,321\,503\times10^{-6}$
4	2	$-1.025\,388\,411\times10^{-6}$	$-8.962\,295\,163\times10^{-6}$
4	3	$6.446\,128\,873\times10^{-6}$	$-2.729\,779\,031\times10^{-7}$
4	4	$9.638\,433\,482\times10^{-8}$	$-1.286\,136\,169\times10^{-5}$
注：$\bar{C}_{nm}$ 和 $\bar{S}_{nm}$ 为式（6-5）中归一化的球谐系数。			

6.4 小行星环境模型

6.4.1 小行星三维模型

小行星由于质量相对小，其自身引力不足以克服固体应力使之成为近球形，所以往往呈现出千姿百态的外观，且表面常因为陨石的撞击而出现密布的撞击坑，例如图 6-14 所示的“嫦娥二号”拍摄的图塔蒂斯小行星外貌。

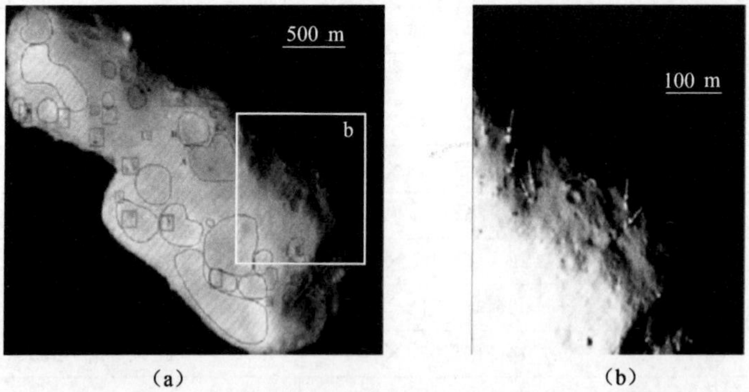

图 6-14 “嫦娥二号”拍摄的图塔蒂斯小行星外貌

为了尽可能精确地描述小行星的形状，可以使用一个表面由一系列三角形构成的多面体来逼近小行星，这个多面体即为小行星的多面体模型。以

Eros 433 小行星为例，当多面体由 5 184 个面构成时，已经可以较好地逼近小行星的形状。小行星多面体模型可从 NASA 的行星数据系统（Planetary Data System）中获得。NASA 提供的多面体模型数据包中的内容共分两部分：第一部分为多面体表面上点的位置列表，如数据包中第 1 个点为“18.332 72E+00 −4.809 02E+00 −4.784 54E+00”，其中 1 表示该点的编号，后面 3 个数为该点在小行星固连坐标系中的位置分量，单位为 km；第二部分为组成多面体的三角形索引，如其中 1 个三角形表示为“1 1 105 101”，其中第 1 个 1 表示该三角形编号，后面 3 个数表示三角形 3 个顶点的编号。查询第一部分即可确定该三角形在小行星固连坐标系中的位置。

6.4.2　小行星引力场模型

研究表明，因为长期的空间风化作用，多数小行星的内部结构不是整块致密的岩石，而是许多碎石在引力作用下聚集成的堆状结构，也就是说小行星内部密度分布不均匀，加之小行星外形不规则，使得建立精确小行星引力场模型比较困难。

球谐函数法可通过无穷级数来逼近小行星的引力势函数，但其主要问题在于缺乏轨道数据来确定球谐系数，而且其收敛性依赖于所计算的位置。当所计算的位置接近于有效半径，即布里渊椭球体时，收敛非常缓慢。当所计算的位置位于有效半径内时，其计算结果会存在很大的误差甚至完全发散。因此该方法不适用于小天体表面引力场建模。

多面体模型法使用多面体模型来逼近不规则小行星的形状，进而通过积分变换对引力场体积分进行处理，求出任意多面体的引力势，所以可以用于任意不规则匀质小天体的引力场建模，目前该方法已广泛用于不规则小天体引力场特性分析及其轨道动力学的相关研究。多面体模型引力势计算公式见式（6-15）。

6.5 小　结

本章介绍了航天器的轨道动力学模型、姿态运动学模型和天体环境模型等基础知识。航天器轨道摄动主要有中心天体引力及形状摄动、第三体引力摄动、太阳光压摄动和大气阻力摄动等。轨道动力学方程主要有球坐标表达、开普勒要素表达和直角坐标表达三种常见形式。描述航天器姿态的参数有方向余弦、欧拉角、欧拉轴角和姿态四元数 4 种常用形式。给定时刻的航天器姿态唯一确定，因此不同形式的姿态参数可以相互转换。姿态矩阵和姿态四元数在导航算法研究中更为常用，前者用于导航算法中各种矢量在不同坐标系间的转换，后者易于描述惯性系下的航天器姿态状态，而且不会奇异。在环境模型建模方面，由于火星等大天体的外形规则，因此使用简单的旋转椭球模型即可有效描述形状，引力场模型使用球谐函数精确计算。小行星等小天体的外形通常不规则，于是改用由众多三角形拼接的多面体模型描述形状，同时利用多面体模型方法计算引力场。

参 考 文 献

[1] G. Roman, B. Jean-Pierre. Ellipsoidal harmonic expansions of the gravitational potential: theory and application [J]. Celestial Mechanics and Dynamical Astronomy, 2001, 79 (4): 235 - 275.

[2] S. Casotto, S. Musotto. Methods for computing the potential of an irregular, homogeneous, solid body and its gradient [C] //Astrodynamics Specialist Conference. Denvcr: AIAA, 2013, 82 - 96.

[3] R. A. Werner. On the gravity field of irregularly shaped celestial bodies [D]. Austin: The University of Texas at Austin, 1996.

[4] R. S. Park, R. A. Werner, S. Bhaskaran. Estimating small-body gravity field from shape model and navigation data [J]. Journal of Guidance, Control, and Dynamics, 2010, 33 (1): 212 - 221.

[5] 杨嘉墀. 航天器轨道动力学与控制 [M]. 北京: 中国宇航出版社, 2001.

[6] 章仁为. 卫星轨道姿态动力学与控制 [M]. 北京: 北京航空航天大学出版社, 1998.

[7] 吕振铎, 雷拥军. 卫星姿态测量与确定 [M]. 北京: 国防工业出版社, 2013.

[8] 徐青, 耿迅, 蓝朝桢, 等. 火星地形测绘研究综述 [J]. 深空探测学报, 2014, 1 (1): 28 - 35.

[9] A. S. Konopliv, W. L. Sjogren. The JPL Mars gravity field, Mars50c, based upon viking and mariner 9 doppler tracking data [R]. NASA Sti/recon Technical Report N, 1995.

[10] F. G. Lemoine, D. E. Smith, D. D. Rowlands, et al. An improved solution of the gravity field of Mars (GMM-2B) from Mars global surveyor [J]. Journal of Geophysical Research: Planets, 2001, 106 (E10): 23359 - 23376.

[11] A. S. Konopliv, R. S. Park, W. M. Folkner. An improved JPL Mars gravity field and orientation from Mars orbiter and lander tracking data [J]. Icarus, 2016, 274: 253 - 260.

[12] 周垂红，喻圣贤，刘林. 火星非球形引力位田谐项联合摄动分析解 [J]. 天文学报，2012，53 (3)：205－212.

[13] 李俊峰，宝音贺西，蒋方华. 深空探测动力学与控制 [M]. 北京：清华大学出版社，2014.

[14] 叶培建，黄江川，孙泽洲，等. 中国月球探测器发展历程和经验初探 [J]. 中国科学：技术科学，2014，44 (6)：543－558.

[15] 崔祐涛，张振江，余萌. 多面体模型的 Eros433 引力场计算与分析 [J]. 哈尔滨工业大学学报，2012，44 (3)：17－22.

[16] D. C. Richardson，Z. M. Leinhardt，H. J. Melosh，et al. Gravitational aggregates：evidence and evolution [M]. Ed. William F，et al. Asteroids Ⅲ. Tucson：Univ. Arizona Press，2002.

[17] 肖尧，阮晓钢，魏若岩. 基于 433 Eros 的多面体引力模型精度与运行时间研究 [J]. 深空探测学报，2016，3 (1)：41－46.

[18] 姜宇，李恒年. 小行星探测器轨道力学 [M]. 北京：中国宇航出版社，2017.

第7章 惯性自主导航技术

本章首先给出陀螺和加速度计的测量方程，以及捷联式惯性导航的微分方程。在实际系统中，为了降低输出噪声对系统解算精度的影响，并且能够完全利用所输出的信息，陀螺和加速度计的输出全部采用增量形式，即加速度计输出速度增量、陀螺输出角度增量。在此情况下，姿态和导航解算只能通过求解差分方程，即外推方程来完成。捷联式惯性导航算法的核心是姿态、速度和位置的外推方程。其中又以姿态更新解算最为关键，外推方程一般通过对微分方程积分求解得到。当星体存在线振动和角振动，或做机动运动时，在姿态解算中会引起圆锥效应，在速度解算中会引起划桨效应，多子样算法能够对圆锥效应和划桨效应做有效补偿。陀螺与加速度计的安装误差及参数误差是引起导航误差的重要因素，其传播关系可以通过误差模型得到体现和分析。 惯性导航的误差会随着时间累积，因此对惯性器件做标定和误差补偿十分有意义，是提高惯性导航精度的重要途径。本章介绍了一种航天器在轨标定陀螺安装误差、刻度因子误差和常值漂移的方法，该方法已在“嫦娥三号”着陆器上成功应用。最后，以月球软着陆为例，介绍惯性导航技术在航天任务中的实际应用。

7.1 测量方程

7.1.1 陀螺测量方程

以光学陀螺组件为例对陀螺测量方程进行说明。记输入轴角速率为 $\boldsymbol{\omega}$，测量角速率为 $\tilde{\boldsymbol{\omega}}$。不失一般性，假设沿航天器本体系 3 个坐标轴分别安装 1 个陀螺，则不考虑陀螺动态特性的测量方程如下

$$\tilde{\boldsymbol{\omega}}=(\boldsymbol{I}+\boldsymbol{\Delta}_{\mathrm{G}}+[\boldsymbol{\Psi}_{\mathrm{G}}\times])\boldsymbol{\omega}+\boldsymbol{b}_{\mathrm{G}}+\boldsymbol{d}_{\mathrm{G}}+\boldsymbol{n}_{\mathrm{G}} \tag{7-1}$$

$$\dot{\boldsymbol{b}}_{\mathrm{G}}=\boldsymbol{0} \tag{7-2}$$

$$\dot{\boldsymbol{d}}_{\mathrm{G}}=\boldsymbol{n}_{\mathrm{d}} \tag{7-3}$$

式中，$\boldsymbol{\Delta}_{\mathrm{G}}$ 为陀螺的刻度因子误差矩阵；$[\boldsymbol{\Psi}_{\mathrm{G}}\times]$ 为陀螺的安装误差矩阵；$\boldsymbol{b}_{\mathrm{G}}$ 为陀螺的常值漂移；$\boldsymbol{d}_{\mathrm{G}}$ 为陀螺的角速率随机游走；$\boldsymbol{n}_{\mathrm{G}}$ 为陀螺的角度随机游走，是零均值高斯白噪声；$\boldsymbol{n}_{\mathrm{d}}$ 为零均值高斯白噪声。

光学陀螺的测量模型如图 7-1 所示。图中，ω_{n} 为二阶环节的自然振荡频率；$\boldsymbol{\omega}_{\mathrm{out}}$ 为考虑动态特性时陀螺的测量输出。

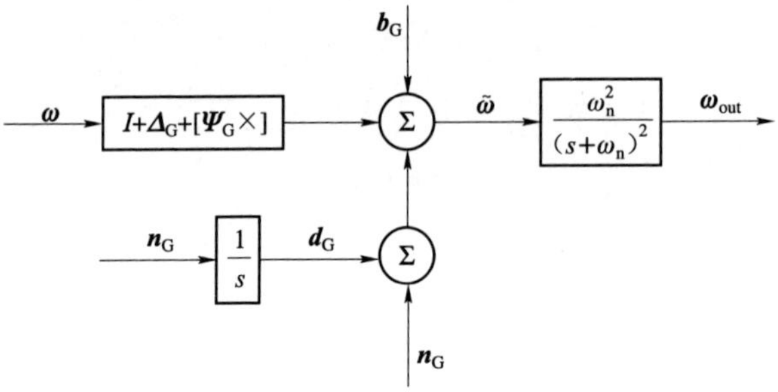

图 7-1　光学陀螺的测量模型

7.1.2　加速度计测量方程

以石英挠性加速度计组件为例对加速度计测量方程进行说明。记输入轴加速度为 $\boldsymbol{a}$，测量加速度为$\tilde{\boldsymbol{a}}$。不失一般性，假设沿航天器本体系 3 个坐标轴分别安装一个加速度计，则不考虑加速度计动态特性的测量方程为

$$\tilde{\boldsymbol{a}}=(\boldsymbol{I}+\boldsymbol{\Delta}_A+[\boldsymbol{\Psi}_A\times])\boldsymbol{a}+\boldsymbol{b}_A+\boldsymbol{n}_A \tag{7-4}$$

$$\dot{\boldsymbol{b}}_A=\boldsymbol{0} \tag{7-5}$$

式中，$\boldsymbol{\Delta}_A$为加速度计的刻度因子误差矩阵；$[\boldsymbol{\Psi}_A\times]$ 为加速度计的安装误差矩阵；$\boldsymbol{b}_A$为加速度计的零偏；$\boldsymbol{n}_A$ 为零均值高斯白噪声。

加速度计的测量模型如图 7-2 所示。

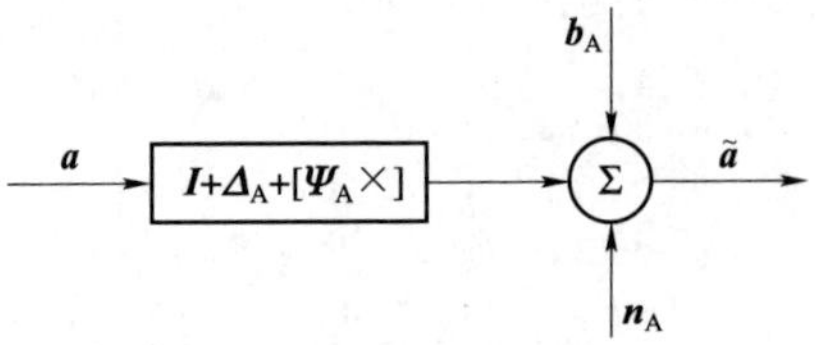

图 7-2　加速度计的测量模型

7.2 捷联式惯性导航的微分方程

航天器应用惯性导航技术时一般在惯性系下直接对位置和速度进行解算，而不是地理系。记航天器本体在惯性系下的姿态四元数为 $\boldsymbol{q}=[q_1 \quad q_2 \quad q_3 \quad q_4]^{\mathrm{T}}$，那么惯性系下的姿态运动学方程可以写作

$$\dot{\boldsymbol{q}}=\frac{1}{2}\begin{bmatrix} q_4 & -q_3 & q_2 \\ q_3 & q_4 & -q_1 \\ -q_2 & q_1 & q_4 \\ -q_1 & -q_2 & -q_3 \end{bmatrix}\boldsymbol{\omega} \tag{7-6}$$

式中，$\boldsymbol{\omega}$ 为本体的角速度，可以根据陀螺测量得到。式（7-6）被用于姿态四元数更新。

记航天器在惯性系下的位置和速度矢量为 $\boldsymbol{r}$ 和 $\boldsymbol{v}$，那么惯性系下的位置和速度微分方程分别为

$$\dot{\boldsymbol{r}}=\boldsymbol{v} \tag{7-7}$$

$$\dot{\boldsymbol{v}}=\boldsymbol{C}_{\mathrm{b}}^{\mathrm{i}}\boldsymbol{a}+\boldsymbol{g} \tag{7-8}$$

式中，$\boldsymbol{C}_{\mathrm{b}}^{\mathrm{i}}$ 为星体的姿态矩阵，即由本体系到惯性系的坐标转换矩阵；$\boldsymbol{a}$ 为加速度计测量的非引力加速度矢量，投影在本体系中；$\boldsymbol{g}$ 为惯性系下的引力加速度

矢量，精确计算引力加速度时除了中心天体引力还需要考虑第三体引力，如果精度要求不高，或导航时间短，引力项比例小，则可以用二体模型计算引力加速度矢量，即

$$\boldsymbol{g}=-\frac{\mu}{r^3}\boldsymbol{r} \tag{7-9}$$

式中，μ 为中心天体的引力常数；r 为 $\boldsymbol{r}$ 的模，即 $r=\|\boldsymbol{r}\|$。

7.3　捷联式惯性导航的外推方程

7.3.1　惯性姿态外推方程

姿态四元数 $\boldsymbol{q}$ 的微分方程可以写为

$$\dot{\boldsymbol{q}} = \frac{1}{2}\boldsymbol{\Omega}(\boldsymbol{\omega})\boldsymbol{q}$$

$$\boldsymbol{\Omega}(\boldsymbol{\omega}) = \begin{bmatrix} 0 & \omega_z & -\omega_y & \omega_x \\ -\omega_z & 0 & \omega_x & \omega_y \\ \omega_y & -\omega_x & 0 & \omega_z \\ -\omega_x & -\omega_y & -\omega_z & 0 \end{bmatrix}$$

式中，$\boldsymbol{\omega} = [\omega_x \quad \omega_y \quad \omega_z]^{\mathrm{T}}$，为星体角速度矢量。

在实际更新姿态四元数时，采用的是增量法，即若陀螺在一个导航周期内获得的星体角度增量为 $\Delta\boldsymbol{\theta}$，则更新方法为

$$\boldsymbol{q}_{k+1} = \exp\left(\frac{1}{2}\int_{t_k}^{t_{k+1}} \boldsymbol{\Omega}(\boldsymbol{\omega})\mathrm{d}\tau\right)\boldsymbol{q}_k \tag{7-10}$$

式中，下标“k”为迭代计算序号；t 为时间。

令

$$\Delta\boldsymbol{\Theta} = \int_{t_k}^{t_{k+1}} \boldsymbol{\Omega}(\boldsymbol{\omega})\mathrm{d}\tau \approx \boldsymbol{\Omega}(\Delta\boldsymbol{\theta})$$

再将指数函数做泰勒展开，则

$$\boldsymbol{q}_{k+1}=\left[I+\frac{\frac{\Delta\boldsymbol{\Theta}}{2}}{1!}+\frac{\left(\frac{\Delta\boldsymbol{\Theta}}{2}\right)^{2}}{2!}+\cdots\right]\boldsymbol{q}_{k} \tag{7-11}$$

通常情况下，航天器姿态更新一般采用式（7-11）泰勒展开式的前两项计算。这就是单子样算法。

但是，一个导航周期内的角度增量并不是无穷小，因此刚体在做有限转动时，刚体的空间角位置与旋转次序有关，即存在旋转的不可交换性误差。单子样算法忽略了这种不可交换性误差。因此对于大动态的情况，精度会恶化，它只适用于角运动接近不变的低动态工作环境。

解决的办法是采用等效旋转矢量算法进行姿态更新，并且在一个姿态更新周期内，通过两个以上子样对不可交换性误差进行补偿，可以提高动态条件下的姿态精度。等效旋转矢量描述的是从一个姿态变换到另一个姿态所需进行的状态变化。子样就是指一个姿态更新周期内进行的若干次陀螺测量输出。例如陀螺测量周期为 T，姿态更新周期为 NT，则子样数为 N。子样数越多，精度越高，但计算量也越大。

采用等效旋转矢量算法更新姿态四元数的步骤如下。

1. 计算等效旋转矢量

等效旋转矢量的单子样算法为

$$\boldsymbol{\Phi}=\Delta\boldsymbol{\theta} \tag{7-12}$$

式中，$\Delta\boldsymbol{\theta}$ 为导航周期内采集的本体系下的角度增量矢量。

单子样算法公式简单，需要的陀螺采样频率低，但是在圆锥运动下的计算精度差。如果需要更精确地计算等效旋转矢量，可以采用多子样算法，详见 7.4.1 节。

2. 由等效旋转矢量构造旋转姿态四元数

利用等效旋转矢量计算姿态旋转对应的姿态四元数为

$$\boldsymbol{q}'=\begin{bmatrix}\dfrac{\boldsymbol{\Phi}}{\Phi}\sin\dfrac{\Phi}{2}\\ \cos\dfrac{\Phi}{2}\end{bmatrix} \tag{7-13}$$

式中，$\Phi=\|\boldsymbol{\Phi}\|$。

3. 姿态四元数更新

利用乘积运算实现姿态四元数更新为

$$\boldsymbol{q}_{k+1}=\boldsymbol{q}_k\boldsymbol{q}' \tag{7-14}$$

由更新后的 $\boldsymbol{q}$ 可以计算出由惯性系到本体系的姿态矩阵 $\boldsymbol{C}_{\mathrm{i}}^{\mathrm{b}}$，从而实现比力的坐标系变换。

$$\boldsymbol{C}_{\mathrm{i}}^{\mathrm{b}}=\begin{bmatrix} 1-2(q_2^2+q_3^2) & 2(q_1q_2+q_3q_4) & 2(q_1q_3-q_2q_4) \\ 2(q_1q_2-q_3q_4) & 1-2(q_1^2+q_3^2) & 2(q_2q_3+q_1q_4) \\ 2(q_1q_3+q_2q_4) & 2(q_2q_3-q_1q_4) & 1-2(q_1^2+q_2^2) \end{bmatrix} \tag{7-15}$$

在高动态环境下，采用多子样旋转矢量算法进行姿态更新比采用单子样旋转矢量算法的精度高。导航周期不变，子样数越多，姿态更新精度也越高，但陀螺采样频率也越高，计算量也越大。在设计系统选择算法时，应全面权衡实时性和精度要求，做折中考虑。

7.3.2　惯性速度外推方程

对式 (7-8) 从t_k积分到t_{k+1}时刻，得到惯性速度 $\boldsymbol{v}$ 的外推方程

$$\boldsymbol{v}_{k+1}=\boldsymbol{v}_k+\boldsymbol{C}_{\mathrm{b},k}^{\mathrm{i}}\int_{t_k}^{t_{k+1}}\boldsymbol{C}_{\mathrm{b}}(t_k,\ \tau)\boldsymbol{a}\,\mathrm{d}\tau+\int_{t_k}^{t_{k+1}}\boldsymbol{g}\,\mathrm{d}\tau \tag{7-16}$$

式中，下标 k 为迭代计算序号；$\boldsymbol{C}_{\mathrm{b}}^{\mathrm{i}}=(\boldsymbol{C}_{\mathrm{i}}^{\mathrm{b}})^{\mathrm{T}}$；$\boldsymbol{C}_{\mathrm{b}}(t_k,\ \tau)$ 表示t_k时刻本体系到 τ 时刻本体系的坐标转换矩阵；$\boldsymbol{a}$ 为加速度计测量的非引力加速度矢量，表示在本体系中；$\boldsymbol{g}$ 为惯性系下的引力加速度矢量。在这段时间内，姿态变化为小角度 $\Delta\boldsymbol{\theta}$，则

$$\boldsymbol{C}_{\mathrm{b}}(t_k,\ \tau)\approx\boldsymbol{I}+[\Delta\boldsymbol{\theta}\times] \tag{7-17}$$

于是

$$\begin{aligned}\boldsymbol{v}_{k+1}&=\boldsymbol{v}_k+\boldsymbol{C}_{\mathrm{b},k}^{\mathrm{i}}\int_{t_k}^{t_{k+1}}(\boldsymbol{a}+\Delta\boldsymbol{\theta}\times\boldsymbol{a})\,\mathrm{d}\tau+\int_{t_k}^{t_{k+1}}\boldsymbol{g}\,\mathrm{d}\tau\\&=\boldsymbol{v}_k+\boldsymbol{C}_{\mathrm{b},k}^{\mathrm{i}}\left(\Delta\boldsymbol{v}_{k+1}+\int_{t_k}^{t_{k+1}}\Delta\boldsymbol{\theta}\times\boldsymbol{a}\,\mathrm{d}\tau\right)+\int_{t_k}^{t_{k+1}}\boldsymbol{g}\,\mathrm{d}\tau\end{aligned} \tag{7-18}$$

式中，$\Delta\boldsymbol{v}_{k+1}=\int_{t_k}^{t_{k+1}}\boldsymbol{a}\,\mathrm{d}\tau$。

那么由比力引起的速度补偿项为

$$\begin{aligned}\Delta\boldsymbol{v}_{\mathrm{sf},\ k+1}&=\Delta\boldsymbol{v}_{k+1}+\int_{t_k}^{t_{k+1}}\Delta\boldsymbol{\theta}\times\boldsymbol{a}\,\mathrm{d}\tau\\&=\Delta\boldsymbol{v}_{k+1}+\frac{1}{2}\Delta\boldsymbol{\theta}_{k+1}\times\Delta\boldsymbol{v}_{k+1}+\frac{1}{2}\int_{t_k}^{t_{k+1}}(\Delta\boldsymbol{\theta}\times\boldsymbol{a}+\Delta\boldsymbol{v}\times\boldsymbol{\omega})\,\mathrm{d}\tau\end{aligned} \tag{7-19}$$

式中，$\Delta\boldsymbol{\theta}_{k+1}=\int_{t_k}^{t_{k+1}}\boldsymbol{\omega}\,\mathrm{d}\tau$；$\Delta\boldsymbol{v}=\int_{t_k}^{t}\boldsymbol{a}\,\mathrm{d}\tau$；$\boldsymbol{\omega}$ 为本体系下星体的角速度。式（7-19）右边第二项和第三项依次为速度的旋转效应补偿项和划桨效应补偿项，即

$$\Delta\boldsymbol{v}_{\mathrm{rot},\ k+1}=\frac{1}{2}\Delta\boldsymbol{\theta}_{k+1}\times\Delta\boldsymbol{v}_{k+1} \tag{7-20}$$

$$\Delta\boldsymbol{v}_{\mathrm{scul},\ k+1}=\frac{1}{2}\int_{t_k}^{t_{k+1}}(\Delta\boldsymbol{\theta}\times\boldsymbol{a}+\Delta\boldsymbol{v}\times\boldsymbol{\omega})\,\mathrm{d}\tau \tag{7-21}$$

则惯性速度 $\boldsymbol{v}$ 的外推方程又写为

$$\boldsymbol{v}_{k+1}=\boldsymbol{v}_k+\boldsymbol{C}_{\mathrm{b},\ k}^{\mathrm{i}}(\Delta\boldsymbol{v}_{k+1}+\Delta\boldsymbol{v}_{\mathrm{rot},\ k+1}+\Delta\boldsymbol{v}_{\mathrm{scul},\ k+1})+\int_{t_k}^{t_{k+1}}\boldsymbol{g}\,\mathrm{d}\tau \tag{7-22}$$

划桨效应补偿项的多子样计算公式见 7.4.2 节。当航天器不存在线振动和角振动时，划桨效应补偿项为零。引力加速度积分项的简化计算公式为

$$\int_{t_k}^{t_{k+1}}\boldsymbol{g}\,\mathrm{d}\tau\approx\boldsymbol{g}_k T \tag{7-23}$$

$$\boldsymbol{g}_k\approx-\frac{\mu}{r_k^3}\boldsymbol{r}_k \tag{7-24}$$

式中，$T=t_{k+1}-t_k$，为导航解算周期；r_k 为 $\boldsymbol{r}_k$ 的模，即 $r_k=\|\boldsymbol{r}_k\|$。

7.3.3 惯性位置外推方程

对式（7-7）从 t_k 积分到 t_{k+1} 时刻，得到惯性位置 $\boldsymbol{r}$ 的外推方程为

$$\boldsymbol{r}_{k+1}=\boldsymbol{r}_k+\int_{t_k}^{t_{k+1}}\boldsymbol{v}\,\mathrm{d}t \tag{7-25}$$

式中，下标“k”为迭代计算序号。

式（7-25）中的积分项难以精确求解，工程中可用梯形法近似求解，即

$$\int_{t_k}^{t_{k+1}}\boldsymbol{v}\,\mathrm{d}t\approx\frac{\boldsymbol{v}_{k+1}+\boldsymbol{v}_k}{2}T \tag{7-26}$$

将式（7-26）代入式（7-25）中可以得到惯性位置 $\boldsymbol{r}$ 的外推方程为

$$\boldsymbol{r}_{k+1}\approx\boldsymbol{r}_k+\frac{\boldsymbol{v}_{k+1}+\boldsymbol{v}_k}{2}T \tag{7-27}$$

7.4　圆锥和划桨效应补偿

实际工程应用中，是将惯性导航的微分方程离散化来进行姿态、速度和位置的外推。而航天器姿态轨道的大动态运动会在离散化过程中引入误差。这些误差有姿态解算的圆锥误差、速度解算的划桨误差和位置解算的涡卷误差等。涡卷误差在捷联式惯性导航的总位置误差中占比例小，本书不做详细介绍。

多子样算法用于对上述误差进行补偿。所谓多子样，就是在惯性导航解算更新的一个步长内，增加若干个陀螺和加速度计测量。它实际提高了陀螺和加速度计的采样频率。而且考虑到惯性导航姿态解算中的不可交换误差，多子样算法的系数还可以进行优化，以补偿振动的影响。多子样优化算法中子样的数目可以任意选取，由此构成了二子样、三子样和四子样等算法。

7.4.1　圆锥效应补偿

动态或者振动对姿态解算的精度带来的不利影响以圆锥运动最为恶劣。圆锥运动是指陀螺组件一个输入轴在惯性空间做圆锥形或近似圆锥形运动，这是由另外两个正交输入轴绕平衡位置的微幅角振动引起的，如图 7-3 所示。圆锥运动会诱发捷联式惯性导航数学平台的严重漂移。

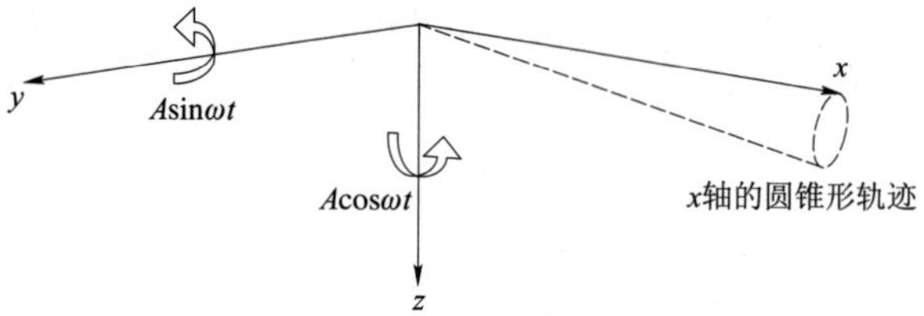

图 7-3　圆锥运动

典型圆锥运动下，星体的两个轴存在相位相差 90°的角振动，而在第三个轴上则会出现与振动角度和振幅都相关的常值角速度。假设星体的 y 轴和 z 轴存在同频不同相的角振动，典型圆锥运动旋转矢量表示为

$$\boldsymbol{\Phi}=[0\quad A\sin\omega t\quad A\cos\omega t]^{\mathrm{T}} \tag{7-28}$$

式中，A 为圆锥运动的幅值；ω 为圆锥运动的频率。在该圆锥运动的情况下，星体的 x 轴产生常值角速度输出。输出值为 $\omega_x=-2\omega\sin^2\dfrac{A}{2}$，与圆锥运动的幅值和频率有关。

多子样算法的系数是根据典型圆锥运动条件计算误差最小优化而来的。如果振动的频率低于陀螺的频带，那么在采样频率有限的条件下，可以通过优化系数来减小计算误差。

等效旋转矢量的单子样算法由式（7-12）给出。

等效旋转矢量的优化双子样算法为

$$\boldsymbol{\Phi}=\Delta\boldsymbol{\theta}_1+\Delta\boldsymbol{\theta}_2+\frac{2}{3}\Delta\boldsymbol{\theta}_1\times\Delta\boldsymbol{\theta}_2 \tag{7-29}$$

式中，$\Delta\boldsymbol{\theta}_1$，$\Delta\boldsymbol{\theta}_2$ 分别为导航周期内二等分时间间隔陀螺采集的本体系下的角度增量矢量。

等效旋转矢量的优化三子样算法为

$$\boldsymbol{\Phi}=\Delta\boldsymbol{\theta}_1+\Delta\boldsymbol{\theta}_2+\Delta\boldsymbol{\theta}_3+\frac{9}{20}\Delta\boldsymbol{\theta}_1\times\Delta\boldsymbol{\theta}_3+\frac{27}{40}\Delta\boldsymbol{\theta}_2\times(\Delta\boldsymbol{\theta}_3-\Delta\boldsymbol{\theta}_1) \tag{7-30}$$

式中，$\Delta\boldsymbol{\theta}_1$，$\Delta\boldsymbol{\theta}_2$ 和 $\Delta\boldsymbol{\theta}_3$ 分别为导航周期内三等分时间间隔陀螺采集的本体系下的角度增量矢量。

等效旋转矢量的优化四子样算法为

$$\begin{aligned}\boldsymbol{\Phi} = & \Delta\boldsymbol{\theta}_1 + \Delta\boldsymbol{\theta}_2 + \Delta\boldsymbol{\theta}_3 + \Delta\boldsymbol{\theta}_4 + \\ & \frac{214}{315}(\Delta\boldsymbol{\theta}_1 \times \Delta\boldsymbol{\theta}_2 + \Delta\boldsymbol{\theta}_2 \times \Delta\boldsymbol{\theta}_3 + \Delta\boldsymbol{\theta}_3 \times \Delta\boldsymbol{\theta}_4) + \\ & \frac{46}{105}(\Delta\boldsymbol{\theta}_1 \times \Delta\boldsymbol{\theta}_3 + \Delta\boldsymbol{\theta}_2 \times \Delta\boldsymbol{\theta}_4) + \\ & \frac{54}{105}\Delta\boldsymbol{\theta}_1 \times \Delta\boldsymbol{\theta}_4\end{aligned} \tag{7-31}$$

式中，$\Delta\boldsymbol{\theta}_1$，$\Delta\boldsymbol{\theta}_2$，$\Delta\boldsymbol{\theta}_3$ 和 $\Delta\boldsymbol{\theta}_4$ 分别为导航周期内四等分时间间隔陀螺采集的本体系下的角度增量矢量。

采用优化算法后，子样数与振动引起的算法漂移之间的关系为

$$|\dot{\bar{\Phi}}_{\text{err}}| = \begin{cases} \dfrac{A^2\omega}{12}(\omega T)^2 & \text{单子样} \\ \dfrac{A^2\omega}{960}(\omega T)^4 & \text{双子样} \\ \dfrac{A^2\omega}{204\ 120}(\omega T)^6 & \text{三子样} \\ \dfrac{A^2\omega}{82\ 575\ 360}(\omega T)^8 & \text{四子样} \end{cases} \tag{7-32}$$

式中，T 为姿态更新周期。

7.4.2 划桨效应补偿

当航天器的两个或两个以上正交轴同时发生同频且相位相差不为 90°的正弦角振动和正弦线振动时，星体就会出现划桨运动。因此速度增量解算需要考虑由此引起的划桨效应。当航天器不存在线振动和角振动时，划桨效应补偿项为零，反之就需要进行补偿。由于陀螺和加速度计输出的是角度增量和速度增量，所以无法直接按式（7-21）精确计算划桨效应补偿项。部分航天器做轨道机动时角速度和加速度的变化十分复杂，存在高频振动和随机性，因此难以用确定的函数精确描述。解决方法之一是用典型划桨运动函数代替，采用多子样方法计算划桨效应补偿项。在划桨运动环境下，以算法的漂移率作为精度准则，可推导各子样的优化算法。

划桨效应补偿项的优化双子样算法为

$$\Delta\boldsymbol{v}_{\text{scul}} = \frac{2}{3}(\Delta\boldsymbol{\theta}_1 \times \Delta\boldsymbol{v}_2 + \Delta\boldsymbol{\theta}_2 \times \Delta\boldsymbol{v}_1) \tag{7-33}$$

式中，$\Delta\boldsymbol{v}_1$，$\Delta\boldsymbol{v}_2$ 分别为导航周期内二等分时间间隔加速度计采集的本体系下

的速度增量矢量。

划桨效应补偿项的优化三子样算法为

$$\Delta \boldsymbol{v}_{\mathrm{scul}}=\frac{9}{20}(\Delta\boldsymbol{\theta}_1\times\Delta\boldsymbol{v}_3+\Delta\boldsymbol{v}_1\times\Delta\boldsymbol{\theta}_3)+\frac{27}{20}(\Delta\boldsymbol{\theta}_1\times\Delta\boldsymbol{v}_2+\Delta\boldsymbol{\theta}_2\times\Delta\boldsymbol{v}_3+\Delta\boldsymbol{v}_1\times\Delta\boldsymbol{\theta}_2+\Delta\boldsymbol{v}_2\times\Delta\boldsymbol{\theta}_3) \tag{7-34}$$

式中，$\Delta\boldsymbol{v}_1$，$\Delta\boldsymbol{v}_2$ 和 $\Delta\boldsymbol{v}_3$ 分别为导航周期内三等分时间间隔加速度计采集的本体系下的速度增量矢量。

划桨效应补偿项的优化四子样算法为

$$\Delta \boldsymbol{v}_{\mathrm{scul}}=\left(\frac{54}{105}\Delta\boldsymbol{\theta}_1+\frac{92}{105}\Delta\boldsymbol{\theta}_2+\frac{214}{105}\Delta\boldsymbol{\theta}_3\right)\times\Delta\boldsymbol{v}_4+\left(\frac{54}{105}\Delta\boldsymbol{v}_1+\frac{92}{105}\Delta\boldsymbol{v}_2+\frac{214}{105}\Delta\boldsymbol{v}_3\right)\times\Delta\boldsymbol{\theta}_4 \tag{7-35}$$

式中，$\Delta\boldsymbol{v}_1$，$\Delta\boldsymbol{v}_2$，$\Delta\boldsymbol{v}_3$ 和 $\Delta\boldsymbol{v}_4$ 分别为导航周期内四等分时间间隔加速度计采集的本体系下的速度增量矢量。

7.5　捷联式惯性导航的误差模型

捷联式惯性导航的姿态误差方程为

$$\Delta\dot{\boldsymbol{\theta}} = -\boldsymbol{\omega} \times \Delta\boldsymbol{\theta} - (\boldsymbol{\Delta}_{\mathrm{G}} + [\boldsymbol{\Psi}_{\mathrm{G}} \times])\boldsymbol{\omega} - \boldsymbol{b}_{\mathrm{G}} - \boldsymbol{n}_{\mathrm{G}} \tag{7-36}$$

式中，$\boldsymbol{\omega}$ 为本体系相对惯性系的角速度，表示在本体系中。

捷联式惯性导航的速度误差方程为

$$\Delta\dot{\boldsymbol{v}} = \boldsymbol{C}_{\mathrm{b}}^{\mathrm{i}}[-\Delta\boldsymbol{\theta} \times \boldsymbol{a} + (\boldsymbol{\Delta}_{\mathrm{A}} + [\boldsymbol{\Psi}_{\mathrm{A}} \times])\boldsymbol{a} + \boldsymbol{b}_{\mathrm{A}} + \boldsymbol{\omega}_{\mathrm{A}}] + \Delta\boldsymbol{g} \tag{7-37}$$

式中，$\boldsymbol{C}_{\mathrm{b}}^{\mathrm{i}}$ 为本体系到惯性系的姿态矩阵；$\boldsymbol{a}$ 为星体受到的非引力加速度，表示在本体系中；$\boldsymbol{\omega}_{\mathrm{A}}$为零均值高斯白噪声；$\Delta\boldsymbol{g}$ 为惯性系下的引力加速度模型误差。

捷联式惯性导航的位置误差方程为

$$\Delta\dot{\boldsymbol{r}} = \Delta\boldsymbol{v} \tag{7-38}$$

7.6 惯性器件标定及误差补偿

由于解算过程中存在初始基准误差、惯性器件（陀螺和加速度计）测量误差以及安装误差等，惯性导航的误差会不断累积。因此，如果能对陀螺的常值漂移、刻度因子误差和安装误差进行在轨标定，对于导航精度特别是姿态精度的提高具有重要的意义。李骥提出一种包括常值漂移、刻度因子误差和安装误差在内的陀螺误差在轨估计方法，标定过程完全自主进行，不需要地面人工干预。该方法有两层滤波算法，第一层算法为第二层算法提供较为准确的星体姿态角速度估计，第二层算法将陀螺刻度因子误差、安装误差和常值漂移作为滤波状态，以星敏感器作为外部姿态信息来源，使用基于 UD 分解的卡尔曼滤波器进行状态估计，并利用适当的角度机动以提高滤波器的可观性。该方法已在“嫦娥三号”月球软着陆任务中获得成功应用。于丹从非正交陀螺组的误差模型出发，不使用正交性假设条件，得到了一组新的陀螺刻度因子和安装偏差标定公式，将标定算法推广到了非正交安装的陀螺组，成功应用于探月工程三期月地高速再入返回飞行器的实际飞行任务中。

7.6.1 陀螺误差的标定算法

1. 误差模型

忽略式（7-1）中的角速率随机游走，那么由陀螺测量得到的航天器本体角速度为

$$\tilde{\boldsymbol{\omega}} = \boldsymbol{\omega} + \boldsymbol{b}_{\mathrm{G}} + \boldsymbol{\Delta}_{\mathrm{G}}\boldsymbol{\omega} + [\boldsymbol{\Psi}_{\mathrm{G}} \times]\boldsymbol{\omega} + \boldsymbol{n}_{\mathrm{G}} \tag{7-39}$$

用 $\boldsymbol{K}_{\mathrm{G}}$ 和 $\boldsymbol{K}_{\mathrm{ma}}$ 分别表示陀螺刻度因子误差和安装误差造成的测量误差，即

$$\boldsymbol{K}_{\mathrm{G}} = \boldsymbol{\Delta}_{\mathrm{G}}\boldsymbol{\omega} = \begin{bmatrix} \Delta K_{\mathrm{G}x} & 0 & 0 \\ 0 & \Delta K_{\mathrm{G}y} & 0 \\ 0 & 0 & \Delta K_{\mathrm{G}z} \end{bmatrix}\boldsymbol{\omega} \tag{7-40}$$

$$\boldsymbol{K}_{\mathrm{ma}} = [\boldsymbol{\Psi}_{\mathrm{G}} \times]\boldsymbol{\omega} = \begin{bmatrix} 0 & \Delta_{\mathrm{G}xy} & \Delta_{\mathrm{G}xz} \\ \Delta_{\mathrm{G}yx} & 0 & \Delta_{\mathrm{G}yz} \\ \Delta_{\mathrm{G}zx} & \Delta_{\mathrm{G}zy} & 0 \end{bmatrix}\boldsymbol{\omega} \tag{7-41}$$

式中，$\Delta K_{\mathrm{G}i}(i=x, y, z)$ 为陀螺 i 的刻度因子误差；$\Delta_{\mathrm{G}ij}(i, j=x, y, z)$ 为陀螺 i 在 j 方向的安装误差。

记陀螺总的测量误差为 $\Delta\boldsymbol{\omega}$，则

$$\Delta\boldsymbol{\omega} = \boldsymbol{b}_{\mathrm{G}} + \boldsymbol{K}_{\mathrm{G}} + \boldsymbol{K}_{\mathrm{ma}} + \boldsymbol{n}_{\mathrm{G}}$$

2. 惯性姿态估计

取惯性系为姿态解算的参考坐标系。本体系相对惯性系的姿态可以用姿态四元数 $\boldsymbol{q}$ 描述。利用姿态运动方程和陀螺测量的角速度 $\tilde{\boldsymbol{\omega}}$ 就可以进行姿态外推。但是，由于陀螺误差的存在，姿态外推的误差会越来越大。

常规航天器使用了一种利用星敏感器修正的姿态滤波算法。这种算法不考虑陀螺的安装误差和刻度因子误差，滤波方程同时估计星体的姿态误差角和陀螺的常值漂移。这一算法成功应用在很多航天器上。

1）姿态预估

假设当前测量周期陀螺获得角速度为 $\tilde{\boldsymbol{\omega}}_k$，上一步的陀螺漂移估计值为 $\hat{\boldsymbol{b}}_k$。首先暂时忽略陀螺刻度因子误差和安装误差，根据式（7-39）可以计算出星体角速度的估计值为

$$\hat{\boldsymbol{\omega}}_k = \tilde{\boldsymbol{\omega}}_k - \hat{\boldsymbol{b}}_k \tag{7-42}$$

然后利用该角速度估计值，使用姿态四元数姿态运动学方程，由上一步的

姿态四元数估计值 $\hat{\boldsymbol{q}}_k$ 外推计算出当前周期姿态四元数预报值 $\hat{\boldsymbol{q}}_{k|k-1}$。

2）测量新息

星敏感器能够输出其光轴和横轴在惯性空间的指向，或者直接给出星敏感器测量坐标系下的姿态四元数。利用星敏感器的安装矩阵，并通过适当的时间补偿，就可以计算出当前周期星敏感器获得的星体姿态四元数 $\tilde{\boldsymbol{q}}_k$。将 $\hat{\boldsymbol{q}}_{k|k-1}$ 和实际测量的 $\tilde{\boldsymbol{q}}_k$ 进行比较，就可以求出姿态角误差，记为 $\tilde{\boldsymbol{\theta}}_k$。

3）滤波修正

在小角度假设下，陀螺姿态外推的误差传播方程为

$$\Delta\dot{\boldsymbol{\theta}} = -\hat{\boldsymbol{\omega}} \times \Delta\boldsymbol{\theta} - \Delta\boldsymbol{b}_{\mathrm{G}} - \boldsymbol{n}_{\mathrm{G}} \tag{7-43}$$

式中，$\Delta\boldsymbol{b}_{\mathrm{G}}$ 为陀螺的常值漂移估计误差，可以建模为

$$\Delta\dot{\boldsymbol{b}}_{\mathrm{G}} = \boldsymbol{\eta}_{\mathrm{G}} \tag{7-44}$$

式中，$\boldsymbol{\eta}_{\mathrm{G}}=[\eta_{\mathrm{G}x},\ \eta_{\mathrm{G}y},\ \eta_{\mathrm{G}z}]^{\mathrm{T}}$ 为随机白噪声。取 $\Delta\boldsymbol{\theta}$ 和 $\Delta\boldsymbol{b}$ 为状态，$\Delta\tilde{\boldsymbol{\theta}}_k$ 为测量，根据式（7-43）和式（7-44）可以建立卡尔曼滤波方程进行误差估计。

很多航天器运行在环绕地球的近圆轨道上，姿态对地稳定，因此星体的角速度与轨道角速度相等，那么式（7-43）中的 $\hat{\boldsymbol{\omega}}$ 可用标称轨道星体的自转角速度在本体系下的表示替代。由此卡尔曼滤波可以转换为常系数滤波，即

$$\begin{bmatrix} \Delta\hat{\boldsymbol{\theta}}_k \\ \Delta\hat{\boldsymbol{b}}_{\mathrm{G}k} \end{bmatrix} = \boldsymbol{K}\Delta\tilde{\boldsymbol{\theta}}_k \tag{7-45}$$

式中，滤波修正系数矩阵 $\boldsymbol{K}$ 取值为卡尔曼滤波的稳态值。

该方法推导中暂时忽略了陀螺的刻度因子误差和安装误差等，这对于近圆轨道对地观测航天器来说没有太大影响。由于星体的角速度 $\boldsymbol{\omega}$ 实际等于轨道角速度，是常值，因此陀螺测量角速度误差中与安装误差和刻度因子误差相关的项也为常数，它们可以认为是等效的常值漂移。根据式（7-39）～式（7-41）不难发现，若令

$$\boldsymbol{b}'_{\mathrm{G}} = \boldsymbol{b}_{\mathrm{G}} + \boldsymbol{K}_{\mathrm{G}} + \boldsymbol{K}_{\mathrm{ma}} \tag{7-46}$$

则在常角速度下，$\boldsymbol{b}'_{\mathrm{G}}$ 也是常值。那么当使用本节所用的姿态估计算法时，估计出来的陀螺常值漂移实际上就是 $\boldsymbol{b}'_{\mathrm{G}}$。而通过式（7-42）将其扣除后的陀螺角速度就是星体的角速度，对姿态估计也不会造成影响。

3. 陀螺误差的标定

对于执行复杂制导方案的航天器来说，制导过程角速度可能是不断变化的，不同角速度下由陀螺安装和刻度因子误差耦合出的测量误差并不相同。因

此仅估计出陀螺常值漂移或某一角速度下的等效常值漂移远远不够，还需要估计出陀螺的刻度因子误差和安装误差。将刻度因子误差和安装误差扩展为状态，令 $\Delta \boldsymbol{G}=[\Delta K_{Gx},\ \Delta_{Gxy},\ \Delta_{Gxz},\ \Delta_{Gyx},\ \Delta K_{Gy},\ \Delta_{Gyz},\ \Delta_{Gzx},\ \Delta_{Gzy},\ \Delta K_{Gz}]^{T}$，并取 $\boldsymbol{x}=[\Delta\boldsymbol{\theta}^{T}\quad \boldsymbol{\Delta}_{G}^{T}\quad \boldsymbol{b}_{G}^{T}]^{T}$，则根据式（7-39）～式（7-41）和式（7-43）可以建立如下状态方程

$$\dot{\boldsymbol{x}}=\begin{bmatrix} -[\boldsymbol{\omega}\times] & -\boldsymbol{M} & -\boldsymbol{I}_{3\times3} \\ \boldsymbol{O}_{9\times3} & \boldsymbol{O}_{9\times9} & \boldsymbol{O}_{9\times3} \\ \boldsymbol{O}_{3\times3} & \boldsymbol{O}_{3\times9} & \boldsymbol{O}_{3\times3} \end{bmatrix}\boldsymbol{x}+\begin{bmatrix} \boldsymbol{I}_{3\times3} & \boldsymbol{O}_{3\times3} \\ \boldsymbol{O}_{9\times3} & \boldsymbol{O}_{9\times3} \\ \boldsymbol{O}_{3\times3} & \boldsymbol{I}_{3\times3} \end{bmatrix}\begin{bmatrix} \boldsymbol{n}_{G} \\ \boldsymbol{\eta}_{G} \end{bmatrix} \tag{7-47}$$

式中，$\boldsymbol{M}$ 为 3×9 维矩阵，即

$$\boldsymbol{M}=\begin{bmatrix} \boldsymbol{\omega} & \boldsymbol{O}_{3\times1} & \boldsymbol{O}_{3\times1} \\ \boldsymbol{O}_{3\times1} & \boldsymbol{\omega} & \boldsymbol{O}_{3\times1} \\ \boldsymbol{O}_{3\times1} & \boldsymbol{O}_{3\times1} & \boldsymbol{\omega} \end{bmatrix}^{T} \tag{7-48}$$

以星敏感器测量为输入，取 $\Delta\boldsymbol{z}=\Delta\boldsymbol{\theta}$，可以建立测量方程为

$$\Delta\boldsymbol{z}=[\boldsymbol{I}_{3\times3}\quad \boldsymbol{O}_{3\times12}]\boldsymbol{x}+\boldsymbol{v}_{star} \tag{7-49}$$

式中，$\boldsymbol{v}_{star}$ 为星敏感器测量噪声，由此就可以进行滤波估计。需要注意的是，式（7-47）的状态转移矩阵是 $\boldsymbol{\omega}$ 的函数，而本书后续章节中会提到为了保证系统状态可观，$\boldsymbol{\omega}$ 必须是时变的。因此不能像惯性姿态估计算法一样简化为常系数滤波，而必须使用扩展卡尔曼滤波进行状态估计。此外，为了保证滤波的稳定性，工程实际上采用的是基于 UD 分解的扩展卡尔曼滤波算法。考虑到星载计算机计算能力有限，而式（7-48）和式（7-49）构成的滤波方程中存在大量的零矩阵，因此实际使用的 UD 算法还进行了计算简化，这里不再赘述。

需要说明的是，此标定算法以星敏感器输出作为测量值。这意味着安装误差的标定是以星敏感器为基准，而实际上星敏感器自身也存在安装误差，因此，标定算法估计的安装误差是星敏感器安装和陀螺安装偏差综合的效果。航天器惯性自主导航的姿态初值可以由星敏感器给出，因此标定中将安装基准统一到星敏感器上不会对导航带来任何不利影响。

7.6.2　标定算法的可观性分析

对于式（7-47）和式（7-49）构成的滤波系统，当 $\boldsymbol{\omega}$ 不变时，该系统为时不变系统。根据线性时不变系统可观性分析理论，可以计算出对应一个恒定角速度时该滤波器状态不完全可观，此时由式（7-47）和式（7-49）构成的系统可观性矩阵的秩为 6，也就是说，15 维的状态中有 9 个不可观测。这也就是

7.6.1 节中提到的只能观测出姿态误差角（3 维）和等效陀螺漂移（3 维）的原因。为了提高系统的可观性，应设定几组不同方向的星体角速度，这样式（7-46）表示的等效陀螺漂移中常值漂移、安装误差和刻度因子误差的组合系数就会不同，从而增加系统可观性。根据分段常值系统可观性分析理论，对于第 i 个常值角速度，虽然其对应的可观性矩阵 $\boldsymbol{Q}_i$ 不是列满秩，但将所有不同角速度下的可观性矩阵组合起来得到总可观性矩阵 $\boldsymbol{Q}_s$，即

$$\boldsymbol{Q}_s=[\boldsymbol{Q}_1^T \quad \boldsymbol{Q}_2^T \quad \cdots \quad \boldsymbol{Q}_n^T] \tag{7-50}$$

若 $\boldsymbol{Q}_s$ 列满秩，状态仍可观。可以计算，当 $\boldsymbol{\omega}$ 取 0 和 3 个正交矢量时，$\boldsymbol{Q}_s$ 的秩是 15，与式（7-47）和式（7-49）构成系统的状态维数一致，因此所有状态可观。对于在轨航天器，3 个正交角速度矢量可以选择为沿航天器的 3 个惯量主轴，这样可以利用绕惯量主轴的自旋稳定性，减少姿控消耗。

7.6.3 分层滤波策略

从 7.6.1 节陀螺误差的标定算法讨论中可以得知，式（7-47）中的状态转移矩阵为 $\boldsymbol{\omega}$ 的函数，但 $\boldsymbol{\omega}$ 并不精确已知。可以选择用陀螺测量的角速度 $\tilde{\boldsymbol{\omega}}$ 或者旋转的目标角速度 $\boldsymbol{\omega}_{cmd}$ 代替 $\boldsymbol{\omega}$ 用于状态估计。但是前者存在陀螺角速度测量误差，后者存在控制误差，均会在一定程度上影响滤波的精度。另外一种方法是将陀螺的测量扣除当前估计出的安装误差、常值漂移和刻度因子误差后再代入状态估计，即用 $\tilde{\boldsymbol{\omega}}-\Delta\hat{\boldsymbol{\omega}}$ 来替代 $\boldsymbol{\omega}$，但是 $\boldsymbol{\omega}$ 需要根据当前的状态估计计算。这种处理方法实际上将状态估计值与状态估计过程耦合起来，在状态估计还未收敛时，不能获得理想的角速度估值，还可能影响滤波过程的稳定性。为此，李骥设计了一种两层滤波算法。

这种算法实际上是将 7.6.1 节的惯性姿态估计算法和陀螺误差的标定算法联合起来，当采用分阶段匀角速度旋转时，每个阶段内的角速度不变，这样可以用 7.6.1 节的方法获得该角速度下的等效陀螺漂移，这是第一层。将等效陀螺漂移从陀螺测量的星体角速度中扣除就可以获得较为准确的星体角速度估值，并用于替代状态转移矩阵中的 $\boldsymbol{\omega}$，这就是第二层算法。整个分层滤波系统的结构如图 7-4 所示。

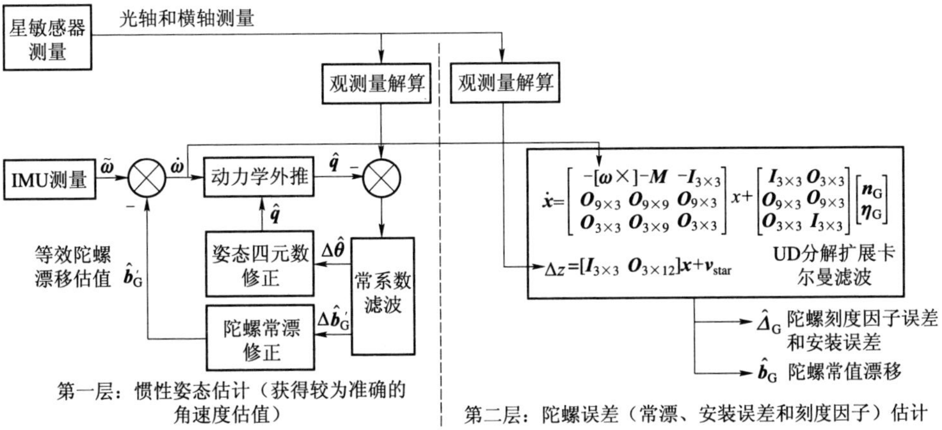

图 7-4　整个分层滤波系统的结构

7.7 仿真应用实例

7.7.1 陀螺在轨标定

“嫦娥三号”着陆器在地月转移期间对陀螺安装误差、刻度因子误差和常值漂移实施了在轨标定。这一阶段，地球和月球的视半径比较小，不容易对星敏感器产生干扰。

地月转移期间，着陆器无特殊任务时处于 $+x$ 轴对日的巡航状态。$+x$ 轴对日的目的是使太阳翼法线指向太阳，保证整器的能源供应。陀螺标定过程需要绕着陆器的某个轴进行旋转。为了尽量降低姿态机动对能源供应的影响，着陆器在进行一次标定时，选择了 $+x$ 轴对日停旋→绕 $-y$ 轴匀速旋转→绕 $+y$ 轴匀速旋转→绕 $-x$ 轴匀速旋转→绕 $+x$ 轴匀速旋转→绕 $-z$ 轴匀速旋转→绕 $+z$ 轴匀速旋转的机动顺序，每个阶段持续 20 min，除第一阶段外，旋转角速度均为 $0.1°/s$。这样做的优点是经过绕同一个轴的正负两次连续旋转之后，着陆器能够回到初始姿态，太阳能电池充电的效率损失最小。

“嫦娥三号”共安装两套三轴正交的陀螺组件，两个组件陀螺敏感轴在空间形成了正六棱锥构型。由于一次标定时，只能对 3 个正交陀螺进行标定，因此需要进行两组标定。另外，为了对标定结果进行验证，着陆器对两套陀螺分别进行了两次标定，后一次的结果用于对第一次的结果进行复核。对陀螺组件

A（组件中 3 个陀螺的编号为 1、3、5）进行第一次标定时，着陆器本体的旋转角速度如图 7-5 所示。可以看到本体分别绕 3 个轴进行了正转和反转。标定的结果分别如图 7-6～图 7-8 所示。很明显，受到可观性的影响，直到进入绕 $-Z$ 轴旋转阶段时（3 300 s 以后），估计值才收敛。陀螺组件 A 第一次标定的结果如表 7-1 所示，从中不难发现，由于地面安装不可避免存在误差，再加

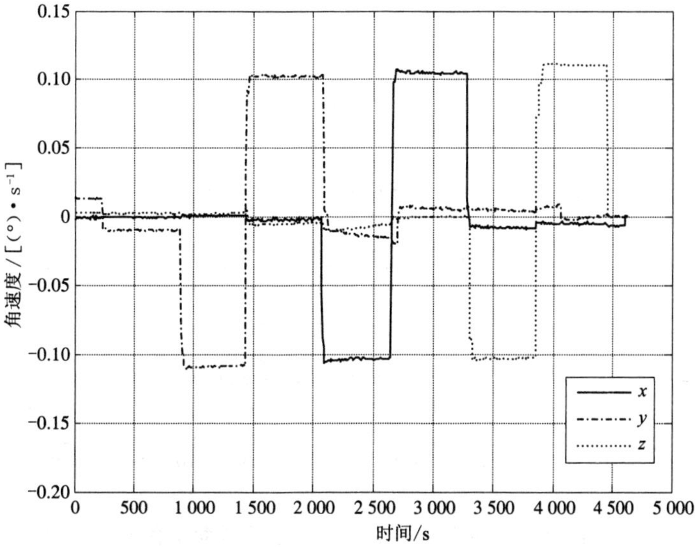

图 7-5　陀螺组件 A 第一次标定时的旋转角速度

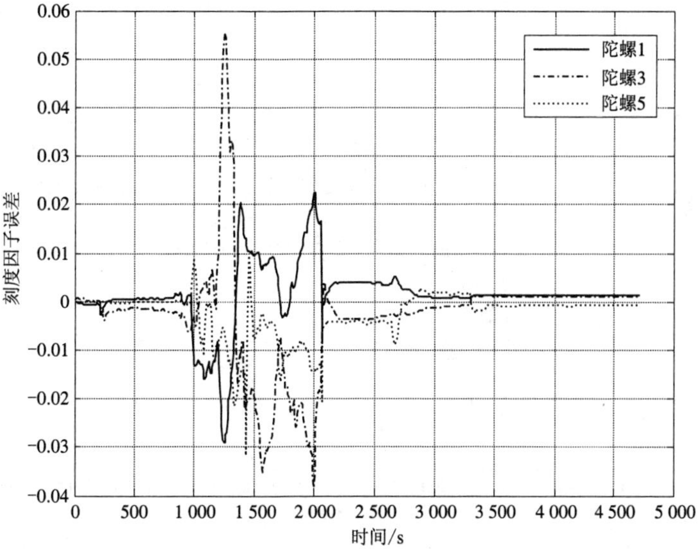

图 7-6　陀螺组件 A 第一次标定时刻度因子估值的变化曲线

上运载火箭发射过程中过载对结构的影响，陀螺存在最大0.1°的安装误差角。当然，这是以星敏感器为基准，安装误差角中也包含了星敏感器的安装误差。如果不进行安装误差补偿，将对着陆过程的导航带来非常不利的影响。

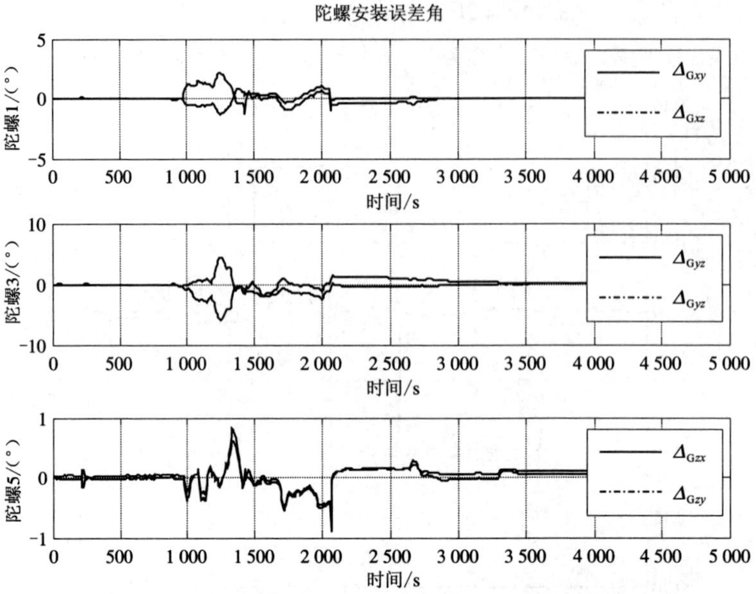

图 7-7　陀螺组件 A 第一次标定时安装误差角估值的变化曲线

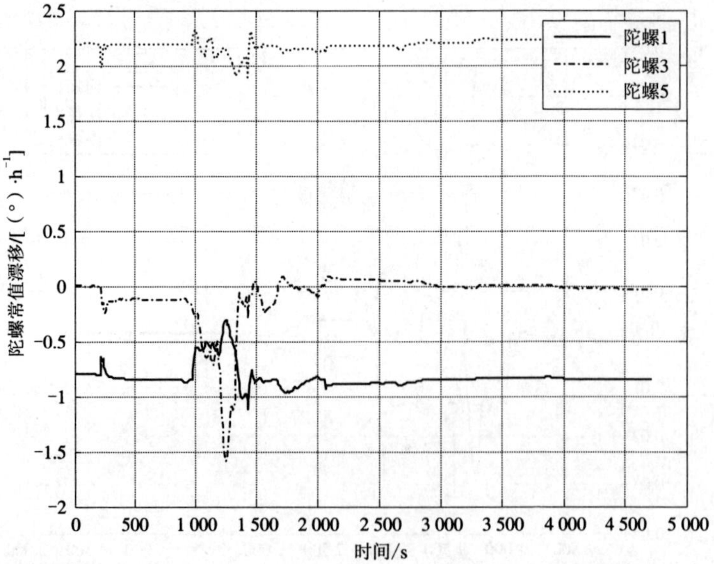

图 7-8　陀螺组件 A 第一次标定时常值漂移估值的变化曲线

表 7-1　陀螺组件 A 第一次标定结果

陀螺	陀螺 1	陀螺 3	陀螺 5
刻度因子误差	0.001 365 7	0.001 091 0	−0.000 644 7
误差角 1/(°)	−0.010 327 2	0.090 049 2	0.056 827 2
误差角 2/(°)	−0.050 488 8	0.026 228 0	0.109 283 0
常值漂移/[(°)·h^{-1}]	−0.846 287 8	−0.029 506 4	2.224 128 2

将第一次标定后的结果注入星上，再进行陀螺组件 A 的第二次标定。两次标定结果的对比如表 7-2 所示。可以看到两次标定的结果相差很小，这间接说明了标定结果有效。

表 7-2　陀螺组件 A 两次标定的结果比较

陀螺	标定后指向与上一次标定结果的夹角	标定后脉冲当量与上一次标定结果的比值
陀螺 1	14.224 796″	0.999 825
陀螺 3	8.706 102″	0.999 774
陀螺 5	43.231 353″	0.999 842

同样的，也对陀螺组件 B（陀螺编号 2、4、6）进行了两次在轨标定，取得了类似的效果。第一次标定的结果以及两次标定的差值分别如表 7-3 和表 7-4 所示。

表 7-3　陀螺组件 B 第一次标定结果

陀螺	陀螺 2	陀螺 4	陀螺 6
刻度因子误差	$2.837\ 18\times10^{-5}$	−0.000 633 2	0.002 883 9
误差角 1/(°)	2.572×10^{-5}	0.064 258 4	−0.002 814 0
误差角 2/(°)	−0.015 190 3	0.075 623 8	0.036 719 1
常值漂移/[(°)·h^{-1}]	−2.070 257 7	−0.311 238 1	−0.762 358 4

表 7-4　陀螺组件 B 两次标定的结果比较

陀螺	标定后指向与上一次标定结果的夹角	标定后脉冲当量与上一次标定结果的比值
陀螺 2	11.700 870″	0.999 914
陀螺 4	8.819 004″	0.999 963
陀螺 6	12.029 801″	0.999 752

7.7.2　基于惯性测量单元的月球软着陆自主导航

1. 惯性导航算法

利用惯性测量单元中陀螺输出的角度增量 $\Delta\boldsymbol{\theta}$ 计算等效旋转矢量为

$$\boldsymbol{\Phi}=\Delta\boldsymbol{\theta}-\hat{\boldsymbol{b}}_{\mathrm{G}}T \tag{7-51}$$

式中，$\hat{\boldsymbol{b}}_{\mathrm{G}}$ 为陀螺常值漂移估计；T 为导航解算周期。

计算姿态旋转对应的姿态四元数为

$$\boldsymbol{q}'=\begin{bmatrix}\dfrac{\boldsymbol{\Phi}}{\Phi}\sin\dfrac{\Phi}{2}\\ \cos\dfrac{\Phi}{2}\end{bmatrix}$$

更新着陆器姿态四元数估计为

$$\boldsymbol{q}_{k+1}=\boldsymbol{q}_k\boldsymbol{q}'$$

式中，下标“k”为迭代计算序号。

扣除零偏后的速度增量测量为

$$\Delta\hat{\boldsymbol{v}}=\Delta\boldsymbol{v}-\hat{\boldsymbol{b}}_{\mathrm{A}}T \tag{7-52}$$

式中，$\Delta\boldsymbol{v}$ 为惯性测量单元中加速度计输出的速度增量；$\hat{\boldsymbol{b}}_{\mathrm{A}}$ 为加速度计零偏估计。

计算旋转效应补偿项为

$$\Delta\boldsymbol{v}_{\mathrm{rot}}=\frac{1}{2}\boldsymbol{\Phi}\times\Delta\hat{\boldsymbol{v}} \tag{7-53}$$

计算月球引力加速度为

$$\boldsymbol{g}_k=-\frac{\mu_{\mathrm{m}}}{r_k^3}\boldsymbol{r}_k \tag{7-54}$$

式中，μ_{m} 为月球引力常数；r_k 为 $\boldsymbol{r}_k$ 的模。

更新着陆器速度估计为

$$\boldsymbol{v}_{k+1}=\boldsymbol{v}_k+\boldsymbol{C}_{\mathrm{b},k}^{\mathrm{i}}(\Delta\hat{\boldsymbol{v}}+\Delta\boldsymbol{v}_{\mathrm{rot}})+\boldsymbol{g}_kT \tag{7-55}$$

式中，$\boldsymbol{C}_{\mathrm{b},k}^{\mathrm{i}}$ 为由姿态四元数 $\boldsymbol{q}_k$ 计算得到的本体系到惯性系的坐标转换矩阵。

最后更新着陆器位置估计为

$$\boldsymbol{r}_{k+1}\approx\boldsymbol{r}_k+\frac{\boldsymbol{v}_{k+1}+\boldsymbol{v}_k}{2}T$$

2. 数学仿真结果

数学仿真采用常推力显示制导下的着陆姿态和轨迹，下降初始高度为 15 km，终端高度为 100 m。导航系统在径向、法向和前向分别有 1 000 m 和 1 m/s 的初始位置和速度误差。初始姿态估计误差为 0.1°。惯性测量单元的安装误差为 0.3°。惯性测量单元中陀螺的常值漂移估计误差为 0.5°/h，角速率随机游走系数为 $0.02°/\sqrt{\mathrm{h}}$，刻度因子误差为 0.1%；加速度计的零偏估计误差为 0.002 m/s²，测量噪声为 0.005 m/s²，刻度因子误差为 0.1%。导航解算周期为 100 ms。

图 7-9 和图 7-10 所示分别为一次随机仿真中惯性导航的位置和速度估计误差曲线。从图中可知，随着误差不断累积，惯性导航的位置和速度估计误差不断增大。因此，对于月球软着陆任务，单独的惯性导航不能满足导航精度要求，需要引入其他类型测量对位置速度估计误差予以修正。

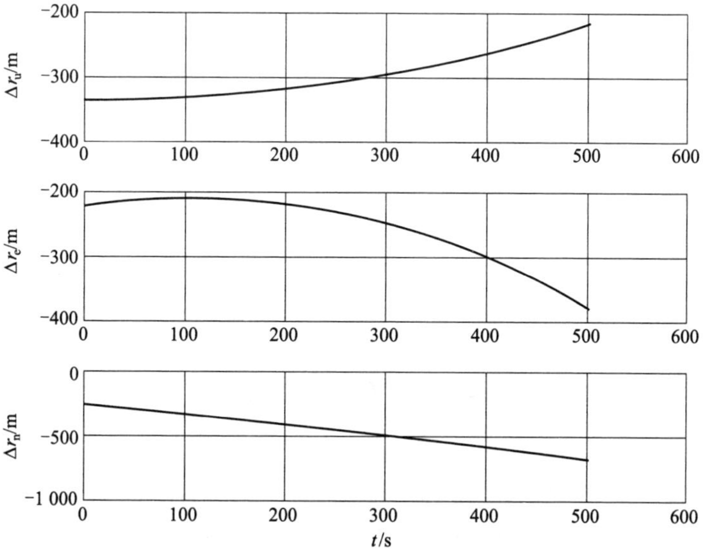

图 7-9　基于惯性测量单元的月球软着陆自主导航位置估计误差曲线

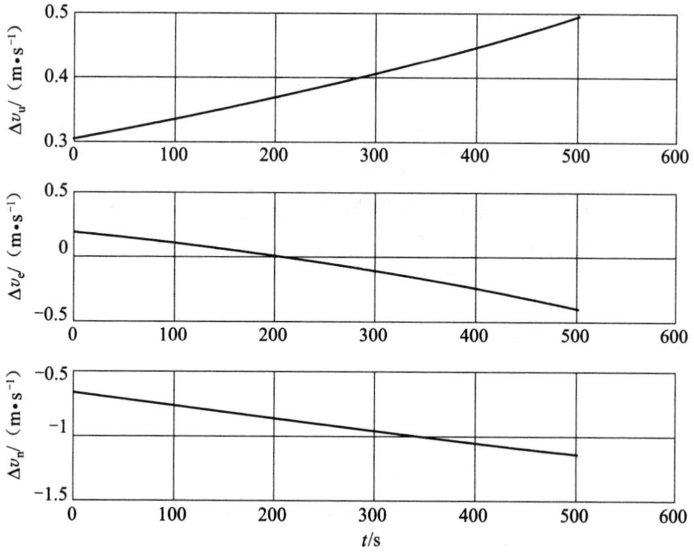

图 7-10　基于惯性测量单元的月球软着陆自主导航速度估计误差曲线

7.8 小　　结

本章首先给出了陀螺和加速度计的测量方程，然后介绍了捷联式惯性导航系统的微分方程、外推方程、多子样补偿算法和误差模型，接着介绍了惯性器件标定及误差补偿方法，最后举例说明惯性自主导航技术在航天器上的应用。航天器应用惯性导航技术时一般在惯性系下直接对位置和速度进行解算，而不是地理系。惯性导航自主性强，不依赖外部测量信息，可以长时间连续工作，是航天器最早成熟应用的导航手段，在地外天体着陆段等深空探测任务中成为导航系统的核心部分。惯性导航的误差会随时间累积，因此需要利用其他类型测量予以修正。在第 11 章里将对惯性与测距测速/光学融合自主导航技术进行详细阐述，本章介绍的惯性导航即为第 11 章的理论技术基础。

参 考 文 献

[1] 秦永元. 惯性导航 [M]. 北京：科学出版社，2006.

[2] 吕振铎，雷拥军. 卫星姿态测量与确定 [M]. 北京：国防工业出版社，2013.

[3] Q. M. Lam，N. Stamatakos，C. Woodruff，et al. Gyro modeling and estimation of its random noise sources [C] //AIAA Guidance，Navigation，and Control Conference and Exhibit. Austin：AIAA，2003.

[4] P. G. Savage. Strapdown inertial navigation algorithm design，part 2：velocity and position algorithms [J]. Journal of Guidance，Control and Dynamics. 1998，21 (2)：208 - 221.

[5] D. H. Titterton，J. L. Weston. Strapdown inertial navigation technology（捷联惯性导航技术）[M]. 张天光，王秀萍，王丽霞，译. 北京：国防工业出版社，2006.

[6] 秦永元，张士邈. 捷联惯导姿态更新的四子样旋转矢量优化算法研究 [J]. 中国惯性技术学报，2001，9 (4)：1 - 7.

[7] 严恭敏. 捷联惯导算法及车载组合导航系统研究 [D]. 西安：西北工业大学，2004.

[8] P. G. Savage. Analytical modeling of sensor quantization in strapdown inertial navigation error equations [J]. Journal of Guidance，Control，and Dynamics，2002，25 (5)：833 - 842.

[9] 李骥，张洪华，赵宇，等. 嫦娥三号着陆器的陀螺在轨标定 [J]. 中国科学：技术科学，2014，44 (6)：582 - 588.

[10] 于丹，董文强，王勇，等. 月地高速再入返回飞行器陀螺在轨自主标定技术研究及实现 [J]. 中国科学：技术科学，2015，45 (2)：213 - 220.

[11] 屠善澄. 卫星姿态动力学与控制 (2)[M]. 北京：中国宇航出版社，1998.

[12] 黄翔宇，张洪华，王大轶，等. 月球软着陆的高精度自主导航与控制方法研究 [J]. 空间控制技术与应用，2012，38 (2)：5 - 9.

第 8 章

光学自主导航技术

本章为基于光学测量的自主导航技术。首先介绍光学自主导航的原理和深空探测任务在不同飞行阶段的光学自主导航流程。光学成像敏感器是光学自主导航的基础设备，也是光学自主导航系统的关键部件。对于不同的飞行阶段，要观测的导航路标类型及其与航天器的距离尺度也不同，从而对光学成像敏感器的指标要求也有所不同，因此分析不同飞行阶段的光学成像敏感器指标要求，以一些典型的深空探测任务为例给出不同飞行阶段的敏感器性能指标。光学成像敏感器在对导航路标实施观测之前需要从路标数据库里选取若干个导航路标作为备选导航路标，这就涉及相应的选取标准，本章从导航敏感器成像约束条件和图像处理算法出发，分析并给出备选导航路标的选取标准。导航路标的空间分布是影响光学自主导航的主要因素之一，因此有必要对导航路标规划算法进行研究。本章从几何可观性分析出发，研究基于几何可观性分析的最优路标规划算法。在导航滤波实施方面，首先需要建立光学自主导航的测量方程，根据导航算法所需观测量的不同，将观测量分为大天体视半径和视线方向两大类，建立相应的测量方程。接着给出基于批处理最小二乘和卡尔曼滤波算法的光学自主导航实现过程。最后，分别以深空转移段、接近段和环绕段为背景，对采用不同类型导航路标的光学自主导航技术进行仿真验证。

8.1 光学自主导航原理

光学自主导航的基本原理是航天器利用自身的光学成像敏感器获取导航天体（含天体表面）的图像，经过图像处理后，提取出导航天体的信息，再结合天体星历信息和其他敏感器的测量信息（若需要），利用滤波算法自主确定航天器的轨道和姿态。

深空转移飞行段一般利用多个导航小行星和背景恒星图像信息进行光学自主导航。“深空一号”探测器在深空转移飞行段，拍摄遥远天体（如行星、小行星，以恒星作为参考背景）的图像，通过处理这些图像得到已知天体的视线方向，利用滤波方法处理这些以时间序列收集起来的测量信息，就可以估计出航天器的位置、速度以及其他相关参数，实现了光学自主导航。

对于接近小天体段，一般利用基于目标天体图像中心的光学自主导航。首先对导航相机拍到的图像进行处理，得到图像中目标天体的中心，然后组合天体中心的图像信息和航天器的姿态信息，利用导航滤波算法估计航天器相对目标天体的位置和速度。

对于环绕或飞越目标天体段，一般利用目标天体边缘特征信息进行光学自主导航。一种方法是利用提取的目标天体中心点信息和天体视半径作为观测量来确定航天器的轨道；另一种方法是利用获取的目标天体图像和预处理的目标天体模型进行匹配来确定航天器的轨道。

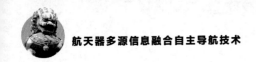

在软着陆下降段或撞击任务的撞击段，地外天体表面大量形状各异的陨石坑、岩石和纹理可以作为天然的导航路标，通过对这些路标成像，进行图像处理和特征匹配，再结合路标的位置信息估计出完整的航天器位置、速度和姿态信息。

光学成像自主导航的重要特征是利用光学成像敏感器获取天体图像数据。根据不同探测任务段的特点，会得到以下三类导航信息。

1. 中心点信息

利用图像处理方法，可从光学成像敏感器获取的近天体和远天体（恒星）图像中提取出近天体中心和远天体（恒星）能量中心。这些是光学成像自主导航最常用的测量信息，可用于转移段、接近段、环绕/飞越段和撞击段等。例如，“深空一号”利用光学成像敏感器对小行星和背景恒星进行光学测量，获得小行星和背景恒星的图像信息。

利用敏感器物理参数，可以把近天体和远天体的中心点像素信息转化为视线方向信息，能够避免复杂不确切的像素计算过程，也便于利用天文导航原理的位置面概念进行导航定位分析。

根据天体的视线方向，可以确定近天体视线方向与远、近天体视线方向之间的夹角，即角距（角距是指某一时刻两矢量方向的夹角），如测量恒星与小行星中心的角距、火星卫星与火星中心的角距。采用角距信息最大的优势是角距信息与航天器的姿态无关，而角距与航天器姿态信息相对独立，且在不同坐标系下保持不变；在本体坐标系中测算的角距等同于惯性坐标系中的角距。

2. 边缘点信息

利用图像处理方法，可从光学成像敏感器获取的近天体图像中提取出天体的边缘点信息。利用球形天体的边缘点信息（即使当航天器距天体太近只能获得天体的部分边缘图像），除了可以确定天体的中心方向之外，还可以确定天体的视半径，进而可以提供航天器距离天体中心的距离。边缘点信息主要用于接近、环绕/飞越球形大天体和环绕小天体的光学成像自主导航，例如克莱门汀（Clementine）航天器利用了月球图像边缘信息来确定月球的视半径；在小天体环绕飞行段，根据不规则形状小天体的三维模型，利用不规则天体的边缘点图像和图像模型进行匹配，可以确定边缘点的参考位置信息，进而确定航天器的轨道。

3. 特征点信息

利用图像处理方法，可从光学成像敏感器获取的天体表面图像中提取出天体表面的特征点（含人工目标）信息，通过与模型进行匹配使用，主要用于附着/着陆、撞击和环绕/飞越段，例如“Muses-C”任务利用光学成像敏感器获取了小行星表面的可视着陆目标和表面特征点图像信息。

8.2　光学成像敏感器

光学成像敏感器是光学自主导航的基础设备，也是光学自主导航系统的关键部件。光学成像敏感器在本质上与星敏感器类似，是一种对天体成像的仪器。下面介绍光学成像敏感器在不同阶段的具体应用。

1. 日心转移段

在日心转移段，通常选择航天器附近的天体作为观测对象，这些天体离航天器依然非常远而且亮度非常低，因此要成功获得满足精度要求的导航信息，敏感器必须具有极高的分辨率和灵敏度。如图 8-1 所示，“深空一号”使用的导航敏感器为“微型集成相机与光谱仪（Miniature Integrated Camera and Spectrometer, MICAS）”，焦距为 677 mm，成像元件是分辨率为 1 024×1 024 像素矩阵的 CCD。每像素的视场角约为 13 μrad，总视场角为 13.4 mrad（0.77°），图像编码为 12 位，亮度的数值范围为 0（暗）～4 095（明）。窄小的视场和上百万的像素保证了“深空一号”光学成像敏感器的极高分辨率。“深空一号”的导航敏感器固定安装在航天器本体上，在对特定方向进行拍摄时需要整体旋转航天器到相应姿态。

2. 接近段

在接近段，由于目标天体距离相对较近，在导航图像中不再只是一个点目标，而是一个面目标，而且其大小随着航天器相对距离的缩小而不断变大，因此，接近段的光学成像敏感器在设计指标上不同于转移段所使用的光学成像敏感器，视场角需要加大，焦距需要缩短，在尺寸和质量上也可以做得更小。

图 8-1　微型集成相机与光谱仪

例如火星勘探者轨道器（Mars Reconnaissance Orbiter，MRO）的光学成像敏感器，用在接近段获取火星及其卫星——火卫一（Phobos）和火卫二（Deimos）的导航图像。该敏感器安装在航天器的舱尾，在接近段时光轴指向火星。其技术指标为：孔径为 6 cm，总视场角为 1.4°，快门时间和曝光时间可调。

在接近段，由于航天器相对目标天体的方向变化较快，也为同时兼顾能源及其他科学探测的需要，有些光学成像敏感器具有转动机构或活动部件，能够改变敏感器的视场指向。例如“星尘号”的成像敏感器系统还包含一个反射镜，敏感器本身的安装保证了光轴与航天器 $-y$ 轴平行；而反射镜与敏感器成 45°，并可绕航天器 y 轴转动。这样敏感器的有效观察范围将覆盖航天器 $-z$ 方向从 $+x$ 轴到 $-x$ 轴的天区。“星尘号”光学敏感器的焦距为200 mm，CCD 的分辨率为 1 024×1 024 像素，总视场角为 3.5°，最小快门时间为 5 ms。

3. 环绕段

在环绕段，如果是大天体探测任务，由于航天器与目标天体距离近，观测张角较大，因此，导航测量需要大视场光学成像敏感器，具体视场大小需要根据环绕探测轨道高度和目标天体大小来确定，其总视场角一般为 100°～150°；

指标根据导航精度需要进行确定，如果导航位置精度要求为 10 km，则成像敏感器的精度指标：随机误差为 0.1°（3σ）、系统误差为 0.01°、数据更新率为 1～4 Hz，分辨率为 1 024×1 024 像素。如果是小天体探测任务，尽管航天器与目标天体的距离很小，但是被观测天体的体积较小，因此，导航测量可以选择中视场的光学成像敏感器，具体视场大小需要根据环绕探测轨道高度和目标天体大小来确定，其总视场角一般为 30°～60°；指标也是根据导航精度需要进行确定，如果导航位置精度要求为 100 m，考虑到航天器距离目标天体较近（20～50 km），成像敏感器的精度指标：随机误差为 0.1°（3σ）、系统误差为 0.01°、数据更新率为 1～4 Hz、分辨率为 1 024×1 024 像素。

4. 软着陆段

软着陆任务的光学敏感器可以分为两类：主动式和被动式。主动式采用激光雷达（Light Detection and Ranging，LIDAR）主动成像敏感器感知航天器着陆环境；被动式采用光学相机来获取环境图像序列。软着陆下降段对天体表面成像既可用来获取导航参考特征区域或特征点，又可用来选择安全着陆点实现避障。“嫦娥三号”采用的是光学相机，其分辨率为 1 024×1 024 像素，总视场角为 45.4°，以向下垂直的视角安置于着陆器的底部，在着陆器距离月面高度15 km 时，降落相机启动并以 10 帧/s 的速度获取了着陆器下降着陆过程中的4 672 幅降落影像。美国的“好奇号”火星航天器上采用两部使用相同 CCD 传感器的相机：一个镜头为 34 mm f/8，总视场角为 15°，分辨率为 1 600×1 200 像素，拍摄照片的分辨率为 1 200×1 200 像素；另一个镜头为 100 mm f/10，总视场角为 5.1°。

5. 撞击段

撞击任务撞击段的光学敏感器与接近段的光学敏感器类似，在性能参数上也与接近段类似。例如，深度撞击任务中的撞击器上安装一台光学成像敏感器，称为“撞击器瞄准敏感器”（Impactor Targeting Sensor，ITS）。该敏感器拥有一个 12 cm 孔径的光学镜头，焦距为 1.2 m，总视场角为 0.57°。敏感器采用分辨率为 1 024×1 024 像素的 CCD 器件，能够提供 14 bit 数字信号。ITS 有两个功能：提供撞击过程的导航图像和提供撞击前的高解析度科学图像。实际上该相机在性能上完全等同于深度撞击任务中的另一个航天器——飞越器上所安装的中解析度相机（Medium Resolution Imager，MRI）。飞越器运行于目标天体的接近和飞越轨道，MRI 相机的作用为提供光学自主导航图像和对撞击过程进行高速拍摄。

8.3 备选导航路标的选取标准

航天器光学自主导航的导航路标包括太阳系中可观测到并且星历信息已知的自然天体及自然天体表面的特征点，其中自然天体主要有太阳、行星及其卫星、小行星和彗星五类。光学自主导航首先需要考虑导航路标的选取和规划问题，一般可以分为以下三个步骤：

(1) 考虑敏感器的测量特性和各种约束，从导航路标数据库中选取 m 个导航路标作为备选的导航路标。

(2) 考虑可观性，从 m 个备选的导航路标中选取 $n(n\leqslant m)$ 个用于实际观测。

(3) 对 n 个导航路标的观测序列进行规划，使得从初始姿态开始，依次机动完成对 n 个导航路标的观测，然后又回到初始姿态，要求整个过程的姿态机动性价比最高。

其中第 (3) 步的问题可以描述为旅行商问题，建立优化函数以后，可以采用遗传算法等优化算法进行优化，这里不再赘述。本书仅对第 (1) 步和第 (2) 步进行讨论。

8.3.1 导航路标为自然天体

针对某项深空探测任务设计基于光学成像测量的自主导航方案，首先需要参照一些标准选取导航观测目标天体：从导航敏感器成像约束条件得到的标准有太阳相角标准和视星等标准；从图像处理算法角度得到的标准有视运动标准和三星概率标准；从导航精度得到的标准有航天器标准和天体距离标准。下面详细介绍前四项标准的制定依据。

1. 太阳相角

与星敏感器一样，导航敏感器也需要考虑杂光抑制问题，除了设计专门的遮光罩尽最大可能抑制杂光之外，实际成像时还必须限定导航敏感器光轴与强干扰光源之间的夹角，避免强光源光线进入导航敏感器通光孔。一般深空探测任务的主要干扰光源是太阳。如图 8-2 所示，定义太阳相角 α 为太阳—导航天体—航天器的夹角，其计算公式如下

$$\alpha=\arccos\left[\frac{(\boldsymbol{r}_a-\boldsymbol{r})\cdot\boldsymbol{r}_a}{\|\boldsymbol{r}_a-\boldsymbol{r}\|\cdot\|\boldsymbol{r}_a\|}\right]\tag{8-1}$$

式中，$\boldsymbol{r}_a$ 为导航天体在日心黄道坐标系中的位置；$\boldsymbol{r}$ 为航天器在日心黄道坐标系中的位置。

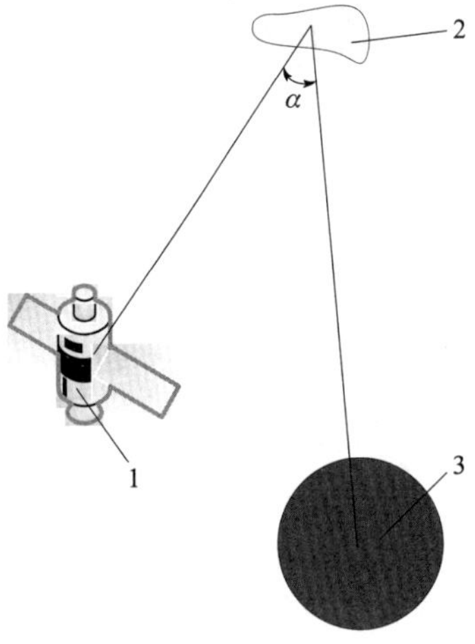

图 8-2　太阳相角定义

1—航天器；2—导航天体；3—太阳

显然太阳相角 α 越大，进入通光孔的杂光就越多，特别是太阳相角等于 180°时，太阳光就会直射入通光孔。因此，根据遮光罩的太阳光抑制能力，导航敏感器光轴对准导航天体成像有最大太阳相角 α_{max} 约束，如果太阳相角 α 大于 α_{max}，太阳光便会干扰成像。也就是说，以导航天体为顶点，以航天器到导航天体的连线为轴线，以最大太阳相角 α_{max} 为半锥角，存在一个空间圆锥，太阳必须位于此空间圆锥之内，否则就会影响成像。此空间圆锥的半锥角一般为 40°～60°。

2. 视星等标准

视星等（Apparent Magnitude）最早是由古希腊天文学家喜帕恰斯制定的，他把自己编制的星表中的 1 022 颗恒星按照亮度划分为 6 个等级，即 1～6 等星。1850 年，英国天文学家普森发现 1 等星要比 6 等星亮 100 倍，根据这个关系，星等被量化。重新定义后的星等，每级之间的亮度相差 2.512 倍，1 lx（勒克司，亮度单位）的视星等为－13.98。

但 1～6 星等并不能描述当时发现的所有天体的亮度，天文学家延展本来的等级——引入“负星等”概念。这个视星等体系一直沿用至今，如牛郎星为

0.77、织女星为0.03、天狼星（除了太阳之外最亮的恒星）为－1.45、太阳为－26.7、满月为－12.8、金星最亮时为－4.89。现在地面上最大的望远镜可看到24等星，而哈勃望远镜则可以看到30等星。

因为视星等是人们从地球上观察星体亮度的度量，它实际上只相当于光学中的照度，因为不同恒星与地球的距离不同，所以视星等并不能指示出恒星本身的发光强度。为此引入绝对星等（Absolute Magnitude）的概念，绝对星等是指把天体放在指定的距离（10秒差距、1秒差距的具体数值见附录A.1）时天体所呈现出的视星等。按照这个度量方法，牛郎星、织女星、天狼星和太阳的绝对星等分别为2.19、0.5、1.43和4.8。

因为行星、小行星和彗星等非恒星天体只能依靠反射太阳光和星光才能看到，即使从固定的距离观察，它们的亮度也会不同，所以行星、小行星和彗星的绝对星等需要另外定义。

天体的绝对星等可通过查询星历得到，再结合具体观测条件就能计算出天体的视星等。下面给出一个天体视星等的通用计算公式

$$m = H + 2.5\lg \frac{d_{BS}^2 d_{BO}^2}{p(\alpha) d_0^2} \tag{8-2}$$

式中，H为绝对星等，能在小行星星历中查到；d_{BS}为太阳到天体的距离；d_{BO}为观测点到天体的距离；α为太阳相角；$p(\alpha)$为相积分（Phase Integral）；d_0为1天文单位（AU，具体数值见附录A.1）。

相积分是对反射光的积分，值域为0～1，其定义如下

$$p = 2\int_0^{\pi} \frac{I(\alpha)}{I(0)} \sin\alpha \, d\alpha \tag{8-3}$$

式中，$I(\alpha)$为定向散射通量。

除了通用公式（8-2）之外，计算天体视星等还有一些精度更高的经验公式。例如计算小行星视星等，有1985年被IAU采用的Bowell模型，具体如下

$$m = H + 5\lg(dr) - 2.5\lg[(1-G)\varphi_1(\alpha) + G\varphi_2(\alpha)] \tag{8-4}$$

式中，G为反照率，能在小行星星历中查到；r为太阳到小行星的距离；d为观测点到小行星的距离；α为太阳相角，这里指太阳—小行星—观测点的夹角，相位函数φ_1和φ_2是经验公式，具体如下

$$\begin{aligned} \varphi_1(\alpha) &= \exp\left[-3.33\tan^{0.63}\left(\frac{\alpha}{2}\right)\right] \\ \varphi_2(\alpha) &= \exp\left[-1.87\tan^{1.22}\left(\frac{\alpha}{2}\right)\right] \end{aligned} \tag{8-5}$$

根据式（8-2）和式（8-4）能够计算出航天器在轨道上观测天体时的视星等，显然天体的视星等必须高于导航敏感器的最小敏感星等才能用于导航观测，否则无法对其成像。

3. 视运动标准

视运动即天体相对航天器的角速度。一般来说，恒星到太阳系的距离要远远大于太阳系的半径，因此可认为在探测任务期内，恒星在天球上的位置保持不变。但是在太阳系内天体相对航天器的角位置不能假设不变。在成像曝光期间，如果导航天体相对航天器的角速度很小，则其像点与背景恒星的像点形状一致，易于图像处理算法提取角距。反之，如果导航天体相对航天器的角速度很大，恒星的像点轨迹则有可能是点状，而导航天体的像点轨迹却是线状，这种情况给图像处理带来了很大的困难。因此必须对导航天体的视运动，即相对角速度加以限制，这就是视运动标准。导航天体的视运动计算公式如下

$$\omega_{\mathrm{LOS}} = \frac{\|(\boldsymbol{v}_{\mathrm{a}} - \boldsymbol{v}) \times (\boldsymbol{r}_{\mathrm{a}} - \boldsymbol{r})\|}{\|(\boldsymbol{r}_{\mathrm{a}} - \boldsymbol{r})\|^2} \tag{8-6}$$

式中，$\boldsymbol{v}_{\mathrm{a}}$ 为天体在日心黄道坐标系中的速度矢量；$\boldsymbol{r}_{\mathrm{a}}$ 为天体在日心黄道坐标系中的位置矢量；$\boldsymbol{v}$ 为航天器在日心黄道坐标系中的速度矢量；$\boldsymbol{r}$ 为航天器在日心黄道坐标系中的位置矢量。

4. 三星概率标准

在深空探测转移段和接近段，导航图像中一般含有背景恒星，根据星历信息可以给出成像时刻导航敏感器光轴的惯性指向信息。图像处理算法能够识别出图像所属星空区域的前提是图像背景中至少要包含 3 颗恒星。背景恒星星等的上下限受导航敏感器曝光时间和动态范围的约束。曝光时间主要根据导航天体的亮度确定，动态范围是指一幅图像中非饱和最亮像点和最暗像点之间亮度相差的倍数，由导航敏感器自身性能决定。恒星亮度超出星等上限，成像会饱和，反之超出下限，就不能成像。

在确定背景恒星星等的上下限之后仍然无法准确预测导航敏感器视场内的恒星数量，因为这还与成像时刻导航敏感器的姿态紧密相关，姿态的微小变化可能会引起视场边缘处恒星越出或进入视场。

Chausson 等人提出利用概率方法解决此问题。首先假设观测空域的平均星密度为 ρ 颗/$(°)^2$，在给定的 $\Omega(°)^2$ 视场内，认为含 k 颗恒星的概率服从泊松分布

$$P(k) = \frac{1}{k!}(\rho\Omega)^k \exp(-\rho\Omega) \tag{8-7}$$

则三星概率为

$$P(k \geqslant 3) = 1 - \sum_{k=0}^{2} P(k) \tag{8-8}$$

以 1°×1°的敏感器视场为例，三星概率与平均星密度的关系如图 8-3 所示。

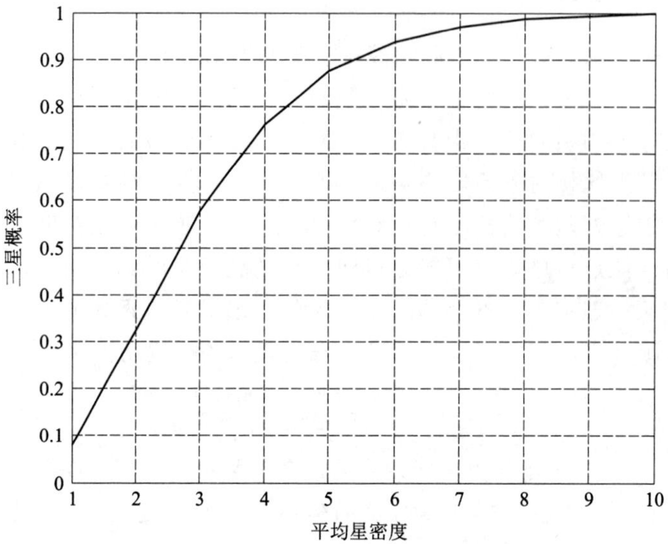

图 8-3　三星概率与平均星密度的关系

分析三星概率时需要用到恒星星表，目前常用的星表有 SAO、Hipparcos 和 Tycho－2 等。SAO 是根据史密森天文台观测资料于 1966 年编撰而成，包含 258 997 颗恒星数据；Hipparcos 是根据 Hipparcos 卫星从 1989—1993 年的观测资料编撰而成，包含 118 218 颗恒星；Tycho－2 是由哥本哈根大学天文台编撰，包含 2 500 000 万颗恒星。根据 Tycho－2 星表得出的不同星等的恒星数量分别如表 8-1 和表 8-2 所示。

表 8-1　Tycho－2 星表中星等小于某值的恒星数量

星等范围	$m<12$	$m<11$	$m<10$	$m<9$	$m<8$
恒星数量/颗	1 991 102	863 865	327 619	120 161	41 887

表 8-2　Tycho－2 星表中星等处于某区间的恒星数量

星等范围	$11\leqslant m<12$	$10\leqslant m<11$	$9\leqslant m<10$	$8\leqslant m<9$
恒星数量/颗	1 127 237	536 246	207 458	78 274

平均星密度 ρ 的计算方法之一为：首先统计以天体为中心、半径足够大的圆形空域内的恒星数量，然后除以圆形空域的面积。

在星表中恒星星历一般以赤经 α 和赤纬 δ 的形式给出，换算成地心赤道坐标系中的单位矢量 $\boldsymbol{r}_{\text{star}}$ 为

$$\boldsymbol{r}_{\text{star}} = \begin{bmatrix} \cos\alpha\cos\delta \\ \sin\alpha\cos\delta \\ \sin\delta \end{bmatrix} \tag{8-9}$$

若已知航天器到天体的单位视线矢量在日心黄道坐标系中的投影 $\boldsymbol{r}_{\text{s}}$，根据坐标变换，可将其转化为地心赤道坐标系中的投影 $\boldsymbol{r}_{\text{e}}$，则视线矢量与恒星矢量的夹角 β 为

$$\beta = \arccos \frac{\boldsymbol{r}_{\text{e}} \cdot \boldsymbol{r}_{\text{star}}}{\| \boldsymbol{r}_{\text{e}} \| \ \| \boldsymbol{r}_{\text{star}} \|} \tag{8-10}$$

夹角 β 如果小于指定半锥角，则该恒星位于天体的圆形背景空域内。

8.3.2　导航路标为自然天体表面的特征点

如果导航路标为自然天体表面的特征点，则需要建立路标模型库，该模型库一般在环绕段通过获取大量的光学成像，综合纹理、维度和尺度的条件下选取稳固的特征群构建得到。要实现光学自主导航，首先就是要筛选出适合的导航路标，因此需制定合适的筛选准则。

借鉴深空探测日心转移段导航小行星的筛选准则，自然天体表面特征点的筛选准则如下：

- 可见度/易识别度（如特征、纹理等）；
- 相角（航天器—路标—太阳）；
- 鲁棒性（考虑尺度变化和阴影变化等情况）；
- 两个导航路标之间的视线（卫星指向路标）夹角。

其中，路标应具有较好的可见度，以满足导航敏感器的成像要求，且图像识别和匹配难度小；相角还是要尽量小，以防止太阳光进入导航敏感器；两个路标之间的视线夹角大，能提高导航精度；等等。这些准则与导航敏感器参数有关。

筛选导航路标时，上述准则对路标的评估是单独进行的。同一颗路标对不同的准则来说评价是不一样的，也就是说，不可能通过一个准则筛选出最优的导航路标。这就要求找到一个准则去筛选最优的导航路标，一般采用的方式是：先对符合可见度/易识别度、相角、鲁棒性、视线夹角的所有路标进行综

合评估，然后按导航综合评估值排序，最后选择导航综合评估值最高的为导航路标。

定义路标的导航综合评估值 V 为路标各项参数（可见度/易识别度、相角、鲁棒性、视线夹角）的值与相应筛选准则偏差的加权和，即

$$V=\sum_{i=1}^{3}w_i\mathrm{Er}_i \tag{8-11}$$

式中，w_i 为各项的权值，与各项对导航精度的影响有关；Er_i 为路标参数与对应选择准则偏差的绝对值。

由式（8-11）可知，路标的导航综合评估值越大，表明其越适合于此次导航。每次研究光学自主导航方案，对符合准则的所有路标按导航综合评估值从大到小进行排序，依次选择导航评估值最高的路标为导航路标，具体步骤如下：

第（1）步　对符合准则的所有路标按导航综合评估值从大到小进行排序。

第（2）步　选择序列中导航综合评估值最大的路标，并将其从序列中删除。

第（3）步　把第（2）步选中的路标作为第 1 颗导航路标。

第（4）步　选择当前序列中导航综合评估值最大的路标，并将其从序列中删除。

第（5）步　如果第（4）步选中的路标与已有的导航路标间的视线夹角均大于 θ（θ 为一固定夹角），则选为下一颗导航路标，否则执行第（4）步。

第（6）步　如果已得到需要数目的导航路标，则完成筛选，否则继续执行第（4）步。

8.4　光学自主导航测量方程

光学自主导航测量方程取决于导航路标的几何特性及其与航天器的距离，导航路标在光学敏感器中的图像可能是面目标也有可能是点目标，可以分以下几种情况进行讨论：

（1）导航路标是大天体，在其与航天器距离较近时（比如环绕段或者接近段），其成像目标为圆盘。如果将圆盘的边缘用于导航，则导航观测量为大天体的视半径；如果将圆盘的中心用于导航，则导航观测量为指向大天体中心的视线方向。

（2）导航路标距离航天器远，成像目标为点目标时，导航观测量为指向导航路标的视线方向。

（3）导航路标为自然天体表面的特征点时，导航观测量为指向导航路标的视线方向。

综上所述，光学自主导航的观测量可以分为视半径和视线方向两大类，下面分别对相应的测量方程进行描述。

8.4.1　基于大天体视半径信息的测量方程

图 8-4 所示为基于大天体视半径观测的几何关系图，视半径 ρ 可以写作

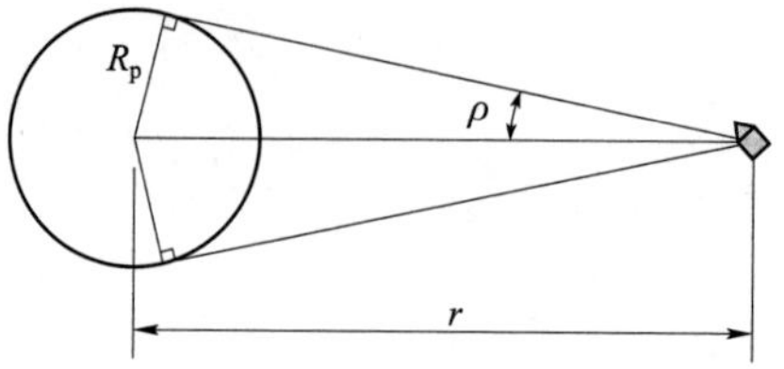

图 8-4　基于大天体视半径观测的几何关系图

$$\rho = \arcsin \frac{R_p}{r} \tag{8-12}$$

式中，R_p 为大天体的半径；r 为航天器距离大天体中心的距离。

如果考虑误差影响，则有

$$\rho = \arcsin \frac{\hat{R}_p}{r} + b + \nu \tag{8-13}$$

式中，$\hat{R}_p$ 为大天体的参考半径；b 为测量系统的偏差；ν 为测量噪声。在导航滤波时，通常需要计算测量值相对于状态量的雅可比矩阵，也即测量矩阵。如果状态量 $\boldsymbol{x}$ 由相对大天体的位置 $\boldsymbol{r}$ 和速度 $\boldsymbol{v}$ 组成，则测量矩阵可以写作

$$\begin{aligned} \boldsymbol{H} &= \begin{bmatrix} \dfrac{\partial \rho}{\partial \boldsymbol{r}} & \dfrac{\partial \rho}{\partial \boldsymbol{v}} \end{bmatrix} \\ &= \begin{bmatrix} -\dfrac{\hat{R}_p}{r^2\sqrt{r^2-\hat{R}_p^2}}\boldsymbol{r}^{\mathrm{T}} & \boldsymbol{O}_{1\times 3} \end{bmatrix} \end{aligned} \tag{8-14}$$

式中，$\boldsymbol{O}_{1\times 3}$ 为 1×3 的零矩阵，$r = \|\boldsymbol{r}\|$。

8.4.2　基于视线方向信息的测量方程

1. 单位向量形式

图 8-5 所示为基于视线方向信息的光学自主导航几何关系图。光学敏感器得到导航路标视线方向在敏感器坐标系下的表示记为$\tilde{\boldsymbol{n}}^s$，其中上标“s”表示投影在敏感器坐标系$\mathcal{F}_s$ 下。记路标视线方向在导航坐标系下的表示为$\boldsymbol{n}^n$，则有

$$\tilde{\boldsymbol{n}}^s = \boldsymbol{C}_n^s \boldsymbol{n}^n + \boldsymbol{v} \tag{8-15}$$

式中，$\boldsymbol{C}_n^s$ 为导航坐标系到敏感器坐标系的姿态转换矩阵（在导航系统中假设已知，由姿态确定系统得到）；$\boldsymbol{v}$ 为测量噪声。对于小视场的假设，测量噪声可以近似成高斯噪声，满足

$$\begin{cases} \mathrm{E}\{\boldsymbol{v}\} = \boldsymbol{0} \\ \mathrm{E}\{\boldsymbol{v}\boldsymbol{v}^{\mathrm{T}}\} = \sigma^2[\boldsymbol{I} - (\boldsymbol{C}_n^s\boldsymbol{n}^n)(\boldsymbol{C}_n^s\boldsymbol{n}^n)^{\mathrm{T}}] \end{cases} \tag{8-16}$$

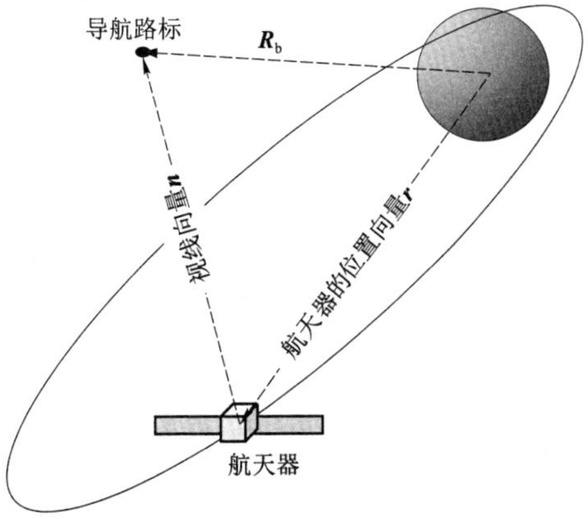

图 8-5　基于视线方向信息的光学自主导航几何关系

在图 8-5 中，记导航路标相对于坐标原点的位置向量为$\boldsymbol{R}_b$，则有

$$\boldsymbol{n}^n=\frac{\boldsymbol{R}_b^n-\boldsymbol{r}^n}{\|\boldsymbol{R}_b^n-\boldsymbol{r}^n\|} \tag{8-17}$$

在导航系统中，通常要估计投影在导航坐标系下的状态，在不引起歧义的情况下可将状态的上标省去，将 $\boldsymbol{r}^n$ 简写作 $\boldsymbol{r}$。

将式（8-17）代入式（8-15）可以得到基于视线方向信息的测量方程为

$$\tilde{\boldsymbol{n}}^s=\boldsymbol{C}_n^s\frac{\boldsymbol{R}_b^n-\boldsymbol{r}^n}{\|\boldsymbol{R}_b^n-\boldsymbol{r}^n\|}+\boldsymbol{v} \tag{8-18}$$

式（8-18）对应的测量矩阵可以写作

$$\begin{aligned}\boldsymbol{H}&=\begin{bmatrix}\dfrac{\partial\tilde{\boldsymbol{n}}^s}{\partial\boldsymbol{r}} & \dfrac{\partial\tilde{\boldsymbol{n}}^s}{\partial\boldsymbol{v}}\end{bmatrix}\\&=\begin{bmatrix}-\dfrac{1}{\|\boldsymbol{R}_b^n-\boldsymbol{r}^n\|}\boldsymbol{C}_n^s\left(I-\dfrac{\boldsymbol{R}_b^n-\boldsymbol{r}^n}{\|\boldsymbol{R}_b^n-\boldsymbol{r}^n\|}\dfrac{(\boldsymbol{R}_b^n-\boldsymbol{r}^n)^{\mathrm{T}}}{\|\boldsymbol{R}_b^n-\boldsymbol{r}^n\|}\right) & \boldsymbol{O}_{3\times3}\end{bmatrix}\end{aligned} \tag{8-19}$$

对于不同类型的光学导航路标，基于视线方向的自主导航滤波算法采用的导航观测量也不尽相同，如下：

1）$R_b^n=0$

这时导航路标为目标天体，将目标天体视线方向作为观测量，通常用于接近段、环绕段的飞行任务。此时，式（8-18）可以简写作

$$\tilde{\boldsymbol{n}}^s=-\boldsymbol{C}_n^s\frac{\boldsymbol{r}^n}{\|\boldsymbol{r}^n\|}+\boldsymbol{v} \tag{8-20}$$

取状态向量为航天器的位置和速度，则式（8-20）对应的测量矩阵可以写作

$$\begin{aligned}\boldsymbol{H}&=\begin{bmatrix}\dfrac{\partial\tilde{\boldsymbol{n}}^s}{\partial\boldsymbol{r}} & \dfrac{\partial\tilde{\boldsymbol{n}}^s}{\partial\boldsymbol{v}}\end{bmatrix}\\&=\begin{bmatrix}-\dfrac{1}{\|\boldsymbol{r}^n\|}\boldsymbol{C}_n^s\left(\boldsymbol{I}-\dfrac{\boldsymbol{r}^n}{\|\boldsymbol{r}^n\|}\dfrac{(\boldsymbol{r}^n)^{\mathrm{T}}}{\|\boldsymbol{r}^n\|}\right) & \boldsymbol{O}_{3\times3}\end{bmatrix}\end{aligned} \tag{8-21}$$

2）$0<R_b^n<\infty$，$\boldsymbol{R}_b^n$ 已知

这时导航路标通常为较远距离的大天体（如太阳、地球和月球）、小行星、自然天体表面上的特征点等，对应的飞行阶段可以是深空转移、接近、环绕以及着陆段。显然，在导航滤波时，如果将式（8-18）作为测量方程，则姿态确定误差会影响导航精度。如果导航敏感器的视场大，可以同时观测多个视线方向信息，则可以将两个视线方向的夹角作为观测量，以消除姿态确定误差的影响，这时测量方程可以写作

$$\begin{aligned}\theta_{12} &= \arccos(\boldsymbol{n}_1^n \cdot \boldsymbol{n}_2^n) + \nu \\ &= \arccos\left(\frac{\boldsymbol{R}_{b,1}^n - \boldsymbol{r}^n}{\|\boldsymbol{R}_{b,1}^n - \boldsymbol{r}^n\|} \cdot \frac{\boldsymbol{R}_{b,2}^n - \boldsymbol{r}^n}{\|\boldsymbol{R}_{b,2}^n - \boldsymbol{r}^n\|}\right) + \nu\end{aligned} \tag{8-22}$$

式中，θ_{12} 为两个视线方向的夹角；$\boldsymbol{R}_{b,1}^n$ 和 $\boldsymbol{R}_{b,2}^n$ 分别为两个导航路标在导航坐标系下的位置矢量。相应的测量矩阵可以写作

$$\begin{aligned}\boldsymbol{H} &= \begin{bmatrix}\dfrac{\partial\theta_{12}}{\partial\boldsymbol{r}} & \dfrac{\partial\theta_{12}}{\partial\boldsymbol{v}}\end{bmatrix} \\ &= \frac{1}{\sqrt{1-((\boldsymbol{n}_1^n)^{\mathrm{T}}\boldsymbol{n}_2^n)^2}}\left[\frac{1}{\|\boldsymbol{R}_{b,2}^n - \boldsymbol{r}^n\|}(\boldsymbol{n}_1^n)^{\mathrm{T}}(\boldsymbol{I} - \boldsymbol{n}_2^n(\boldsymbol{n}_2^n)^{\mathrm{T}}) + \right. \\ &\qquad \left. \frac{1}{\|\boldsymbol{R}_{b,1}^n - \boldsymbol{r}^n\|}(\boldsymbol{n}_2^n)^{\mathrm{T}}[\boldsymbol{I} - \boldsymbol{n}_1^n(\boldsymbol{n}_1^n)^{\mathrm{T}}] \quad \boldsymbol{O}_{1\times 3}\right]\end{aligned} \tag{8-23}$$

式中，$\boldsymbol{n}_1^n = \dfrac{\boldsymbol{R}_{b,1}^n - \boldsymbol{r}^n}{\|\boldsymbol{R}_{b,1}^n - \boldsymbol{r}^n\|}$；$\boldsymbol{n}_2^n = \dfrac{\boldsymbol{R}_{b,2}^n - \boldsymbol{r}^n}{\|\boldsymbol{R}_{b,2}^n - \boldsymbol{r}^n\|}$。

特别的，如果有一个导航路标为目标天体，比如$\boldsymbol{R}_{b,2}^n = \boldsymbol{O}$，则式（8-22）可以写作

$$\begin{aligned}\theta_{12} &= \arccos(\boldsymbol{n}_1^n \cdot \boldsymbol{n}_2^n) + \nu \\ &= \arccos\frac{\boldsymbol{R}_{b,1}^n - \boldsymbol{r}^n}{\|\boldsymbol{R}_{b,1}^n - \boldsymbol{r}^n\|} \cdot \frac{-\boldsymbol{r}^n}{\|\boldsymbol{r}^n\|} + \nu\end{aligned} \tag{8-24}$$

相应的测量矩阵可以写作

$$\begin{aligned}\boldsymbol{H} &= \begin{bmatrix}\dfrac{\partial\theta_{12}}{\partial\boldsymbol{r}} & \dfrac{\partial\theta_{12}}{\partial\boldsymbol{v}}\end{bmatrix} \\ &= \frac{1}{\sqrt{1-((\boldsymbol{n}_1^n)^{\mathrm{T}}\boldsymbol{n}_2^n)^2}}\left[\frac{1}{\|\boldsymbol{r}^n\|}(\boldsymbol{n}_1^n)^{\mathrm{T}}(\boldsymbol{I} - \boldsymbol{n}_2^n(\boldsymbol{n}_2^n)^{\mathrm{T}}) + \right. \\ &\qquad \left. \frac{1}{\|\boldsymbol{R}_{b,1}^n - \boldsymbol{r}^n\|}(\boldsymbol{n}_2^n)^{\mathrm{T}}(\boldsymbol{I} - \boldsymbol{n}_1^n(\boldsymbol{n}_1^n)^{\mathrm{T}}) \quad \boldsymbol{O}_{1\times 3}\right]\end{aligned} \tag{8-25}$$

3）$0<R_b^n<\infty$，$\boldsymbol{R}_b^n$ 未知

这时导航路标为自然天体表面上的特征点，飞行阶段通常为环绕或者着陆段。这种情况下的光学自主导航，本书不做研究。

4）$R_b^n \to \infty$

这时导航路标为无穷远处，一般为恒星，则式（8-18）可以写作

$$\tilde{\boldsymbol{n}}^s = \boldsymbol{C}_n^s \frac{\boldsymbol{R}_b^n}{\|\boldsymbol{R}_b^n\|} + \boldsymbol{\nu} \tag{8-26}$$

很显然，式（8-26）和航天器的位置没有关系。因此，单纯对恒星进行观测无法实现航天器的自主导航，在实际应用中恒星观测通常用来确定航天器的姿态。尽管如此，可以将恒星观测量和其他观测量结合在一块，以实现航天器的自主导航，主要有如下几种方式：

（1）近天体（有限距离）与远天体（无穷远距离）之间的夹角。将远天体的视线方向记为$\boldsymbol{n}_{star}$，近天体的视线方向由式（8-18）给出，敏感器可以得到两者之间的夹角 θ，相应的测量方程为

$$\begin{aligned}\theta &= \arccos(\boldsymbol{n}^n \cdot \boldsymbol{n}_{star}^n) + \nu \\ &= \frac{\boldsymbol{R}_b^n - \boldsymbol{r}^n}{\|\boldsymbol{R}_b^n - \boldsymbol{r}^n\|} \cdot \boldsymbol{n}_{star}^n + \nu\end{aligned} \tag{8-27}$$

取状态向量为位置和速度，则式（8-27）对应的测量矩阵为

$$\begin{aligned}\boldsymbol{H} &= \begin{bmatrix} \dfrac{\partial \tilde{\boldsymbol{n}}^s}{\partial \boldsymbol{r}} & \dfrac{\partial \tilde{\boldsymbol{n}}^s}{\partial \boldsymbol{v}} \end{bmatrix} \\ &= \Bigg[(\|\boldsymbol{R}_b^n - \boldsymbol{r}^n\|^2 - (\boldsymbol{R}_b^n - \boldsymbol{r}^n) \cdot \boldsymbol{n}_{star})^{-\frac{1}{2}} \\ &\quad \left(\boldsymbol{n}_{star}^{\mathrm{T}} - \frac{(\boldsymbol{R}_b^n - \boldsymbol{r}^n)^{\mathrm{T}} \boldsymbol{n}_{star}}{\|\boldsymbol{R}_b^n - \boldsymbol{r}^n\|^2} (\boldsymbol{R}_b^n - \boldsymbol{r}^n)^{\mathrm{T}} \right) \quad \boldsymbol{O}_{1\times 3} \Bigg]\end{aligned} \tag{8-28}$$

（2）掩星导航。掩星导航是通过利用远天体被近天体遮挡的时间来进行导航。由于时间是独立变量，需要进行变换，将其转换成近天体的视高度。如图 8-6 所示，当远天体被近天体遮挡时，视高度为 h_{star}，相应的测量方程为

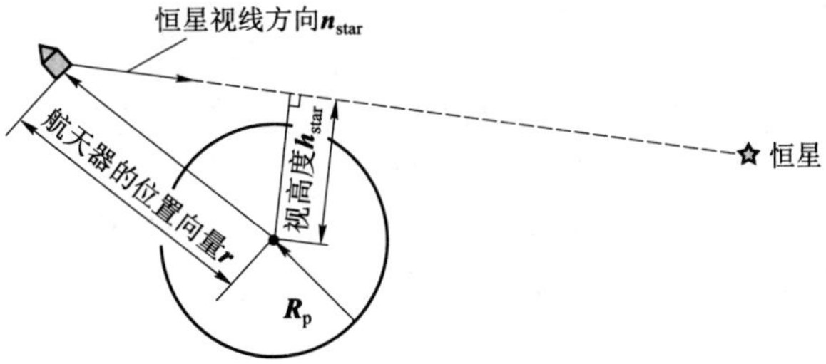

图 8-6　掩星观测示意图

$$h_{star} = \|\boldsymbol{r} - (\boldsymbol{r} \cdot \boldsymbol{n}_{star})\boldsymbol{n}_{star}\| - \boldsymbol{R}_p + \nu \tag{8-29}$$

需要指出的是，如果近天体周围有大气，还需要考虑星光折射效应，对应的导航方式称为星光折射自主导航。本书不对星光折射自主导航进行研究。

2. 像素形式

光学成像敏感器对导航路标成像，获取的是像平面上的二维像素，因此其测量方程还可以写成像素的形式。图 8-7 所示为光学成像敏感器的测量原理，$x_c y_c$ 为成像平面，z_c 为焦距方向，记成像点在焦平面上的笛卡儿坐标为（x_c，y_c），则 $\tilde{\boldsymbol{n}}^s$ 在敏感器坐标系下的投影为

$$\tilde{\boldsymbol{n}}^s=\frac{1}{\sqrt{x_c^2+y_c^2+f^2}}\begin{bmatrix}-x_c\\-y_c\\f\end{bmatrix}\quad(8\text{-}30)$$

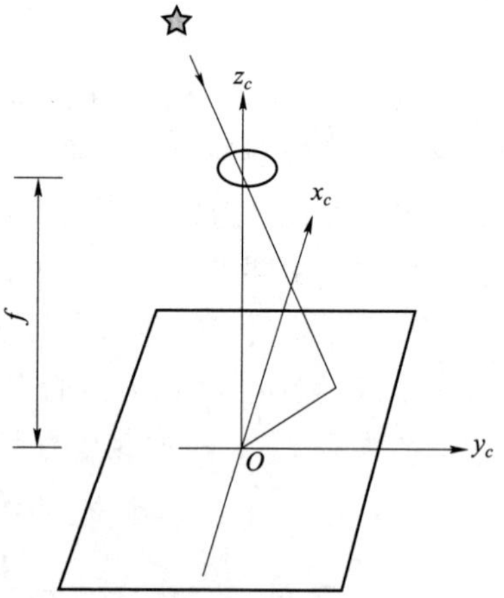

图 8-7　光学成像敏感器的测量原理

式中，f 为敏感器的焦距。将 $\boldsymbol{R}_b^n$ 和 $\boldsymbol{r}^n$ 写作

$$\begin{cases}\boldsymbol{R}_b^n=[x_d,\ y_d,\ z_d]^T\\ \boldsymbol{r}^n=[x,\ y,\ z]^T\end{cases}\quad(8\text{-}31)$$

从而有

$$\frac{\boldsymbol{R}_b^n-\boldsymbol{r}^n}{\|\boldsymbol{R}_b^n-\boldsymbol{r}^n\|}=\frac{1}{\sqrt{(x_d-x)^2+(y_d-y)^2+(z_d-z)^2}}\begin{bmatrix}x_d-x\\y_d-y\\z_d-z\end{bmatrix}\quad(8\text{-}32)$$

将式（8-30）和式（8-32）分别代入式（8-18），不考虑测量噪声，可以得到

$$\begin{cases}x_c=-f\dfrac{a_{11}(x_d-x)+a_{12}(y_d-y)+a_{13}(z_d-z)}{a_{31}(x_d-x)+a_{32}(y_d-y)+a_{33}(z_d-z)}\\[2ex] y_c=-f\dfrac{a_{21}(x_d-x)+a_{22}(y_d-y)+a_{23}(z_d-z)}{a_{31}(x_d-x)+a_{32}(y_d-y)+a_{33}(z_d-z)}\end{cases}\quad(8\text{-}33)$$

式中，$a_{ij}(i=1,\ 2,\ 3;\ j=1,\ 2,\ 3)$ 为方向余弦阵 $\boldsymbol{C}_n^s$ 中对应的元素。在实际中，成像点在焦平面上的投影坐标为像素坐标，记为（p，l）。考虑畸变影响，有

$$\begin{bmatrix}p\\l\end{bmatrix}=\boldsymbol{k}\begin{bmatrix}x_c\\y_c\\x_c y_c\end{bmatrix}+\begin{bmatrix}p_0\\l_0\end{bmatrix}+\begin{bmatrix}\nu_p\\\nu_l\end{bmatrix}\quad(8\text{-}34)$$

其中

$$\boldsymbol{k}=\begin{bmatrix} k_x & k_{xy} & k_{xxy} \\ k_{yx} & k_y & k_{yxy} \end{bmatrix} \tag{8-35}$$

式中，p_0 和 l_0 为敏感器中心的像元和像线；ν_p 和 ν_l 为测量噪声。式（8-35）为笛卡儿坐标到像素的转换矩阵。由于 k_{xy}、k_{yx}、k_{xxy} 和 k_{yxy} 的数值很小，为简化分析可忽略畸变影响，取 $\boldsymbol{k}=\begin{bmatrix} k_x & 0 & 0 \\ 0 & k_y & 0 \end{bmatrix}$，则式（8-34）可以化简为

$$\begin{bmatrix} p \\ l \end{bmatrix}=\begin{bmatrix} k_x x_c \\ k_y y_c \end{bmatrix}+\begin{bmatrix} p_0 \\ l_0 \end{bmatrix}+\begin{bmatrix} \nu_{p,i} \\ \nu_{l,i} \end{bmatrix} \tag{8-36}$$

将式（8-36）代入式（8-33），且考虑测量噪声可以得到

$$\begin{cases} p=-k_x f\dfrac{a_{11}(x_d-x)+a_{12}(y_d-y)+a_{13}(z_d-z)}{a_{31}(x_d-x)+a_{32}(y_d-y)+a_{33}(z_d-z)}+p_0+\nu_p \\ l=-k_y f\dfrac{a_{21}(x_d-x)+a_{22}(y_d-y)+a_{23}(z_d-z)}{a_{31}(x_d-x)+a_{32}(y_d-y)+a_{33}(z_d-z)}+l_0+\nu_l \end{cases} \tag{8-37}$$

以航天器的位置和速度作为导航状态，则式（8-37）对应的测量矩阵可以写作

$$\boldsymbol{H}=\frac{\partial \boldsymbol{z}}{\partial \boldsymbol{x}}=\begin{bmatrix} \dfrac{\partial p}{\partial x} & \dfrac{\partial p}{\partial y} & \dfrac{\partial p}{\partial z} & \boldsymbol{O}_{2\times 3} \\ \dfrac{\partial l}{\partial x} & \dfrac{\partial l}{\partial y} & \dfrac{\partial l}{\partial z} & \end{bmatrix} \tag{8-38}$$

其中

$$\begin{cases} \dfrac{\partial p}{\partial x}=-k_x f\dfrac{(a_{12}a_{31}-a_{11}a_{32})(y_d-y)+(a_{13}a_{31}-a_{11}a_{33})(z_d-z)}{[a_{31}(x_d-x)+a_{32}(y_d-y)+a_{33}(z_d-z)]^2} \\ \dfrac{\partial p}{\partial y}=-k_x f\dfrac{(a_{11}a_{32}-a_{12}a_{31})(x_d-x)+(a_{13}a_{32}-a_{12}a_{33})(z_d-z)}{[a_{31}(x_d-x)+a_{32}(y_d-y)+a_{33}(z_d-z)]^2} \\ \dfrac{\partial p}{\partial z}=-k_x f\dfrac{(a_{11}a_{33}-a_{13}a_{31})(x_d-x)+(a_{12}a_{33}-a_{13}a_{32})(y_d-y)}{[a_{31}(x_d-x)+a_{32}(y_d-y)+a_{33}(z_d-z)]^2} \\ \dfrac{\partial l}{\partial x}=-k_y f\dfrac{(a_{22}a_{31}-a_{21}a_{32})(y_d-y)+(a_{23}a_{31}-a_{21}a_{33})(z_d-z)}{[a_{31}(x_d-x)+a_{32}(y_d-y)+a_{33}(z_d-z)]^2} \\ \dfrac{\partial l}{\partial y}=-k_y f\dfrac{(a_{21}a_{32}-a_{22}a_{31})(x_d-x)+(a_{23}a_{32}-a_{22}a_{33})(z_d-z)}{[a_{31}(x_d-x)+a_{32}(y_d-y)+a_{33}(z_d-z)]^2} \\ \dfrac{\partial l}{\partial z}=-k_y f\dfrac{(a_{21}a_{33}-a_{23}a_{31})(x_d-x)+(a_{22}a_{33}-a_{23}a_{32})(y_d-y)}{[a_{31}(x_d-x)+a_{32}(y_d-y)+a_{33}(z_d-z)]^2} \end{cases} \tag{8-39}$$

导航算法的设计既可以基于式（8-18），也可以基于式（8-37）。

8.5 基于几何可观性分析的导航路标规划

8.5.1 几何可观性分析

几何可观性分析仅评估测量方程对自主导航系统性能的影响。由式（8-15）知，对于基于视线信息的光学自主导航，其测量方程可以写作

$$\tilde{\boldsymbol{n}}_i^s = \boldsymbol{C}_n^s \boldsymbol{n}_i^n + \boldsymbol{v}_i \tag{8-40}$$

其中下标"i"对应第 i 个导航路标的观测，测量噪声应满足

$$\begin{cases} \mathrm{E}\{\boldsymbol{v}_i\} = \boldsymbol{0} \\ \mathrm{E}\{\boldsymbol{v}_i \boldsymbol{v}_i^{\mathrm{T}}\} = \sigma_i^2[\boldsymbol{I} - (\boldsymbol{C}_n^s \boldsymbol{n}_i^n)(\boldsymbol{C}_n^s \boldsymbol{n}_i^n)^{\mathrm{T}}] \end{cases} \tag{8-41}$$

为了书写方便，记 $\tilde{\boldsymbol{n}}_i^s$ 为 $\tilde{\boldsymbol{b}}_i$，则有

$$\tilde{\boldsymbol{b}}_i = \boldsymbol{C}_n^s \boldsymbol{n}_i^n + \boldsymbol{v}_i \tag{8-42}$$

因此有

$$\begin{cases} \boldsymbol{\mu}_{\tilde{b}_i} \triangleq \mathrm{E}\{\tilde{\boldsymbol{b}}_i\} = \boldsymbol{C}_n^s \boldsymbol{n}_i^n \\ \mathrm{var}(\tilde{\boldsymbol{b}}_i) \triangleq \mathrm{E}\{(\tilde{\boldsymbol{b}}_i - \boldsymbol{\mu}_{b,i})(\tilde{\boldsymbol{b}}_i - \boldsymbol{\mu}_{b,i})^{\mathrm{T}}\} = \mathrm{E}\{\boldsymbol{v}_i \boldsymbol{v}_i^{\mathrm{T}}\} \end{cases} \tag{8-43}$$

假若噪声满足高斯分布，则观测量的概率密度函数可以写作

$$\begin{aligned} p(\tilde{\boldsymbol{b}}_i;\ \boldsymbol{r}) &= \prod_{i=1}^{n} \frac{1}{(2\pi)^{\frac{m}{2}}[\det(\sigma_i^2 \boldsymbol{I})]^{\frac{1}{2}}} \\ &= \exp\left\{-\frac{1}{2}[\tilde{\boldsymbol{b}}_i - \boldsymbol{C}_n^s \boldsymbol{n}_i^n]^{\mathrm{T}}(\sigma_i^2 \boldsymbol{I})^{-1}[\tilde{\boldsymbol{b}}_i - \boldsymbol{C}_n^s \boldsymbol{n}_i^n]\right\} \end{aligned} \tag{8-44}$$

式中，n 为导航路标的观测个数。对上式取对数有

$$\ln(p(\tilde{\boldsymbol{b}}_i;\ \boldsymbol{r})) = -\sum_{i=1}^{n} \frac{1}{2}\sigma_i^{-2} \| \tilde{\boldsymbol{b}}_i - \boldsymbol{C}_n^s \boldsymbol{n}_i^n \|^2 + \text{const} \tag{8-45}$$

令

$$J(\boldsymbol{r}) = \frac{1}{2}\sum_{i=1}^{n} \sigma_i^{-2} \| \tilde{\boldsymbol{b}}_i - \boldsymbol{C}_n^s \boldsymbol{n}_i^n \|^2 \tag{8-46}$$

由定理 2. 1 可以得到 Fisher 信息矩阵的计算公式为

$$\mathcal{I} = \mathrm{E}\left\{\frac{\partial^2}{\partial \boldsymbol{r} \partial \boldsymbol{r}^{\mathrm{T}}} J(\boldsymbol{r})\right\} \tag{8-47}$$

记 $J_i = \sigma_i^{-2}(1 - \boldsymbol{C}_n^s \boldsymbol{n}_i^n)$ 为单个测量的指标函数，则有

$$\begin{aligned} \boldsymbol{g}_i &\triangleq \frac{\partial J_i}{\partial \boldsymbol{r}} = \frac{\partial J_i}{\partial \boldsymbol{n}_i^n} \frac{\partial \boldsymbol{n}_i^n}{\partial \boldsymbol{r}} \\ &= \sigma_i^{-2} \frac{1}{r_{a,i}^2} [\boldsymbol{I} - \boldsymbol{n}_i^n (\boldsymbol{n}_i^n)^{\mathrm{T}} (\boldsymbol{C}_n^s)^{\mathrm{T}} \tilde{\boldsymbol{b}}_i]^{\mathrm{T}} \end{aligned} \tag{8-48}$$

式中，$r_{a,i} = \| \boldsymbol{R}_{b,i}^n - \boldsymbol{r}^n \|$。再对上式偏导，取均值有

$$\begin{aligned} \mathrm{E}\left\{\frac{\partial \boldsymbol{g}_i}{\partial \boldsymbol{r}}\right\} &= -\mathrm{E}\left\{\frac{\partial \boldsymbol{g}_i}{\partial \boldsymbol{r}_{a,\ i}}\right\} \\ &= \sigma_i^{-2} \frac{1}{r_{a,i}^2} [\boldsymbol{I} - \boldsymbol{n}_i^n (\boldsymbol{n}_i^n)^{\mathrm{T}}] \end{aligned} \tag{8-49}$$

将式 (8-49) 代入式 (8-47) 中可得

$$\begin{aligned} \mathcal{I} &= \sum_{i=1}^{n} \sigma_i^{-2} \frac{1}{r_{a,i}^2} [\boldsymbol{I} - \boldsymbol{n}_i^n (\boldsymbol{n}_i^n)^{\mathrm{T}}] \\ &= -\sum_{i=1}^{n} \sigma_i^{-2} \frac{1}{r_{a,i}^2} [\boldsymbol{n}_i^n \times]^2 \end{aligned} \tag{8-50}$$

由 Cramer-Rao 不等式 (参见定理 2. 1) 可得

$$\boldsymbol{P} \geqslant \mathcal{I}^{-1} = \left(-\sum_{i=1}^{n} \sigma_i^{-2} \frac{1}{r_{a,\ i}^2} [\boldsymbol{n}_i^n \times]^2\right)^{-1} \tag{8-51}$$

式中，σ_i 为对应敏感器的测量精度；$r_{a,i}^2$ 为导航路标到航天器的距离；$\boldsymbol{n}_i^n$ 为导航路标视线方向。

对于自主导航系统，衡量其可观度的一种方法就是判断误差协方差特征值的大小。其中，特征值大，所对应的特征向量方向自主导航精度低；特征值小，所对应的特征向量方向导航精度高。给定两个方差阵，迹小的方差阵的估计精度较迹大的方差阵要高。利用上述判据，可以得出如下定理。

定理 8. 1：对于基于视线信息的光学自主导航系统而言，如果仅观测一个视线方向，则沿着视线方向的分量几何不可观；如果观测两个视线方向，只要这两个视线方向不共线，则系统总是几何可观，而且这两个视线方向的夹角越

接近 90°，可观度越大。

证明： 首先考虑一个视线观测的情况，即 $i=1$。由于 $[\boldsymbol{n}_i^n\times]^2$ 的秩为 2，因此 $\mathcal{I}$ 不可逆，从而系统不可观。令 $p=1/r_{a,i}^2$，求 $\mathcal{I}$ 的特征值，即

$$\det(\lambda\boldsymbol{I}-\mathcal{I})=\det(\lambda\boldsymbol{I}+\sigma_i^{-2}p\,[\boldsymbol{n}_i^n\times]^2)=0 \tag{8-52}$$

有 $\lambda_1=0$，$\lambda_2=\lambda_3=\sigma_i^{-2}p$，其中特征值为 0 所对应的特征向量为 $\boldsymbol{n}_1^n$，这说明沿着视线方向的状态不可观。

若采用两个视线信息进行自主导航，则有

$$\begin{aligned}\mathcal{I}&=-\sigma_1^{-2}\frac{1}{r_{a,1}^2}[\boldsymbol{n}_1^n\times]^2-\sigma_2^{-2}\frac{1}{r_{a,2}^2}[\boldsymbol{n}_2^n\times]^2\\&=(a_1+a_2)\boldsymbol{I}-[a_1\boldsymbol{n}_1^n(\boldsymbol{n}_1^n)^{\mathrm{T}}+a_2\boldsymbol{n}_2^n(\boldsymbol{n}_2^n)^{\mathrm{T}}]\end{aligned} \tag{8-53}$$

式中，$a_i=\sigma_i^{-2}/r_{a,i}^2(i=1,2)$。

$\mathcal{I}$ 的三个特征根为

$$\begin{cases}\lambda_1(\mathcal{I})=a_1+a_2\\\lambda_2(\mathcal{I})=\dfrac{1}{2}\lambda_1(\mathcal{I})(1+\gamma)\\\lambda_3(\mathcal{I})=\dfrac{1}{2}\lambda_1(\mathcal{I})(1-\gamma)\end{cases} \tag{8-54}$$

其中

$$\gamma=\left[1-\frac{4a_1a_2\|\boldsymbol{n}_1^n\times\boldsymbol{n}_2^n\|^2}{\lambda_1(\mathcal{I})^2}\right]^{\frac{1}{2}} \tag{8-55}$$

显然，$\lambda_1(\mathcal{I})>0$，$\lambda_2(\mathcal{I})>0$，$\lambda_3(\mathcal{I})\geqslant 0$。当且仅当 $\boldsymbol{n}_1^n\times\boldsymbol{n}_2^n=\boldsymbol{0}$ 时（意味着 $\boldsymbol{n}_1^n$ 和 $\boldsymbol{n}_2^n$ 共线），$\lambda_3(\mathcal{I})=0$。因此，只要两个视线信息不共线，自主导航系统几何可观。

由于协方差阵的迹可以表征可观度的大小，而且 $\mathrm{Tr}[\boldsymbol{P}]=\sum_{i=1}^{3}\lambda_i(\boldsymbol{P})$，$\lambda_i(\boldsymbol{P})=1/\lambda_i(\mathcal{I})$，因此有

$$\begin{aligned}\mathrm{Tr}[\boldsymbol{P}]&=\frac{1}{\lambda_1(\mathcal{I})}\left(1+\frac{4}{1-\gamma^2}\right)\\&=\left(\frac{1}{a_1}+\frac{1}{a_2}\right)\frac{1}{\|\boldsymbol{n}_1^n\times\boldsymbol{n}_2^n\|^2}+\frac{1}{a_1+a_2}\end{aligned} \tag{8-56}$$

由式（8-56）可知，若 σ_i 给定，导航路标距离航天器越近，则 $\mathrm{Tr}[\boldsymbol{P}]$ 越小。此外，上式中 $\boldsymbol{n}_1^n\times\boldsymbol{n}_2^n$ 反映了导航路标夹角信息，夹角越接近 90°，$\mathrm{Tr}[\boldsymbol{P}]$ 也越小。因此，基于两个视线方向信息的光学自主导航系统，对距离航天器近的导航路标进行观测以及对近乎正交的两个导航路标进行观测可以提高自主导航精度，从而命题得证。

定理 8.1 给出了观测 1 个视线和 2 个视线情况下的可观性分析，并给出了定量的结论。对于进行三个视线观测的情况，Fisher 信息矩阵可以写作

$$\mathcal{I}_{123} = -a_1[\boldsymbol{n}_1^n\times]^2 - a_2[\boldsymbol{n}_2^n\times]^2 - a_3[\boldsymbol{n}_3^n\times]^2 \tag{8-57}$$

首先考虑一种特殊的情形，并给出如下定理。

定理 8.2：对于观测三颗小行星的情形，假设 $a_1=a_2=a_3$，则当$\boldsymbol{n}_1^n$、$\boldsymbol{n}_2^n$ 与 $\boldsymbol{n}_3^n$ 两两正交时，可观度最大。

证明：令 $a=a_1=a_2=a_3$，则式（8-57）可以重新写作

$$\begin{aligned}\mathcal{I}_{123} &= (a_1+a_2+a_3)\boldsymbol{I} - [a_1\boldsymbol{n}_1^n(\boldsymbol{n}_1^n)^{\mathrm{T}} + a_2\boldsymbol{n}_2^n(\boldsymbol{n}_2^n)^{\mathrm{T}} + a_3\boldsymbol{n}_3^n(\boldsymbol{n}_3^n)^{\mathrm{T}}] \\ &= 3a\boldsymbol{I} - a(\boldsymbol{n}_1^n(\boldsymbol{n}_1^n)^{\mathrm{T}} + \boldsymbol{n}_2^n(\boldsymbol{n}_2^n)^{\mathrm{T}} + \boldsymbol{n}_3^n(\boldsymbol{n}_3^n)^{\mathrm{T}})\end{aligned} \tag{8-58}$$

当$\boldsymbol{n}_1^n$、$\boldsymbol{n}_2^n$ 与$\boldsymbol{n}_3^n$ 两两正交时，显然有

$$\lambda_1(\mathcal{I}) = \lambda_2(\mathcal{I}) = \lambda_3(\mathcal{I}) = 2a \tag{8-59}$$

记这种情形的误差协方差为$\boldsymbol{P}_\perp$，则有

$$\mathrm{Tr}[\boldsymbol{P}_\perp] = \frac{3}{2a} \tag{8-60}$$

而对于 $\forall\,\boldsymbol{n}_1$，$\boldsymbol{n}_2$，$\boldsymbol{n}_3$，由式（8-58）可以得到

$$\begin{aligned}\mathrm{Tr}[\mathcal{I}] &= \lambda_1(\mathcal{I}) + \lambda_2(\mathcal{I}) + \lambda_3(\mathcal{I}) \\ &= 2(a_1+a_2+a_3) \\ &= 6a\end{aligned} \tag{8-61}$$

利用不等式

$$\frac{9}{x+y+z} \leqslant \frac{1}{x} + \frac{1}{y} + \frac{1}{z} \quad (x,\ y,\ z > 0) \tag{8-62}$$

可以得到

$$\begin{aligned}\mathrm{Tr}[\boldsymbol{P}] &= \frac{1}{\lambda_1(\mathcal{I})} + \frac{1}{\lambda_2(\mathcal{I})} + \frac{1}{\lambda_3(\mathcal{I})} \\ &\geqslant \frac{9}{\lambda_1(\mathcal{I}) + \lambda_2(\mathcal{I}) + \lambda_3(\mathcal{I})} = \frac{3}{2a} \\ &= \mathrm{Tr}[\boldsymbol{P}_\perp]\end{aligned} \tag{8-63}$$

命题得证。

对于一般的情形，很难得到信息矩阵特征值的解析解。

8.5.2　最优导航路标规划

由 8.5.1 小节的分析可知，对于基于视线信息的光学自主导航系统而言，如果不考虑轨道动力学因素，则至少要观测两个不共线的视线向量，才能保证

系统可观。在实际导航系统中，可供选择的导航路标个数可能大于 2，因此可以观测多个视线方向的向量。在这种情况下，由式（8-51）可知，对于最优估计，系统的误差协方差阵可以写作

$$\boldsymbol{P}=\mathcal{I}^{-1}=\left(-\sum_{i=1}^{n}\sigma_i^{-2}\frac{1}{r_{a,i}^2}[\boldsymbol{n}_i^n\times]^2\right)^{-1}$$

由上式可知，影响方差阵的因素包括 σ_i、$r_{a,i}^2$ 和 $\boldsymbol{n}_i^n$。σ_i 越小，则方差阵越小，可观度越好；$r_{a,i}^2$ 越小，即距离越近，可观度越好；$\boldsymbol{n}_i^n$ 为导航路标视线方向，对于观测多个路标的情况，其对导航可观度的影响很难做出定量的结论。因此定义导航系统的可观度 κ 为

$$\kappa=\frac{1}{\mathrm{Tr}[\boldsymbol{P}]}=\frac{1}{\mathrm{Tr}\left[\left(-\sum_{i=1}^{n}\sigma_i^{-2}\frac{1}{r_{a,i}^2}[\boldsymbol{n}_i^n\times]^2\right)^{-1}\right]} \tag{8-64}$$

如果观测精度恒定，则可观度 κ 只与导航路标空间分布有关。空间分布包含导航路标到航天器的距离和视线夹角两方面的信息。κ 越大，误差协方差阵的迹越小，导航误差就越小。分析还可知，若导航路标距离都减小 $1/a$ 倍，则 $\kappa(m)$ 增大 a^2 倍。

选取最优导航路标组合方法为：设一次自主导航需要观测 n 个视线信息，而符合选取标准的备选路标有 $m(n\leqslant m)$ 颗，则共有 $C(m, n)$① 种组合方式，计算所有组合的可观度，其中可观度最大的组合就是最优导航路标组合。

① 表示从 m 个元素中取 n 个元素的组合个数。

8.6　导航滤波算法

根据对观测数据处理方式的不同，导航滤波器算法有批处理和递推处理两种实现方式。批处理是基于在一段时间内获得的一批观测数据进行反复迭代运算，得出在此时间段内某一特定时刻的最优状态估计。由于观测数据组成的观测矢量维数远大于状态量的维数，通常应用最小二乘法求解，其精度较高且迭代运算过程稳定，但估计过程是阶段性的，不能实时得出结果。递推处理是在确定初轨的基础上，由即时观测数据来更新现有估计，得出新的估计。这种估计算法是序贯递推式的，适用于轨道姿态的实时处理，常用算法有扩展卡尔曼滤波器及其变形算法。本节将给出批处理和卡尔曼滤波算法。首先给出轨道动力学模型，将用于导航估计的航天器轨道动力学模型记作

$$\dot{x}=\boldsymbol{f}(\boldsymbol{x},\ t)+\boldsymbol{w} \tag{8-65}$$

6.1 节中对深空探测的轨道运动学方程进行了描述。如果为深空日心转移段，则 $\boldsymbol{x}=[\boldsymbol{r}^{\mathrm{T}},\ \boldsymbol{v}^{\mathrm{T}}]^{\mathrm{T}}$，其中 $\boldsymbol{r}$ 和 $\boldsymbol{v}$ 为航天器相对于日心黄道惯性系的位置矢量和速度矢量，$\boldsymbol{w}=[\boldsymbol{0}_{3\times 1}^{\mathrm{T}},\ \Delta\boldsymbol{a}^{\mathrm{T}}]^{\mathrm{T}}$ 为过程噪声，$\Delta\boldsymbol{a}$ 为未建模加速度。$\boldsymbol{f}(\boldsymbol{x},\ t)$ 由下式给出

$$\boldsymbol{f}(\boldsymbol{x},\ t)=\begin{bmatrix}\boldsymbol{v}\\ -\dfrac{\mu_s}{r^3}\boldsymbol{r}+\displaystyle\sum_{i=1}^{n_p}\mu_i\left[\dfrac{\boldsymbol{r}_{pi}-\boldsymbol{r}}{r_{ri}^3}-\dfrac{\boldsymbol{r}_{pi}}{r_{pi}^3}\right]+\dfrac{AG}{mr^3}\boldsymbol{r}+\dfrac{\boldsymbol{T}}{m}\end{bmatrix} \tag{8-66}$$

式中，n_p 为摄动行星数目；r 为航天器位置矢量的模；μ_i 为第 i 颗摄动行星的引力常数；$\boldsymbol{r}_{ri}$ 为第 i 颗摄动行星相对航天器的位置矢量 $\boldsymbol{r}_{ri}$，且 $\boldsymbol{r}_{ri}=\boldsymbol{r}_{pi}-\boldsymbol{r}$，$r_{ri}=\|\boldsymbol{r}_{ri}\|$；$\boldsymbol{r}_{pi}$ 为第 i 颗摄动行星的位置矢量，$r_{pi}=\|\boldsymbol{r}_{pi}\|$；$A$ 为航天器的横截面积；G 为太阳通量常数；m 为航天器的质量；$\boldsymbol{T}$ 为推力器的推力。

对于深空接近段而言，如果采用精确动力学模型将会面临许多工程难题。首先，精确动力学模型维数大，且为非线性，若采用完整的动力学模型作为状态方程，将会带来巨大的计算负担。目前的航天器星载计算机计算速度有限，因此状态方程不能过于复杂，必须进行简化。其次，在接近段需要连续地对目标天体进行观测，必须及时预报下一时刻目标天体的相对位置，要求自主导航系统必须与姿态控制系统构成回路，使光学成像敏感器能够连续跟踪目标天体。如上因素要求自主导航算法的状态方程必须简单。

参考第 6 章的轨道摄动分析，接近大天体的轨道动力学需要考虑太阳引力摄动、4 阶非球形摄动，从而式（8-65）中的 $\boldsymbol{x}$ 和 $\boldsymbol{f}(\boldsymbol{x},\ t)$ 由下式给出

$$\begin{cases}\boldsymbol{x}=[\boldsymbol{r}^{\mathrm{T}},\ \boldsymbol{v}^{\mathrm{T}}]^{\mathrm{T}}\\ \boldsymbol{f}(\boldsymbol{x},\ t)=\begin{bmatrix}\boldsymbol{v}\\ -\dfrac{\mu}{r^3}\boldsymbol{r}+\mu_s\left[\dfrac{\boldsymbol{r}_s-\boldsymbol{r}}{r_{rs}^3}-\dfrac{\boldsymbol{r}_s}{r_s^3}\right]+\dfrac{\partial V_{m,\ 4}}{\partial \boldsymbol{r}}\end{bmatrix}\end{cases} \tag{8-67}$$

式中，$\boldsymbol{r}$，$\boldsymbol{v}$ 分别为航天器相对目标天体的位置矢量和速度矢量；μ 为目标天体引力常数；$\boldsymbol{r}_s$ 为太阳相对于目标天体的位置矢量，$r_{rs}=\|\boldsymbol{r}_s-\boldsymbol{r}\|$；$V_{m,4}$ 为考虑 4 阶非球形摄动的势函数，具体形式参见 6.1 节。

环绕大天体的轨道动力学需要考虑 5 阶非球形摄动，此时式（8-65）中的 $\boldsymbol{x}$ 和 $\boldsymbol{f}(\boldsymbol{x},\ t)$ 由下式给出

$$\begin{cases}\boldsymbol{x}=[\boldsymbol{r}^{\mathrm{T}},\ \boldsymbol{v}^{\mathrm{T}}]^{\mathrm{T}}\\ \boldsymbol{f}(\boldsymbol{x},\ t)=\begin{bmatrix}\boldsymbol{v}\\ -\dfrac{\mu}{r^3}\boldsymbol{r}+\dfrac{\partial V_{m,\ 5}}{\partial \boldsymbol{r}}\end{bmatrix}\end{cases} \tag{8-68}$$

式中，$V_{m,5}$ 为考虑 5 阶非球形摄动的势函数。此外，如果目标天体周围有大气，而且环绕轨道高度足够低，还需要考虑大气的作用力。

8.6.1 批处理滤波算法

记 $\tilde{\boldsymbol{z}}_0$，$\tilde{\boldsymbol{z}}_1$，…，$\tilde{\boldsymbol{z}}_N$ 为历元时刻 t_0，t_1，…，t_N 所对应的观测值，批处理最小二乘滤波算法（Batch Least Square，BLS），对这些观测序列集中进行处理，对历元时刻 $t=t_0$ 时的航天器状态 $\boldsymbol{x}_0 \triangleq \boldsymbol{x}(t_0)$ 进行估计。航天器在任意时刻的

状态 $\boldsymbol{x}(t)$ 可以写作$\boldsymbol{x}_0$的非线性代数函数，即

$$\boldsymbol{x}(t)=\boldsymbol{\varphi}(\boldsymbol{x}_0,\ t_0,\ t) \tag{8-69}$$

通常航天器的状态方程可以用微分方程描述，即

$$\dot{\boldsymbol{x}}=\boldsymbol{f}(\boldsymbol{x}) \tag{8-70}$$

则式（8-69）可以对微分方程数值积分得到。记测量方程为

$$\boldsymbol{z}_i=\boldsymbol{h}(\boldsymbol{x}_i)+\boldsymbol{v}_i \tag{8-71}$$

因此有

$$\begin{cases}\tilde{\boldsymbol{z}}_0=\boldsymbol{h}(\boldsymbol{x}_0)+\boldsymbol{v}_0\\ \tilde{\boldsymbol{z}}_1=\boldsymbol{h}(\boldsymbol{x}_1)+\boldsymbol{v}_1\\ \vdots \qquad \vdots \qquad \vdots\\ \tilde{\boldsymbol{z}}_N=\boldsymbol{h}(\boldsymbol{x}_N)+\boldsymbol{v}_N\end{cases} \tag{8-72}$$

式中，$\boldsymbol{x}_i\triangleq\boldsymbol{x}(t=t_i)$。将式（8-69）代入式（8-72）可以得到

$$\begin{cases}\tilde{\boldsymbol{z}}_0=\boldsymbol{h}(\boldsymbol{x}_0)+\boldsymbol{v}_0\\ \tilde{\boldsymbol{z}}_1=\boldsymbol{h}(\boldsymbol{\varphi}(\boldsymbol{x}_0,\ t_0,\ t_1))+\boldsymbol{v}_1\\ \vdots \qquad \vdots \qquad \vdots\\ \tilde{\boldsymbol{z}}_N=\boldsymbol{h}(\boldsymbol{\varphi}(\boldsymbol{x}_0,\ t_0,\ t_N))+\boldsymbol{v}_N\end{cases} \tag{8-73}$$

式（8-73）是关于$\boldsymbol{x}_0$的非线性方程，可以利用迭代法进行求解。给定$\boldsymbol{x}_0$，得事先估计$\hat{\boldsymbol{x}}_0^-$及其方差$\boldsymbol{P}_0^-$，则将 $\boldsymbol{h}(\boldsymbol{\varphi}(\boldsymbol{x}_0,\ t_0,\ t))$ 在$\hat{\boldsymbol{x}}_0^-$处进行一阶泰勒展开可以得到

$$\boldsymbol{h}(\boldsymbol{\varphi}(\boldsymbol{x}_0,\ t_0,\ t))=\boldsymbol{h}(\boldsymbol{\varphi}(\hat{\boldsymbol{x}}_0^-,\ t_0,\ t))+\frac{\partial\boldsymbol{h}(\boldsymbol{\varphi}(\boldsymbol{x}_0,\ t_0,\ t))}{\partial\boldsymbol{x}_0}\bigg|_{\boldsymbol{x}_0=\hat{\boldsymbol{x}}_0^-}(\boldsymbol{x}_0-\hat{\boldsymbol{x}}_0^-) \tag{8-74}$$

将式（8-74）代入式（8-73）可以得到

$$\begin{cases}\Delta\boldsymbol{z}_0=\tilde{\boldsymbol{H}}_0\Delta\boldsymbol{x}_0+\boldsymbol{v}_0\\ \Delta\boldsymbol{z}_1=\tilde{\boldsymbol{H}}_1\Delta\boldsymbol{x}_0+\boldsymbol{v}_1\\ \vdots \qquad \vdots \qquad \vdots\\ \Delta\boldsymbol{z}_N=\tilde{\boldsymbol{H}}_N\Delta\boldsymbol{x}_0+\boldsymbol{v}_N\end{cases} \tag{8-75}$$

其中

$$\begin{cases}\Delta\boldsymbol{z}_i=\tilde{\boldsymbol{z}}_i-\boldsymbol{h}(\boldsymbol{\varphi}(\hat{\boldsymbol{x}}_0^-,\ t_0,\ t_i))\\ \Delta\boldsymbol{x}_0=\boldsymbol{x}_0-\hat{\boldsymbol{x}}_0^-\\ \tilde{\boldsymbol{H}}_i=\dfrac{\partial\boldsymbol{h}(\boldsymbol{\varphi}(\boldsymbol{x}_0,\ t_0,\ t_i))}{\partial\boldsymbol{x}_0}\bigg|_{\boldsymbol{x}_0=\hat{\boldsymbol{x}}_0^-}\end{cases} \tag{8-76}$$

$\tilde{\boldsymbol{H}}_i$ 的计算方法将在后面进行阐述。式（8-75）可以写成线性测量方程

$$\Delta \boldsymbol{Z} = \mathcal{H}\Delta \boldsymbol{x}_0 + \boldsymbol{v} \tag{8-77}$$

其中

$$\Delta \boldsymbol{Z} = \begin{bmatrix} \Delta \boldsymbol{z}_0 \\ \Delta \boldsymbol{z}_1 \\ \vdots \\ \Delta \boldsymbol{z}_N \end{bmatrix},\ \mathcal{H} = \begin{bmatrix} \tilde{\boldsymbol{H}}_0 \\ \tilde{\boldsymbol{H}}_1 \\ \vdots \\ \tilde{\boldsymbol{H}}_N \end{bmatrix},\ \boldsymbol{v} = \begin{bmatrix} \boldsymbol{v}_0 \\ \boldsymbol{v}_1 \\ \vdots \\ \boldsymbol{v}_N \end{bmatrix} \tag{8-78}$$

如果 $\mathrm{E}\{\boldsymbol{v}\} = \boldsymbol{0}$，$\mathrm{E}\{\Delta \boldsymbol{x}_0 \boldsymbol{v}^{\mathrm{T}}\} = \boldsymbol{O}$，且记$\mathcal{R} = \mathrm{E}\{\boldsymbol{v}\boldsymbol{v}^{\mathrm{T}}\}$，则式（8-77）对应的LMMSE估计可以写作

$$\begin{cases} \Delta \hat{\boldsymbol{x}}_0 = (\boldsymbol{P}_0^{-1} + \mathcal{H}^{\mathrm{T}} \mathcal{R}^{-1} \mathcal{H}) - 1\, \mathcal{H}^{\mathrm{T}} \mathcal{R}^{-1} \Delta \boldsymbol{Z} \\ \boldsymbol{P}_{\Delta \hat{x}_0} = (\boldsymbol{P}_0^{-1} + \mathcal{H}^{\mathrm{T}} \mathcal{R}^{-1} \mathcal{H})^{-1} \end{cases} \tag{8-79}$$

然后，将$\hat{\boldsymbol{x}}_0^- + \Delta \hat{\boldsymbol{x}}_0$ 作为新的$\hat{\boldsymbol{x}}_0^-$，$\boldsymbol{P}_{\Delta \hat{x}_0}$作为新的$\boldsymbol{P}_0$ 代入式（8-76）中，并由式（8-79）计算新的 $\Delta \hat{\boldsymbol{x}}_0$ 和$\boldsymbol{P}_{\Delta \hat{x}_0}$，不断迭代，直至满足迭代终止条件（比如 $\| \Delta \hat{\boldsymbol{x}}_0 \| < \varepsilon$，$\varepsilon$ 为很小的正数）。最终更新的$\hat{\boldsymbol{x}}_0^-$ 和$\boldsymbol{P}_0$ 作为 t_0 时刻的状态估计和误差协方差。一旦得到 t_0 时刻的状态估计和误差协方差，其他时刻的状态估计和协方差可以利用轨道动力学外推得到。

由式（8-76）和式（8-79）得知，为了实施批处理最小二乘滤波算法，需要计算 $\tilde{\boldsymbol{H}}$，有下面两种典型的计算方法。

方法 1：由于 $\tilde{\boldsymbol{H}}$ 是 t 时刻观测量对 t_0 时刻状态的偏导，因此可以在$\boldsymbol{x}_0$ 处对$\hat{\boldsymbol{x}}_0^-$ 每个方向的分量分别加上小的扰动并对轨道动力学进行数值积分，结合测量方程得到扰动后的观测量，然后运用差分运算对 $\tilde{\boldsymbol{H}}$ 近似，分别计算 t_1，t_2，…，t_N 时刻的 $\tilde{\boldsymbol{H}}$ 为$\tilde{\boldsymbol{H}}_1$，$\tilde{\boldsymbol{H}}_2$，…，$\tilde{\boldsymbol{H}}_N$。t_0 时刻的 $\tilde{\boldsymbol{H}}$ 可以直接由测量方程$\tilde{\boldsymbol{H}}_0 = \dfrac{\partial \boldsymbol{h}(\boldsymbol{x})}{\partial \boldsymbol{x}} \Big|_{\boldsymbol{x} = \hat{\boldsymbol{x}}_0^-}$得到。

方法 2：$\tilde{\boldsymbol{H}}$ 可以写作

$$\tilde{\boldsymbol{H}} = \frac{\partial \boldsymbol{h}(\boldsymbol{x})}{\partial \boldsymbol{x}} \frac{\partial \boldsymbol{x}}{\partial \boldsymbol{x}_0} \Big|_{\boldsymbol{x}_0 = \hat{\boldsymbol{x}}_0^-} \tag{8-80}$$

式中，$\dfrac{\partial \boldsymbol{h}(\boldsymbol{x})}{\partial \boldsymbol{x}}$可由测量方程得到，因此关键是计算$\dfrac{\partial \boldsymbol{x}}{\partial \boldsymbol{x}_0}$；$\dfrac{\partial \boldsymbol{x}}{\partial \boldsymbol{x}_0}$为离散动力系统的状态转移矩阵。记 t_0 至 t 时刻的状态转移矩阵为 $\boldsymbol{F}(t,\ t_0)$，有

$$\dot{\boldsymbol{F}}(t,\ t_0) = \boldsymbol{A}\boldsymbol{F}(t,\ t_0)$$

式中，$\boldsymbol{A}=\dfrac{\partial \boldsymbol{f}(\boldsymbol{x})}{\partial \boldsymbol{x}}$，且

$$\begin{cases}\boldsymbol{F}(t,\ t_0)=\boldsymbol{I}\\ \boldsymbol{F}(t_2,\ t_0)\boldsymbol{F}(t_1,\ t_0)=\boldsymbol{F}(t_2,\ t_0)\end{cases}$$

当 $t-t_0$ 很小时，可以用级数展开的方法来近似状态转移矩阵，公式如下

$$\boldsymbol{F}(t,\ t_0)=\boldsymbol{I}+\boldsymbol{A}\cdot(t-t_0)+\frac{\boldsymbol{A}^2\cdot(t-t_0)^2}{2!}+\cdots$$

8.6.2　卡尔曼滤波算法

由于航天器的轨道动力学为非线性方程，测量方程也大多为非线性方程。如果采用递归式滤波算法，需要利用非线性卡尔曼滤波进行估计。从融合结构上看，由于使用的是单一的光学成像敏感器进行观测，故采用集中式卡尔曼滤波结构即可。本节以扩展卡尔曼滤波（EKF）为例，对光学自主导航的滤波实现进行说明，其他的非线性滤波算法也可类似得到。

EKF 是目前广泛应用的滤波算法。在标准 EKF 滤波中，状态一步预测采用一阶近似方法得到。具体算法如下。

1. 状态预测

对上一时刻的状态动力学积分进行状态预测，即

$$\hat{\boldsymbol{x}}_{k|k-1}=\hat{\boldsymbol{x}}_{k-1}+\int_{t_{k-1}}^{t_k}\boldsymbol{f}(\boldsymbol{x},\ t)\mathrm{d}t$$

式中，$\hat{\boldsymbol{x}}_{k-1}$ 和 $\hat{\boldsymbol{x}}_{k|k-1}$ 分别为状态估计和状态一步预测；$\int_{t_{k-1}}^{t_k}\boldsymbol{f}(\boldsymbol{x},t)\mathrm{d}t$ 通过数值积分方法实现。

2. 方差预测

利用状态转移矩阵和系统噪声方差进行方差预测，即

$$\boldsymbol{P}_{k|k-1}=\boldsymbol{F}_{k,\ k-1}\boldsymbol{P}_{k-1}\boldsymbol{F}_{k,\ k-1}^{\mathrm{T}}+\boldsymbol{Q}_{k-1}$$

式中，$\boldsymbol{P}_k$，$\boldsymbol{P}_{k|k-1}$ 分别为误差协方差估计和误差协方差一步预测；$\boldsymbol{Q}_{k-1}$ 为轨道动力学过程噪声方差阵；$\boldsymbol{F}_{k,k-1}$ 为 t_{k-1} 至 t_k 时刻的状态转移矩阵。

3. 计算滤波增益矩阵

利用预测的方差矩阵、测量矩阵和测量噪声矩阵计算滤波增益矩阵，即

$$\boldsymbol{K}_k=\boldsymbol{P}_{k|k-1}\boldsymbol{H}_k^{\mathrm{T}}\left[\boldsymbol{H}_k\boldsymbol{P}_{k|k-1}\boldsymbol{H}_k^{\mathrm{T}}+\boldsymbol{R}_k\right]^{-1}$$

式中，$\boldsymbol{R}_k$ 为测量噪声的协方差；$\boldsymbol{H}_k$ 为光学自主导航的测量矩阵（如果导航信息量为视半径，则 $\boldsymbol{H}_k$ 由式（8-14）给出；如果导航信息量为视线方向，则 $\boldsymbol{H}_k$ 由式（8-19）给出）。

4．状态的测量更新

对预测的状态进行测量更新，得到更新后的状态，即

$$\hat{\boldsymbol{x}}_k = \hat{\boldsymbol{x}}_{k|k-1} + \boldsymbol{K}_k[\boldsymbol{z}_k - \hat{\boldsymbol{z}}_k]$$

式中，$\hat{z}_k$ 为预测的观测值。如果用到的导航信息量为视半径，则由式（8-13）预测得到；如果用到的导航信息量为视线方向，则由式（8-18）预测得到。

5．方差的测量更新

对预测的方差进行测量更新，即

$$\boldsymbol{P}_k = [\boldsymbol{I} - \boldsymbol{K}_k\boldsymbol{H}_k]\boldsymbol{P}_{k|k-1}[\boldsymbol{I} - \boldsymbol{K}_k\boldsymbol{H}_k]^{\mathrm{T}} + \boldsymbol{K}_k\boldsymbol{R}_k\boldsymbol{K}_k^{\mathrm{T}}$$

8.7　仿真应用实例

8.7.1　基于小行星观测的深空转移段自主导航

基于小行星观测的深空转移段自主导航进行仿真验证分三个部分：第一部分为验证导航路标规划算法；第二部分为对比和评估不同滤波算法的性能；第三部分为分析不同误差源对导航精度的影响。

转移段起始点的历元时刻为 2007 年 8 月 5 日，即 JD2454317.5，在日心 J2000 黄道惯性坐标系下的初始位置为

$$\begin{bmatrix} 1.017\,978\,222\,619\,442\times 10^{8} \\ -1.123\,003\,524\,012\,581\times 10^{8} \\ -9.578\,654\,170\,367\,867\times 10^{4} \end{bmatrix}\text{km}$$

初始速度为

$$\begin{bmatrix} 21.404\,608\,019\,278\,76 \\ 25.087\,656\,273\,516\,07 \\ -2.007\,089\,018\,943\,564 \end{bmatrix}\text{km/s}$$

真实的任务轨道由 STK（Systems Tool Kit）软件生成，动力学模型考虑了太阳系中的大行星引力摄动和太阳光压摄动，轨道积分器为 RKF78。光学成像敏感器的焦距为 677 mm，每像素的角度分辨率为 13 μrad。

采取“深空一号”的观测策略，导航周期为 7 天，每周留出 3～4 h 的观测窗口，逐一拍摄 12 颗小行星，将所获的数据作为一批观测数据。

1. 导航路标规划仿真

对导航路标规划算法进行仿真验证，为了便于比较，采用的滤波算法为 EKF。其他参数设置如下（不作特殊说明，均为 1σ）：

（1）导航滤波中的动力学模型：考虑太阳系行星摄动、太阳光压摄动，具体形式见式（8-66），轨道积分器采用 ODE45。

（2）测量方程为式（8-37），测量矩阵为式（8-38）。

（3）导航初始误差：位置各分量为 1 000 km，速度各分量为 1 m/s。

（4）光学成像敏感器观测误差：0.1 像素。

（5）姿态确定误差：1 μrad。

（6）小行星星历误差：100 km。

如表 8-3 所示，考虑两种典型的场景，场景 1 对规划算法给出的 12 颗小行星进行观测，场景 2 随机观测 12 颗小行星。无论哪种场景都需要从小行星数据库里对备选导航小行星进行选取，表 8-4 给出了小行星视星等、距离、太阳相角、视运动以及三星概率的选取标准。考虑这些阈值，得到的筛选结果如表 8-5 所示。

表 8-3　路标规划仿真场景

场景编号	配置
1	每批观测规划算法给出的 12 颗小行星
2	每批随机观测 12 颗小行星

表 8-4　小行星各参数的选取标准

标准	阈值
视星等	≤12
距离/km	$\leqslant 3\times 10^8$
太阳相角/(°)	≥135
视运动/(μrad · s^{-1})	≤0.1
三星概率（星等≤11）/(%)	≥98

表 8-5　每个窗口的备选小行星数量

窗口序号	1	2	3	4	5	6	7	8	9	10	11	12	13	14
入选数量	19	18	16	17	17	16	13	13	14	16	17	17	16	16
窗口序号	15	16	17	18	19	20	21	22	23	24	25	26	27	28
入选数量	14	15	16	14	14	15	16	15	14	13	16	15	19	19
窗口序号	29	30	31	32	33	34	35	36	37	38	39	40	41	42
入选数量	19	19	18	19	18	19	19	19	19	19	19	19	19	19

一次仿真结果分别如图 8-8～图 8-13 所示。为了对导航路标规划算法进行综合评估，利用第 4 章的蒙特卡洛仿真技术进行打靶仿真，产生 $n(n=300)$ 组轨道和测量数据，再将观测数据代入 EKF 算法进行状态估计，得到 n 组估计值。采用以下方法计算三维位置矢量的估计误差均方根(RMS)。

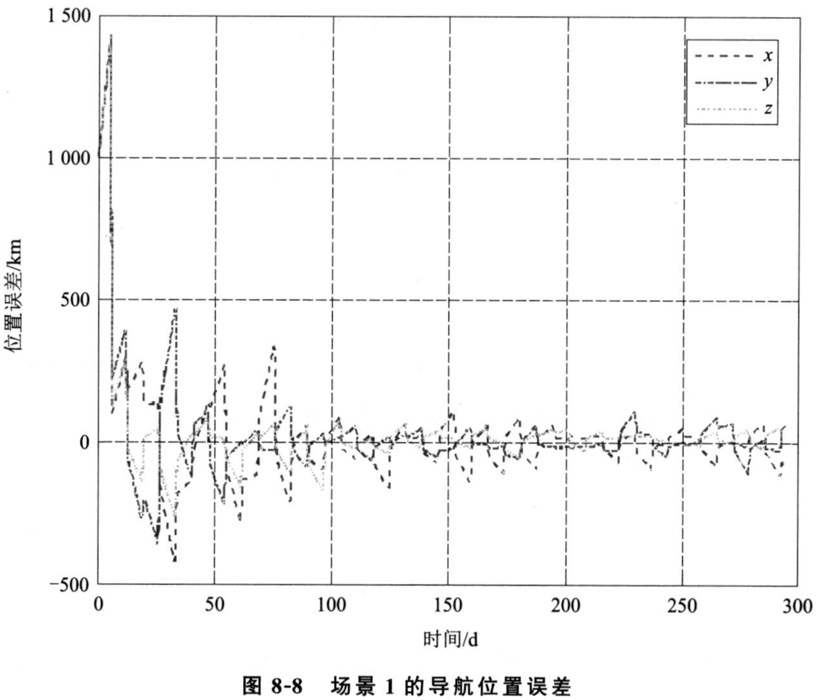

图 8-8　场景 1 的导航位置误差

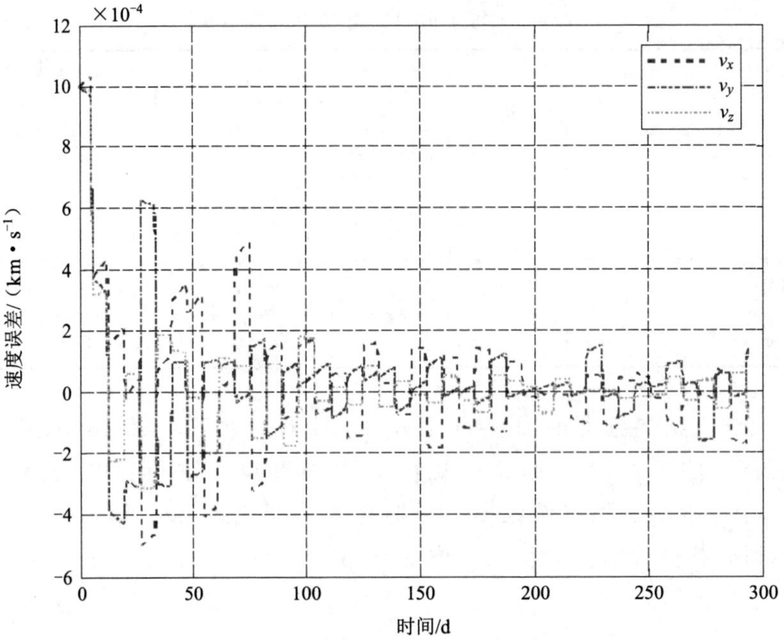

图 8-9　场景 1 的导航速度误差

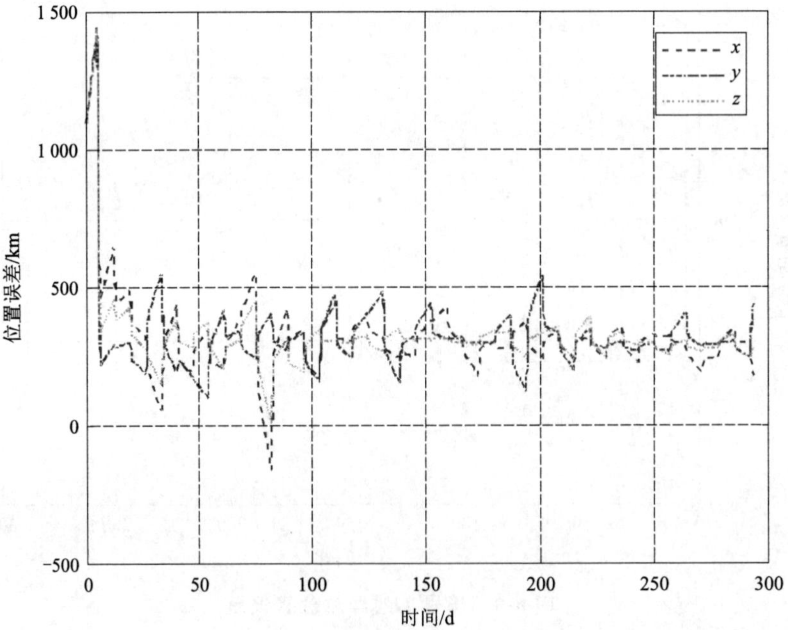

图 8-10　场景 2 的导航位置误差

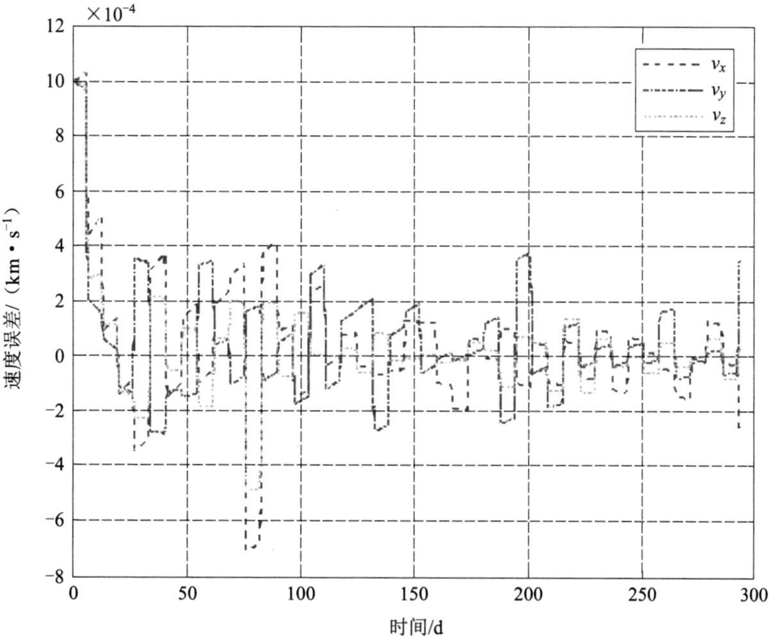

图 8-11　场景 2 的导航速度误差

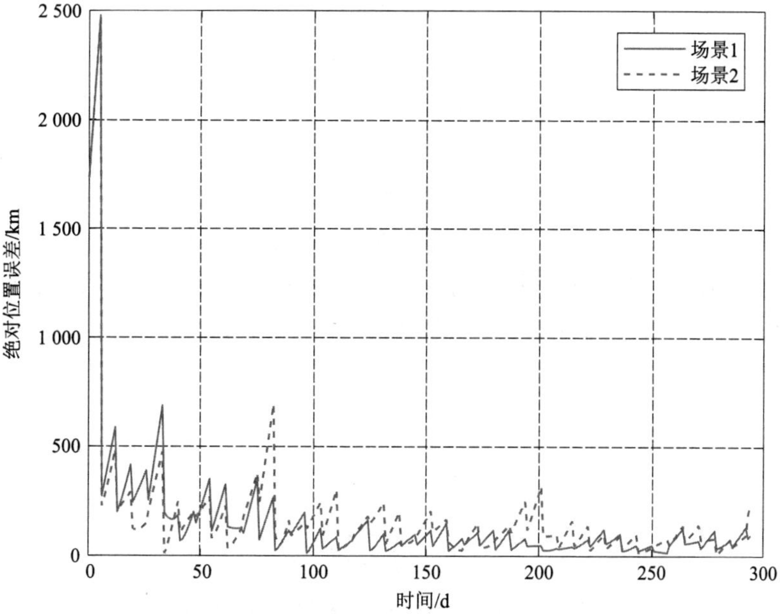

图 8-12　场景 1 和 2 的导航位置误差

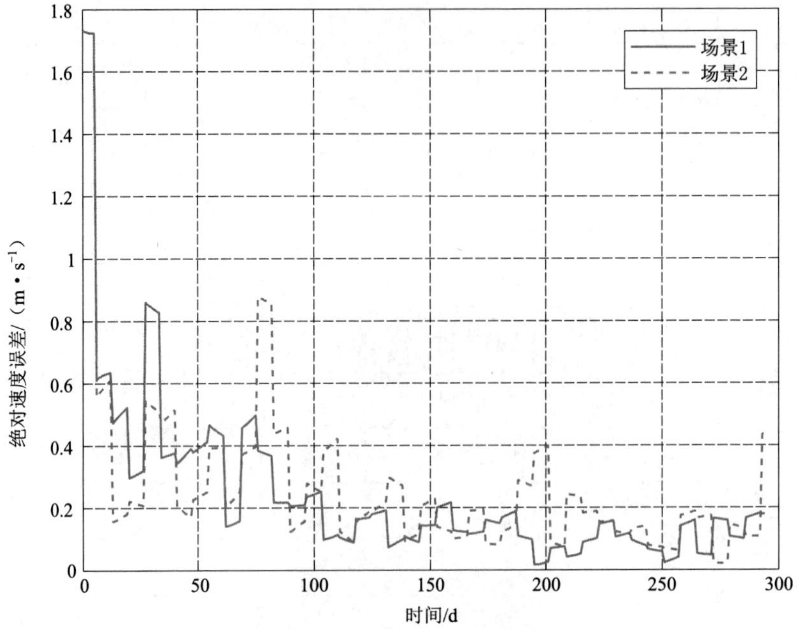

图 8-13　场景 1 和 2 的导航速度误差

$$
\begin{cases}
\sigma_{x,t}=\sqrt{\dfrac{1}{n-1}\sum\limits_{j=1}^{n}(r_{x,t}^{j}-\hat{r}_{x,t}^{j})^{2}}\\
\sigma_{y,t}=\sqrt{\dfrac{1}{n-1}\sum\limits_{j=1}^{n}(r_{y,t}^{j}-\hat{r}_{y,t}^{j})^{2}}\\
\sigma_{z,t}=\sqrt{\dfrac{1}{n-1}\sum\limits_{j=1}^{n}(r_{z,t}^{j}-\hat{r}_{z,t}^{j})^{2}}
\end{cases}
$$

式中，$r_{x,t}^{j}$，$r_{y,t}^{j}$，$r_{z,t}^{j}$和 $\hat{r}_{x,t}^{j}$，$\hat{r}_{y,t}^{j}$，$\hat{r}_{z,t}^{j}$分别为第 j 组仿真中航天器位置矢量的真值和估计值。通过计算三轴定位误差均方差 $\sigma_{x,t}^{2}$、$\sigma_{y,t}^{2}$和 $\sigma_{z,t}^{2}$的均值来衡量在一定时段内估计误差的平均水平，具体公式为

$$
\begin{cases}
\sigma_{y}^{2}=\dfrac{1}{k}\sum\limits_{i=1}^{k}\sigma_{y,\ t}^{2}\\
\sigma_{y}^{2}=\dfrac{1}{k}\sum\limits_{i=1}^{k}\sigma_{y,\ t}^{2}\\
\sigma_{z}^{2}=\dfrac{1}{k}\sum\limits_{i=1}^{k}\sigma_{z,\ t}^{2}
\end{cases}
$$

式中，k 为一段稳态时间内所记录的估计误差数据总数。

蒙特卡洛仿真结果如表 8-6 所示，显然对规划算法给出的小行星进行观测能够有效地提高估计精度，从而验证了导航路标规划算法的有效性。

表 8-6　不同场景的仿真结果对比

场景编号	位置 RMS/km			速度 RMS/ (m · s^{-1})		
	σ_x	σ_y	σ_z	σ_{v_x}	σ_{v_y}	σ_{v_z}
1	85.864 0	46.486 7	40.547 4	0.155 5	0.084 9	0.075 7
2	104.671 9	93.769 3	64.690 3	0.179 7	0.153 1	0.119 4

2. 导航滤波算法对比

对比不同导航滤波算法的仿真性能，参数同上节，观测的小行星由导航路标规划算法给出。采取的滤波算法说明具体如下所述。

1）批处理滤波算法

采取“深空一号”的批处理滤波算法，一次轨道确定中将最近 4 批测量信息（每批观测 12 颗小行星）送入滤波器估计状态，如图 8-14 所示。

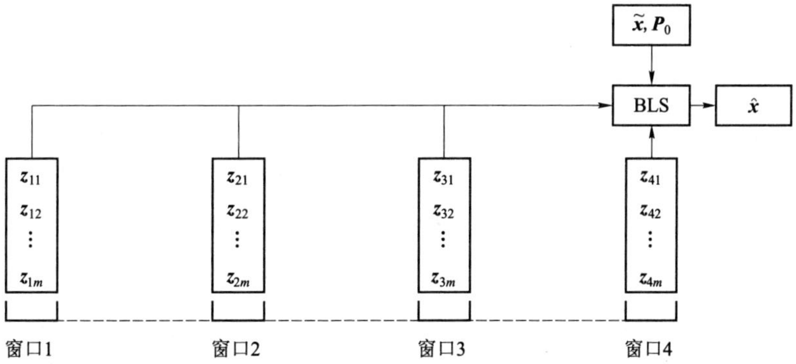

图 8-14　一次轨道确定中批处理最小二乘滤波示意图

2）扩展卡尔曼算法

参见 8.6.2 小节。

3）无迹卡尔曼滤波算法

参见 2.4.4 小节，一些具体参数参见 8.6.2 小节。

随机抽样 300 次，蒙特卡洛仿真结果如表 8-7 所示。

表 8-8 给出了 3 种滤波算法的单次仿真用时。可以看出 3 种滤波算法的精度基本一致，EKF 用时明显少于 BLS 和 UKF 滤波算法，这是因为 BLS 中测量信息的历元转换和 UKF 的无迹变换需要较大的运算量。鉴于本例中 EKF 在同样状态估计精度下运行时间最短，下面的仿真将只采用 EKF 算法。

表 8-7 导航滤波算法的状态估计精度对比

滤波算法	位置 RMS/km			速度 RMS/（m·s^{-1}）		
	σ_x	σ_y	σ_z	σ_{v_x}	σ_{v_y}	σ_{v_z}
BLS	73.259 1	51.222 5	41.680 0	0.128 3	0.091 2	0.090 0
EKF	85.864 0	46.486 7	40.547 4	0.155 5	0.084 9	0.075 7
UKF	69.233 7	50.071 6	41.398 4	0.123 6	0.139 9	0.071 5

表 8-8 导航滤波算法的仿真用时

滤波算法	BLS	EKF	UKF
用时/s	14.30	4.67	16.50

3. 误差影响分析

影响自主导航精度的 3 项主要误差是姿态确定误差、测量误差和小行星星历误差，下面将逐一分析这 3 项误差对导航系统性能的影响。

首先分析姿态确定误差对导航系统性能的影响，姿态确定误差从 0～5 μrad 变化，星历误差和像素误差均为 0，其他参数同前；然后每种情况随机抽样 300 次，统计结果如表 8-9 所示。当姿态确定误差为 0 μrad 时，位置估计误差为 [6.220 4，6.397 1，1.085 0]^{T} km，速度估计误差为 [0.021 5，0.022 7，0.002 5]^{T} m/s；当姿态确定误差为 5 μrad 时，位置估计误差为 [295.200 7，227.576 2，173.422 5]^{T} km，速度估计误差为 [0.510 4，0.394 0，0.321 2]^{T} m/s。

表 8-9 不同姿态确定误差对应的状态估计精度

姿态确定误差/μrad	位置 RMS/km			速度 RMS/（m·s^{-1}）		
	σ_x	σ_y	σ_z	σ_{v_x}	σ_{v_y}	σ_{v_z}
0	6.220 4	6.397 1	1.085 0	0.021 5	0.022 7	0.002 5
3	219.201 0	152.751 0	126.842 2	0.337 0	0.261 5	0.237 7
5	295.200 7	227.576 2	173.422 5	0.510 4	0.394 0	0.321 2

接下来分析测量误差对导航系统性能的影响，测量误差从 0～0.5 像素变化，星历和姿态确定误差均为 0，其他参数同前，每种情况随机抽样 300 次，仿真结果如表 8-10 所示。当测量误差为 0 像素时，位置估计误差为 [6.220 4，6.397 1，1.085 0]^{T} km，速度估计误差为 [0.021 5，0.022 7，0.002 5]^{T} m/s；当测量误差为 0.5 像素时，位置估计误差为 [88.820 7，99.074 7，67.975 7]^{T} km，速度估计误差为 [0.152 7，0.179 6，0.119 9]^{T} m/s。

表 8-10　不同测量误差对应的状态估计精度

像素误差/像素	位置 RMS/km			速度 RMS/（m·s⁻¹）		
	σ_x	σ_y	σ_z	σ_{v_x}	σ_{v_y}	σ_{v_z}
0	6.220 4	6.397 1	1.085 0	0.021 5	0.022 7	0.002 5
0.1	18.774 4	18.059 3	10.675 4	0.039 3	0.037 3	0.020 5
0.3	55.568 0	66.111 8	44.561 7	0.102 6	0.118 8	0.079 4
0.5	88.820 7	99.074 7	67.975 7	0.152 7	0.179 6	0.119 9

最后分析小行星星历误差对导航系统性能的影响，星历误差从 0～300 km 变化，姿态确定误差和测量误差均为 0，其他参数同前。每种情况随机抽样 300 次，仿真结果如表 8-11 所示。当星历误差为 0 km 时，位置估计误差为 $[6.220\,4,\ 6.397\,1,\ 1.085\,0]^T$ km，速度估计误差为 $[0.021\,5,\ 0.022\,7,\ 0.002\,5]^T$ m/s；当星历误差为 300 km 时，位置估计误差为 $[299.299\,6,\ 295.775\,7,\ 299.776\,1]^T$ km，速度估计误差为 $[0.016\,2,\ 0.019\,3,\ 0.002\,5]^T$ m/s。

表 8-11　不同星历误差对应的状态估计精度

小行星星历误差/km	位置 RMS/km			速度 RMS/（m·s⁻¹）		
	σ_x	σ_y	σ_z	σ_{v_x}	σ_{v_y}	σ_{v_z}
0	6.220 4	6.397 1	1.085 0	0.021 5	0.022 7	0.002 5
100	99.125 8	95.490 6	100.249 7	0.019 7	0.021 5	0.001 8
300	299.299 6	295.775 7	299.776 1	0.016 2	0.019 3	0.002 5

通过比较表明，姿态确定误差和小行星星历误差对导航系统的性能影响最大，测量误差影响较小。测量误差为随机噪声，可通过滤波算法削弱其影响；姿态确定误差和星历误差为系统误差，需要通过系统误差修正算法进行修正。

8.7.2　基于行星卫星和行星观测的深空接近段自主导航

本节以火星接近段为背景，对利用火卫 1（Phobos）、火卫 2（Deimos）、火心方向和火星视半径信息的光学自主导航进行仿真验证。表 8-12 给出接近段起始点的历元时刻及在火心 J2000 惯性坐标系下的位置和速度。真实的任务轨道由 STK 软件生成，动力学模型考虑了太阳引力摄动、太阳光压摄动、50 阶引力场模型，轨道积分器采用 ODE45。

表 8-12　探测器接近段起始点的轨道参数

历元时刻	1997 年 7 月 3 日 11：09：59.000 UTCG
位置/km	[534 059.29，214 496.39，8 822.61]
速度/ $(km \cdot s^{-1})$	[−4.94，−2.041，−0.085]

光学成像敏感器的焦距为 6 mm，视场为 60°×60°，分辨率为 1 024×1 024 像素。

其他参数设置如下：

（1）导航动力学模型：考虑太阳引力摄动、4 阶引力场模型，具体形式见式（8-68）。

（2）导航初始误差：位置各分量为 20 km，速度各分量为 2 m/s。

（3）导航敏感器观测误差：0.1 像素。

（4）姿态确定误差：1 μrad。

（5）测量周期：60 s。

由于火星卫星的数目有限，无须进行导航路标规划，但是需要分析火卫可见性。由 STK 生成的航天器轨道与火卫位置关系如图 8-15 所示，相应的可见性结果如图 8-16 所示。由图可知，火卫 2 的可见性要优于火卫 1，在接近段的大部分时间内火卫 2 都能被观测到。由于观测量有火卫视线方向、火心视线方向和火星视半径，考虑 4 种典型的导航场景，如表 8-13 所示。场景 1～场景 3 为集中式融合仿真场景，采用常用的 EKF 算法进行滤波；场景 4 为场景 2 和场景 3 的分布式融合，采用的融合算法为协方差交叉算法。

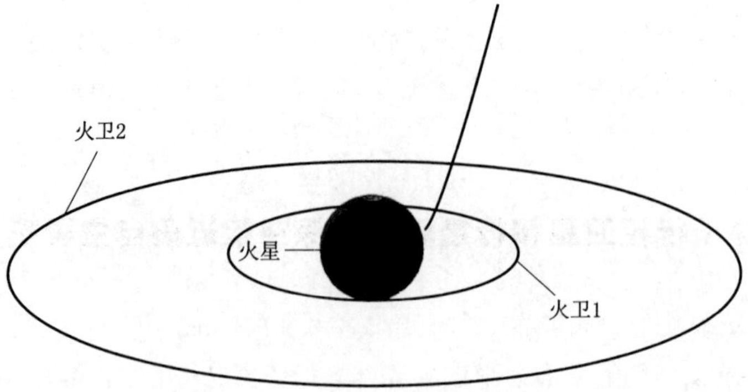

图 8-15　由 STK 生成的航天器轨道与火卫位置关系

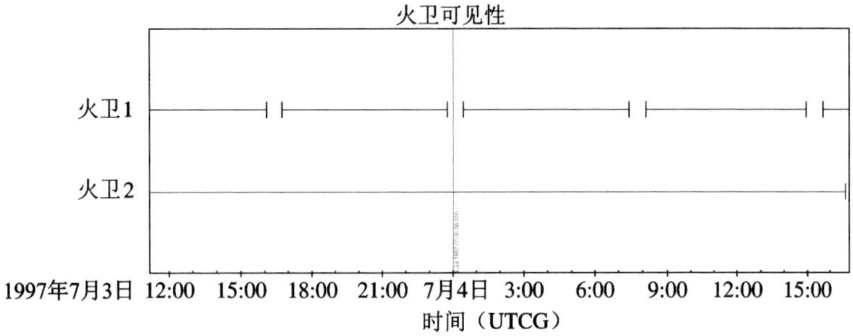

图 8-16　接近段火卫可见性结果

表 8-13　接近段仿真场景

场景编号	配置	滤波中的测量方程和测量矩阵
1	将火卫 1 和火卫 2 的视线方向作为导航观测量	式（8-18）为测量方程，式（8-19）为测量矩阵
2	将火卫与火心的夹角作为观测量	式（8-24）为测量方程，式（8-25）为测量矩阵
3	将火星视半径和火心方向作为观测量	式（8-13）和式（8-20）为测量方程，式（8-14）和式（8-21）为测量矩阵
4	场景 2 和场景 3 的分布式融合	见场景 2 和场景 3

三种场景均不考虑火卫星历误差的影响。对于场景 1，当姿态确定误差为 0 时，导航仿真结果分别如图 8-17 和图 8-18 所示，滤波收敛后的导航位置误差为 $[2.0620\quad 0.7395\quad 0.2545]^T$ km，速度误差为 $[0.0870\quad 0.0409\quad 0.0220]^T$ m/s；当姿态确定误差为 6 μrad 时，导航仿真结果分别如图 8-19 和图 8-20 所示，滤波收敛后的导航位置误差为 $[3.9876\quad 1.0522\quad 0.3881]^T$ km，速度误差为 $[0.1586\quad 0.0492\quad 0.0302]^T$ m/s，显然姿态确定误差会对导航精度带来不利影响。

场景 2 的导航仿真结果分别如图 8-21 和图 8-22 所示，滤波收敛后的导航位置误差为 $[2.5897\quad 1.8669\quad 2.3466]^T$ km，速度误差为 $[0.13464\quad 0.12363\quad 0.1243]^T$ m/s，仿真精度略差于场景 1 无姿态确定误差时的仿真精度，但是优于场景 1 有姿态确定误差时的仿真精度。

场景 3（不考虑姿态确定误差）的导航仿真结果分别如图 8-23 和图 8-24 所示，滤波收敛后的导航位置误差为 $[6.1439\quad 2.5919\quad 0.47144]^T$ km，速度误差为 $[0.27681\quad 0.08986\quad 0.11769]^T$ m/s，仿真精度比场景 1 和场景2 差。

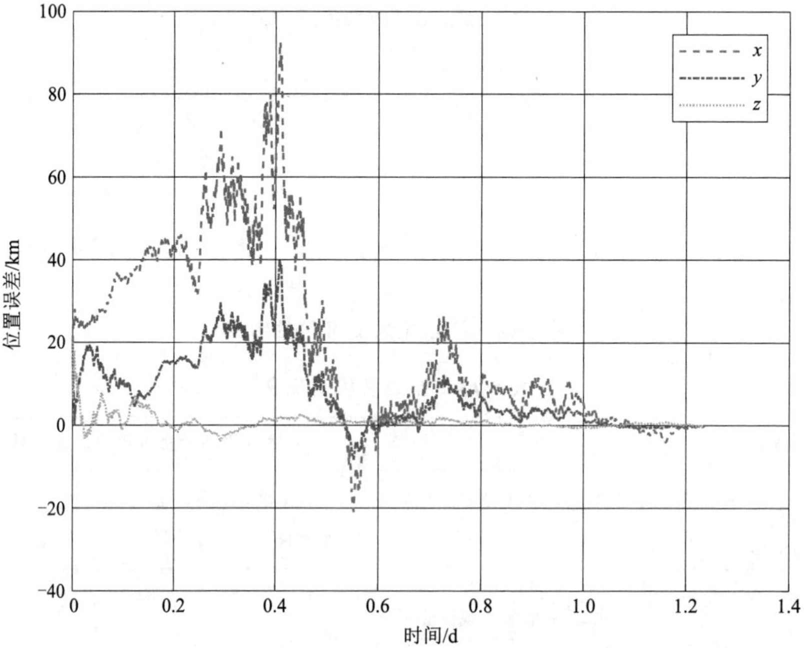

图 8-17　场景 1 的导航位置误差（姿态确定误差为 0）

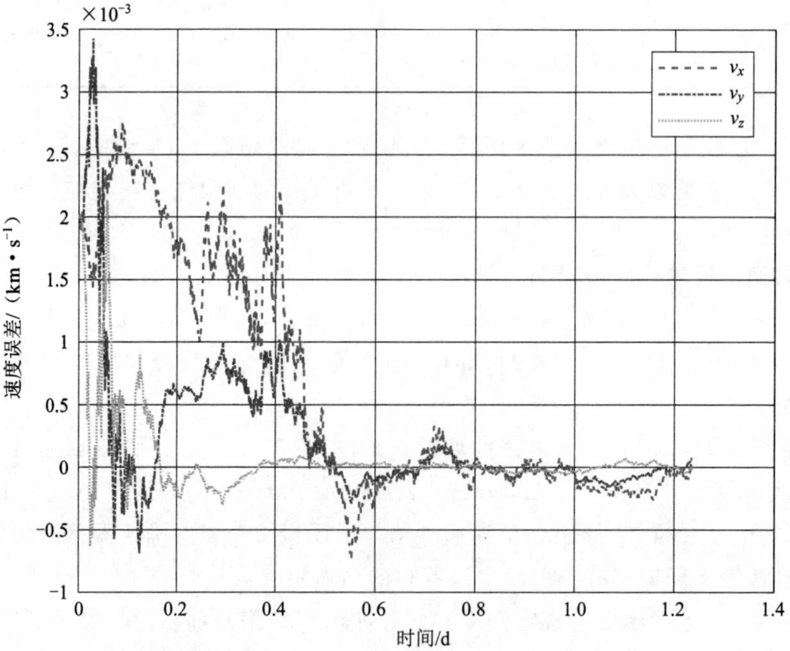

图 8-18　场景 1 的导航速度误差（姿态确定误差为 0）

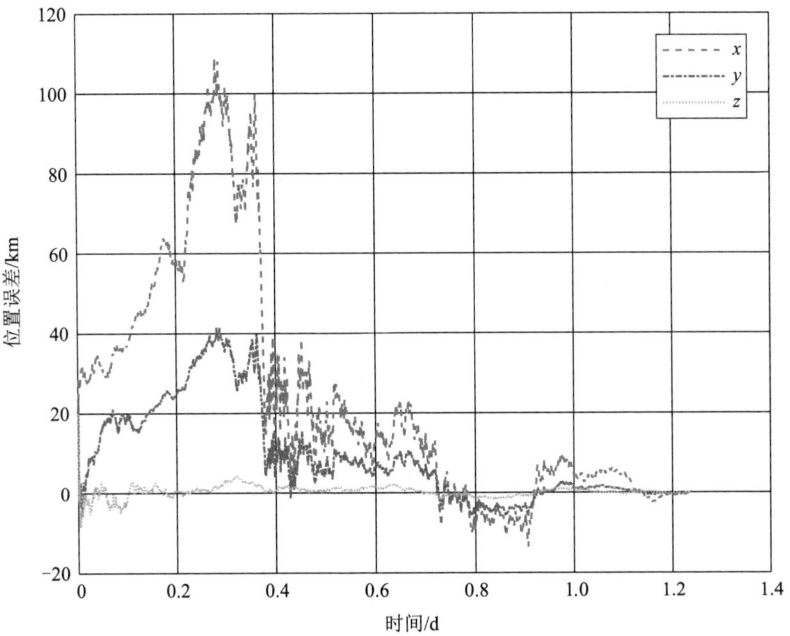

图 8-19　场景 1 的导航位置误差（姿态确定误差为 6 μrad）

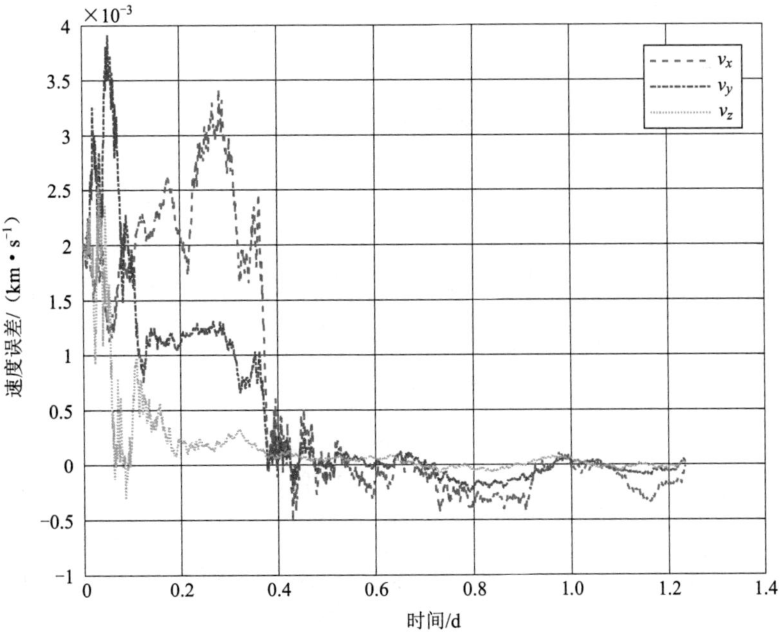

图 8-20　场景 1 的导航速度误差（姿态确定误差为 6 μrad）

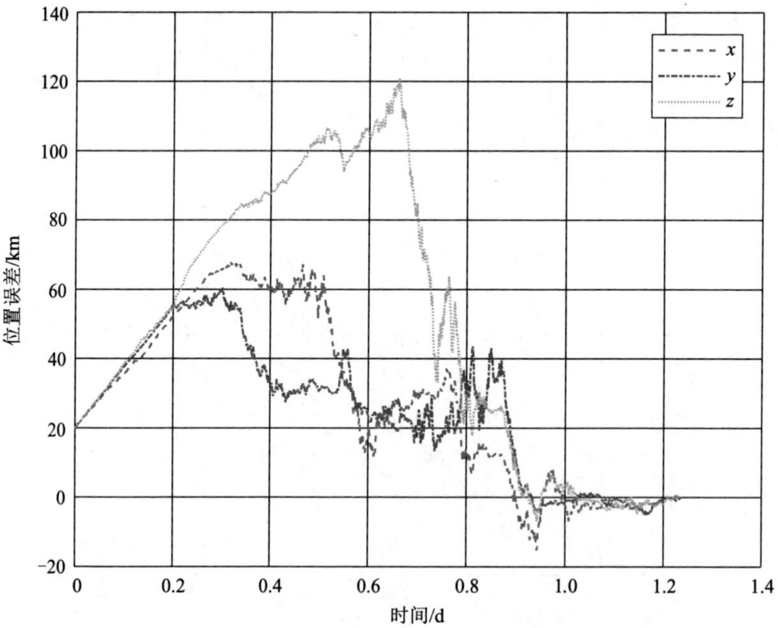

图 8-21 场景 2 的导航位置误差

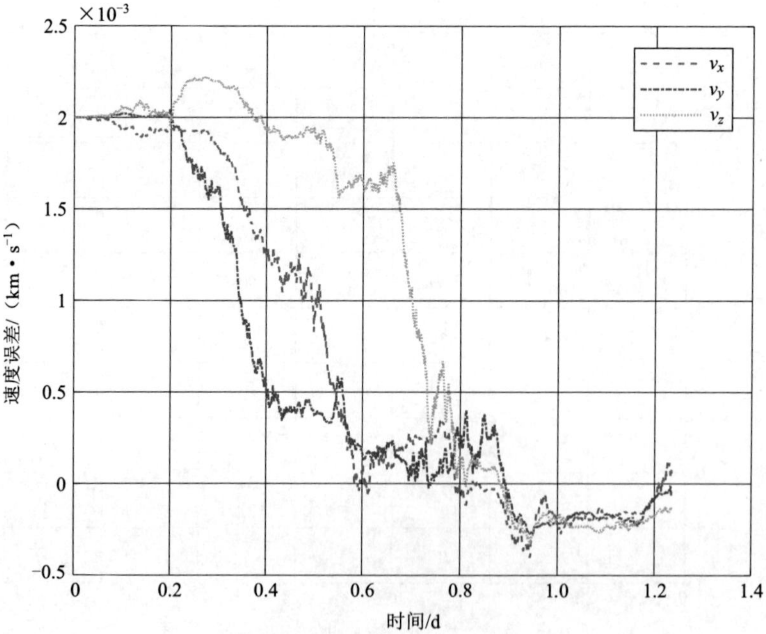

图 8-22 场景 2 的导航速度误差

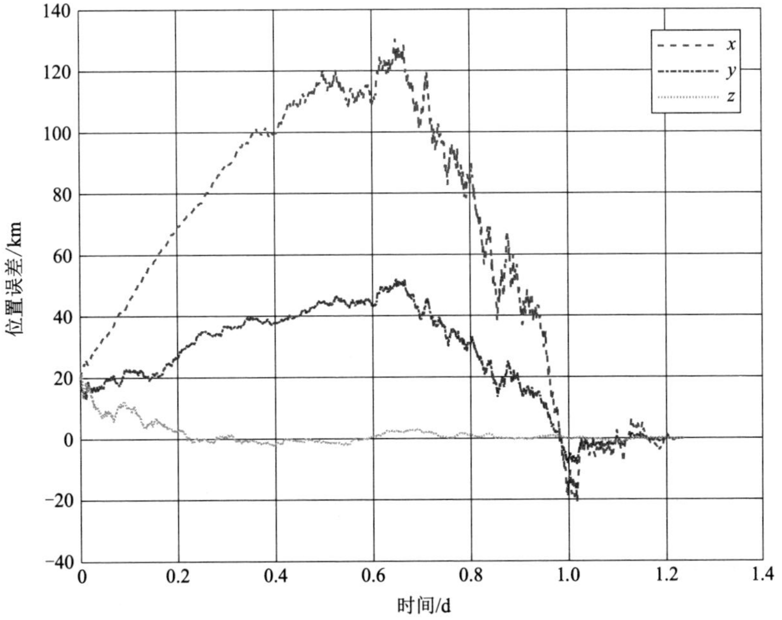

图 8-23　场景 3 的导航位置误差

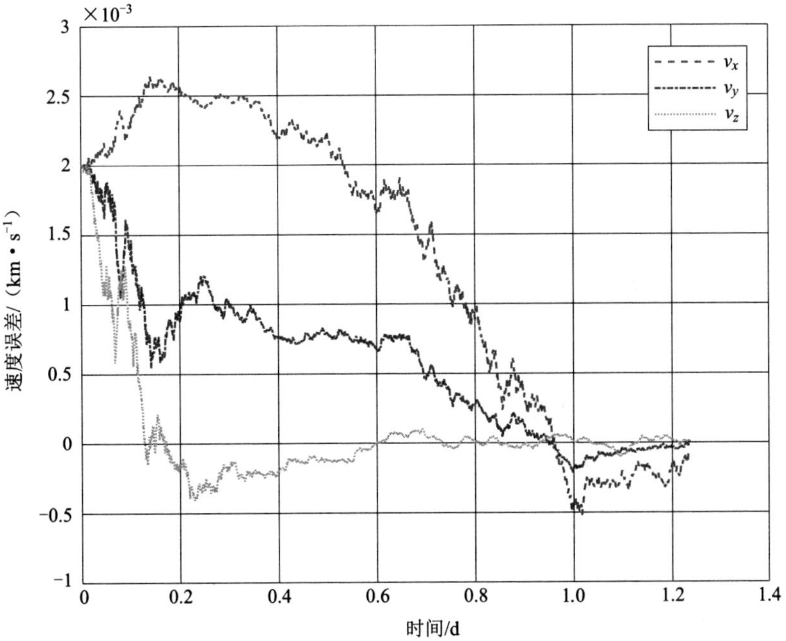

图 8-24　场景 3 的导航速度误差

场景 4 的导航仿真结果分别如图 8-25 和图 8-26 所示，滤波收敛后的导航位置误差为 $[1.325\ 8\quad 0.296\ 45\quad 0.438\ 73]^{\mathrm{T}}$ km，速度误差为 $[0.176\ 15\quad 0.056\ 725\quad 0.030\ 363]^{\mathrm{T}}$ m/s，显然融合后的导航性能要优于场景 1、场景 2 和场景 3。

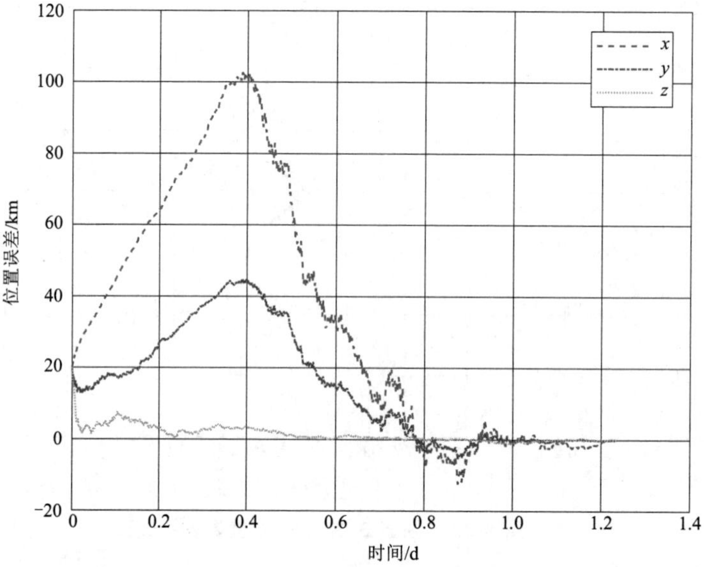

图 8-25　场景 4 的导航位置误差

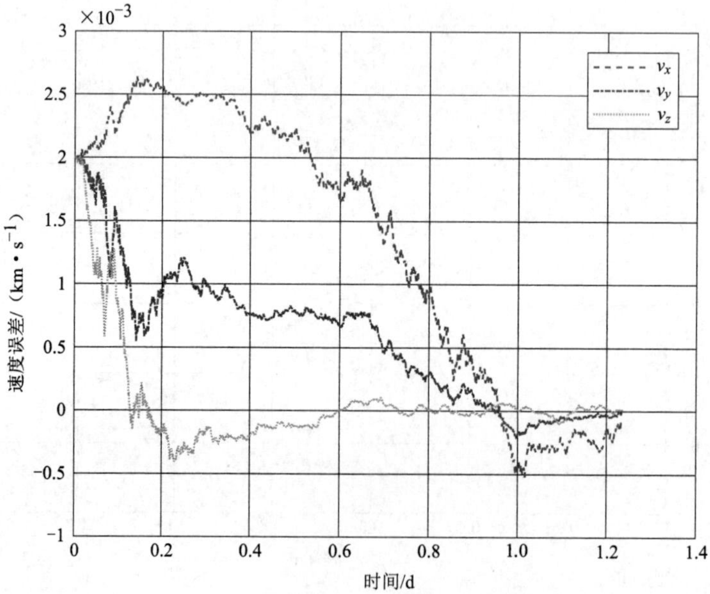

图 8-26　场景 4 的导航速度误差

四种场景的导航滤波收敛速度均较慢，这是因为在接近段初期，航天器轨道相对导航路标的变化不是很明显，导致可观度较低，影响收敛速度。

8.7.3 基于行星卫星观测的深空环绕段自主导航

本节对基于行星卫星观测的深空环绕段自主导航进行仿真验证。具体说来，以火星环绕段为背景，利用火卫1和火卫2进行光学自主导航。

表8-14给出了环绕段起始点的历元时刻及在火心J2000惯性坐标系下的位置和速度。真实的任务轨道由STK软件生成，动力学模型考虑了太阳引力摄动、太阳光压摄动、50阶引力场模型，轨道积分器采用RKF78数值积分器。

表8-14 环绕段起始点轨道参数

历元时刻	1997年7月4日16：47：58.000 UTCG
位置/km	[682.30，−4 190.90，−252.308]
速度/(km·s^{-1})	[−3.15，−0.49，−0.01]

光学成像敏感器焦距为6 mm，视场为60°×60°，分辨率为1 024×1 024像素。

其他参数设置如下：

(1) 导航动力学模型：考虑太阳引力摄动、5阶引力场模型，具体形式见式(8-69)。

(2) 测量方程为式(8-37)，测量矩阵为式(8-38)。

(3) 导航初始误差：位置各分量为3 km，速度各分量为3 m/s。

(4) 导航敏感器观测误差(1σ)：0.1像素。

(5) 姿态确定误差：0 μrad。

(6) 测量周期：60 s。

在所给轨道条件下，由STK生成的某时刻航天器与火卫1、火卫2的位置关系如图8-27所示，STK生成的火卫可见性结果如图8-28所示。

图8-27 某时刻航天器与火卫1、火卫2的位置关系

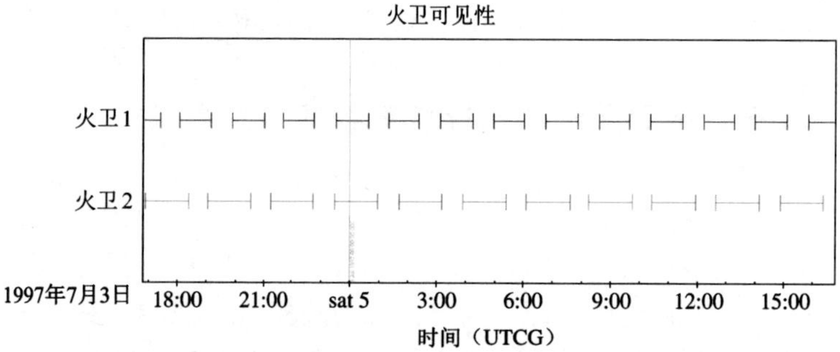

图 8-28　火卫可见性结果

当火卫 1 和火卫 2 均可见时观测火卫 2，当火卫 2 不可见时观测火卫 1，当两个火卫星均不可见时仅执行轨道外推，相应仿真结果分别如图 8-29 和图 8-30 所示，三轴的位置和速度估计误差的统计结果如表 8-15 所示。由此可见，对于给定的仿真条件，导航位置误差 3σ 为 500 m 左右，速度误差 3σ 为 0.15 m/s 左右。

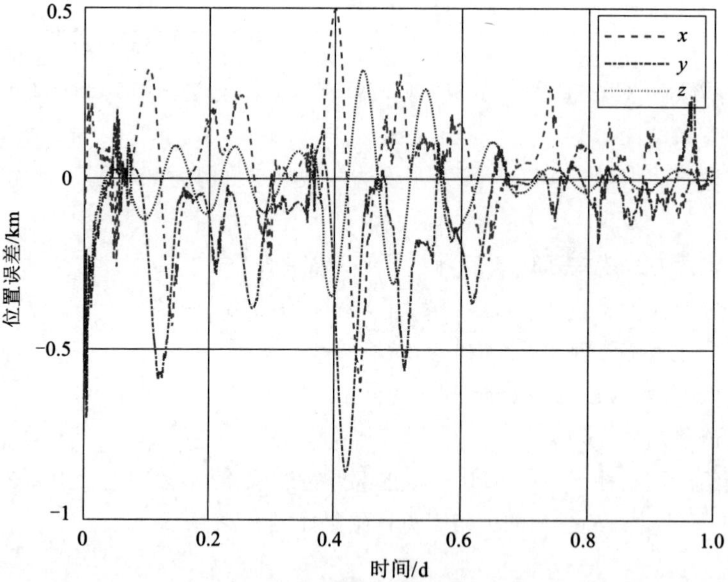

图 8-29　导航位置误差

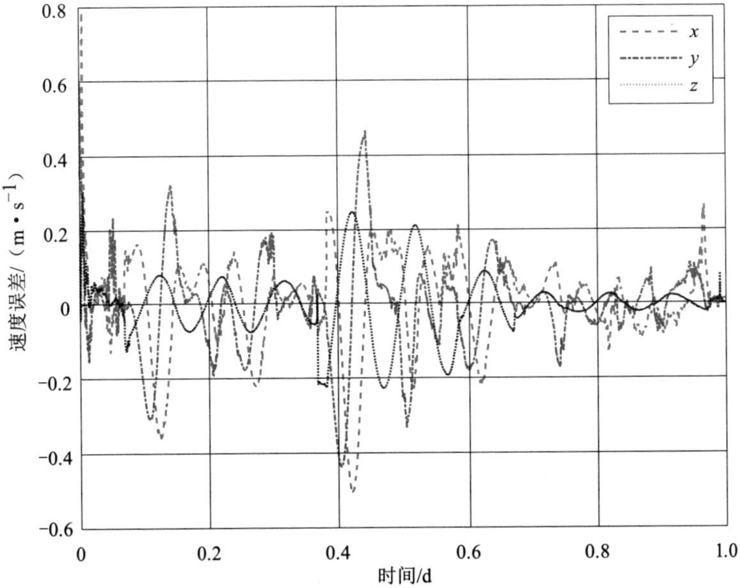

图 8-30　导航速度误差

表 8-15　三轴的位置和速度估计误差的统计结果

位置 RMS/m			速度 RMS/（m·s^{-1}）		
σ_x	σ_y	σ_z	σ_{v_x}	σ_{v_y}	σ_{v_z}
123.771 0	166.351 3	125.504 3	0.073 1	0.078 8	0.052 2

8.8 小结

本章从自主导航原理、导航敏感器、备选导航路标选取、光学测量方程、导航路标规划以及滤波算法等方面对光学自主导航技术进行论述，从测量原理出发，力求建立深空探测不同飞行阶段光学自主导航之间的联系。在导航滤波方面，本章重点介绍批处理最小二乘和扩展卡尔曼滤波算法的具体实现，并对深空探测转移段、接近段和环绕段的光学自主导航进行仿真验证。从算法层面验证批处理、扩展卡尔曼滤波和无迹卡尔曼滤波以及分布式协方差交叉算法，从观测源层面验证观测小行星、观测行星以及行星卫星的光学自主导航技术。

参考文献

[1] 王大轶，黄翔宇，魏春岭．基于光学成像测量的深空探测自主控制原理与技术［M］．北京：中国宇航出版社，2012．

[2] R. R. Dasenbrock. DSPSE autonomous position estimation experiment［R］. Pasadena：NASA，1970．

[3] T. Miso，T. Hashimoto，K. Ninomiya. Optical guidance for autonomous landing of spacecraft［J］. IEEE Transactions on Aerospace and Electronic Systems，1999，35（2）：459－473．

[4] J. Riedel，S. Bhaskaran，S. Desai，et al. Deep space 1 technology validation report：Autonomous optical navigation［R］. Pasadena：Jet Propulsion Laboratory，2000．

[5] J. E. Graf，R. W. Zurek，H. J. Eisen，et al. The Mars reconnaissance orbiter mission［J］. Acta Astronautica，2005，57（2）：566－578．

[6] R. S. Bhat，K. E. Williams，C. E. Helfrich，et al. WILD2 approach maneuver strategy used for Stardust spacecraft［R］. Pasadena：Jet Propulsion Laboratory，2004．

[7] 徐超．基于序列图像的行星精确着陆自主导航方法研究［D］．北京：北京控制工程研究所，2016．

[8] 吴伟仁，王大轶，宁晓琳．深空探测器自主导航原理与技术［M］．北京：中国宇航出版社，2011．

[9] M. Malin，M. Caplinger，K. Edgett，et al. The Mars Science Laboratory（MSL）Mars Descent Imager（MARDI）flight instrument［C］//40th Lunar and Planetary Science Conference. Texas：LPI，2009，10－11．

[10] 张晓文，王大轶，黄翔宇．利用小行星测量信息的深空探测器自主导航算法研究［J］．航天控制，2009，(3)：17－22．

[11] 徐文明，崔祜涛，崔平远，等．深空自主光学导航小行星筛选与规划方法研究［J］．航空学报，2007，28（4）：891－896．

[12] B. Polle，B. Frapard，O. Saint-Pe，et al. Autonomous on-board navigation

for interplanetary missions [J]. Advances in the Astronautical Sciences, 2003, 113: 277-293.

[13] L. Chausson, S. Delavault. Optical navigation performance during interplanetary cruise [C] //Proceedings of the 17th International Symposium on Space Flight Dynamics. Moscow: AIAA, 2003, 86-97.

[14] S. Bhaskaran, S. Desai, P. Dumont, et al. Orbit determination performance evaluation of the deep space 1 autonomous navigation system [C] //AAS/AIAA Spaceflight Mechanics Meeting. Monterrey: AIAA, 1998, 1-20.

[15] 张晓文，王大铁，黄翔宇. 深空自主光学导航观测小行星选取方法研究 [J]. 宇航学报，2009，30（3）：947-952.

[16] 维基百科. 视星等 [DB/OL]. https://zh.wikipedia.org/w/index.php?title=视星等&oldid=46752073,2017-10-28/2018-03-10.

[17] R. P. Binzel, T. Gehrels, M. S. Matthews. AsteroidsII [M]. Tucson: University of Arizona Press, 1989.

[18] J. A. Christian, E. G. Lightsey. Review of options for autonomous cislunar navigation [J]. Journal of Spacecraft and Rockets, 2009, 46 (5): 1023-1036.

[19] M. D. Shuster, S. D. Oh. Three-axis attitude determination from vector observations [J]. Journal of Guidance, Control, and Dynamics, 1981, 4 (1): 70-77.

[20] F. Schlee, N. Toda. Autonomous orbital navigation by optical tracking of unknown landmarks [J]. Journal of Spacecraft and Rockets, 1967, 4 (12): 1644-1648.

[21] G. M. Levine. A method of orbital navigation using optical sightings to unknown landmarks [J]. AIAA Journal, 1966, 4 (11): 1928-1931.

[22] M. Li, D. Wang, X. Huang, et al. Constrained estimation for autonomous navigation using unknown landmarks [C] //IEEE Chinese Automation Congress (CAC). Changsha: IEEE, 2013, 631-636.

[23] R. V. Keenan, J. D. Regenhardt. Star occultation measurements as an aid to navigation in cis-lunar space [D]. Cambridge: Massachusetts Institute of Technology, 1962.

[24] M. L. Psiaki, J. C. Hinks. Autonomous lunar orbit determination using star occultation measurements [C] //AIAA Guidance, Navigation and Control Conference and Exhibit. Hilton Head: AIAA, 2007, 6657-6670.

[25] M. Landgraf, G. Thiele, D. Koschny, et al. Optical navigation for lunar exploration missions [C] //57th International Astronautical Congress. Valenica: IAF, 2006, 1-6.

[26] X. Ning, L. Wang, X. Bai, et al. Autonomous satellite navigation using starlight refraction angle measurements [J]. Advances in Space Research, 2013, 51 (9): 1761-1772.

[27] X. Wang, J. Xie, S. Ma. Starlight atmospheric refraction model for a continuous range of height [J]. Journal of Guidance, Control, and Dynamics, 2010, 33 (2): 634-637.

[28] 宁晓琳，王龙华，白鑫贝，等. 一种星光折射卫星自主导航系统方案设计 [J]. 宇航学报，2012，33 (11)：1601-1610.

[29] R. Gounley, R. White, E. Gai. Autonomous satellite navigation by stellar refraction [J]. Journal of Guidance, 1984, 7 (2): 129-134.

[30] 房建成，宁晓林，刘劲. 航天器自主天文导航原理与方法（第二版）[M]. 北京：国防工业出版社，2017.

[31] 褚永辉. 基于 X 射线脉冲星的深空探测组合导航方法研究 [D]. 北京：中国空间技术研究院，2011.

[32] F. M. Ham, R. G. Brown. Observability, eigenvalues, and kalman filtering [J]. IEEE Transactions on Aerospace and Electronic Systems, 1983, (2): 269-273.

[33] M. Li, W. Jing, X. Huang. Dual cone-scanning horizon sensor orbit and attitude corrections for earth's oblateness [J]. Journal of Guidance, Control and Dynamics, 2012, 35 (1): 344-349.

第 9 章

脉冲星自主导航技术

本章为脉冲星自主导航技术。首先介绍脉冲星自主导航的基本概念和关键技术，分析不同误差源的量级，接着介绍备选导航脉冲星的选取标准，给出选星结果。观测方程是自主导航算法实施的关键，本章分别建立日心轨道段和目标天体飞行段的观测方程，对每一阶段又分别建立无状态先验信息的直接观测方程和具有状态先验信息的观测方程。接下来介绍脉冲星自主导航算法，给出几何定轨和动力学定轨算法，其中几何定轨需要同时或者连续观测不同的脉冲星，可用于航天器“完全迷失”情况下的自主导航，但是其对导航敏感器的要求也相对较高；动力学定轨算法则利用航天器的轨道动力学，实施相对简单，是目前的主要研究方向。脉冲星的空间分布是影响脉冲星自主导航精度的主要因素之一，因此本章研究基于可观性分析的导航脉冲星规划算法，给出规划结果。最后，以深空转移段、接近段和环绕段为背景对脉冲星自主导航技术进行仿真验证。

9.1 基本概念

9.1.1 脉冲星自主导航的基本原理

脉冲星是大质量恒星坍缩形成的致密天体，是一种具有高密度、强磁场和高速自旋特性的中子星。脉冲星一般有两个磁极，以稳定的周期向宇宙空间发射脉冲信号。如图 9-1 所示，由于磁极轴和自旋轴不重合，当星体自旋形成的磁极波束圆锥扫过地球或航天器时，探测设备就能够接收脉冲信号。通过测量脉冲信号到达航天器和到达惯性参考点（通常为太阳系质心 SSB 处）的时间差来确定航天器相对于惯性参考点的位置矢量，这就是脉冲星自主导航的基本原理。

图 9-2 所示为火星探测器的脉冲星自主导航几何示意图，其中，$\boldsymbol{n}$ 表示从 SSB 指向脉冲星的单位矢量，称为视线矢量；t_{SSB} 和 t_{SC} 表示同一脉冲信号分别到达 SSB 和探测器的时间，t_{SC} 也称作脉冲到达时间（Time of Arrival，TOA）；$\boldsymbol{r}_{\mathrm{m}}$ 和 $\boldsymbol{r}_{\mathrm{s}}$ 分别表示火星和探测器相对于 SSB 的位置；c 表示光速。

t_{SC} 由 X 射线探测器探测得到，t_{SSB} 由建立在 SSB 的脉冲星时间模型精确预测得到，从而可以计算得到脉冲到达的时间差（Time Difference of Arrival，TDOA）$t_{\mathrm{SSB}}-t_{\mathrm{SC}}$。从图中可以看出，TDOA 反映了位置矢量 $\boldsymbol{r}_{\mathrm{s}}$ 在视线矢量 $\boldsymbol{n}$ 上投影的大小，也就是说，TDOA 反映了航天器的位置信息。因此观测多个脉冲星或者观测单个脉冲星并结合轨道动力学可以实现航天器的自主导航。

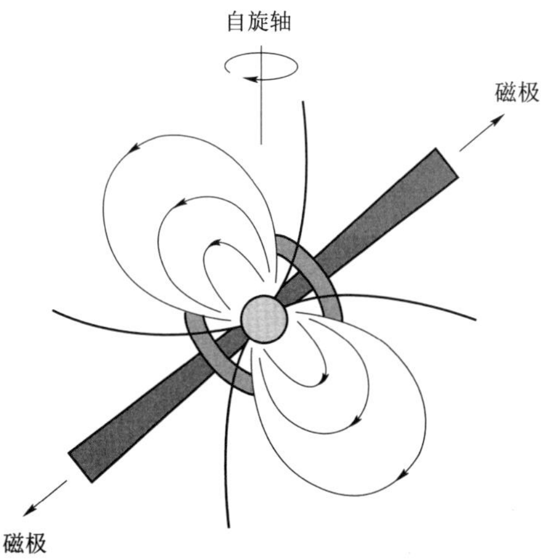

图 9-1　脉冲星自旋图

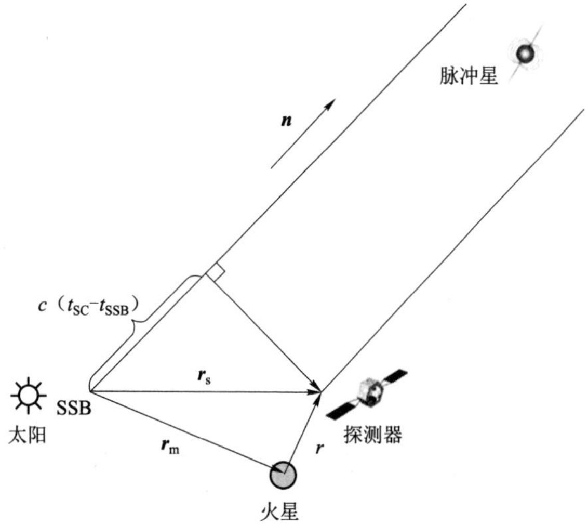

图 9-2　火星探测器的脉冲星自主导航几何示意图

需要说明的是：选择在 SSB 建立脉冲星时间模型，是因为 SSB 与脉冲星之间的相对加速度很小，可以认为 SSB 与脉冲星处于同一个惯性系，在 SSB 接收的脉冲信号是稳定的周期性信号，在建模过程中仅需要确定脉冲信号的周期及其变化率。相反，如果选择在某个行星（如地球）上建立脉冲星时间模型，那么在模型中必然要包含行星公转和相对论效应的影响，从而使模型的形式变得复杂。

9.1.2 脉冲星的天文概念

1. 脉冲星的命名

脉冲星最初的命名规则由 2 个大写英文字母和 4 个数字组成，其中第一个大写字母为发现脉冲星的天文台名称首字母，第二个字母为 P，也即脉冲星英文单词“Pulsar”的首字母；4 位数字表示以 1950.0 年为历元的脉冲星赤经，前 2 位数字表示小时，后 2 位数字表示分钟。比如 CP 1919 表示的是英国剑桥大学天文台发现的脉冲星，在 1950.0 历元时刻的赤经为 19 小时 19 分。

为了避免使用天文台代号的麻烦，统一采用射电脉冲源（Pulsating Source of Radio）英文单词的缩写作为脉冲星的前缀，即 PSR，这样上面介绍的 CP 1919 更名为 PSR 1919。随着更多的脉冲星被发现，仅用赤经不足以区分不同的脉冲星，因此在脉冲星名称后面加上 2～4 位的赤纬，单位为度。按照天文学惯例，北赤纬用“＋”号表示，南赤纬用“－”号表示。以前大部分星表都采用公历纪年数为 25 整数倍的某贝塞尔年年首作为历元，并用“B”表示，如历元 B1900.0、B1925.0 和 B1950.0 等。这样脉冲星的名称由 PSR、B、4 位赤经、正号或者负号以及 2～4 位赤纬组成，比如 PSR B1913＋167 脉冲星表示在 B1950 历元时刻的赤经为 19 小时 13 分，赤纬为北纬 16.7°。值得指出的是，默认为参考历元 B1950.0 时，有时会省略字母 B。此外，在某些球状星团中发现的脉冲星位置相差很小，无法用角位置加以区分，于是在赤纬后面附以一个英文字母加以区分，比如 PSR 0021－72C 和 PSR 0021－72D。

根据国际天文联合会规定，从 1984 年起星表统一采用标准历元 J2000.0 中的赤经和赤纬来表示，且赤纬用 4 位数字表示，前 2 位表示角度，后 2 位表示角分。对于 1993 年以前发现的脉冲星，B1950 和 J2000 两种坐标历元都可以采用，分别用 B 和 J 区分。对于 1993 年以后发现的脉冲星，规定用 J2000.0 历元来表示，因此其名称由 PSR、J、4 位赤经和 4 位赤纬组成，比如 PSR J1921＋2153 对应的 J2000.0 历元下的赤经和赤纬分别为 19 小时 21 分和 21 度 53 角分。

此外，对于有些 X 射线脉冲星的命名，前缀用观测这些脉冲星的航天器名称缩写字母表示，比如 A 表示 Aril－5 航天器；S 表示 SAS－3 航天器；E 表示 Einstein 航天器；EXO 表示 EXOSAT 航天器；V 表示 Vela 航天器；U 表示 Uhuru 航天器；3U、4U 分别表示 Uhuru 航天器第三、第四 X 射线源表；XTE 表示罗西 X 射线计时探测器（X-Ray Timing Explorer，XTE）；SAX 表示 Italian-Dutch BeppoSAX 航天器；GRO 表示康普顿伽马射线天文航天器（Compton

Gamma Ray Observatory, CGRO）等。一些观测 X 射线天体的任务可以参见 NASA 高能天体物理数据库[①]。

应该指出的是，以 J2000 坐标历元命名的脉冲星位置精度要高于以 B1950 坐标历元命名的脉冲星；对于同一颗脉冲星，可能有多个名称。

2. 脉冲星的分类

图 9-3 所示为不同波段的电磁波。脉冲星在无线电（在天文学上，无线电简称射电）、红外、可见光、紫外、X 射线和 γ 射线等波段产生信号辐射。从实际观测来看，大多数脉冲星在射电频段辐射信号，少数脉冲星在 X 射线、γ 射线、红外、可见光和紫外频段辐射信号。因此，根据**脉冲星辐射信号的频段和能谱范围**不同，将脉冲星分为射电脉冲星、光学脉冲星、X 射线脉冲星和 γ 射线脉冲星等。图 9-4 所示为几种不同波段的脉冲星，其中 X 射线、γ 射线属于高能光子，集中了脉冲星绝大部分的辐射能量，易于小型化设备的探测与处理，但难以穿过地球稠密的大气层，因此只能在地球大气层外空间才能观测到。

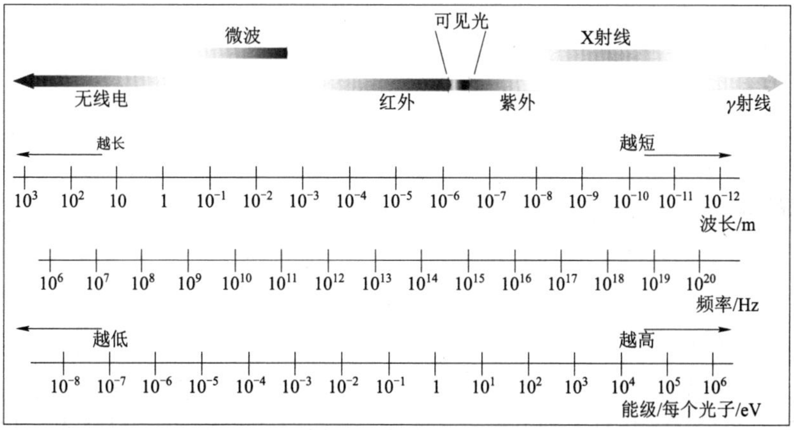

图 9-3　不同波段的电磁波

X 射线放射源的电磁辐射能量为 0.1～200 keV，其中，软 X 射线的范围为 0.1～10 keV；硬 X 射线的范围为 10～200 keV。X 射线的波长和频率分别为 $1.24\times10^{-8}\sim6.20\times10^{-12}$ m 和 $2.4\times10^{16}\sim4.8\times10^{18}$ Hz。以脉冲星辐射的软 X 射线为天然信标，可以实现在地球大气层外空间飞行的航天器长时间自主导航；而脉冲星辐射的硬 X 射线和 γ 射线流量较低，不适于航天器自主导航的应用。

① https://heasarc.gsfc.nasa.gov/docs/heasarc/missions/

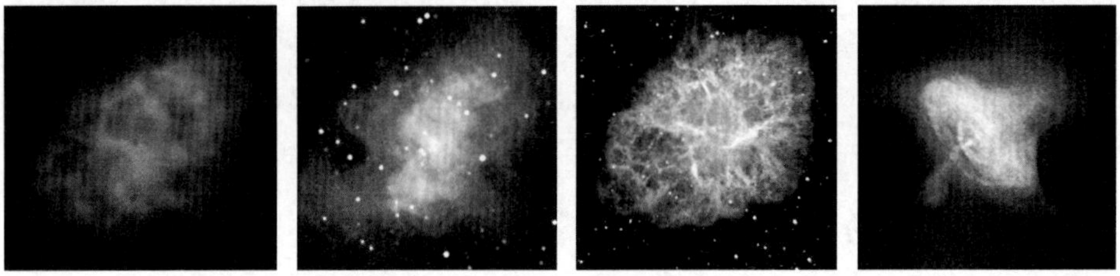

(a)　(b)　(c)　(d)

图 9-4　几种不同波段的脉冲星

(a) 无线电；(b) 红外线；(c) 可见光；(d) X 射线

根据脉冲星周期长短的不同，脉冲星可以分为普通脉冲星和毫秒脉冲星(Millisecond Pulsars, MSP)。前者的脉冲周期一般为 0.05～8.5 s，后者的脉冲周期为 1～30 ms。

根据脉冲星电磁辐射能量来源的不同可以将脉冲星分为三类：转动供能脉冲星(Rotation Powered Pulsars, RPSR)、吸积供能脉冲星 (Accretion Powered Pulsars, APSR) 和反常 X 射线脉冲星 (Anomalous X-ray Pulsars , AXP) 三类①。

RPSR 以消耗自身的旋转能为代价向外辐射能量。一般认为，单颗脉冲星的辐射能可能是由自身的转动能量转化而来的。

APSR 是指由一个中子星和伴星组成的脉冲星双星系统中，中子星通过吸收伴星的物质而获取辐射能量的脉冲星类型。不同于普通的射电脉冲星，APSR 自转并不因辐射能量损耗而越来越慢，反而具有越来越快的趋势。这主要是由于 X 射线脉冲星的轨道周期短，两个子星距离近，X 射线脉冲星可以吸收大量来自伴星的物质，这些物质在脉冲星周围沿磁力线高速落向脉冲星的两极，与脉冲星表面的物质撞击产生 X 射线等高能射线。由于伴星的质量和引力不同，APSR 又可以分为大质量 X 射线双星系统 (High Mass X-ray Binary, HMXB) 和小质量 X 射线双星系统 (Low Mass X-ray Binary, LMXB) 两大类。其中 HMXB 的伴星质量为 10～30 个太阳质量，比较年轻，磁场衰减弱，一般表现为 X 射线脉冲星；LMXB 通常小于 1 个太阳质量，比较年老，磁场衰减强，一般表现为 X 射线爆。APSR 是不稳定的计时源，周期会随着时间的变化而变化。目前发现周期为 0.069～1.413 s 的 APSR 数量已超过30 颗。

AXP 是一种 X 射线能谱较软、光度较低和自转周期较长 (通常为 10 s 左右)，并具有周期稳定增长特征的脉冲星类型。AXP 的能源机制理论模型有两大类：一类为吸积模型，认为其成因和能源与 APSR 类似，而吸积物并不能提

① 有些文献也将脉冲星分为 RPSR、APSR 和磁星 (Magnetars) 三类。

供 X 射线脉冲辐射所需要的能量，仍然有一部分能量通过自转能的损失来获取；另一类是磁中子星模型，具有 10^{10}～10^{11} T（10^{14}～10^{15} G）的超强磁场，是普通脉冲星磁场强度的 1 000 倍，因而其辐射能源来自巨大的磁能场或残余的热能。

3. 脉冲星的分布

图 9-5 所示为 759 个 X 射线源在银道坐标系中的分布情况，其中有 290 颗 LMXB、152 颗 HMXB、141 颗激变变星（CV）、95 颗中子星单星、6 颗银河中心天体（AGN）、75 颗未知类型的 X 射线源。

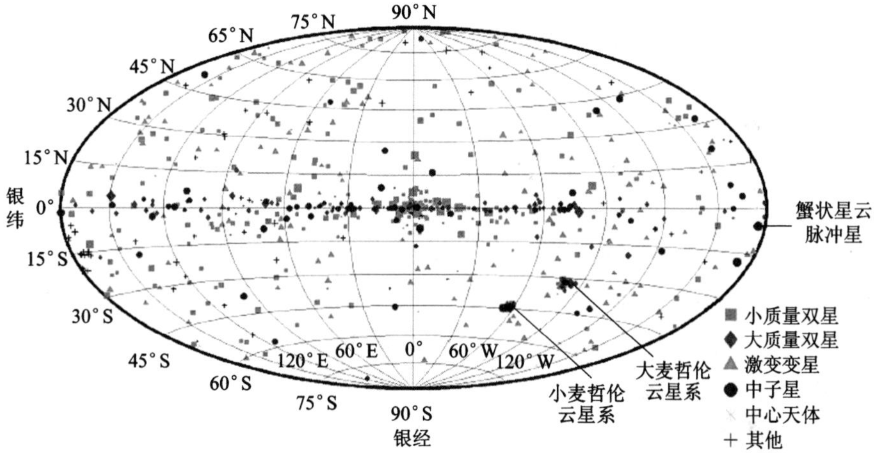

图 9-5　759 个 X 射线源在银道坐标系中的分布情况

银道坐标系是以银河中心线（银道面的质量中心）在天空的大圆而定义的天球坐标系，沿着银河中心线大圆 0°～360°为银经，天球上由银道向北和向南±90°为银纬。从图中可以看出，大多数 X 射线脉冲星位于银道面附近。

9.1.3　X 射线脉冲星自主导航及其优势

由 9.1.2 小节的内容可知，脉冲星可以分为射电脉冲星、光学脉冲星、X 射线脉冲星和 γ 射线脉冲星等。其中无线电和红外波段由天线探测，可见光用标准望远镜观测，X 射线和 γ 射线则需专门的探测器捕获和记录高能光子。由于射电脉冲星的发射频率从 100～1 GHz 变化不一，需要用 20 m 直径甚至更大直径的天线来检测。对于大多数空间任务来说，大口径天线会对导航操作的设计和成本产生重大影响。此外，由于邻近资源亦在无线波段释放信号，加之低强度信号射电脉冲星的影响，需要很长的积分时间来获得适用于导航的高信噪比信号；可见光波段的天体也存在同样的局限，目前仅发现6颗可见光波段脉冲星，但这6颗都很微弱；现已发现的γ射线脉冲星更是寥寥无几。因此应用射电脉冲星、可见光脉冲星及γ射线脉冲星来实现自主导航任务具有很大的局限性。相比之下，采用X射线脉冲星进行自主导航有着很大的优势，主要体现在：采用小面积的探测器即可探测到，从而可以大幅节省航天器的设计难度和成本；放射源分布广，特征唯一，更容易辨识。因此脉冲星自主导航，通常指的是X射线脉冲星自主导航。在不作特殊说明的情况下，本书所指的脉冲星自主导航也指的是X射线脉冲星自主导航。

9.1.4 脉冲星自主导航的方案与流程

脉冲星自主导航的方案可以分为绝对导航和Delta-修正导航两大类。此外，近期也有学者提出了基于相位跟踪的导航算法。本书仅对绝对导航和Delta-修正导航进行介绍。

绝对导航类似于地球卫星的GNSS系统，同时观测多个脉冲星，然后将测量脉冲轮廓和SSB处的标准脉冲轮廓比对，确定航天器相对于惯性系下的位置。绝对导航的主要优势在于不依赖于任何外界信息，适合于故障恢复后的自主导航。但是这种导航方式需要多个X射线探测器同时对多个脉冲星进行观测，实施难度较大。对于特定的航天器轨道尺度，可以利用单个探测器分时观测不同的脉冲星来近似成多个脉冲星的同时观测。此外，由于没有状态先验信息，绝对导航的测量脉冲轮廓不能转换到SSB处，从而忽略了多普勒效应。如果航天器的轨道平面和脉冲星视线方向近乎垂直，则多普勒效应不明显；反之，如果航天器沿着视线方向有速度，则多普勒效应影响较大。图9-6所示为航天器轨道平面和脉冲星视线近似垂直时的测量脉冲轮廓，图9-7所示为航天器卫星在沿着脉冲星视线方向有运动时的测量脉冲轮廓，两者都没有转换到SSB处。图9-6中的脉冲轮廓较为清晰，而图9-7中的轮廓已经完全失真。因此在绝对定轨时，应该考虑这一影响，比如采用多次迭代的方法对脉冲轮廓进行重建和轨道确定。

Delta-修正导航具有状态先验信息，观测单个或者多个脉冲星，然后利用位置先验信息将测量脉冲转换到SSB和标准脉冲比对，两者的相位差（时间差）反映了状态先验误差，从而可以结合估计算法进行修正。图9-8所示为Delta-修正导航的实施流程，具体步骤可以归纳为：

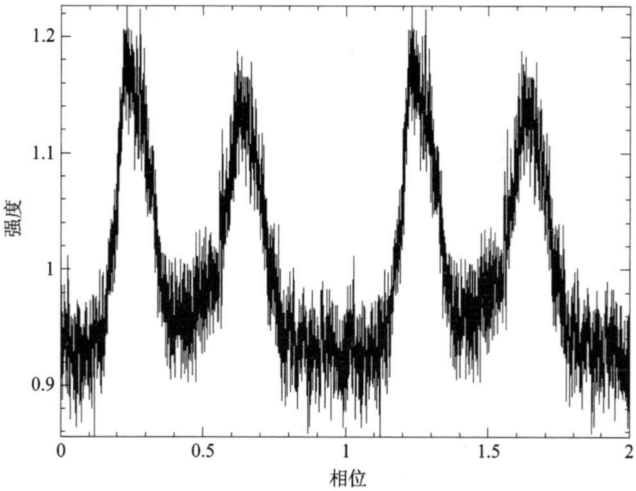

图 9-6 航天器轨道平面和脉冲星视线近似垂直时的测量脉冲轮廓

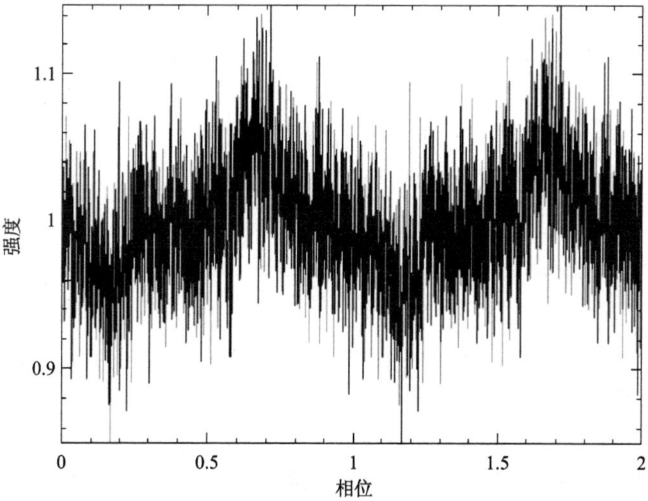

图 9-7 航天器卫星在沿着脉冲星视线方向有运动时的测量脉冲轮廓

(1) 安装在航天器上的 X 射线探测器采集脉冲星辐射的 X 射线光子，在航天器本体坐标系下用原子时钟测量每个光子到达的固有时 (Proper Time)。

(2) 利用航天器的先验位置和速度信息，将给定观测时间内的每个光子到达航天器的固有时间转换到 TCB 的时间尺度。

(3) 在 TCB 时间尺度下，利用航天器的先验位置信息将光子 TOA 转换到 SSB。

(4) 在给定观测时间内，将所有光子相对 SSB 的 TCB 时间序列进行折叠和同步平均处理，提取测量脉冲轮廓。

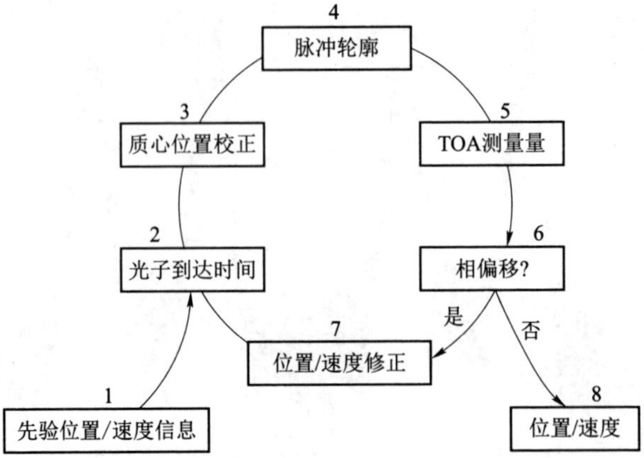

图 9-8　Delta-修正导航的实施流程

(5) 根据脉冲计时模型，将标准轮廓和测量脉冲轮廓进行对比，可以得到由于先验状态误差带来的脉冲到达时间差。

(6) 利用滤波技术将到达时间差作为观测量对航天器的状态误差进行估计，从而实现自主导航。

从上面的分析可以看出，绝对导航方式为几何定轨。Delta-修正导航既可以是几何定轨，也可以是动力学定轨。

应当指出的是，不管是哪种导航方式，都需要考虑整周模糊度问题，也就是说，测量脉冲轮廓和标准脉冲轮廓相差的多个整数周期无法直接测量，只能通过数学方法获得脉冲整周数的估计值。很多学者在脉冲星模糊度解算方面做了诸多探索，并取得了大量的研究成果。除非航天器在太阳系内“完全迷失”，航天器均可通过地面站或其他导航手段获得较为精确的导航初值。毫秒脉冲星的自转周期最短约为 1 ms，相应的光行距离约为 300 km。现有的导航手段大多可提供优于 300 km 的导航初值，在脉冲星的观测周期内，航天器的轨道动力学外推精度也远优于 300 km。因此，本书不考虑整周模糊度的问题。

9.2　脉冲星自主导航的关键技术

9.2.1　光子探测技术

X 射线脉冲星发射的高能光子可以采用 X 射线探测器进行探测，并记录光子到达的精确时间。高精度探测器的探测精度可以达到微秒级甚至更高。X 射线探测器主要利用了 X 射线高能光子的光电效应和热敏效应，工作原理为：当 X 射线波段范围内的光子到达探测器后，与探测器内材料相碰撞并释放出能量，释放能量的大小与进入探测器的 X 射线光子数量成正比，探测器通过测定能量来探测光子，从而获得脉冲星的影像和角位置。X 射线探测器主要包括入射预处理部分、探测器主体和信号处理部分，基本类型包括充气比例型、CCD 半导体型、闪烁型、微通道型和热量敏感型。在以往的飞行试验（HEAO A－1，RXTE，USA）和预先研究中，大多采用充气比例型 X 射线探测器，其结构示意图如图 9-9 所示。这类探测器均带有用来填充惰性气体的腔

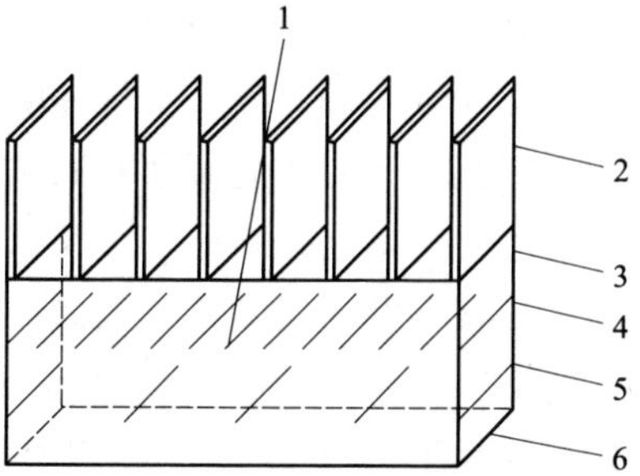

图 9-9　充气比例型 X 射线探测器的结构示意图

1—X 射线光子；2—准直器；3—气体室；4—阳极线路；5—阴极线路；6—读数装置

体，但是充气比例型探测器存在气体泄漏的危险，而且为保证气体密度恒定和避免泄漏，腔体的质量较大，这就给探测器的质量带来负担。

作为X射线脉冲星导航（X-ray Pulsar Based Navigation，XNAV）计划的一部分，DARPA致力于研制一种基于硅阵列（Silicon Pixel Detector）的新型X射线探测器。这种探测器采用硅质本征二极管代替了惰性气体，利用入射X射线光子与硅阵列的相互作用产生高能电子，经过光电转换过程记录X射线光子的能量和到达时间。硅阵列的厚度决定了光子能量范围和到达时间的测量精度，是硅阵列探测器的关键技术。目前DARPA已研制出2 mm厚度的硅阵列（见图9-10），并将其作为原理样机的研制标准。

图9-10　2 mm厚度的硅阵列

X射线光子能量较弱，为达到亚微秒量级的测量精度，要求探测器具备低能测量功能。另外，X射线探测器还应具备较大的有效观测面积、较小的背景噪声和高可靠性，以适应宇宙空间的高辐射环境。研制适用于深空自主导航系统的高灵敏度、小体积、长寿命和高可靠性的X射线探测器是研究X射线脉冲星自主导航技术的核心任务。

9.2.2　光子TOA的时间尺度转换

测量脉冲轮廓与标准脉冲轮廓比对需要在同一时间尺度下进行。在广义相对论框架下存在两种不同性质的“时间”：一类是固有时，是在局部参考系中通过物理时钟测得的时间，具有明确的物理意义，随观测者的时空位置和速度变化而变化，只能在观测者的局域空间内使用；另一类是坐标时，是由参考系的时空度量所确定的坐标量，仅有数学意义没有明确的物理意义，但是定义在参考系的整个空间范围内有效。在X射线脉冲星自主导航系统中，脉冲星辐射的X射线光子到达航天器的时间为航天器携带的原子时钟测量得到的在航天器本体坐标系下的固有时。为了提取脉冲轮廓和测量脉冲TOA，通常需要将光子到达航天器的固有时转换成坐标时（比如TCB或TDB）。此外，星载数据库提供的标准脉冲轮廓是由建立在SSB的脉冲相位模型预测得到的，因此还需要将光子到达航天器的时间转换到SSB。综上所述，脉冲星的时间转换模型包括固有时到坐标时的转换和从航天器位置到SSB的时间转换模型两大类，前者为光子 TOA 的时间尺度转换，后者为光子 TOA 的空间尺度转换。本小节只介绍时间尺度转换，即固有时到坐标时的转换，下一小节介绍光子 TOA 的空间尺度转换。

在广义相对论框架下，简化的固有时和坐标时的关系可以由下式表示

$$\begin{cases} \mathrm{d}\tau = \left[1 + \dfrac{U}{c^2} - \dfrac{1}{2}\left(\dfrac{v}{c}\right)^2\right]\mathrm{d}t \\ \mathrm{d}t = \left[1 + \dfrac{U}{c^2} + \dfrac{1}{2}\left(\dfrac{v}{c}\right)^2\right]\mathrm{d}\tau \end{cases} \tag{9-1}$$

式中，t 为坐标时；τ 为固有时；U 表示施加在星钟上的引力场势函数，包括太阳在内的太阳系中各天体的引力场势函数之和；v 表示航天器在太阳系质心坐标系（BCRS）中的速度大小；c 为光速。

对式（9-1）积分可以得到脉冲星自主导航系统星钟记录的固有时到坐标时的转换关系，式（9-1）的转换最大误差为 10^{-12} s。由式（9-1）可以看出，固有时小于坐标时。

1. 环绕大行星航天器的固有时和坐标时转换

以地球轨道航天器为例对环绕大行星航天器的固有时和坐标时转换进行说明，记 BCRS 坐标系中航天器相对于地球质心和相对于太阳的位置分别为 $\boldsymbol{r}_{\mathrm{SC/E}}$ 和 $\boldsymbol{r}_{\mathrm{SC}}$，则航天器在 BCRS 坐标系中的速度为

$$v^2 = (\boldsymbol{v}_{\mathrm{E}} + \dot{\boldsymbol{r}}_{\mathrm{SC/E}}) \cdot (\boldsymbol{v}_{\mathrm{E}} + \dot{\boldsymbol{r}}_{\mathrm{SC/E}}) \tag{9-2}$$

式中，$\boldsymbol{v}_{\mathrm{E}}$ 为地球相对于 SSB 的速度。忽略 $\dot{\boldsymbol{r}}_{\mathrm{SC/E}}$ 的高阶项，将式（9-2）代入式（9-1）有

$$\begin{aligned}(t - t_0) = {} & (\tau - \tau_0) + \frac{1}{c^2}(\boldsymbol{v}_{\mathrm{E}} \cdot \dot{\boldsymbol{r}}_{\mathrm{SC/E}}) + \\ & \frac{1}{c^2}\int_{\tau_0}^{\tau}\left[U_{\mathrm{E}}(\boldsymbol{r}_{\mathrm{SC/E}}) + U_{\mathrm{exE}}(\boldsymbol{r}_{\mathrm{SC}}) + \frac{1}{2}v_E^2 + \frac{1}{2}\dot{\boldsymbol{r}}_{\mathrm{SC/E}}^2\right]\mathrm{d}\tau \end{aligned} \tag{9-3}$$

式中，$U_{\mathrm{E}}(\boldsymbol{r}_{\mathrm{SC/E}})$ 为在航天器位置处的地球引力位；$U_{\mathrm{exE}}(\boldsymbol{r}_{\mathrm{SC}})$ 为除地球外的太阳系其他天体在航天器位置处所产生的引力位之和。

通常将式（9-3）右边的第二项和第三项合称为修正项，其中第二项称为 Sagnac 效应，表示在旋转参考系中航天器时钟和接收光信号时间比对的时延修正；第三项为引力场对时钟计时的影响，该积分可以利用行星星历进行标准修正。修正项对时间转换模型精度的影响较大，在光子时间转换过程中不可忽略。

类似地，对于环绕太阳系中其他行星的航天器，其固有时和坐标时 TCB 的转换关系为

$$(t-t_0)=(\tau-\tau_0)+\frac{1}{c^2}(\boldsymbol{v}_{\mathrm{PB}}\cdot\dot{\boldsymbol{r}}_{\mathrm{SC/PB}})+\\ \frac{1}{c^2}\int_{\tau_0}^{\tau}\left[U_{\mathrm{PB}}(\boldsymbol{r}_{\mathrm{SC/PB}})+U_{\mathrm{exPB}}(\boldsymbol{r}_{\mathrm{SC}})+\frac{1}{2}v_{\mathrm{PB}}^2+\frac{1}{2}\dot{r}_{\mathrm{SC/PB}}^2\right]\mathrm{d}\tau \quad (9\text{-}4)$$

式中，$\boldsymbol{r}_{\mathrm{SC/PB}}$为 BCRS 坐标系下航天器相对于中心天体质心的位置矢量；$\boldsymbol{v}_{\mathrm{PB}}$为 BCRS 坐标系下中心天体的运动速度矢量；$U_{\mathrm{PB}}(\boldsymbol{r}_{\mathrm{SC/PB}})$ 为在航天器位置处的中心天体引力位；$U_{\mathrm{exPB}}(\boldsymbol{r}_{\mathrm{SC}})$ 为除中心天体以外的太阳系其他天体在航天器位置处所产生的引力位之和。

2. 日心轨道的固有时和坐标时转换

对于日心轨道，则固有时和坐标时的转换公式为

$$(t-t_0)=(\tau-\tau_0)\left(1-\frac{\mu_s}{2c^2a}\right)+\frac{2}{c^2}\sqrt{a\mu_s}(E-E_0) \quad (9\text{-}5)$$

式中，a 为日心轨道半长轴；c 为光速；E 为偏心点角；E_0 为 t_0 时刻的偏心点角。

利用开普勒轨道参数和时间的关系，式 (9-5) 还可以写作

$$(t-t_0)=(\tau-\tau_0)\left(1+\frac{3\mu_s}{2c^2a}\right)+\frac{2}{c^2}(\boldsymbol{r}\cdot\boldsymbol{v}-\boldsymbol{r}_0\cdot\boldsymbol{v}_0) \quad (9\text{-}6)$$

式中，$\boldsymbol{r}$，$\boldsymbol{v}$ 分别为航天器在 BCRS 坐标系中的位置矢量和速度矢量。

9.2.3 光子 TOA 的空间尺度转换

图 9-11 所示为日心坐标系下的航天器、脉冲星以及太阳质心和 SSB 的几何关系。根据广义相对论原理，从距离太阳系几万光年的遥远脉冲星辐射的 X 射线光子，在传播到太阳系的过程中势必会受到引力延缓、时空弯曲和天体引力等相对论效应的影响，造成 TOA 延迟。因此，为了获得高精度的光子 TOA 转换模型，不仅需要进行空间几何距离上的修正，还必须考虑相对论效应的影响。结合图 9-11，可得到航天器到 SSB 的时间转换模型

$$t_{\mathrm{SSB}}=t_{\mathrm{SC}}+\frac{\boldsymbol{n}\cdot\boldsymbol{r}_{\mathrm{S2C}}}{c}+\frac{1}{2cD_0}[(\boldsymbol{n}\cdot\boldsymbol{r}_{\mathrm{S2C}})^2-r_{\mathrm{S2C}}^2-2(\boldsymbol{n}\cdot\boldsymbol{V}\Delta t_{\mathrm{I}})\cdot(\boldsymbol{n}\cdot\boldsymbol{r}_{\mathrm{S2C}})-\\ 2\boldsymbol{r}_{\mathrm{S2C}}\cdot\boldsymbol{V}\Delta t_{\mathrm{I}}-2(\boldsymbol{b}\cdot\boldsymbol{r}_{\mathrm{S2C}})+2(\boldsymbol{n}\cdot\boldsymbol{b})(\boldsymbol{n}\cdot\boldsymbol{r}_{\mathrm{S2C}})]+\\ \sum_{k=1}^{PB_{\mathrm{ss}}}\frac{2\mu_k}{c^3}\ln\left|\frac{\boldsymbol{n}\cdot\boldsymbol{r}_{\mathrm{k}}+r_k}{\boldsymbol{n}\cdot\boldsymbol{b}_{\mathrm{k}}+b_k}+1\right|+\Delta t+\Delta_{\mathrm{f}}+\nu_{\mathrm{t}} \quad (9\text{-}7)$$

式中，t_{SSB}和 t_{SC}分别为 TCB 尺度下，光子到达 SSB 和到达航天器的时间；$\boldsymbol{n}$ 为

脉冲星的视线方向向量；$\boldsymbol{r}_{\mathrm{S2C}}$ 为航天器相对于 SSB 的位置矢量；$\boldsymbol{r}_k$ 表示各天体到航天器的位置矢量；D_0 表示太阳质心到脉冲星的距离；$\boldsymbol{V}$ 表示脉冲星运动速度矢量；Δt_{I} 表示脉冲星持续观测时间；$\boldsymbol{b}$ 表示 SSB 相对于太阳质心的位置矢量；$\boldsymbol{b}_k$ 表示太阳系其他各天体到 SSB 的位置矢量；PB_{SS}表示包括太阳在内的太阳系中各天体；μ_k 表示天体引力常数；Δt 表示航天器上的时钟偏差；Δ_{f} 表示色散效应误差；ν_{t} 表示时间测量噪声。

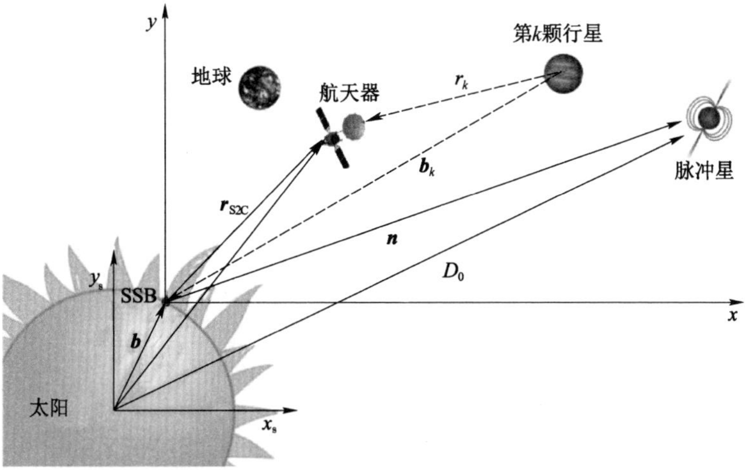

图 9-11　日心坐标系下的航天器、脉冲星以及太阳质心和 SSB 的几何关系

式 (9-7) 是在精确的时间转换方程基础上忽略高次项 $o(1/(D_0)^2)$ 得到的。

理论上讲，在 TCB 尺度下，式 (9-7) 的时间转换精度可以达到 1 ns 量级。尽管转换精度较高，但是计算过程烦琐，而且有些物理量无法直接计算和测量，并不适合工程应用，需要对其进行简化处理。

(1) 一段观测时间内 $D_0 \gg V\Delta t_{\mathrm{I}}$，从而$\frac{1}{2cD_0}[-2(\boldsymbol{n}\cdot\boldsymbol{V}\Delta t_{\mathrm{I}})\cdot(\boldsymbol{n}\cdot\boldsymbol{r}_{\mathrm{S2C}})-2\boldsymbol{r}_{\mathrm{S2C}}\cdot\boldsymbol{V}\Delta t_{\mathrm{I}}]$ 可以忽略。

(2) 考虑到太阳系中，太阳的引力作用最强，所以可以忽略太阳系行星的引力作用。

(3) 对于高频 X 射线信号而言，星际介质对脉冲 TOA 的影响很小 ($\sim 10^{-6}$ μs)，因此 Δ_{f} 项可以忽略。经过以上处理，式 (9-7) 可以简化成

$$\begin{aligned} t_{\mathrm{SSB}} = t_{\mathrm{SC}} + \frac{\boldsymbol{n}\cdot\boldsymbol{r}_{\mathrm{S2C}}}{c} + \frac{1}{2cD_0}[(\boldsymbol{n}\cdot\boldsymbol{r}_{\mathrm{S2C}})^2 - \boldsymbol{r}_{\mathrm{S2C}}^2 - 2(\boldsymbol{b}\cdot\boldsymbol{r}_{\mathrm{S2C}}) + \\ 2(\boldsymbol{n}\cdot\boldsymbol{b})(\boldsymbol{n}\cdot\boldsymbol{r}_{\mathrm{S2C}})] + \frac{2\mu_{\mathrm{s}}}{c^3}\ln\left|\frac{\boldsymbol{n}\cdot\boldsymbol{r}_{\mathrm{S2C}}+r_{\mathrm{S2C}}}{\boldsymbol{n}\cdot\boldsymbol{b}+b}+1\right| + \Delta t + \nu_{\mathrm{t}} \end{aligned} \tag{9-8}$$

式中，右边第二项表示由航天器到SSB的几何距离产生的时间延迟量，称为一阶Doppler延迟；第三项表示假设X射线光子平行到达太阳系（视差）引起的时间延迟，通常把第二项和第三项合称为Roemer延迟；第四项表示光子受太阳引力作用发生弯曲产生的时间延迟，称为Shaprio延迟。

式（9-8）的时间转换精度约为10 μs，可以作为深空探测航天器的脉冲光子时间转换方程。需要说明的是，在脉冲星自主导航系统仿真中，一般将光子到达航天器和SSB的时间差TDOA作为观测量，如下所示

$$t_{\mathrm{SSB}} - t_{\mathrm{SC}} = \frac{\boldsymbol{n} \cdot \boldsymbol{r}_{\mathrm{S2C}}}{c} + \frac{1}{2cD_0}[(\boldsymbol{n} \cdot \boldsymbol{r}_{\mathrm{S2C}})^2 - r_{\mathrm{S2C}}^2 - 2(\boldsymbol{b} \cdot \boldsymbol{r}_{\mathrm{S2C}}) + 2(\boldsymbol{n} \cdot \boldsymbol{b})(\boldsymbol{n} \cdot \boldsymbol{r}_{\mathrm{S2C}})] + \frac{2\mu_s}{c^3}\ln\left|\frac{\boldsymbol{n} \cdot \boldsymbol{r}_{\mathrm{S2C}} + r_{\mathrm{S2C}}}{\boldsymbol{n} \cdot \boldsymbol{b} + b} + 1\right| + \Delta t + \nu_t \tag{9-9}$$

为了比较简化的时间转换方程中各项对定位精度的影响，Sheikh利用ARGOS卫星轨道数据计算了各项延迟量的大小。历元时刻为JD2 451 538.967 692 66，观测的脉冲星为B0531+21。为利于比较，将时间量折合为距离，单位为m。计算结果如表9-1所示。

表 9-1　简化的时间转换方程各项量级

时间转换方程中各项	量级/m
$\boldsymbol{n} \cdot \boldsymbol{r}_{\mathrm{S2C}}$	$1.442\,7\times10^{11}$
$\frac{1}{2D_0}[(\boldsymbol{n} \cdot \boldsymbol{r}_{\mathrm{S2C}})^2 - r_{\mathrm{S2C}}^2]$	5.952 1
$\frac{2\mu_s}{c^2}\ln\left|\frac{\boldsymbol{n} \cdot \boldsymbol{r}_{\mathrm{S2C}} + r_{\mathrm{S2C}}}{\boldsymbol{n} \cdot \boldsymbol{b} + b} + 1\right|$	$1.525\,9\times10^{4}$

从表9-1可以看出，在时间转换过程中，几何距离产生的延迟是主要的时间延迟量，作为TDOA的主导部分。视差引起的延迟为十米量级，对于百米量级的噪声而言，其影响不容忽略。另外，由太阳引力场产生的Shapiro延迟影响较大，如果不考虑其影响将导致10 km量级的误差。需要指出的是，对于深空探测任务来说，当航天器接近行星特别是木星或其他大行星天体时，行星引力场增强，由行星引力场导致的Shapiro延迟影响此时不可忽略。从表9-1的计算结果可以看出，时间转换方程中各项在数量级上差异较大，在涉及大尺度的

天体数据计算时，计算机字长产生的截断误差会对转换精度产生影响，Sheikh 等学者提出可以采用变精度算法（Variable Precision Arithmetic）来解决这一问题。

建立脉冲光子 TOA 转换模型的目的就是提取测量脉冲轮廓和计算测量脉冲到达时间，并与标准脉冲轮廓进行互相关处理，得到脉冲星自主导航系统的导航观测量。下面详细阐述测量脉冲轮廓的提取过程。

9.2.4　脉冲轮廓的生成

脉冲轮廓的生成指的是将探测器探测到的光子转化成脉冲轮廓的过程。脉冲星发射的 X 射线脉冲信号非常微弱，并且探测器接收到的脉冲光子还会受到宇宙背景辐射的影响，因此，尽管接收到大量光子，但很难根据光子的时间序列获取测量脉冲轮廓，通常利用脉冲信号叠加技术解决这一问题，具体做法是：将光子按时间顺序排列；然后将一个脉冲周期划分为相等的时间仓段，把光子序列按其所在的周期相位放入相应仓段；最后按预定的脉冲周期进行历元折叠。历元折叠过程也是光子能量、数量叠加和光子历元平均过程。通过这一过程，脉冲轮廓中信号辐射较强的相位部分得以加强，逐渐形成清晰稳定的脉冲轮廓曲线，称为测量脉冲轮廓曲线。其脉冲叠加过程示意图如图 9-12 所示。图中，T_{PSR} 为脉冲星观测时间，P 为所观测脉冲星的周期，$T_{PSR} \gg P$。

脉冲轮廓包括标准轮廓和测量脉冲轮廓。其中标准脉冲轮廓具有很高的信噪比，由长时间的重复观测来实现。首先由 X 射线探测器长时间捕获光子，并记录光子到达探测器的系统时间。然后将时间尺度转换到 TCB 或者 TDB 尺度下，并将光子到达航天器的时间转换到光子到达惯性参考基准位置（通常为 SSB）的时间，最后利用历元折叠得到标准轮廓。测量脉冲轮廓是指根据探测器检测到的大量 X 射线脉冲光子利用信号处理技术得到的轮廓曲线，能够表征相同能谱范围内脉冲轮廓的固有属性。相比标准脉冲轮廓，测量脉冲轮廓对应的观测时间要短。

图 9-13 所示为 ARGOS 卫星利用 USA 实验设备长期观测得到的 B0531＋21 脉冲星的标准脉冲轮廓曲线。从图中可以看出，B0531＋21 脉冲星的轮廓由一个主脉冲尖峰和一个次脉冲峰构成，其中主脉冲尖峰已对齐脉冲相位零点，可以作为测量脉冲到达时间的基准点。

图 9-14 所示为 ARGOS 卫星根据实测数据得到的 B0531＋21 脉冲星的测量脉冲轮廓曲线。

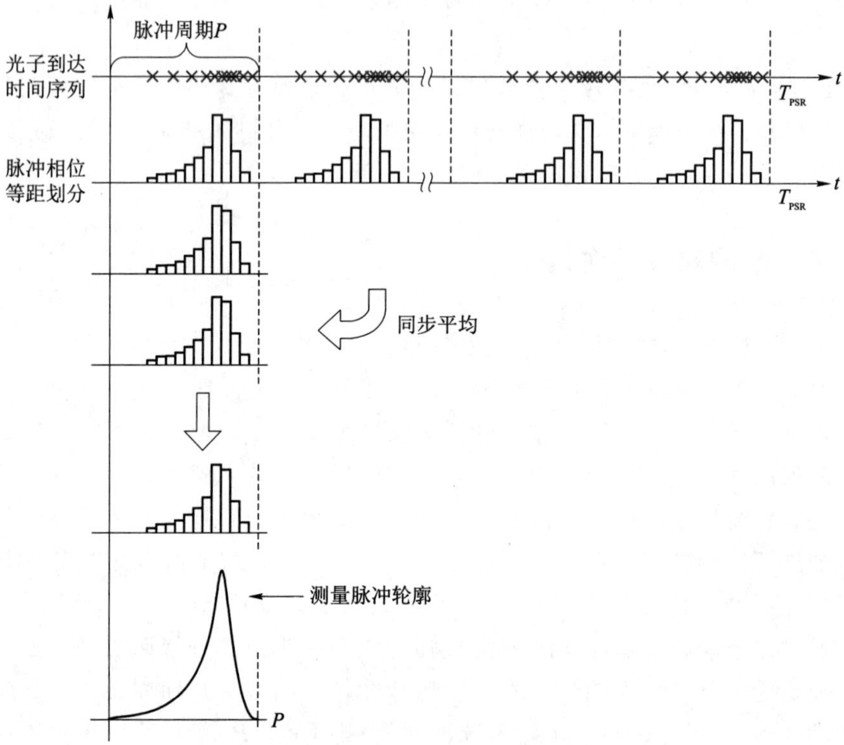

图 9-12 利用脉冲叠加技术获取的脉冲轮廓曲线

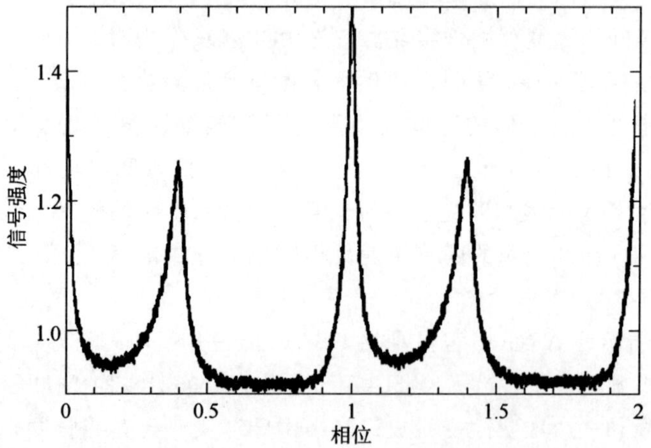

图 9-13 B0531＋21 脉冲星的标准脉冲轮廓曲线

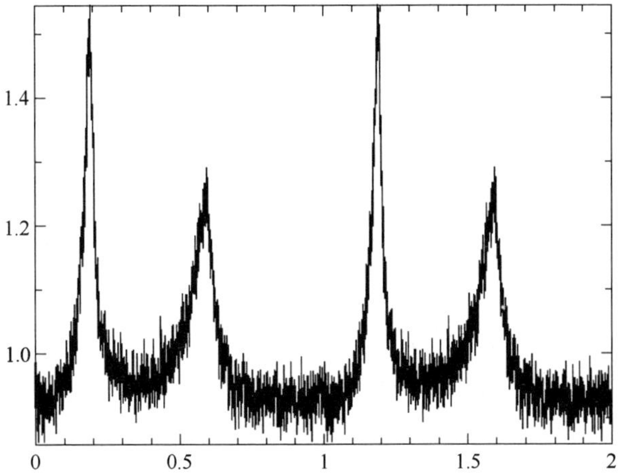

图 9-14　B0531＋21 脉冲星的测量脉冲轮廓曲线

该测量脉冲轮廓是将脉冲光子序列从航天器处转移到 SSB 处之后，经过脉冲叠加过程得到的。通过与图 9-13 的标准脉冲轮廓比较，可以直观地看出测量脉冲轮廓曲线较模糊，并且相位也与标准脉冲轮廓有所不同。

9.2.5　脉冲轮廓对比

大量观测表明，测量脉冲轮廓是标准脉冲轮廓的最好近似，二者的差别在于：常数偏差、尺度变换因子、时间延迟和随机噪声等。换句话说，某一观测历元 t 的测量脉冲轮廓 $p(t)$ 都可以用时间延迟为 τ 的标准脉冲轮廓 $s(t-\tau)$ 表示，即

$$p(t)=b_{\mathrm{p}}+ks(t-\tau)+\eta(t) \tag{9-10}$$

式中，b_{p} 为测量脉冲轮廓与标准脉冲轮廓的常数偏差；k 为脉冲轮廓尺度变换因子；τ 为时间延迟或时间原点平移；$\eta(t)$ 为 X 射线背景和探测器本底噪声，假设为加性随机噪声过程。

测量脉冲轮廓与标准脉冲轮廓互相关处理过程，就是确定三个参数 b_{p}、k 和 τ 的过程。其中时间延迟量 τ 可以通过两个轮廓间的相位差间接获取。通常采用离散傅里叶变换方法解决脉冲轮廓互相关处理问题，该方法可以在频域范围内对比两个脉冲轮廓，直接评估参数精度，且与光子采样时间间隔无关。

9.2.6　脉冲星计时模型

由式 (9-10) 可知道，为了对比标准脉冲轮廓和测量脉冲轮廓，还需要知

道标准脉冲到达参考点的时间，这由脉冲星计时模型给出。脉冲星计时模型指的是在某一个惯性参考点（通常为 SSB）以 TCB 或者 TDB 时间尺度建立的脉冲相位模型。脉冲相位模型给出了脉冲到达 SSB 处相位 Φ 的泰勒展开式

$$\Phi(t)=\Phi(t_0)+f(t-t_0)+\sum_{n=2}^{\infty}\frac{\frac{\mathrm{d}^{n-1}f}{\mathrm{d}t^{n-1}}}{n!}(t-t_0)^n \tag{9-11}$$

式中，$\Phi(t)$ 为历元 t 累计的总脉冲相位；$\Phi(t_0)$ 为初始历元 t_0 的相位；f 为脉冲相位频率。

由脉冲计时模型可以得到任意时刻脉冲到达该惯性参考点的相位。将某一具体相位对应的时间作为脉冲到达时间，就可以精确预测脉冲到达该参考点的时间。脉冲计时模型一般由专门的天文台给出，比如英国的乔德雷尔·班克天文台每天对 Crab 脉冲星进行观测，并给出每个月的星历报告，该报告包含计时模型参数。

需要指出的是，实际的脉冲星测量无法标定出脉冲星频率的无穷多次导数，因此只能取有限阶，这必然会产生模型误差。在脉冲星观测中，该模型误差称为“计时噪声”，即时间相位模型误差。计时噪声源于目前对脉冲星自转机理认识的不足，是脉冲星自主导航的一个重要误差源。由于目前的计时噪声作用形式和影响方式暂无统一模型，故本书对其影响不作探讨。

如果有限阶的阶数取为 2，则式（9-11）可以写作

$$\Phi(t)=\Phi(t_0)+f(t-t_0)+\frac{\dot{f}}{2}(t-t_0)^2+\frac{\ddot{f}}{6}(t-t_0)^3 \tag{9-12}$$

由于 f、$\dot{f}$、$\ddot{f}$ 和脉冲周期 P 有着如下的关系

$$\begin{cases} f=\dfrac{1}{P} \\ \dot{f}=-\dfrac{\dot{P}}{P^2} \\ \ddot{f}=\dfrac{2\dot{P}^2}{P^3}-\dfrac{\ddot{P}}{P^2} \end{cases} \tag{9-13}$$

因此，脉冲计时模型还可以写成脉冲周期的形式，即

$$\Phi(t)=\Phi(t_0)+\frac{1}{P}(t-t_0)-\frac{\dot{P}}{2P^2}(t-t_0)^2+\left(\frac{\dot{P}^2}{3P^3}-\frac{\ddot{P}}{6P^2}\right)(t-t_0)^3 \tag{9-14}$$

9.3 脉冲星自主导航的误差源

脉冲星自主导航的误差源有光子探测器时间分辨率、星钟偏差、光子 TOA 的时间尺度转换模型误差、光子 TOA 的空间尺度转换模型误差和光子 TOA 测量误差。下面分别对这些误差源的量级进行说明。

9.3.1 光子探测器时间分辨率

以目前的光子探测器水平，时间分辨率可以达到 2 μs 级，换算成距离为 600 m 左右。

9.3.2 星钟偏差

有学者对安装在航天器上的铷原子钟进行了研究，指出原子钟系统参数在长时间得不到修正的情况下，完全依赖时钟性能进行时间保持，时钟误差会逐渐积累，经过 180 d，时钟误差可达微秒级，1 μs 的时钟偏差对应的测距误差为 300 m。

9.3.3 光子 TOA 的时间尺度转换模型误差

如果航天器位置和速度已知的话，光子 TOA 的时间尺度转换模型误差量级为 10^{-12} s，换算成距离为 3×10^{-4} m，因此其误差对导航的影响很小，可忽略不计。

9.3.4 光子 TOA 的空间尺度转换模型误差

光子 TOA 的空间尺度转换模型误差包括截断误差和星表误差。

1. 截断误差

对于截断误差而言，如果采用式（9-7）作为时间转换模型，则时间转换精度为 1 ns，换算成距离为 0.3 m；如果采用式（9-9）作为时间转换模型，则时间转换精度约为 10 μs，换算成距离为 3 km。

2. 星表误差

星表项，如脉冲星到 SSB 的距离、脉冲星角位置、太阳系行星星历、太阳系质心位置矢量等参数，通过地面射电望远镜长期观测获得或根据天体星历计算得到。由于观测技术水平和数据处理技术等方面的限制，这些参数均存在误差。本书仅考虑脉冲星星历误差的影响，表 9-2 给出了 10 颗信号质量较好的脉冲星参数，表中空白项表示该参数未知。从表中可以看出，脉冲星的赤经、赤纬和脉冲星距离均存在误差，如果脉冲星角位置误差为 1 毫角秒（mas），则对时间转换模型精度的影响为微秒级，换算成距离为几百米；如果脉冲星距离误差为 30%，对时间转换模型精度的影响为 0.1 μs 左右，换算成距离为 30 m。国内外学者在星表误差的修正方面做了大量研究工作，取得了较好的效果，比如利用鲁棒、自适应卡尔曼滤波算法克服脉冲星角位置误差的不利影响，或者将星表误差作为状态量进行估计等。星表误差修正将在本书的第 10 章里进行研究。

表 9-2　脉冲星的位置及相应误差界

脉冲星编号	赤经/(°)	赤经误差/(″)	赤纬/(°)	赤纬误差/(″)	D_0/kpc	D_0 误差/kpc
B0531+21	83.63	7.51×10^{-2}	22.01	0.06	2.0	0.5
B1821−24	276.13	9.0×10^{-4}	−24.87	0.012	5.5	0.5
B1937+21	294.92	1.2×10^{-5}	21.58	1.4×10^{-4}	3.6	1.44

续表

脉冲星编号	赤经/(°)	赤经误差/(″)	赤纬/(°)	赤纬误差/(″)	D_0/kpc	D_0 误差/kpc
B1509－58	228.48	1.35	－59.13	1.0	4.3	0.5
B1957＋20	299.90	7.51×10^{-4}	20.80	6.0×10^{-4}	1.5	
B0540－69	85.05		－69.33		47.3	0.8
B1823－13	276.55	0.150	－13.58	0.80	4.1	1.65
J0218＋4232	34.53	0.150	42.54	0.10	5.7	2.28
J1124－5916	171.16		－59.27		4.8	1.6
J0437－4715	69.32	2.99×10^{-3}	－47.25	6.0×10^{-3}	0.18	0.026

9.3.5　光子 TOA 测量误差

脉冲星辐射的 X 射线光子是脉冲星自主导航系统的原始观测量，在观测时间 Δt_{obs}和探测器有效面积 A 给定的情况下，脉冲信号由接收到的光子数决定。脉冲宽度比（Duty Cycle）为

$$d=\frac{W}{P} \tag{9-15}$$

式中，W 为脉宽；P 为脉冲周期。

由于光子测量噪声的存在，使脉冲轮廓偏离真实脉冲轮廓形状，测量噪声主要包括背景辐射和信号中的非脉冲部分。脉冲信号的信噪比（Signal Noise Ratio，SNR）可以用脉冲星光子计数的脉冲分量 $N_{S_{pulsed}}$ 与脉冲信号测量标准差 σ_{noise}的比值来表示，即

$$\begin{aligned}\mathrm{SNR}&=\frac{N_{S_{pulsed}}}{\sigma_{noise}}\\&=\frac{N_{S_{pulsed}}}{\sqrt{(N_B+N_{S_{non\text{-}pulsed}})_{duty\ cycle}+N_{S_{pulsed}}}}\\&=\frac{F_XAp_f\Delta t_{obs}}{\sqrt{[B_X+F_X(1-p_f)](A\Delta t_{obs}d)+F_XAp_f\Delta t_{obs}}}\end{aligned} \tag{9-16}$$

式中，N_B 为背景光子计数；$N_{S_{non\text{-}pulsed}}$ 为非脉冲光子计数；p_f 为辐射源的占空比；B_X 为背景辐射的通量；F_X 为脉冲信号辐射光子通量；$N_{S_{pulsed}}$ 为观测时间内探测到的脉冲信号光子个数，计算公式为

$$N_{S_{pulsed}}=F_XAp_f\Delta t_{obs} \tag{9-17}$$

脉冲 TOA 的测量精度由脉冲 σ_p 和 SNR 得到，即

$$\sigma_{\mathrm{TOA}}=\frac{\sigma_{\mathrm{p}}}{\mathrm{SNR}} \tag{9-18}$$

式中，σ_{TOA}为脉冲 TOA 测量标准差。如果脉冲形状为高斯，假设 $W=2\sigma_{\mathrm{p}}$，则有

$$\sigma_{\mathrm{TOA}}=\frac{W}{2\mathrm{SNR}} \tag{9-19}$$

这样，航天器至 SSB 沿脉冲星方向的距离测量标准差 σ_r 可以写作

$$\sigma_r=c\sigma_{\mathrm{TOA}}=c\ \frac{W}{2\mathrm{SNR}} \tag{9-20}$$

式中，c 为光速。

由式（9-20）可以知道，W 越小和 SNR 越大，则 TOA 精度越高。W 越小，意味着辐射光子通量 F_{X} 越大；在选定脉冲星的情况下，要使得 SNR 越大，需要增大观测时间或者增大 X 射线探测器的有效面积，但增大面积会增大探测器的质量和功耗。因此在实际任务中，增大观测时间是一种有效提高观测精度的方式。

注：设观测时间长度为 t_{A} 的测量精度为 σ_{A}；其他条件不变的情况下，观测时间长度 t_{B} 的测量精度为 σ_{B}，则有 $\sigma_{\mathrm{B}}\sqrt{t_{\mathrm{B}}}=\sigma_{\mathrm{A}}\sqrt{t_{\mathrm{A}}}$。

值得注意的是，实际的 SNR 会存在一个上限，由下式给出

$$\mathrm{SNR}_{\mathrm{max}}=\frac{1\ 000}{1\ 000+\mathrm{SNR}} \tag{9-21}$$

将上式代入式（9-20）中可以得到考虑 SNR 上限的脉冲星距离测量标准差。

9.4　备选导航脉冲星的选取

9.4.1　选取标准

备选导航脉冲星的 4 个选取标准如下：

(1) 位置精度高。

(2) 发出的 X 射线通量可测量，通量大小是选取导航脉冲星的一个重要判据。

(3) 脉冲频率可测。

(4) 脉冲周期微分很小，这意味着具有稳定的周期。

9.3 节对脉冲星自主导航的误差源进行了分析，其中光子 TOA 测量误差可以作为实际的选星标准。对式 (9-19) 两边进行平方可得

$$\begin{aligned}\sigma_{\mathrm{TOA}}^{2} &= \frac{W^{2}}{4\mathrm{SNR}^{2}} \\ &= \frac{W^{2}B_{\mathrm{X}}d}{4\,(F_{\mathrm{X}}p_{\mathrm{f}})^{2}A\Delta t_{\mathrm{obs}}} + \frac{W^{2}F_{\mathrm{X}}[(1-p_{\mathrm{f}})d+p_{\mathrm{f}}]}{4\,(F_{\mathrm{X}}p_{\mathrm{f}})^{2}A\Delta t_{\mathrm{obs}}}\end{aligned} \tag{9-22}$$

实际选星的时候，可以将背景辐射通量 B_{X}、探测器有效面积 A 和观测时间 Δt_{obs} 固定，在此基础上定义品质因子 (Figure of Merit，FOM)，记作 Q_{X}，由下式给出

$$Q_X = \frac{F_X p_f^2}{W^2 \left[p_f^2 + \frac{W}{P}(1 - p_f) \right]} \tag{9-23}$$

利用品质因子可以对备选导航星的测量精度进行排序，品质因子越高，则导航测量精度越高。

9.4.2 选星结果

首先根据9.4.1节中的标准进行筛选，得到如表9-3所示的可用于提供导航信息的25颗备选X射线脉冲星，一些未知辐射源的占空比以10%代替。这些脉冲星在J2000历元时刻的位置信息如表9-4所示，它们由SIMBAD天文数据库（SIMBAD Astronomical Database）得到。

表9-3 备选导航脉冲星列表

序号	脉冲星名称	周期 P/s	Flux/ ($\mathrm{ph \cdot cm^{-2} \cdot s^{-1}}$)	p_f/% 辐射源的占空比	W/s 脉冲宽度
1	B0531+21	0.033 40	1.54	70	1.7×10^{-3}
2	J1846−0258	0.324 82	6.03×10^{-3}	10	5.9×10^{-3}
3	J1617−5055	0.069 34	1.37×10^{-3}	10	3.5×10^{-3}
4	B1509−58	0.150 23	1.62×10^{-2}	65	2.7×10^{-3}
5	J1930+1852	0.136 86	2.16×10^{-4}	27	2.5×10^{-3}
6	B1259−63	0.047 76	5.10×10^{-4}	10	2.4×10^{-3}
7	B1823−13	0.101 45	2.60×10^{-3}	10	1.8×10^{-3}
8	J0218+4232	0.002 32	6.65×10^{-5}	73	3.5×10^{-4}
9	J0030+0451	0.004 87	1.96×10^{-5}	10	2.4×10^{-4}
10	J0437−4715	0.005 75	6.65×10^{-5}	28	2.9×10^{-4}
11	J0751+1807	0.003 47	6.63×10^{-6}	70	1.7×10^{-3}
12	J1124−5916	0.135 31	1.70×10^{-3}	10	2.5×10^{-3}
13	J2124−3358	0.004 93	1.28×10^{-5}	28.2	2.5×10^{-3}
14	B1821−24	0.003 05	1.93×10^{-4}	98	5.5×10^{-5}
15	J0537−6910	0.016 11	7.93×10^{-5}	10	8.1×10^{-4}
16	B1951+32	0.039 53	3.15×10^{-4}	10	2.0×10^{-3}
17	B0540−69	0.050 37	5.15×10^{-3}	67	2.5×10^{-3}

续表

序号	脉冲星名称	周期 P/s	Flux/ ($ph\cdot cm^{-2}\cdot s^{-1}$)	p_f/% 辐射源的占空比	W/s 脉冲宽度
18	J1811－1926①	0.064 67	1.90×10^{-3}	10	3.2×10^{-3}
19	J0205＋6449	0.065 68	2.32×10^{-3}	10	3.3×10^{-3}
20	J1420－6048	0.068 18	7.23×10^{-4}	10	3.4×10^{-3}
21	B1937＋21	0.001 56	4.99×10^{-5}	86	2.1×10^{-5}
22	B0833－45	0.089 29	1.59×10^{-3}	10	4.5×10^{-3}
23	B1706－44	0.102 45	1.59×10^{-4}	10	1.9×10^{-3}
24	B1957＋20	0.001 60	8.31×10^{-5}	60	8.0×10^{-5}
25	J1012＋5307	0.005 25	1.93×10^{-6}	75	2.6×10^{-4}

表 9-4　备选脉冲星的位置信息

序号	脉冲星名称	银经/(°)	银纬/(°)	赤经/(°)	赤纬/(°)	黄经/(°)	黄纬/(°)
1	B0531＋21	184.557 5	－5.784 2	83.633 1	22.014 5	84.097 5	－1.294 4
2	J1846－0258	29.711 9	－0.240 1	281.603 9	－2.975 0	282.340 6	19.968 5
3	J1617－5055	332.499 6	－0.275 2	244.372 3	－50.920 2	251.819 6	－29.086 0
4	B1509－58	320.318 1	－1.161 7	228.481 3	－59.135 8	243.891 0	－39.402 5
5	J1930＋1852	54.096 2	0.265 2	292.625 5	18.870 6	298.420 0	40.103 6
6	B1259－63	304.183 6	－0.991 6	195.698 6	－63.835 7	227.697 9	－50.896 9
7	B1823－13	18.000 2	－0.690 9	276.554 4	－13.580 0	276.463 4	9.712 3
8	J0218＋4232	139.508 1	－17.526 8	34.526 5	42.538 2	47.048 9	27.011 6
9	J0030＋0451	113.141 2	－57.611 3	7.614 3	4.861 0	8.910 4	1.445 7
10	J0437－4715	253.394 5	－41.963 3	69.316 4	－47.252 6	50.468 4	－67.873 0
11	J0751＋1807	202.729 7	21.085 8	117.788 1	18.127 3	116.333 6	－2.807 6
12	J1124－5916	292.038 3	1.751 5	171.162 9	－59.272 2	208.128 6	－55.074 4
13	J2124－3358	10.925 0	－45.437 5	321.182 7	－33.979 2	312.738 8	－17.818 8

① J1811－1926 又叫 J1811－1925。

续表

序号	脉冲星名称	银经	银纬	赤经	赤纬	黄经	黄纬
14	B1821−24	7.796 7	−5.577 7	276.133 4	−24.869 8	275.564 8	−1.548 9
15	J0537−6910	279.558 7	−31.745 9	84.444 4	−69.171 4	306.172 0	−86.656 4
16	B1951+32	68.765 1	2.823 5	298.242 4	32.878 1	310.649 0	52.405 9
17	B0540−69	279.717 2	−31.516 1	85.045 2	−69.331 7	301.599 0	−86.664 6
18	J1811−1926	11.181 8	−0.347 3	272.871 5	−19.423 7	272.714 5	3.988 5
19	J0205+6449	130.719 2	3.084 5	31.408 0	64.828 6	57.204 0	47.918 3
20	J1420−6048	313.541 2	0.227 4	215.034 1	−60.804 1	236.531 2	−43.593 3
21	B1937+21	57.545 4	−0.273 7	294.915 1	21.622 7	301.990 8	42.334 4
22	B0833−45	263.552 0	−2.787 3	128.836 1	−45.176 5	153.370 3	−60.362 4
23	B1706−44	343.098 2	−2.685 1	257.427 6	−44.485 0	260.394 2	−21.464 0
24	B1957+20	59.196 8	−4.697 5	299.903 1	20.804 1	307.735 5	40.406 3
25	J1012+5307	160.347 0	50.857 8	153.139 3	53.117 4	133.361 1	38.755 4

基于类似的标准，美国的 Microcosm 公司和欧空局的可行性研究报告分别选取了 8 颗和 10 颗备选导航星，分别如表 9-5 和表 9-6 所示。

表 9-5　美国的 Microcosm 公司选取的 8 颗备选导航星

名称	银纬/(°)	银经/(°)	流量/(ph · cm^{-2} · s^{-1})	距离/kpc	周期/ms
PSR B1937+21	−0.29	57.5	4.99×10^{-5}	3.6	1.56
PSR B0540−69	−31.5	279.7	5.15×10^{-3}	47.3	50.4
PSR J0218+4232	−17.53	139.5	6.65×10^{-5}	5.7	2.32
PSR B1509−58	−1.16	320.3	1.62×10^{-2}	4.3	150
PSR B1821−24	−5.58	7.80	1.93×10^{-4}	5.5	3.05
PSR B0531+21	−5.78	184.6	1.54	2	33.4
PSR J1814−338	−7.59	368.75	9.97×10^{-2}	8	3.18
SAS J1808−3658	−8.15	355.39	3.29×10^{-1}	4	2.49

表 9-6　欧空局可行性研究报告中选取的 10 颗备选导航星

序号	名称	黄经/(°)	黄纬/(°)	周期/ms
1	PSR J0031＋0451	8.91	1.45	4.8
2	PSR B0633＋17	98.11	－5.43	237.9
3	PSR B1509－58	242.89	－39.40	150.23
4	PSR B1929＋10	297.05	32.29	226.51
5	PSR J0437－47	50.47	－67.87	5.75
6	PSR B1821－24	275.56	－1.55	3.05
7	PSR B0656＋14	104.64	－8.44	384.87
8	PSR B0540－69	301.63	－86.66	50.37
9	PSR J2124－33	312.74	－17.82	4.93
10	PSR B1055－52	195.77	－52.39	197.10

本书利用品质因子对表 9-3 中的脉冲星进行排序，为了验证品质因子的有效性，也给出 TOA 测量精度的计算结果。由式（9-16）可以看出，增加 X 射线探测器有效观测面积 A 和观测时间 Δt_{obs} 均可以减小测量误差。但是考虑到航天器对质量和功耗的限制以及具体导航任务对观测时间的限制，均不允许任意加大 X 射线探测器的质量和观测时间。因此如何利用有限的敏感器资源在有限时间内获得更多的导航信息，成为脉冲星自主导航研究中的关键问题。目前重点研究和用于飞行试验的 X 射线探测器有效面积一般都小于 1 m^2，美国非常规恒星特征试验（USA）中所用的 X 射线探测器和我国自行研制的硬 X 射线调制望远镜（HXMT）的性能参数如表 9-7 所示。

表 9-7　X 射线探测器的性能参数

X 射线探测器	能量范围/keV	有效面积/cm^2	视场/(°)	质量/kg	功耗/W
USA	1～15	1 000	1.2×1.2	245	50
HXMT	20～150	5 000	5.7×1.1	800	100

因此，探测器面积假设为 $A = 1\ m^2$，对于 2～10 keV 能级的辐射 $B_X = 0.005\ ph/cm^2/s$（$3 \times 10^{-11}\ erg/cm^2/s$），可以由式（9-20）和式（9-23）得到 TOA 测量精度最高的 10 颗星和品质因子排序最高的 10 颗星，分别如表 9-8 和

表 9-9 所示。由表可知，基于品质因子的选星结果和测量精度排序略有不同，但其基本一致，从而验证了品质因子选星的有效性。

表 9-8　脉冲星测量精度

编号	脉冲星名称	距离测量精度（1σ，m）不考虑 SNR 极限			距离测量精度（1σ，m）考虑 SNR 极限		
		500 s	1 000 s	5 000 s	500 s	1 000 s	5 000 s
1	B0531＋21	109	77.9	34.8	359	328	285
2	B1821－24	325	233	104	334	241	112
3	B1937＋21	344	247	110	347	250	113
4	B1509－58	1 807	1 294	578	2 217	1 704	988
5	B1957＋20	1 866	1 336	597	1 877	1 348	609
6	B0540－69	3 007	2 153	962	3 384	2 531	1 339
7	B1823－13	9 367	6 708	2 996	9 644	6 985	3 273
8	J0218＋4232	13 701	9 812	4 383	13 754	9 865	4 435
9	J1124－5916	16 485	11 805	5 273	16 854	12 174	5 642
10	J0437－4715	17 293	12 384	5 532	17 336	12 427	5 575

表 9-9　脉冲星品质因子

测量精度排序	脉冲星名称	品质因子	品质因子排序
1	B0531＋21	$3.784\ 2\times10^5$	1
2	B1821－24	$0.625\ 0\times10^5$	3
3	B1937＋21	$0.971\ 0\times10^5$	2
4	B1509－58	$0.014\ 2\times10^5$	5
5	B1957＋20	$0.074\ 5\times10^5$	4
6	B0540－69	$0.005\ 4\times10^5$	6
7	B1823－13	$0.000\ 7\times10^5$	9
8	J0218＋4232	$0.003\ 8\times10^5$	7
9	J1124－5916	$0.000\ 2\times10^5$	10
10	J0437－4715	$0.001\ 9\times10^5$	8

9.5 测 量 方 程

9.5.1 日心轨道段的测量方程

1. 直接测量方程（无状态先验信息）

式（9-9）给出了 BCRS 坐标系下的脉冲星测量方程，对于日心轨道，关心的是航天器相对太阳的位置矢量，记为 $\boldsymbol{r}$，从而有

$$\boldsymbol{r}_{\mathrm{S2C}} = \boldsymbol{r} - \boldsymbol{b} \tag{9-24}$$

将式（9-24）代入式（9-9）中，并乘以光速可以得到日心轨道的脉冲星测量方程，即

$$\begin{aligned} ct_{\mathrm{SSB}} - ct_{\mathrm{SC}} = {} & \boldsymbol{n} \cdot (\boldsymbol{r} - \boldsymbol{b}) + \\ & \frac{1}{2D_0}\{[\boldsymbol{n} \cdot (\boldsymbol{r} - \boldsymbol{b})]^2 - \|\boldsymbol{r} - \boldsymbol{b}\|^2 - 2[\boldsymbol{b} \cdot (\boldsymbol{r} - \boldsymbol{b})] + 2(\boldsymbol{n} \cdot \boldsymbol{b})[\boldsymbol{n} \cdot (\boldsymbol{r} - \boldsymbol{b})]\} + \\ & \frac{2\mu_{\mathrm{s}}}{c^2}\ln\left|\frac{\boldsymbol{n} \cdot (\boldsymbol{r} - \boldsymbol{b}) + \|\boldsymbol{r} - \boldsymbol{b}\|}{\boldsymbol{n} \cdot \boldsymbol{b} + b} + 1\right| + c\Delta t + \nu_1 \end{aligned} \tag{9-25}$$

式中，$\nu_1 = c\nu_{\mathrm{t}}$。

如果写成相位的形式，则上式的左边取为 $\lambda\varphi$，其中 φ 为脉冲到达航天器和 SSB 的相位差，λ 为脉冲星的波长，它和脉冲周期 P 的关系为 $\lambda = cP$。如果仅考虑一阶项，则式（9-25）可以简化成

$$ct_{\mathrm{SSB}} - ct_{\mathrm{SC}} = \lambda\varphi = \boldsymbol{n} \cdot (\boldsymbol{r} - \boldsymbol{b}) + c\Delta t + \nu_1 \tag{9-26}$$

式（9-26）为线性方程，可以用于导航系统定性分析。

2. 具有状态先验信息的测量方程

如果航天器有先验状态信息，则由脉冲星时间转换方程式（9-9）可以得到

$$\hat{t}_{\mathrm{SSB}} = \hat{t}_{\mathrm{SC}} + \frac{\boldsymbol{n} \cdot \hat{\boldsymbol{r}}_{\mathrm{S2C}}}{c} + \frac{1}{2cD_0}[(\boldsymbol{n} \cdot \hat{\boldsymbol{r}}_{\mathrm{S2C}})^2 - \hat{r}_{\mathrm{S2C}}^2 - 2(\boldsymbol{b} \cdot \hat{\boldsymbol{r}}_{\mathrm{S2C}}) + 2(\boldsymbol{n} \cdot \boldsymbol{b})(\boldsymbol{n} \cdot \hat{\boldsymbol{r}}_{\mathrm{S2C}})] + \frac{2\mu_s}{c^3}\ln\left|\frac{\boldsymbol{n} \cdot \hat{\boldsymbol{r}}_{\mathrm{S2C}} + \hat{r}_{\mathrm{S2C}}}{\boldsymbol{n} \cdot \boldsymbol{b} + b} + 1\right| \tag{9-27}$$

式中，上标“^”表示先验信息对应的物理量；$\hat{\boldsymbol{r}}_{\mathrm{S2C}} = \hat{\boldsymbol{r}} + \boldsymbol{b}$。记

$$\begin{cases} \Delta t_{\mathrm{SSB}} = t_{\mathrm{SSB}} - \hat{t}_{\mathrm{SSB}} \\ \Delta t_{\mathrm{SC}} = t_{\mathrm{SC}} - \hat{t}_{\mathrm{SC}} \\ \Delta r = \boldsymbol{r}_{\mathrm{S2C}} - \hat{\boldsymbol{r}}_{\mathrm{S2C}} = \boldsymbol{r} - \hat{\boldsymbol{r}} \end{cases} \tag{9-28}$$

将式（9-9）减去式（9-27），并略去高阶项可以得到

$$\Delta t_{\mathrm{SSB}} - \Delta t_{\mathrm{SC}} = \frac{\boldsymbol{n} \cdot \Delta \boldsymbol{r}}{\mathrm{c}} + \frac{1}{cD_0}[(\boldsymbol{n} \cdot \hat{\boldsymbol{r}}_{\mathrm{S2C}})(\boldsymbol{n} \cdot \Delta \boldsymbol{r}) - \hat{\boldsymbol{r}}_{\mathrm{S2C}} \cdot \Delta \boldsymbol{r} - (\boldsymbol{b} \cdot \Delta \boldsymbol{r}) + (\boldsymbol{n} \cdot \boldsymbol{b})(\boldsymbol{n} \cdot \Delta \boldsymbol{r})] + \frac{2\mu_s}{c^3}\frac{\boldsymbol{n} \cdot \Delta \boldsymbol{r} + (\hat{\boldsymbol{r}}_{\mathrm{S2C}} \cdot \Delta \boldsymbol{r})/\hat{r}_{\mathrm{S2C}}}{\boldsymbol{n} \cdot \hat{\boldsymbol{r}}_{\mathrm{S2C}} + \boldsymbol{n} \cdot \boldsymbol{b} + \hat{r}_{\mathrm{S2C}} + b} + \Delta t + \nu_t \tag{9-29}$$

式（9-29）可以写作距离形式，即

$$c\Delta t_{\mathrm{SSB}} - c\Delta t_{\mathrm{SC}} = \boldsymbol{n} \cdot \Delta \boldsymbol{r} + \frac{1}{D_0}[(\boldsymbol{n} \cdot \hat{\boldsymbol{r}}_{\mathrm{S2C}})(\boldsymbol{n} \cdot \Delta \boldsymbol{r}) - \hat{\boldsymbol{r}}_{\mathrm{S2C}} \cdot \Delta \boldsymbol{r} - (\boldsymbol{b} \cdot \Delta \boldsymbol{r}) + (\boldsymbol{n} \cdot \boldsymbol{b})(\boldsymbol{n} \cdot \Delta \boldsymbol{r})] + \frac{2\mu_s}{c^2}\frac{\boldsymbol{n} \cdot \Delta \boldsymbol{r} + (\hat{\boldsymbol{r}}_{\mathrm{S2C}} \cdot \Delta \boldsymbol{r})/\hat{r}_{\mathrm{S2C}}}{\boldsymbol{n} \cdot \hat{\boldsymbol{r}}_{\mathrm{S2C}} + \boldsymbol{n} \cdot \boldsymbol{b} + \hat{r}_{\mathrm{S2C}} + b} + c\Delta t + \nu_1 \tag{9-30}$$

如果写成相位的形式，即

$$\lambda\Delta\varphi = \boldsymbol{n} \cdot \Delta \boldsymbol{r} + \frac{1}{D_0}[(\boldsymbol{n} \cdot \hat{\boldsymbol{r}}_{\mathrm{S2C}})(\boldsymbol{n} \cdot \Delta \boldsymbol{r}) - \hat{\boldsymbol{r}}_{\mathrm{S2C}} \cdot \Delta \boldsymbol{r} - (\boldsymbol{b} \cdot \Delta \boldsymbol{r}) + (\boldsymbol{n} \cdot \boldsymbol{b})(\boldsymbol{n} \cdot \Delta \boldsymbol{r})] + \frac{2\mu_s}{c^2}\frac{\boldsymbol{n} \cdot \Delta \boldsymbol{r} + (\hat{\boldsymbol{r}}_{\mathrm{S2C}} \cdot \Delta \boldsymbol{r})/\hat{r}_{\mathrm{S2C}}}{\boldsymbol{n} \cdot \hat{\boldsymbol{r}}_{\mathrm{S2C}} + \boldsymbol{n} \cdot \boldsymbol{b} + \hat{r}_{\mathrm{S2C}} + b} + c\Delta t + \nu_1 \tag{9-31}$$

式中，$\Delta\varphi = \varphi - \hat{\varphi}$。

式（9-30）和式（9-31）可以写成如下的标准形式

$$\Delta z = \boldsymbol{H}\Delta \boldsymbol{x} + \nu \tag{9-32}$$

式中，$\Delta z = c\Delta t_{\mathrm{SSB}} - c\Delta t_{\mathrm{SC}} = \lambda\Delta\varphi$，如果 $\Delta\boldsymbol{x} = [\Delta\boldsymbol{r}^{\mathrm{T}},\ \Delta\boldsymbol{v}^{\mathrm{T}}]^{\mathrm{T}}$，则

$$\begin{cases} \boldsymbol{H} = \left[\boldsymbol{n}^{\mathrm{T}} + \dfrac{1}{D_0}[(\boldsymbol{n}\cdot\hat{\boldsymbol{r}}_{\mathrm{S2C}})\boldsymbol{n}^{\mathrm{T}} - \hat{\boldsymbol{r}}_{\mathrm{S2C}}^{\mathrm{T}} - \boldsymbol{b}^{\mathrm{T}} + (\boldsymbol{n}\cdot\boldsymbol{b})\boldsymbol{n}^{\mathrm{T}}] + \right. \\ \left. \dfrac{2\mu_{\mathrm{s}}}{c^2}\dfrac{\boldsymbol{n}^{\mathrm{T}} + \dfrac{\hat{\boldsymbol{r}}_{\mathrm{S2C}}^{\mathrm{T}}}{\hat{r}_{\mathrm{S2C}}}}{\boldsymbol{n}\cdot\hat{\boldsymbol{r}}_{\mathrm{S2C}} + \boldsymbol{n}\cdot\boldsymbol{b} + \hat{r}_{\mathrm{S2C}} + b},\ \boldsymbol{O}_{1\times 3}\right] \\ \nu = c\Delta t + \nu_1 \end{cases} \tag{9-33}$$

如果 $\Delta\boldsymbol{x} = [\Delta\boldsymbol{r}^{\mathrm{T}},\ \Delta\boldsymbol{v}^{\mathrm{T}},\ \Delta t]^{\mathrm{T}}$，则

$$\begin{cases} \boldsymbol{H} = \left[\boldsymbol{n}^{\mathrm{T}} + \dfrac{1}{D_0}[(\boldsymbol{n}\cdot\hat{\boldsymbol{r}}_{\mathrm{S2C}})\boldsymbol{n}^{\mathrm{T}} - \hat{\boldsymbol{r}}_{\mathrm{S2C}}^{\mathrm{T}} - \boldsymbol{b}^{\mathrm{T}} + (\boldsymbol{n}\cdot\boldsymbol{b})\boldsymbol{n}^{\mathrm{T}}] + \right. \\ \left. \dfrac{2\mu_{\mathrm{s}}}{c^2}\dfrac{\boldsymbol{n}^{\mathrm{T}} + \dfrac{\hat{\boldsymbol{r}}_{\mathrm{S2C}}^{\mathrm{T}}}{\hat{r}_{\mathrm{S2C}}}}{\boldsymbol{n}\cdot\hat{\boldsymbol{r}}_{\mathrm{S2C}} + \boldsymbol{n}\cdot\boldsymbol{b} + \hat{r}_{\mathrm{S2C}} + b},\ \boldsymbol{O}_{1\times 3},\ c\right] \\ \nu = \nu_1 \end{cases} \tag{9-34}$$

9.5.2　目标天体飞行段的测量方程

1. 直接测量方程（无状态先验信息）

对于目标天体飞行段，比如接近段、环绕段，测量方程需要写成航天器相对于目标天体的位置的函数。以火星探测器为例，图 9-15 所示为火星在接近段、环绕段航天器、脉冲星、火星、太阳以及 SSB 的几何关系。这时可以利用脉冲计时模型精确预测脉冲到达火星的时间，记为 t_{Mars}，由时间转换方程可以得到

$$t_{\mathrm{SSB}} - t_{\mathrm{Mars}} = \frac{\boldsymbol{n}\cdot\boldsymbol{r}_{\mathrm{S2M}}}{c} + \frac{1}{2cD_0}[(\boldsymbol{n}\cdot\boldsymbol{r}_{\mathrm{S2M}})^2 - r_{\mathrm{S2M}}^2 - 2(\boldsymbol{b}\cdot\boldsymbol{r}_{\mathrm{S2M}}) + 2(\boldsymbol{n}\cdot\boldsymbol{b})(\boldsymbol{n}\cdot\boldsymbol{r}_{\mathrm{S2M}})] + \frac{2\mu_{\mathrm{s}}}{c^3}\ln\left|\frac{\boldsymbol{n}\cdot\boldsymbol{r}_{\mathrm{S2M}} + r_{\mathrm{S2M}}}{\boldsymbol{n}\cdot\boldsymbol{b} + b} + 1\right| \tag{9-35}$$

式中，$\boldsymbol{r}_{\mathrm{S2M}}$为火星相对于 SSB 的位置矢量，满足 $\boldsymbol{r}_{\mathrm{S2M}} = \boldsymbol{r}_{\mathrm{S2C}} - \boldsymbol{r}$。将式（9-9）减去式（9-35）可以得到

$$t_{\mathrm{Mars}} - t_{\mathrm{SC}} = \frac{\boldsymbol{n}\cdot\boldsymbol{r}}{c} + \frac{1}{cD_0}[(\boldsymbol{n}\cdot\boldsymbol{r}_{\mathrm{S2M}})(\boldsymbol{n}\cdot\boldsymbol{r}) - \boldsymbol{r}_{\mathrm{S2M}}\cdot\boldsymbol{r} - (\boldsymbol{b}\cdot\boldsymbol{r}) + (\boldsymbol{n}\cdot\boldsymbol{b})(\boldsymbol{n}\cdot\boldsymbol{r})] + \frac{2\mu_{\mathrm{s}}}{c^3}\ln\left|\frac{\boldsymbol{n}\cdot\boldsymbol{r} + (\boldsymbol{r}_{\mathrm{S2M}}\cdot\boldsymbol{r})/r_{\mathrm{S2M}}}{\boldsymbol{n}\cdot\boldsymbol{r}_{\mathrm{S2M}} + \boldsymbol{n}\cdot\boldsymbol{b} + \hat{r}_{\mathrm{S2M}} + b} + 1\right| + \Delta t + \nu_{\mathrm{t}} \tag{9-36}$$

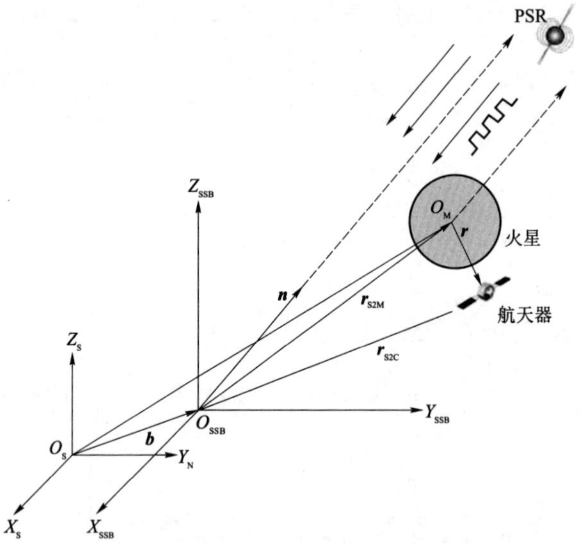

图 9-15　太阳系质心坐标系中航天器、脉冲星、火星、太阳及 SSB 的几何关系

经过量纲分析，式（9-36）右边第二项、第三项的量级很小，为纳秒级，因此可以忽略不计，从而式（9-36）可以简化成

$$t_{\text{Mars}} - t_{\text{SC}} = \frac{\boldsymbol{n} \cdot \boldsymbol{r}}{c} + \Delta t + \nu_{\text{t}} \tag{9-37}$$

式（9-37）可以作为目标天体飞行段的脉冲星自主导航测量方程。

2. 具有状态先验信息的测量方程

如果航天器有先验状态信息，则由脉冲星时间转换方程式（9-9）可以得到

$$\hat{t}_{\text{Mars}} = \hat{t}_{\text{SC}} + \frac{\boldsymbol{n} \cdot \hat{\boldsymbol{r}}}{c} \tag{9-38}$$

将式（9-38）减去式（9-37）并乘以光速可以得到

$$\Delta z = \boldsymbol{H} \Delta \boldsymbol{x} + \nu \tag{9-39}$$

其中，$\Delta z = c\Delta t_{\text{SSB}} - c\Delta t_{\text{SC}} = \lambda \Delta \varphi$，如果 $\Delta \boldsymbol{x} = [\Delta \boldsymbol{r}^{\text{T}}, \Delta \boldsymbol{v}^{\text{T}}]^{\text{T}}$，则

$$\begin{cases} \boldsymbol{H} = [\boldsymbol{n}^{\text{T}}, \boldsymbol{O}_{1\times 3}] \\ \nu = c\Delta t + \nu_l \end{cases} \tag{9-40}$$

如果 $\Delta \boldsymbol{x} = [\Delta \boldsymbol{r}^{\text{T}}, \Delta \boldsymbol{v}^{\text{T}}, \Delta t]^{\text{T}}$，则

$$\begin{cases} \boldsymbol{H} = [\boldsymbol{n}^{\text{T}}, \boldsymbol{O}_{1\times 3}, c] \\ \nu = \nu_l \end{cases} \tag{9-41}$$

9.6　导 航 算 法

9.6.1　几何定轨算法

几何定轨的观测量可以写作

$$\begin{aligned} \boldsymbol{z} &= [\tilde{z}_1,\ \tilde{z}_2,\ \cdots,\ \tilde{z}_n]^{\mathrm{T}} \\ &= [\lambda_1\varphi_1,\ \lambda_2\varphi_2,\ \cdots,\ \lambda_n\varphi_n]^{\mathrm{T}} \end{aligned} \tag{9-42}$$

如果不对航天器时钟偏差进行估计，则状态量为

$$\boldsymbol{x} = \boldsymbol{r} \tag{9-43}$$

如果不考虑高阶项，则测量矩阵为

$$\boldsymbol{H} = \begin{bmatrix} \boldsymbol{n}_1^{\mathrm{T}} \\ \boldsymbol{n}_2^{\mathrm{T}} \\ \vdots \\ \boldsymbol{n}_n^{\mathrm{T}} \end{bmatrix} \tag{9-44}$$

假设对 n 个脉冲星的观测均相互独立，则测量噪声矩阵可以写作 $\boldsymbol{R}_l = \mathrm{diag}\,[\sigma_{l1}^2,\ \sigma_{l2}^2,\ \cdots,\ \sigma_{ln}^2]$，$\sigma_{li}^2$ 为观测的第 i 个脉冲星的距离噪声方差。将式（9-43）、式（9-44）和测量噪声方差 $\boldsymbol{R}_l$ 代入式（2-41），即可得到航天器的位置估计和方差。

如果需要估计时钟偏差，则状态量为

$$x = [\boldsymbol{r}^{\mathrm{T}},\ c\Delta t]^{\mathrm{T}} \tag{9-45}$$

相应的测量矩阵为

$$\boldsymbol{H} = \begin{bmatrix} \boldsymbol{n}_1^{\mathrm{T}} & 1 \\ \boldsymbol{n}_2^{\mathrm{T}} & 1 \\ \vdots & 1 \\ \boldsymbol{n}_n^{\mathrm{T}} & 1 \end{bmatrix} \tag{9-46}$$

将式（9-45）、式（9-46）和测量噪声方差 $\boldsymbol{R}_l$ 代入式（2-41）即可得到航天器的位置估计和方差。

9.6.2 动力学定轨算法

记状态变量 $\boldsymbol{x}=[\boldsymbol{r}^{\mathrm{T}},\ \boldsymbol{v}^{\mathrm{T}}]$，其中 $\boldsymbol{r}$ 和 $\boldsymbol{v}$ 为航天器相对中心天体的位置和速度矢量，则脉冲星自主导航的动力学定轨算法主要步骤可以描述如下。

1. 初始化

根据航天器的先验状态信息，给出状态变量的初值 $\hat{\boldsymbol{x}}_0$ 和误差方差阵 $\boldsymbol{P}_0$。

2. 状态预测

利用轨道动力学进行状态预测得到 $\hat{x}_{k|k-1}$，其中**深空探测转移段**的轨道动力学由下式给出

$$\boldsymbol{f}(\boldsymbol{x},\ t) = \begin{bmatrix} \boldsymbol{v} \\ -\dfrac{\mu_{\mathrm{s}}}{r^3}\boldsymbol{r} + \sum\limits_{i=1}^{8}\mu_i\left[\dfrac{\boldsymbol{r}_{pi}-\boldsymbol{r}}{r_{\mathrm{r}i}^3} - \dfrac{\boldsymbol{r}_{\mathrm{p}i}}{r_{\mathrm{p}i}^3}\right] + \dfrac{AG}{mr^3}\boldsymbol{r} + \dfrac{\boldsymbol{T}}{m} \end{bmatrix} \tag{9-47}$$

式中，$r=\|\boldsymbol{r}\|$ 为航天器位置矢量的模；μ_i 为第 i 颗摄动行星的引力常数；$\boldsymbol{r}_{\mathrm{r}i}$ 为第 i 颗摄动行星相对航天器的位置矢量：$\boldsymbol{r}_{\mathrm{r}i}=\boldsymbol{r}_{\mathrm{p}i}-\boldsymbol{r}$；$r_{\mathrm{r}i}$ 为第 i 颗摄动行星相对航天器的位置矢量 $\boldsymbol{r}_{\mathrm{r}i}$ 的模；$\boldsymbol{r}_{\mathrm{p}i}$ 为第 i 颗摄动行星的位置矢量；$r_{\mathrm{p}i}$ 为第 i 颗摄动行星的位置矢量 $\boldsymbol{r}_{\mathrm{p}i}$ 的模；A 为航天器的横截面积；G 为太阳通量常数；m 为航天器的质量；$\boldsymbol{T}$ 为推力器的推力。

如果是**深空接近段**，则轨道动力学需要考虑太阳引力摄动、4 阶非球形摄动，由下式给出

$$\boldsymbol{f}(\boldsymbol{x},\ t) = \begin{bmatrix} \boldsymbol{v} \\ -\dfrac{\mu}{r^3}\boldsymbol{r} + \mu_{\mathrm{s}}\left[\dfrac{\boldsymbol{r}_{\mathrm{s}}-\boldsymbol{r}}{r_{\mathrm{rs}}^3} - \dfrac{\boldsymbol{r}_{\mathrm{s}}}{r_{\mathrm{s}}^3}\right] + \dfrac{\partial V_{m,\ 4}}{\partial \boldsymbol{r}} \end{bmatrix} \tag{9-48}$$

如果是**目标大天体环绕段**，则轨道动力学需要考虑 5 阶非球形摄动，此时

$f\ (\boldsymbol{x},\ t)$ 由下式给出

$$f(\boldsymbol{x},\ t)=\begin{bmatrix} \boldsymbol{v} \\ -\dfrac{\mu}{r^3}\boldsymbol{r}+\dfrac{\partial V_{m,\ 5}}{\partial \boldsymbol{r}} \end{bmatrix} \tag{9-49}$$

式中，$V_{m,5}$ 为考虑 5 阶非球形摄动的势函数。此外，如果目标天体周围有大气，而且环绕轨道高度足够低，还需要考虑大气作用力。

3. 方差预测

利用式（2-72）第二式得到方差预测值 $P_{k|k-1}$。

4. 计算卡尔曼滤波增益矩阵

利用式（2-74）计算滤波增益矩阵，其中，$\boldsymbol{H}_k$ 由式（9-33）给出。

5. 状态的测量更新

$$\hat{\boldsymbol{x}}_k=\hat{\boldsymbol{x}}_{k|k-1}+\boldsymbol{K}_k\Delta z_k \tag{9-50}$$

式中，$\Delta z_k=\tilde{z}_k-\hat{z}_k$，由式（9-32）给出。

6. 方差的测量更新

利用式（2-73）第二式进行方差的测量更新。

9.7 基于可观性分析的导航脉冲星规划

9.7.1 导航脉冲星规划

导航脉冲星的规划不仅需要考虑脉冲星的分布和特性，还需要考虑轨道的实际构型。为了得出一般性的结论，可暂时不考虑实际的轨道，仅对几何定轨进行性能评估，并在此基础上进行导航脉冲星规划。如果仅对航天器的位置进行估计，则至少需要同时观测 3 颗脉冲星；如果还需要估计时钟偏差，则至少需要同时观测 4 颗脉冲星。对于同时观测 n 颗脉冲星的情况，可以采用几何精度因子（Geometric Dilution of Precision，GDOP）来描述系统状态的估计精度，GDOP 由误差协方差矩阵的迹计算得到，由下式给出

$$\begin{aligned}\text{GDOP} &= \sqrt{\text{Tr}[\boldsymbol{P}]} \\ &= \sqrt{\text{Tr}[(\boldsymbol{H}^{\text{T}}\boldsymbol{R}^{-1}\boldsymbol{H})^{-1}]}\end{aligned} \tag{9-51}$$

式中，$\boldsymbol{H}$ 为测量矩阵；$\boldsymbol{R}$ 为测量噪声方差矩阵。

如果 GDOP 越小，则估计精度越高，反之越低。应当指出的是，这里的 GDOP 和第 8 章中几何可观度的定义本质一样。设自主导航需要观测 n 颗脉冲星，而符合选取标准的备选路标有 m（$n \leqslant m$）颗，则共有 C（m，n）种组合方式，计算所有组合的可观度，其中 GDOP 最小的组合就是最优导航脉冲星组合。

如果不估计时钟偏差，估计状态量为航天器的位置向量，测量矩阵由式（9-44）给出。对于可观性分析，测量矩阵可只考虑一阶项，也由式（9-44）给出从而式（9-51）可以写作

$$\mathrm{GDOP}=\sqrt{\mathrm{Tr}\left[\sum_{i}^{n}\frac{1}{\sigma_{li}^{2}}\boldsymbol{n}_{i}\boldsymbol{n}_{i}^{\mathrm{T}}\right]^{-1}} \tag{9-52}$$

如果考虑时钟偏差，测量噪声方差仍然为 $\boldsymbol{R}_{l}=\mathrm{diag}\left[\sigma_{l1}^{2},\ \sigma_{l2}^{2},\ \cdots,\ \sigma_{ln}^{2}\right]$，测量矩阵由式（9-46）给出，从而式（9-51）可以写作

$$\mathrm{GDOP}=\sqrt{\mathrm{Tr}[\boldsymbol{P}]}=\sqrt{\mathrm{Tr}\left[\sum_{i}^{n}\frac{1}{\sigma_{li}^{2}}\begin{bmatrix}\boldsymbol{n}_{i}\\1\end{bmatrix}\begin{bmatrix}\boldsymbol{n}_{i}^{\mathrm{T}} & 1\end{bmatrix}\right]^{-1}} \tag{9-53}$$

此时，$\boldsymbol{P}$ 的维数为 4，如果记其对角线元素为 p_x、p_y、p_z、p_{ct}，则位置精度因子（Position Dilution of Precision，PDOP）可以定义为

$$\mathrm{PDOP}=\sqrt{p_x+p_y+p_z} \tag{9-54}$$

时间精度因子（Time Dilution of Precision，TDOP）可以定义为

$$\mathrm{TDOP}=\sqrt{p_{ct}} \tag{9-55}$$

如果考虑脉冲星角位置误差，每个脉冲星角位置误差的维数为 2，显然几何定轨无法对角位置误差进行估计，只能将其看作噪声，这时式（9-26）可以重新写作

$$\lambda_i\varphi_i=\hat{\boldsymbol{n}}_i\cdot\boldsymbol{r}+c\Delta t+\nu_{li}+\Delta\boldsymbol{n}\cdot\boldsymbol{r} \tag{9-56}$$

式中，$\hat{\boldsymbol{n}}_i$，$\Delta\boldsymbol{n}$ 分别为脉冲星视线方向的标称值和误差。$\nu_{li}+\Delta\boldsymbol{n}\cdot\boldsymbol{r}$ 的测量噪声方差近似成 $\sigma_{li}^2+\boldsymbol{r}^{\mathrm{T}}\sigma_{\Delta\boldsymbol{n}}^2\boldsymbol{r}$，将其代替 σ_{li}^2 代入式（9-53）或式（9-52）中可以计算出考虑脉冲星角位置误差的导航 GDOP。

对于动力学定轨而言，星历误差和时钟偏差可以进行在轨校正，这时候可以利用式（9-52）对导航脉冲星进行规划。

9.7.2 规划结果

本小节给出实际的导航脉冲星规划结果，从表 9-8 给出的 10 颗导航星中选出 n 颗星使式（9-52）给出的几何可观度最大。几何定轨至少需要 3 颗不同的脉冲星才能确定航天器的位置，如果还需要对时钟进行同步，则至少需要观测 4 颗不同的脉冲星，因此 $n\geqslant 3$。

首先需要计算 10 颗星的测量精度，不考虑 SNR 上限约束，假设每颗脉冲星的观测时间为 600 s，探测器面积为 10 000 cm^2，$B_{\mathrm{X}}=0.005$ ph/cm^2/s（3×10^{-11} erg/cm^2/s），可以得到 10 颗星的测量噪声特性，如表 9-10 所示。

表 9-10　脉冲星测量精度（观测时间 600 s）

编号	脉冲星名称	距离测量精度（1σ，m）不考虑 SNR 极限
1	B0531＋21	99.4891
2	B1821－24	297.431 5
3	B1937＋21	314.524 2
4	B1509－58	$1.629\,9\times10^{3}$
5	B1957＋20	$1.705\,0\times10^{3}$
6	B0540－69	$2.727\,0\times10^{3}$
7	B1823－13	$8.310\,4\times10^{3}$
8	J0218＋4232	$1.252\,2\times10^{4}$
9	J1124－5916	$1.534\,2\times10^{4}$
10	J0437－4715	$1.603\,1\times10^{4}$

表 9-11～表 9-13 给出了 $n=3$ 时几何可观度最高和最低的三种组合。此外，当采用所有 10 颗星进行定位时，几何可观度为 $0.811\,2\times10^{-6}$，相应的 GDOP 精度为 1.109 8 km。由此可见：

(1) 可观度好的组合和可观度差的组合的导航精度相差很大。

(2) 观测的导航星越多，可观度越高，导航精度也越高。

表 9-11　几何可观度最大和最小的三种组合（$n=3$）

可观度	脉冲星编号	几何可观度大小×10^{6}	GDOP/km
最大前 3 名	1　2　3	0.705 6	1.190 5
	1　2　4	0.252 5	1.990 2
	1　2　5	0.245 8	2.017 1
最小前 3 名	3　4　7	0.785 2	1 128.5
	4　5　9	0.464 1	1 467.8
	2　4　9	0.259 5	1 963.0

表 9-12 几何可观度最大和最小的三种组合（$n=4$）

可观度	脉冲星编号	几何可观度大小×10^6	GDOP/km
最大前3名	1 2 3 6	0.790 6	1.124 6
	1 2 3 4	0.719 9	1.178 6
	1 2 3 10	0.709 0	1.187 6
最小前3名	2 5 7 9	0.232 9	65.54
	4 5 7 9	0.141 7	84.02
	3 4 7 9	0.017 6	238.52

表 9-13 几何可观度最大和最小的三种组合（$n=5$）

可观度	脉冲星编号	几何可观度大小×10^6	GDOP/km
最大前3名	1 2 3 4 6	0.803 7	1.115 5
	1 2 3 5 6	0.794 6	1.121 8
	1 2 3 6 10	0.794 0	1.122 3
最小前3名	1 3 7 8 9	0.682 2	38.290 0
	1 5 7 8 9	0.524 4	43.680 0
	2 4 5 7 9	0.482 0	45.550 0

9.8 仿真应用实例

9.8.1 基于脉冲星观测的深空转移段自主导航

本节分三个部分对基于脉冲星观测的深空转移段自主导航进行仿真验证：第一部分为导航脉冲星规划及几何定轨仿真；第二部分为动力学定轨仿真；第三部分为误差分析，分析不同误差源对估计精度的影响。

和第8章的仿真部分类似，转移段起始点的历元时刻为2007年8月5日，即JD2454317.5，在日心J2000黄道惯性坐标系下的初始位置为

$$\begin{bmatrix} 1.017\,978\,222\,619\,442 \times 10^{8} \\ -1.123\,003\,524\,012\,581 \times 10^{8} \\ -9.578\,654\,170\,367\,867 \times 10^{4} \end{bmatrix} \text{km}$$

初始速度为

$$\begin{bmatrix} 21.404\,608\,019\,278\,76 \\ 25.087\,656\,273\,516\,07 \\ -2.007\,089\,018\,943\,564 \end{bmatrix} \text{km/s}$$

真实的任务轨道由STK软件生成，动力学模型考虑太阳系中的大行星引力摄动和太阳光压摄动，轨道积分器采用RKF78。

脉冲星探测器配置为单脉冲星探测器，每600 s观测一颗脉冲星。

1. 导航脉冲星规划及几何定轨仿真

这一小节采用第9.6.1节中的几何定轨算法对导航脉冲星规划算法进行仿真，主要目的是对比不进行和进行导航脉冲星规划时的估计性能。由于几何定轨需要多个脉冲星的观测信息，而这里仅采用的是单脉冲星探测器，因此采取分时观测的策略，在一段时间内连续对几个脉冲星观测，近似成多个脉冲星的同时观测。由于是几何定轨，故无须考虑动力学模型和初始导航状态误差。测量方程为式（9-43），测量矩阵为式（9-44）。因为星表误差和星钟偏差可以进行在轨校正，在导航路标规划时可以不考虑这些误差，其他的噪声或误差项设置如表9-14所示。

表 9-14　脉冲星在深空转移段自主导航噪声和误差项设置（1σ）

名称	值
时间分辨率/m	600
TOA 时间尺度转换误差	0
TOA 空间尺度转换截断误差/km	3
光子到达时间的测量误差	见表 9-10

首先考虑观测3个脉冲星的情形，对表9-11中的6个组合进行仿真，仿真结果分别如图9-16和图9-17所示，可观度最好的3个组合导航位置误差最大为55 km；可观度最差的3个组合导航位置误差最大为6 000 km，无法满足任务要求，从而验证了可观度分析结论，因此在后面的仿真中仅对可观度好的组合进行仿真。接下来评估观测的脉冲星个数对导航性能的影响，取表9-11、表9-12和表9-13中可观度最好的组合进行观测，一次仿真结果如图9-18所示，蒙特卡洛仿真统计结果如表9-15所示。由图可知，当观测个数由3增加到4时，位置误差由50 km减小到20 km，有显著提高。观测个数为4和5时的导航性能差异不大。

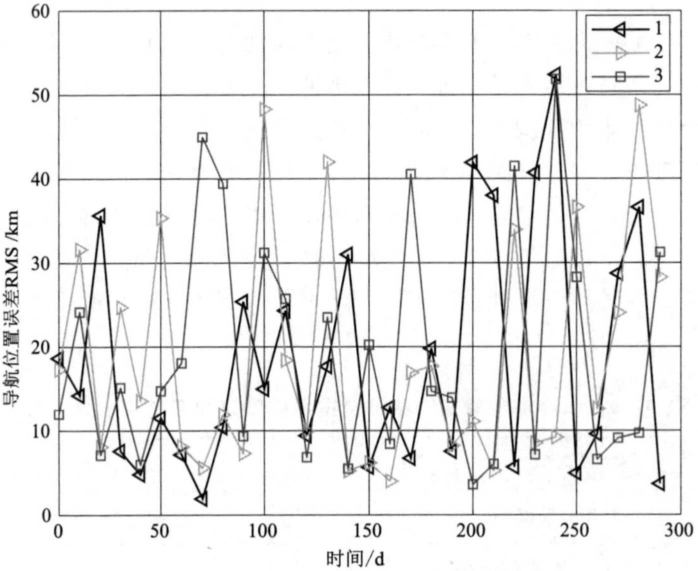

图 9-16　可观度最大前 3 名的仿真结果

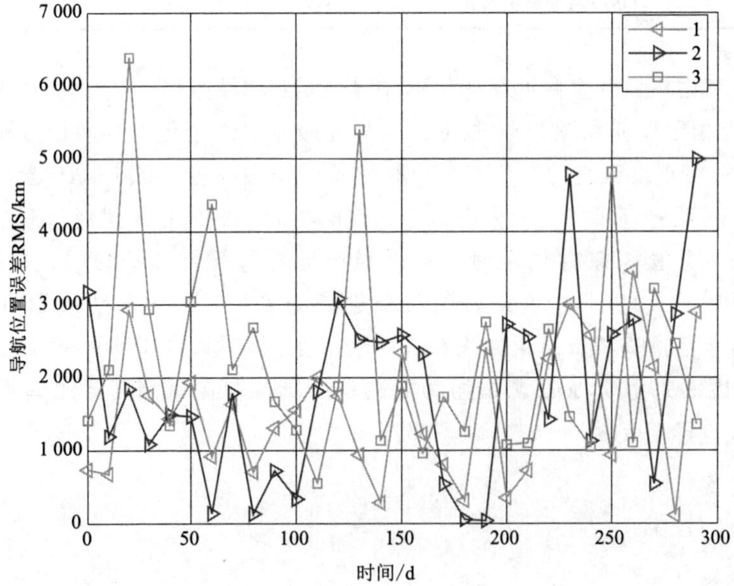

图 9-17　可观度最小前 3 名的仿真结果

表 9-15　观测不同个数脉冲星的蒙特卡洛仿真结果

观测个数	x/km	y/km	z/km
3	19.900 1	2.101 8	12.368 9
4	9.472 8	2.208 2	3.666 8
5	8.349 8	1.810 0	3.706 5

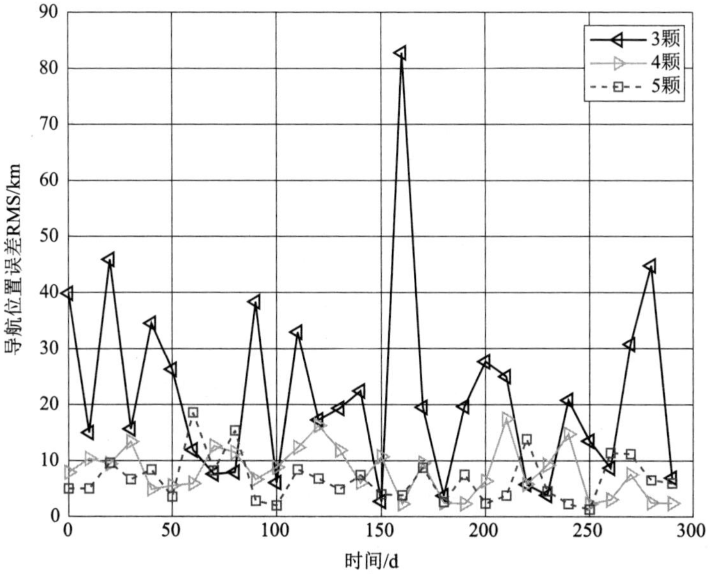

图 9-18　观测不同个数脉冲星的导航仿真结果

注意到当 $n=4$ 时，可观度最好的前 3 名并不包括 B1957＋20（编号为 5），这说明观测 4 颗脉冲星时，B1957＋20 和其他脉冲星的构型不是最优或者次优的。为了验证这一结论，对比两种组合的仿真结果，组合 1 和组合 2 的脉冲星编号分别为［1，2，3，6］和［1，2，3，5］，其中组合 1 的可观度最大。仿真结果如图 9-19 所示，虽然编号为 5 的单个脉冲星测量精度要比编号为 6 的高，但是组合起来，组合 2 的导航性能比组合 1 差，从而也验证了导航脉冲星的规划结果。

2．动力学定轨仿真

上一节对导航脉冲星规划及几何定轨进行了仿真，由于使用的是单脉冲星探测器，故就要求连续观测不同脉冲星时轨道变化小。此外，几何定轨还需要考虑先验状态未知给测量脉冲轮廓带来的影响。相比之下，动力学定轨的实施较为容易，因此本小节对脉冲星自主导航的动力学定轨算法进行仿真，采取的算法为 EKF。

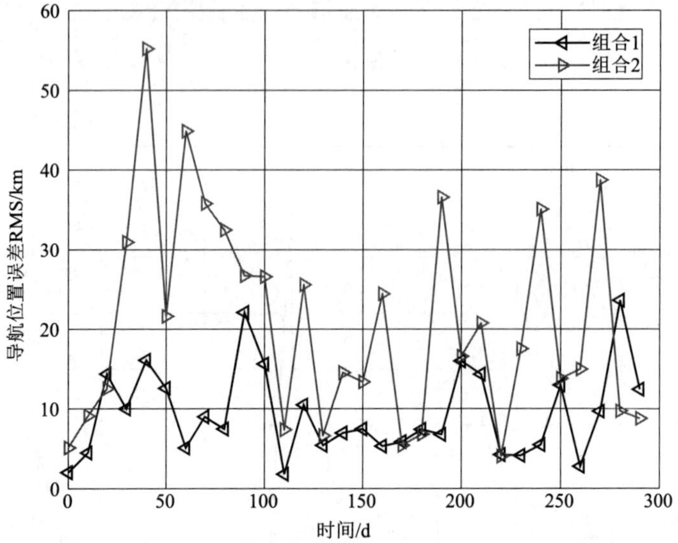

图 9-19　组合 1 和组合 2 的导航位置误差

其他参数设置如下：

(1) 导航动力学模型：考虑太阳系行星摄动、太阳光压摄动，具体形式见式 (9-47)。

(2) 测量方程为式 (9-32)，测量矩阵为式 (9-33) 中的 $\boldsymbol{H}$。

(3) 导航初始误差：位置各分量为 1 000 km，速度各分量为 1 m/s。

(4) 噪声和误差项设置见表 9-14。

(5) 每颗脉冲星观测时间为 600 s。

(6) 导航滤波周期为 7 d。

根据上一节的分析，选取 B0531＋21、B1821－24、B1937＋21 和 B1509－58 进行观测，对应的测量精度见表 9-10。首先进行单星观测，观测某颗固定的脉冲星，仿真结果如图 9-20 和图 9-21 所示。由图可知，对于转移段轨道，单星观测无法完成自主导航任务。仿真表明观测两颗星也无法完成自主导航任务，只有观测 3 颗或者 4 颗脉冲星时导航滤波才能收敛。观测 3 颗星时的稳态位置误差为 $[28.944\,5\quad 7.444\,41\quad 14.873\,1]^{\mathrm{T}}$ km，速度误差为 $[0.045\,708\quad 0.023\,222\quad 0.015\,875]^{\mathrm{T}}$ m/s；观测 4 颗星时的稳态位置误差为 $[16.913\,1\quad 7.107\,93\quad 6.139\,74]^{\mathrm{T}}$ km，速度误差为 $[0.034\,574\quad 0.022\,768\quad 0.009\,640\,1]^{\mathrm{T}}$ m/s，分时观测 4 颗星的导航仿真结果如图 9-22 和图 9-23 所示。

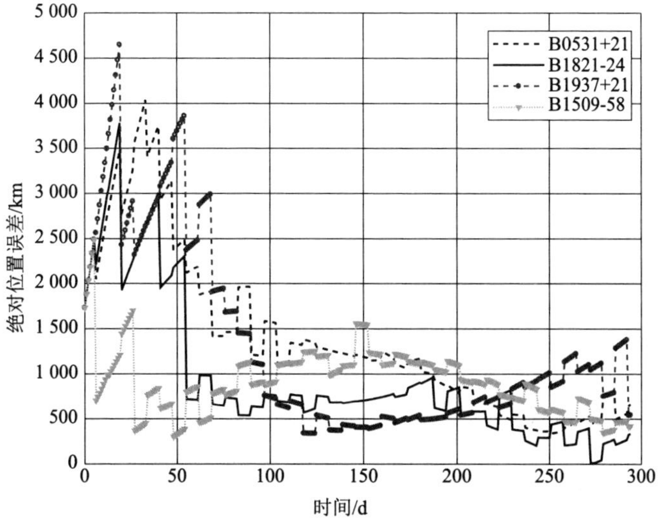

图 9-20　单星观测时的导航位置误差

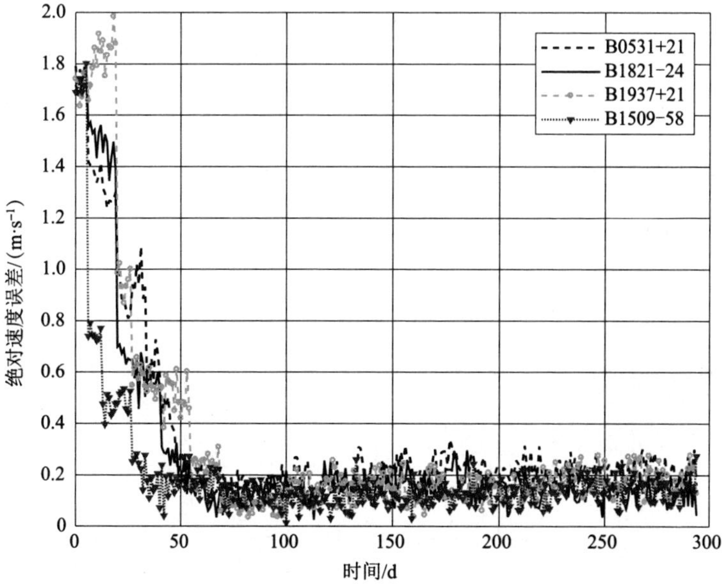

图 9-21　单星观测时的导航速度误差

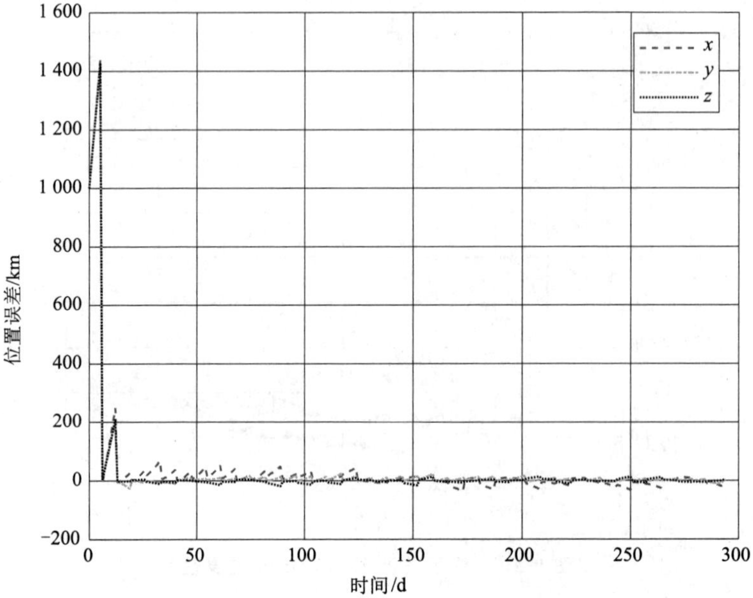

图 9-22　观测 4 颗星时的导航位置误差

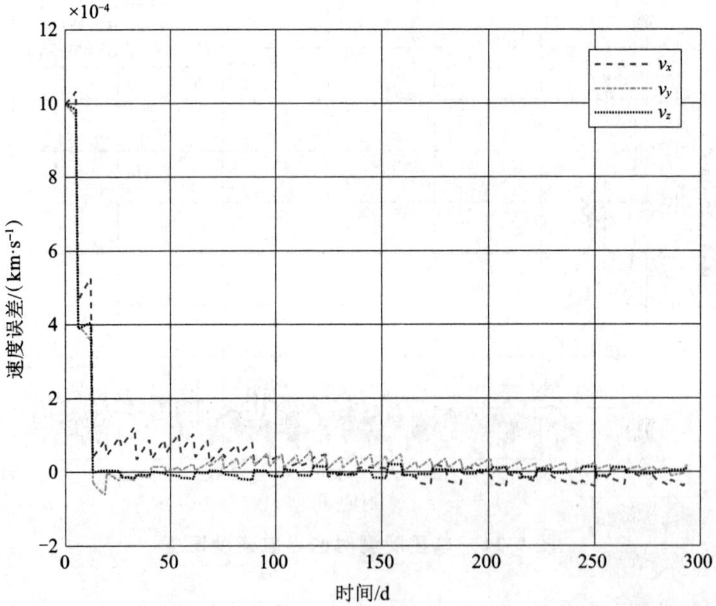

图 9-23　观测 4 颗星时的导航速度误差

3. 误差影响分析

本节分析误差源对脉冲星自主导航精度的影响，误差源主要包括 X 射线探测器时间分辨率、TOA 时间尺度转换误差、TOA 空间尺度转换误差、光子 TOA 测量误差、脉冲星星历误差和星钟偏差。其中 X 射线探测器时间分辨率和光子 TOA 测量误差受限于敏感器和脉冲星特性，TOA 时间尺度转换误差的影响可以忽略不计（见 9.3.3 节），因此这里仅考察 TOA 空间尺度转换截断误差、脉冲星星历误差和星钟偏差的影响，而脉冲星星历的距离误差项影响小，不予考虑。

分时观测 B0531＋21、B1821－24、B1937＋21 和 B1509－58，设置的误差或噪声项如表 9-16 所示。

表 9-16 脉冲星自主导航噪声或误差项设置（1σ）

名称	值
时间分辨率/m	600
TOA 时间尺度转换误差	0
TOA 空间尺度转换截断误差/km	6
光子到达时间测量误差	见表 9-10
角位置误差/mas	5
星钟偏差/m	300

仿真次数 300 次，得到的位置误差为 $[39.1474 \quad 8.77553 \quad 10.2087]^{\mathrm{T}}$ km，速度误差为 $[0.0452 \quad 0.026165 \quad 0.011228]^{\mathrm{T}}$ m/s。由此可见，对于日心转移段，由于轨道尺度大，对于由表 9-16 给出的误差项，导航精度仍满足任务要求。

9.8.2 基于脉冲星观测的深空接近段自主导航

本节以火星接近段为背景对基于脉冲星观测的深空接近段自主导航进行仿真。表 9-17 给出了接近段起始点的历元时刻和在火心 J2000 惯性坐标系下的位置和速度，真实的任务轨道由 STK 软件生成，动力学模型考虑了太阳引力摄动、太阳光压摄动、50 阶引力场模型，轨道积分器采用 RKF78 数值积分器。

表 9-17　探测器接近段起始点轨道参数

历元时刻	1997 年 7 月 3 日 11：09：59.000 UTCG
位置/km	[534 059.29，214 496.39，8 822.61]
速度/（$km\cdot s^{-1}$）	[−4.94，−2.041，−0.085]

分时段观测 B0531＋21、B1821－24、B1937＋21 和 B1509－58 这 4 颗脉冲星，对于接近段，需要进行可见性分析。STK 生成的脉冲星可见性如图 9-24 所示，由图可知，除了 B0531＋21 有一小段时间不可见外，4 颗脉冲星均可见。

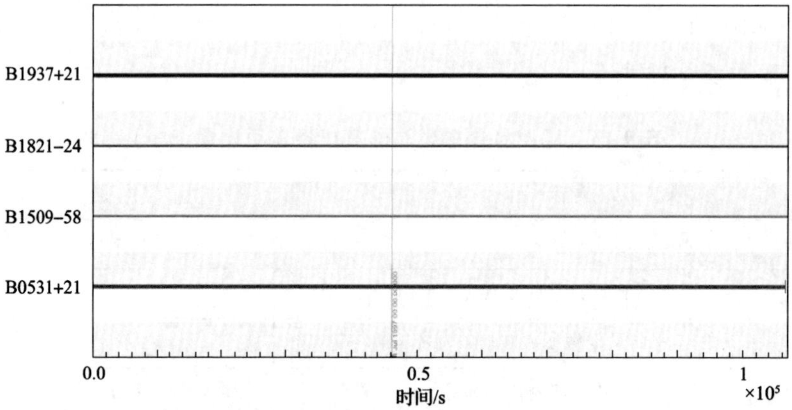

图 9-24　接近段的脉冲星可见性分析

脉冲星的相关噪声和误差项设置如表 9-18 所示，仿真结果如图 9-25 和图 9-26 所示，由图可知稳态后的导航位置误差为 5 km 以内。注意到终端时刻速度呈发散趋势，可能的原因为：当航天器接近火星时，来自火星的摄动影响加大，特别是非球形摄动的影响最为显著；脉冲星的观测处理时间为 600 s，没有充足的时间进行滤波修正。

表 9-18　脉冲星在深空接近段自主导航噪声和误差项设置（1σ）

名称	值
时间分辨率/m	600
TOA 时间尺度转换误差	0
TOA 空间尺度转换截断误差/km	3
光子到达时间测量误差	见表 9-10
星钟偏差/m	0
脉冲星角位置偏差/mas	0

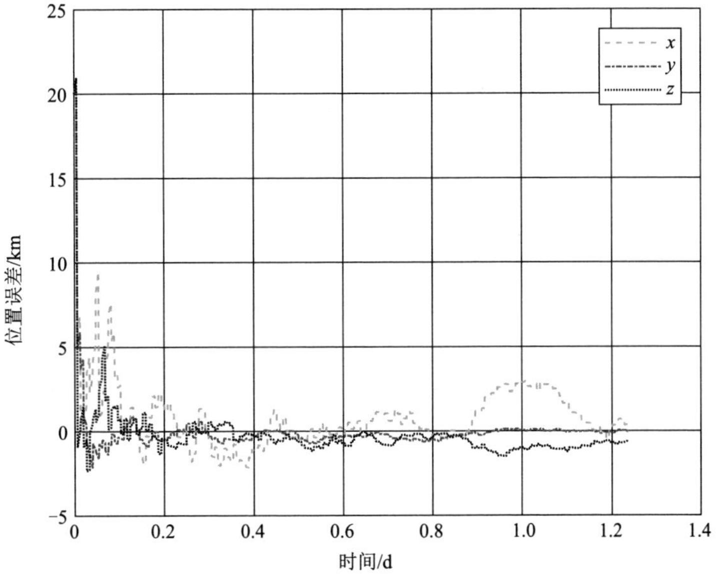

图 9-25　接近段导航位置误差（3 km 空间转换截断误差）

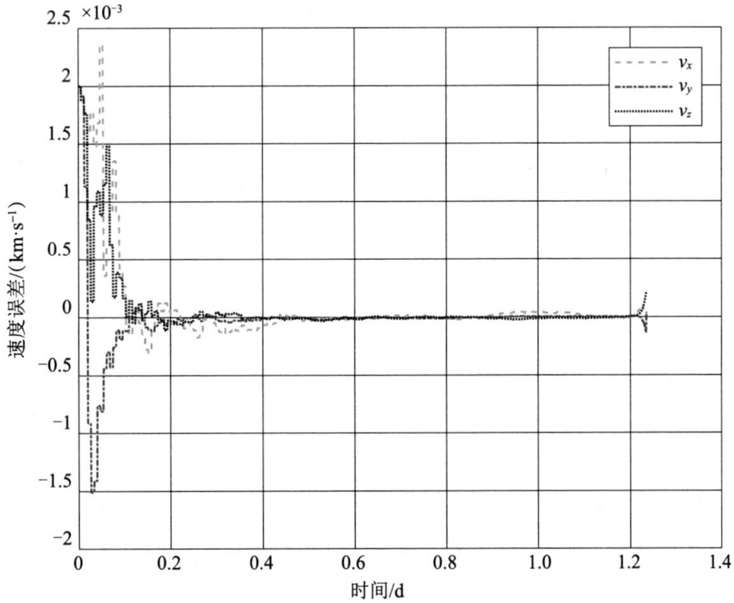

图 9-26　接近段导航速度误差（3 km 空间转换截断误差）

由于表 9-18 中的 TOA 空间尺度转换截断误差项量级最大，为了提高导航精度可以采取更高精度的 TOA 空间尺度转换方程，如果该项误差为 30 m，得到的导航结果分别如图 9-27 和图 9-28 所示，滤波收敛以后的位置误差为 [0.221 1

0.032 7　0.190 6]^{T} km，速度误差为 [0.003 2　0.002 2　0.004 1]^{T} m/s，显然导航精度有大幅提升。

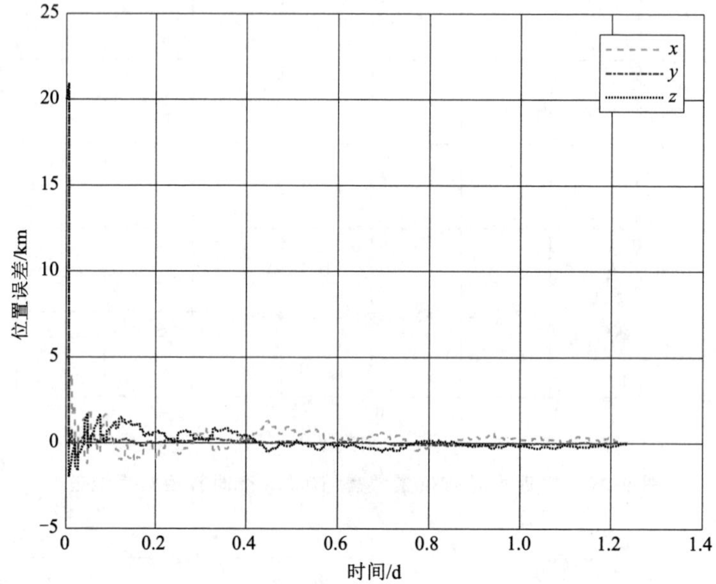

图 9-27　接近段导航位置误差（30 m 空间转换截断误差）

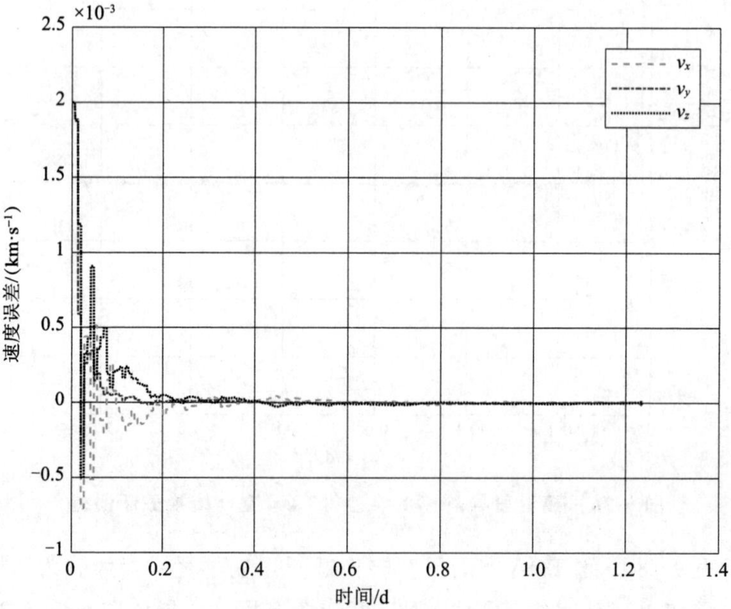

图 9-28　接近段导航速度误差（30 m 空间转换截断误差）

9.8.3　基于脉冲星观测的深空环绕段自主导航

本节以火星环绕段为背景对基于脉冲星观测的深空环绕段自主导航进行仿真。X 射线探测器每 600 s 输出一次脉冲星观测量，导航滤波算法采用 EKF。没有脉冲星观测量时，滤波器仅进行预测处理。

表 9-19 所示为环绕段起始点的历元时刻及在火心 J2000 惯性坐标系下的位置和速度，真实的任务轨道由 STK 软件生成，动力学模型考虑了太阳引力摄动、太阳光压摄动、50 阶引力场模型，轨道积分器采用 RKF78 数值积分器。

表 9-19　环绕段起始点轨道参数

历元时刻	1997 年 7 月 4 日 16：47：58.000 UTCG
位置/km	[682.30，−4 190.90，−252.308]
速度/（$km \cdot s^{-1}$）	[−3.15，−0.49，−0.01]

分时观测 B0531＋21、B1821－24、B1937＋21 和 B1509－58，在所给轨道条件下，STK 生成的脉冲星可见性如图 9-29 所示。

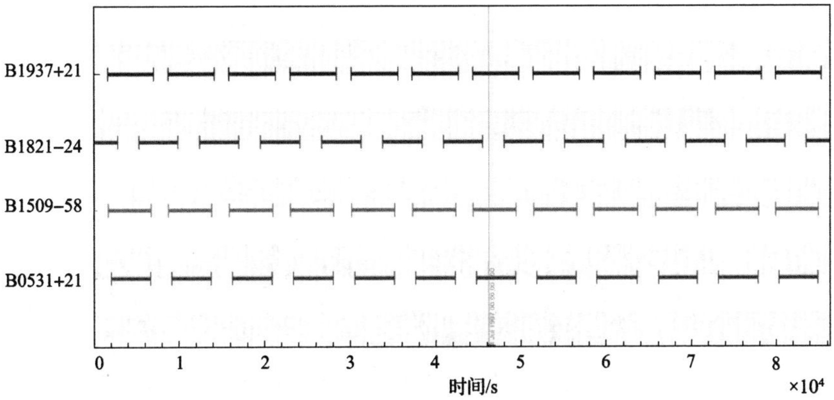

图 9-29　环绕段脉冲星可见性

首先考虑表 9-18 给出的误差项，仿真结果分别如图 9-30 和图 9-31 所示，滤波收敛以后的位置误差为 $[1.056\,1 \quad 0.677\,5 \quad 0.349\,3]^T$ km，速度误差为 $[0.513\,2 \quad 0.521\,7 \quad 0.293\,2]^T$ m/s。如果将 TOA 空间转换方程的截断误差减小至 30 m，得到的导航结果如图 9-32 和图 9-33 所示。滤波收敛以后的位置误差为 $[0.171\,8 \quad 0.133\,9 \quad 0.103\,6]^T$ km，速度误差为 $[0.100\,5 \quad 0.101\,2 \quad 0.074\,5]^T$ m/s，显然导航精度有大幅提升。

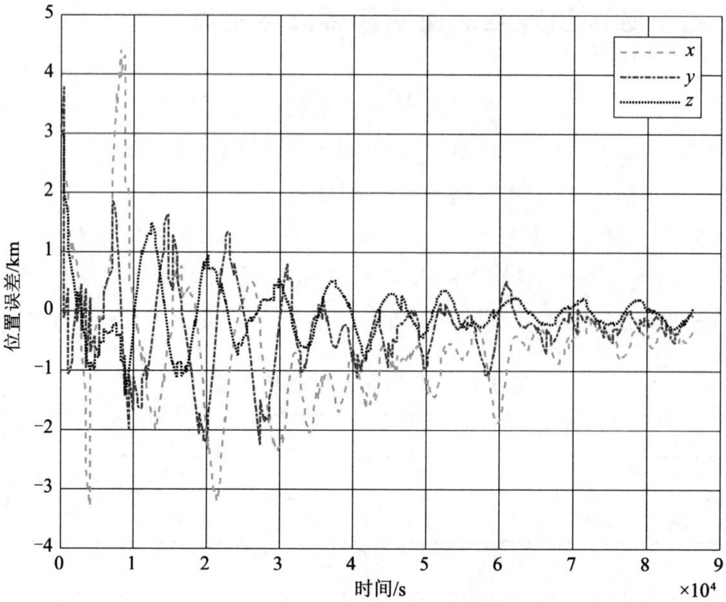

图 9-30 导航位置误差曲线（3 km 空间转换截断误差）

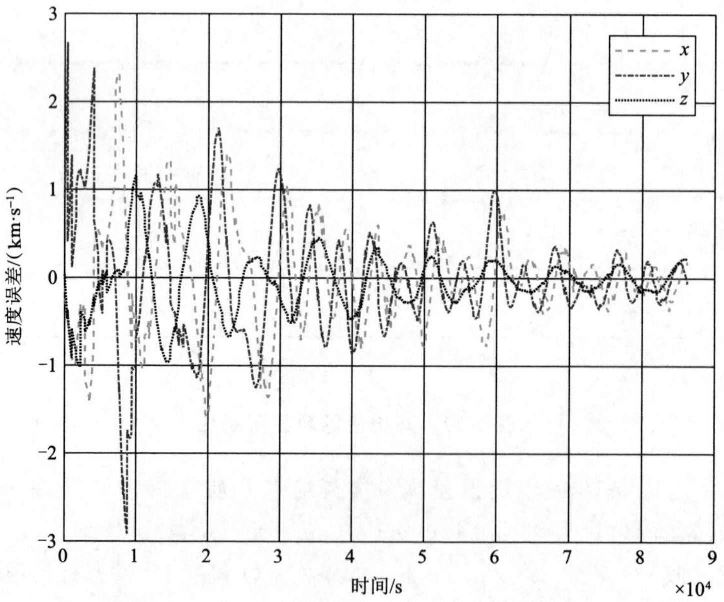

图 9-31 导航速度误差曲线（3 km 空间转换截断误差）

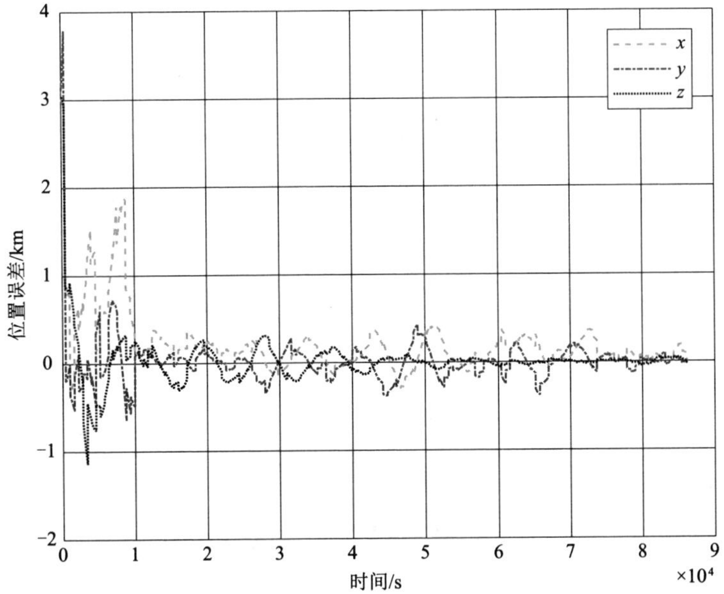

图 9-32　导航位置误差曲线（30 m 空间转换截断误差）

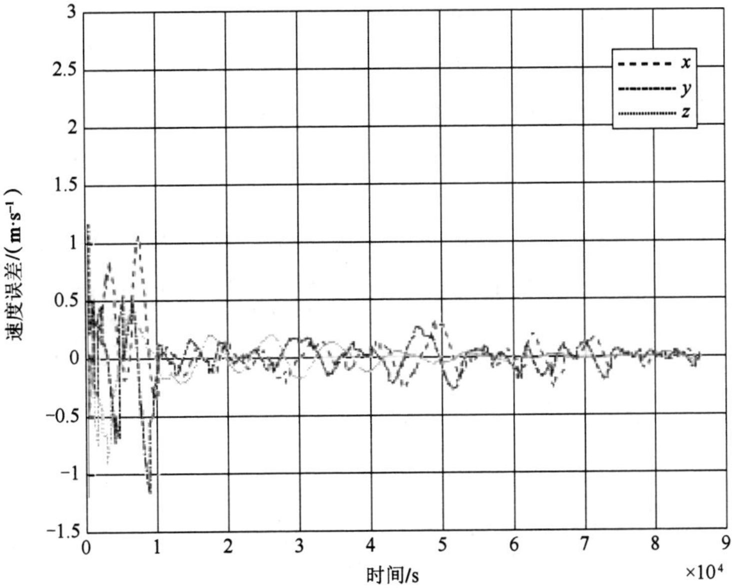

图 9-33　导航速度误差曲线（30 m 空间转换截断误差）

9.9 小　　结

本章首先介绍了脉冲星自主导航的基本概念；接着对脉冲星自主导航的具体实现流程和关键技术进行了详细论述，以及对主要误差源的量级和来源进行了分析，推导了深空探测不同飞行段的脉冲星测量方程，并给出了脉冲星自主导航几何定轨和动力学定轨算法的具体实现过程，且研究了导航脉冲星的选取和规划问题；最后对导航路标规划及深空转移段、接近段和环绕段的脉冲星自主导航进行了仿真验证。仿真结果表明，日心转移段的脉冲星自主导航精度为几十千米级，对于接近段和转移段，在脉冲星 TOA 时间测量精度为几十米，在其他系统误差较小的前提下，自主导航精度能够达到百米级。

参 考 文 献

[1] 熊凯. 基于脉冲星的空间飞行器自主导航技术研究 [D]. 北京：中国空间技术研究院，2008.

[2] 褚永辉. 基于 X 射线脉冲星的深空探测组合导航方法研究 [D]. 北京：中国空间技术研究院，2011.

[3] 帅平. 脉冲星，宇宙航行的灯塔 [M]. 北京：国防工业出版社，2016.

[4] Wikipedia. Pulsar [DB/OL]. https://en.wikipedia.org/wiki/Pulsar, 2017 - 10 - 19/2018 - 03 - 10.

[5] C. A. Wilson, M. H. Finger, B. A. Harmon, et al. Discovery of the 198 Second X - Ray Pulsar GRO J2058+42 [J]. The Astrophysical Journal, 1998, 499 (2): 820 - 838.

[6] A. Lyne, F. Graham-Smith. Pulsar astronomy [M]. Cambridge: Cambridge University Press, 2012.

[7] S. I. Sheikh. The use of variable celestial X - ray sources for spacecraft navigation [D]. Maryland: University of Maryland, 2005.

[8] W. Becker, M. G. Bernhardt, A. Jessner. Autonomous spacecraft navigation with pulsars [J]. Acta Futura, 2013 7 (1): 11 - 28.

[9] W. Becker, J. Trümper. The X - ray luminosity of rotation-powered neutron stars [J]. Astronomy & Astrophysics, 1997 (326): 682 - 691.

[10] C. Thompson, R. C. Duncan. The soft gamma repeaters as very strongly magnetized neutron stars-I. Radiative mechanism for outbursts [J]. Monthly Notices of the Royal Astronomical Society, 1995, 275 (2): 255 - 300.

[11] M. D. Griffin. Space vehicle design [M]. Reston: AIAA, 2004.

[12] Wikipedia. Optical pulsar [DB/OL]. https://en.wikipedia.org/w/index.php?title=Optical_pulsar&oldid=779714965, 2017 - 5 - 10/2018 - 03 - 10.

[13] 侯建文，阳光，贺亮，等. X 射线脉冲星导航 [M]. 北京：国防工业出版社，2012.

[14] K. D. Anderson, D. J. Pines, S. I. Sheikh. Validation of pulsar phase tracking

for spacecraft navigation [J]. Journal of Guidance, Control, and Dynamics, 2015, 38 (10): 1885-1897.

[15] X. Deng, G. Hobbs, X. You, et al. Interplanetary spacecraft navigation using pulsars [J]. Advances in Space Research, 2013, 52 (9): 1602-1621.

[16] 帅平，李明，陈绍龙，等. X射线脉冲星导航系统原理与方法 [M]. 北京：中国宇航出版社，2009.

[17] 黄震，李明，帅平. 脉冲星导航的整周模糊度解算方法研究 [J]. 空间控制技术与应用，2010，36 (1)：14-18.

[18] 乔黎，刘建业，郑广楼，等. XNAV算法及其整周模糊度确定方法研究 [J]. 宇航学报，2009，30 (4)：1460-1465.

[19] 桂先洲，黎胜亮，李志豪. 基于X射线脉冲星绝对定位中的整周模糊度改进算法研究 [J]. 国防科技大学学报，2010，32 (3)：33-36.

[20] 谢振华，许录平，郭伟，等. 一种新的XPNAV系统解脉冲周期模糊算法 [J]. 电子与信息学报，2008，30 (9)：2124-2127.

[21] 王奕迪. X射线脉冲星信号处理与导航方法研究 [D]. 长沙：国防科技大学，2016.

[22] T. D. Moyer. Transformation from proper time on Earth to coordinate time in solar system barycentric space-time frame of reference [J]. Celestial Mechanics, 1981, 23 (1): 33-56.

[23] P. K. Seidelmann. Explanatory supplement to the astronomical almanac [M]. California: University Science Books, 2005.

[24] P. W. Bradford, J. Spilker, P. Enge. Global positioning system: theory and applications [M]. Washington: AIAA, 1996.

[25] A. G. Lyne, Jordan, C. A. , and Roberts, M. E. Jodrell Bank Crab Pulsar Timing Results [DB/OL]. http://www.jb.man.ac.uk/~pulsar/crab.html, 1993.

[26] 郑伟，王奕迪，汤国建，等. X射线脉冲星导航理论与应用 [M]. 北京：科学出版社，2015.

[27] P. Ray, K. Wood, G. Fritz, et al. The USA X-ray timing experiment [C] //AIP Conference Proceedings. Baltimore: AIP 2001, 336-345.

[28] S. I. Sheikh, D. J. Pines, P. S. Ray, et al. Spacecraft navigation using X-ray pulsars [J]. Journal of Guidance Control and Dynamics, 2006, 29 (1): 49-63.

[29] 帅平，曲广吉. 导航星座自主导航的时间同步技术 [J]. 宇航学报，2005，26 (6)：768 - 772.

[30] 熊凯，魏春岭，刘良栋. 鲁棒滤波技术在脉冲星导航中的应用 [J]. 空间控制技术与应用，2008，34 (6)：8 - 11.

[31] 李晓宇，姜宇，金晶，等. 脉冲星导航系统的星历表误差 RKF 校正算法 [J]. 宇航学报，2017，38 (1)：26 - 33.

[32] 褚永辉，李茂登，黄翔宇，等. 基于自适应滤波的脉冲星导航方法研究 [J]. 空间控制技术与应用，2015，41 (6)：8 - 12.

[33] Y. Wang，W. Zheng，S. Sun，et al. X - ray pulsar-based navigation system with the errors in the planetary ephemerides for Earth-orbiting satellite [J]. Advances in Space Research，2013，51 (12)：2394 - 2404.

[34] J. Liu，J. Fang，X. Ma，et al. X - ray pulsar/starlight Doppler integrated navigation for formation flight with ephemerides errors [J]. IEEE Aerospace and Electronic Systems Magazine，2015，30 (3)：30 - 39.

[35] P. Graven，J. Collins，S. Sheikh，et al. XNAV for deep space navigation [C] //31st Annual AAS Guidance and Control Conference. Breckenridge：AAS，2008，38 - 54.

[36] J. Sala Álvarez，A. Urruela Planas，V. Piera，et al. Feasibility study for a spacecraft navigation system relying on pulsar timing information [R]. Paris：European Space Agency，2004.

[37] P. Ma，T. Wang，F. Jiang，et al. Autonomous navigation of Mars probes by single X - ray pulsar measurement and optical data of viewing Martian Moons [J]. The Journal of Navigation，2017，70 (1)：18 - 32.

第10章 光学与脉冲星融合自主导航技术

本章研究光学与脉冲星融合自主导航技术，光学自主导航可以为脉冲星自主导航提供先验状态信息，而脉冲星自主导航又可以弥补光学自主导航性能的不足，因此将两种自主导航方式进行融合，取长补短，有助于提高整个导航系统的性能。本章重点研究导航路标规划算法与融合自主导航系统的滤波实现和系统误差校正。在导航路标规划算法方面，首先分析融合单个光学路标和单个脉冲星信息的导航系统几何可观性，给出考虑几何可观性的最优路标规划。由于在实际任务中，通常是将航天器的轨道动力学和观测信息结合进行自主导航，因此还需要考虑动态可观性进行导航路标规划。本章从动态可观性出发，提出一种适宜在轨计算、运算量小的新型导航路标规划方法。接下来给出系统误差的一般模型，研究基于状态扩维的系统误差校正和融合自主导航算法实现。最后，分别以深空转移段、接近段和环绕段为背景对光学与脉冲星融合自主导航技术进行仿真验证。

10.1 导航路标规划算法

10.1.1 基于几何可观性分析的导航路标规划算法

本节研究基于几何可观性分析的导航路标规划算法，对于光学与脉冲星融合自主导航系统，只考虑 1 个光学路标 LOS+1 个脉冲星 TOA 信息的简单情形。基于单个视线方向光学自主导航系统的信息矩阵可以写作

$$\mathcal{I}_1 = -\kappa_o [\boldsymbol{n}_o \times]^2 \tag{10-1}$$

式中，下标“o”为光学自主导航的相关量；$\boldsymbol{n}_o$为光学路标的视线方向（投影导航坐标系下）；$\kappa_o > 0$（参见 8.5.1 节）。由第 8 章的内容可以知道，如果仅利用一个视线方向信息进行光学自主导航，则沿着视线方向的状态不可观。

若不考虑测量方程的高阶项，则基于单颗脉冲星信息的自主导航系统信息矩阵为

$$\mathcal{I}_2 = \kappa_p \boldsymbol{n}_p \boldsymbol{n}_p^{\mathrm{T}} \tag{10-2}$$

式中，下标“p”为脉冲量自主导航的相关量；$\boldsymbol{n}_p$ 为脉冲星的视线向量；$\kappa_p > 0$。

因此，若测量噪声相互独立，且不考虑脉冲星测量方程中的高阶项，则融合自主导航系统的信息矩阵可以写作

$$\mathcal{I} = \mathcal{I}_1 + \mathcal{I}_2 = -\kappa_o [\boldsymbol{n}_o \times]^2 + \kappa_p \boldsymbol{n}_p \boldsymbol{n}_p^{\mathrm{T}} \tag{10-3}$$

对于几何可观性分析，主要判断$\mathcal{I}$的特征值，如果$\mathcal{I}$有零特征值，则系统在

沿着零特征值对应的特征向量方向上不可观。下面分三种情况讨论。

1. $\boldsymbol{n}_{o}=\boldsymbol{n}_{p}$

利用$[\boldsymbol{n}_{o}\times]^{2}=-\boldsymbol{I}_{3}+\boldsymbol{n}_{o}\boldsymbol{n}_{o}^{T}$，可得

$$\mathcal{I}=\kappa_{o}\boldsymbol{I}_{3}-(\kappa_{o}-\kappa_{p})\boldsymbol{n}_{p}\boldsymbol{n}_{p}^{T} \tag{10-4}$$

显然有

$$\mathcal{I}\boldsymbol{n}_{p}=\kappa_{p}\boldsymbol{n}_{p} \tag{10-5}$$

这说明$\mathcal{I}$的一个特征值为 κ_{p}，相应的特征向量为$\boldsymbol{n}_{p}$。

记$\boldsymbol{n}_{p}$、$\boldsymbol{n}_{p\perp 1}$、$\boldsymbol{n}_{p\perp 2}$为两两正交的一组向量，则有

$$\begin{cases}\mathcal{I}\boldsymbol{n}_{p\perp 1}=\kappa_{o}\boldsymbol{n}_{p\perp 1}\\ \mathcal{I}\boldsymbol{n}_{p\perp 2}=\kappa_{o}\boldsymbol{n}_{p\perp 2}\end{cases} \tag{10-6}$$

这说明$\mathcal{I}$的另外两个特征值为 κ_{o}，相应的特征向量为$\boldsymbol{n}_{p\perp 1}$和$\boldsymbol{n}_{p\perp 2}$。

由于$\mathcal{I}$的三个特征值 κ_{p}、κ_{o} 和 κ_{o} 均大于 0，因此当$\boldsymbol{n}_{o}=\boldsymbol{n}_{p}$ 时系统可观，此时误差方差阵的迹为

$$\mathrm{Tr}\ [\boldsymbol{P}]=\sum\lambda_{i}(\boldsymbol{P})=\sum\frac{1}{\lambda_{i}(\mathcal{I})}=\frac{2}{\kappa_{o}}+\frac{1}{\kappa_{p}} \tag{10-7}$$

2. $\boldsymbol{n}_{o}\perp\boldsymbol{n}_{p}$

利用$[\boldsymbol{n}_{o}\times]^{2}=-\boldsymbol{I}_{3}+\boldsymbol{n}_{o}\boldsymbol{n}_{o}^{T}$ 可得

$$\mathcal{I}=\kappa_{o}\boldsymbol{I}_{3}-\kappa_{o}\boldsymbol{n}_{o}\boldsymbol{n}_{o}^{T}+\kappa_{p}\boldsymbol{n}_{p}\boldsymbol{n}_{p}^{T} \tag{10-8}$$

显然有

$$\begin{cases}\mathcal{I}(\boldsymbol{n}_{o}\times\boldsymbol{n}_{p})=\kappa_{o}(\boldsymbol{n}_{o}\times\boldsymbol{n}_{p})\\ \mathcal{I}\boldsymbol{n}_{o}=0\ \boldsymbol{n}_{o}\\ \mathcal{I}\boldsymbol{n}_{p}=(\kappa_{o}+\kappa_{p})\boldsymbol{n}_{p}\end{cases} \tag{10-9}$$

这意味着$\mathcal{I}$的三个特征值分别为 κ_{o}、0 和 $\kappa_{o}+\kappa_{p}$，特征向量为$\boldsymbol{n}_{o}\times\boldsymbol{n}_{p}$、$\boldsymbol{n}_{o}$ 和 $\boldsymbol{n}_{p}$，此时导航系统沿着光学路标的视线方向不可观。

3. $\boldsymbol{n}_{o}\neq\boldsymbol{n}_{p}$ 且$\boldsymbol{n}_{o}$、$\boldsymbol{n}_{p}$ 不正交

利用$[\boldsymbol{n}_{o}\times]^{2}=-\boldsymbol{I}_{3}+\boldsymbol{n}_{o}\boldsymbol{n}_{o}^{T}$ 可得

$$\mathcal{I}=\kappa_{o}\boldsymbol{I}_{3}+\mathcal{M} \tag{10-10}$$

其中

$$\mathcal{M}=-\kappa_{o}\boldsymbol{n}_{o}\boldsymbol{n}_{o}^{T}+\kappa_{p}\boldsymbol{n}_{p}\boldsymbol{n}_{p}^{T} \tag{10-11}$$

记$\mathcal{M}$的特征值为 $\lambda_{\mathcal{M},i}$，特征向量为$\boldsymbol{w}_{i}$，则$\mathcal{I}$的特征值为 $\kappa_{o}+\lambda_{\mathcal{M},i}$，特征向量为$\boldsymbol{w}_{i}$。下面对$\mathcal{M}$的特征值进行求解，由于

$$\begin{cases}\boldsymbol{n}_{\mathrm{o}}^{\mathrm{T}}\cdot(\boldsymbol{n}_{\mathrm{o}}\times\boldsymbol{n}_{\mathrm{p}})=0\\ \boldsymbol{n}_{\mathrm{p}}^{\mathrm{T}}\cdot(\boldsymbol{n}_{\mathrm{o}}\times\boldsymbol{n}_{\mathrm{p}})=0\end{cases}\tag{10-12}$$

从而有

$$\mathcal{M}(\boldsymbol{n}_{\mathrm{o}}\times\boldsymbol{n}_{\mathrm{p}})=\boldsymbol{0}\tag{10-13}$$

这意味着$\mathcal{M}$的一个特征值 $\lambda_{\mathcal{M},1}$ 为 0，对应的特征向量 $\boldsymbol{w}_i$ 为 $\boldsymbol{n}_{\mathrm{o}}\times\boldsymbol{n}_{\mathrm{p}}$。由于$\mathcal{M}$为 3×3 的矩阵，因此 det（$\lambda_{\mathcal{M}}\boldsymbol{I}-\mathcal{M}$）可以写作

$$\lambda_{\mathcal{M}}^3-a\lambda_{\mathcal{M}}^2+b\lambda_{\mathcal{M}}+c=0\tag{10-14}$$

由于$\mathcal{M}$的一个特征值 $\lambda_{\mathcal{M},1}$ 为 0，则 $c=0$，从而上式可以化简为

$$\lambda_{\mathcal{M}}^2-a\lambda_{\mathcal{M}}+b=0\tag{10-15}$$

由多项式方程根的性质可以得到

$$\begin{cases}\lambda_{\mathcal{M},2}+\lambda_{\mathcal{M},3}=a\\ \lambda_{\mathcal{M},2}\lambda_{\mathcal{M},3}=b\end{cases}\tag{10-16}$$

因为

$$\mathrm{Tr}[\mathcal{M}]=\sum_{i=1}^{3}\lambda_{\mathcal{M},i}=\lambda_{\mathcal{M},2}+\lambda_{\mathcal{M},3}=a\tag{10-17}$$

而由式（10-11）可以得到

$$\mathrm{Tr}[\mathcal{M}]=-\kappa_{\mathrm{o}}+\kappa_{\mathrm{p}}\tag{10-18}$$

对比式（10-17）和式（10-18）可以得到

$$a=-\kappa_{\mathrm{o}}+\kappa_{\mathrm{p}}\tag{10-19}$$

因此对于式（10-15），只用求解 b 即可得到另外两个特征值。对 det（$\lambda_{\mathcal{M}}\boldsymbol{I}-\mathcal{M}$）展开可以得到

$$\begin{aligned}\det(\lambda_{\mathcal{M}}\boldsymbol{I}-\mathcal{M})&=\det\left(\begin{bmatrix}\lambda_{\mathcal{M}}-m_{11}&m_{12}&m_{13}\\ m_{12}&\lambda_{\mathcal{M}}-m_{22}&m_{23}\\ m_{13}&m_{23}&\lambda_{\mathcal{M}}-m_{33}\end{bmatrix}\right)\\&=(\lambda_{\mathcal{M}}-m_{11})\det(\boldsymbol{A}_{11})-m_{12}\det(\boldsymbol{A}_{12})+m_{13}\det(\boldsymbol{A}_{13})\end{aligned}\tag{10-20}$$

式中，m_{ij} 为$\mathcal{M}$的第 i 行、第 j 列元素；$\boldsymbol{A}_{11}$、$\boldsymbol{A}_{12}$、$\boldsymbol{A}_{13}$ 分别为

$$\begin{cases}\boldsymbol{A}_{11}=\begin{bmatrix}\lambda_{\mathcal{M}}-m_{22}&m_{23}\\ m_{23}&\lambda_{\mathcal{M}}-m_{33}\end{bmatrix}\\ \boldsymbol{A}_{12}=\begin{bmatrix}m_{12}&m_{13}\\ m_{23}&\lambda_{\mathcal{M}}-m_{33}\end{bmatrix}\\ \boldsymbol{A}_{13}=\begin{bmatrix}m_{12}&m_{13}\\ \lambda_{\mathcal{M}}-m_{32}&m_{23}\end{bmatrix}\end{cases}\tag{10-21}$$

由式（10-14）可知，b 为 $\det(\lambda_{\mathcal{M}}\boldsymbol{I}-\mathcal{M})$ 展开式中 $\lambda_{\mathcal{M}}$ 项的系数，结合式（10-20）可得

$$\begin{aligned} b &= m_{22}m_{33}+m_{11}m_{22}+m_{11}m_{33}-m_{23}^2-m_{12}^2-m_{13}^2 \\ &= -\kappa_o\kappa_p\|\boldsymbol{n}_o\times\boldsymbol{n}_p\|^2 \end{aligned} \tag{10-22}$$

从而式（10-15）的两个根为

$$\begin{aligned} \lambda_{\mathcal{M},2,3} &= \frac{1}{2}(a\pm\sqrt{a^2-4b}) \\ &= \frac{1}{2}[-\kappa_o+\kappa_p\pm\sqrt{(-\kappa_o+\kappa_p)^2+4\kappa_o\kappa_p\|\boldsymbol{n}_o\times\boldsymbol{n}_p\|^2}] \end{aligned} \tag{10-23}$$

下面对 $\lambda_{\mathcal{M},2,3}$ 对应的特征向量 $\boldsymbol{w}_{2,3}$ 进行求解，由于 $\mathcal{M}$ 的三个特征向量两两正交，而 $\boldsymbol{w}_1$ 为 $\boldsymbol{n}_o\times\boldsymbol{n}_p$，因此另外两个特征向量在 $\boldsymbol{n}_o$、$\boldsymbol{n}_p$ 构成的平面上。又由于 $\boldsymbol{n}_o$ 明显不是 $\mathcal{M}$ 的特征向量，不妨设

$$\boldsymbol{w}_{2,3}=\boldsymbol{n}_p+c_n\boldsymbol{n}_o \tag{10-24}$$

其中，c_n 为待定系数，从而有

$$\begin{aligned} \lambda_{\mathcal{M},2,3}(\boldsymbol{n}_p+c_n\boldsymbol{n}_o) &= \mathcal{M}(\boldsymbol{n}_p+c_n\boldsymbol{n}_o) \\ &= (-\kappa_o\boldsymbol{n}_o\boldsymbol{n}_o^{\mathrm{T}}+\kappa_p\boldsymbol{n}_p\boldsymbol{n}_p^{\mathrm{T}})(\boldsymbol{n}_p+c_n\boldsymbol{n}_o) \\ &= -\kappa_o\boldsymbol{n}_o^{\mathrm{T}}\boldsymbol{n}_p\boldsymbol{n}_o+\kappa_p\boldsymbol{n}_p-\kappa_oc_n\boldsymbol{n}_o+\kappa_pc_n\boldsymbol{n}_p^{\mathrm{T}}\boldsymbol{n}_o\boldsymbol{n}_p \\ &= \kappa_p(1+c_n\boldsymbol{n}_p^{\mathrm{T}}\boldsymbol{n}_o)\boldsymbol{n}_p-\kappa_o(\boldsymbol{n}_o^{\mathrm{T}}\boldsymbol{n}_p+c_n)\boldsymbol{n}_o \end{aligned} \tag{10-25}$$

令上式等式两边 $\boldsymbol{n}_p$ 和 $\boldsymbol{n}_o$ 的系数相等，有

$$\begin{cases} \lambda_{\mathcal{M},2,3}=\kappa_p(1+c_n\boldsymbol{n}_p^{\mathrm{T}}\boldsymbol{n}_o) \\ \lambda_{\mathcal{M},2,3}c_n=-\kappa_o(\boldsymbol{n}_o^{\mathrm{T}}\boldsymbol{n}_p+c_n) \end{cases} \tag{10-26}$$

从而可以求解出 c_n，由下式给出

$$c_n=\frac{-(\kappa_p+\kappa_o)\pm\sqrt{(\kappa_p+\kappa_o)^2-4\kappa_p\kappa_o(\boldsymbol{n}_p^{\mathrm{T}}\boldsymbol{n}_o)^2}}{2\kappa_p\boldsymbol{n}_p^{\mathrm{T}}\boldsymbol{n}_o} \tag{10-27}$$

至此，得到了 $\mathcal{M}$ 的所有特征值和特征向量，总结如下

$$\begin{cases} \lambda_{\mathcal{M},1}=0 \\ \boldsymbol{w}_1=\boldsymbol{n}_o\times\boldsymbol{n}_p \\ \lambda_{\mathcal{M},2,3}=\frac{1}{2}(-\kappa_o+\kappa_p\pm\sqrt{(-\kappa_o+\kappa_p)^2+4\kappa_o\kappa_p\|\boldsymbol{n}_o\times\boldsymbol{n}_p\|^2}) \\ \boldsymbol{w}_{2,3}=\boldsymbol{n}_p+c_n\boldsymbol{n}_o \end{cases} \tag{10-28}$$

其中 c_n 由式（10-27）给出。因此$\mathcal{I}$的特征值和特征向量如下

$$\begin{cases}\lambda_{\mathcal{I},1}=\kappa_o\\ \boldsymbol{w}_1=\boldsymbol{n}_o\times\boldsymbol{n}_p\\ \lambda_{\mathcal{I},2,3}=\dfrac{1}{2}\left[\kappa_o+\kappa_p\pm\sqrt{(-\kappa_o+\kappa_p)^2+4\kappa_o\kappa_p\|\boldsymbol{n}_o\times\boldsymbol{n}_p\|^2}\right]\\ \boldsymbol{w}_{2,3}=\boldsymbol{n}_p+c_n\boldsymbol{n}_o\end{cases}\tag{10-29}$$

这时$\mathcal{I}$的特征值均大于 0，说明系统可观，误差方差阵的迹为

$$\begin{aligned}\mathrm{Tr}\,[\boldsymbol{P}]&=\sum\lambda_i(\boldsymbol{P})=\sum\frac{1}{\lambda_i(\mathcal{I})}\\&=\frac{1}{\kappa_o}+\frac{\kappa_o+\kappa_p}{\kappa_o\kappa_p\,(1-\|\boldsymbol{n}_o\times\boldsymbol{n}_p\|^2)}\end{aligned}\tag{10-30}$$

当$\boldsymbol{n}_o\neq\boldsymbol{n}_p$，且$\boldsymbol{n}_o$、$\boldsymbol{n}_p$ 不正交时，有 $0<1-\|\boldsymbol{n}_o\times\boldsymbol{n}_p\|^2<1$，此时的可观度没有$\boldsymbol{n}_o=\boldsymbol{n}_p$ 时高。因此可以得出结论，当$\boldsymbol{n}_o=\boldsymbol{n}_p$ 时，系统的可观度最大。

总结如下：如果每个光学路标的 κ_o 和每个脉冲星的 κ_p 都相等，则$\boldsymbol{n}_o=\boldsymbol{n}_p$ 和$\boldsymbol{n}_o\perp\boldsymbol{n}_p$ 分别对应最优和最差的几何配置。因此在路标规划时，要对脉冲星与光学路标夹角小的组合进行观测。

10.1.2 基于动态可观性分析的导航路标规划算法

基于几何可观性分析的导航路标规划算法，仅考察了路标空间分布对导航性能的影响。在实际任务中，可以利用航天器的轨道动力学和观测模型进行自主导航，需要结合轨道动力学对可观性进行分析（在本书中称为动态可观性），并在此基础上进行导航路标规划，因此本节研究基于动态可观性分析的导航路标规划算法。首先给出如下的定理和法则：

定理 10.1：对于如下的系统方程和测量方程

$$\boldsymbol{x}_k=\boldsymbol{F}_{k,k-1}\boldsymbol{x}_{k-1}+\boldsymbol{w}_k$$

$$\boldsymbol{z}_k=\boldsymbol{H}_k\boldsymbol{x}_k+\boldsymbol{v}_k$$

式中，$\boldsymbol{w}$ 和 $\boldsymbol{v}$ 分别为过程噪声和测量噪声。

记 t_{k-1}和 t_k 时刻系统的信息矩阵为$\mathcal{I}_{k-1}$和$\mathcal{I}_k$，则有

$$\mathcal{I}_k=\mathcal{I}_{k|k-1}+\boldsymbol{H}_k^{\mathrm{T}}\boldsymbol{R}_k^{-1}\boldsymbol{H}_k\tag{10-31}$$

其中

$$\mathcal{I}_{k|k-1}=\boldsymbol{Q}_k^{-1}-\boldsymbol{Q}_k^{-1}\boldsymbol{F}_{k,k-1}\left[\mathcal{I}_{k-1}+(\boldsymbol{F}_{k,k-1}^{\mathrm{T}}\boldsymbol{Q}_k^{-1}\boldsymbol{F}_{k,k-1})\right]^{-1}\boldsymbol{F}_{k,k-1}\boldsymbol{Q}_k^{-1}\tag{10-32}$$

式中，$\boldsymbol{Q}$ 和 $\boldsymbol{R}$ 分别为过程噪声和测量噪声的方差。

法则 10-1： 对于最优估计器，记 t_k 时刻时没有观测量的误差方差阵为 $\boldsymbol{P}_{k|k-1}$，在此基础上再额外观测一个路标时的误差方差阵为 $\boldsymbol{P}_k$，则有

$$\mathrm{Tr}[\boldsymbol{P}_{k|k-1}] \geqslant \mathrm{Tr}[\boldsymbol{P}_k] \tag{10-33}$$

证明： 首先由 Cramer-Rao 不等式可以得到

$$\begin{cases}\boldsymbol{P}_{k|k-1} = \mathcal{I}_{k|k-1}^{-1} \\ \boldsymbol{P}_k = \mathcal{I}_k^{-1}\end{cases} \tag{10-34}$$

式中，$\mathcal{I}_{k|k-1}$ 和 $\mathcal{I}_k$ 的关系式由式（10-31）给出。

显然，$\mathcal{I}_{k|k-1}$ 为正定阵，$\boldsymbol{H}^{\mathrm{T}}\boldsymbol{R}^{-1}\boldsymbol{H}$ 为半正定阵，因此由附录 C. 6 节中的定理 C. 1 可知，存在非奇异矩阵 $\boldsymbol{T}$ 使 $\mathcal{I}_{k|k-1} = \boldsymbol{T}\boldsymbol{T}^{\mathrm{T}}$，$\boldsymbol{H}^{\mathrm{T}}\boldsymbol{R}^{-1}\boldsymbol{H} = \boldsymbol{T}\boldsymbol{\Upsilon}\boldsymbol{T}^{\mathrm{T}}$。由式（10-31）可得

$$\begin{cases}\boldsymbol{P}_{k|k-1} = \mathcal{I}_{k|k-1}^{-1} = \boldsymbol{T}^{-\mathrm{T}}\boldsymbol{T}^{-1} \\ \boldsymbol{P}_k = \mathcal{I}_k^{-1} = \boldsymbol{T}^{-\mathrm{T}}(\boldsymbol{I}+\boldsymbol{\Upsilon})^{-1}\boldsymbol{T}^{-1}\end{cases} \tag{10-35}$$

因为 $\boldsymbol{\Upsilon} \geqslant \boldsymbol{O}$，所以

$$\mathrm{Tr}[\boldsymbol{P}_{k|k-1}] - \mathrm{Tr}[\boldsymbol{P}_k] = \mathrm{Tr}[\boldsymbol{T}^{-\mathrm{T}}[\boldsymbol{I}-(\boldsymbol{I}+\boldsymbol{\Upsilon})^{-1}]\boldsymbol{T}^{-1}] \geqslant 0 \tag{10-36}$$

命题得证。

注： 法则 10-1 说明额外的观测可以提高系统的可观性。

接下来要研究的问题就是，如何选取 t_k 时刻的导航路标，使导航系统可观度的提高程度最大。由式（10-36）可知，等式右边越大，则可观度提高的程度越大。由于（$\boldsymbol{I}+\boldsymbol{\Upsilon}$）为对角阵，则

$$\boldsymbol{I}-(\boldsymbol{I}+\boldsymbol{\Upsilon})^{-1} = \mathrm{diag}\left[\frac{\mu_1}{1+\mu_1}, \frac{\mu_2}{1+\mu_2}, \cdots, \frac{\mu_6}{1+\mu_6}\right] \tag{10-37}$$

式中，μ_i 为 $\boldsymbol{\Upsilon}$ 的对角线元素。

不考虑观测时方差阵的迹为 $\mathrm{Tr}[\boldsymbol{P}_{k|k-1}] = \sum_i^6 g_i$，其中 g_i 为 $\boldsymbol{G}^{\mathrm{T}}\boldsymbol{G}$ 的第 i 个对角线元素且 $\boldsymbol{G} = \boldsymbol{T}^{-1}$；加入观测时所对应的方差阵的迹为 $\mathrm{Tr}[\boldsymbol{P}_k] = \sum_i^6 g_i \dfrac{1}{1+\mu_i}$。因此可以定义相对可观度为

$$D_{\mathrm{r}} = \frac{\mathrm{Tr}[\boldsymbol{P}_k]}{\mathrm{Tr}[\boldsymbol{P}_{k|k-1}]} = \frac{\sum_1^6 g_i \dfrac{1}{1+\mu_i}}{\sum_1^6 g_i} \tag{10-38}$$

D_{r} 越小，可观度的提高程度越高。由式（10-38）可以看出，可观度的提高程度由 g_i 和 μ_i 共同决定。记 μ_i 中最小的那个数为 $\mu_{i,\min}$，则 $\mu_i \geqslant \mu_{i,\min} > 0$，从而

$$\mathrm{Tr}[\boldsymbol{P}_k] \leqslant \frac{1}{1+\mu_{i,\min}}\mathrm{Tr}[\boldsymbol{P}_{k|k-1}] < \mathrm{Tr}[\boldsymbol{P}_{k|k-1}] \tag{10-39}$$

通过上面的近似关系，可以将 g_i 和 μ_i 对可观度的影响进行解耦。由上式可以得到 $D_r \leqslant \frac{1}{1+\mu_{i,\min}} < 1$，$\frac{1}{1+\mu_{i,\min}}$ 则可以用来定量评估额外观测的导航路标对自主导航系统可观度提高的程度，$\frac{1}{1+\mu_{i,\min}}$ 越小，额外观测的导航路标对系统可观度提高的幅度越大；反之越小。因此从可观度的角度看，在规划导航路标时，选用使 $\frac{1}{1+\mu_{i,\min}}$ 最小的那个导航路标进行观测。

根据上面的分析，得到一种新型的规划算法，其流程如下：

(1) t_1 时刻，由于没有观测值，所以 $\mathcal{I}_1 = \boldsymbol{P}_1^{-1}$。

(2) $k=2\sim N$：

① 利用式 (10-32) 计算 t_k 时刻的预测信息矩阵（无观测值）

② 对 $\mathcal{I}_{k|k-1}$ 进行奇异值分解，有

$$\mathcal{I}_{k|k-1} = \boldsymbol{U}\boldsymbol{\Gamma}^2\boldsymbol{U}^{\mathrm{T}} \tag{10-40}$$

③ 计算所有备选导航路标所对应的 $\boldsymbol{H}^{\mathrm{T}}\boldsymbol{R}^{-1}\boldsymbol{H}$

$$\Delta\mathcal{I}_j = \boldsymbol{H}^{\mathrm{T}}\boldsymbol{R}^{-1}\boldsymbol{H} \tag{10-41}$$

式中，$j=1, 2, \cdots, m$。

④ 构造矩阵

$$\boldsymbol{C}_j = \boldsymbol{\Gamma}^{-1}\boldsymbol{U}^{\mathrm{T}}\Delta\mathcal{I}_j\boldsymbol{U}\boldsymbol{\Gamma}^{-1} \tag{10-42}$$

对 $\boldsymbol{C}_j$ 进行奇异值分解

$$\boldsymbol{C}_j = \boldsymbol{V}\boldsymbol{\Upsilon}_j\boldsymbol{V}^{\mathrm{T}} \tag{10-43}$$

⑤ 取 Υ_j 的对角线向量，记为 $\boldsymbol{\mu}_j$，记 $\boldsymbol{\mu}_j$ 中最小的那个元素为 $\mu_{j,\min}$，对 $\mu_{j,\min}$ 最大的那个导航路标进行观测。

⑥ $k=k+1$。

(3) 任务结束，停止规划。

图 10-1 所示为基于动态可观性分析的导航路标规划流程，和传统的规划算法相比，该规划算法是递归式的规划算法，计算量小。该算法每次搜索的次数为 $C(m,2)+(m-2)+(m-3)+\cdots+(m-n+1)=C(m,2)+(n-2)(2m-n-1)/2$。当 $n=2$ 时，该算法的搜索次数和 $C(m, n)$ 相同；但是，当 n 在 $m/2$ 附近时，其搜索次数要小于 $C(m, n)$。例如：当 $m=14$，$n=7$ 时，若采用穷举法，则每次观测时需要计算 $C(14, 7)=3\,432$ 个组合的迹，而这种方法的搜索次数仅为 $C(14,2)+(7-2)(28-7-1)/2=141$。

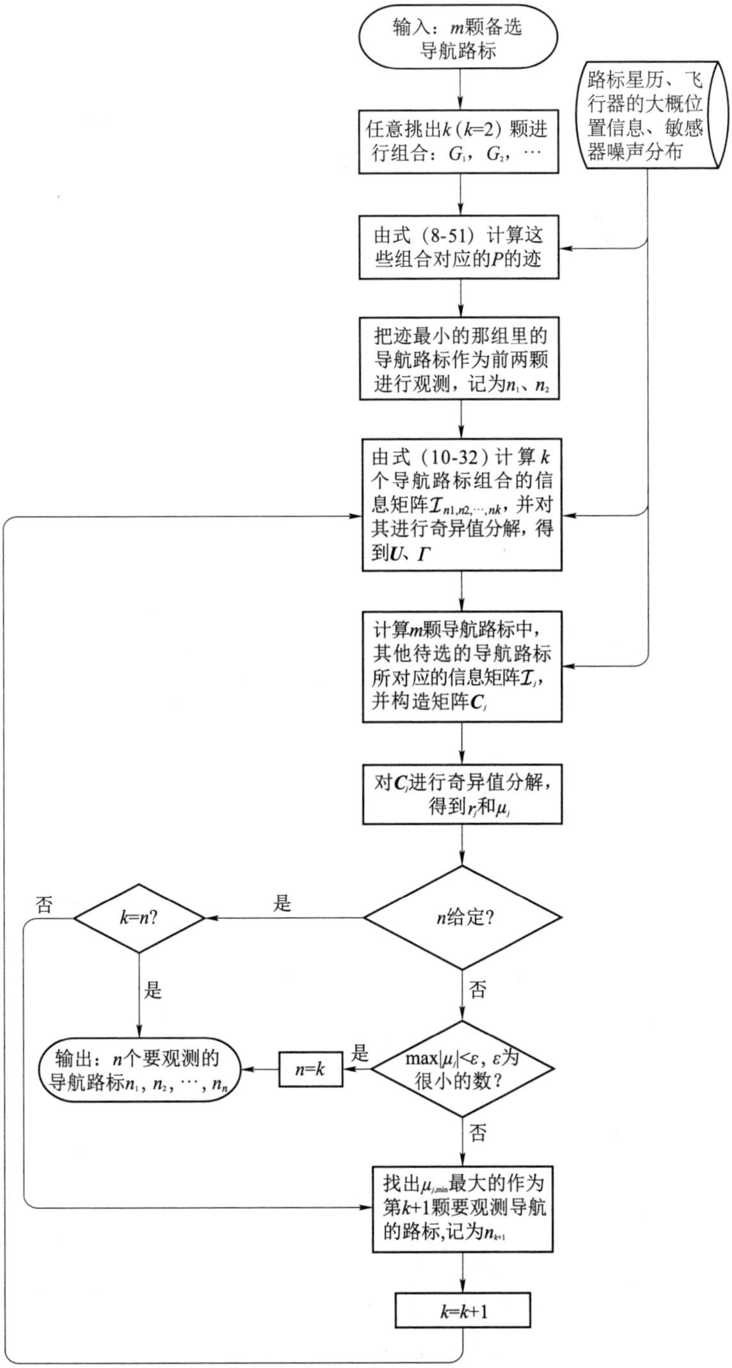

图 10-1　基于动态可观性分析的导航路标规划流程

此外，当 m 很大时，这种算法的计算优势也显现出来。图 10-2 和图 10-3 分别为从 m 颗备选导航路标挑选出 10 颗导航路标进行观测时新算法和传统算法的搜索次数。由图可以看出，两种算法的搜索次数都会随着 m 的增大而增加，但增加速率的量级相差很大。当 $m=250$ 时，传统算法的搜索次数高达10^{17}个量级，而新算法的搜索次数仅为10^4 个量级，要远小于传统算法。

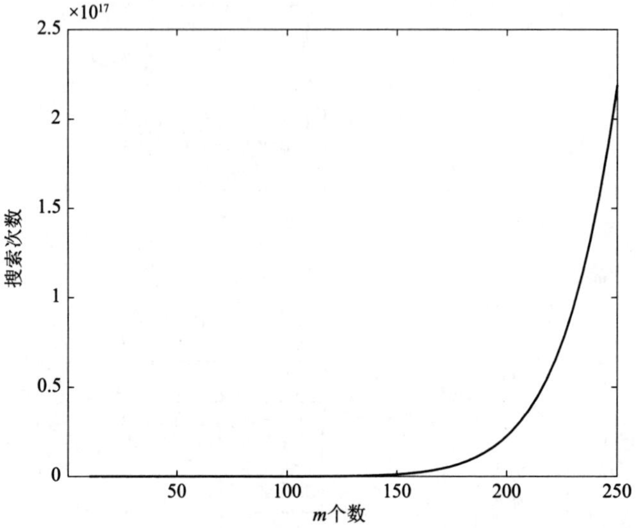

图 10-2　传统算法的搜索次数

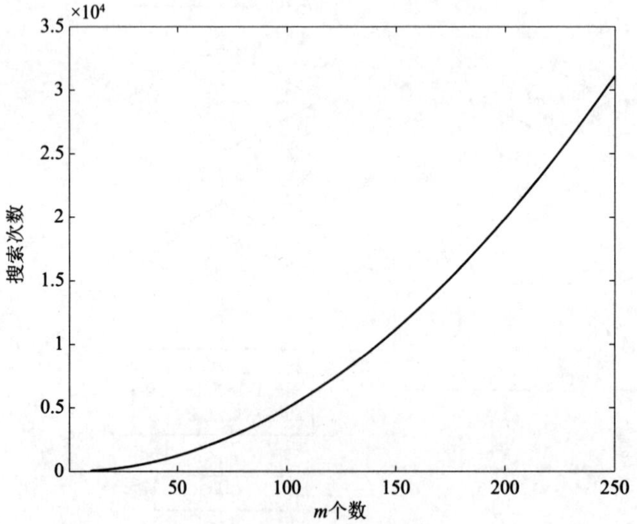

图 10-3　新算法的搜索次数

利用归纳法可以证明新算法的搜索次数要小于或等于传统算法，且能够定量评估导航路标个数对导航性能的影响。当 $|\boldsymbol{\mu}_j| \to 0$ 时，说明即使增加观测导航路标的个数也不会给导航性能带来很大的提高，因此不需要进行额外的观测。

10.2 自主导航滤波及系统误差校正

系统误差是自主导航的主要误差源之一，不少学者在系统误差的建模和修正方面进行了研究。光学自主导航和脉冲星自主导航的系统误差校正方法可以分为三大类：第一类是建立系统误差的模型，然后将其作为状态向量的一部分，利用卡尔曼滤波进行实时估计；第二类是利用差分技术消除掉系统误差的影响；第三类是利用鲁棒、自适应等滤波技术消除掉系统偏差的影响。其中第一类方法最为流行，应用广泛，因此本书仅对第一种方法进行论述。

10.2.1 系统误差建模

系统误差的模型一般可以用随机过程来表示，如果系统误差为缓变过程，则可以用随机游走模型来表征（如脉冲星自主导航中的星历误差、时钟偏差、光学自主导航中的像素偏差等），即

$$\dot{\boldsymbol{B}}_{\mathrm{b}} = \boldsymbol{w}_B \tag{10-44}$$

式中，$\boldsymbol{B}_{\mathrm{b}}$ 为系统偏差；$\boldsymbol{w}_B$ 为相应的过程噪声。

特别的，如果要精确估计时钟偏差，则可以用高阶马尔科夫模型表示，连续形式为

$$\dot{\boldsymbol{x}}_t = \boldsymbol{A}_t \boldsymbol{x}_t + \boldsymbol{w}_t \tag{10-45}$$

式中，$\boldsymbol{x}_t = [x_{t,1}, x_{t,2}, x_{t,3}]^{\mathrm{T}}$；$x_{t,1} \triangleq \Delta t$；$x_{t,2}$，$x_{t,3}$分别为时钟偏差、时钟偏差漂移率和时钟偏差漂移率变化率；$\boldsymbol{w}_t$ 为具有随机游走特性的系统噪声；$\boldsymbol{A}_t$ 的表达式为

$$\boldsymbol{A}_t = \begin{bmatrix} 0 & 1 & 0 \\ 0 & 0 & 1 \\ 0 & 0 & 0 \end{bmatrix} \tag{10-46}$$

式（10-45）的离散化形式为

$$\boldsymbol{x}_{t,\ k+1} = \boldsymbol{F}_t \boldsymbol{x}_{t,\ k} + \boldsymbol{w}_{t,\ k}$$

其中

$$\boldsymbol{F}_t = \begin{bmatrix} 1 & T & \dfrac{T^2}{2} \\ 0 & 1 & T \\ 0 & 0 & 1 \end{bmatrix}$$

$$\mathrm{E}\{\boldsymbol{w}_{t,\ k} \boldsymbol{w}_{t,\ k}^{\mathrm{T}}\} = \begin{bmatrix} q_1 T + \dfrac{1}{3} q_2 T^3 + \dfrac{1}{20} q_3 T^5 & \dfrac{1}{2} q_2 T^2 + \dfrac{1}{8} q_3 T^4 & \dfrac{1}{6} q_3 T^3 \\ \dfrac{1}{2} q_2 T^2 + \dfrac{1}{8} q_3 T^4 & q_2 T + \dfrac{1}{3} q_3 T^3 & \dfrac{1}{2} q_3 T^2 \\ \dfrac{1}{6} q_3 T^3 & \dfrac{1}{2} q^3 T^2 & q_3 T \end{bmatrix}$$

式中，q_1，q_2，q_3 分别为时钟偏差、时钟的频率偏差以及时钟漂移速度的功率谱密度；T 为采样周期。

综上所述，系统误差向量$\boldsymbol{B}_{\mathrm{b}}$ 的动态模型用一般的形式表示为

$$\dot{\boldsymbol{B}}_{\mathrm{b}} = f_B(\boldsymbol{B}_{\mathrm{b}},\ t) + \boldsymbol{w}_{B\mathrm{b}} \tag{10-47}$$

根据系统误差选择的不同，式（10-47）的具体形式也有所不同。

10.2.2　单个子系统的导航滤波及误差校正

航天器的轨道动力学可以记作

$$\dot{\boldsymbol{x}}_{\mathrm{d}} = \boldsymbol{f}_{\mathrm{d}}(\boldsymbol{x}_{\mathrm{d}},\ t) + \boldsymbol{w}_{\mathrm{d}} \tag{10-48}$$

式中，$\boldsymbol{x}_{\mathrm{d}} = [\boldsymbol{r}^{\mathrm{T}},\ \boldsymbol{v}^{\mathrm{T}}]^{\mathrm{T}}$；$\boldsymbol{f}_{\mathrm{d}}$ 的具体形式参见 8.6 节。

如果考虑系统偏差，则扩维后的状态向量为 $\boldsymbol{x} = [\boldsymbol{x}_{\mathrm{d}}^{\mathrm{T}},\ \boldsymbol{B}_{\mathrm{b}}^{\mathrm{T}}]^{\mathrm{T}}$，相应的状态方程可以写作

$$\dot{\boldsymbol{x}} = \tilde{\boldsymbol{f}}(\boldsymbol{x},\ t) + \tilde{\boldsymbol{w}} \tag{10-49}$$

其中

$$\begin{cases}\tilde{\boldsymbol{f}}(\boldsymbol{x}, t)=\begin{bmatrix}\boldsymbol{f}_{\mathrm{d}}(\boldsymbol{x}, t)\\ \boldsymbol{f}_{B}(\boldsymbol{B}_{\mathrm{b}}, t)\end{bmatrix}\\ \tilde{\boldsymbol{w}}=\begin{bmatrix}\boldsymbol{w}_{\mathrm{d}}\\ \boldsymbol{w}_{B\mathrm{b}}\end{bmatrix}\end{cases} \tag{10-50}$$

测量方程可以写作

$$\tilde{\boldsymbol{z}}=\boldsymbol{h}(\boldsymbol{x})+\boldsymbol{v}$$

对于单独的光学自主导航系统或脉冲星自主导航系统，将式（10-49）作为状态方程，结合卡尔曼滤波算法和测量方程即可实现系统的误差校正和位置、速度确定。融合自主导航系统的系统误差校正将在下一小节里给出。

10.2.3 融合自主导航滤波及误差校正

本节将结合系统误差校正技术对融合自主导航滤波的具体实现进行描述，航天器的轨道动力学由式（10-48）给出。

光学自主导航和脉冲星自主导航的系统偏差分别记为$\boldsymbol{B}_{\mathrm{b}}^{(\mathrm{o})}$ 和$\boldsymbol{B}_{\mathrm{b}}^{(\mathrm{p})}$，其状态方程为

$$\begin{cases}\dot{\boldsymbol{B}}_{\mathrm{b}}^{(\mathrm{o})}=\boldsymbol{f}_{\mathrm{o}}(\boldsymbol{B}_{\mathrm{b}}^{(\mathrm{o})}, t)+\boldsymbol{w}_{B\mathrm{o}}\\ \dot{\boldsymbol{B}}_{\mathrm{b}}^{(\mathrm{p})}=\boldsymbol{f}_{\mathrm{p}}(\boldsymbol{B}_{\mathrm{b}}^{(\mathrm{p})}, t)+\boldsymbol{w}_{B\mathrm{p}}\end{cases} \tag{10-51}$$

相应的，光学自主导航和脉冲星自主导航的测量方程记作

$$\begin{cases}\tilde{\boldsymbol{z}}^{(\mathrm{o})}=\boldsymbol{h}_{\mathrm{o}}(\boldsymbol{x}_{\mathrm{d}}, \boldsymbol{B}_{\mathrm{b}}^{(\mathrm{o})})+\boldsymbol{v}_{\mathrm{o}}\\ \tilde{\boldsymbol{z}}^{(\mathrm{p})}=\boldsymbol{h}_{\mathrm{p}}(\boldsymbol{x}_{\mathrm{d}}, \boldsymbol{B}_{\mathrm{b}}^{(\mathrm{p})})+\boldsymbol{v}_{\mathrm{p}}\end{cases} \tag{10-52}$$

对于**集中式融合结构**而言，考虑到脉冲星自主导航的脉冲轮廓建立需要一定的时间，因此依次对光学自主导航观测量和脉冲星自主导航观测量进行序贯滤波。此外，由于脉冲星的脉冲轮廓匹配需要航天器的先验位置信息，则在开始导航时一般先采用光学自主导航。图 10-4 所示为相应的实施流程，其中光学自主导航滤波的算法流程见第 8 章，导航路标规划算法步骤见 10.1.2 节，脉冲星自主导航滤波见 9.6.2 节。

如果考虑系统偏差修正，记扩维后的状态向量为 $\boldsymbol{x}=[\boldsymbol{x}_{\mathrm{d}}^{\mathrm{T}}, (\boldsymbol{B}_{\mathrm{b}}^{(\mathrm{o})})^{\mathrm{T}}, (\boldsymbol{B}_{\mathrm{b}}^{(\mathrm{p})})^{\mathrm{T}}]^{\mathrm{T}}$，则其状态方程可以写作式（10-49）的形式，其中

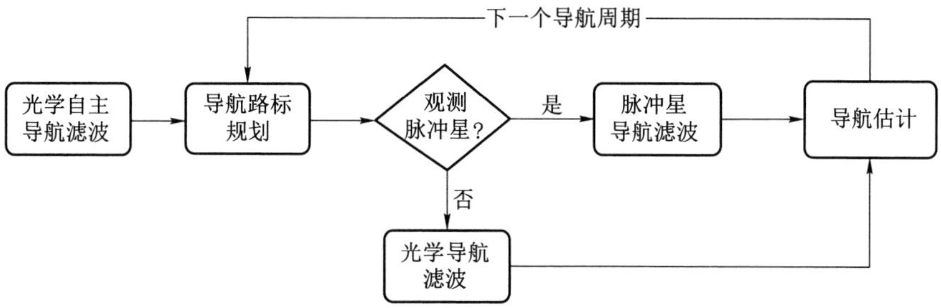

图 10-4　光学和脉冲星集中式融合结构的实施流程

$$\begin{cases}\tilde{\boldsymbol{f}}(\boldsymbol{x},\ t)=\begin{bmatrix}\boldsymbol{f}_{\mathrm{d}}(\boldsymbol{x}_{\mathrm{d}},\ t)\\ \boldsymbol{f}_{\mathrm{o}}(\boldsymbol{B}_{\mathrm{b}}^{(\mathrm{o})},\ t)\\ \boldsymbol{f}_{\mathrm{p}}(\boldsymbol{B}_{\mathrm{b}}^{(\mathrm{p})},\ t)\end{bmatrix}\\ \tilde{\boldsymbol{w}}=\begin{bmatrix}\tilde{\boldsymbol{w}}_{\mathrm{d}}\\ \boldsymbol{w}_{B\mathrm{o}}\\ \boldsymbol{w}_{B\mathrm{p}}\end{bmatrix}\end{cases}\tag{10-53}$$

在进行光学自主导航测量更新时，观测量预测和测量矩阵分别为

$$\begin{cases}\hat{\boldsymbol{z}}^{(\mathrm{o})}=\boldsymbol{h}_{\mathrm{o}}(\hat{\boldsymbol{x}}_{\mathrm{d}},\ \hat{\boldsymbol{B}}_{\mathrm{b}}^{(\mathrm{o})})\\ \boldsymbol{H}^{(\mathrm{o})}=\begin{bmatrix}\dfrac{\partial\tilde{\boldsymbol{z}}^{(\mathrm{o})}}{\partial\boldsymbol{x}_{\mathrm{d}}} & \dfrac{\partial\tilde{\boldsymbol{z}}^{(\mathrm{o})}}{\partial\boldsymbol{B}_{\mathrm{b}}^{(\mathrm{o})}} & \boldsymbol{O}\end{bmatrix}\end{cases}\tag{10-54}$$

在进行脉冲星自主导航的测量更新时，观测量预测和测量矩阵分别为

$$\begin{cases}\hat{\boldsymbol{z}}^{(\mathrm{p})}=\boldsymbol{h}_{\mathrm{p}}(\hat{\boldsymbol{x}}_{\mathrm{d}},\ \hat{\boldsymbol{B}}_{\mathrm{b}}^{(\mathrm{p})})\\ \boldsymbol{H}^{(\mathrm{p})}=\begin{bmatrix}\dfrac{\partial\tilde{\boldsymbol{z}}^{(\mathrm{p})}}{\partial\boldsymbol{x}_{\mathrm{d}}} & \boldsymbol{O} & \dfrac{\partial\tilde{\boldsymbol{z}}^{(\mathrm{p})}}{\partial\boldsymbol{B}_{\mathrm{b}}^{(\mathrm{p})}}\end{bmatrix}\end{cases}\tag{10-55}$$

如果为联邦卡尔曼滤波结构，则可以将其分为光学和脉冲星自主导航局部滤波器，结合第 3 章的内容，光学与脉冲星融合自主导航的联邦卡尔曼滤波算法具体步骤如下：

（1）全局初始化$\hat{\boldsymbol{x}}_{\mathrm{g},k}$、$\boldsymbol{P}_{\mathrm{g},0}$、$\boldsymbol{Q}_{\mathrm{g},0}$。

（2）信息分配：

$$\begin{cases}(\boldsymbol{P}_0^i)^{-1}=\beta_i^{-1}\boldsymbol{P}_{\mathrm{g},\ 0}^{-1}\\ \boldsymbol{Q}_{k-1}^{(i)}=\beta_i^{-1}\boldsymbol{Q}_{\mathrm{g},\ k-1}\\ \hat{\boldsymbol{x}}_{k-1}^{(i)}=\hat{\boldsymbol{x}}_{\mathrm{g},\ k-1}\end{cases}$$

式中，上标“（i）”对应不同的局部滤波器参数。

（3）局部滤波器进行卡尔曼滤波得到$\hat{\boldsymbol{x}}_k^{(\mathrm{o})}$、$\hat{\boldsymbol{x}}_k^{(\mathrm{p})}$和$\boldsymbol{P}_k^{(\mathrm{o})}$、$\boldsymbol{P}_k^{(\mathrm{p})}$。

(4) 全局估计

$$\begin{cases} \boldsymbol{P}_{g,k} = \left[\sum_{i=1}^{N} (\boldsymbol{P}_k^{(i)})^{-1} \right]^{-1} \\ \hat{\boldsymbol{x}}_{g,k} = \boldsymbol{P}_{g,k} \left[\sum_{i=1}^{N} (\boldsymbol{P}_k^{(i)})^{-1} \hat{\boldsymbol{x}}_k^{(i)} \right] \end{cases}$$

(5) 局部估计重置

$$\begin{cases} (\boldsymbol{P}_k^{(i)})^{-1} = \beta_i^{-1} \boldsymbol{P}_{g,k}^{-1} \\ \hat{\boldsymbol{x}}_k^{(i)} = \hat{\boldsymbol{x}}_{g,k} \end{cases}$$

如果采用协方差交叉融合算法，不进行反馈的主要步骤如下：

(1) 初始化$\hat{\boldsymbol{x}}_{g,k}$，$\boldsymbol{P}_{g,0}$，即

$$\begin{cases} (\boldsymbol{P}_0^{(i)})^{-1} = \boldsymbol{P}_{g,0}^{-1} \\ \hat{\boldsymbol{x}}_k^{(i)} = \hat{\boldsymbol{x}}_{g,k} \end{cases}$$

式中，上标“$i=\mathrm{o}$”对应光学自主导航子系统；“$i=\mathrm{p}$”对应脉冲星自主导航子系统。

(2) 局部滤波器进行卡尔曼滤波得到$\hat{\boldsymbol{x}}_k^{(\mathrm{o})}$、$\hat{\boldsymbol{x}}_k^{(\mathrm{p})}$和$\boldsymbol{P}_k^{(\mathrm{o})}$、$\boldsymbol{P}_k^{(\mathrm{p})}$。

(3) 融合中心融合

$$\begin{cases} (\hat{\boldsymbol{P}}_k)^{-1} = \omega_1 (\hat{\boldsymbol{P}}_k^{(1)})^{-1} + \omega_2 (\hat{\boldsymbol{P}}_k^{(2)})^{-1} + \cdots + \omega_m (\hat{\boldsymbol{P}}_k^{(m)})^{-1} \\ (\hat{\boldsymbol{P}}_k)^{-1} \hat{\boldsymbol{x}}_k = \omega_1 (\hat{\boldsymbol{P}}_k^{(1)})^{-1} \hat{\boldsymbol{x}}_k^{(1)} + \omega_2 (\hat{\boldsymbol{P}}_k^{(2)})^{-1} \hat{\boldsymbol{x}}_k^{(2)} + \cdots + \omega_m (\hat{\boldsymbol{P}}_k^{(m)})^{-1} \hat{\boldsymbol{x}}_k^{(m)} \end{cases}$$

其中 ω_i 通过对方差的迹进行优化得到，参见第 3 章。

如果加上反馈，则每次融合以后需要对局部滤波器进行重置，即

$$\begin{cases} \hat{\boldsymbol{x}}_k^{(i)} = \hat{\boldsymbol{x}}_k \\ \hat{\boldsymbol{P}}_k^{(i)} = \hat{\boldsymbol{P}}_k \end{cases}$$

10.3　仿真应用实例

10.3.1　基于小行星和脉冲星观测的深空转移段融合自主导航

本节分三个部分对基于小行星与脉冲星观测的深空转移段自主导航进行仿真验证：第一部分为基于几何可观性分析的导航路标规划仿真验证；第二部分为基于动态可观性分析的导航路标规划仿真验证；第三部分为滤波算法对比，用于对比集中式、协方差交叉和联邦滤波算法。

1. 基于几何可观性分析的导航路标规划仿真

本小节对基于几何可观性分析的导航路标规划仿真进行验证。为了方便验证，参考第 8 章的小行星选取标准，从小行星数据库中选出 10 颗最佳的小行星作为备选导航小行星，编号分别为 2063、3800、2368、2100、4954、4464、3920、843、2329、1065。备选脉冲星为 3 个：B0531＋21、B1821－24、B1937＋21。

和光学自主导航相关的参数如下：

(1) 光学成像敏感器观测误差：0.1 像素。

(2) 光学自主导航姿态误差：1 μrad。

(3) 小行星星历误差：0。

和脉冲星自主导航相关的参数见表 9-14。

导航初始误差：位置各分量为 1 000 km，速度各分量为 1 m/s。观测策略为每两天观测 1 颗小行星和 1 颗脉冲星。为了验证基于几何可观性分析的导航路标规划算法，考虑如表 10-1 所示的两个典型场景，仿真结果分别如图 10-5～图 10-10 所示。场景 1 和场景 2 的滤波均能收敛，场景 1 的位置误差均值为 $[-0.475,\ -13.53,\ 34.03]^{\mathrm{T}}$ km，位置均方差为 $[17.20,\ 16.10,\ 38.77]^{\mathrm{T}}$ km；场景 2 的位置误差均值为 $[-22.047,\ -33.270,\ 88.210]^{\mathrm{T}}$ km，位置均方差为 $[35.238,\ 24.305,\ 64.066]^{\mathrm{T}}$ km。显然场景 1 的导航性能要优于场景 2，从而说明基于几何可观性分析的导航路标规划算法的有效性。

表 10-1　导航仿真场景

场景	配置	备注
场景 1	观测的小行星和脉冲星夹角最小	几何可观度大
场景 2	观测的小行星和脉冲星夹角最接近 90°	几何可观度小

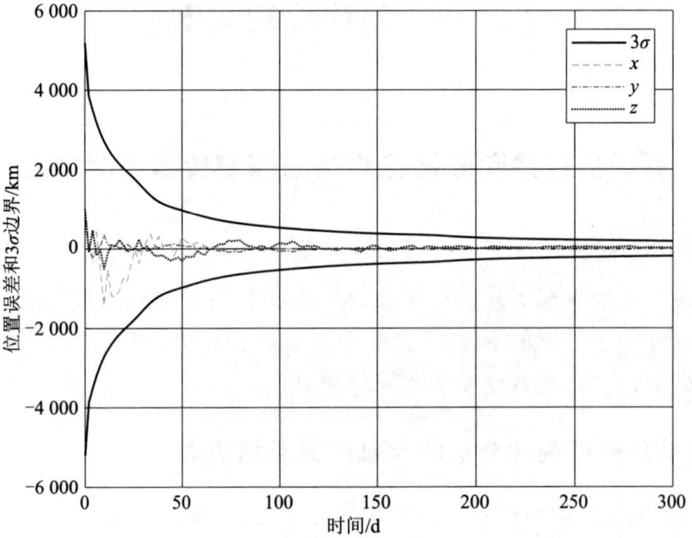

图 10-5　场景 1 的导航位置误差

2. 基于动态可观性分析的导航路标规划仿真

基于动态可观性分析的导航路标规划算法的主要优势为规划效率高，而且避免不必要的观测，特别适合基于小行星观测的深空转移段自主导航。因此本节以深空转移段的光学自主导航为背景对基于动态可观性分析的导航路标规划算法进行仿真。算法采用集中式序贯卡尔曼滤波算法，观测策略设置成每两天观测 n 颗小行星，其他参数见上一小节。

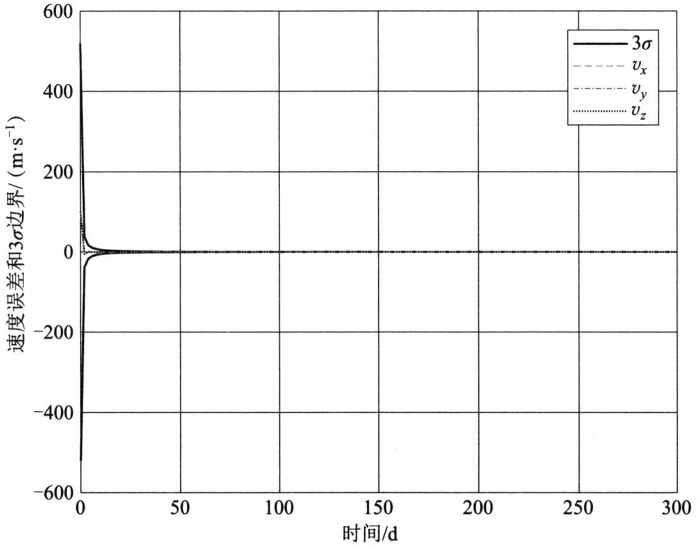

图 10-6　场景 1 的导航速度误差

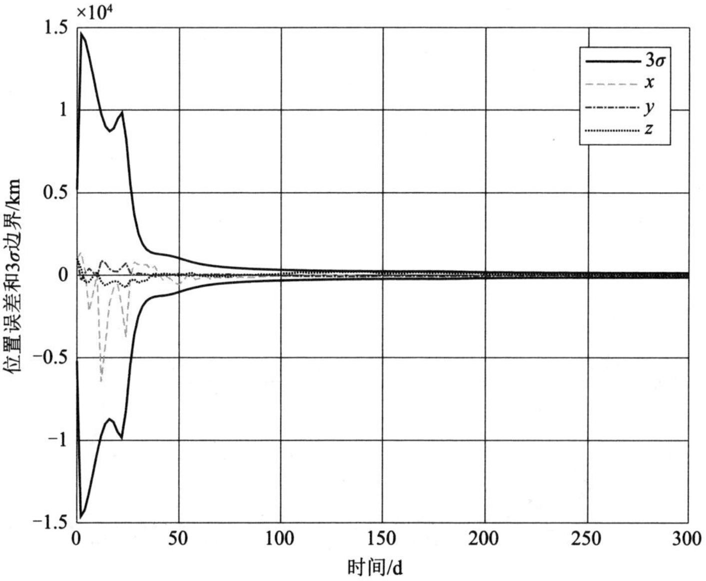

图 10-7　场景 2 的导航位置误差

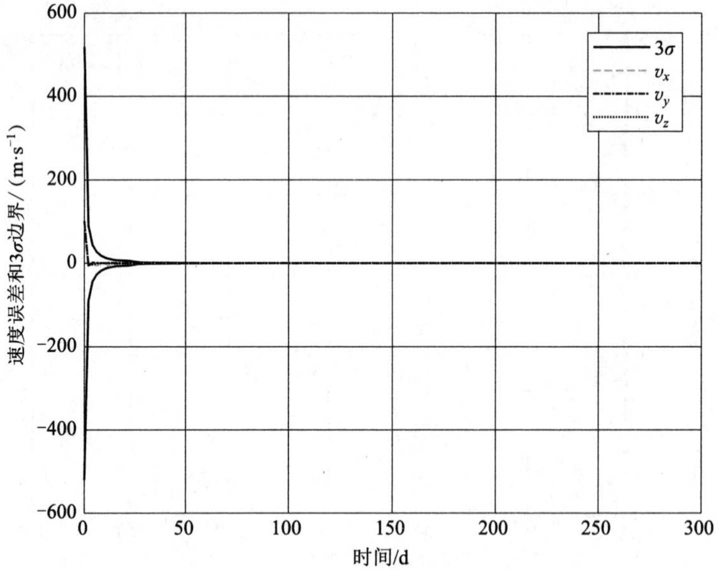

图 10-8　场景 2 的导航速度误差

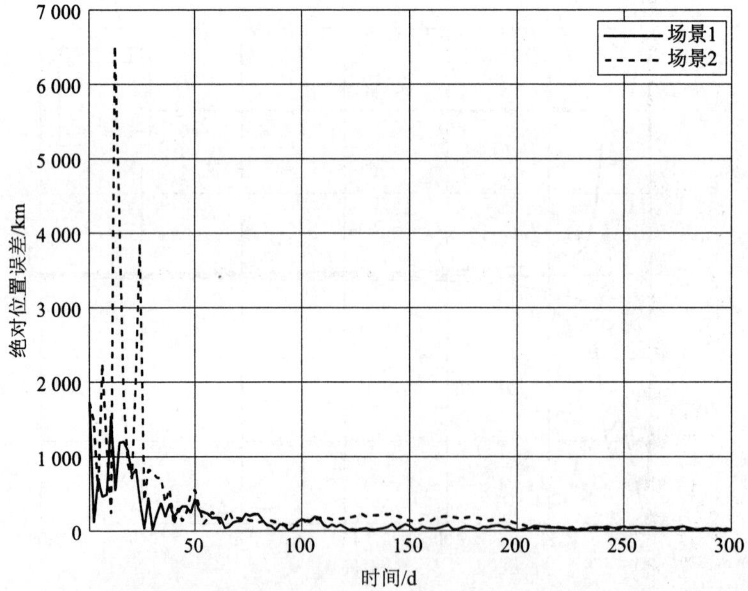

图 10-9　场景 1 和 2 的绝对位置误差对比

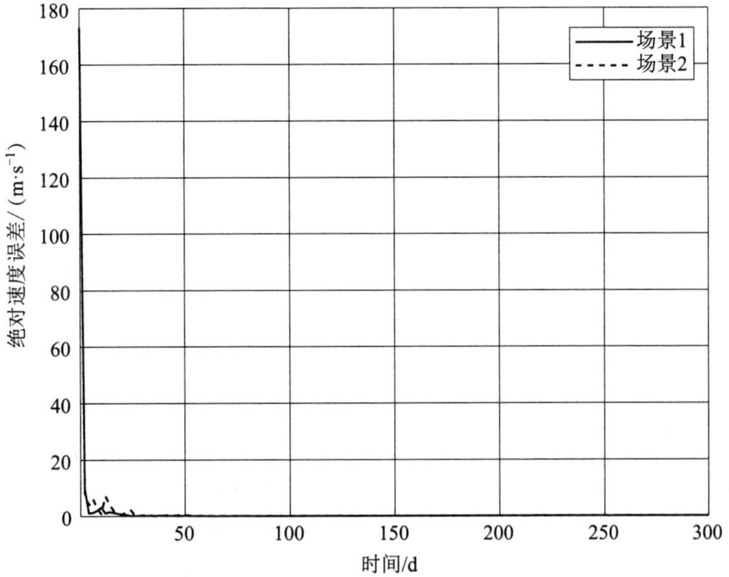

图 10-10 场景 1 和 2 的绝对速度误差对比

首先考虑每次观测 2 颗小行星的情形，分别选取几何可观度最大和最小的 2 颗星用于导航，导航结果分别如图 10-11～图 10-14 所示。其中观测几何可观度最大的小行星导航位置误差均值为 $[-10.652\,4,\ -6.952\,0,\ 8.449\,7]^{T}$ km，均方差为 $[36.580\,2,\ 37.671\,2,\ 19.517\,4]^{T}$km；观测几何可观度最大的小行星导航位置误差均值为 $[-45.209\,7,\ 50.495\,6,\ 36.697\,4]^{T}$ km，均方差为 $[94.786\,7,\ 92.308\,8,\ 92.792\,3]^{T}$ km。这说明对于本节中的观测策略，基于几何可观性分析的导航星规划算法仍然能够有效地提高导航精度。

直观上看，观测的导航小行星越多，性能也越高，同时观测这么多的小行星势必给敏感器带来负担。在满足导航系统性能的前提下，一般通过基于动态可观性分析的导航路标规划算法来解决这种观测。设定一个很小的阈值 ϵ（例如：$\epsilon=0.1$），$\max\{|\mu_j|\}<\epsilon$ 意味着多余的小行星信息对导航系统的性能提高程度很小，当 $\max\{|\mu_j|\}<\epsilon$ 时，就不进行额外的观测。图 10-15 所示为考虑阈值和不考虑阈值约束的导航位置 RMSE 误差曲线，其中不考虑阈值的情况指的是在任何情形下都用 10 颗小行星进行导航；考虑阈值指的是定量评估小行星对导航性能的影响以后，只利用满足 $\max\{|\mu_j|\}\geqslant\epsilon$ 条件的小行星进行导航。由图 10-15 可知，两者的导航仿真精度相近。图 10-16 所示为规划算法的观测颗数，显然规划算法避免了不必要的观测，从而验证了算法的有效性。

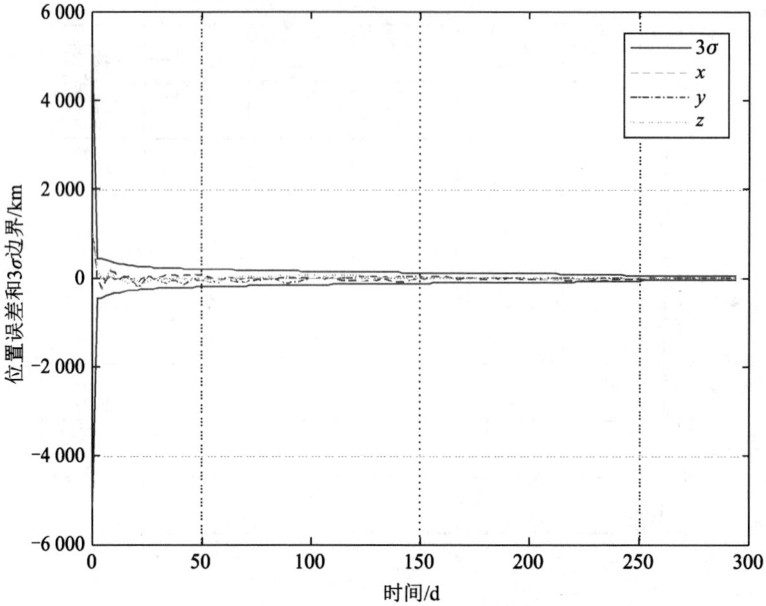

图 10-11　导航位置误差（观测的 2 颗星几何可观度最大）

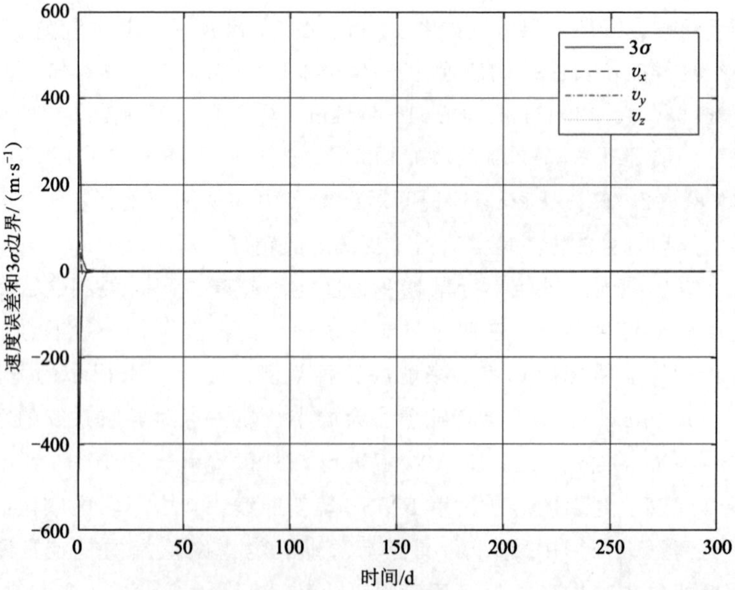

图 10-12　导航速度误差（观测的 2 颗星几何可观度最大）

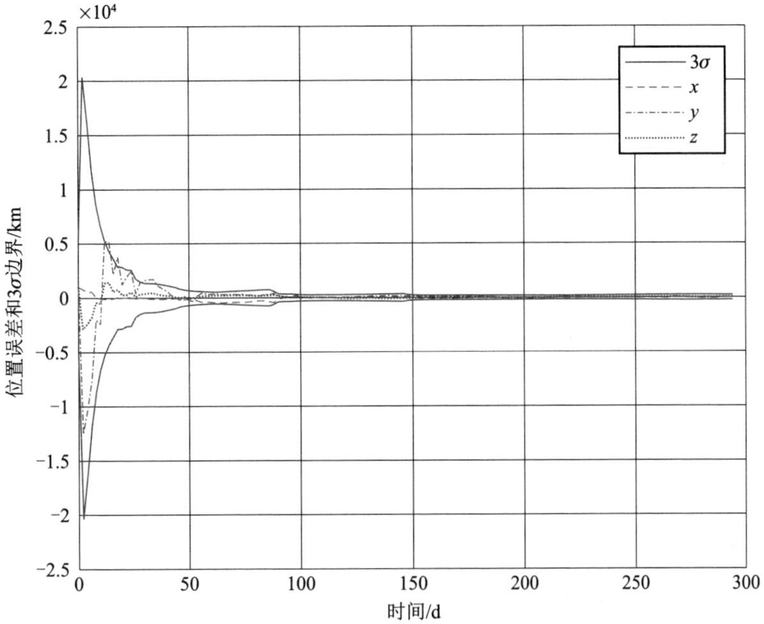

图 10-13　导航位置误差（观测的 2 颗星几何可观度最小）

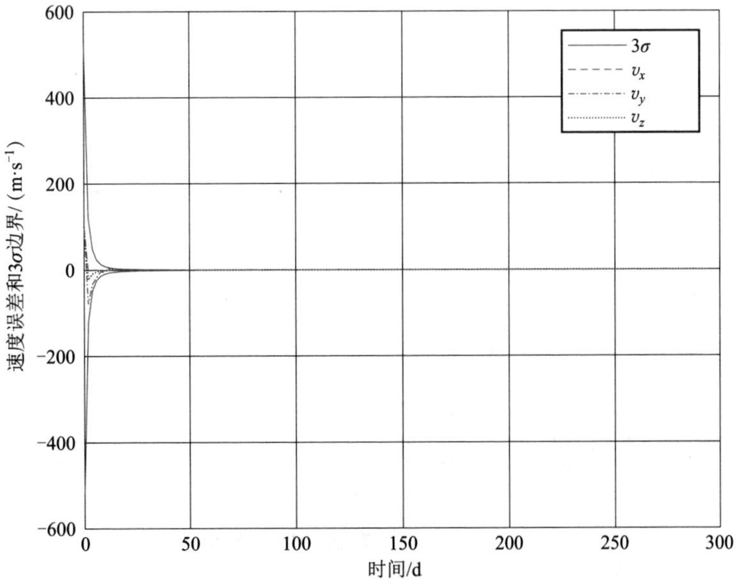

图 10-14　导航速度误差（观测的 2 颗星几何可观度最小）

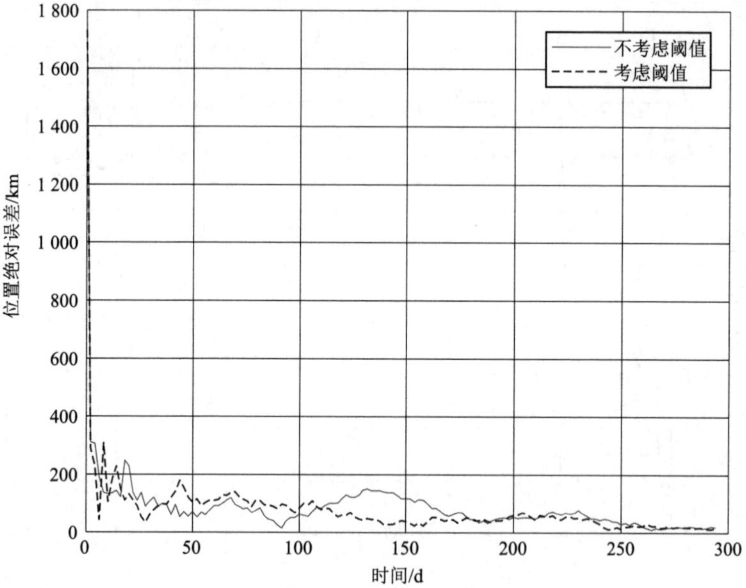

图 10-15　考虑阈值和不考虑阈值的导航结果对比

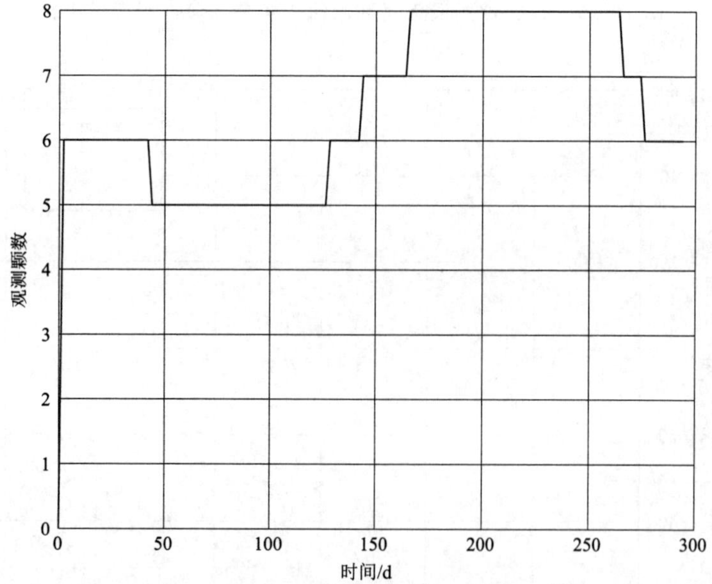

图 10-16　规划算法的观测颗数

3. 不同融合滤波算法的仿真对比

本小节对深空转移段基于光学与脉冲星信息的融合自主导航系统进行仿

真，对比集中式卡尔曼滤波算法、联邦滤波算法和协方差交叉（CI）算法三种融合滤波算法的性能。仿真结果分别如图 10-17 和图 10-18 所示，统计结果如表 10-2 所示。由表可知，三者算法性能类似，集中式卡尔曼滤波的性能略优于联邦滤波算法和协方差交叉算法。

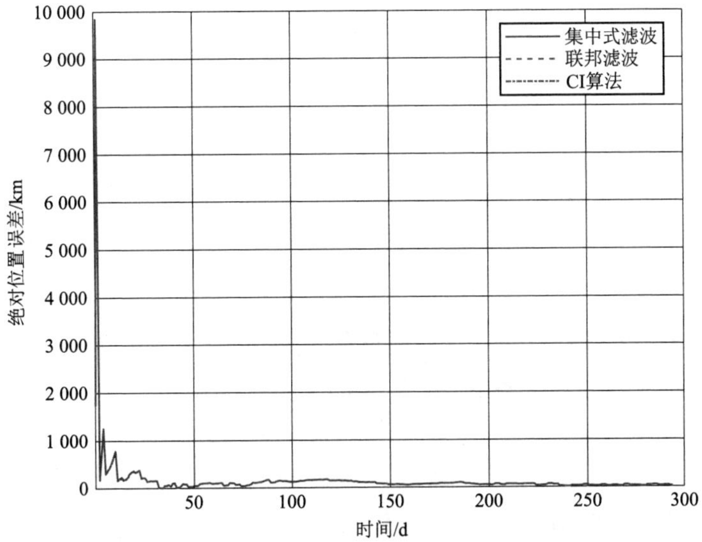

图 10-17　不同算法的导航绝对位置误差

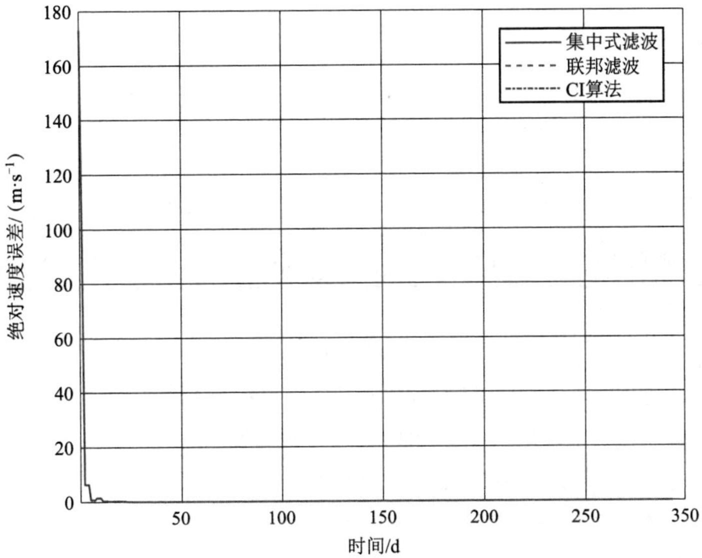

图 10-18　不同算法的导航绝对速度误差

表 10-2　三种算法对比

融合算法	统计指标	位置估计误差/km			速度估计误差/$(m\cdot s^{-1})$		
集中式滤波	均值	24.97	9.97	29.86	0.052	0.012	−0.044
	1σ	28.86	26.91	66.71	0.065	0.046	0.12
联邦滤波	均值	25.56	10.22	30.23	0.055	0.017	−0.044
	1σ	28.87	26.91	66.76	0.067	0.050	0.14
协方差交叉	均值	25.56	10.28	30.29	0.055	0.017	−0.045
	1σ	28.97	27.03	66.87	0.067	0.056	0.18

10.3.2　基于大天体、大天体卫星和脉冲星观测的深空接近段融合自主导航

本节以火星接近段为背景，对利用火卫 1、火卫 2、火心方向和脉冲星信息的融合自主导航进行仿真验证。表 10-3 所示为接近段起始点的历元时刻及在火心 J2000 惯性坐标系下的位置和速度。真实的任务轨道由 STK 软件生成，动力学模型考虑了太阳引力摄动、太阳光压摄动、50 阶引力场模型，轨道积分器采用 RKF78。

表 10-3　接近段起始点的历元时刻及在火心 J2000 惯性坐标系下的位置和速度

历元时刻	1997 年 7 月 3 日 11：09：59.000 UTCG
位置/km	[534 059.29，214 496.39，8 822.61]
速度/$(km\cdot s^{-1})$	[−4.94，−2.041，−0.085]

光学成像敏感器焦距为 6 mm，视场为 60°×60°，分辨率为 1 024×1 024 像素，每 60 s 输出一次测量信息。滤波周期取 60 s；脉冲星探测器分时段观测 3 颗脉冲星（B0531＋21、B1821－24、B1937＋21），每 600 s 输出一次脉冲星观测量，和脉冲星自主导航相关的参数见表 9-14。

首先对比单一自主导航和融合自主导航的性能，其中融合自主导航算法采取集中式序贯卡尔曼滤波算法，仿真结果分别如图 10-19 和图 10-20 所示，稳态后的导航误差如表 10-4 所示。由此可见，融合的自主导航性能要优于单一的

自主导航方式，而且相比光学自主导航而言，融合自主导航的滤波收敛速度明显要快。

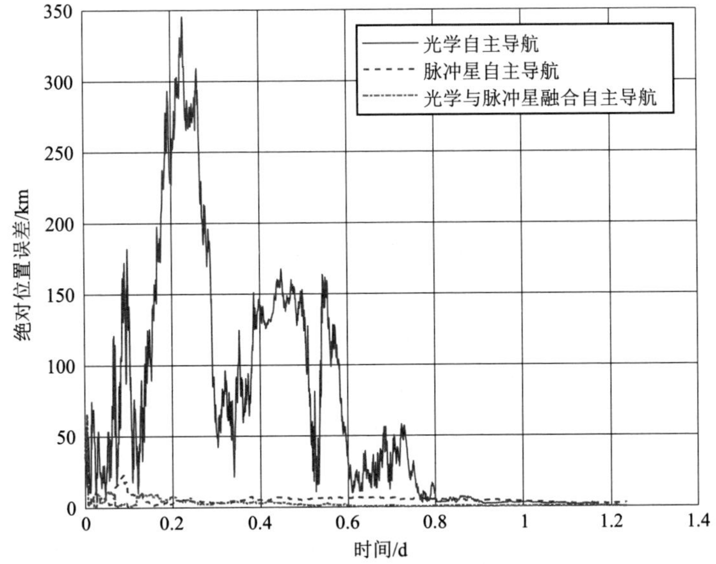

图 10-19　不同导航方式的导航绝对位置误差

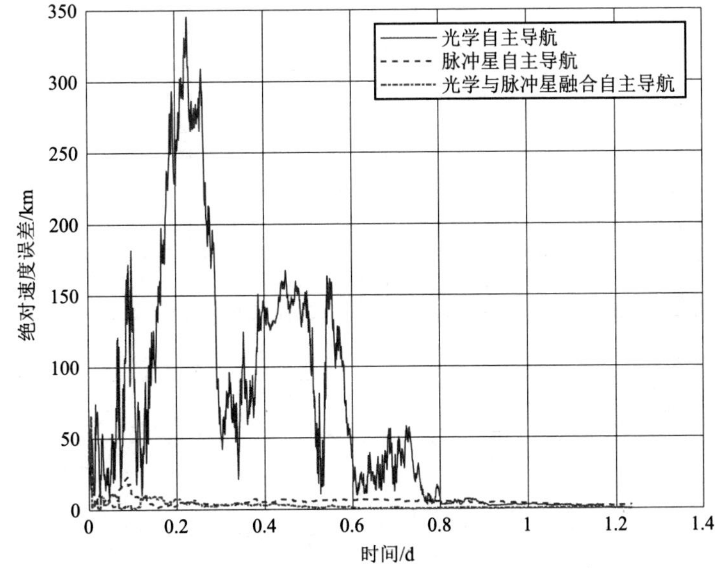

图 10-20　不同导航方式的导航绝对速度误差

表 10-4　不同导航方式的仿真结果对比

导航方式	位置估计误差 RMS/km			速度估计误差 RMS/（m·s⁻¹）		
	σ_{r_x}	σ_{r_y}	σ_{r_z}	σ_{v_x}	σ_{v_y}	σ_{v_z}
光学	0.860 8	0.579 6	1.752 6	0.024 0	0.019 8	0.076 5
脉冲星	2.721 2	0.161 3	0.497 1	0.109 7	0.104 7	0.013 2
光学+脉冲星	0.230 2	0.100 1	0.435 0	0.008 0	0.003 0	0.015 0

对不同融合算法的仿真结果进行对比，仿真结果分别如图 10-21 和图 10-22 所示，稳态时的导航误差如表 10-5 所示。由表可知，CI 算法的精度和集中式相当，联邦滤波算法的精度最差，这是因为联邦滤波假设测量相互独立，而这里光学自主导航所采取的观测量之间有一定的相关性。

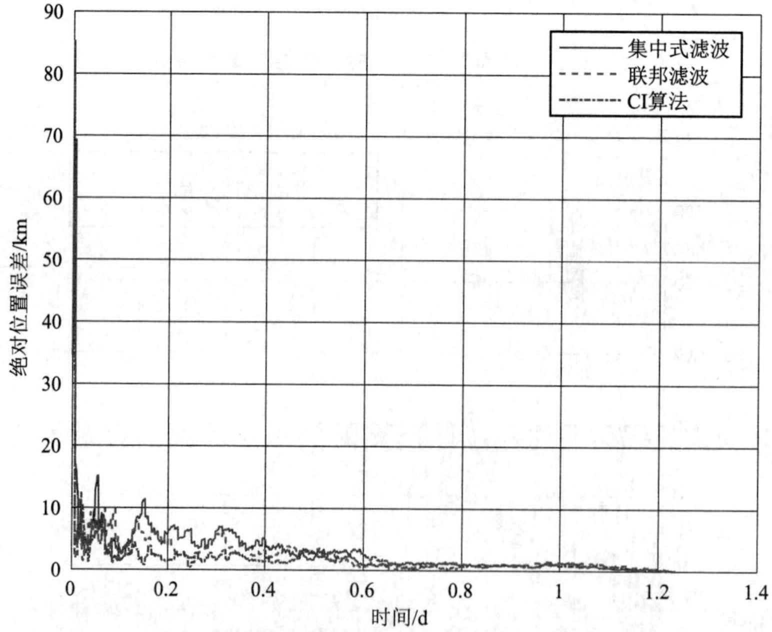

图 10-21　不同融合算法的导航绝对位置误差

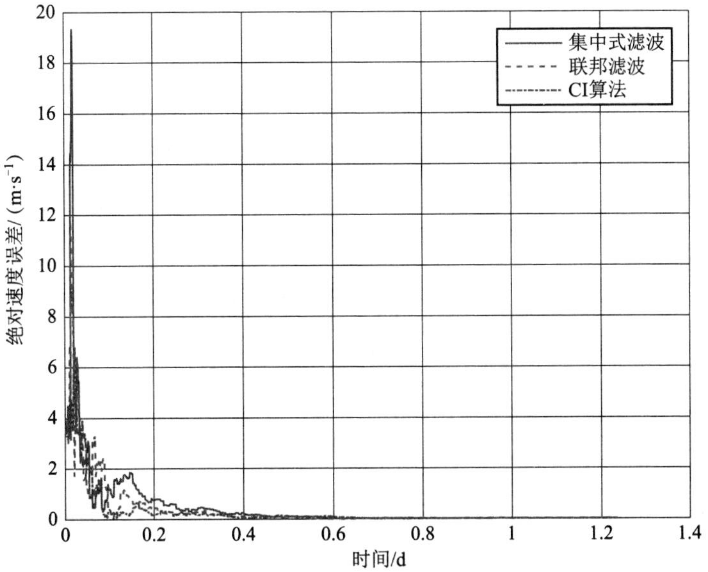

图 10-22　不同融合算法的绝对速度误差

表 10-5　不同融合算法的仿真结果对比

融合算法	位置估计误差 RMS/m			速度估计误差 RMS/（m·s^{-1}）		
	σ_{r_x}	σ_{r_y}	σ_{r_z}	σ_{v_x}	σ_{v_y}	σ_{v_z}
集中式滤波	478.550 4	188.836 2	473.385 6	0.009 9	0.005 5	0.005 6
联邦滤波	273.918 4	298.683 5	855.281 7	0.009 4	0.008 0	0.012 3
CI 算法	334.728 6	132.158 2	597.151 8	0.007 6	0.005 0	0.007 5

10.3.3　基于行星卫星和脉冲星观测的深空环绕段自主导航

本节以火星环绕段为背景对光学与脉冲星融合自主导航进行仿真验证，光学自主导航观测火卫 1 和火卫 2，脉冲星自主导航观测 B0531＋21、B1821－24 和 B1937＋21，光学自主导航和脉冲星自主导航的可见性分析分别见第 8 章和第 9 章。

表 10-6 给出环绕段起始点的历元时刻及在火心 J2000 惯性坐标系下的位置和速度。真实的任务轨道由 STK 软件生成，动力学模型考虑了太阳引力摄动、太阳光压摄动、50 阶引力场模型，轨道积分器采用 RKF78。

表 10-6　环绕段起始点的历元时刻及在火心 J2000 惯性坐标系下的位置和速度

历元时刻	1997 年 7 月 4 日 16:47:58.000 UTCG
位置/km	[682.30，−4190.90，−252.308]
速度/（km·s^{-1}）	[−3.15，−0.49，−0.01]

1. 融合算法仿真

本小节对集中式滤波、联邦滤波和 CI 算法进行仿真，主要参数设置如下：

（1）光学成像敏感器焦距为 6 mm，视场为 60°×60°，分辨率为 1 024×1 024 像素，测量噪声为 0.1 像素，姿态误差为 1 μrad，观测周期为 60 s。

（2）脉冲星自主导航的误差设置参见表 9-14，观测周期为 600 s。

（3）导航滤波周期为 10 s。

（4）导航初始误差：位置各分量为 3 km，速度各分量为 3 m/s。

仿真结果分别如图 10-23 和图 10-24 所示。稳态时的导航误差如表 10-7 所示，三种滤波算法在稳态时的导航位置误差均小于 100 m，而由第 8 章和第 9 章的仿真结果可知，单独的光学自主导航位置精度为 150 m 左右，脉冲星自主导航精度为 1 km 左右，因此融合后的导航精度要优于单个子系统。

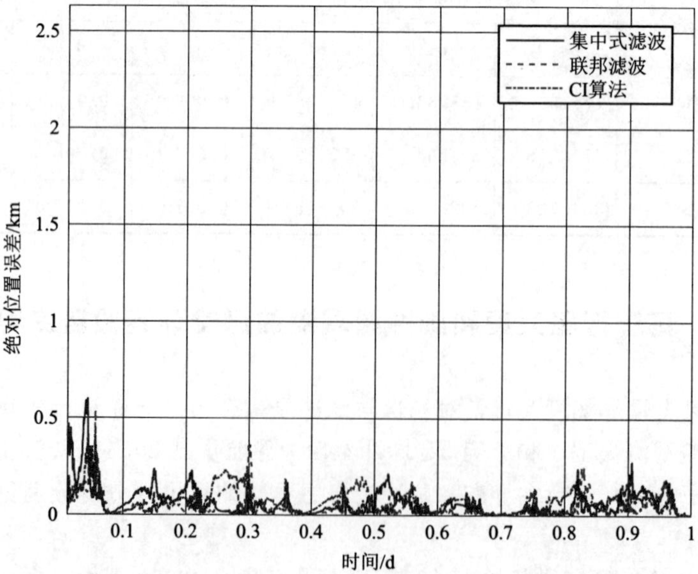

图 10-23　环绕段融合自主导航的绝对位置误差

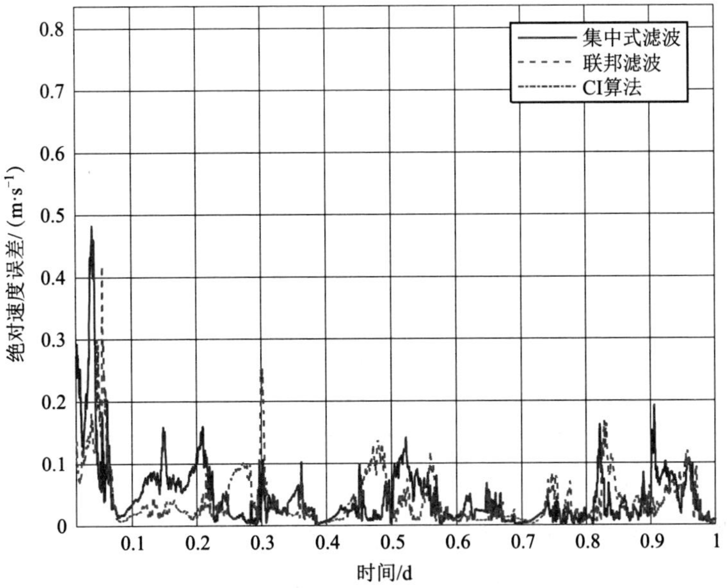

图 10-24　环绕段融合自主导航的绝对速度误差

表 10-7　不同融合算法的仿真结果对比

融合算法	位置估计误差 RMS/m			速度估计误差 RMS/ (m·s^{-1})		
	σ_{r_x}	σ_{r_y}	σ_{r_z}	σ_{v_x}	σ_{v_y}	σ_{v_z}
集中式滤波	45.881 8	54.647 1	5.751 8	0.034 1	0.035 0	0.003 5
联邦滤波	51.138 6	53.016 2	8.264 9	0.033 5	0.036 9	0.005 8
CI 算法	59.707 0	57.909 0	5.492 8	0.038 9	0.043 4	0.004 1

2. 系统误差校正

本小节进行系统误差校正的仿真，主要参数设置如下：

(1) 光学成像敏感器焦距为 6 mm，视场为 60°×60°，分辨率为 1 024×1 024 像素，测量噪声为 0.1 像素，姿态误差为 0 μrad，观测周期 60 s。

(2) 脉冲星自主导航的 TOA 空间尺度转换误差为 30 m，其余参数见表 9-14，观测周期为 600 s。

(3) 导航滤波周期为：10 s。

(4) 导航初始误差：位置各分量为 3 km，速度各分量为 3 m/s。

考虑如表 10-8 所示的仿真场景。

表 10-8　导航仿真场景

场景	配置	导航方式
场景 1	脉冲星角位置误差设置为 0.1″，星钟偏差 2 μs	脉冲星自主导航
场景 2	脉冲星角位置误差设置为 0.1″，星钟偏差 2 μs；光学自主导航无系统偏差	光学＋脉冲星自主导航
场景 3	脉冲星角位置误差设置为 0.1″，星钟偏差 2 μs；光学自主导航系统偏差为 0.05 像素	光学＋脉冲星自主导航

图 10-25 和图 10-26 所示为场景 1 未修正和修正系统误差的导航仿真结果，在不进行系统误差校正时，稳态位置误差为 $[1.340\,9\quad 0.395\,1\quad 0.169\,1]^T$ km，稳态速度误差为 $[0.475\,4\quad 0.469\,0\quad 0.125\,8]^T$ m/s；进行系统误差校正以后的稳态位置误差为 $[132.961\,5\quad 107.099\,9\quad 104.434\,1]^T$ m，

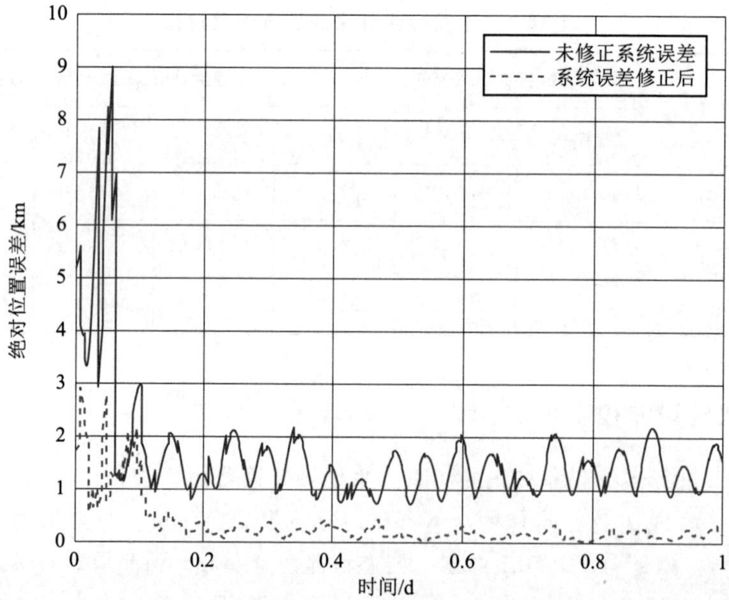

图 10-25　场景 1 的绝对位置误差

稳态速度误差为 $[0.0797\quad 0.0765\quad 0.0773]^{T}$ m/s，显然系统误差校正后的导航性能有大幅提升。

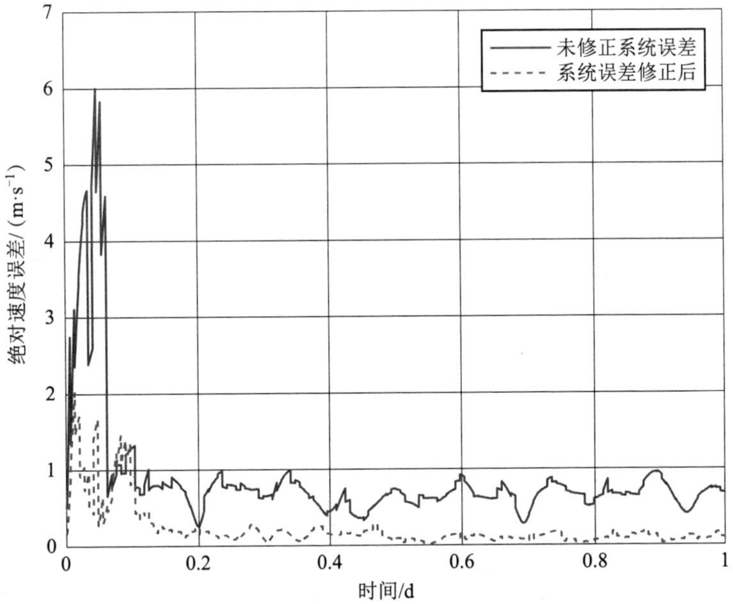

图 10-26　场景 1 的绝对速度误差

如果加入光学自主导航，图 10-27 和图 10-28 分别为场景 2 未修正和修正系统误差的导航仿真结果。在不进行系统误差校正时，稳态位置误差为 $[50.7358\quad 40.5750\quad 11.2481]^{T}$ m，稳态速度误差为 $[0.0282\quad 0.0328\quad 0.0084]^{T}$ m/s；进行系统误差校正以后的稳态位置误差为 $[53.6327\quad 43.4068\quad 7.0902]^{T}$ m，稳态速度误差为 $[0.0346\quad 0.0337\quad 0.0058]^{T}$ m/s。这说明如果仅仅是脉冲星自主导航中有系统误差，则融合自主导航系统对系统误差有抑制作用。

图 10-29 和图 10-30 所示为场景 3 未修正和修正系统误差的导航仿真结果，在不进行系统误差校正时，稳态位置误差为 $[181.84\quad 110.08\quad 27.78]^{T}$ m，稳态速度误差为 $[0.0915\quad 0.0953\quad 0.0212]^{T}$ m/s；进行系统误差校正以后的稳态位置误差为 $[70.3368\quad 70.6690\quad 9.3297]^{T}$ m，稳态速度误差为 $[0.0509\quad 0.0498\quad 0.0072]^{T}$ m/s。显然采用系统误差校正算法的导航精度要高，这说明对于融合自主导航系统，如果单个子系统都有系统误差，则需要进行系统误差校正。

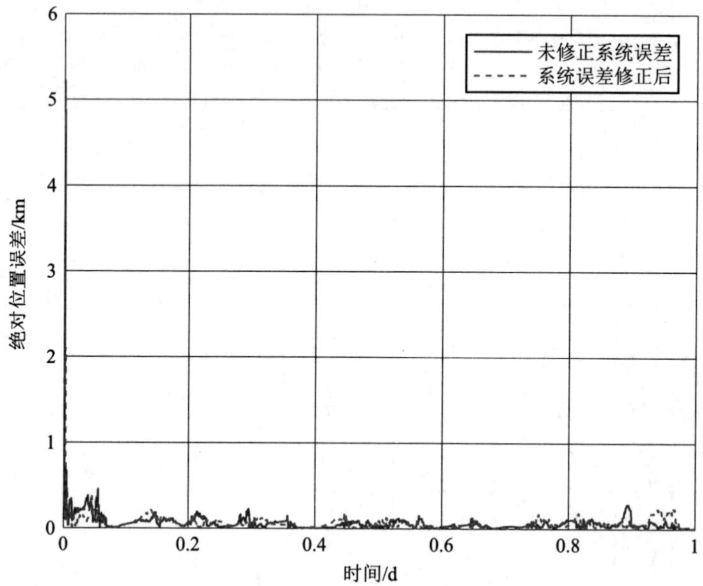

图 10-27　场景 2 的绝对位置误差

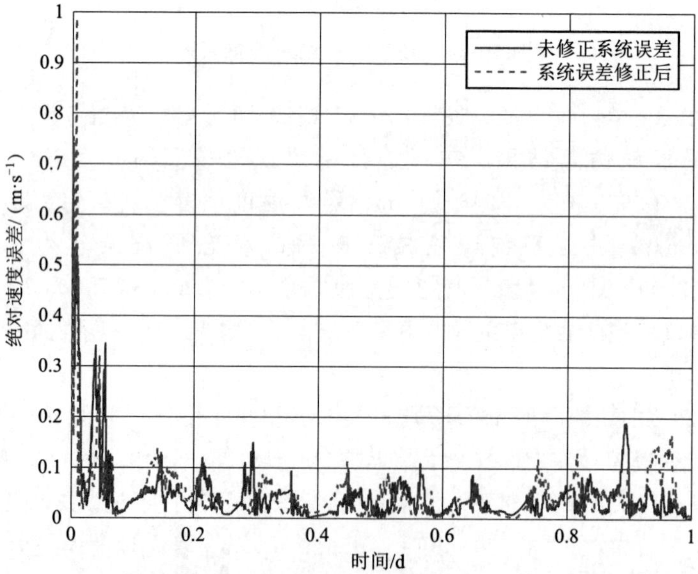

图 10-28　场景 2 的绝对速度误差

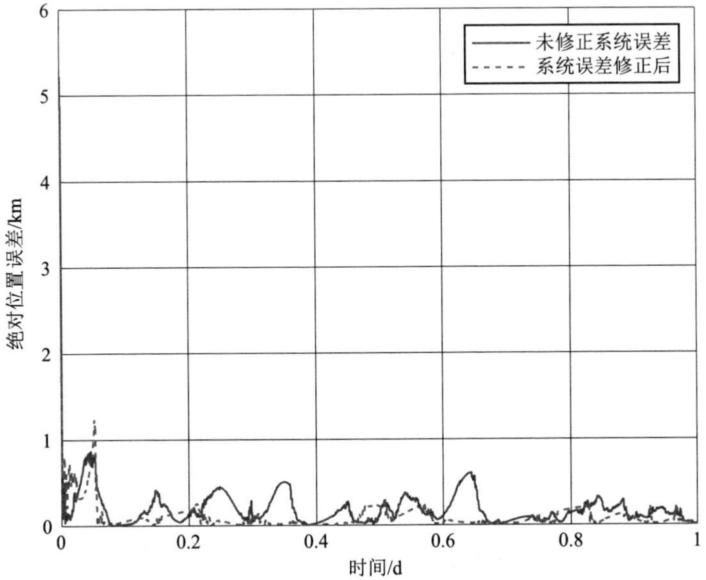

图 10-29　场景 3 的绝对位置误差

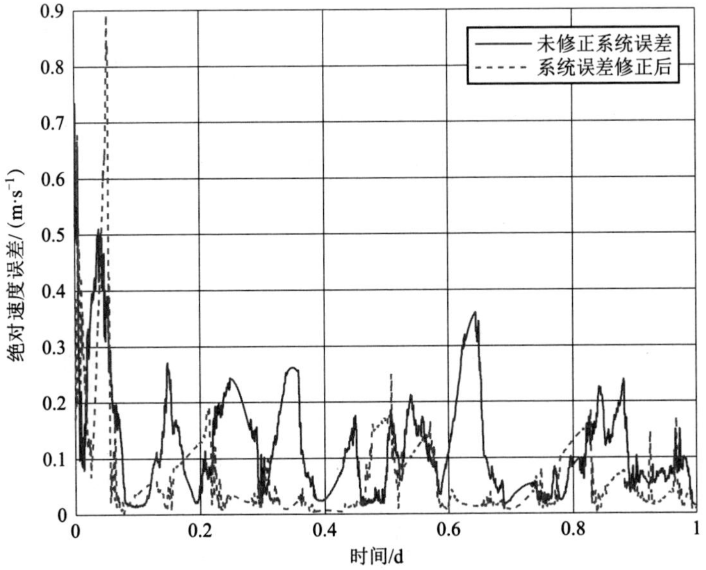

图 10-30　场景 3 的绝对速度误差

10.4 小　结

本章研究了光学与脉冲星融合自主导航技术，主要贡献在于提出了一种新型的导航路标规划方法，和传统的方法相比，该算法计算量小，适宜在轨运算。在融合导航滤波方面，本章结合系统误差校正技术给出了集中式卡尔曼滤波、联邦卡尔曼滤波以及协方差交叉融合算法的具体实现过程。最后通过数值仿真对导航路标规划、系统误差校正及融合算法进行了验证。

参 考 文 献

[1] P. Ma, T. Wang, F. Jiang, et al. Autonomous navigation of Mars probes by single X-ray pulsar measurement and optical data of viewing Martian Moons [J]. The Journal of Navigation, 2017, 70 (1): 18-32.

[2] 熊凯. 基于脉冲星的空间飞行器自主导航技术研究 [D]. 北京: 中国空间技术研究院, 2008.

[3] 李茂登. 基于光学图像/X 射线脉冲星信息的融合导航方法研究 [D]. 北京: 北京控制工程研究所, 2013.

[4] Y. Wang, W. Zheng, S. Sun, et al. X-ray pulsar-based navigation system with the errors in the planetary ephemerides for earth-orbiting satellite [J]. Advances in Space Research, 2013, 51 (12): 2394-2404.

[5] X. Ning, Y. Yang, Z. Li, et al. Ephemeris corrections in celestial/pulsar navigation using time differential and ephemeris estimation [J]. Journal of Guidance, Control, and Dynamics, 2018, 41 (1): 1-8.

[6] J. Liu, J. Fang, X. Ma, et al. X-ray pulsar/starlight doppler integrated navigation for formation flight with ephemerides errors [J]. IEEE Aerospace and Electronic Systems Magazine, 2015, 30 (3): 30-39.

[7] 褚永辉, 李茂登, 黄翔宇, 等. 基于自适应滤波的脉冲星导航方法研究 [J]. 空间控制技术与应用, 2015, 41 (6): 8-12.

[8] 李晓宇, 姜宇, 金晶, 等. 脉冲星导航系统的星历表误差 RKF 校正算法 [J]. 宇航学报, 2017, 38 (1): 26-33.

[9] 王大轶, 魏春岭, 熊凯. 航天器自主导航技术 [M]. 北京: 国防工业出版社, 2017.

[10] X. Ma, J. Fang, X. Ning, et al. A radio/optical integrated navigation method based on ephemeris correction for an interplanetary probe to approach a target planet [J]. The Journal of Navigation, 2016, 69 (3): 613-638.

[11] M. Li, W. Jing, X. Huang. Dual cone-scanning horizon sensor orbit and attitude corrections for Earth's oblateness [J]. Journal of Guidance, Control and

Dynamics, 2012, 35 (1): 344 - 349.

[12] 郑伟，王奕迪，汤国建，等. X射线脉冲星导航理论与应用 [M]. 北京：科学出版社，2015.

[13] J.Liu, J.Ma, J.W.Tian, et al. X-ray pulsar navigation method for spacecraft with pulsar direction error [J]. Advances in Space Research, 2010, 46 (11): 1409 - 1417.

[14] 孙守明. 基于X射线脉冲星的航天器自主导航方法研究 [D]. 长沙：国防科学技术大学，2011.

[15] 孙守明，郑伟，汤国建. 基于X射线脉冲星同步定位/授时的可观性分析 [J]. 武汉大学学报·信息科学版，2011，36 (9)：1068 - 1072.

[16] D.W.Woodfork. The use of X-ray pulsars for aiding GPS satellite orbit determination [D]. Wright-Patterson AFB: Air Force Institute of Technology, 2005.

[17] 杨成伟，郑建华. 基于脉冲星和小行星的组合导航在深空巡航段的应用 [J]. 中国惯性技术学报，2012，20 (5)：583 - 592.

[18] K.R.Brown Jr. The theory of the GPS composite clock [C] //Proceedings of the 4th International Technical Meeting of the Satellite Division of the Institute of Navigation. Albuquerque: ION, 1991, 223 - 241.

第11章

惯性与测距测速/光学融合自主导航技术

惯性自主导航（简称惯导）普遍应用在深空探测任务中的动力飞行段，最为突出的应用为天体表面软着陆任务。在软着陆过程的动力下降段，为了能够连续测量推力加速度和姿态角速度，一般需要选择惯性测量单元（IMU）作为软着陆探测器（简称着陆器）的核心导航敏感器。基于IMU的软着陆自主导航技术早就应用在美国的Apollo、Surveyor和苏联的Luna系列月球软着陆任务中，近期的一些软着陆探测任务，如美国的凤凰号（Phoenix）和火星科学实验室（Mars Science Laboratory，MSL）火星着陆探测任务、欧空局的EuroMoon2000和日本的Selene-B月球软着陆探测任务仍然采用惯性自主导航方式。到目前，惯性自主导航技术依然是软着陆过程的主要导航方式，但是由于存在初始导航误差和IMU的测量误差，测量输出的积分过程使导航误差逐渐增大，为了提高着陆器相对天体表面的导航精度，一般需要利用着陆器相对天体表面的直接测量信息来修正惯导结果。

考虑到视线距离、速度和图像（包括光学和三维地形图像）信息是着陆导航敏感器容易获取的测量信息，本章重点研究IMU＋测距测速、IMU＋光学的软着陆融合自主导航技术。

11.1　软着陆飞行过程

对于地球以外的深空天体，有些天体表面存在大气层，如金星、火星和木星等；有些天体表面无大气层，如月球、水星等。着陆器在有大气层天体表面着陆，可以利用天体表面的大气阻力进行减速，着陆过程与地球返回舱再入过程类似；着陆器在无大气天体表面着陆，由于没有大气阻力可供利用，只能借助制动发动机进行减速。

对于无大气层天体，为了完成软着陆任务，着陆器需要先从环绕轨道经霍曼转移到达近天体点（霍曼转移轨道距离天体最近的位置点）附近。从近天体点开始，经过复杂的轨道机动，按要求的速度着陆在预定的天体表面，如图 11-1 所示。无大气层天体的软着陆飞行过程一般可分为五个阶段。

1. 主减速段

从近天体点到距天体表面几千米高度。该段的主要任务是消除较大的初始水平速度。根据导航结果，按照设计的制导律控制着陆器的轨道和姿态，使着陆器速度减小到预定值并到达期望的着陆区域上空。

2. 调姿下降段

从距天体表面高度几千米到一百米左右。该段的主要任务是调整着陆器的姿态。

根据导航结果，按照设计的制导律控制着陆器的轨道和姿态，使着陆器到达预定高度时的速度接近于零，姿态调整为垂直向下，且保证太阳帆板指向预定方向。

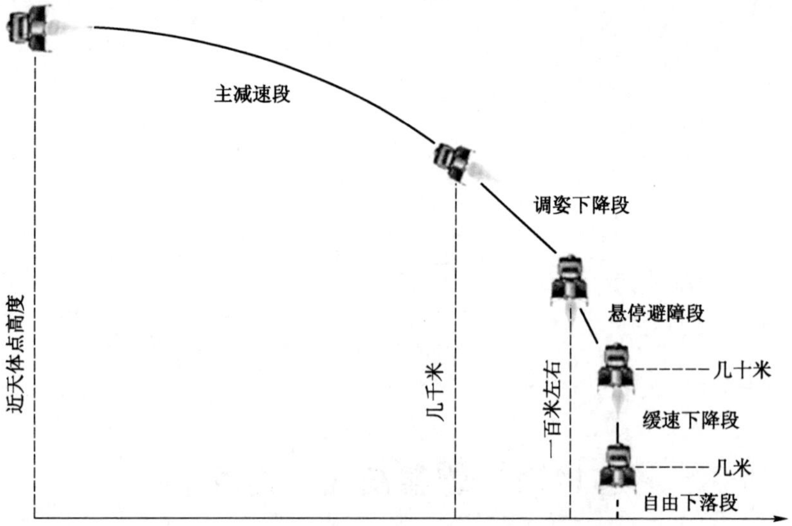

图 11-1　无大气层天体的软着陆飞行过程示意图

3. 悬停避障段

从距天体表面高度一百米左右到几十米。在一百米左右高度处，制导、导航与控制（GNC）系统保证着陆器处于悬停状态，悬停期间光学成像敏感器对着陆区域成像，经导航处理选择安全着陆点，然后通过水平和垂向控制使着陆器平移下降至所选着陆区域上方的预定高度。

4. 缓速下降段

从距天体表面高度几十米到几米。悬停避障结束后，按照设计的制导律控制着陆器的轨道和姿态，使着陆器到达预定高度时的速度接近于零，且保证着陆器在所选安全着陆区域的上方。

5. 自由下落段

从距天体表面高度几米到着陆天体表面。该段采用自由落体下降方式，期间要保持姿态垂直向下。

对于有大气层的天体，软着陆飞行过程一般可分为四个阶段，如图 11-2 所示。

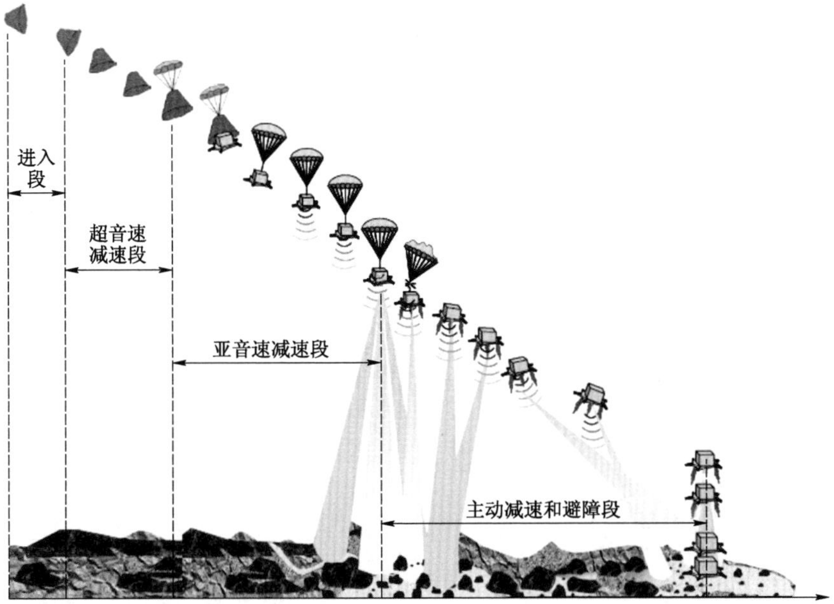

图 11-2　有大气层天体的软着陆飞行过程示意图

1. 进入段

通过一系列的轨道和姿态机动，使着陆器进入天体大气层。

2. 超音速减速段

着陆器利用气动外形进行减速控制，期间要经受严酷的气动加热和过载环境考验。

3. 亚音速减速段

当达到降落伞开伞条件时弹出降落伞，同时抛掉防热大底，着陆器在降落伞的作用下减速下降。

4. 主动减速和避障段

当达到允许的着陆速度后将降落伞与着陆器分离，轨控发动机和姿控推力器开始工作，进行主动减速和避障。本阶段与无大气层天体的软着陆飞行过程类似。

对于软着陆过程，无论着陆目标天体表面是否存在大气层，着陆过程需要的自主导航原理基本相同，只是惯性测量单元（IMU）、测距、测速和光学成像敏感器的工作环境有一定的差别，这些差别需要在导航敏感器的设计和研制过程中加以考虑。本章以月球软着陆为例，重点研究无大气层的天体软着陆过程基于惯性的融合自主导航技术。

11.2　软着陆自主导航系统

11.2.1　软着陆自主导航系统的组成和工作流程

软着陆自主导航系统主要包括 IMU（加速度计和陀螺）、测距敏感器、测速敏感器、光学成像敏感器、星敏感器以及 GNC 计算机，系统组成框图如图 11-3 所示。IMU 用于测量着陆器的姿态角速度和非引力加速度，测距敏感器用于测

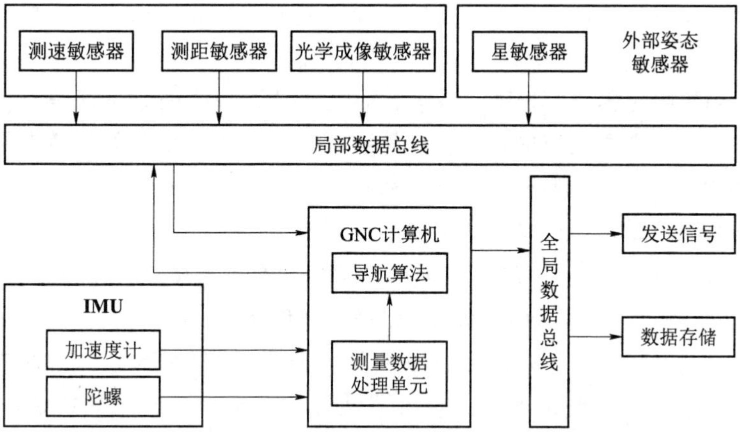

图 11-3　软着陆自主导航系统组成框图

量着陆器相对天体表面的视线距离，测速敏感器用于测量着陆器相对于天体表面的速度，光学成像敏感器用来获取天体表面的图像，星敏感器用来提供初始惯性姿态基准，GNC 计算机负责接收和处理各种敏感器传来的测量信息，并进行导航解算。

软着陆自主导航系统的一般工作流程为：初始惯性姿态基准由 GNC 计算机利用星敏感器和陀螺的测量数据确定，初始轨道基准由地面预报注入或星上预报确定。GNC 计算机采集陀螺和加速度计的测量信息，并进行数据处理和惯性导航解算，来预估着陆器的姿态、位置和速度。在利用测距测速信息进行导航修正期间，GNC 计算机采集测距敏感器和测速敏感器的测量数据，并进行数据处理和导航修正，更新着陆器的位置和速度。在利用图像信息进行导航修正期间，GNC 计算机采集光学成像敏感器获取的着陆天体表面图像，并进行图像处理和导航修正，更新着陆器的位置和速度。在障碍识别期间，GNC 计算机采集光学成像敏感器获取的着陆天体表面光学图像或三维地形图像，并进行图像处理、障碍识别和安全着陆区选取。

11.2.2 惯性测量单元

第 7 章对 IMU 的测量原理进行了介绍，软着陆任务的陀螺组件一般包含 6 个单自由度陀螺，用于测量着陆器相对惯性空间的三轴姿态角速度。6 个陀螺中的任何 3 个陀螺都可以构成一个工作模式，独立完成姿态角速度的测量任务。为了保证加速度测量信息的冗余配置，软着陆任务的惯性测量单元一般需要安装 4 个加速度计，通常采用 3 个正装和 1 个斜装的安装方式来保证任意 3 个加速度计都可以构成一个工作模式，独立完成着陆器三轴非引力加速度的测量任务。

考虑到着陆过程姿态机动范围大，而且着陆过程中的姿态误差一般无法进行修正，因此，要求陀螺的量程大、精度高，且能适应一定的加速度环境。软着陆任务中所用陀螺的典型技术指标为：

（1）测量范围：$\pm 10°/s$。

（2）与 g 相关漂移：过载$\leqslant 1\ g$ 时，与过载有关的漂移$\leqslant 1°/h$。

（3）与 g 无关漂移：常值漂移$\leqslant 3°/h$，随机漂移$\leqslant 0.02°/\sqrt{h}$。

考虑到着陆过程有相对较大的加速度，且只有着陆器到达一定的高度和速度范围时才能引入测距测速信息进行惯性导航修正，因此，需要使用量程大、精度高的加速度计。软着陆任务中所用加速度计的典型技术指标为：

（1）测量范围：$\pm 1\ g$。

（2）零偏稳定性：$5\times10^{-5}\,g$。

（3）相对精度：2×10^{-3}。

11.2.3 测距敏感器和测速敏感器

测距敏感器和测速敏感器是软着陆过程的关键导航敏感器之一，它可以直接测量着陆器相对天体表面的视线速度和视线距离。其测量数据可以用于修正惯导结果，消除初始测定轨误差和 IMU 测量误差带来的影响，以提高自主导航精度，保证着陆安全。

考虑到软着陆过程中着陆器相对天体表面的距离和速度的测量范围较大，通常对测距测速敏感器的测量范围和测量精度都有较高的要求。其中，测距的范围一般要求为 0～30 km，最高精度要求达到 0.1 m；测速的范围一般要求为 0～1 km/s，最高精度要求达到 0.2 m/s。

软着陆过程的姿态变化范围很大，为了保证测距测速敏感器的测量波束能够达到天体的表面上，需要针对软着陆过程确定合适的测距测速波束安装方式。假设着陆器配置了 4 个测距测速波束，记为 L_1～L_4，且每个波束可以独立测量。为了保证至少 3 个波束可以达到天体表面上，一种可用的安装方式如图 11-4 和图 11-5 所示，L_4 沿 x 轴方向（x 轴为着陆器的纵轴方向），L_1 沿着陆器 z 轴方向，L_2、L_3 在 XOZ 平面的投影与 x 轴和 z 轴成 45°，L_2 在 yOz 平面的投影与 y 轴和 z 轴成 45°，L_3在 YOZ 平面的投影与 $-y$ 轴和 Z 轴成 45°。

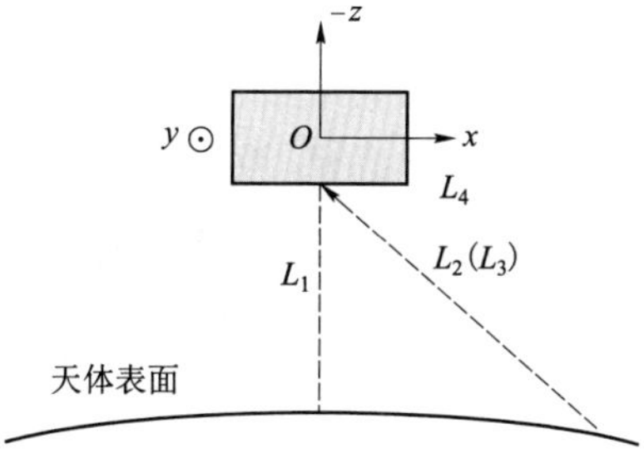

图 11-4 初始着陆时刻的波束指向

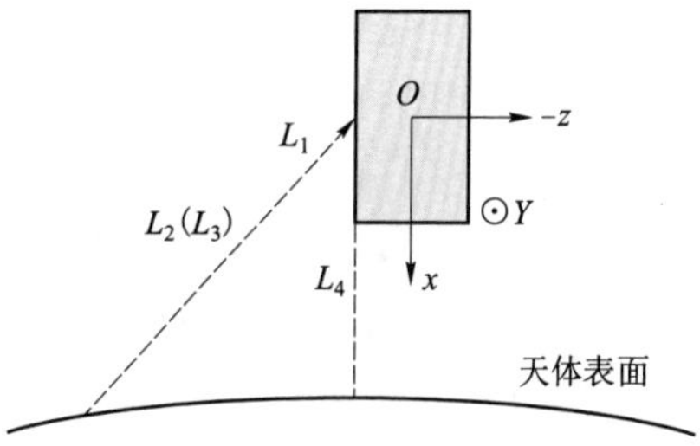

图 11-5 垂直下降过程的波束指向

11.2.4 光学成像敏感器

光学成像敏感器用于获取着陆经过区域和着陆区域的图像。图像的主要用途有：一是用来获取导航参考特征区域或特征点；二是用来选择安全着陆点实现避障。光学成像敏感器可分为三维主动成像敏感器和光学相机。三维主动成像敏感器的工作方式又可分为激光三维成像和微波三维成像两种。

激光三维成像敏感器具有扫描和非扫描两种工作体制。扫描式激光三维成像敏感器利用逐点测量的方法获取视场内各点的高度信息，在得到视场内所有点的数据后，再将数据进行拼接和处理。它存在成像速度慢，激光器工作频率高、功耗大，数据拼接精度差等缺点。非扫描激光三维成像敏感器利用激光一次照明整个目标，一次测量出目标上每个像元的强度和距离信息。这种激光三维成像敏感器没有扫描装置，具有成像速度快、测量精度高的特点，是一种理想的三维成像敏感器。

微波三维成像敏感器也具有扫描和非扫描两种工作体制。扫描式微波三维成像与扫描式激光三维成像工作方式类似。非扫描微波三维成像是根据回波信号的功率时间分布来获得天体表面在每一个成像单元内的平均高度和平均粗糙度，通过这两个参数获得天体表面的地形特征。

三维主动成像敏感器的典型技术指标为：距离测量精度<0.1 m，数据采集时间<0.1 s，视场不小于$30°\times30°$，作用距离为30～500 m，平面分辨率优于0.2 m$\times0.2$ m。

光学相机的敏感元件可分为电荷耦合元件（CCD）和互补金属氧化物半导体（CMOS APS）两种，其优势是能较快获取着陆天体表面的光学图像。根据着陆器相对天体的高度和太阳光照条件可以对光学图像的明暗进行形状恢复、障碍物识别。光学相机的典型技术指标为：视场不小于$30°\times30°$，平面分辨率优于0.1 m$\times0.1$ m，成像时间小于10 ms。

11.3 测 量 方 程

11.3.1 测距测量方程

为了叙述方便，假设中心天体为月球。首先建立着陆坐标系$\mathcal{F}_l$，原点为月球中心 O_l，O_lx_l 轴指向动力下降点，O_ly_l 在轨道平面内垂直于 O_lx_l 且指向运动方向，O_lz_l 构成右手坐标系。测距敏感器的测量数据是测距波束指向天体表面的视线距离，无法直接引入导航算法中，需要先转化为着陆器相对月面的高度信息。测量方程可以写作

$$\tilde{z}_l = \|\boldsymbol{r}\| - R_m + \nu_l \tag{11-1}$$

式中，$\boldsymbol{r}$ 为着陆器的位置矢量；R_m 为月球参考半径；ν_l 为测距噪声。

取状态向量为着陆器的位置和速度，则式（11-1）对应的测量矩阵为

$$\boldsymbol{H}_l = \begin{bmatrix} \dfrac{\partial \tilde{z}_l}{\partial \boldsymbol{r}} & \dfrac{\partial \tilde{z}_l}{\partial \boldsymbol{v}} \end{bmatrix} = \begin{bmatrix} \dfrac{\boldsymbol{r}^{\mathrm{T}}}{r} & \boldsymbol{O}_{1\times 3} \end{bmatrix} \tag{11-2}$$

如果投影在$\mathcal{F}_l$系下有 $\boldsymbol{r}=[x, y, z]^{\mathrm{T}}$，则式（11-1）和式（11-2）可以写作

$$\begin{cases} \tilde{z}_l = \sqrt{x^2+y^2+z^2} - R_m + \nu_l \\ \boldsymbol{H}_l = \begin{bmatrix} \dfrac{x}{r} & \dfrac{y}{r} & \dfrac{z}{r} & \boldsymbol{O}_{1\times 3} \end{bmatrix} \end{cases} \tag{11-3}$$

11.3.2 测速测量方程

假设利用测速波束可以获取三轴本体速度，将本体速度作为观测量，则测量方程可以写作

$$\tilde{\boldsymbol{z}}_v = \boldsymbol{C}_1^{\mathrm{b}} \begin{bmatrix} \dot{x} \\ \dot{y} \\ \dot{z} \end{bmatrix} + \boldsymbol{v}_v \tag{11-4}$$

式中，$\boldsymbol{C}_1^{\mathrm{b}}$ 为着陆坐标系到本体坐标系的姿态转换矩阵；$\boldsymbol{v}_v$ 为测速噪声。取着陆器的位置和速度为状态向量，则上式对应的测量矩阵可以写作

$$\boldsymbol{H} = \begin{bmatrix} \dfrac{\partial \tilde{\boldsymbol{z}}_v}{\partial \boldsymbol{r}} & \dfrac{\partial \tilde{\boldsymbol{z}}_v}{\partial \boldsymbol{v}} \end{bmatrix} = [\boldsymbol{O}_{3\times3} \quad \boldsymbol{C}_1^{\mathrm{b}}] \tag{11-5}$$

11.3.3 基于图像的测量方程

第 8 章给出了基于视线方向信息的光学自主导航测量方程的视线向量形式和像素形式，如果是视线向量形式，则测量方程为

$$\tilde{\boldsymbol{n}}^{\mathrm{s}} = \boldsymbol{C}_1^{\mathrm{s}} \frac{\boldsymbol{R}_{\mathrm{b}}^{1} - \boldsymbol{r}^{1}}{\| \boldsymbol{R}_{\mathrm{b}}^{1} - \boldsymbol{r}^{1} \|} + \boldsymbol{v} \tag{11-6}$$

式中，$\boldsymbol{R}_{\mathrm{b}}$ 为导航路标相对坐标原点的位置向量；$\boldsymbol{r}$ 为相对坐标原点的着陆器位置向量；$\tilde{\boldsymbol{n}}^{\mathrm{s}}$ 为导航敏感器观测到的视线方向在敏感器坐标系下的表示；上标“l”表示向量投影在着陆坐标系$\mathcal{F}_1$下；$\boldsymbol{C}_1^{\mathrm{s}}$ 为着陆坐标系到敏感器坐标系的姿态转换矩阵。由于敏感器坐标系相对于本体坐标系固定，因此可以假设其为本体坐标系，$\boldsymbol{v}$ 为测量噪声。对于小视场的假设，测量噪声可以近似成高斯噪声，满足

$$\begin{cases} \mathrm{E}\{\boldsymbol{v}\} = \boldsymbol{0} \\ \mathrm{E}\{\boldsymbol{v}\boldsymbol{v}^{\mathrm{T}}\} = \sigma^2 [\boldsymbol{I} - (\boldsymbol{C}_1^{\mathrm{s}} \boldsymbol{n}^{1})(\boldsymbol{C}_1^{\mathrm{s}} \boldsymbol{n}^{1})^{\mathrm{T}}] \end{cases} \tag{11-7}$$

式中，$\boldsymbol{n}^{1} = \dfrac{\boldsymbol{R}_{\mathrm{b}}^{1} - \boldsymbol{r}^{1}}{\| \boldsymbol{R}_{\mathrm{b}}^{1} - \boldsymbol{r}^{1} \|}$。式（11-6）对应的测量矩阵可以写作

$$\begin{aligned} \boldsymbol{H} &= \begin{bmatrix} \dfrac{\partial \tilde{\boldsymbol{n}}^{\mathrm{s}}}{\partial \boldsymbol{r}} & \dfrac{\partial \tilde{\boldsymbol{n}}^{\mathrm{s}}}{\partial \boldsymbol{v}} \end{bmatrix} \\ &= \begin{bmatrix} -\dfrac{1}{R_{\mathrm{b}r}} \boldsymbol{C}_1^{\mathrm{s}} [\boldsymbol{I} - \boldsymbol{n}^{1} (\boldsymbol{n}^{1})^{\mathrm{T}}] & \boldsymbol{O}_{3\times3} \end{bmatrix} \end{aligned} \tag{11-8}$$

式中，$R_{\mathrm{b}r} = \| \boldsymbol{R}_{\mathrm{b}}^{1} - \boldsymbol{r}^{1} \|$。

如果是用像素来表示观测量，其测量方程与式（8-37）相同。

以着陆器的位置和速度作为导航状态，则其测量矩阵同式（8-38）。

11.4 可观性分析

11.4.1 IMU＋测距测速修正的自主导航

由于初始导航误差和 IMU 测量误差的累积，惯性自主导航误差会逐渐增大，为了保证导航精度，必须利用直接测量信息对惯导进行修正。本节对 IMU＋测距测速修正的自主导航系统进行可观性分析。

1. 自主导航状态方程

取着陆器相对着陆坐标系的位置和速度为状态变量 $\boldsymbol{x}=[\boldsymbol{r}^{\mathrm{T}},\ \boldsymbol{v}^{\mathrm{T}}]^{\mathrm{T}}$，忽略月球的非球形摄动，状态方程可以写为

$$\dot{\boldsymbol{x}}=\boldsymbol{f}(\boldsymbol{x})=\begin{bmatrix}\boldsymbol{v}\\-\dfrac{\mu_{\mathrm{m}}}{r^3}\boldsymbol{r}-2\boldsymbol{\omega}\times\boldsymbol{v}-\boldsymbol{\omega}\times(\boldsymbol{\omega}\times\boldsymbol{r})+\boldsymbol{C}_{\mathrm{b}}^{\mathrm{l}}\boldsymbol{f}^{\mathrm{b}}\end{bmatrix}\tag{11-9}$$

式中，μ_{m} 为月球引力常数；$\boldsymbol{\omega}$ 为月球自转角速度；$\boldsymbol{C}_{\mathrm{b}}^{\mathrm{l}}=(\boldsymbol{C}_{\mathrm{l}}^{\mathrm{b}})^{\mathrm{T}}$ 为着陆器本体系到着陆坐标系的姿态转换矩阵；$\boldsymbol{f}^{\mathrm{b}}$ 为加速度计测量的非引力加速度（投影在着陆器本体坐标系下）。

定义系统的误差状态为 $\Delta\boldsymbol{x}=\boldsymbol{x}-\boldsymbol{x}_{\mathrm{ref}}$，$\boldsymbol{x}_{\mathrm{ref}}$ 为系统状态的参考值，对于软着陆自主导航，$\boldsymbol{x}_{\mathrm{ref}}$ 为惯导输出状态。由状态方程可以导出误差状态的线性化方程

$$\frac{\mathrm{d}}{\mathrm{d}t}(\Delta \boldsymbol{x}) = \boldsymbol{A}\Delta \boldsymbol{x} \tag{11-10}$$

其中

$$\boldsymbol{A} = \frac{\partial f(\boldsymbol{x})}{\partial \boldsymbol{x}}\bigg|_{x=x_{\mathrm{ref}}} = \begin{bmatrix} \boldsymbol{O}_{3\times3} & \boldsymbol{I}_3 \\ \boldsymbol{M} - [\boldsymbol{\omega}\times]^2 & -2[\boldsymbol{\omega}\times] \end{bmatrix} \tag{11-11}$$

式中，$[\boldsymbol{\omega}\times]$ 为叉乘矩阵，由下式给出

$$[\boldsymbol{\omega}\times] = \begin{bmatrix} 0 & -\omega_z & \omega_y \\ \omega_z & 0 & -\omega_x \\ -\omega_y & \omega_x & 0 \end{bmatrix} \tag{11-12}$$

$\boldsymbol{M}$ 由下式给出

$$\boldsymbol{M} = -\frac{\mu_{\mathrm{m}}}{r_{\mathrm{ref}}^5}\begin{bmatrix} -2x_{\mathrm{ref}}^2 + y_{\mathrm{ref}}^2 + z_{\mathrm{ref}}^2 & -3x_{\mathrm{ref}}y_{\mathrm{ref}} & -3x_{\mathrm{ref}}z_{\mathrm{ref}} \\ -3x_{\mathrm{ref}}y_{\mathrm{ref}} & x_{\mathrm{ref}}^2 - 2y_{\mathrm{ref}}^2 + z_{\mathrm{ref}}^2 & -3z_{\mathrm{ref}}y_{\mathrm{ref}} \\ -3x_{\mathrm{ref}}z_{\mathrm{ref}} & -3z_{\mathrm{ref}}y_{\mathrm{ref}} & x_{\mathrm{ref}}^2 + y_{\mathrm{ref}}^2 - 2z_{\mathrm{ref}}^2 \end{bmatrix} \tag{11-13}$$

2. 测距修正

测距修正的测量矩阵可以重新写作

$$\boldsymbol{H}_l = [\boldsymbol{B} \quad \boldsymbol{O}_{1\times3}] \tag{11-14}$$

式中，$\boldsymbol{B} = [x/r \quad y/r \quad z/r]$。

而式（11-11）中误差状态方程的系数矩阵 $\boldsymbol{A}$ 可以重新写作

$$\boldsymbol{A} = \begin{bmatrix} \boldsymbol{O}_{3\times3} & \boldsymbol{I}_3 \\ \boldsymbol{A}_1 & \boldsymbol{A}_2 \end{bmatrix} \tag{11-15}$$

式中，$\boldsymbol{A}_1 = \boldsymbol{M} - [\boldsymbol{\omega}\times]^2$；$\boldsymbol{A}_2 = -2[\boldsymbol{\omega}\times]$，从而局部可观性矩阵可以写作

$$\boldsymbol{Q} = \begin{bmatrix} \boldsymbol{B} & \boldsymbol{O}_{1\times3} \\ \boldsymbol{O}_{1\times3} & \boldsymbol{B} \\ \boldsymbol{B}\boldsymbol{A}_1 & \boldsymbol{B}\boldsymbol{A}_2 \\ \boldsymbol{B}\boldsymbol{A}_2\boldsymbol{A}_1 & \boldsymbol{B}(\boldsymbol{A}_1 + \boldsymbol{A}_2^2) \\ \boldsymbol{B}(\boldsymbol{A}_1^2 + \boldsymbol{A}_2^2\boldsymbol{A}_1) & \boldsymbol{B}(\boldsymbol{A}_2\boldsymbol{A}_1 + \boldsymbol{A}_1\boldsymbol{A}_2 + \boldsymbol{A}_2^3) \\ \boldsymbol{B}(\boldsymbol{A}_2\boldsymbol{A}_1 + \boldsymbol{A}_1\boldsymbol{A}_2 + \boldsymbol{A}_2^3)\boldsymbol{A}_1 & \boldsymbol{B}(\boldsymbol{A}_1^2 + \boldsymbol{A}_2^2\boldsymbol{A}_1 + \boldsymbol{A}_2\boldsymbol{A}_1\boldsymbol{A}_2 + \boldsymbol{A}_1\boldsymbol{A}_2^2 + \boldsymbol{A}_2^4) \end{bmatrix} \tag{11-16}$$

可以看出，很难直接判断测量矩阵 $\boldsymbol{Q}$ 的性质。为了简化问题，忽略月球自转的影响，则有 $\boldsymbol{A}_2 = \boldsymbol{O}$，$\boldsymbol{A}_1 = \boldsymbol{M}$，于是式（11-16）可以简化成

$$Q=\begin{bmatrix} \boldsymbol{B} & \boldsymbol{O}_{1\times 3} \\ \boldsymbol{O}_{1\times 3} & \boldsymbol{B} \\ \boldsymbol{BM} & \boldsymbol{O}_{1\times 3} \\ \boldsymbol{O}_{1\times 3} & \boldsymbol{BM} \\ \boldsymbol{BM}^2 & \boldsymbol{O}_{1\times 3} \\ \boldsymbol{O}_{1\times 3} & \boldsymbol{BM}^2 \end{bmatrix} \tag{11-17}$$

由于矩阵 $\boldsymbol{M}$ 的行列式恒大于零，所以 $\boldsymbol{M}$ 非奇异，于是，可以得到 $\boldsymbol{Q}$ 的秩

$$\mathrm{rank}(\boldsymbol{Q})=\mathrm{rank}\left(\begin{bmatrix} \boldsymbol{B} & \boldsymbol{O}_{1\times 3} \\ \boldsymbol{O}_{1\times 3} & \boldsymbol{B} \\ \boldsymbol{BM} & \boldsymbol{O}_{1\times 3} \\ \boldsymbol{O}_{1\times 3} & \boldsymbol{BM} \\ \boldsymbol{BM}^2 & \boldsymbol{O}_{1\times 3} \\ \boldsymbol{O}_{1\times 3} & \boldsymbol{BM}^2 \end{bmatrix}\right)=\mathrm{rank}\left(\begin{bmatrix} \boldsymbol{B} & \boldsymbol{O}_{1\times 3} \\ \boldsymbol{O}_{1\times 3} & \boldsymbol{B} \end{bmatrix}\right)=2 \tag{11-18}$$

由上式可以看出，如果不考虑月球自转的影响，那么距离信息就只能提供两个轨道参数信息。由测量方程可知，距离信息和位置直接相关，位置的变化直接引起测量距离的变化。因此，距离信息主要修正的是位置误差，而对速度误差的修正较小。由于导航算法利用的观测量是径向（指向月心）高度信息，所以仅引入高度的导航修正算法对轨道面外的位置偏差不敏感，无法对轨道面外的位置误差进行修正。这一结论在后面的仿真结果中将得到验证。

3. 测速修正

由第 4 章的内容可知，测速修正的可观性矩阵 $\boldsymbol{Q}$ 的秩为

$$\begin{aligned}\mathrm{rank}(\boldsymbol{Q})&=\mathrm{rank}\left(\begin{bmatrix} \boldsymbol{O}_{3\times 3} \quad \boldsymbol{C}_l^b \\ [\boldsymbol{O}_{3\times 3} \quad \boldsymbol{C}_l^b]\begin{bmatrix} \boldsymbol{O}_{3\times 3} & \boldsymbol{I}_3 \\ \boldsymbol{M}-[\boldsymbol{\omega}\times]^2 & -2[\boldsymbol{\omega}\times] \end{bmatrix} \end{bmatrix}\right) \\ &=\mathrm{rank}\left(\boldsymbol{C}_l^b\begin{bmatrix} \boldsymbol{O}_{3\times 3} & \boldsymbol{I}_3 \\ \boldsymbol{M}-[\boldsymbol{\omega}\times]^2 & -2[\boldsymbol{\omega}\times] \end{bmatrix}\right)\end{aligned} \tag{11-19}$$

由于矩阵 $\boldsymbol{M}$ 中元素的数量级是 10^{-6}，矩阵 $[\boldsymbol{\omega}\times]^2$ 中元素的数量级是 10^{-12}，因此，相对矩阵 $\boldsymbol{M}$ 中的元素，矩阵 $[\boldsymbol{\omega}\times]^2$ 中的元素是小量，则 $\boldsymbol{M}-[\boldsymbol{\omega}\times]^2$ 非奇异，所以测量矩阵 $\boldsymbol{Q}$ 非奇异，即系统可观。

1）定性分析

由状态方程可知，在相同的初始速度条件下，不同的初始位置会引起不同的速度变化，导致速度不同，因此，速度测量信息能够修正惯导位置误差。

2）定量分析

由状态方程可知，加速度中与位置有关的项是引力加速度和月球自转引起的部分加速度，即

$$-\frac{\mu_{\mathrm{m}}}{r^3}\boldsymbol{r}-\boldsymbol{\omega}\times(\boldsymbol{\omega}\times\boldsymbol{r})$$

则

$$\mathrm{d}\left(-\frac{\mu_{\mathrm{m}}}{r^3}\boldsymbol{r}-\boldsymbol{\omega}\times(\boldsymbol{\omega}\times\boldsymbol{r})\right)=(\boldsymbol{M}-[\boldsymbol{\omega}\times]^2)\,\mathrm{d}\boldsymbol{r}$$

式中，$\boldsymbol{M}$ 中元素的数量级是 10^{-6}；$[\boldsymbol{\omega}\times]^2$ 中元素的数量级是 10^{-12}，一定范围内的着陆器位置变化引起的速度变化非常小，即限定范围内的位置误差带来的速度变化非常小，所以仅利用速度测量的导航修正算法对位置误差的修正较小。后面的仿真结果证明了这一结论。

综合上面的分析可以得出结论，仅仅利用速度测量无法较好地修正位置误差，因此需要引入距离信息对位置误差进行修正。

注：如果对测距和测速进行高度和三维速度修正，由于导航测量量可以直接转换成要估计的导航状态量，则导航系统显然可观。

11.4.2 IMU+图像修正的自主导航

第 8 章对基于视线信息的光学自主导航进行了几何可观性分析。分析表明，至少需要 2 个不平行的视线向量，系统才可观，但是该结论没有考虑轨道动力学的作用。本章将考虑轨道动力学的作用，对基于视线信息的光学自主导航进行动态可观性分析。首先需要对轨道动力学进行线性化，式（11-10）为线性化的状态方程。由于月球自转为小量纲，忽略月球自转不影响可观性分析结论，则式（11-11）中的 $\boldsymbol{A}$ 可以简化成

$$\boldsymbol{A}=\left.\frac{\partial \boldsymbol{f}(\boldsymbol{x})}{\partial \boldsymbol{x}}\right|_{x=x_{\mathrm{ref}}}=\begin{bmatrix}\boldsymbol{O}_{3\times3} & \boldsymbol{I}_3\\ \boldsymbol{M} & \boldsymbol{O}_{3\times3}\end{bmatrix} \tag{11-20}$$

式中，$\boldsymbol{M}$ 由式（11-13）给出。只有一个视线方向信息的光学自主导航测量矩阵由式（11-8）给出。因此，考虑局部动态可观性的可观性矩阵可以写作

$$
\boldsymbol{Q}=\begin{bmatrix}\boldsymbol{H}\\\boldsymbol{HA}\\\vdots\\\boldsymbol{HA}^{n-1}\end{bmatrix}=\begin{bmatrix}\boldsymbol{C}_{\mathrm{o}} & \boldsymbol{O}\\\boldsymbol{O} & \boldsymbol{C}_{\mathrm{o}}\\\boldsymbol{C}_{\mathrm{o}}\boldsymbol{M} & \boldsymbol{O}\\\boldsymbol{O} & \boldsymbol{C}_{\mathrm{o}}\boldsymbol{M}\\\boldsymbol{C}_{\mathrm{o}}\boldsymbol{M}^{2} & \boldsymbol{O}\\\boldsymbol{O} & \boldsymbol{C}_{\mathrm{o}}\boldsymbol{M}^{2}\end{bmatrix} \tag{11-21}
$$

由于行互换并不改变矩阵的秩，因此

$$
\operatorname{rank}(\boldsymbol{Q})=\operatorname{rank}\left(\begin{bmatrix}\boldsymbol{C}_{\mathrm{o}} & \boldsymbol{O}\\\boldsymbol{C}_{\mathrm{o}}\boldsymbol{M} & \boldsymbol{O}\\\boldsymbol{C}_{\mathrm{o}}\boldsymbol{M}^{2} & \boldsymbol{O}\\\boldsymbol{O} & \boldsymbol{C}_{\mathrm{o}}\\\boldsymbol{O} & \boldsymbol{C}_{\mathrm{o}}\boldsymbol{M}\\\boldsymbol{O} & \boldsymbol{C}_{\mathrm{o}}\boldsymbol{M}^{2}\end{bmatrix}\right) \tag{11-22}
$$

又由分块矩阵的性质可以得到

$$
\operatorname{rank}(\boldsymbol{Q})=2\operatorname{rank}(\boldsymbol{O}_{\mathrm{o1}}) \tag{11-23}
$$

其中

$$
\boldsymbol{O}_{\mathrm{o1}}=\begin{bmatrix}\boldsymbol{C}_{\mathrm{o}}\\\boldsymbol{C}_{\mathrm{o}}\boldsymbol{M}\\\boldsymbol{C}_{\mathrm{o}}\boldsymbol{M}^{2}\end{bmatrix} \tag{11-24}
$$

如果 $\operatorname{rank}(\boldsymbol{O}_{\mathrm{o1}})=3$，则系统可观。很显然 $\operatorname{rank}(\boldsymbol{O}_{\mathrm{o1}})\geqslant 2$，因为$\boldsymbol{O}_{\mathrm{o1}}$的维数为 9×3，由附录 C. 6 节中的定理 C. 2 可知，如果能找到一个向量 $\boldsymbol{y}$，使得$\boldsymbol{O}_{\mathrm{o1}}\boldsymbol{y}=0$，则 $\operatorname{rank}(\boldsymbol{O}_{\mathrm{o1}})=2$，否则 $\operatorname{rank}(\boldsymbol{O}_{\mathrm{o1}})=3$。由 $\boldsymbol{O}_{\mathrm{o1}}\boldsymbol{y}=\boldsymbol{O}$ 可得

$$
\begin{cases}\boldsymbol{C}_{\mathrm{o}}\boldsymbol{y}=\boldsymbol{0}\\\boldsymbol{C}_{\mathrm{o}}\boldsymbol{M}\boldsymbol{y}=\boldsymbol{0}\\\boldsymbol{C}_{\mathrm{o}}\boldsymbol{M}^{2}\boldsymbol{y}=\boldsymbol{0}\end{cases} \tag{11-25}
$$

求解式（11-25）可得

$$
\begin{cases}\boldsymbol{y}=c_{1}\boldsymbol{n}^{l}\\\boldsymbol{y}=c_{2}\boldsymbol{M}^{-1}\boldsymbol{n}^{l}\\\boldsymbol{y}=c_{3}\boldsymbol{M}^{-2}\boldsymbol{n}^{l}\end{cases} \tag{11-26}
$$

式中，c_1，c_2，c_3 为非零常数。

$$
c_{1}\boldsymbol{n}^{l}=c_{2}\boldsymbol{M}^{-1}\boldsymbol{n}^{l}=c_{3}\boldsymbol{M}^{-2}\boldsymbol{n}^{l} \tag{11-27}
$$

因此只有在式（11-27）成立的情形下，$\operatorname{rank}(\boldsymbol{O}_{\mathrm{o1}})=2$ 时，系统才不可观；其他情形均可观。式（11-27）意味着当 $\boldsymbol{n}^{l}$、$\boldsymbol{M}\boldsymbol{n}^{l}$、$\boldsymbol{M}^{2}\boldsymbol{n}^{l}$ 线性无关时，系统可

观。由于 det ($\boldsymbol{M}$) $\neq 0$，因此只用考虑 $\boldsymbol{n}^l$ 和 $\boldsymbol{M}\boldsymbol{n}^l$ 的相关性。令 $\boldsymbol{n}^l=[n_x^l,\ n_y^l,\ n_z^l]^{\mathrm{T}}$，则有

$$
\begin{aligned}
\boldsymbol{D} &= [\boldsymbol{n}^l,\ \boldsymbol{M}\boldsymbol{n}^l] \\
&= \begin{bmatrix}
n_x^l & \dfrac{\mu_{\mathrm{m}}(3x^2-r^2)n_x^l}{r^5}+\dfrac{3\mu_{\mathrm{m}}xyn_y^l}{r^5}+\dfrac{3\mu_{\mathrm{m}}xzn_z^l}{r^5} \\
n_y^l & \dfrac{\mu_{\mathrm{m}}(3y^2-r^2)n_y^l}{r^5}+\dfrac{3\mu_{\mathrm{m}}xyn_x^l}{r^5}+\dfrac{3\mu_{\mathrm{m}}yzn_z^l}{r^5} \\
n_z^l & \dfrac{\mu_{\mathrm{m}}(3z^2-r^2)n_z^l}{r^5}+\dfrac{3\mu_{\mathrm{m}}xzn_x^l}{r^5}+\dfrac{3\mu_{\mathrm{m}}yzn_y^l}{r^5}
\end{bmatrix}
\end{aligned} \tag{11-28}
$$

上式中，为了书写方便省去了 x、y、z、r 下标的“ref”。对 $\boldsymbol{D}$ 进行初等列变换可得

$$
\boldsymbol{D} \rightarrow \begin{bmatrix}
n_x^l & x(xn_x^l+yn_y^l+zn_z^l) \\
n_y^l & y(xn_x^l+yn_y^l+zn_z^l) \\
n_z^l & z(xn_x^l+yn_y^l+zn_z^l)
\end{bmatrix} \tag{11-29}
$$

很显然，当$\boldsymbol{r}^{\mathrm{T}}\boldsymbol{n}^l=0$（意味着 $\boldsymbol{r}$ 与 $\boldsymbol{n}$ 垂直）时，$\boldsymbol{n}^l$ 和 $\boldsymbol{M}\boldsymbol{n}^l$ 线性相关，此时系统不可观；如果$\boldsymbol{r}^{\mathrm{T}}\boldsymbol{n}^l\neq 0$，再对 $\boldsymbol{D}$ 进行变换可以得到

$$
\boldsymbol{D} \rightarrow \begin{bmatrix}
n_x^l & x \\
n_y^l & y \\
n_z^l & z
\end{bmatrix} \tag{11-30}
$$

可以看出，当 $\boldsymbol{r}$ 和 $\boldsymbol{n}^l$ 平行时，系统不可观。因此，当着陆器位置向量与视线方向既不平行又不垂直时，系统可观。对于软着陆任务场景，位置向量和表面路标的视线方向一般不会垂直，而平行的情况意味着着陆器垂直下降，且观测的路标总是位于着陆器的下方。因此可以得出结论，对于软着陆的 IMU+光学融合自主导航，只有在着陆器垂直下降且观测的路标总是位于着陆器的下方时，系统才不可观，其余情形均可观。

11.5　融合自主导航方法

11.5.1　IMU+测距测速进行三维位置和速度修正

设$\Delta\hat{\boldsymbol{x}}$为$\Delta\boldsymbol{x}$的估计值，$\hat{\boldsymbol{x}}$为$\boldsymbol{x}$的估计值，则导航滤波的计算公式如下

$$\begin{cases}\Delta\hat{\boldsymbol{x}} = \boldsymbol{K}(\tilde{z} - \hat{z}) \\ \hat{\boldsymbol{x}} = \boldsymbol{x}_{\text{ref}} + \Delta\hat{\boldsymbol{x}}\end{cases} \tag{11-31}$$

如果仅采用测距修正，则

$$\begin{cases}\tilde{z} = \tilde{z}_l \\ \hat{z} = \sqrt{x_{\text{ref}}^2 + y_{\text{ref}}^2 + z_{\text{ref}}^2} - R_{\text{m}}\end{cases} \tag{11-32}$$

如果仅采用测速修正，则

$$\begin{cases}\tilde{z} = \tilde{z}_v \\ \hat{z} = \boldsymbol{C}_{\text{l}}^{\text{b}}\begin{bmatrix}\dot{x}_{\text{ref}} \\ \dot{y}_{\text{ref}} \\ \dot{z}_{\text{ref}}\end{bmatrix}\end{cases} \tag{11-33}$$

如果同时采用测距和测速修正，则

$$
\begin{cases}
\tilde{z} = [\tilde{z}_l, \ \tilde{z}_v^{\mathrm{T}}]^{\mathrm{T}} \\
\hat{z} = \left[\sqrt{x_{\mathrm{ref}}^2 + y_{\mathrm{ref}}^2 + z_{\mathrm{ref}}^2} - R_{\mathrm{m}}, \ \left(\boldsymbol{C}_{\mathrm{l}}^{\mathrm{b}} \begin{bmatrix} \dot{x}_{\mathrm{ref}} \\ \dot{y}_{\mathrm{ref}} \\ \dot{z}_{\mathrm{ref}} \end{bmatrix} \right)^{\mathrm{T}} \right]^{\mathrm{T}}
\end{cases}
\tag{11-34}
$$

基于 IMU 配以测距测速修正的自主导航算法的具体实现过程如图 11-6 所示。

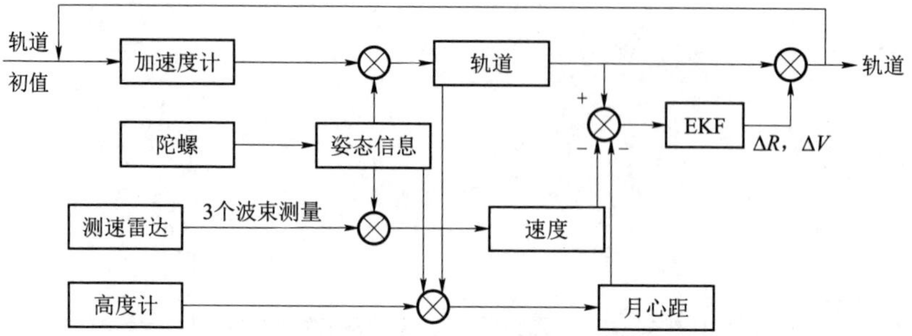

图 11-6　基于 IMU 配以测距测速修正的自主导航算法的具体实现过程

11.5.2　IMU+测距测速进行高度和速度修正

如果仅对高度和三维速度进行修正，则可以简化动力学，并对高度和三维速度分开进行修正。

1. 高度修正

只考虑垂直通道，着陆器的运动学方程为

$$
\begin{cases}
\dot{h} = v_{\mathrm{ver}} \\
\dot{v}_{\mathrm{ver}} = f_{\mathrm{ver}} + g
\end{cases}
\tag{11-35}
$$

式中，下标“ver”表示垂向；f_{ver} 表示比力在垂向的分量；g 为引力加速度的大小。测距敏感器测量出波束方向的斜距 ρ，可以解算出高度

$$
h_{\mathrm{ranger}} = \rho \frac{(\boldsymbol{C}_{\mathrm{b}}^{\mathrm{i}} \boldsymbol{u}_{RB}) \cdot \boldsymbol{r}}{\| \boldsymbol{r} \|} \tag{11-36}
$$

式中，ρ 为测距仪测量的斜距；$\boldsymbol{u}_{RB}$ 为波束在本体系下的方向矢量；$\boldsymbol{C}_{\mathrm{b}}^{\mathrm{i}}$ 为本体坐标系到惯性系的姿态转换矩阵；$\boldsymbol{r}$ 为着陆器的位置向量。

根据式（11-35）和式（11-36），就可以构造卡尔曼滤波的状态方程和测量方程

$$\begin{bmatrix} \dot{h} \\ \dot{v}_{\text{ver}} \end{bmatrix} = \begin{bmatrix} 0 & 1 \\ 0 & 0 \end{bmatrix} \begin{bmatrix} h \\ v_{\text{ver}} \end{bmatrix} + \begin{bmatrix} 0 \\ 1 \end{bmatrix} (f_{\text{ver}} + g)$$

$$\tilde{h} = [1 \quad 0] \begin{bmatrix} h \\ v_{\text{ver}} \end{bmatrix} + \nu_h \tag{11-37}$$

式中，ν_h 为测距敏感器计算高度的误差；上标“～”表示测量值。

式（11-37）为线性定常系统，因此卡尔曼滤波的测量更新可以写作

$$\begin{bmatrix} \Delta h \\ \Delta v_{\text{ver}} \end{bmatrix} = \boldsymbol{K}_h (\tilde{h} - h_{\text{ins}}) \tag{11-38}$$

式中，左边为高度和垂直速度的更新量；$\boldsymbol{K}_h$ 为稳态卡尔曼滤波的增益系数矩阵；h_{ins}为惯导计算的高度；下标“ins”表示惯导输出量。

由于高度方向为 $\hat{\boldsymbol{r}}/r$，则惯导的位置更新可以计算为

$$\boldsymbol{r}'_{\text{ins}} = \boldsymbol{r}_{\text{ins}} + \frac{\boldsymbol{r}_{\text{ins}}}{r_{\text{ins}}} \Delta h \tag{11-39}$$

如果有 m 个波束，惯导位置修正可以计算为

$$\boldsymbol{r}'_{\text{ins}} = \boldsymbol{r}_{\text{ins}} + \frac{\boldsymbol{r}_{\text{ins}}}{r_{\text{ins}}} \sum_{i=1}^{m} \beta_i \Delta h^{(i)} \tag{11-40}$$

式中，$\Delta h^{(i)}$ 为第 i 个波束的高度修正量［上标中的“（i）”对应第 i 个波束的相关量］；β_i 为信息分配因子，满足 $\sum_{i=1}^{m} \beta_i = 1$，信息因子根据单个测距修正各自的状态协方差矩阵的迹计算得到。

注意到式（11-38）还给出了垂直速度的修正 Δv_{ver}，对于多个测距波束的情况，则可以得到垂直速度的修正量为

$$\Delta v_{\text{ver}} = \sum_{i=1}^{m} \beta_i \Delta v_{\text{ver}}^{(i)} \tag{11-41}$$

以及垂直速度在本体系下的方向 $\boldsymbol{p}_{\text{ver}}^{\text{b}}$，即

$$\boldsymbol{p}_{\text{ver}}^{\text{b}} = \boldsymbol{C}_{\text{i}}^{\text{b}} \frac{\boldsymbol{r}_{\text{ins}}}{r_{\text{ins}}} \tag{11-42}$$

式中，$\boldsymbol{C}_{\text{i}}^{\text{b}}$ 为本体系相对惯性系的姿态矩阵，由陀螺积分得到。与第 3 章数据压缩滤波类似，将垂向速度的修正量看作一个虚拟的测速波束，和测速波束一起对着陆器进行速度修正，将在下面叙述中给出。

2. 速度修正

惯导的速度方程可以写作

$$\dot{\boldsymbol{v}} = (\boldsymbol{C}_{\text{i}}^{\text{b}})^{\text{T}} \boldsymbol{f}^{\text{b}} + \boldsymbol{g}_{\text{m}} \tag{11-43}$$

式中，$\boldsymbol{v}$ 为惯性速度；$\boldsymbol{g}_{\mathrm{m}}$ 为惯性系下的月球引力加速度。

测速敏感器能够给出着陆器相对月面速度沿波束方向的分量 v_{p} 的测量值，v_{p} 与惯性速度的关系为

$$v_{\mathrm{p}}=(\boldsymbol{p}^{\mathrm{b}})^{\mathrm{T}}\boldsymbol{C}_{\mathrm{i}}^{\mathrm{b}}(\boldsymbol{v}-\boldsymbol{\omega}\times\boldsymbol{r}) \tag{11-44}$$

式中，$\boldsymbol{p}^{\mathrm{b}}$ 为测速波束在本体系的安装方向；$\boldsymbol{\omega}$ 为月球自转的角速度矢量。

由于月球自转角速度很小，将式（11-43）代入式（11-44）可以得到沿波束方向的速度方程近似为

$$\dot{v}_{\mathrm{p}}\approx(\boldsymbol{p}^{\mathrm{b}})^{\mathrm{T}}\boldsymbol{f}^{\mathrm{b}}+(\boldsymbol{p}^{\mathrm{b}})^{\mathrm{T}}\boldsymbol{C}_{\mathrm{i}}^{\mathrm{b}}\boldsymbol{g}_{\mathrm{m}} \tag{11-45}$$

这样根据式（11-45）也可以建立卡尔曼滤波的状态方程和测量方程

$$\begin{cases}\dot{v}_{\mathrm{p}}\approx 0\cdot v_{\mathrm{p}}+(\boldsymbol{p}^{\mathrm{b}})^{\mathrm{T}}\boldsymbol{f}^{\mathrm{b}}+(\boldsymbol{p}^{\mathrm{b}})^{\mathrm{T}}\boldsymbol{C}_{\mathrm{i}}^{\mathrm{b}}\boldsymbol{g}_{\mathrm{m}}\\ \tilde{v}_{\mathrm{p}}=v_{\mathrm{p}}+\nu_{v}\end{cases} \tag{11-46}$$

式中，ν_v 为沿波束方向的测速误差。

式（11-46）为定常系统，因此卡尔曼滤波可以简化为

$$\Delta v_{\mathrm{p}}=K_{v}(\tilde{v}_{\mathrm{p}}-v_{\mathrm{p,\ ins}}) \tag{11-47}$$

式中，$v_{\mathrm{p,ins}}$ 为惯导计算的速度在波束方向的投影；K_v 为滤波的稳态增益矩阵。

在着陆过程中，可用的测速波束个数不固定，因此制定如下的修正策略：当有效波束数量为 0 时，不进行修正；当有效波束数量为 1 时，只对该波束方向的速度进行修正；当有效波束数量为 2 时，只对有效波束所在平面内的速度进行修正；当有效波束数量为 3 时，进行三维的速度修正；当有效波束数量大于 3 时，测量数据构成了冗余，利用最小二乘算法得到三轴速度，将其作为虚拟观测进行修正。

如图 11-7 所示，假设惯导解算的相对月面的速度误差为 $\Delta\boldsymbol{v}_{gb}^{\mathrm{b}}$，而顺序有效的几个波束的下标为 i、j、k。建立如下测量坐标系 $x_{\mathrm{m}}y_{\mathrm{m}}z_{\mathrm{m}}$，其中 x_{m} 与波束 i 重合，y_{m} 在波束 i 和 j 构成的平面内指向 j，z_{m} 与 x_{m} 和 y_{m} 垂直构成右手坐标系，从而速度误差可以表示为

$$\Delta\boldsymbol{v}_{gb}=\Delta v_{x\mathrm{m}}\boldsymbol{x}_{\mathrm{m}}^{\mathrm{b}}+\Delta v_{y\mathrm{m}}\boldsymbol{y}_{\mathrm{m}}^{\mathrm{b}}+\Delta v_{z\mathrm{m}}\boldsymbol{z}_{\mathrm{m}}^{\mathrm{b}} \tag{11-48}$$

（1）如果只有一个波束有效（标号为 i），则式（11-48）中的参数为

$$\begin{cases}\Delta v_{x\mathrm{m}}=\Delta v_{\mathrm{p},\ i}\\ \Delta v_{y\mathrm{m}}=0\\ \Delta v_{z\mathrm{m}}=0\end{cases} \tag{11-49}$$

（2）当有两个波束有效时（标号记为 i、j），为了消除相关性，式（11-48）中的参数为

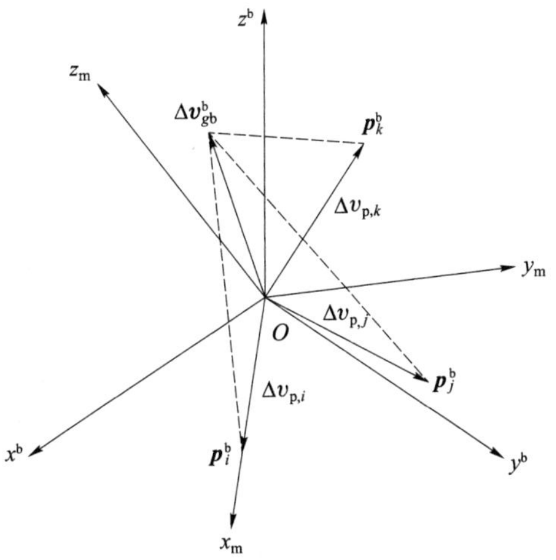

图 11-7　测速修正的波束组合

$$\begin{cases}\Delta v_{xm} = \Delta v_{p,\ i} \\ \Delta v_{ym} = -\dfrac{\cos\theta_{ij}}{\sin\theta_{ij}}\Delta v_{p,\ i} + \dfrac{1}{\sin\theta_{ij}}\Delta v_{p,\ j} \\ \Delta v_{zm} = 0\end{cases} \tag{11-50}$$

式中，$\theta_{ij} = \arccos\ (\boldsymbol{p}_i^b \cdot \boldsymbol{p}_j^b)$。

(3) 当有三个或三个以上波束有效时，则有

$$\begin{bmatrix}\Delta v_{p,\ 1} \\ \vdots \\ \Delta v_{p,\ n}\end{bmatrix} = \boldsymbol{H}\Delta \boldsymbol{v}_{gb} + \boldsymbol{\nu}_{v,\ 1\sim n} \tag{11-51}$$

式中，$\boldsymbol{\nu}_{v,1\sim n}$为 1～$n$ 个波束的测量误差组成的向量。

$$\boldsymbol{H} = \begin{bmatrix}(\boldsymbol{p}_1^b)^T \\ \vdots \\ (\boldsymbol{p}_n^b)^T\end{bmatrix} \tag{11-52}$$

式 (11-52) 为测速波束的安装矩阵。这时采用集中式数据压缩滤波，先得到 $\Delta \boldsymbol{v}_{gb}$的 LMMSE 估计为

$$\Delta \boldsymbol{v}_{gb} = (\boldsymbol{H}^T \boldsymbol{R}_v^{-1}\boldsymbol{H})^{-1}\ \boldsymbol{H}^T \boldsymbol{R}_v^{-1}\begin{bmatrix}\Delta v_{p,\ 1} \\ \vdots \\ \Delta v_{p,\ n}\end{bmatrix} \tag{11-53}$$

式中，$\boldsymbol{R}_v$ 为 $\boldsymbol{\nu}_{v,1\sim n}$的方差。

得到速度修正量以后，惯导的速度修正方程可以写作

$$\boldsymbol{v}'_{ins} = \boldsymbol{v}_{ins} + \boldsymbol{C}_b^i \Delta \boldsymbol{v}_{gb}^b \tag{11-54}$$

11.5.3 IMU+图像进行三维位置和速度修正

考虑到光学图像信息能够更好地确定着陆器相对着陆点的位置，既可以提高导航精度，还能用于自主障碍识别，本节研究 IMU+图像进行三维位置和速度修正的融合自主导航方法。在介绍导航滤波之前，先对图像识别和地形匹配进行阐述。图像识别和地形匹配包括着陆区域地形图的构建、图像匹配和特征点跟踪三个步骤。

1. 着陆区域地形图的构建

如图 11-8 所示，可以利用环绕飞行轨道期间得到的图像和轨道信息，建立着陆器经过和着陆区域的地形图。

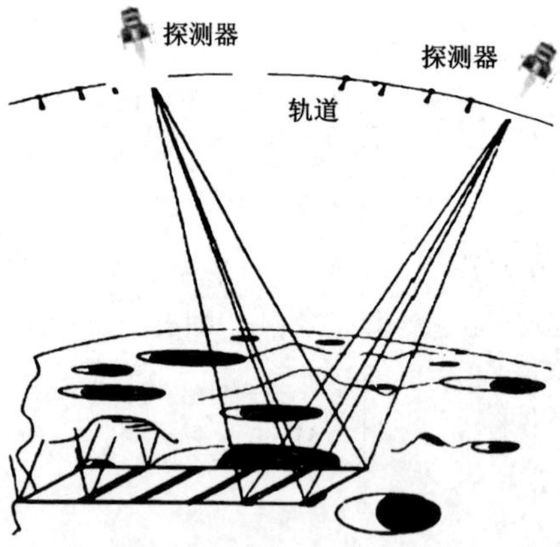

图 11-8　着陆器经过或着陆区域地形图的构建

2. 图像匹配

如图 11-9 所示，利用存储在着陆器上的图像和光学成像敏感器拍摄到的图像进行匹配，可以得到一些对应的特征点，从中选择出一定的特征点，再利用地形图就能确定特征点的位置。

3. 特征点跟踪

如图 11-10 所示，识别出特征点后，为了快速得到特征点信息，需要进行特征点跟踪；一旦特征点溢出，就需要再次进行图像和地形的匹配。

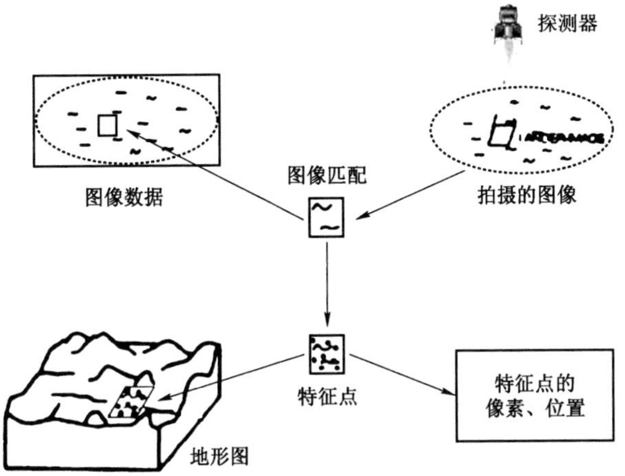

图 11-9　图像的识别和匹配

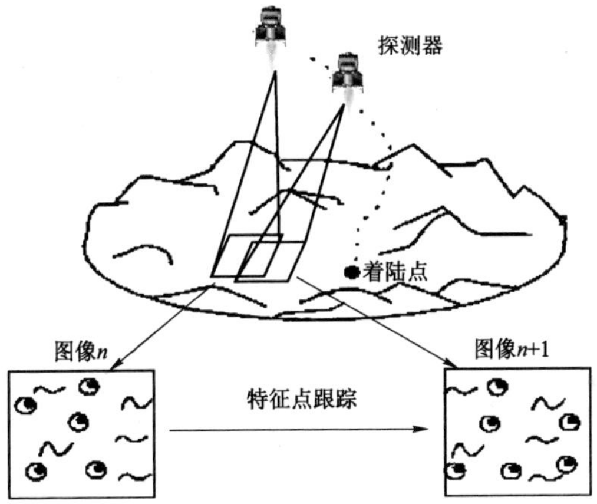

图 11-10　特征点的跟踪

在完成图像识别和地形匹配步骤后，可以采取导航滤波进行修正，导航滤波的计算公式同式（11-31）。此时，$\tilde{z}=[p,\ l]^{\mathrm{T}}$，为路标的像素；$\hat{z}=[\hat{p},\ \hat{l}]^{\mathrm{T}}$，由下式给出

$$\begin{aligned}\hat{p}&=-k_x f\frac{a_{11}(x_{\mathrm{d}}-\hat{x})+a_{12}(y_{\mathrm{d}}-\hat{y})+a_{13}(z_{\mathrm{d}}-\hat{z})}{a_{31}(x_{\mathrm{d}}-\hat{x})+a_{32}(y_{\mathrm{d}}-\hat{y})+a_{33}(z_{\mathrm{d}}-\hat{z})}\\ \hat{l}&=-k_y f\frac{a_{21}(x_{\mathrm{d}}-\hat{x})+a_{22}(y_{\mathrm{d}}-\hat{y})+a_{23}(z_{\mathrm{d}}-\hat{z})}{a_{31}(x_{\mathrm{d}}-\hat{x})+a_{32}(y_{\mathrm{d}}-\hat{y})+a_{33}(z_{\mathrm{d}}-\hat{z})}\end{aligned}\tag{11-55}$$

基于图像特征点信息自主导航修正算法的具体实现过程如图 11-11 所示。首先，计算特征点对应的像素：① 利用特征点的位置信息和预报的着陆器位置计算特征点相对着陆器的方向矢量；② 利用观测历元的姿态信息和光学成像敏

感器安装矩阵将相对方向矢量旋转到成像敏感器坐标系下；③ 把光学成像敏感器参数投影到相机焦平面上；④ 把焦平面上的投影转化为像元和像线，计算出特征点对应的像素。然后，把利用图像匹配得到的特征点像素和计算的特征点像素输入到导航滤波器，就可以修正更新着陆器的轨道。

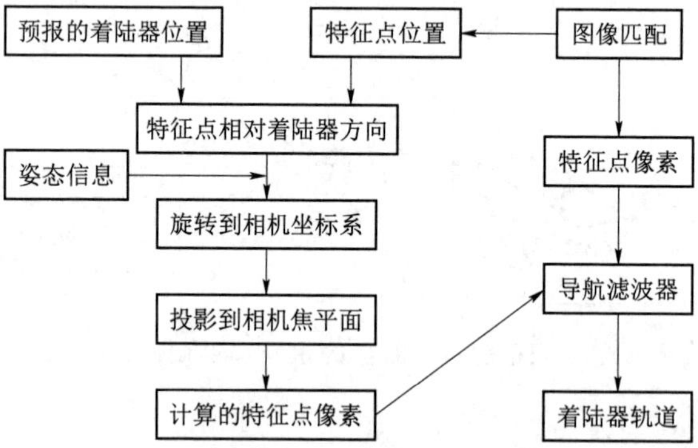

图 11-11　基于图像特征点信息的自主导航算法的具体实现过程

11.6　仿真应用实例

11.6.1　IMU＋测距测速修正的自主导航

针对从高度为 15 km、速度为 1 692 m/s 到高度为 2 km、速度为零的月球软着陆动力下降段，进行自主导航的数学仿真和分析。假设导航初始误差为：

(1) 位置误差为 1 km（高度）。

(2) 速度误差为 0.1 m/s（下降方向）、1 m/s（航向）和 0.1 m/s（横向）。

(3) IMU 的采样周期为 0.1 s，测距敏感器和测速敏感器的输出周期为 1 s。

导航敏感器的测量精度如表 11-1 所示。

表 11-1　导航敏感器的测量精度（H 为视线距离，v 为速度大小）

敏感器	测量精度（1σ）	
IMU	失调角	40″
	漂移率	$0.02°/\sqrt{h}$
	加速度计偏差	$50\times10^{-6}g$
测速敏感器	$(0.2+0.001v)$ m/s（$v<200$ m/s） $(0.2+0.005v)$ m/s（200 m/s $<v<$1 000 m/s）	
测距敏感器	0.5 m（$H<$2 000 m） $(0.5+0.000\,5H)$ m（2 000 m$<H<$20 000 m）	

如果仅采用测距修正，从 10 km 高度开始引入测距信息对惯导结果进行修正，仿真结果分别如图 11-12 和图 11-13 所示。可以看出，引入测距信息的导航算法可以修正惯导高度和径向、航向速度误差。

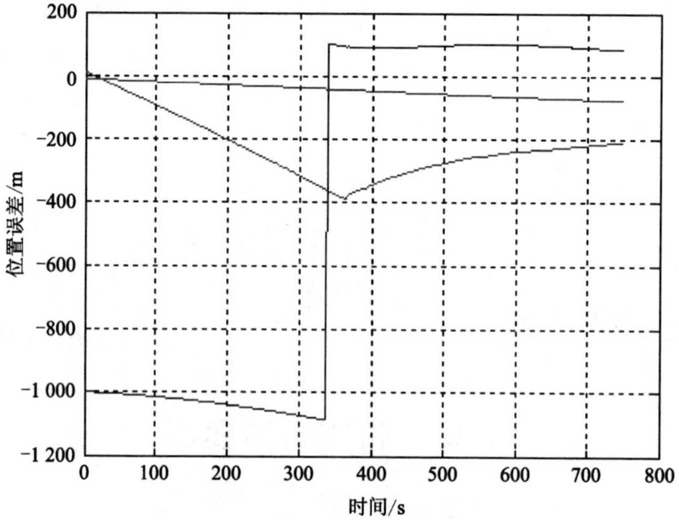

图 11-12　三维位置误差（测距修正）

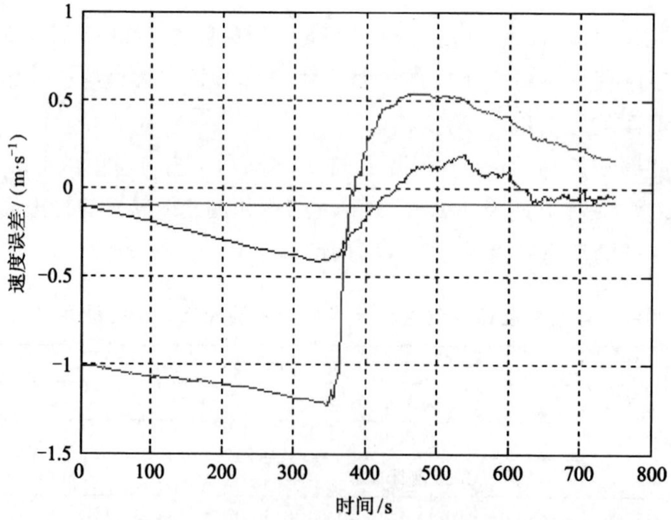

图 11-13　三维速度误差（测距修正）

如果仅采用测速修正，从高度 10 km 处开始引入测速敏感器的测量信息对惯导进行修正，仿真结果分别如图 11-14 和图 11-15 所示。可以看出，引入测速信息的导航算法可以较好地修正惯导的速度误差，也可以修正一定的位置误差，但最终的位置估计误差仍然较大。

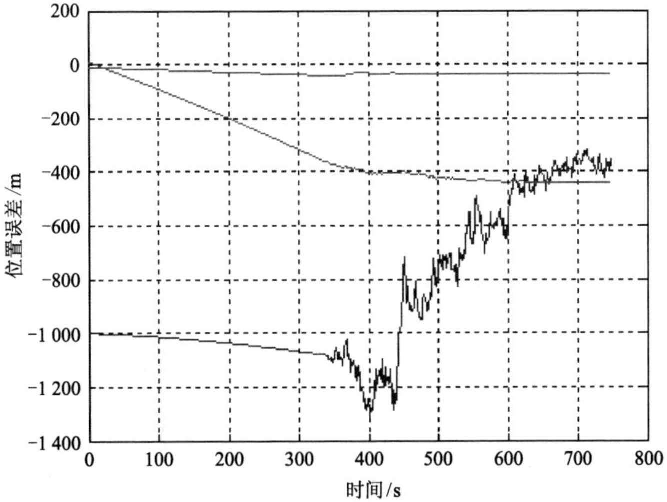

图 11-14　三维位置误差（测速修正）

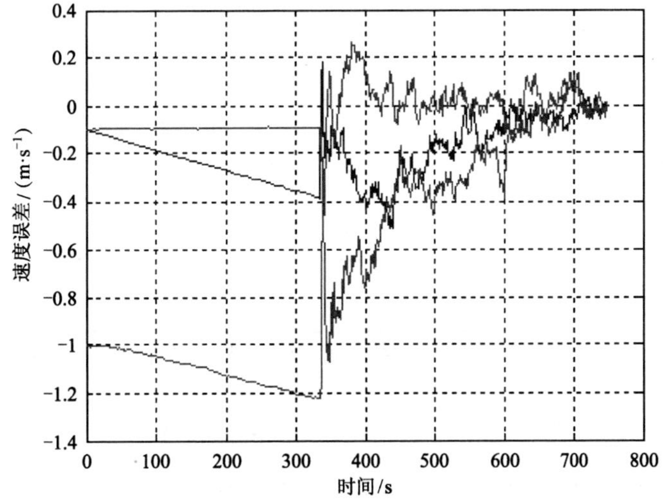

图 11-15　三维速度误差（测速修正）

如果同时采取测距和测速修正，从高度 10 km 处引入测距敏感器和测速敏感器的测量数据对惯导结果进行修正，仿真结果分别如图 11-16 和图 11-17 所示。可以看出，惯导位置和速度误差都得到较好的修正，位置估计精度接近 100 m，速度估计精度小于 0.1 m/s。

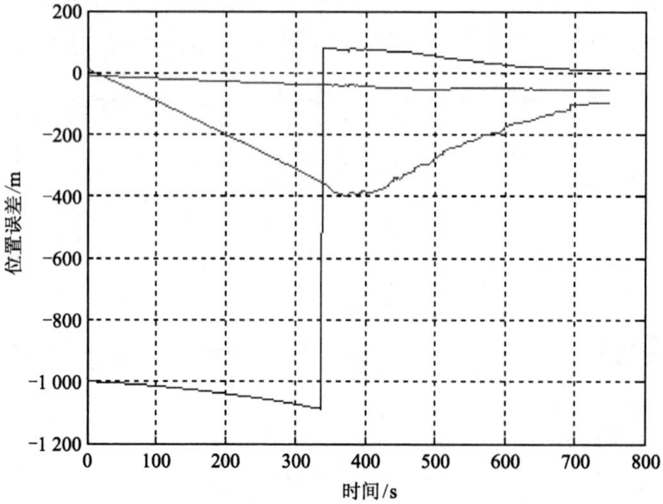

图 11-16　三维位置误差（测距＋测速修正）

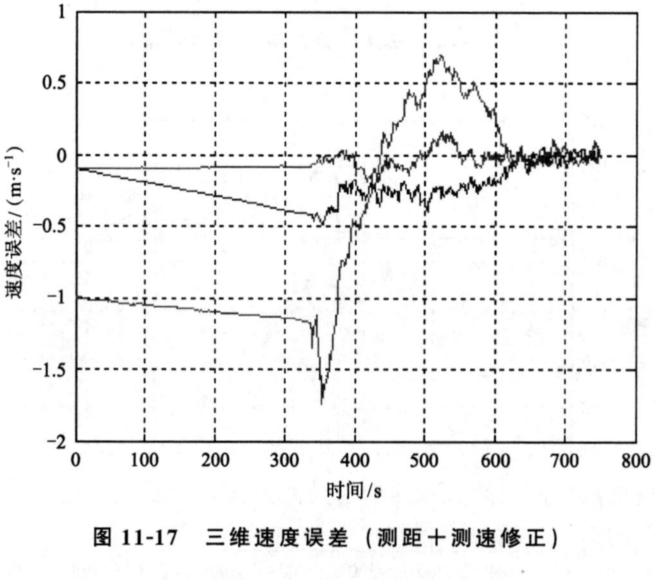

图 11-17　三维速度误差（测距＋测速修正）

“嫦娥三号”的月球软着陆任务采取了 IMU＋测距测速进行高度和三维速度修正的自主导航技术，下面给出“嫦娥三号”的飞行过程和导航结果。“嫦娥三号”着陆器的月球动力下降过程从距月面 15 km 高度开始，在 7 500 N 制动发动机的减速作用下，经过了 685 s 的动力飞行，经历主减速、快速调整、接近、悬停、避障和缓速下降等几个飞行阶段后，最终于北京时间 2013 年 12 月 14 日 21 时 11 分 17 秒成功软着陆于月球表面虹湾地区。整个飞行过程完全自主，没有任何地面干预。其中自主导航系统发挥了重要的作用。

“嫦娥三号”配备了惯性测量单元、激光测距敏感器、微波测距敏感器和微波测速敏感器用于软着陆动力下降的自主导航。软着陆动力下降过程采用了惯性导航配以单波束分时修正与多波束融合修正的自主导航方法。主减速段初期仅采用惯性自主导航算法，为了保证高度方向的安全，克服初始导航误差和地形不确定性的影响，保证主减速段对月高度的准确，主减速末期导航算法引入了测距修正。进入接近段，着陆器开始保持相对稳定的对月姿态，提供了良好的测速条件，速度测量精度逐步提高；同时制导对速度估计精度的要求越来越高，导航算法引入了测速修正。考虑到发动机羽流激起的月尘可能会影响测速和测距敏感器的测量性能，一旦进入缓速下降段，也仅采用惯性自主导航算法。

无论是测距还是测速信号，在引入前，需要判断测距信号数值的有效性。对于测距信号而言，阿波罗采用的是将测距信号解算的高度与惯导解算的高度直接相比较的方法，它存在一定的缺陷：为了避免月面基准高度偏差和月面起伏不确定性对测距信号有效性判断造成的虚警，那么必须增大检测阈值，这就又增大了测距信号无效的漏检率。考虑到连续两个采样时间内地形变化的起伏有限，“嫦娥三号”着陆器采用了另外一种检验方法，将惯导与测距敏感器在同一时间区间内获得的着陆器高度变化进行比较，这样一来可以选择相对较小的门限值，大大降低了漏检率。最终设计的检测门限为

$$|\Delta h_{\text{ranger}} - \Delta h_{\text{ins}}| \leqslant \Delta H + K|h_{\text{ins}}| \tag{11-56}$$

式中，Δh 表示同一时间区间内的高度差；ΔH 和 K 均为常数；下标“ranger”和“ins”分别为测距敏感器和惯导输出量。可见检测门限是高度的线性函数，随高度的降低而减小。

对于测速信号的有效性检测，“嫦娥三号”着陆器的微波测速原理是基于多普勒效应的，即通过测量回波频率的变化来计算载体的速度变化。从理论上讲，微波速度的测量值与斜距无关，也就是与地形起伏无关，因此对微波速度测量值的有效性检测应直接比较惯导与微波测速的误差：设计一个门限，当惯导在波束方向的速度与微波测速在该方向的输出之差小于该门限 G_v 时，测速信号有效，否则无效。设惯导解算的惯性速度扣除地速后在某波束方向的投影为 $v_{\text{p,ins}}$，有效性检测函数为

$$|v_{\text{p,ins}} - v_{\text{p,radar}}| \leqslant G_v \tag{11-57}$$

式中，$v_{\text{p,radar}}$ 为测速雷达的测量量。

门限 G_v 的取值也为速度变化的函数，即速度越低该值越小。

最终的导航数据以 1 s 为周期通过遥测实时下传到地面。根据该数据绘出的着陆过程高度、相对星下点月理系（类似地理坐标系）速度和姿态角的变化曲

线分别如图 11-18～图 11-22 所示。从图 11-18 中可以看到，实际飞行中激光测距始终有效，到 12 000 m 高度时，按照程序设计值开始引入修正；到 4 000 m 高度时微波测距开始有效，并引入修正，因此 12 000～4 000 m 高度间，只使用了激光测距修正，4 000 m 以下高度才用到了激光和微波测距的融合修正。这从另一个角度也说明了“嫦娥三号”着陆器自主导航采用冗余设计、故障检测以及信息融合的必要性和有效性。至于微波测速修正，它是在 2 400 m 高度正常引入的。

综上所述，引入多波束测距测速修正的自主导航，提供了着陆器相对月面的高度和速度等高精度估计信息，满足了高精度避障制导和落月状态安全的需求。

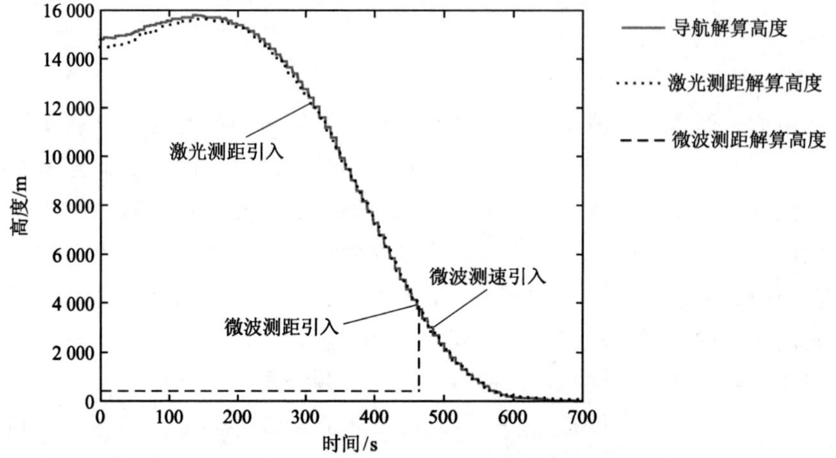

图 11-18　导航系统解算的高度

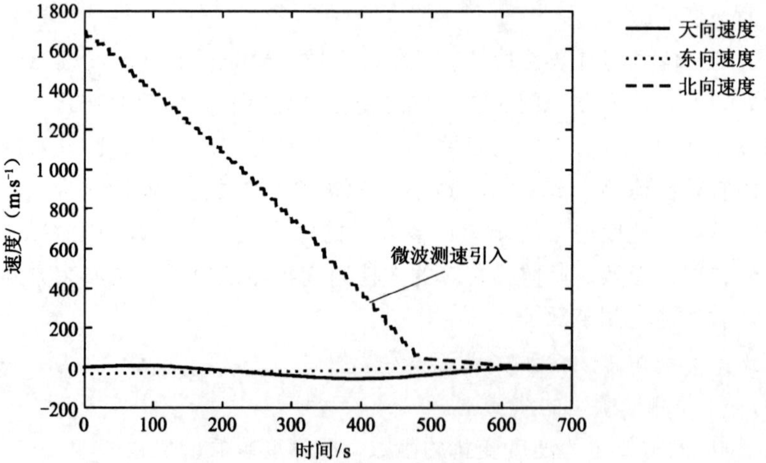

图 11-19　导航系统解算的对月速度

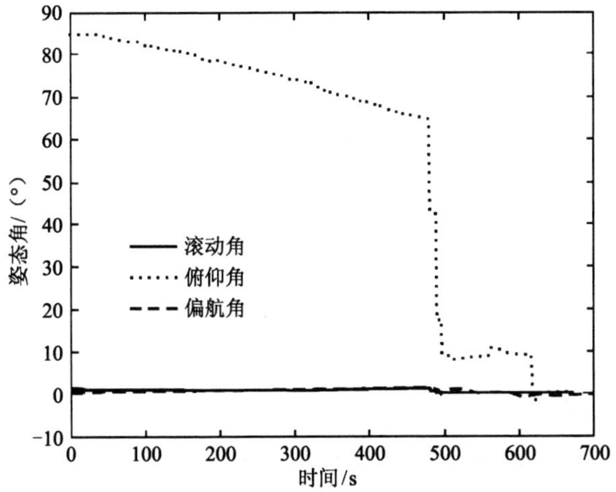

图 11-20　导航系统解算的姿态角

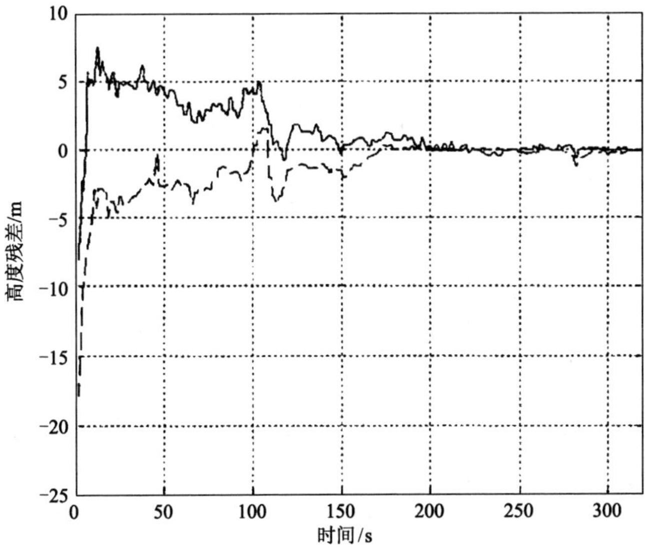

图 11-21　自主导航的高度残差

11.6.2　IMU＋图像修正的自主导航

假设初始时刻着陆器的高度误差为 1 km、速度三个方向的误差均为 1 m/s，陀螺的测量噪声为 4×10^{-3}°/s（1σ），加速度计的测量噪声为 $5\times10^{-4}g$ m/s^2（1σ），地形的匹配误差为 50 m（1σ，3 个方向），图像处理得到的像元和像线误差均为

0.1像素，软着陆导航的仿真结果分别如图11-23～图11-28所示。可以看出，位置估计精度达到50 m，水平速度估计精度达到0.3 m/s，垂直速度估计精度达到0.5 m/s。从这些仿真结果可以看出，基于IMU+图像修正的自主导航方案合理可行。

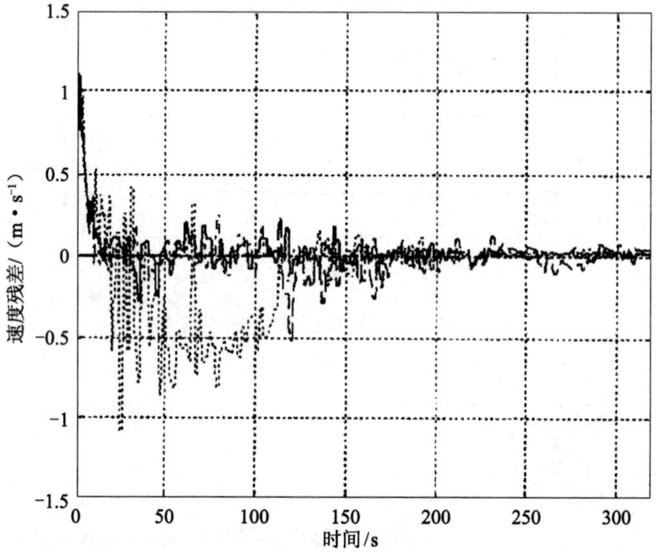

图11-22　自主导航波束方向的速度残差

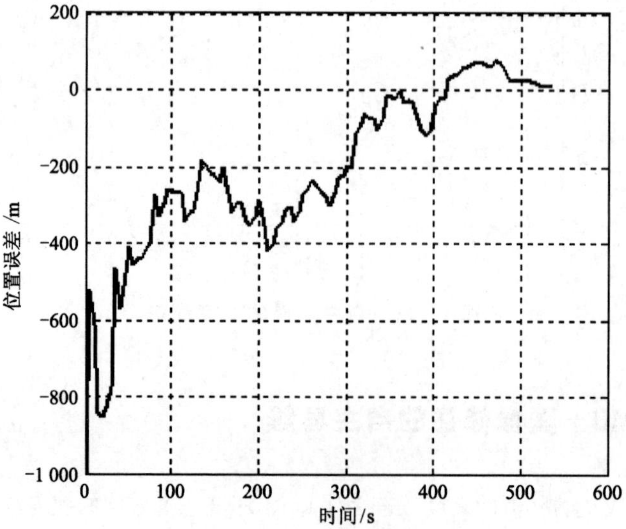

图11-23　高度误差

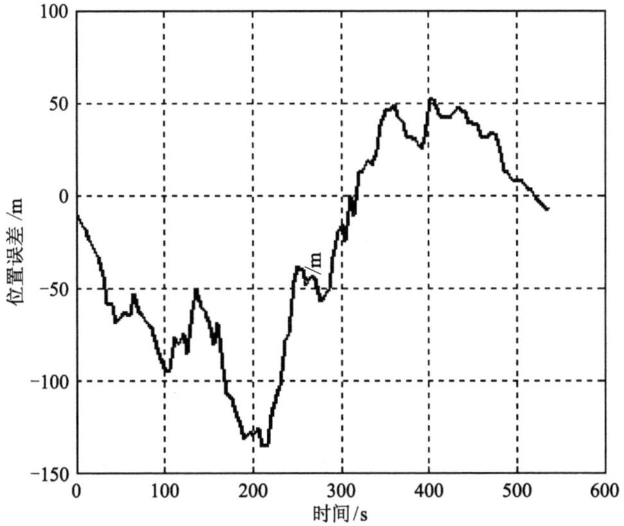

图 11-24　纵向水平位置误差

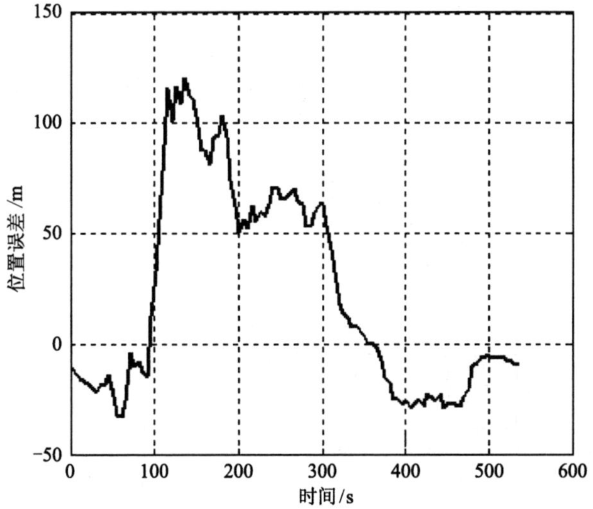

图 11-25　横向水平位置误差

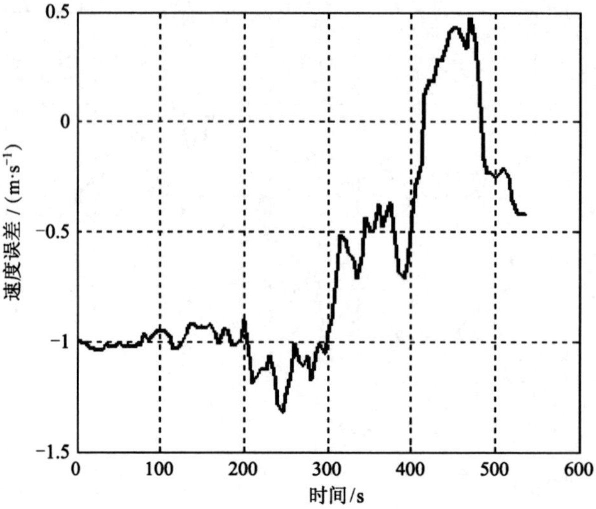

图 11-26　垂直速度误差

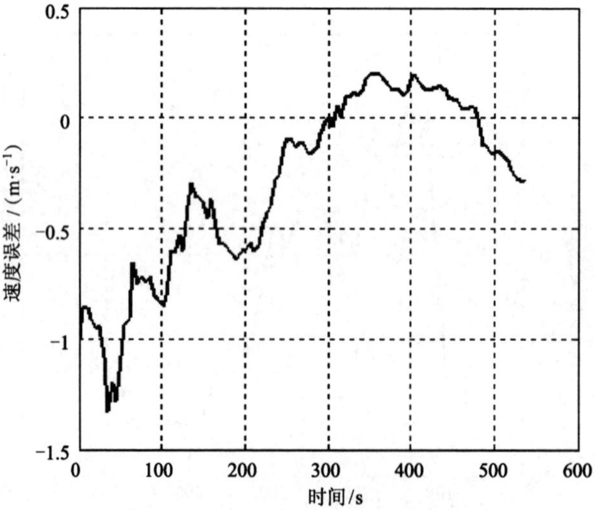

图 11-27　纵向水平速度误差

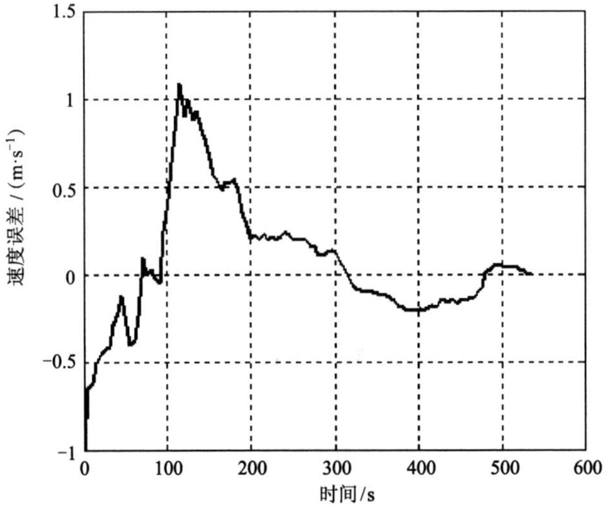

图 11-28　横向水平速度误差

11.7 小　　结

本章对无大气层和有大气层天体的软着陆任务进行了需求分析，研究了软着陆自主导航系统的组成和工作流程。针对无大气层天体软着陆任务的需求，研究了惯性与测距测速/光学融合的自主导航方法，提出了基于 IMU+测距测速进行三维位置和速度修正、IMU+图像进行三维位置和速度修正、IMU+测距测速进行高度和速度修正的自主导航方法，并进行了相应的可观性分析。其中前两种方法进行了数学仿真分析，第三种方法为“嫦娥三号”的实际自主导航方案，给出了相应的飞行结果。数学仿真分析和实际飞行结果验证了所提出的软着陆融合自主导航方法的合理性和有效性。

参 考 文 献

[1] F.V.Bennett. Apollo experience report: mission planning for lunar module descent and ascent [R]. Houston: Manned Spacecraft Center, 1972.

[2] M.Beilock.Surveyor lander mission and capability [R]. Pasadena: Jet Propulsion Laboratory, 1964.

[3] G. E. Bugos, J. W. Boyd. Robotic lunar precursors to Apollo [C] //AIAA SPACE Conference & Exposition. Long Beach: AIAA, 2007, 61-74.

[4] N.P.Beresnev, V.P.Legonstayev. Control system for automatic station Luna-9 [J]. Cosmic Research, 1968, 6 (4): 454-461.

[5] W.J.Ockels. EuroMoon 2000. A plan for a European Lunar South Pole expedition [J]. Acta astronautica, 1996, 41 (4-10): 579-583.

[6] T.Okada, S.Sasaki, T.Sugihara, et al. Lander and rover exploration on the lunar surface: A study for SELENE-B mission [J]. Advances in Space Research, 2006, 37 (1): 88-92.

[7] 张洪华，李骥，关轶峰，等. 嫦娥三号着陆器动力下降的自主导航 [J]. 控制理论与应用，2014，31 (12)：1686-1694.

[8] 黄翔宇，张洪华，王大轶，等. “嫦娥三号”探测器软着陆自主导航与制导技术 [J]. 深空探测学报，2014，1 (1)：52-59.

[9] 张洪华，关轶峰，黄翔宇，等. 嫦娥三号着陆器动力下降的制导导航与控制 [J]. 中国科学：技术科学，2014，44 (4)：377r384.

[10] 王大轶，李骥，黄翔宇，等. 月球软着陆过程高精度自主导航避障方法 [J]. 深空探测学报，2014，(1)：44-51.

[11] 黄翔宇，张洪华，王大轶，等. 月球软着陆的高精度自主导航与控制方法研究 [J]. 空间控制技术与应用，2012，38 (2)：5-9.

[12] 王大轶，黄翔宇，关轶峰，等. 基于 IMU 配以测量修正的月球软着陆自主导航研究 [J]. 宇航学报，2007，28 (6)：1544-1549.

[13] 吴伟仁，李骥，黄翔宇，等. 惯导/测距/测速相结合的安全软着陆自主导航方法 [J]. 宇航学报，2015，36 (8)：893-899.

[14] G.P.Guizzo. Autonomous smart lander simulator based on stereo vision for the descent phase on Mars [C] //54th International Astronautical Congress of the International Astronautical Federation. Bremen: IAF, 2003, 1-14.

[15] G. Paar, W. Poelzleitner. Autonomous spacecraft navigation using computer vision: a case study for the moon [C] //Mobile Robots X. Bellingham: International Society for Optics and Photonics, 1995, 157-170.

[16] H.H.Pien. Achieving safe autonomous landings on Mars using vision-based approaches [C] //Robotics-DL Tentative. Bellingham: International Society for Optics and Photonics, 1992, 24-36.

[17] D. Y. Wang, X. Y. Huang, Y. F. Guan. GNC system scheme for lunar soft landing spacecraft [J]. Advances in Space Research, 2008, 42 (2): 379-385.

[18] E.C.Wong, J.Masciarelli, G.Singh. Autonomous guidance and control design for hazard avoidance and safe landing on mars [C] //AIAA Atmospheric Flight Mechanics Conference and Exhibit. Monterey: AIAA, 2002, 46-65.

[19] D.Neveu, J.De Lafontaine, K.Lebel. Validation of autonomous hazard-avoidance Mars landing via closed-loop simulations [C] //AIAA Modeling and Simulation Technologies Conference and Exhibit. San Francisco: AIAA, 2005, 60-83.

[20] M.D.Shuster, S.D.Oh. Three-axis attitude determination from vector observations [J]. Journal of Guidance, Control, and Dynamics, 1981, 4 (1): 70-77.

[21] N.E.Sears. Lunar mission navigation performance of the apollo spacecraft guidance and navigation systems [R]. Cambridge: MIT Charles Stark Draper Laboratory, 1970.

第12章 航天器多源信息融合自主导航仿真试验技术

本章介绍多源信息融合自主导航仿真试验技术，包括试验方案设计、试验系统组成和试验实例。首先以太阳系天体探测的转移段、接近段和环绕段为背景，介绍光学与脉冲星融合自主导航的地面仿真试验技术。然后以月球软着陆悬停、避障和缓速下降段为背景，介绍惯性与测距测速融合自主导航的地面仿真试验技术。

12.1 光学与脉冲星融合自主导航试验技术

12.1.1 光学与脉冲星融合自主导航的试验方案

以太阳系天体探测的转移段、接近段和环绕段为例，利用深空自主导航光学敏感器、动态天体模拟器、脉冲星信号模拟器、动态小行星和恒星模拟器与三轴转台等硬件，以及信息融合自主导航算法、地面仿真控制算法等软件构成闭环回路，进行光学与脉冲星融合自主导航技术的地面仿真试验。

在转移段，利用动态小行星和恒星模拟器生成远距离小行星及其背景恒星的点状光源，为深空自主导航光学敏感器提供测量目标，敏感器计算机进行图像采集，导航计算机通过图像处理计算得到小行星视线方向作为光学自主导航观测量。在接近火星段，利用动态天体模拟器生成火星全局图像，为可调观测量光学敏感器提供测量目标，敏感器计算机进行图像采集，导航计算机通过图像处理计算得到火星中心方向矢量和视半径作为光学自主导航的观测量。在环绕火星段，利用大视场目标天体模拟器生成火星含边缘的局部图像，为可调观测量光学敏感器提供测量目标，敏感器计算机进行图像采集，导航计算机通过图像处理计算得到火星中心方向矢量和视半径作为光学自主导航的观测量。在转移段、接近段和环绕段，脉冲星导航模拟器根据导航计算机提供的轨道预报信息模拟产生脉冲星光子，脉冲星信号接收端对大量光子进行轮廓折叠和相位比对处理，得出脉冲星自主导航所需要的观测量。基于信息融合技术使用光学自主导航信息和脉冲星自主导航信息，处理得到信息融合后的自主导航结果。

12.1.2　光学与脉冲星融合自主导航试验系统的组成

1. 转移段自主导航试验系统的组成

转移段自主导航试验系统由仿真控制与评估计算机、高精度深空导航光学敏感器、X 射线脉冲星信号模拟器、动态小行星和恒星模拟器、高精度三轴转台、图像采集计算机、导航计算机等部分组成，如图 12-1 所示。

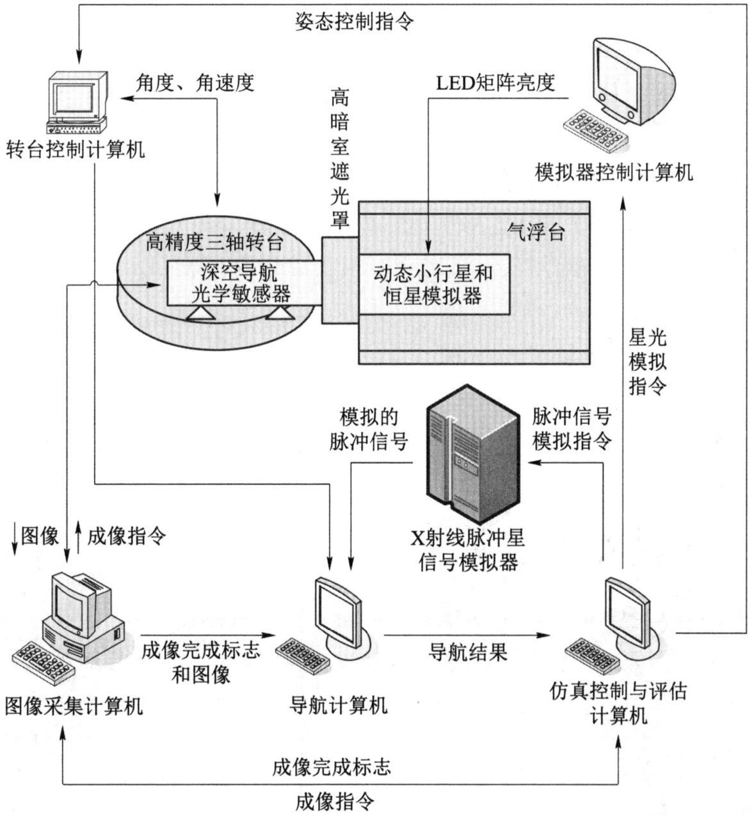

图 12-1　转移段自主导航试验系统的组成

1）仿真控制与评估计算机

仿真控制与评估计算机包括姿态轨道仿真模块、仿真控制模块和导航评估模块等。姿态轨道仿真模块用来计算当前航天器的星时、基准姿态和轨道参数。仿真控制模块用来计算仿真过程中给模拟器的控制指令。导航评估模块用于统计导航结果精度和分析导航系统性能。

2）高精度深空导航光学敏感器

高精度深空导航光学敏感器的主要用途是根据图像采集指令按照指定曝光时刻时长对动态小行星和恒星模拟器成像，并将图像发送至图像采集计算机。敏感器采用两反射镜加孔径校正器的光学镜头结构型式，并采用两个内部遮光罩和一个外部遮光罩设计，可以较好地消除杂光影响。深空导航光学敏感器样机如图 12-2 所示。

高精度深空导航光学敏感器样机的主要技术指标如下：

（1）焦距：953 mm。

（2）视场：0.8°×0.8°。

（3）敏感星等：12 Mv。

（4）随机测量误差：0.5″（1σ）。

3）X 射线脉冲星信号模拟器

X 射线脉冲星信号模拟器的主要任务是根据信号模拟计算机的指令产生相应的脉冲信号，将观测时间、脉冲信号到达航天器的时间、脉冲信号到达太阳系质心的时间等观测量发送至导航计算机。X 射线脉冲星信号模拟器如图 12-3 所示。

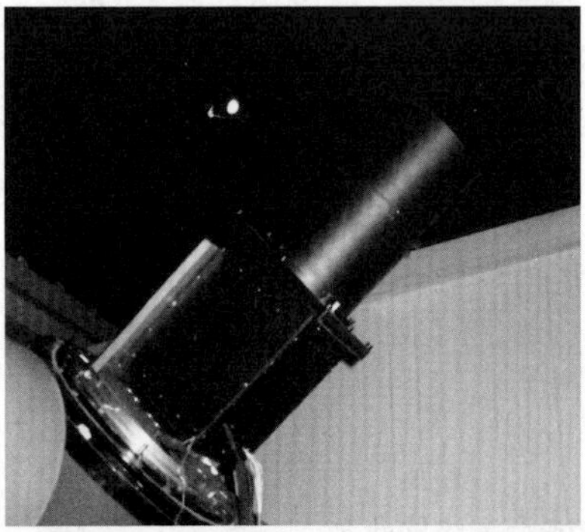

图 12-2　深空导航光学敏感器样机

图 12-3　X 射线脉冲星信号模拟器

4）动态小行星和恒星模拟器

动态小行星和恒星模拟器的主要用途是根据天球坐标系中导航敏感器视场

生成成像无限远的模拟星图，主要由可变目标标准源和光学投射系统组成。由于焦距较长，为减少占地空间，设计了反射式光学投影系统结构，利用衰减片可实现对不同可视星等点目标的模拟。为保证星图投射精度，将动态小天体模拟器和可变目标标准源都安装在高精度气浮平台上；为保证精度和装调的方便，测试设备采用分段安装固定与软连接的结构方案。动态小行星和恒星模拟器如图 12-4 所示。

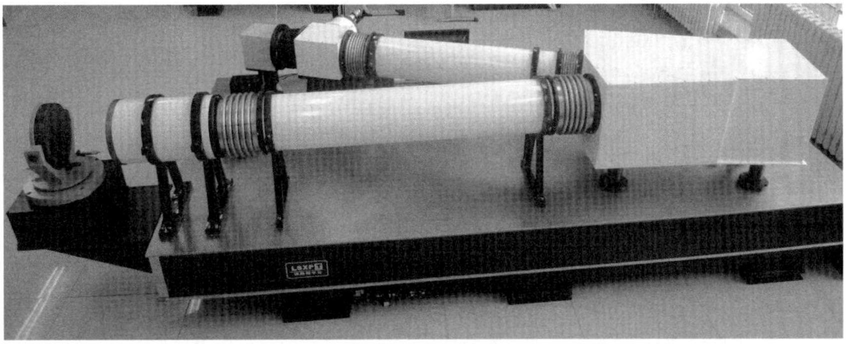

图 12-4　动态小行星和恒星模拟器

动态小行星和恒星模拟器的主要技术指标如下：

(1) 焦距：5 m。

(2) 视场：1.2°×1.2°。

(3) 入瞳口径：ϕ200 mm。

(4) 波像差：1.2°×1.2°，全视场内为 $\lambda/10$ (1σ)。

(5) 最大相对畸变：0.000 422%。

(6) 弥散斑均匀性：≤0.89 μm。

(7) 星点投射精度：0.2″。

5) 高精度三轴转台

高精度三轴转台主要用于模拟在长时间曝光过程中航天器姿态扰动对敏感器成像的影响，相对姿态变换在 1.0°以内，如图 12-5 所示。

高精度三轴转台的主要技术指标如下：

(1) 转角范围：360°全回转。

(2) 角位置控制精度优于 1″。

(3) 重复精度优于 0.5″。

(4) 转速范围：±0.000 01～±30°/s。

(5) 速度精度：$\omega>1°/s$ 时为0.01°/s；$\omega\leqslant 1°/s$ 时为0.000 1°/s。

图 12-5 高精度三轴转台

2. 接近段自主导航试验系统的组成

接近段自主导航试验系统由可调观测量光学成像导航敏感器、动态天体模拟器、X 射线脉冲星信号模拟器、图像采集计算机、导航计算机、仿真控制与评估计算机等部分组成，如图 12-6 所示。

1）可调观测量光学成像导航敏感器

可调观测量光学成像导航敏感器的主要用途是根据图像采集指令按照指定曝光时刻的时长对动态天体模拟器成像，并将图像发送至图像采集计算机。可调观测量光学成像导航敏感器样机如图 12-7 所示。

可调观测量光学成像导航敏感器样机的主要技术指标：

(1) 视场角范围：ϕ7.8°～ϕ30.1°。

(2) 接近天体测量精度（对应 8°视场）：0.003 9°（3σ）。

(3) 瞬时视场分辨率（对应 30°视场）：0.001 7°（3σ）。

2）动态天体模拟器

动态天体模拟器用于模拟接近目标时的动态天体图像。模拟器通过接收图像模拟软件发送的指令，可实时在内部液晶显示器上显示任意外形、大小和光照条件下的太阳系天体模拟图像。模拟器由半视场显示系统、拼接光学系统、投影光学系统和机箱等组成，如图 12-8 所示。

动态天体模拟器的主要技术指标如下：

(1) 分辨率：1 920×2 160 像素。

(2) 视场：10°×10°。

(3) 系统精度：7.5″。

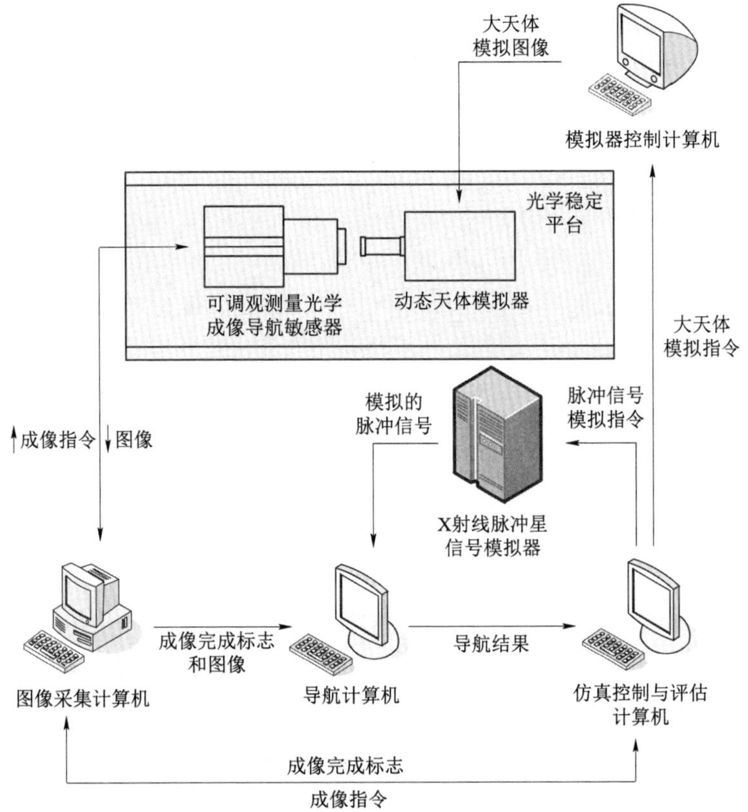

图 12-6　接近段自主导航试验系统的组成

图 12-7　可调观测量光学成像导航敏感器样机

图 12-8　动态天体模拟器

3. 环绕段自主导航试验系统的组成

环绕段自主导航试验系统由可调观测量光学成像导航敏感器、大视场目标天体模拟器、X射线脉冲星信号模拟器、图像采集计算机、导航计算机、仿真控制与评估计算机等部分组成，如图12-9所示。

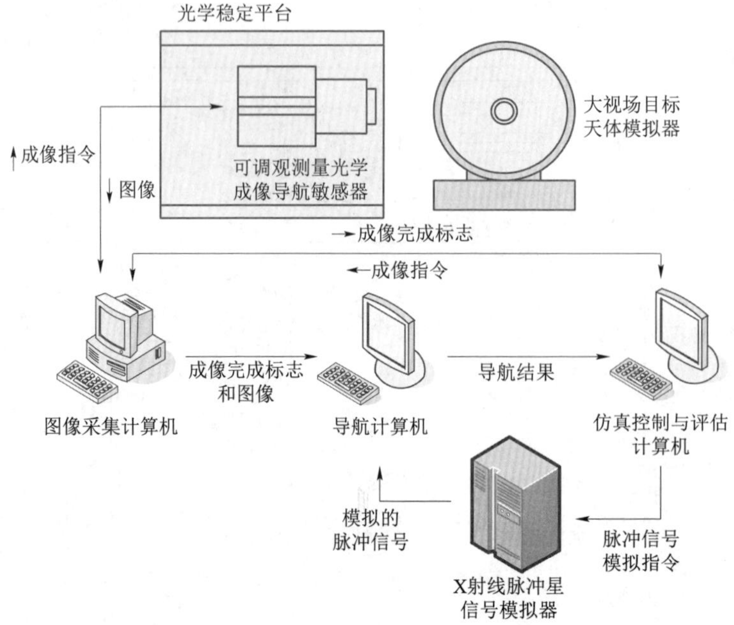

图 12-9　环绕段自主导航试验系统的组成

大视场目标天体模拟器用于提供近距离观测中心天体时的天体图像，如图12-10所示。其中模拟器点亮的部分用来模拟中心天体边缘轮廓，供可调观测量光学成像导航敏感器采集。

图 12-10　大视场目标天体模拟器

12.1.3　光学与脉冲星融合自主导航的试验实例

1. 转移段自主导航试验实例

以地火转移段为例对光学与脉冲星融合自主导航技术进行仿真试验。导航初始位置误差为 1 000 km，速度误差为 5 m/s。光学敏感器的曝光时间设置为 2 s。转移段自主导航试验系统现场如图 12-11 所示。

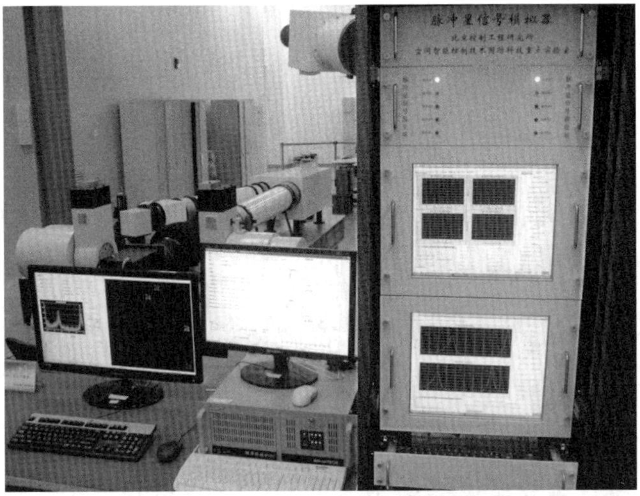

图 12-11　转移段自主导航试验系统现场

深空导航光学敏感器在有姿态扰动条件下，拍摄的含有背景恒星的小行星模拟图像如图 12-12 所示。

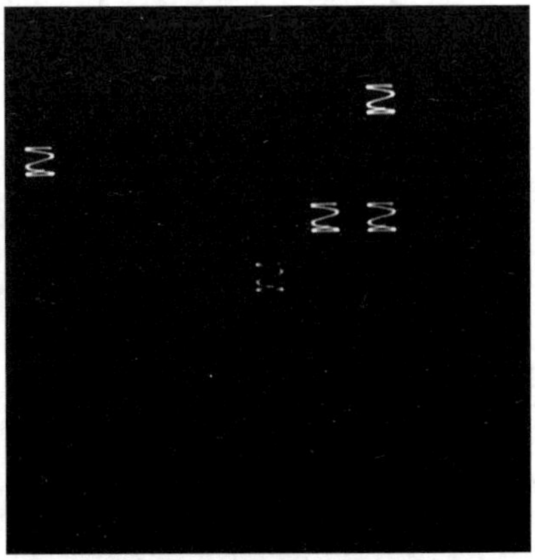

图 12-12　深空导航光学敏感器拍摄的含有背景恒星的小行星模拟图像

转移段自主导航试验中仿真控制与评估软件的显示界面如图 12-13 所示。在界面右侧实时绘制位置误差、速度误差和三轴转台姿态的曲线。

试验最终获得的地火转移段光学自主导航的精度结果，以及光学与脉冲星融合自主导航的精度结果如表 12-1 所示。可见信息融合技术显著提高了转移段航天器的位置和速度估计精度。

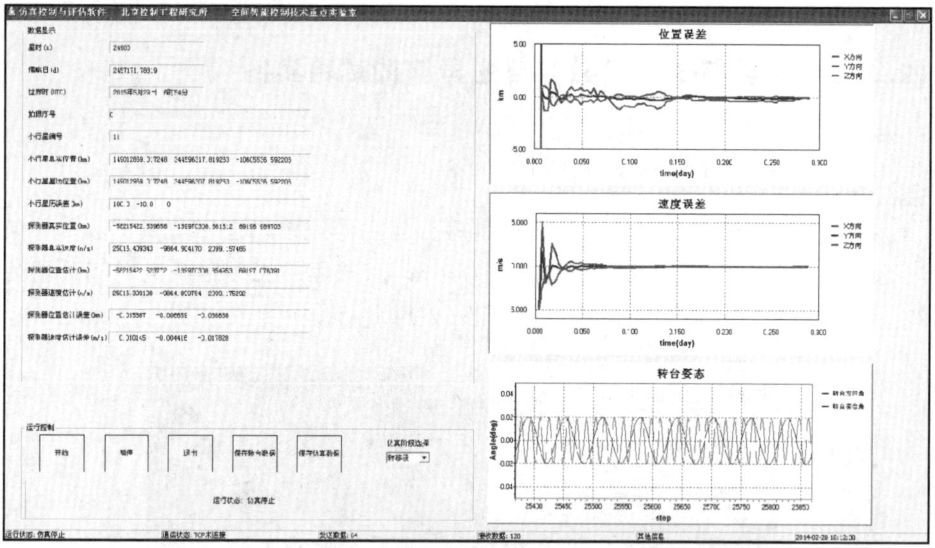

图 12-13　转移段自主导航试验中仿真控制与评估软件的显示界面

表 12-1　转移段光学自主导航及光学与脉冲星融合自主导航的精度结果

导航精度 (1σ)	光学自主导航结果	光学与脉冲星融合自主导航结果
位置/km	90.235 6	0.329 2
速度/（m·s^{-1}）	0.053 2	0.043 7

2. 接近段自主导航试验实例

以火星探测接近段为例对光学与脉冲星融合自主导航技术进行仿真试验。光学自主导航和脉冲星自主导航的初始位置误差为 500 km，速度误差为 10 m/s。可调观测量光学成像敏感器初始调节为 8°的窄视场。接近段自主导航试验系统现场如图 12-14 所示。

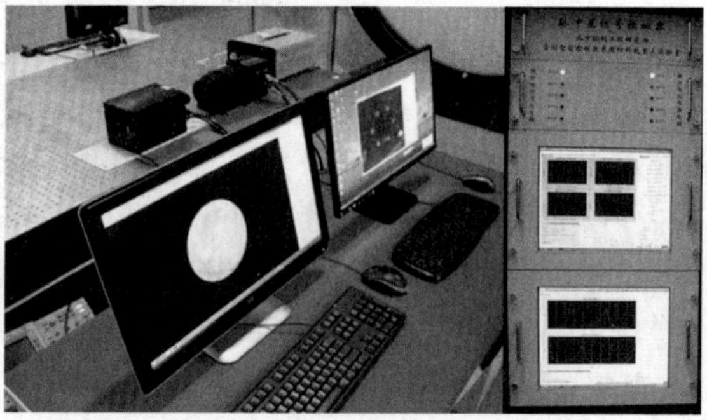

图 12-14　接近段自主导航试验系统现场

可调观测量光学成像敏感器对准动态天体模拟器拍摄的接近火星模拟图像如图 12-15 所示。

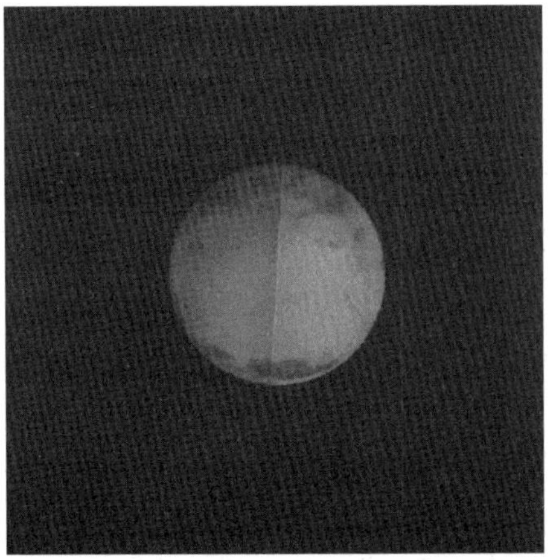

图 12-15　接近段可调观测量光学成像敏感器拍摄的图像

接近段自主导航试验中仿真控制与评估软件的显示界面如图 12-16 所示。在界面右侧实时绘制位置误差、速度误差和角距误差的曲线。

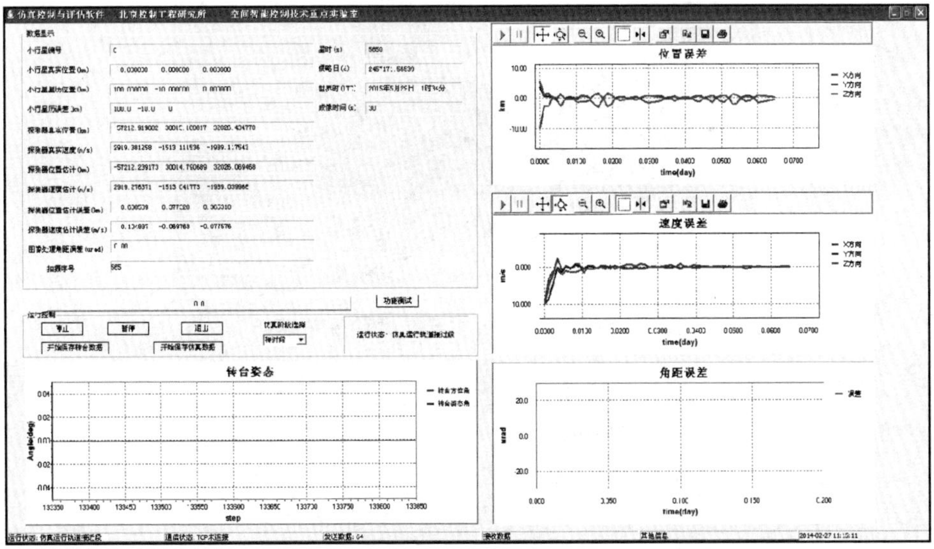

图 12-16　接近段自主导航试验中仿真控制与评估软件的显示界面

试验最终获得的火星接近段光学自主导航结果，以及光学与脉冲星融合自主导航的精度结果如表 12-2 所示。可见信息融合技术显著提高了火星接近段航天器的位置和速度估计精度。

表 12-2　接近段光学自主导航及光学与脉冲星融合自主导航的精度结果

导航精度（1σ）	光学自主导航结果	光学与脉冲星融合自主导航结果
位置（km）	1.480 2	0.308 0
速度/（m·s^{-1}）	0.381 5	0.146 1

3. 环绕段自主导航试验实例

以火星探测环绕段为例对光学与脉冲星融合自主导航技术进行仿真试验。光学自主导航和脉冲星自主导航的初始位置误差为 100 km，速度误差为 5 m/s。可调观测量光学成像敏感器调节为 30°的宽视场，对准大视场目标天体模拟器发光部分，保持边缘位于视场内。环绕段自主导航试验系统现场如图 12-17 所示。

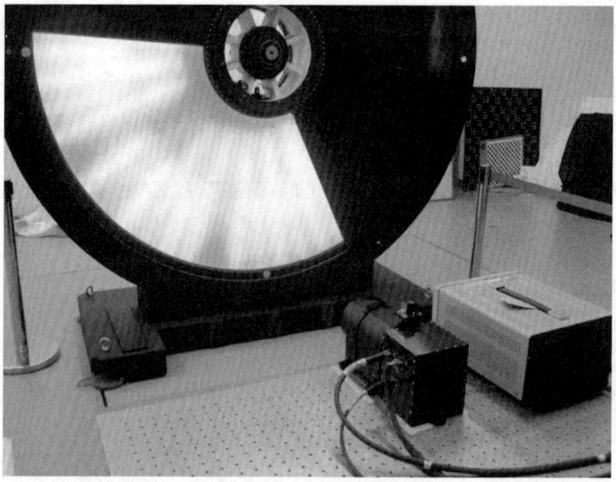

图 12-17　环绕段自主导航试验系统现场

环绕段可调观测量光学成像敏感器对准大视场目标天体模拟器拍摄的火星局部边缘模拟图像如图 12-18 所示。

环绕段自主导航试验中仿真控制与评估软件的显示界面如图 12-19 所示。在界面右侧实时绘制位置误差、速度误差和角距误差的曲线。

试验最终获得的火星环绕段光学自主导航结果，以及光学与脉冲星融合自主导航的精度结果如表 12-3 所示。可见信息融合技术显著提高了环绕段航天器位置和速度估计精度。

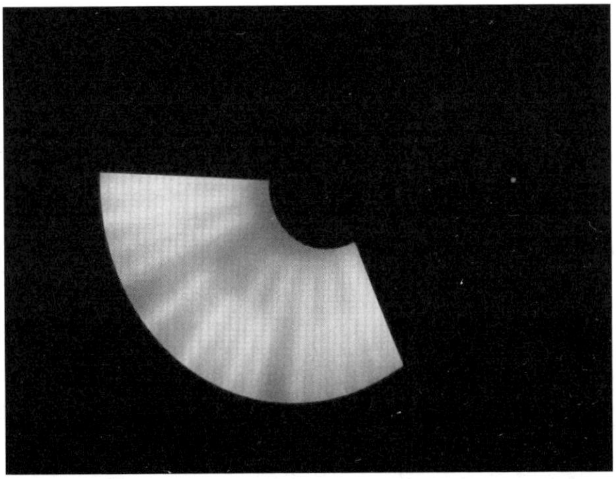

图 12-18　环绕段可调观测量光学成像敏感器拍摄的火星局部边缘模拟图像

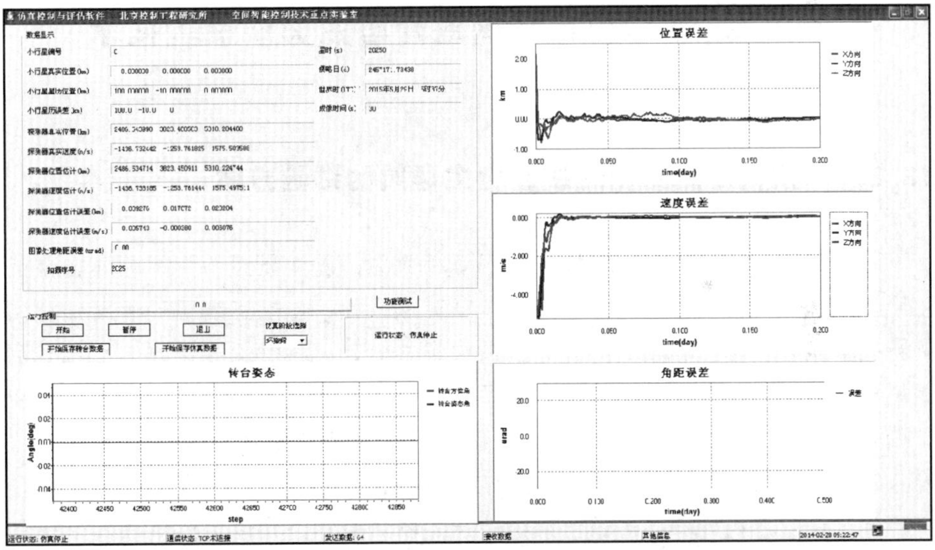

图 12-19　环绕段自主导航试验中仿真控制与评估软件的显示界面

表 12-3　环绕段光学自主导航及光学与脉冲星融合自主导航的精度结果

导航精度（1σ）	光学自主导航结果	光学与脉冲星融合自主导航结果
位置/km	1.305 8	0.288 6
速度/($m \cdot s^{-1}$)	0.271 8	0.023 4

12.2 惯性与测距测速融合自主导航试验技术

12.2.1 惯性与测距测速融合自主导航的试验方案

以月球软着陆悬停、避障和缓速下降段为例，设计惯性与测距测速融合自主导航闭环试验方案：利用六自由度运动模拟系统，包括三维平动运动装置和飞行转动平台，模拟着陆器的着陆轨道和姿态运动；将惯性测量单元和激光测距敏感器安装在飞行转动平台上；将微波测距测速敏感器和目标模拟器放置在地面上；竖立在地面上的月面模拟沙盘屏为激光测距敏感器提供相对测量目标；动力学仿真计算机负责向六自由度运动模拟系统发送平移和转动运动指令；地面试验总控计算机对试验系统进行控制和检测，并设置导航试验工况和分析评估导航结果。利用该方案的半物理仿真试验系统，可实现对月球着陆悬停、避障和缓速下降过程的信息融合自主导航方案和算法进行仿真试验。着陆段其试验方案和工作原理框图如图 12-20 所示。

半物理仿真试验需要在仿真实验室进行。由于受实验室内部空间和条件的限制，无法实现微波测距测速敏感器相对于月面沙盘屏的真实测距测速任务，因此需要在测距测速敏感器产品的基础上增加一个目标模拟器。微波测距测速敏感器通过电信号触发目标模拟器，目标模拟器根据运动学模型实时计算给出的相对距离与速度信息模拟不同高度和速度下的月面反射波，并通过相应的延时等处理，然后返回给微波测距测速敏感器，完成相对距离和相对速度的测量。对于激光测距敏感器，可直接测量着陆器（即飞行转动平台）相对月面沙盘屏的距离。

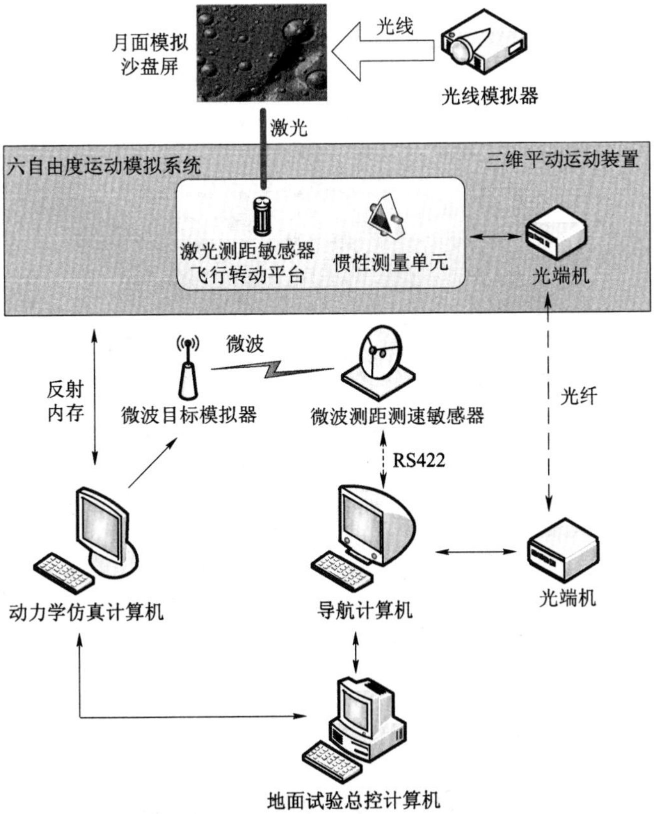

图 12-20　着陆段惯性与测距测速融合自主导航试验方案和工作原理框图

12.2.2　惯性与测距测速融合自主导航试验系统组成

惯性与测距测速融合自主导航试验系统的具体组成如下。

1. 六自由度运动模拟系统

六自由度运动模拟系统包括三维平动运动装置和飞行转动平台两部分。着陆导航敏感器，包括惯性测量单元和激光测距敏感器，安装在飞行转动平台负载盘上，由飞行转动平台模拟着陆器三轴的姿态运动。同时，飞行转动平台置于三维平动运动装置上。通过驱动飞行转动平台在三维导轨上的移动来模拟着陆器相对月面的三维平动运动。

在六自由度运动模拟系统中，飞行转动平台为三轴转台，台面安装有各敏感器的专用固定卡具；纵向平动部分由四条导轨组成，横梁在三条导轨支撑下做横向平动，竖梁通过滚珠丝杠进行上下传动。其真实设备的外形结构如图 12-21 所示。

图 12-21　六自由度运动模拟系统真实设备的外形结构

2. 月面模拟沙盘屏

月面模拟沙盘屏作为着陆导航敏感器的测量目标，主要用于模拟月面地貌特征和对可见光与激光的反射特性。月面沙盘屏设备包括月面模拟沙盘屏模块和支撑机构等。其真实设备的外形结构如图 12-22 所示。

图 12-22　月面模拟沙盘屏真实设备的外形结构

3. 光线模拟器

光线模拟器用于模拟着陆月面的光照条件。光线模拟器由四台单机设备组成，每两台为一组，放置在特制的升降台上，通过一面高为 10 m、宽为 15 m 的玻璃屏幕反射光线至沙盘屏，从而保证将整个沙盘屏照亮。每台单机设备都由氙灯和光学系统等组成。

4．惯性测量单元

惯性测量单元由三个正交安装的光学陀螺和三个正交安装的石英挠性加速度计组成，测量采样周期内的角度和速度增量。

5．激光测距敏感器

激光测距敏感器向月面模拟沙盘屏发射调制激光测量相对距离。

6．微波测距测速敏感器

微波测距测速敏感器有三个指向不共面的测量天线，通过接收微波目标模拟器发射的模拟回波信号实现相对虚拟月面距离和速度的测量。

7．微波目标模拟器

微波目标模拟器依据动力学仿真计算机发出的指令，模拟飞行转动平台在当前位置、速度和姿态下微波测量波束打到月面模拟沙盘屏的回波信号。

8．地面试验总控计算机

地面试验总控计算机安装有地面试验总控软件。该软件主要用于半物理仿真试验系统的地面管理。具体功能包括试验初始化、启动和终止控制、试验过程的状态监控、试验数据的存储和处理以及试验数据的显示等。地面试验总控计算机通过 TCP/IP 网络与导航仿真计算机和动力学仿真计算机通信。

9．导航计算机

导航计算机用于采集惯性测量单元、激光测距敏感器和微波测距测速敏感器的测量，经信息融合自主导航滤波算法处理估计着陆器的姿态、位置和速度。

10．动力学仿真计算机

动力学仿真计算机的功能主要有两项：一是进行着陆器的运动学计算，并完成微波测距测速敏感器的测量模型计算；二是实时控制三维平动运动装置和飞行转动平台按给定的指令运动，完成着陆器六自由度运动的模拟。动力学仿真计算机与六自由度运动模拟系统通过反射内存网络接口进行通信和数据交换，与地面试验总控计算机通过 TCP/IP 协议进行通信与数据交换。

11. 光端机

在本试验系统中，光端机主要用于飞行转动平台上的着陆导航敏感器与台下的导航计算机之间的实时数据传输。本试验系统配备两台光端机，其中与导航计算机连接的，放置在台下的称为上位光端机；与着陆导航敏感器连接的，安放在飞行转动平台负载盘上的称为下位光端机。两个光端机之间通过光纤进行传输，满足着陆器真实通信的时序和实时性要求。光端机主要传输惯性测量单元和激光测距敏感器的测量信息。

12.2.3 惯性与测距测速融合自主导航的试验实例

以月面软着陆的悬停、避障和缓速下降段为例，开展惯性和测距测速融合自主导航试验。试验初始六自由度运动模拟装置位于距月面模拟沙盘屏 45 m 处。导航初始姿态和位置误差为零，初始速度误差为 0.1 m/s。试验系统现场布局和试验场坐标系定义如图 12-23 所示。

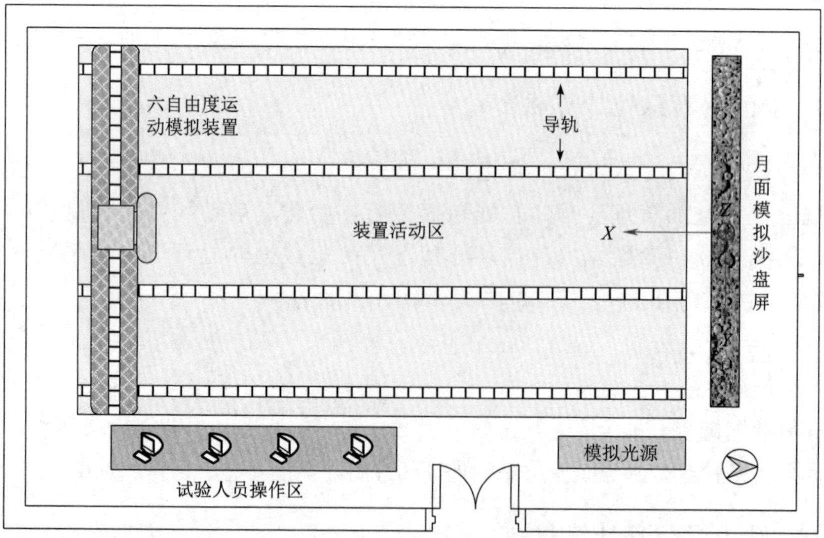

图 12-23 惯性与测距测速融合自主导航半物理仿真试验系统现场布局和试验场坐标系定义

惯性与测距测速融合自主导航试验的具体步骤如下：

(1) 检查飞行转动平台上的设备和地面设备，确保各设备机械、电气等完好。

(2) 根据各设备的加电要求为各设备进行加电，使各设备处于加电待机状态，直至满足工作条件。

(3) 六自由度运动模拟系统根据试验要求运动到指定位置，并切换到远程控制模式。

(4) 地面试验总控计算机对动力学仿真机和导航计算机进行初始化。

(5) 动力学仿真计算机根据初始化参数进行初始启动程序计算，计算周期为 8 ms。8 ms 的动力学数据通过反射内存传输给六自由度运动模拟系统的控制计算机，用于驱动三维平动运动装置和飞行转动平台按指定要求运动。

(6) 与此同时，六自由度运动模拟系统将其自身实际的六自由度运动数据通过反射内存传送给动力学仿真计算机。

(7) 动力学仿真计算机对每个 8 ms 的数据进行判断，确定其是否满足初始动态环境条件。若满足，则向地面试验总控计算机发送信号，正式试验开始；若不满足，则继续第 (5) ～ (7) 步的初始启动程序计算，直至满足动态条件。

(8) 正式试验开始，动力学仿真计算机计算当前的位置、速度和姿态，周期为 8 ms。8 ms 的动力学数据通过反射内存传输给六自由度运动模拟系统的控制计算机，用于驱动三维平动运动装置和飞行转动平台按指定要求运动。同时，动力学仿真计算机中微波测距测速敏感器的测量模型通过计算将相应数据发送给微波目标模拟器。此外，16 个 8 ms 的动力学数据打包通过高速以太网传输给地面试验总控计算机，用于试验监控、数据分析和数据显示。

(9) 安装在飞行转动平台上的激光测距敏感器开始对月面沙盘屏进行距离测量，同时惯性测量单元以 32 ms 采样周期测量飞行转动平台运动的角度和速度增量。二者每过 128 ms 通过光端机和光纤将测量数据下传给导航计算机。

(10) 同时，放置在台下的微波测距测速敏感器，每 128 ms 通过 RS422 接口将距离和速度数据传输给导航计算机。

(11) 导航计算机接收惯性测量单元、激光测距敏感器和微波测距测速敏感器获得的测量数据，每 128 ms 进行一次导航计算。计算结果通过以太网传输给地面试验总控计算机。

(12) 重复第 (8) ～ (11) 步的动力学计算、数据传输、六自由度运动模拟系统驱动、敏感器测量、数据采集以及导航计算等，即可模拟月面软着陆导航系统的工作过程。

(13) 动力学仿真机根据试验终止和减速模式的判断条件对每 8 ms 六自由度运动模拟系统 X 方向的距离进行判断。满足减速条件时即可切换到减速程序。若不满足，则重复第 (8) ～ (11) 步的操作，进行正式试验。

(14) 进入减速程序后，动力学仿真机对六自由度运动模拟系统进行制动控制，直至六自由度都减速至零，试验结束。

捷联式惯性自主导航试验的结果曲线分别如图 12-24 和图 12-25 所示，可见估计误差随时间的推移不断增大。

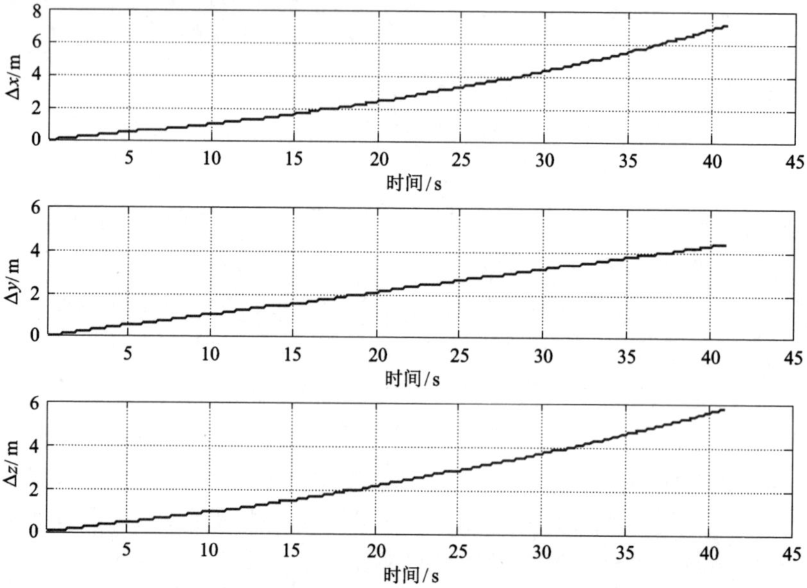

图 12-24　月面着陆惯性自主导航的位置估计误差

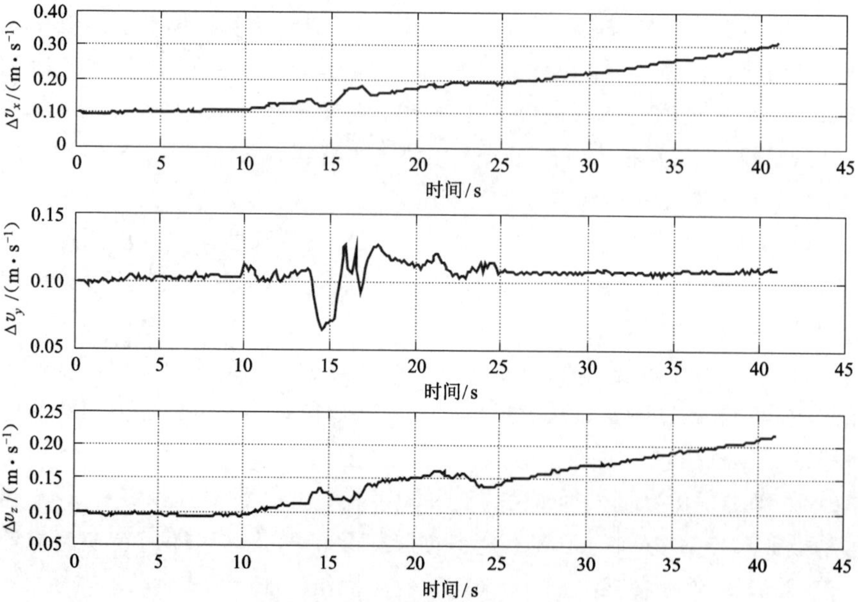

图 12-25　月面着陆惯性自主导航的速度估计误差

惯性与测距测速融合自主导航试验的结果曲线分别如图 12-26 和图 12-27 所示。

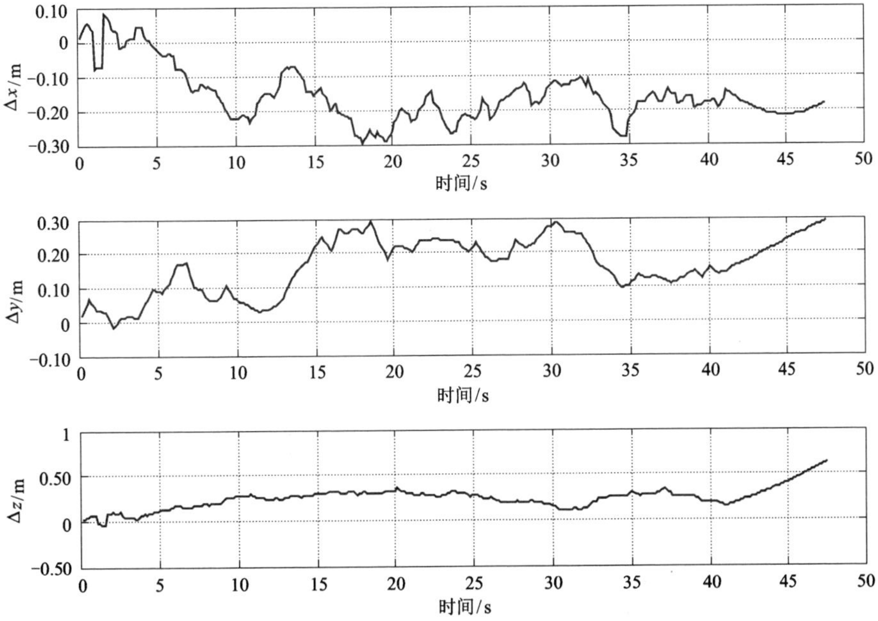

图 12-26　月面着陆信息融合自主导航的位置估计误差

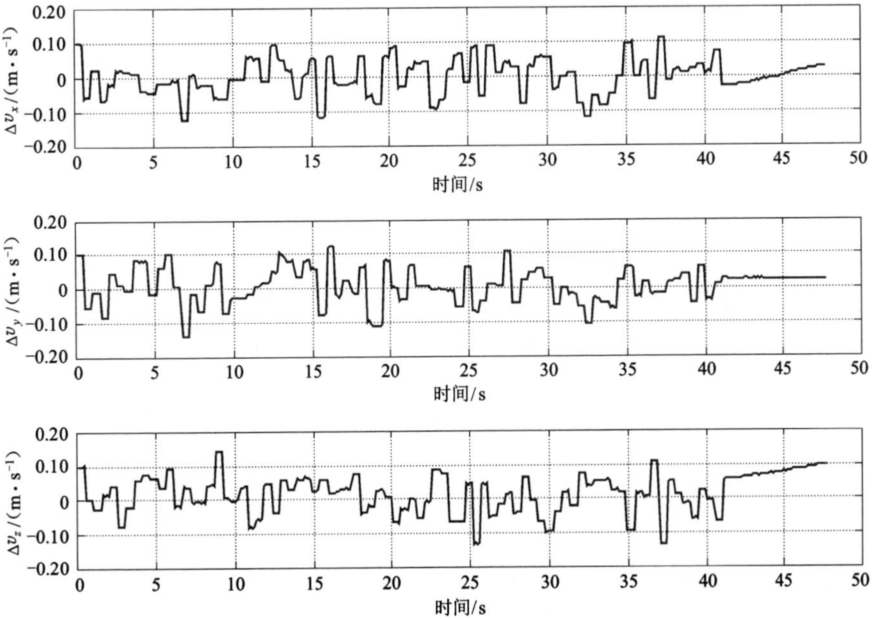

图 12-27　月面着陆信息融合自主导航的速度估计误差

月面着陆末段惯性与测距测速信息融合自主导航试验的精度结果如表 12-4 所示，可见信息融合技术显著提高了月球软着陆悬停、避障和缓速下降段的航天器位置、速度估计精度，相对距离和速度测量有效地修正了惯性导航的累积误差。

表 12-4　月面着陆末段惯性与测距测速信息融合自主导航试验的精度结果

导航精度	惯性自主导航结果	信息融合自主导航结果
位置/m	10.252	0.705
速度/（$m \cdot s^{-1}$）	0.383	0.105

12.3 小　　结

本章对敏感器在回路内的半物理仿真方案和试验结果进行了研究和分析，分别介绍了深空探测转移段、接近段和环绕段的光学与脉冲星信息融合自主导航试验技术，以及月面软着陆悬停、避障和缓速下降段的惯性与测距测速信息融合自主导航试验技术。利用敏感器样机、天体模拟器和导航计算机等设备，进行敏感器在回路内的地面半物理仿真试验，可以更准确地模拟测量特性，可以更有效地验证导航敏感器的性能和信息融合自主导航方案的合理性，以缩短导航系统的研究开发周期。信息融合自主导航半物理仿真试验系统的建立，为自主导航技术的飞行试验以及实际工程的应用奠定了坚实的技术基础。

参考文献

[1] 王大轶，黄翔宇．深空探测转移段光学成像测量自主导航及仿真验证技术［J］．控制理论与应用，2014，31（12）：1714－1722．

[2] 郝云彩，王大轶．深空自主导航光学敏感器及其验证［J］．空间控制技术与应用，2012，38（3）：5－1．

[3] 王大轶，黄翔宇，魏春岭．基于光学成像测量的深空探测自主控制原理与技术［M］．北京：中国宇航出版社，2012．

[4] 张洪华，关轶峰，黄翔宇，等．嫦娥三号着陆器动力下降的制导导航与控制［J］．中国科学：技术科学，2014，44（4）：377－384．

[5] 于登云，等．月球软着陆探测器技术［M］．北京：国防工业出版社，2016．

第 13 章

航天器多源信息融合自主导航技术的发展展望

自主导航是航天器自主运行的核心关键技术，但是单一的自主导航方式往往难以满足航天器导航长时间、高精度和高可靠性的要求。基于多源信息融合的自主导航技术，可实现子系统之间的优势互补，并使融合自主导航系统的性能优于子系统，是改善自主导航性能的有效方法。一方面，融合自主导航系统融合各个子系统的导航信息，有助于实现系统误差互校正，能够取得超越单个子系统的导航精度；另一方面，融合自主导航系统获得冗余的测量信息，增强系统对环境的适应性，提高整个系统的可靠性。

随着新概念导航技术的不断涌现，以及现代信号处理、计算机、人工智能等技术的日益发展，信息融合逐渐成为自主导航系统中不可缺少的技术手段。要实现高性能的融合自主导航，需要研究诸多实际问题，包括融合自主导航方案、滤波与融合算法、导航敏感器类型及配置、数据同步和系统计算能力等。在理论方法层面，完善信息融合的基础理论、改进数据处理方法，以及设计工程实用的滤波算法等，对融合自主导航技术的发展具有重要意义。本章从多源信息融合自主导航方案、信息融合技术和融合自主导航敏感器三个方面对航天器多源信息融合自主导航技术的发展趋势和研究热点进行简要的介绍。

13.1　航天器多源信息融合自主导航方案的发展

航天器自主导航技术的最终发展趋势是高度自主性。高度自主性的一个重要特性就是能够自主故障检测、隔离和恢复，它要求系统具备一定的冗余能力，而这正是融合自主导航技术的优势所在。此外，未来的深空探测任务难度大、环境复杂未知，也对多源信息融合自主导航技术提出了新的要求。下面对几种典型的多源信息融合自主导航方案的发展进行介绍。

13.1.1　基于光学测量的融合自主导航

在深空探测任务中，光学自主导航技术可以实现航天器相对目标天体的导航，目前仍是未来主流的导航方式，但是易受到目标光照条件等因素的影响，绝对导航精度不高。此外，在长时间的飞行任务中，光学自主导航无法对星载时钟进行修正，航天器钟差如果发散，就会影响自主生存能力，需要发展基于光学测量的融合自主导航技术。脉冲星自主导航作为一种新兴的自主导航技术，与光学自主导航技术进行融合具有很大的发展前景，一方面光学自主导航能够为脉冲星自主导航提供较为精确的先验信息，以方便测量脉冲轮廓的建立；另一方面脉冲星自主导航可以实现绝对导航，且能够进行星钟校正，可消除光学自主导航中星钟时差发散的现象，有利于提高整个导航系统的性能。

13.1.2 基于惯性测量的融合自主导航

在未来的深空探测领域，惯性自主导航技术仍然是动力飞行段的主要导航方式，由于惯性自主导航的外推误差会随着时间的推移而发散，因此必须研究基于惯性的融合自主导航技术。

基于惯性的融合自主导航技术已经成功应用在软着陆的动力下降段，但是还未应用在地外天体的大气进入过程。这是因为在大气进入过程中，进入器和大气的高速摩擦会使进入器接触面产生高温，为了保护进入器不被高温损坏，一般将其安装在防热罩内。由于防热罩的隔离作用使在进入段可用的敏感器极少，能够在这一特殊环境下工作的敏感器除了惯性测量单元（IMU）以外，只有特殊波段的无线电通信设备和嵌入式大气数据系统。其中无线电通信设备可以和别的无线信标通信进行测速和测距，嵌入式大气数据系统则主要是用来通过测量进入器表面的压力分布，实现动压、马赫数、攻角等关键大气参数的解算。因此为了实现定点软着陆，进入段的导航精度不容忽视，需要将 IMU 和可用的敏感器（无线电传感器或者嵌入式大气数据系统）组合起来，研究基于惯性的融合自主导航系统。对于这一特定的导航系统，一方面需要综合分析各种误差源对导航系统性能的影响，以合理的方法进行指标分配；另外一方面需要研究鲁棒性强的信息融合算法，以提高导航系统的可靠性。

此外，未来的地外天体着陆任务（大天体或者小天体）在终端着陆段需要高度自主的相对导航能力，并同时能够在未知的环境中快速避障和选择安全着陆点。从敏感器配置方面考虑，需要敏感器能同时用于自主导航和检测障碍，可用的敏感器包括多普勒测速测距仪、激光测距仪和激光雷达等。从导航方案方面考虑，惯性与光学的融合自主导航将是定点着陆任务的重要发展方向，此外还可以结合释放人工无线信标的辅助手段进一步增强自主导航系统的性能。

13.1.3 基于深空导航星座的自主导航

目前大多数的地球轨道航天器依赖于 GNSS 星座进行自主导航，这一技术也可以进一步拓展到深空探测任务中，如建立相应的深空导航星座。2015 年，NASA 提出了多航天器定位系统（Multi-Autonomous Positioning System, MAPS），计划在已有的火星勘察轨道飞行器（Mars Reconnaissance Orbiter, MRO）与“奥德赛”火星探测器（Mars Odyssey Spacecraft）基础上，结合地基测控系统，初步形成火星导航网络，这个网络将与未来的商用火星通信轨道飞行器结合，预期通过不断增长的通信带宽以及转播信息，实现多航天器之间的通信交互与导航信息共享更新。

国内也有学者提出了星联网的概念，星联网中的航天器可以分为基准航天器和用户航天器两部分，其中基准航天器通过观测脉冲星实现自主导航，为整个网络提供导航基准；用户航天器上安置与星联网兼容的星间测距设备，通过与基准航天器及其他用户航天器的相互通信实现对自身位置的确定。与 GNSS 导航星座不同，星联网的网络构型和成员航天器灵活可变，任何配置与网络兼容星间链路测量设备的航天器均可加入网络，网络中的任一航天器均可为其他航天器提供导航服务。

深空导航星座是典型的分布式融合结构，随着航天器数量的日益增多，可以预见基于深空导航星座的自主导航技术也将是未来的重要发展方向之一。

13.2 信息融合技术的发展

13.2.1 融合结构的发展

集中式融合存在状态维数高、计算负担重和不利于故障诊断等问题；分布式融合在容错性和运算效率方面较集中式融合有显著优势，符合信息融合技术的发展趋势。

有全局融合中心的分布式融合结构主要应用在单个航天器的自主导航场景，比如进入下降和着陆段。该结构具有多个局部信息融合单元和一个全局信息融合中心，全局信息融合中心对局部信息融合单元的信息进行融合。

无全局融合中心的分布式融合结构主要应用在多个航天器协同飞行的自主导航场景，比如基于星间测量的星座卫星自主导航、编队飞行自主导航等。该结构中每个敏感器的测量值通过节点与其他敏感器相连，输出本节点的融合结果。由于取消了中心处理单元，系统输出不再只依赖于中心融合单元，可以从任何一个节点输出，所以单个敏感器或节点的损坏对整个系统不会产生太大影响。但该融合结构的通信和融合算法比较复杂，节点可与其他所有节点连接，也可以只与部分节点连接。

13.2.2　滤波与融合算法的发展

未来深空探测任务的主要难度体现在环境的高度复杂、未知性和任务的高度自主性方面。因此，从滤波和融合算法层面考虑，为了适应环境、气动等不确定因素，自适应好、在轨运算效率高的信息融合算法是发展方向之一。另外一方面，为了实现高度的自主性，鲁棒性强、容错性好以及收敛快的滤波和融合算法也是必然的发展方向。

1. 鲁棒滤波和 H_∞ 滤波

鲁棒滤波的设计思路是在有模型不确定性的情况下确保估计误差的方差有上界，并设法使估计误差的方差上界最小化；H_∞ 滤波的设计思路是确保估计误差与模型误差（不确定性）的范数比值有界性。鲁棒滤波或 H_∞ 滤波都是基于不确定模型设计的，如果实际系统中的模型不确定性与模型中关于不确定性的表述相一致，那么，鲁棒滤波能够取得优于传统卡尔曼滤波的估计精度。原因在于，不确定模型中包含实际系统模型不确定性的先验知识，对实际系统的刻画更准确，而传统卡尔曼滤波在设计过程中未考虑模型不确定性的影响。如何建立适当的不确定模型，合理有效地描述实际系统中存在的不确定性，是鲁棒滤波应用研究中需要解决的问题。

应当说明，如果模型中关于不确定性的表述与实际系统不一致，那么应用鲁棒滤波算法代替卡尔曼滤波有可能降低估计精度。举例来说，如果作为模型不确定性的未知干扰仅在少数情况下存在，此时，不确定模型多数情况下与实际系统不一致，基于不确定模型设计的鲁棒滤波算法往往不是设计者的最佳选择。一般将鲁棒滤波与多模型滤波技术相结合，有助于解决上述问题。

2. 多模型自适应滤波

多模型自适应估计（Multiple Model Adaptive Estimation，MMAE）是另外一种能够处理模型不确定性的滤波方法。为了设计 MMAE 算法，通常由一系列模型组成的模型集来描述模型不确定性，模型集的设计对 MMAE 算法的性能有重要影响。在 MMAE 算法中，基于模型集中的各个模型分别设计滤波器，各个滤波器通过并行解算，获得各自的状态估计值，MMAE 算法总的状态估计值是各个并行滤波器状态估计值的加权和。各个并行滤波器的权值通过测量残差（新息）计算得到，反映了各个滤波模型与实际系统模型的相似程度。通过优化模型集和自适应律的设计，使得与实际系统相一致的模型在状态估计中起主要作用，此时，多模型滤波能够取得优于卡尔曼滤波的估计精度。

MMAE的发展已经历了三代：第一代是静态多模型滤波算法，各个并行滤波器基于固定的模型集分别进行递推估计；第二代是交互多模型（Interacting Multiple Model，IMM）滤波算法，各个并行滤波器之间存在信息交流；第三代是变结构多模型（Variable structure multiple model，VSMM）滤波算法，其特点是用于设计并行滤波的模型集是时变的，可以根据环境的变化进行调节。随着MMAE算法的发展，其处理模型不确定性的能力不断增强。

通过设计MMAE算法，能够识别出系统中未知干扰开始和结束的时间，以及干扰的严重程度，并采取适当策略进行处理，如在未知干扰出现时，令噪声方差阵较大的模型起主导作用；相反，在不存在未知干扰的情况下，令噪声方差阵较小的模型起主导作用。MMAE算法能够自适应地在多个模型间进行切换和折衷，这使其在应对航天器发动机喷气推力不确定性或敏感器受环境影响测量特性发生变化时，能够体现出优于卡尔曼滤波和鲁棒滤波的性能优势。模型集的优化设计及其对滤波性能的影响分析是多模型滤波研究中需要重点关注的问题。

3. 融合算法

由于分布式融合结构的绝对优势，未来的融合算法也主要朝着分布式融合算法的方向发展。另外，共同的轨道动力学模型和测量耦合，也给局部估计带来了未知的相关性。此外，不同敏感器之间采样频率的异步性，以及通信延迟等因素给分布式融合算法的设计带来了困难。协方差交叉融合算法能够有效地解决局部估计的未知相关性，提供次优的融合估计。在解决敏感器异步延时的问题上，典型的解决途径包括：从硬件层面设计时间同步装置，以及将不同时刻的状态扩维成新的状态进行估计等。上述方法为融合算法的设计提供了思路。针对典型的航天器融合自主导航系统，考虑子系统未知相关性、敏感器异步延时等因素的分布式融合算法设计是未来融合算法研究的重要方向。

此外，随着星载计算机运算能力的不断提高，基于神经网络的智能融合算法将得以发展并实际应用在航天器自主导航领域。这是因为智能融合算法有着很强的容错能力，可以提高系统的自主生存能力，还具备很强的处理非线性和不确定性问题的能力。

从信息源的角度看，目前的融合算法主要用来融合多敏感器的观测信息和状态方程。随着估计理论的发展，未来的融合算法将不局限于此，比如融合多个模型（前面介绍的 MMAE）、融合系统约束（约束滤波）等。

13.3 融合自主导航敏感器的发展

融合自主导航系统的敏感器将朝着微小型、可复用、一体化和智能化的方向发展。深空探测的目标天体距离地球很遥远，对探测器的质量限制更为苛刻。美国和欧空局都在积极研制各种微型太阳敏感器、恒星罗盘、视频敏感器和陀螺等。微小型化技术不但可以减小星上功能部件自身的质量，也会带来相关分系统的整体小型化和低功耗，从而大大减小整星的质量、体积和功耗。可以预见，随着对微纳米技术研究的深入，MEMS技术和微纳米技术一定会在未来的空间技术发展中发挥越来越重要的作用。此外，将多个不同功能的敏感器集成在一起进行融合自主导航，可以有效地降低敏感器之间的系统误差。

在可复用方面，国外深空探测器的导航敏感器和光学载荷往往是共用的，可在不同阶段实现不同的功能。例如“星尘”探测器在飞越“Wild-2”彗星的过程中，就利用导航敏感器对彗核进行了三维测绘；“隼鸟号”小行星探测器的着陆导航敏感器也同时承担了对小行星表面的成像观测任务；此外，美国的“旅行者一号”和“深空一号”等深空探测器还经常用有效载荷相机作为导航敏感器来完成光学自主导航任务。

在深空探测任务中，需要光学成像敏感器具有对不同距离天体进行成像观测的能力，如美国重返月球计划的 Altair 探测器就配备了能够观测恒星、太阳系行星和月面陆标的一体化导航敏感器。为了同时满足接近、环绕飞越等多个任务段成像导航的需求，还可采用变焦距和视场可调技术，这也是对恒星、暗弱小行星、近天体等不同目标进行成像测量的一种可行手段。另外一个典型的例子就是通过光机电一体化设计对紫外敏感器进行改进，只用一个固态敏感器组件同时对恒星和目标天体成像，以同时提供三轴姿态数据和自主导航信息，可有效降低相对安装误差对自主轨道计算的影响。

从提高系统自主生存能力和降低通信带宽的角度看，未来的敏感器将朝着智能化方向发展，每个敏感器自带处理器对原始测量数据进行处理，直接和别的敏感器节点进行信息交换，完成最终的决策和融合。

13.4 结 束 语

科学研究永无止境，导航定位的高精度和高可靠性始终是人们不断追求的目标。随着深空探测任务的不断开展和实施，深空探测领域各项技术发展迎来了新的机遇和挑战，同样对自主导航技术也提出了更高的要求。基于多源信息融合的自主导航技术，在高精度和高可靠性等方面具备很大的优势，未来必将蓬勃发展、实现更大的突破，在深空探测任务中发挥重要的作用。

参 考 文 献

[1] 王大轶，魏春岭，熊凯. 航天器自主导航技术［M］. 北京：国防工业出版社，2017.

[2] 王大轶，黄翔宇，魏春岭. 基于光学成像测量的深空探测自主控制原理与技术［M］. 北京：中国宇航出版社，2012.

[3] D. Y. Wang，M. D. Li，X. Y. Huang. Analytical solutions of generalized triples algorithm for flush air-data sensing systems［J］. Journal of Guidance，Control，and Dynamics，2017，40（5）：1314－1320.

[4] 王大轶，李茂登，黄翔宇. 火星进入段自主导航技术研究综述［J］. 空间控制技术与应用，2016，42（5）：1－7.

[5] 王大轶，黄翔宇. 深空探测自主导航与控制技术综述［J］. 空间控制技术与应用，2009，35（3）：6－12.

[6] 王大轶，徐超，黄翔宇. 深空探测着陆过程序列图像自主导航综述［J］. 哈尔滨工业大学学报，2016，48（4）：1－12.

[7] E. Anzalone，J. Chuang，C. Olsen. Unified simulation and analysis framework for deep space navigation design［C］// Guidance，Navigation，and Control Conference. Breckenridge：AIAA，2014，1－2.

[8] E. Anzalone，C. Becker，D. Crump，et al. Multi-spacecraft autonomous positioning system：LEO demo development［C］// 29th Annual AIAA/USU Conference on Small Satellites. Logan：AIAA，2015，1－15.

[9] 郑伟，张璐，王奕迪. 基于星联网的深空自主导航方案设计［J］. 深空探测学报，2017，4（1）：31－37.

[10] D. Y. Wang，M. D. Li，X. Y. Huang，et al. Kalman filtering for a quadratic form state equality constraint［J］. Journal of Guidance，Control，and Dynamics，2014，37（3）：951－958.

[11] 吴伟仁，王大轶，宁晓琳. 深空探测器自主导航原理与技术［M］. 北京：中国宇航出版社，2011.

[12] T. Yoshimitsu，J. I. Kawaguchi，T. Hashimoto，et al. Hayabusa-final au-

tonomous descent and landing based on target marker tracking [J]. Acta Astronautica, 2009, 65 (5): 657-665.

[13] J. E. Riedel, A. T. Vaughan, R. A. Werner, et al. Optical navigation plan and strategy for the Lunar Lander Altair [C]// AIAA Guidance, Navigation, and Control Conference. Toronto: AIAA, 2010, 77-95.

附录 A

单位、常数及单位换算

A.1 单位和常数

一、单位

米（m）、千克（kg）和秒（s）分别为国际单位系统（SI）中的长度、质量和时间单位。

二、常数

1. 光速：299 792 458 m/s。
2. 地球赤道半径：6 378 140 m。
3. 地球极半径：6 356 775 m。
4. 地球平均半径：6 371 004 m。
5. 地球赤道周长：40 075.13 km。
6. 地球表面重力加速度：9.806 1 m/s^2。
7. 地球平均轨道速度：29.79 km/s。
8. 地心引力常数：3.986 005×10^{14} m^3/s^2。
9. 地球扁率：0.003 352 81。

10. 地球质量：5.974 2×10^{24} kg。
11. 日地平均距离（又称天文单位，AU）：1.495 978 70×10^{11} m。
12. 日地最远距离：1.521 0×10^{11} m。
13. 日地最近距离：1.471 0×10^{11} m。
14. 日心引力常数：1.327 124 38×10^{20} m^3/s^2。
15. 太阳质量：1.989 1×10^{30} kg。
16. 太阳与地球的质量比：332 946.0。
17. 太阳与地月系的质量比：328 900.5。
18. 太阳半径：696 265 km。
19. 太阳目视星等：－26.74 等。
20. 太阳表面重力加速度：274 m/s^2。
21. 月球质量：7.350 6×10^{22} kg。
22. 月球直径：3 476.4 km。
23. 月球扁率：0.001 2。
24. 地月平均距离：384 401 km。
25. 月球平均轨道速度：1 km/s。
26. 月球满月的亮度星等：－12.7 等。
27. 月球表面重力加速度：1.62 m/s^2。
28. 火星引力常数：4.282 84×10^{13} m^3/s^2。
29. 火星赤道半径：3 396 190 m。
30. 火星极半径：3 376 200 m。
31. 1 光年（ly）：9.460 553 6×10^{15} m。
32. 1 秒差距（pc）：3.085 678×10^{16} m [1 pc=1 AU/tan（1″）]。

A.2 单位换算

A.2.1 时间换算

1. 1 儒略世纪＝100 儒略日（d）
2. 1 儒略年（yr）＝365.250 0 儒略日（d）＝8 766 小时（h）
   ＝31 557 600 秒（s）
3. 1 秒（s）＝10^3毫秒（ms）＝10^6微秒（μs）＝10^9纳秒（ns）
   ＝10^{12}皮秒（ps）＝10^{15}飞秒（fs）＝10^{18}阿秒

A.2.2 角度换算

1. 1 弧度（rad）＝57.295 779 51 度（°）
2. 1 度（°）＝60 角分（′）＝3 600 角秒（″）
3. 1 角秒（″）＝10^3毫角秒（mas）＝10^6微角秒（μas）

附录 B

常用函数的导数

1．指数和对数函数的导数

$$\begin{cases}\dfrac{\mathrm{d}e^x}{\mathrm{d}x}=e^x\\[2ex]\dfrac{\mathrm{d}\alpha^x}{\mathrm{d}x}=\alpha^x\ln\alpha\\[2ex]\dfrac{\mathrm{d}\ln x}{\mathrm{d}x}=\dfrac{1}{x}\\[2ex]\dfrac{\mathrm{d}\log_\alpha|x|}{\mathrm{d}x}=\dfrac{1}{x\ln\alpha}\\[2ex]\dfrac{\mathrm{d}x^x}{\mathrm{d}x}=x^x(1+\ln x)\end{cases}\tag{B-1}$$

2．三角函数的导数

$$\begin{cases}\dfrac{\mathrm{d}\sin x}{\mathrm{d}x}=\cos x\\[2ex]\dfrac{\mathrm{d}\cos x}{\mathrm{d}x}=-\sin x\\[2ex]\dfrac{\mathrm{d}\tan x}{\mathrm{d}x}=\sec^2 x\\[2ex]\dfrac{\mathrm{d}\cot x}{\mathrm{d}x}=-\csc^2 x\\[2ex]\dfrac{\mathrm{d}\sec x}{\mathrm{d}x}=\sec x\tan x\\[2ex]\dfrac{\mathrm{d}\csc x}{\mathrm{d}x}=-\csc x\cot x\end{cases}\tag{B-2}$$

3. 反三角函数的导数

$$\begin{cases}\dfrac{\mathrm{d}\arcsin x}{\mathrm{d}x}=\dfrac{1}{\sqrt{1-x^2}}\\[2mm]\dfrac{\mathrm{d}\arccos x}{\mathrm{d}x}=-\dfrac{1}{\sqrt{1-x^2}}\\[2mm]\dfrac{\mathrm{d}\arctan x}{\mathrm{d}x}=\dfrac{1}{1+x^2}\\[2mm]\dfrac{\mathrm{d}\operatorname{arccot} x}{\mathrm{d}x}=-\dfrac{1}{1+x^2}\\[2mm]\dfrac{\mathrm{d}\operatorname{arcsec} x}{\mathrm{d}x}=\dfrac{1}{|x|\sqrt{x^2-1}}\\[2mm]\dfrac{\mathrm{d}\operatorname{arccsc} x}{\mathrm{d}x}=-\dfrac{1}{|x|\sqrt{x^2-1}}\end{cases}\tag{B-3}$$

附录 C

矩阵相关知识

C.1　矩阵迹运算

方阵 $\boldsymbol{A}\in\mathbb{R}^{n\times n}$ 对角线元素的和称为 $\boldsymbol{A}$ 的迹，记作 $\mathrm{Tr}[\boldsymbol{A}]$，由下式给出

$$\mathrm{Tr}[\boldsymbol{A}]=\sum_{i=1}^{n}a_{ii} \tag{C-1}$$

式中，a_{ii} 为 $\boldsymbol{A}$ 的第 i 个对角线元素。

和迹相关的公式如下

$$\begin{aligned}
\mathrm{Tr}[\boldsymbol{A}^{\mathrm{T}}]&=\mathrm{Tr}[\boldsymbol{A}]\\
\mathrm{Tr}[\boldsymbol{A}]&=\sum_{i=1}^{n}\lambda_i(\boldsymbol{A})\\
\mathrm{Tr}[\alpha\boldsymbol{A}]&=\alpha\,\mathrm{Tr}[\boldsymbol{A}]\\
\mathrm{Tr}[\boldsymbol{A}+\boldsymbol{B}]&=\mathrm{Tr}[\boldsymbol{B}+\boldsymbol{A}]\\
\mathrm{Tr}[\boldsymbol{AB}]&=\mathrm{Tr}[\boldsymbol{BA}]\\
\mathrm{Tr}[\boldsymbol{ABCD}]&=\mathrm{Tr}[\boldsymbol{BCDA}]=\mathrm{Tr}[\boldsymbol{CDAB}]=\mathrm{Tr}[\boldsymbol{DABC}]
\end{aligned} \tag{C-2}$$

式中，$\boldsymbol{A}$，$\boldsymbol{B}$，$\boldsymbol{C}$，$\boldsymbol{D}\in\mathbb{R}^{n\times n}$；$\lambda_i(\boldsymbol{A})$ 表示 $\boldsymbol{A}$ 的第 i 个特征值。如果 $\boldsymbol{x}$，$\boldsymbol{y}\in\mathbb{R}^{n}$，则有

$$\begin{aligned}
\mathrm{Tr}[\boldsymbol{x}\boldsymbol{y}^{\mathrm{T}}]&=\boldsymbol{x}^{\mathrm{T}}\boldsymbol{y}\\
\mathrm{Tr}[\boldsymbol{A}\boldsymbol{y}\boldsymbol{x}^{\mathrm{T}}]&=\mathrm{Tr}[\boldsymbol{x}^{\mathrm{T}}\boldsymbol{A}\boldsymbol{y}]
\end{aligned} \tag{C-3}$$

C.2 Kronecker 算子

设 $\boldsymbol{A}\in\mathbb{R}^{m\times n}$，$\boldsymbol{B}\in\mathbb{R}^{p\times q}$，则 $\boldsymbol{A}$ 和 $\boldsymbol{B}$ 的 Kronecker 乘积记作 $\boldsymbol{A}\otimes\boldsymbol{B}$，由下式给出

$$\boldsymbol{A}\otimes\boldsymbol{B}\triangleq\begin{bmatrix} a_{11}\boldsymbol{B} & \cdots & a_{1n}\boldsymbol{B} \\ \vdots & \ddots & \vdots \\ a_{m1}\boldsymbol{B} & \cdots & a_{mn}\boldsymbol{B} \end{bmatrix}\in\mathbb{R}^{mp\times nq} \tag{C-4}$$

式中，$\otimes$称为 Kronecker 算子；a_{ij} 为 $\boldsymbol{A}$ 的第 i 行第 j 列个元素。

C.3　Vec 算子

设 $\boldsymbol{A}\in\mathbb{R}^{m\times n}$，$\boldsymbol{a}_j\in\mathbb{R}^m$ 为 $\boldsymbol{A}$ 的第 j 列，则 vec($\boldsymbol{A}$) 定义为

$$\operatorname{vec}(\boldsymbol{A})\triangleq\begin{bmatrix}\boldsymbol{a}_1\\\vdots\\\boldsymbol{a}_n\end{bmatrix}\in\mathbb{R}^{mn\times 1} \tag{C-5}$$

和 vec 相关的一些公式如下，即

$$\begin{cases}\operatorname{vec}(\boldsymbol{a}\boldsymbol{b}^{\mathrm{T}})=\boldsymbol{b}\otimes\boldsymbol{a}\\ \operatorname{vec}(\boldsymbol{ABC})=(\boldsymbol{C}^{\mathrm{T}}\otimes\boldsymbol{A})\operatorname{vec}(\boldsymbol{B})\\ \operatorname{Tr}[\boldsymbol{ABCD}]=(\operatorname{vec}(\boldsymbol{D}^{\mathrm{T}}))^{\mathrm{T}}(\boldsymbol{C}^{\mathrm{T}}\otimes\boldsymbol{A})\operatorname{vec}(\boldsymbol{B})=(\operatorname{vec}(\boldsymbol{D}))^{\mathrm{T}}(\boldsymbol{A}\otimes\boldsymbol{C}^{\mathrm{T}})\operatorname{vec}(\boldsymbol{B}^{\mathrm{T}})\end{cases} \tag{C-6}$$

C.4 矩阵微积分

1. 函数偏导

设 $f(\boldsymbol{x})$：$\mathbb{R}^n \to \mathbb{R}$，其中 $\boldsymbol{x}=[x_1, x_2, \cdots, x_n]^{\mathrm{T}} \in \mathbb{R}^n$，$\mathbb{R}^n \to \mathbb{R}$ 表示 $\mathbb{R}^n$ 到 $\mathbb{R}$ 的映射。定义 f 对 $\boldsymbol{x}$ 的偏导为行向量，也即

$$\frac{\partial f}{\partial \boldsymbol{x}} \triangleq \begin{bmatrix} \frac{\partial f}{\partial x_1} & \cdots & \frac{\partial f}{\partial x_n} \end{bmatrix} \tag{C-7}$$

注：本书有些地方也会用梯度算子 ∇ 来表示偏导，比如用 $\nabla_x f$ 来表示偏导 $\frac{\partial f}{\partial x}$。

2. 向量函数的偏导

设 $\boldsymbol{x} \in \mathbb{R}^n$，$\boldsymbol{z} \in \mathbb{R}^k$，定义

$$\frac{\partial \boldsymbol{x}}{\partial \boldsymbol{z}} = \begin{bmatrix} \frac{\partial x_1}{\partial \boldsymbol{z}} \\ \vdots \\ \frac{\partial x_n}{\partial \boldsymbol{z}} \end{bmatrix} = \begin{bmatrix} \frac{\partial x_1}{\partial z_1} & \frac{\partial x_1}{\partial z_2} & \cdots & \frac{\partial x_1}{\partial z_k} \\ \frac{\partial x_2}{\partial z_1} & \frac{\partial x_2}{\partial z_2} & \cdots & \frac{\partial x_2}{\partial z_k} \\ \vdots & \vdots & \ddots & \vdots \\ \frac{\partial x_n}{\partial z_1} & \frac{\partial x_n}{\partial z_2} & \cdots & \frac{\partial x_n}{\partial z_k} \end{bmatrix} \in \mathbb{R}^{n \times k} \tag{C-8}$$

注：在一些文献中，$\frac{\partial \boldsymbol{x}}{\partial \boldsymbol{z}}$定义为式（C-8）右边的转置矩阵。

3. 矩阵对标量的偏导

设 $\boldsymbol{A} \in \mathbb{R}^{m \times n}$，$\alpha \in \mathbb{R}$，则矩阵对标量的偏导定义为

$$\frac{\partial \boldsymbol{A}}{\partial \alpha}=\begin{bmatrix} \frac{\partial a_{11}}{\partial \alpha} & \frac{\partial a_{12}}{\partial \alpha} & \cdots & \frac{\partial a_{1n}}{\partial \alpha} \\ \frac{\partial a_{21}}{\partial \alpha} & \frac{\partial a_{22}}{\partial \alpha} & \cdots & \frac{\partial a_{2n}}{\partial \alpha} \\ \vdots & \vdots & & \vdots \\ \frac{\partial a_{m1}}{\partial \alpha} & \frac{\partial a_{11}}{\partial \alpha} & \cdots & \frac{\partial a_{mn}}{\partial \alpha} \end{bmatrix} \tag{C-9}$$

4. 链式法则

若 $\boldsymbol{x}$，$\boldsymbol{y}$，$\boldsymbol{z}$ 均为向量场，则有

$$\frac{\partial \boldsymbol{x}}{\partial \boldsymbol{z}}=\frac{\partial \boldsymbol{x}}{\partial \boldsymbol{y}} \frac{\partial \boldsymbol{y}}{\partial \boldsymbol{z}} \tag{C-10}$$

注：如果$\frac{\partial \boldsymbol{x}}{\partial \boldsymbol{z}}$定义成式（C-8）右边的转置矩阵，则链式法则写作$\frac{\partial \boldsymbol{x}}{\partial \boldsymbol{z}}=\frac{\partial \boldsymbol{y}}{\partial \boldsymbol{z}} \frac{\partial \boldsymbol{x}}{\partial \boldsymbol{y}}$。

5. 混合偏导

若 $f(\boldsymbol{x})$：$\mathbb{R}^{n} \rightarrow \mathbb{R}$，$\boldsymbol{z}=\boldsymbol{z}(\boldsymbol{x})$，则

$$\frac{f(\boldsymbol{x}) \boldsymbol{z}}{\boldsymbol{x}}=\boldsymbol{z} \frac{\partial f(\boldsymbol{x})}{\partial \boldsymbol{x}}+f(\boldsymbol{x}) \frac{\partial \boldsymbol{z}}{\partial \boldsymbol{x}} \tag{C-11}$$

若 $\boldsymbol{y}=\boldsymbol{y}(\boldsymbol{z}) \in \mathbb{R}^{m}$，$\boldsymbol{x}=\boldsymbol{x}(\boldsymbol{z}) \in \mathbb{R}^{n}$，$\boldsymbol{A} \in \mathbb{R}^{m \times n}$，则

$$\frac{\partial \boldsymbol{y}^{\mathrm{T}} \boldsymbol{A} \boldsymbol{x}}{\partial \boldsymbol{z}}=\boldsymbol{x}^{\mathrm{T}} \boldsymbol{A}^{\mathrm{T}} \frac{\partial \boldsymbol{y}}{\partial \boldsymbol{z}}+\boldsymbol{y}^{\mathrm{T}} \boldsymbol{A} \frac{\partial \boldsymbol{x}}{\partial \boldsymbol{z}} \tag{C-12}$$

6. 几种常见向量运算的偏导

$$
\begin{cases}
\dfrac{\partial \boldsymbol{a}^{\mathrm{T}}\boldsymbol{x}}{\partial \boldsymbol{x}}=\dfrac{\partial \boldsymbol{x}^{\mathrm{T}}\boldsymbol{a}}{\partial \boldsymbol{x}}=\boldsymbol{a}^{\mathrm{T}} \\
\dfrac{\partial \|\boldsymbol{x}\|^{2}}{\partial \boldsymbol{x}}=\dfrac{\boldsymbol{x}^{\mathrm{T}}\boldsymbol{x}}{\partial \boldsymbol{x}}=2\boldsymbol{x}^{\mathrm{T}} \\
\dfrac{\partial \|\boldsymbol{x}-\boldsymbol{a}\|}{\partial \boldsymbol{x}}=\dfrac{(\boldsymbol{x}-\boldsymbol{a})^{\mathrm{T}}}{\|\boldsymbol{x}-\boldsymbol{a}\|} \\
\dfrac{\partial(1/\|\boldsymbol{x}-\boldsymbol{a}\|)}{\partial \boldsymbol{x}}=-\dfrac{(\boldsymbol{x}-\boldsymbol{a})^{\mathrm{T}}}{\|\boldsymbol{x}-\boldsymbol{a}\|^{3}} \\
\dfrac{\partial \dfrac{\boldsymbol{x}-\boldsymbol{a}}{\|\boldsymbol{x}-\boldsymbol{a}\|}}{\partial \boldsymbol{x}}=\dfrac{1}{\|\boldsymbol{x}-\boldsymbol{a}\|}\left[\boldsymbol{I}-\dfrac{\boldsymbol{x}-\boldsymbol{a}}{\|\boldsymbol{x}-\boldsymbol{a}\|}\dfrac{(\boldsymbol{x}-\boldsymbol{a})^{\mathrm{T}}}{\|\boldsymbol{x}-\boldsymbol{a}\|}\right] \\
\dfrac{\partial \boldsymbol{A}\boldsymbol{x}}{\partial \boldsymbol{x}}=\boldsymbol{A}
\end{cases}
\tag{C-13}
$$

式中，$\boldsymbol{a}$，$\boldsymbol{x}\in\mathbb{R}^{n}$；$\boldsymbol{A}\in\mathbb{R}^{m\times n}$；$\|\cdot\|$ 表示向量的 2 范数。

7. 迹对矩阵的偏导

$$
\begin{cases}
\dfrac{\partial}{\partial \boldsymbol{A}}\mathrm{Tr}[\boldsymbol{A}^{\alpha}]=\alpha(\boldsymbol{A}^{\alpha-1})^{\mathrm{T}} \\
\dfrac{\partial}{\partial \boldsymbol{A}}\mathrm{Tr}[\boldsymbol{C}\boldsymbol{A}^{-1}\boldsymbol{B}]=-\boldsymbol{A}^{-\mathrm{T}}\boldsymbol{C}\boldsymbol{B}\boldsymbol{A}^{-\mathrm{T}} \\
\dfrac{\partial}{\partial \boldsymbol{A}}\mathrm{Tr}[\boldsymbol{C}\boldsymbol{A}\boldsymbol{B}\boldsymbol{A}^{\mathrm{T}}\boldsymbol{D}]=\boldsymbol{C}^{\mathrm{T}}\boldsymbol{D}^{\mathrm{T}}\boldsymbol{A}\boldsymbol{B}^{\mathrm{T}}+\boldsymbol{D}\boldsymbol{C}\boldsymbol{A}\boldsymbol{B} \\
\dfrac{\partial}{\partial \boldsymbol{A}}\mathrm{Tr}[\boldsymbol{C}^{\mathrm{T}}\boldsymbol{A}\boldsymbol{B}^{\mathrm{T}}]=\dfrac{\partial}{\partial \boldsymbol{A}}\mathrm{Tr}[\boldsymbol{B}\boldsymbol{A}^{\mathrm{T}}\boldsymbol{C}]=\boldsymbol{C}\boldsymbol{B}
\end{cases}
\tag{C-14}
$$

8. 二次型或者三次型对向量或矩阵的偏导

$$
\begin{cases}
\dfrac{\partial}{\partial \boldsymbol{x}}(\boldsymbol{A}\boldsymbol{x}+\boldsymbol{b})^{\mathrm{T}}\boldsymbol{C}(\boldsymbol{D}\boldsymbol{x}+\boldsymbol{e})=\boldsymbol{A}^{\mathrm{T}}\boldsymbol{C}(\boldsymbol{D}\boldsymbol{x}+\boldsymbol{e})+\boldsymbol{D}^{\mathrm{T}}\boldsymbol{C}^{\mathrm{T}}(\boldsymbol{A}\boldsymbol{x}+\boldsymbol{b}) \\
\dfrac{\partial}{\partial \boldsymbol{A}}(\boldsymbol{A}\boldsymbol{a}+\boldsymbol{b})^{\mathrm{T}}\boldsymbol{C}(\boldsymbol{A}\boldsymbol{a}+\boldsymbol{b})=(\boldsymbol{C}+\boldsymbol{C}^{\mathrm{T}})(\boldsymbol{A}\boldsymbol{a}+\boldsymbol{b})\boldsymbol{a}^{\mathrm{T}} \\
\dfrac{\partial}{\partial \boldsymbol{x}}(\boldsymbol{x}^{\mathrm{T}}\boldsymbol{A}\boldsymbol{x}\boldsymbol{x}^{\mathrm{T}})=(\boldsymbol{A}+\boldsymbol{A}^{\mathrm{T}})\boldsymbol{x}\boldsymbol{x}^{\mathrm{T}}+(\boldsymbol{x}^{\mathrm{T}}\boldsymbol{A}\boldsymbol{x})\boldsymbol{I}
\end{cases}
\tag{C-15}
$$

9. 和行列式相关的偏导运算

$$
\begin{cases}
\dfrac{\partial}{\partial \boldsymbol{A}}\det(\boldsymbol{A}) = \dfrac{\partial}{\partial \boldsymbol{A}}\det(\boldsymbol{A}^{\mathrm{T}}) = [\mathrm{adj}(\boldsymbol{A})]^{\mathrm{T}} \\
\dfrac{\partial}{\partial \boldsymbol{A}}\det(\boldsymbol{CAB}) = \det(\boldsymbol{CAB})\boldsymbol{A}^{-\mathrm{T}} \\
\dfrac{\partial}{\partial \boldsymbol{A}}\ln[\det(\boldsymbol{CAB})] = \boldsymbol{A}^{-\mathrm{T}} \\
\dfrac{\partial}{\partial \boldsymbol{A}}\det(\boldsymbol{A}^{\alpha}) = \alpha\det(\boldsymbol{A}^{\alpha})\boldsymbol{A}^{-\mathrm{T}} \\
\dfrac{\partial}{\partial \boldsymbol{A}}\ln[\det(\boldsymbol{A}^{\alpha})] = \alpha\boldsymbol{A}^{-\mathrm{T}} \\
\dfrac{\partial}{\partial \boldsymbol{A}}\det(\boldsymbol{A}^{\mathrm{T}}\boldsymbol{CA}) = \det(\boldsymbol{A}^{\mathrm{T}}\boldsymbol{CA})(\boldsymbol{C}+\boldsymbol{C}^{\mathrm{T}})\boldsymbol{A}(\boldsymbol{A}^{\mathrm{T}}\boldsymbol{CA})^{-1} \\
\dfrac{\partial}{\partial \boldsymbol{A}}\ln[\det(\boldsymbol{A}^{\mathrm{T}}\boldsymbol{CA})] = (\boldsymbol{C}+\boldsymbol{C}^{\mathrm{T}})\boldsymbol{A}(\boldsymbol{A}^{\mathrm{T}}\boldsymbol{CA})^{-1}
\end{cases}
\tag{C-16}
$$

式中，$\mathrm{adj}(\boldsymbol{A})$ 为 $\boldsymbol{A}$ 的伴随矩阵。

10. 和矩阵逆相关的偏导运算

$$
\begin{cases}
\dfrac{\partial \boldsymbol{A}^{-1}}{\partial \alpha} = -\boldsymbol{A}^{-1}\dfrac{\partial \boldsymbol{A}}{\partial \alpha}\boldsymbol{A}^{-1} \\
\dfrac{\partial \boldsymbol{a}^{\mathrm{T}}\boldsymbol{A}^{-1}\boldsymbol{b}}{\partial \boldsymbol{A}} = -\boldsymbol{A}^{-\mathrm{T}}\boldsymbol{ab}^{\mathrm{T}}\boldsymbol{A}^{-\mathrm{T}}
\end{cases}
\tag{C-17}
$$

式中，α 为标量。

C.5 叉乘算法

如果 $\boldsymbol{x}=[x_1, x_2, x_3]^{\mathrm{T}}\in\mathbb{R}^3$，则 $\boldsymbol{x}$ 的叉乘算子定义为

$$[\boldsymbol{x}\times]\triangleq\begin{bmatrix}0 & -x_3 & x_2\\ x_3 & 0 & -x_1\\ -x_2 & x_1 & 0\end{bmatrix} \tag{C-18}$$

叉乘算子的一些性质如下

$$\begin{cases}[\boldsymbol{x}\times]\boldsymbol{y}=\boldsymbol{x}\times\boldsymbol{y}=-\boldsymbol{y}\times\boldsymbol{x}\\ \boldsymbol{x}^{\mathrm{T}}(\boldsymbol{y}\times\boldsymbol{z})=(\boldsymbol{x}\times\boldsymbol{y})^{\mathrm{T}}\boldsymbol{z}\\ [\boldsymbol{x}\times]^2=-(\boldsymbol{x}^{\mathrm{T}}\boldsymbol{x})\boldsymbol{I}_3+\boldsymbol{x}\boldsymbol{x}^{\mathrm{T}}\end{cases} \tag{C-19}$$

式中，$\boldsymbol{y}$，$\boldsymbol{z}\in\mathbb{R}^3$。

C.6　矩阵相关定理

定理 C.1：给定两个对称矩阵 $\boldsymbol{A}$ 和 $\boldsymbol{B}$，其中 $\boldsymbol{A}$ 正定，$\boldsymbol{B}$ 半正定，则存在非奇异矩阵 $\boldsymbol{T}$，使 $\boldsymbol{A}=\boldsymbol{T}\boldsymbol{T}^{\mathrm{T}}$，$\boldsymbol{B}=\boldsymbol{T}\boldsymbol{Y}\boldsymbol{T}^{\mathrm{T}}$，其中 $\boldsymbol{Y}=\mathrm{diag}\,[\mu_1,\ \mu_2,\ \cdots,\ \mu_n]$。

证明：由于 $\boldsymbol{A}$ 是正定的对称矩阵，对 $\boldsymbol{A}$ 进行奇异值分解可得 $\boldsymbol{A}=\boldsymbol{U}\boldsymbol{Q}^2\boldsymbol{U}^{\mathrm{T}}$，其中 $\boldsymbol{Q}$ 为正定对角阵，$\boldsymbol{U}$ 为正交矩阵。令 $\boldsymbol{C}=\boldsymbol{Q}^{-1}\boldsymbol{U}^{\mathrm{T}}\boldsymbol{B}\boldsymbol{U}\boldsymbol{Q}^{-1}$，显然 $\boldsymbol{C}$ 为对称矩阵，再对 $\boldsymbol{C}$ 进行奇异值分解可得 $\boldsymbol{C}=\boldsymbol{V}\boldsymbol{Y}\boldsymbol{V}^{\mathrm{T}}$。从而可以得到 $\boldsymbol{A}=\boldsymbol{T}\boldsymbol{T}^{\mathrm{T}}$，$\boldsymbol{B}=\boldsymbol{T}\boldsymbol{Y}\boldsymbol{T}^{\mathrm{T}}$，其中 $\boldsymbol{T}=\boldsymbol{U}\boldsymbol{Q}\boldsymbol{V}$。

定理 C.2：矩阵 $\boldsymbol{C}\in\mathbb{R}^{q\times n}(q\geqslant n)$ 的秩为 $n-m$，其中 m 为满足方程 $\boldsymbol{C}\boldsymbol{y}=\boldsymbol{0}$ 的正交向量最大个数。

C.7 矩阵等式

Sherman-Morrison 法则：

$$(\boldsymbol{I}+\boldsymbol{AB})^{-1}=\boldsymbol{I}-\boldsymbol{A}(\boldsymbol{I}+\boldsymbol{BA})^{-1}\boldsymbol{B} \tag{C-20}$$

矩阵求逆法则：

$$(\boldsymbol{A}+\boldsymbol{BCD})^{-1}=\boldsymbol{A}^{-1}-\boldsymbol{A}^{-1}\boldsymbol{B}(\boldsymbol{DA}^{-1}\boldsymbol{B}+\boldsymbol{C}^{-1})^{-1}\boldsymbol{DA}^{-1} \tag{C-21}$$

法则 C.1：

$$(\boldsymbol{P}^{-1}+\boldsymbol{H}^{\mathrm{T}}\boldsymbol{R}^{-1}\boldsymbol{H})^{-1}\boldsymbol{H}^{\mathrm{T}}\boldsymbol{R}^{-1}=\boldsymbol{PH}^{\mathrm{T}}(\boldsymbol{HPH}^{\mathrm{T}}+\boldsymbol{R})^{-1} \tag{C-22}$$

证明：

首先由式（C-21）可以得到

$$\begin{aligned}\boldsymbol{PH}^{\mathrm{T}}(\boldsymbol{HPH}^{\mathrm{T}}+\boldsymbol{R})^{-1}&=\boldsymbol{PH}^{\mathrm{T}}[\boldsymbol{R}^{-1}-\boldsymbol{R}^{-1}\boldsymbol{H}(\boldsymbol{P}^{-1}+\boldsymbol{H}^{\mathrm{T}}\boldsymbol{R}^{-1}\boldsymbol{H})^{-1}\boldsymbol{H}^{\mathrm{T}}\boldsymbol{R}^{-1}]\\&=\boldsymbol{P}[\boldsymbol{H}^{\mathrm{T}}\boldsymbol{R}^{-1}-\boldsymbol{H}^{\mathrm{T}}\boldsymbol{R}^{-1}\boldsymbol{H}(\boldsymbol{P}^{-1}+\boldsymbol{H}^{\mathrm{T}}\boldsymbol{R}^{-1}\boldsymbol{H})^{-1}\boldsymbol{H}^{\mathrm{T}}\boldsymbol{R}^{-1}]\\&=\boldsymbol{P}[\boldsymbol{I}-\boldsymbol{H}^{\mathrm{T}}\boldsymbol{R}^{-1}\boldsymbol{H}(\boldsymbol{P}^{-1}+\boldsymbol{H}^{\mathrm{T}}\boldsymbol{R}^{-1}\boldsymbol{H})^{-1}]\boldsymbol{H}^{\mathrm{T}}\boldsymbol{R}^{-1}\\&=\boldsymbol{P}[\boldsymbol{I}-\boldsymbol{H}^{\mathrm{T}}\boldsymbol{R}^{-1}\boldsymbol{H}(\boldsymbol{I}+\boldsymbol{PH}^{\mathrm{T}}\boldsymbol{R}^{-1}\boldsymbol{H})^{-1}\boldsymbol{P}]\boldsymbol{H}^{\mathrm{T}}\boldsymbol{R}^{-1}\end{aligned} \tag{C-23}$$

再由式（C-20）可以得到

$$\begin{aligned}\boldsymbol{PH}^{\mathrm{T}}(\boldsymbol{HPH}^{\mathrm{T}}+\boldsymbol{R})^{-1}&=\boldsymbol{P}[\boldsymbol{I}-\boldsymbol{H}^{\mathrm{T}}\boldsymbol{R}^{-1}\boldsymbol{H}(\boldsymbol{I}+\boldsymbol{PH}^{\mathrm{T}}\boldsymbol{R}^{-1}\boldsymbol{H})^{-1}\boldsymbol{P}]\boldsymbol{H}^{\mathrm{T}}\boldsymbol{R}^{-1}\\&=\boldsymbol{P}(\boldsymbol{I}+\boldsymbol{H}^{\mathrm{T}}\boldsymbol{R}^{-1}\boldsymbol{HP})^{-1}\boldsymbol{H}^{\mathrm{T}}\boldsymbol{R}^{-1}\\&=(\boldsymbol{P}^{-1}+\boldsymbol{H}^{\mathrm{T}}\boldsymbol{R}^{-1}\boldsymbol{H})^{-1}\boldsymbol{H}^{\mathrm{T}}\boldsymbol{R}^{-1}\end{aligned} \tag{C-24}$$

得证。

注：（C-22）常用于不同形式卡尔曼滤波之间的转换。

C.8　矩阵不等式

定义 C.1：在实数域内，$\boldsymbol{M}\in\mathbb{R}^{n\times n}$为正定矩阵（简记作 $\boldsymbol{M}>\boldsymbol{O}$）。当且仅当对所有不为零的 $\boldsymbol{x}\in\mathbb{R}^{n}$ 有

$$\boldsymbol{x}^{\mathrm{T}}\boldsymbol{M}\boldsymbol{x}>0 \tag{C-25}$$

定义 C.2：在实数域内，$\boldsymbol{M}\in\mathbb{R}^{n\times n}$为半正定矩阵（简记 $\boldsymbol{M}\geqslant\boldsymbol{O}$）。当且仅当对所有不为零的 $\boldsymbol{x}\in\mathbb{R}^{n}$ 有

$$\boldsymbol{x}^{\mathrm{T}}\boldsymbol{M}\boldsymbol{x}\geqslant 0 \tag{C-26}$$

定理 C.3：设对称矩阵$\mathcal{A}$可以写成分块矩阵的形式

$$\mathcal{A}\triangleq\begin{bmatrix}\boldsymbol{A} & \boldsymbol{C}\\ \boldsymbol{C}^{\mathrm{T}} & \boldsymbol{B}\end{bmatrix} \tag{C-27}$$

其中 $\boldsymbol{A}$，$\boldsymbol{B}$ 均为方阵，则

（1）$\mathcal{A}>\boldsymbol{O}$，当且仅当

$$\begin{cases}\boldsymbol{A}>\boldsymbol{O}\\ \boldsymbol{B}>\boldsymbol{C}^{\mathrm{T}}\boldsymbol{A}^{-1}\boldsymbol{C}\end{cases} \tag{C-28}$$

（2）$\mathcal{A}>\boldsymbol{O}$，当且仅当

$$\begin{cases}\boldsymbol{B}>\boldsymbol{O}\\ \boldsymbol{A}>\boldsymbol{C}\boldsymbol{B}^{-1}\boldsymbol{C}^{\mathrm{T}}\end{cases} \tag{C-29}$$

（3）$\boldsymbol{A}>\boldsymbol{O}$，则$\mathcal{A}\geqslant\boldsymbol{O}$。当且仅当

$$\boldsymbol{B} \geqslant \boldsymbol{C}^{\mathrm{T}}\boldsymbol{A}^{-1}\boldsymbol{C} \tag{C-30}$$

(4) $\boldsymbol{B}>\boldsymbol{O}$，则$\mathcal{A}\geqslant\boldsymbol{O}$。当且仅当

$$\boldsymbol{A} \geqslant \boldsymbol{C}\boldsymbol{B}^{-1}\boldsymbol{C}^{\mathrm{T}} \tag{C-31}$$

推论：对于式（C-27），如果$\mathcal{A}>\boldsymbol{O}$，则对所有的 $\omega\in[0,1]$，如下的不等式成立。

$$\begin{bmatrix} \boldsymbol{A} & \boldsymbol{C} \\ \boldsymbol{C}^{\mathrm{T}} & \boldsymbol{B} \end{bmatrix} \leqslant \begin{bmatrix} \frac{1}{\omega}\boldsymbol{A} & \boldsymbol{O} \\ \boldsymbol{O} & \frac{1}{1-\omega}\boldsymbol{B} \end{bmatrix} \tag{C-32}$$

证明：因为$\mathcal{A}>\boldsymbol{O}$，所以有

$$\begin{cases} \boldsymbol{A} > \boldsymbol{O} \\ \boldsymbol{B} > \boldsymbol{C}^{\mathrm{T}}\boldsymbol{A}^{-1}\boldsymbol{C} \end{cases} \tag{C-33}$$

而

$$\begin{bmatrix} \frac{1}{\omega}\boldsymbol{A} & \boldsymbol{O} \\ \boldsymbol{O} & \frac{1}{1-\omega}\boldsymbol{B} \end{bmatrix} - \begin{bmatrix} \boldsymbol{A} & \boldsymbol{C} \\ \boldsymbol{C}^{\mathrm{T}} & \boldsymbol{B} \end{bmatrix} = \begin{bmatrix} \frac{1-\omega}{\omega}\boldsymbol{A} & -\boldsymbol{C} \\ -\boldsymbol{C}^{\mathrm{T}} & \frac{\omega}{1-\omega}\boldsymbol{B} \end{bmatrix} \tag{C-34}$$

当 $\omega\in[0,1]$ 时，有

$$\begin{cases} \frac{1-\omega}{\omega}\boldsymbol{A} \geqslant \boldsymbol{O} \\ \frac{\omega}{1-\omega}\boldsymbol{B} - \boldsymbol{C}^{\mathrm{T}}\left(\frac{1-\omega}{\omega}\boldsymbol{A}\right)^{-1}\boldsymbol{C} = \frac{\omega}{1-\omega}(\boldsymbol{B}-\boldsymbol{C}^{\mathrm{T}}\boldsymbol{A}^{-1}\boldsymbol{C}) \geqslant \boldsymbol{O} \end{cases} \tag{C-35}$$

如果 $\omega\in(0,1)$，则由式（C-28）可知，

$$\begin{bmatrix} \frac{1-\omega}{\omega}\boldsymbol{A} & -\boldsymbol{C} \\ -\boldsymbol{C}^{\mathrm{T}} & \frac{\omega}{1-\omega}\boldsymbol{B} \end{bmatrix} > \boldsymbol{O} \tag{C-36}$$

也即

$$\begin{bmatrix} \boldsymbol{A} & \boldsymbol{C} \\ \boldsymbol{C}^{\mathrm{T}} & \boldsymbol{B} \end{bmatrix} < \begin{bmatrix} \frac{1}{\omega}\boldsymbol{A} & \boldsymbol{O} \\ \boldsymbol{O} & \frac{1}{1-\omega}\boldsymbol{B} \end{bmatrix} \tag{C-37}$$

如果 $\omega=0,1$，则可以得到

$$\begin{bmatrix} \boldsymbol{A} & \boldsymbol{C} \\ \boldsymbol{C}^{\mathrm{T}} & \boldsymbol{B} \end{bmatrix} \leqslant \begin{bmatrix} \frac{1}{\omega}\boldsymbol{A} & \boldsymbol{O} \\ \boldsymbol{O} & \frac{1}{1-\omega}\boldsymbol{B} \end{bmatrix} \tag{C-38}$$

从而命题得证。

注：

（1）式（C-32）可以用于推导协方差交叉算法。

（2）式（C-32）为 2×2 的分块矩阵，也可以进一步推广到 $m\times m$（$m>2$）分块矩阵的情况。

推论：如果 $\boldsymbol{Q}\geqslant\boldsymbol{O}$，则

$$\begin{bmatrix} \boldsymbol{Q} & \cdots & \boldsymbol{Q} \\ \vdots & \ddots & \vdots \\ \boldsymbol{Q} & \cdots & \boldsymbol{Q} \end{bmatrix} \leqslant \begin{bmatrix} \gamma_1\boldsymbol{Q} & \cdots & \boldsymbol{O} \\ \vdots & \ddots & \vdots \\ \boldsymbol{O} & \cdots & \gamma_N\boldsymbol{Q} \end{bmatrix} \tag{C-39}$$

其中

$$\begin{cases} \dfrac{1}{\gamma_1}+\cdots+\dfrac{1}{\gamma_N}=1 \\ 0\leqslant\dfrac{1}{\gamma_i}\leqslant1 \\ 1\leqslant\gamma_i\leqslant\infty \end{cases} \tag{C-40}$$

注：

式（C-39）可以用于推导联邦滤波算法。

附录 D

概率相关知识

D.1 基本概念

D.1.1 概率公理

随机事件的样本空间记为 Ω，Ω 的一个子集称为事件。如果对于 Ω 中的每一个事件 A，都有实函数 $P(A)$ 满足下面的 3 个公理，那么 P 称为概率函数，$P(A)$ 称作事件 A 的概率。

公理 1　（非负性）：$P(A)\geqslant 0$。

公理 2　（归一化）：整个样本空间的概率为 1，也即 $P(\Omega)=1$。

公理 3　（可数可加性）：对可数个两两互斥的事件 $\{A_i\}_{i\in\mathbf{N}}$ 有 $\sum_{i=1}^{\infty}P(A_i)=P(\bigcup_{i=1}^{\infty}A_i)$，其中 **N** 为自然数的集合，∪代表集合的并，互斥事件 A_i 和 A_j 意味着 $A_i\cap A_j=\varnothing$，$\varnothing$表征空集。

D.1.2 联合概率与条件概率

定义 D.1：几个事件共同发生的概率称为**联合概率**，比如 A 事件和 B 事件的联合概率可以表示为 $P(A\cap B)$ 或者 $P(AB)$、$P(A, B)$。

定义 D.2：设 A 与 B 为样本空间的两个事件，其中 $P(B)>0$。那么在事

件 B 发生的条件下，事件 A 发生的概率称为 B 发生条件下 A 的**条件概率**，记为$P(A|B)$，并由下式给出

$$P(A|B)=\frac{P(AB)}{P(B)} \tag{D-1}$$

条件概率乘法公式

$$P(AB)=P(B|A)P(A)=P(A|B)P(B) \tag{D-2}$$

式（D-2）可以进一步推广到多个事件：对于 $n\geqslant 2$，当 $P(A_1A_2\cdots A_{n-1})>0$ 时，有

$$\begin{aligned}P(A_1A_2\cdots A_n)&=P(A_n|A_1A_2\cdots A_{n-1})P(A_1A_2\cdots A_{n-1})\\&=P(A_1)P(A_2|A_1)P(A_3|A_1A_2)\cdots P(A_n|A_1A_2\cdots A_{n-1})\end{aligned} \tag{D-3}$$

D.1.3 贝叶斯公式和全概率公式

定义 D.3：如果事件 $\{B_1, B_2, \cdots, B_n\}$ 满足

$$\begin{gathered}B_i\cap B_j=\varnothing,\ \forall i\neq j\\B_1\cup B_2\cdots\cup B_n=\Omega\\P(B_i)>0\end{gathered} \tag{D-4}$$

则称 $\{B_1, B_2, \cdots, B_n\}$ 是样本空间 Ω 的一个**分割**。

如果 $\{B_1, B_2, \cdots, B_n\}$ 为样本空间 Ω 的一个分割，则有

$$\begin{aligned}P(A)&=\sum_{i=1}^{n}P(AB_i)\\&=\sum_{i=1}^{n}P(A|B_i)P(B_i)\end{aligned} \tag{D-5}$$

式（D-5）称为**全概率公式**。

如果 $\{B_1, B_2, \cdots, B_n\}$ 为样本空间 Ω 的一个分割，则有

$$\begin{aligned}P(B|A)&=\frac{P(A|B)P(B)}{P(A)}\\&=\frac{P(A|B)P(B)}{\sum_{i=1}^{n}P(A|B_i)P(B_i)}\end{aligned} \tag{D-6}$$

式（D-6）称为**贝叶斯公式**。

D.1.4 独立与条件独立

定义 D.4：如果两个事件 A 和 B 满足下式，则称 A 和 B 独立。

$$P(AB)=P(A)P(B) \tag{D-7}$$

定义 D.5：在给定 C 条件下，如果 A 和 B 满足

$$P(AB|C)=P(A|C)P(B|C) \tag{D-8}$$

则称 A 和 B 在给定 C 的情况下**条件独立**。

D.2 一元随机变量

D.2.1 分布函数和密度函数

定义 D.6：一元随机变量 x 的**分布函数**（Cumulative Distribution Function，CDF）记为 $F_x(\chi)$，定义如下

$$F_x(\chi) \triangleq P(x \leqslant \chi) \tag{D-9}$$

通常将 $F_x(\chi)$ 简记作 $F(x)$。

定义 D.7：一元随机变量 x 分布函数的导数称为**概率密度函数**（Probability Density Function，PDF）$p_x(x)$，简记作 $p(x)$，即

$$p(x) \triangleq \frac{\mathrm{d}F(x)}{\mathrm{d}x} \tag{D-10}$$

特别的，如果 x 为离散随机变量，其样本空间为 $\{x_1, x_2, \cdots\}$，则

$$p(x) = \sum_i p_i \delta(x - x_i) \tag{D-11}$$

式中，$\delta(x-x_i)$ 为 δ 函数，当 $x=x_i$ 时为 1，其余为 0；$p_i=P(x=x_i)$ 称为离散随机变量的**概率质量函数**（Probability Mass Function，PMF）。

PDF 的性质

$$\begin{cases} p(x) \geqslant 0 \quad \forall -\infty < x < \infty \\ \int_{-\infty}^{\infty} p(x)\mathrm{d}x = 1 \end{cases} \tag{D-12}$$

对于离散随机变量，式（D-12）的第二式意味着 $\sum_i p_i = 1$。

D.2.2　条件分布

定义 D.8：假定 B 事件发生条件下，随机变量 x 的条件分布函数定义为

$$F_x(\chi \mid B) \triangleq P(x \leqslant \chi \mid B) = \frac{P(x \leqslant \chi,\ B)}{P(B)} \tag{D-13}$$

通常 $F_x(\chi \mid B)$ 简记作 $F(x \mid B)$。类似的，条件概率密度函数定义为 $F(x \mid B)$ 的导数，即

$$p(x \mid B) = \frac{\mathrm{d}F(x \mid B)}{\mathrm{d}x} \tag{D-14}$$

D.2.3　均值和方差

定义 D.9：随机变量 x 的**均值**（**也称为期望**）记为 $\bar{x}$，定义如下

$$\bar{x} \triangleq \mathrm{E}\{x\} = \int_{-\infty}^{\infty} x p(x)\mathrm{d}x \tag{D-15}$$

对于离散随机变量，将式（D－11）代入式（D－15）中，并利用

$$\int_{-\infty}^{\infty} x\delta(x - x_i)\mathrm{d}x = x_i \tag{D-16}$$

可以得到

$$\bar{x} \triangleq \sum_i x_i p_i \tag{D-17}$$

定义 D.10：随机变量 x 的**方差**记为 σ_x^2，定义如下

$$\sigma_x^2 \triangleq \mathrm{var}(x) = \mathrm{E}\{(x - \bar{x})^2\} = \int_{-\infty}^{\infty} (x - \bar{x})^2 p(x)\mathrm{d}x \tag{D-18}$$

其中 σ_x 称为标准差。如果 x 为离散型随机变量，则 $\sigma_x^2 = \sum_i (x_i - \bar{x})^2 p_i$

方差和均值之间的关系

$$\mathrm{var}(x) + \mathrm{E}\{x\}^2 = \mathrm{E}\{x^2\} \tag{D-19}$$

D.3 二元随机变量

D.3.1 联合分布函数和分布密度

定义 D.11：随机变量 x、y 的**联合分布函数**定义为

$$F_{x,y}(\chi, \gamma)=P(x \leqslant \chi, y \leqslant \gamma) \tag{D-20}$$

通常将 $F_{x,y}(\chi, \gamma)$ 简记作 $F(x, y)$。

定义 D.12：随机变量 x、y 的**联合概率密度函数**定义为

$$p(x, y)=\frac{\partial F(x, y)}{\partial x \partial y} \tag{D-21}$$

在多元随机变量中，每个随机变量的统计特性称为边缘特性。从而，对于二元随机变量 x、y、$F(x)$ 和 $p(x)$ 分别为 x 的**边缘分布函数**（Marginal CDF）和**边缘概率密度函数**（Marginal PDF），且满足

$$p(x)=\int_{-\infty}^{\infty} p(x, y) \mathrm{d} y \tag{D-22}$$

类似的，

$$p(y)=\int_{-\infty}^{\infty} p(x, y) \mathrm{d} x \tag{D-23}$$

D.3.2 条件分布

随机变量 x、y 的边缘概率密度函数为 $p_x(x)$ 和 $p_y(y)$，则 y 在 $x=\chi$ 时的条件概率密度函数为

$$p_{y|x}(\gamma|\chi)=p_{y|x}(\gamma|x=\chi)=\frac{p(x,\ y)}{p(x)} \tag{D-24}$$

同样，x 在 $y=\gamma$ 时的条件概率密度函数为

$$p_{x|y}(\chi|\gamma)=p_{x|y}(\chi|y=\gamma)=\frac{p(x,\ y)}{p(y)} \tag{D-25}$$

通常将 $p_{y|x}(\gamma|\chi)$ 和 $p_{x|y}(\chi|\gamma)$ 简写作 $p(y|x)$ 和 $p(x|y)$。

条件均值由下式给出

$$\begin{cases}\mathrm{E}\{x|y\}=\int_{-\infty}^{\infty}xp(x|y)\mathrm{d}x\\ \mathrm{E}\{y|x\}=\int_{-\infty}^{\infty}yp(y|x)\mathrm{d}y\end{cases} \tag{D-26}$$

贝叶斯公式（D-6）可以写成概率密度函数的形式，如下：

$$\begin{aligned}p(x|y)&=\frac{p(y|x)p(x)}{p(y)}\\&=\frac{p(y|x)p(x)}{\int_{-\infty}^{\infty}p(x,\ y)\mathrm{d}x}\end{aligned} \tag{D-27}$$

D.3.3 协方差及两个随机变量的关系

两个随机变量 x、y 的互协方差为

$$C_{xy}\triangleq\mathrm{E}\{(x-\bar{x})(y-\bar{y})\} \tag{D-28}$$

两个随机变量 x、y 的相关系数为

$$\rho_{xy}=\frac{C_{xy}}{\sigma_x\sigma_y} \tag{D-29}$$

如果两个随机变量 x、y 的 $C_{xy}=0$，则称它们不相关；如果 $\mathrm{E}\{xy\}=0$，则称它们正交。

注：

(1) C_{xy} 也记作 $\mathrm{cov}(x,\ y)$。

(2) $C_{xy}=0$，意味着 $\mathrm{E}\{xy\}=\mathrm{E}\{x\}\mathrm{E}\{y\}$。

(3) 如果 x、y 为同一个随机变量，则 $C_{xx}=\mathrm{var}(x)$。

D.4 随机向量

D.4.1 联合分布函数和分布密度

定义 D.13：多个一维随机变量 $\{x_1, x_2, \cdots, x_n\}$ 可以写作一个随机向量 $\boldsymbol{x}=[x_1, x_2, \cdots, x_n]^{\mathrm{T}}$ 的形式，其**联合 CDF** 定义为

$$F_x(\boldsymbol{\chi})=P(x_1 \leqslant \chi_1, \cdots, x_n \leqslant \chi_n) \tag{D-30}$$

通常将 $F_x(\boldsymbol{\chi})$ 简记作 $F(\boldsymbol{x})$。

定义 D.14 随机向量 $\boldsymbol{x}=[x_1, x_2, \cdots, x_n]^{\mathrm{T}}$ 的**联合 PDF** 定义为

$$p_x(\boldsymbol{x})=\frac{\partial^n F(x_1, x_2, \cdots, x_n)}{\partial x_1 \cdots \partial x_n} \tag{D-31}$$

通常将 $p_x(\boldsymbol{x})$ 简记作 $p(\boldsymbol{x})$。

随机向量中某个随机变量的边缘概率密度函数可以由**联合 PDF** 积分得到，比如

$$p(x_1)=\iiint p(\boldsymbol{x})\mathrm{d}x_2, \cdots, \mathrm{d}x_n \tag{D-32}$$

定义 D.15：如果一组随机变量 $x_1, x_2, \cdots, x_n$ 满足

$$p(x_1, x_2, \cdots, x_n)=p(x_1)p(x_2)\cdots p(x_n) \tag{D-33}$$

则称它们相互（统计）独立。

注：独立必然不相关，不相关未必独立。

D.4.2 条件概率相关公式

对于随机向量 $\boldsymbol{x}$、$\boldsymbol{y}$、$\boldsymbol{z}$ 有如下的关系式

$$p(\boldsymbol{x}, \boldsymbol{z}) = p(\boldsymbol{x}|\boldsymbol{z})p(\boldsymbol{z}) = p(\boldsymbol{z}|\boldsymbol{x})p(\boldsymbol{x}) \tag{D-34}$$

$$p(\boldsymbol{x}) = \int p(\boldsymbol{x}, \boldsymbol{z})\mathrm{d}\boldsymbol{z} = \int p(\boldsymbol{x}|\boldsymbol{z})p(\boldsymbol{z})\mathrm{d}\boldsymbol{z} \tag{D-35}$$

$$\int p(\boldsymbol{x}|\boldsymbol{z})\mathrm{d}\boldsymbol{x} = 1 \tag{D-36}$$

式（D-35）和式（D-36）中的积分为多重向量积分。

$$p(\boldsymbol{x}, \boldsymbol{y}|\boldsymbol{z}) = p(\boldsymbol{x}|\boldsymbol{y}, \boldsymbol{z})p(\boldsymbol{y}|\boldsymbol{z}) \tag{D-37}$$

由式（D-34）可以得到贝叶斯法则公式的概率密度函数形式，即

$$p(\boldsymbol{x}|\boldsymbol{z}) = \frac{p(\boldsymbol{z}|\boldsymbol{x})p(\boldsymbol{x})}{p(\boldsymbol{z})} \tag{D-38}$$

条件均值满足

$$\mathrm{E}\{\mathrm{E}\{\boldsymbol{x}|\boldsymbol{z}\}\} = \mathrm{E}\{\boldsymbol{x}\} \tag{D-39}$$

D.4.3 单个随机向量的统计特性

1. 均值

多维连续随机变量 $\boldsymbol{x}$ 的均值记为 $\bar{\boldsymbol{x}}$，定义如下

$$\bar{\boldsymbol{x}} \triangleq \mathrm{E}\{\boldsymbol{x}\} = \int_{-\infty}^{\infty} \boldsymbol{x}p(\boldsymbol{x})\mathrm{d}\boldsymbol{x} \tag{D-40}$$

式（D-40）中的积分符号代表多重积分。

2. 自相关矩阵和自协方差矩阵

多维随机变量 $\boldsymbol{x}$ 的自相关矩阵和自协方差矩阵记为 $\boldsymbol{R}_x$ 和 $\boldsymbol{P}_x$，定义为

$$\begin{aligned} \boldsymbol{R}_x &\triangleq \mathrm{E}\{\boldsymbol{x}\boldsymbol{x}^{\mathrm{T}}\} \\ \boldsymbol{P}_x &\triangleq \mathrm{var}(\boldsymbol{x}) = \mathrm{E}\{(\boldsymbol{x}-\bar{\boldsymbol{x}})(\boldsymbol{x}-\bar{\boldsymbol{x}})^{\mathrm{T}}\} \end{aligned} \tag{D-41}$$

自协方差矩阵有时也简称方差矩阵。$\boldsymbol{R}_x$ 和 $\boldsymbol{P}_x$ 满足如下的关系

$$\boldsymbol{R}_x = \boldsymbol{P}_x + \bar{\boldsymbol{x}}\bar{\boldsymbol{x}}^{\mathrm{T}} \tag{D-42}$$

注：

(1) 对于随机向量 $\boldsymbol{x}$，有 $\mathrm{var}(\boldsymbol{x}) = \mathrm{cov}(\boldsymbol{x}, \boldsymbol{x})$。

(2) 在不引起混淆的情况下，可省去 $\boldsymbol{P}_x$ 的下标，记作 $\boldsymbol{P}$。

D.4.4 两个随机向量的统计特性

1．互相关矩阵和互协方差矩阵

两组多维随机变量 $\boldsymbol{x}$ 和 $\boldsymbol{y}$ 的互相关矩阵和互协方差矩阵记为 $\boldsymbol{R}_{xy}$和 $\boldsymbol{P}_{xy}$，定义如下

$$\begin{cases}\boldsymbol{R}_{xy} \triangleq \mathrm{E}\{\boldsymbol{x}\boldsymbol{y}^{\mathrm{T}}\} \\ \boldsymbol{P}_{xy} \triangleq \mathrm{E}\{(\boldsymbol{x}-\bar{\boldsymbol{x}})(\boldsymbol{y}-\bar{\boldsymbol{y}})^{\mathrm{T}}\}\end{cases} \tag{D-43}$$

两者有如下关系

$$\boldsymbol{R}_{xy}=\boldsymbol{P}_{xy}+\overline{\boldsymbol{x}}\overline{\boldsymbol{y}}^{\mathrm{T}} \tag{D-44}$$

2．统计不相关

如果两组多维随机变量 $\boldsymbol{x}$ 和 $\boldsymbol{y}$ 的互协方差矩阵 $\boldsymbol{P}_{xy}$为零，则称它们统计不相关。

3．正交

如果两组多维随机变量 $\boldsymbol{x}$ 和 $\boldsymbol{y}$ 的互相关矩阵$\boldsymbol{R}_{xy}$为零，则称它们正交。

注：有些文献中也会用 $\boldsymbol{C}_x$ 表示 $\boldsymbol{P}_x$，用 $\boldsymbol{C}_{xy}$表示 $\boldsymbol{P}_{xy}$。

D.5 高斯随机变量

D.5.1 定义

高斯随机向量 $\boldsymbol{x}$ 的概率密度函数为

$$p(\boldsymbol{x}) = \mathcal{N}(\boldsymbol{x};\ \bar{\boldsymbol{x}},\ \boldsymbol{P}_x) \triangleq \frac{1}{\det(2\pi\boldsymbol{P}_x)^{\frac{1}{2}}}\exp\left[-\frac{1}{2}(\boldsymbol{x}-\bar{\boldsymbol{x}})^{\mathrm{T}}\boldsymbol{P}_x^{-1}(\boldsymbol{x}-\bar{\boldsymbol{x}})\right] \tag{D-45}$$

式中，$\mathcal{N}(\cdot)$ 代表高斯概率密度函数；det 为行列式运算；exp [·] 为指数函数，$\bar{\boldsymbol{x}}$ 和 $\boldsymbol{P}_x$ 分别为 $\boldsymbol{x}$ 的均值和方差。

高斯随机变量的重要性质如下：

(1) 高斯随机变量的 PDF 完全由其均值和协方差矩阵决定。

(2) 高斯随机向量的均值所在点也就是其 PDF 的峰值所在点。

(3) 如果高斯随机变量的各个分量相互统计不相关，则它们也统计独立。

(4) 高斯随机变量的线性组合也为高斯随机变量。如果 $\boldsymbol{y}$ 和 $\boldsymbol{x}$ 满足

$$\boldsymbol{y} = \boldsymbol{A}\boldsymbol{x} + \boldsymbol{b} \tag{D-46}$$

且 $p(\boldsymbol{x})=\mathcal{N}(\boldsymbol{x};\ \bar{\boldsymbol{x}},\ \boldsymbol{P}_x)$，则 $p(\boldsymbol{y})=\mathcal{N}(\boldsymbol{y};\ \bar{\boldsymbol{y}},\ \boldsymbol{P}_y)$，其中

$$\begin{cases}\bar{\boldsymbol{y}} = \boldsymbol{A}\bar{\boldsymbol{x}} + \boldsymbol{b} \\ \boldsymbol{P}_y = \boldsymbol{A}\boldsymbol{P}_x\boldsymbol{A}^{\mathrm{T}}\end{cases} \tag{D-47}$$

D. 5. 2 联合高斯分布

定义：对于两个随机向量 $\boldsymbol{x}$ 和 $\boldsymbol{z}$，如果 $\boldsymbol{y}\triangleq[\boldsymbol{x}^{\mathrm{T}},\ \boldsymbol{z}^{\mathrm{T}}]^{\mathrm{T}}$ 为高斯随机变量，则称 $\boldsymbol{x}$ 和 $\boldsymbol{z}$ 满足联合高斯分布。

定理 D. 1：如果 $\boldsymbol{x}$ 和 $\boldsymbol{z}$ 满足联合高斯分布，则 $p\ (\boldsymbol{x}\,|\,\boldsymbol{z})$ 仍为高斯概率密度函数，并由下式给出

$$p(\boldsymbol{x}\,|\,\boldsymbol{z})=\mathcal{N}(\boldsymbol{x};\ \bar{\boldsymbol{x}}_{x|z},\ \boldsymbol{P}_{xx|z}) \tag{D-48}$$

式中，

$$\begin{cases}\bar{\boldsymbol{x}}_{x|z}\triangleq \mathrm{E}\{\boldsymbol{x}\,|\,\boldsymbol{z}\}=\bar{\boldsymbol{x}}+\boldsymbol{P}_{xz}\boldsymbol{P}_{zz}^{-1}(\boldsymbol{z}-\bar{\boldsymbol{z}})\\ \boldsymbol{P}_{xx|z}\triangleq \mathrm{E}\{(\boldsymbol{x}-\mathrm{E}\{\boldsymbol{x}\,|\,\boldsymbol{z}\})(\boldsymbol{x}-\mathrm{E}\{\boldsymbol{x}\,|\,\boldsymbol{z}\})^{\mathrm{T}}\,|\,\boldsymbol{z}\}\\ \qquad\quad =\boldsymbol{P}_{xx}-\boldsymbol{P}_{xz}\boldsymbol{P}_{zz}^{-1}\boldsymbol{P}_{zx}\end{cases} \tag{D-49}$$

证明：定义 $\boldsymbol{y}\triangleq[\boldsymbol{x}^{\mathrm{T}},\ \boldsymbol{z}^{\mathrm{T}}]^{\mathrm{T}}$，如果 $\boldsymbol{x}$ 和 $\boldsymbol{z}$ 满足联合高斯分布，则

$$p(\boldsymbol{y})=\frac{1}{\det(2\pi\boldsymbol{P}_{yy})^{\frac{1}{2}}}\exp\left[-\frac{1}{2}(\boldsymbol{y}-\bar{\boldsymbol{y}})^{\mathrm{T}}\boldsymbol{P}_{yy}^{-1}(\boldsymbol{y}-\bar{\boldsymbol{y}})\right] \tag{D-50}$$

而 $\boldsymbol{z}$ 也满足高斯分布，其概率密度函数可以写作

$$p(\boldsymbol{z})=\frac{1}{\det(2\pi\boldsymbol{P}_{zz})^{\frac{1}{2}}}\exp\left[-\frac{1}{2}(\boldsymbol{z}-\bar{\boldsymbol{z}})^{\mathrm{T}}\boldsymbol{P}_{zz}^{-1}(\boldsymbol{z}-\bar{\boldsymbol{z}})\right] \tag{D-51}$$

因为

$$\boldsymbol{P}_{yy}=\begin{bmatrix}\boldsymbol{P}_{xx} & \boldsymbol{P}_{xz}\\ \boldsymbol{P}_{zx} & \boldsymbol{P}_{zz}\end{bmatrix} \tag{D-52}$$

对 $\boldsymbol{P}_{yy}$进行变换可以得到

$$\begin{bmatrix}\boldsymbol{I} & -\boldsymbol{P}_{xz}\boldsymbol{P}_{zz}^{-1}\\ \boldsymbol{O} & \boldsymbol{I}\end{bmatrix}\boldsymbol{P}_{yy}\begin{bmatrix}\boldsymbol{I} & \boldsymbol{O}\\ -\boldsymbol{P}_{zz}^{-1}\boldsymbol{P}_{zx} & \boldsymbol{I}\end{bmatrix}=\begin{bmatrix}\boldsymbol{P}_{xx}-\boldsymbol{P}_{xz}\boldsymbol{P}_{zz}^{-1}\boldsymbol{P}_{zx} & \boldsymbol{O}\\ \boldsymbol{O} & \boldsymbol{P}_{zz}\end{bmatrix} \tag{D-53}$$

从而

$$\begin{aligned}\boldsymbol{P}_{yy}^{-1}&=\begin{bmatrix}\boldsymbol{I} & \boldsymbol{O}\\ -\boldsymbol{P}_{zz}^{-1}\boldsymbol{P}_{zx} & \boldsymbol{I}\end{bmatrix}\begin{bmatrix}\boldsymbol{P}_{xx}-\boldsymbol{P}_{xz}\boldsymbol{P}_{zz}^{-1}\boldsymbol{P}_{zx} & \boldsymbol{O}\\ \boldsymbol{O} & \boldsymbol{P}_{zz}\end{bmatrix}^{-1}\begin{bmatrix}\boldsymbol{I} & -\boldsymbol{P}_{xz}\boldsymbol{P}_{zz}^{-1}\\ \boldsymbol{O} & \boldsymbol{I}\end{bmatrix}\\ \det(\boldsymbol{P}_{yy})&=\det(\boldsymbol{P}_{xx}-\boldsymbol{P}_{xz}\boldsymbol{P}_{zz}^{-1}\boldsymbol{P}_{zx})\det(\boldsymbol{P}_{zz})\end{aligned} \tag{D-54}$$

由式（D-34）可以得到

$$p(\boldsymbol{x}|\boldsymbol{z})=\frac{p(\boldsymbol{x},\boldsymbol{z})}{p(\boldsymbol{z})}$$

$$=\frac{1}{\det[2\pi(\boldsymbol{P}_{xx}-\boldsymbol{P}_{xz}\boldsymbol{P}_{zz}^{-1}\boldsymbol{P}_{zx})]^{\frac{1}{2}}}\frac{\exp\left[-\frac{1}{2}(\boldsymbol{y}-\bar{\boldsymbol{y}})^{\mathrm{T}}\boldsymbol{P}_{yy}^{-1}(\boldsymbol{y}-\bar{\boldsymbol{y}})\right]}{\exp\left[-\frac{1}{2}(\boldsymbol{z}-\bar{\boldsymbol{z}})^{\mathrm{T}}\boldsymbol{P}_{zz}^{-1}(\boldsymbol{z}-\bar{\boldsymbol{z}})\right]} \tag{D-55}$$

式（D-55）中分子的指数项为

$$-\frac{1}{2}(\boldsymbol{y}-\bar{\boldsymbol{y}})^{\mathrm{T}}\boldsymbol{P}_{yy}^{-1}(\boldsymbol{y}-\bar{\boldsymbol{y}})=$$

$$-\frac{1}{2}\begin{bmatrix}(\boldsymbol{x}-\bar{\boldsymbol{x}})-\boldsymbol{P}_{xz}\boldsymbol{P}_{zz}^{-1}(\boldsymbol{z}-\bar{\boldsymbol{z}})\\ \boldsymbol{z}-\bar{\boldsymbol{z}}\end{bmatrix}^{\mathrm{T}}\begin{bmatrix}\boldsymbol{P}_{xx}-\boldsymbol{P}_{xz}\boldsymbol{P}_{zz}^{-1}\boldsymbol{P}_{zx} & \boldsymbol{O}\\ \boldsymbol{O} & \boldsymbol{P}_{zz}\end{bmatrix}^{-1}$$

$$\begin{bmatrix}(\boldsymbol{x}-\bar{\boldsymbol{x}})-\boldsymbol{P}_{xz}\boldsymbol{P}_{zz}^{-1}(\boldsymbol{z}-\bar{\boldsymbol{z}})\\ \boldsymbol{z}-\bar{\boldsymbol{z}}\end{bmatrix} \tag{D-56}$$

代入式（D-55）可以得到

$$p(\boldsymbol{x}|\boldsymbol{z})=\frac{1}{\det[2\pi(\boldsymbol{P}_{xx}-\boldsymbol{P}_{xz}\boldsymbol{P}_{zz}^{-1}\boldsymbol{P}_{zx})]^{1/2}}\cdot$$

$$\exp\left\{-\frac{1}{2}[\boldsymbol{x}-\bar{\boldsymbol{x}}-\boldsymbol{P}_{xz}\boldsymbol{P}_{zz}^{-1}(\boldsymbol{z}-\bar{\boldsymbol{z}})]^{\mathrm{T}}(\boldsymbol{P}_{xx}-\boldsymbol{P}_{xz}\boldsymbol{P}_{zz}^{-1}\boldsymbol{P}_{zx})^{-1}[\boldsymbol{x}-\bar{\boldsymbol{x}}-\boldsymbol{P}_{xz}\boldsymbol{P}_{zz}^{-1}(\boldsymbol{z}-\bar{\boldsymbol{z}})]\right\} \tag{D-57}$$

显然，$p(\boldsymbol{x}|\boldsymbol{z})$ 满足高斯概率密度函数的形式，从而得到式（D-49）。命题得证。

推论：如果对式（D-48）式中的 $\boldsymbol{x}$ 和 $\boldsymbol{z}$ 交换位置，就可以得到 $p(\boldsymbol{z}|\boldsymbol{x})$：

$$p(\boldsymbol{z}|\boldsymbol{x})=\mathcal{N}(\boldsymbol{z};\bar{\boldsymbol{z}}_{z|x},\boldsymbol{P}_{zz|x}) \tag{D-58}$$

其中

$$\begin{cases}\bar{\boldsymbol{z}}_{z|x}\triangleq \mathrm{E}\{\boldsymbol{z}|\boldsymbol{x}\}=\bar{\boldsymbol{z}}+\boldsymbol{P}_{zx}\boldsymbol{P}_{xx}^{-1}(\boldsymbol{x}-\bar{\boldsymbol{x}})\\ \boldsymbol{P}_{zz|x}\triangleq \mathrm{E}\{(\boldsymbol{z}-\mathrm{E}\{\boldsymbol{z}|\boldsymbol{x}\})(\boldsymbol{z}-\mathrm{E}\{\boldsymbol{z}|\boldsymbol{x}\})^{\mathrm{T}}|\boldsymbol{x}\}\\ \quad=\boldsymbol{P}_{zz}-\boldsymbol{P}_{zx}\boldsymbol{P}_{xx}^{-1}\boldsymbol{P}_{xz}\end{cases} \tag{D-59}$$

定理 D.2：对于线性测量方程

$$\boldsymbol{z}=\boldsymbol{H}\boldsymbol{x}+\boldsymbol{v} \tag{D-60}$$

如果 $\boldsymbol{x}$ 和 $\boldsymbol{v}$ 为高斯随机变量，且

$$\begin{cases}\mathrm{E}\{\boldsymbol{v}\}=\boldsymbol{0},\ \mathrm{E}\{\boldsymbol{v}\boldsymbol{v}^{\mathrm{T}}\}=\boldsymbol{R}\\ \mathrm{E}\{\boldsymbol{x}\boldsymbol{v}^{\mathrm{T}}\}=\boldsymbol{O}\end{cases} \tag{D-61}$$

则

$$p(\boldsymbol{z}|\boldsymbol{x})=\mathcal{N}(\boldsymbol{z};\boldsymbol{H}\boldsymbol{x},\boldsymbol{R}) \tag{D-62}$$

证明：由于$[\boldsymbol{z}^{\mathrm{T}}, \boldsymbol{x}^{\mathrm{T}}]^{\mathrm{T}}$是高斯变量$\boldsymbol{x}$和$\boldsymbol{v}$的线性组合，因此$\boldsymbol{x}$和$\boldsymbol{z}$满足联合高斯分布。计算$\boldsymbol{P}_{zx}$、$\boldsymbol{P}_{xx}$为

$$\begin{cases}\boldsymbol{P}_{zx}=\mathrm{E}\{(\boldsymbol{z}-\bar{\boldsymbol{z}})(\boldsymbol{x}-\bar{\boldsymbol{x}})^{\mathrm{T}}\}=\boldsymbol{H}\boldsymbol{P}_{xx}\\ \boldsymbol{P}_{zz}=\mathrm{E}\{(\boldsymbol{z}-\bar{\boldsymbol{z}})(\boldsymbol{z}-\bar{\boldsymbol{z}})^{\mathrm{T}}\}=\boldsymbol{H}\boldsymbol{P}_{xx}\boldsymbol{H}+\boldsymbol{R}\end{cases} \tag{D-63}$$

将上式代入式（D-59）得证。

推论：对于式（D-60）和条件式（D-61），记$\boldsymbol{y}\triangleq[\boldsymbol{x}^{\mathrm{T}}, \boldsymbol{z}^{\mathrm{T}}]^{\mathrm{T}}$，则

$$p(\boldsymbol{y})=\mathcal{N}\left(\begin{bmatrix}\boldsymbol{x}\\ \boldsymbol{z}\end{bmatrix};\begin{bmatrix}\bar{\boldsymbol{x}}\\ \boldsymbol{H}\bar{\boldsymbol{x}}\end{bmatrix},\begin{bmatrix}\boldsymbol{P}_{xx} & \boldsymbol{P}_{xx}\boldsymbol{H}^{\mathrm{T}}\\ \boldsymbol{H}\boldsymbol{P}_{xx} & \boldsymbol{H}\boldsymbol{P}_{xx}\boldsymbol{H}^{\mathrm{T}}+\boldsymbol{R}\end{bmatrix}\right) \tag{D-64}$$

附录 E

约束优化

对于约束优化问题

$$\min f(\boldsymbol{x}), \quad \text{s. t. } g(\boldsymbol{x}) = \boldsymbol{0} \tag{E-1}$$

定义拉格朗日函数为

$$J(\boldsymbol{x}, \lambda) = f(\boldsymbol{x}) + \lambda g(\boldsymbol{x}) \tag{E-2}$$

则 $\boldsymbol{x}^*$ 为局部极小值点，当且仅当下面的条件成立

(1) $\nabla J_x(\boldsymbol{x}^*, \lambda^*) = \boldsymbol{0}$ 和 $\nabla J_\lambda(\boldsymbol{x}^*, \lambda^*) = \boldsymbol{0}$。 (必要条件)

(2) $\boldsymbol{z}^T \nabla_{xx}^2 J(\boldsymbol{x}^*, \lambda^*) \boldsymbol{z} \geqslant 0 \quad \forall \boldsymbol{z} \text{ s. t. } \nabla_x g(\boldsymbol{x}^*)^{\mathrm{T}} \boldsymbol{z} = 0$。 (充分条件)

其中 ∇_{xx}^2 表示对 $\boldsymbol{x}$ 的二阶偏导。

附录 F

光学成像敏感器的坐标变换

如图 F-1 所示，设成像敏感器（相机）焦距为 f，成像分辨率为 $p \times p$ 像素，总视场角为 2θ，每个像素的视场角为 $\frac{2\theta}{p}$。

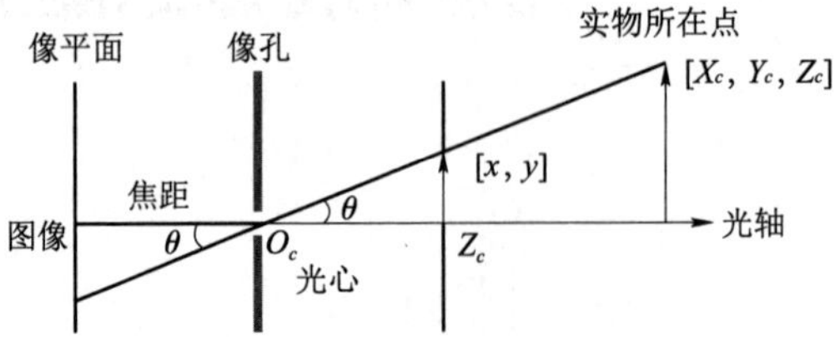

图 F-1 成像示意图

每个像素对应的笛卡儿坐标长度为 $\frac{2f\tan\theta}{p}$。

$\frac{2\theta}{p}$ 和 $\frac{2f\tan\theta}{p}$ 常用于观测量模拟，由像素噪声得到角度单位或者笛卡儿坐标。“深空一号”探测器的光学敏感器焦距为 677 mm，成像元件的像素矩阵为 1 024×1 024，总视场角为 13.4 mrad（0.77），因此每个像素的视场角为

$$\frac{13.4 \times 10^{-3}}{1\ 024} \simeq 13.1\ \mu\text{rad} \tag{F-1}$$

每个像素对应的笛卡儿坐标长度为

$$\frac{2f\tan\theta}{p} = \frac{2 \times 0.677 \times \tan\left(\frac{13.4 \times 10^{-3}}{2}\right)}{1\ 024} = 8.859\ 3 \times 10^{-6}\ \text{m} \tag{F-2}$$

附录 A－F 的参考文献

[1] J. L. Crassidis, J. L. Junkins. Optimal estimation of dynamic systems [M]. New York: CRC press, 2011.

[2] R. Bellman. Introduction to matrix analysis [M]. PA: Society for Industrial and Applied Mathematics, 1997.

[3] F. B. Hildebrand. Methods of applied mathematics [M]. North Chelmsford: Courier Corporation, 2012.

[4] 邓自立，张鹏，齐文娟. 鲁棒融合卡尔曼滤波理论及应用 [M]. 哈尔滨：哈尔滨工业大学出版社，2016.

[5] X. R. Li. Probability, random signals, and statistics [M]. New York: CRC press, 1999.

[6] Y. Bar-Shalom, X. R. Li, T. Kirubarajan. Estimation with applications to tracking and navigation: theory algorithms and software [M]. NewYork: John Wiley & Sons, 2004.

[7] 韩崇昭，朱洪艳，段战胜. 多源信息融合 [M]. 北京：清华大学出版社，2006.

附录 G

缩略语

缩略语	英文全称	中文全称
APSR	Accretion-Powered Pulsars	吸积供能脉冲星
ASG	Air Suspension Gyroscope	气浮陀螺
AXP	Anomalous X-ray Pulsars	反常 X 射线脉冲星
BCRS	Barycentric Celestial Reference System	太阳系质心坐标系
BLS	Batch Least Square	批处理最小二乘滤波算法
BLUE	Best Linear Unbiased Estimation	最优线性无偏估计
CDF	Cumulative Distribution Function,	（概率）分布函数
CF	Centralized Fusion	中心式融合
CGRO	Compton Gamma Ray Observatory	康普顿伽马射线天文航天器
CI	Covariance Intersection	协方差交叉
CKF	Cubature Kalman Filter	容积卡尔曼滤波
DARPA	Defense Advanced Research Projects Agency	美国国防高级研究项目局
DPS	Deep Space Positioning System	深空探测定位系统
DR	Dead Reckoning	航迹推算
DTG	Dynamically Tuned Gyroscope	动力调谐陀螺
EKF	Extended Kalman Filter	扩展卡尔曼滤波
ESG	Electrostatically Suspended Gyroscope	静电悬浮陀螺
ET	Ephemeris Time	历书时
FDIR	Fault Detection Isolation Recovery	故障检测、隔离和恢复
FOG	Fiber Optical Gyroscope	光纤陀螺
FOM	Figure of Merit	品质因子
GDOP	Geometric Dilution of Precision	几何精度因子
GNSS	Global Navigation Satellite System	全球导航卫星系统
HMXB	High-Mass X-ray Binary	大质量 X 射线双星系统
HRG	Hemispherical Resonator Gyroscope	半球谐振陀螺
HRSC	High Resolution Stereo Camera	高分辨率立体测绘相机
HXMT	Hard X-ray Modulation Telescope	硬 X 射线调制望远镜
GNC	Guidance，Navigation and Control	制导、导航与控制
ICRF	International Celestial Reference Frame	国际天球参考坐标系
IMM	Interacting Multiple Model	交互多模型
IMU	Inertial Measurement Unit	惯性测量单元

续表

缩略语	英文全称	中文全称
INS	Inertial Navigation System	惯性导航系统
ISAS	Institute of Space and Astronautical Science	日本宇宙与航空科学研究所
ITS	Impactor Targeting Sensor	撞击器瞄准敏感器
JD	Julian Date	儒略日
JDL	Joint Directors of Laboratory	美国实验室理事联合会
JPL	Jet Propulsion Laboratory	喷气推进实验室
KF	Kalman Filter	卡尔曼滤波
LEC	Linear Equality Constraint	线性等式约束
LFG	Liquid Floated Gyroscope	液浮陀螺
LIDAR	Light Detection and Ranging	激光雷达
LMMSE	Linear MMSE	线性 MMSE
LMXB	Low-Mass X-ray Binary	小质量 X 射线双星系统
MAP	Maximum A Posteriori	极大后验
MAPS	Multi-Autonomous Positioning System	多航天器定位系统
MDL	Minimum Description Length	最小描述长度方法
MEMS	Micro Electro-Mechanical System	微机电系统
MF	Measurement Fusion	量测融合
MICAS	Miniature Integrated Camera and Spectrometer	微型集成相机与光谱仪
MJD	Modified Julian Date	约化儒略日
ML	Maximum Likelihood	极大似然
MMAE	Multiple Model Adaptive Estimation	多模型自适应估计
MMSE	Minimum Mean Square Error	最小均方差误差
MOEMS	Micro-Opto-Electro-Mechanical Systems	微光机电系统
MOLA	Mars Orbiter Laser Altimeter	火星轨道器激光高度计
MRI	Medium Resolution Imager	中解析度相机
MRO	Mars Reconnaissance Orbiter	火星勘察轨道飞行器
MSE	Mean Square Error	均方误差
MSL	Mars Science Laboratory	火星科学实验室
MSP	Millisecond Pulsars	毫秒脉冲星
NASA	National Aeronautics and Space Administration	国家航空和宇宙航行局

续表

缩略语	英文全称	中文全称
NICER	Neutron Star Interior Composition Explorer	中子星内部组成探测器
NRL	Naval Research Laboratory	美国海军研究实验室
PDF	Probability Density Function	概率密度函数
PDOP	Position Dilution of Precision	位置精度因子
PF	Particle Filter	粒子滤波
PINS	Platform Inertial Navigation System	平台式惯性导航系统
PMF	Probability Mass Function	概率质量函数
PSR	Pulsating Source of Radio	射电脉冲源
QEC	Quadratic Equality Constraint	二次型等式约束
RLG	Ring Laser Gyroscope	环形激光陀螺
RPSR	Rotation-Powered Pulsars	转动供能脉冲星
SAW	Surface Acoustic Wave	表面声波
SEXTANT	Station Explorer for X-ray Timing and Navigation Technology	空间站 X 射线计时与导航技术试验
SINS	Strapdown Inertial Navigation System	捷联式惯性导航系统
SSB	Solar System Barycenter	太阳系质心
ST	Sidereal Time	恒星时
STK	Systems Tool Kit	卫星工具箱
TCB	Barycentric Coordinate Time	太阳质心坐标时
TCG	Geocentric Coordinate Time	地球质心坐标时
TCP/IP	Transmission Control Protocol/Internet Protocol	传输控制协议/因特网互联协议
TDB	Barycentric Dynamical Time	太阳系质心动力学时
TDOA	Time Difference of Arrival	到达时间差
TDOP	Time Dilution of Precision	时间精度因子
TOA	Time of Arrival	到达时间
TDT	Terrestrial Dynamical Time	地球动力学时
TT	Terrestrial Time	地球时
UKF	Unscented Kalman Filter	无迹卡尔曼滤波
USA	Unconventional Stellar Aspect	非常规恒星特征实验

续表

缩略语	英文全称	中文全称
UT	Universal Time	世界时
UTC	Coordinated Universal Time	协调世界时
VSMM	Variable Structure Multiple Model	变结构多模型
WLS	Weighted Least Squares	加权最小二乘
XNAV	X-ray Pulsar Based Navigation	X射线脉冲星导航

附录 H

数学术语

一、一般性规范

斜体	标量，比如 x
小写黑斜体	矢量，比如 $\boldsymbol{x}$
大写黑斜体	矩阵，比如 $\boldsymbol{A}$
$\mathbb{R}$	实数域
$\triangleq$	定义相等

二、数学符号

argmin	表示使目标函数取最小值时的变量值
argmax	表示使目标函数取最大值时的变量值
adj(·)	伴随矩阵，比如 adj($\boldsymbol{A}$) 表示 $\boldsymbol{A}$ 的伴随矩阵
cov(· ， ·)	两个随机变量（或向量）的互协方差，如果为随机变量，也可以记作 $C_{..}$；如果为随机向量，也可以记作 $P_{..}$
const	常数
$C(m, n)$	从 m 个元素中取 n 个元素的组合个数
$\boldsymbol{C}_i^j$	i 坐标系到 j 坐标系的姿态转换矩阵
$\delta(\cdot)$	连续 delta 函数
Δ_{ij}	离散 delta 函数
diag(·)	对角阵
det(·)	行列式算子
E{ · }	均值，比如 E{x} 表示 x 的均值，也记作 $\bar{x}$
exp{ · }	指数函数
$F_x(x)$	随机变量 x 的分布函数，简记作 $F(x)$；也可以用于随机向量
$F_{x,y}(\chi, \gamma)$	随机变量 x 和 y 的联合分布函数，简记作 $F(x, y)$，也可以用于随机向量
∇_{xx}^2	对 $\boldsymbol{x}$ 的二阶偏导，也记作 $\frac{\partial^2}{\partial \boldsymbol{x}^2}$
$\boldsymbol{I}$	单位矩阵
$\mathcal{I}$	Fisher 信息矩阵

$\lambda_i(\cdot)$	矩阵的第 i 个特征值，比如 $\lambda_i(\boldsymbol{A})$ 表示 $\boldsymbol{A}$ 的第 i 个特征值
$\mathcal{N}(\boldsymbol{x};\ \bar{\boldsymbol{x}},\ \boldsymbol{P}_x)$	均值为 $\bar{\boldsymbol{x}}$、方差为 $\boldsymbol{P}_x$ 的高斯随机向量 $\boldsymbol{x}$ 的概率密度函数
$\frac{\partial f}{\partial \boldsymbol{x}}$	函数 f 对 $\boldsymbol{x}$ 的偏导，也记作 $\nabla_x f$
$P(A)$	事件 A 发生的概率
$p_x(x)$	概率密度函数
$\mathrm{rank}(\cdot)$	矩阵的秩
$\boldsymbol{R}_x$	随机向量 $\boldsymbol{x}$ 的自相关矩阵
$\boldsymbol{R}_{xy}$	随机向量 $\boldsymbol{x}$ 和 $\boldsymbol{y}$ 的互相关矩阵
σ	标准差
s. t.	使得后面的条件成立
$\mathrm{Tr}[\cdot]$	方阵的迹，比如 $\mathrm{Tr}[\boldsymbol{A}]$ 表示 $\boldsymbol{A}$ 的迹
$\mathrm{var}(x)$	随机变量 x 的（自）方差，也记作 σ_x^2 或 C_x
$\mathrm{var}(\boldsymbol{x})$	随机向量 $\boldsymbol{x}$ 的自协方差矩阵，也记作 $\boldsymbol{P}_x$ 或者 $\mathrm{cov}(\boldsymbol{x},\ \boldsymbol{x})$，在不引起混淆的情况下可以简写作 $\boldsymbol{P}$
$\boldsymbol{z}_{1:n}$	$\{\boldsymbol{z}_1,\ \boldsymbol{z}_2,\ \cdots,\ \boldsymbol{z}_n\}$
$\boldsymbol{O}$	零矩阵
$\boldsymbol{0}$	零向量
$\lVert \cdot \rVert$	向量的 2 范数
$\varnothing$	空集
$(A \mid B)$	B 发生条件下 A 的条件统计特性，比如 $\mathrm{E}\{\boldsymbol{x} \mid \boldsymbol{z}\}$ 表示条件均值

三、算子

$\otimes$	Kronecker 算子
$\mathrm{vec}(\cdot)$	vec 算子
$[\boldsymbol{x}\times]$	三维向量 $\boldsymbol{x}$ 的叉乘算子

四、上标

T	矩阵转置

(i)	信息融合系统中和第 i 个节点（或局部滤波器）相关的变量
(ij)	信息融合系统中第 i、j 个节点（或局部滤波器）的共同作用量

国家出版基金项目
NATIONAL PUBLICATION FOUNDATION

《空间技术与科学研究丛书》

本书索引

为方便读者查阅信息，本书编制了电子索引。读者可通过以下两种方式浏览和下载索引。

1. 登录http://www.bitpress.com.cn/网址，在该书的信息页查找；

2. 扫描下方二维码。

内容简介

本书系统论述了航天器多源信息融合自主导航的理论、方法和技术问题，内容涉及估计理论、融合算法、性能分析、信息融合自主导航技术以及地面仿真试验技术等，是作者在从事深空探测自主导航技术研究的基础上，结合该领域最新研究进展，总结相关课题的研究成果而成，反映了本领域的研究前沿和技术发展趋势，是一本结合基础理论方法、系统设计分析与仿真试验技术为一体的技术学术专著。

本书既可作为从事航天工程科研人员的参考书，也可作为高等院校相关专业研究生和高年级本科生的教材。

图书在版编目（CIP）数据

航天器多源信息融合自主导航技术 / 王大轶等著．—北京：北京理工大学出版社，2018.3

（空间技术与科学研究丛书 / 叶培建主编）

国家出版基金项目　“十三五”国家重点出版物出版规划项目　国之重器出版工程

ISBN 978-7-5682-5463-2

Ⅰ．①航…　Ⅱ．①王…　Ⅲ．①航天器-信息融合-自备式导航　Ⅳ．①V556

中国版本图书馆 CIP 数据核字（2018）第 055136 号

出版发行 / 北京理工大学出版社有限责任公司
社　　址 / 北京市海淀区中关村南大街 5 号
邮　　编 / 100081
电　　话 / （010）68914775（总编室）
（010）82562903（教材售后服务热线）
（010）68948351（其他图书服务热线）
网　　址 / http：//www.bitpress.com.cn
经　　销 / 全国各地新华书店
印　　刷 / 北京地大彩印有限公司
开　　本 / 710 毫米×1000 毫米　1/16
印　　张 / 33.25
字　　数 / 612 千字
版　　次 / 2018 年 3 月第 1 版　2018 年 3 月第 1 次印刷
定　　价 / 149.00 元

责任编辑 / 多海鹏
文案编辑 / 党选丽
责任校对 / 周瑞红
责任印制 / 王美丽

《国之重器出版工程》
编辑委员会

主　任：苗　圩

副主任：刘利华　辛国斌

委　员：冯长辉　梁志峰　高东升　姜子琨　许科敏
陈　因　郑立新　马向晖　高云虎　金　鑫
李　巍　李　东　高延敏　何　琼　刁石京
谢少锋　闻　库　韩　夏　赵志国　谢远生
赵永红　韩占武　刘　多　尹丽波　赵　波
卢　山　徐惠彬　赵长禄　周　玉　姚　郁
张　炜　聂　宏　付梦印　季仲华